FINAL | Professional Engineer Building Mechanical Facilities / Air-con

건축기계설비 공조냉동기계 기술사 해설

김회률 | 건축기계설비 기술사
공조냉동기계 기술사

PROFESSIONAL ENGINEER

예문사

기계기술분야는 국가산업의 기간기술의 하나로서 냉난방 및 위생, 방화, 수송 자동제어 등 건축기계설비와 클린룸, 바이오클린룸, 항온항습실, 환경시험실 등의 산업환경설비, 또한 프로세스에서 필요로 하는 공기조화, 냉동, 열유체 응용기술 및 에너지 이용 관련시설(열병합발전, 지역냉난방, 태양열, 풍력이용 등)을 통괄하고 있으며 전산업의 대외 경쟁력 제고를 위해서 필수적으로 갖추어야 할 핵심 기술이다. 또한 시스템적 성격이 강한 기술이기 때문에 인력자원이 풍부한 우리나라로서는 세계 최고가 될 수 있는 가능성이 매우 높은 산업이기도 하다.

그러나 그동안은 다른 산업분야와 마찬가지로 외국의 선진기술을 모방, 습득하는 단계에 머물러 왔다. 그러나 이제부터 도입된 기술을 충분히 소화개량하고 나아가서는 고유의 기술을 창출하여 세계 일류로 도약하기 위해 중지를 모으고 각고의 노력을 다져가야 할 것이다. 이를 위해서는 무엇보다도 우리 기술의 현재 수준과 업계의 실정에 대한 자기성찰이 선행되어야 할 것이며, 기술보급의 활성화에 따른 기술인력의 저변확대, 기술본위의 공정한 경쟁관행의 확립, 기초애로 기술의 공동타개를 위한 협력체제를 구축, 선진해외 기술정보의 신속한 유통 등 기술발전을 위한 효율적 체제를 갖추는 일이 시급하다고 생각된다.

그러함에도 기계설비법이라는 모법이 없어 기계설비 관련 기술자들의 발전을 저하해 왔으나 2018년 4월 16일 기계설비법이 제정됨으로 인해 앞으로 기계설비 산업이 발전하는데 크게 기여할 것이며 이러한 법 제정에 노력하신 대한기계설비단체총연합회(대한설비건설협회, (사)대한설비공학회, (사)한국설비기술협회, (사)한국설비기술사설계협회, (사)한국냉동공조협회 5개 단체와 (사)한국기계설비기술사회, 전국 대학 설비분야 교수협의회, 한국종합건설기계설비협의회) 임원 및 회원 모두에게 감사드린다.

또한 본서 발간에 많은 도움이 된 대한기계설비단체총연합회 산하 단체에서 월간지에 기고하고, 논문을 발표하신 회원님과 기계설비 관련 책자를 발간하신 여러 선배님께 감사드리며 앞으로 더욱 노력하여 수험생 여러분의 좋은 길잡이가 될 것을 약속드리면서 기계설비분야에 종사하시는 여러분의 건승을 기원한다.

김 회 률

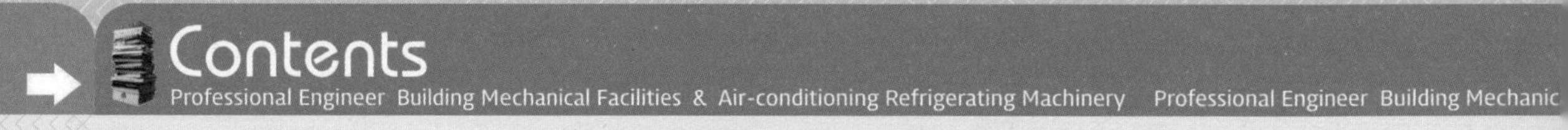

제1장 수원

제2장 급수설비

제3장 급탕설비

제4장 배수설비

제5장 오물정화설비

제6장 배관

제7장 배관부식 및 스케일

제8장 배관부속

제9장 송풍기 및 펌프

제10장 공조부하

제11장 난방

제12장 지역난방

제13장 가스

제14장 환기

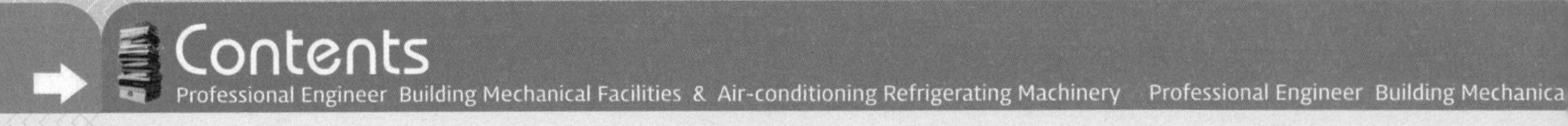

제15장 습공기 선도

제16장 설비계획

제17장 공조방식

제18장 에너지 절약

제19장 특수공조

제20장 초고층 빌딩

제21장 소음과 진동

제22장 열원장비

제23장 열교환기 및 열회수장치

제24장 Duct

제25장 자동제어

제26장 Clean Room

제27장 신공법

제28장 시사성

제29장 소방설비

제30장 지하공간

제31장 CFC

제32장 TAB

제33장 환경원론

제34장 신재생 및 폐기물 에너지

제1장 수원

물의 정화법에 대하여 논하라.

1. 개요

(1) 원수를 그 사용목적에 따라 적합한 수질로 처리하는 것을 정수라고 한다.

(2) 정수방법에는 침전법, 여과법, 폭기법, 화학처리법, 살균법이 있다.

(3) 원수의 질과 정수의 목적에 따라 이들 정수법의 하나 또는 둘을 복합적으로 사용 정수하는 경우도 있다.

2. 수질기준

(1) 병원미생물에 오염되었거나 오염될 우려가 있는 물질 등이 기준치 이하일 것

(2) 건강에 유해한 영향을 미칠 수 있는 무기물질 또는 유기물질 등이 기준치 이하일 것

(3) 심미적 영향을 미칠 수 있는 물질 등이 기준치 이하일 것

(4) 기타 건강에 유해한 영향을 미칠 수 있는 물질 등이 기준치 이하일 것

3. 정화법

(1) 침전법(Sedimentation)

① 중력침전
침전조의 유효수심 3~4m

② 약품침전
황산반토, 명반 등의 약제사용

(2) 폭기법(Aeration)

① 철분제거과정

② 물을 공중에 분산하여 공기와 접촉시킴으로써 중탄산제1철[$Fe(HCO_3)_2$], 수산화제1철[$Fe(OH)_2$], 황산제1철($FeSO_4$)을 산화시켜 불용해성 수산화제2철[$Fe(OH)_3$]로 만드는 과정

③ 물속에 용해되어 있는 암모니아, 황화수소, 탄산가스 및 그 밖의 유독가스나 악취 등도 분산

(3) 여과법(Filtration)

① 구조상 분류

㉮ 표면여과

㉠ 여재표면상에 퇴적되는 부유물에 의한 막이 두께를 증가시킴과 동시에 다음 여과의 여재 역할을 하는 여과 방식

㉡ 여과지속시간이 짧아 처리수의 수질 양호

㉯ 내부여과

㉠ 여과되기 어려운 미립자를 포함한 원수를 대상으로 할 때 사용되며 미립자가 여재층 내부로 침입하여 내부에서 포착되어 여과되는 여과방식

㉡ 여과지속시간이 길어 처리수질 악화 우려

② 속도에 의한 분류

㉮ 완속여과

㉠ 모래층을 통해서 원수를 천천히 침투 유하시키는 방법

㉡ 여과속도 3~6m/day

㉯ 급속여과

㉠ 원수에 황산반토 등의 응집제를 가해서 침전시키고 침전수를 모래 여과하는 방법

㉡ 여과속도 120~150m/day

(4) 소독

① 염소소독

㉮ 특징

㉠ 소독의 잔류효과가 있음

㉡ 소독으로 인한 냄새와 맛이 있음

㉢ 유기 · 무기화합물의 산화

㉣ 유기화합물의 성질 변화

㉤ 응집, 침전작용 촉진

㉥ 가격이 저렴

㉯ 염소주입량

㉠ 관말에서 유리잔류 염소량 0.2ppm 이상

㉡ 오염의 염려가 있을 경우 유리잔류 염소량 0.4ppm 이상

② 오존(Ozone)

㉮ 특징

㉠ 화학물질이 남지 않는다.

㉡ 염소와 같은 냄새와 맛을 남기지 않는다.

㉢ 유기물에 의한 이상한 냄새와 맛이 제거된다.

㉣ 가격이 비싸다.
㉤ 소독의 잔류효과가 없다.
㉥ 복잡한 오존발생장치가 필요하다.

③ 자외선

④ 브롬(Bromine), 요오드(Iodine)

⑤ 은화합물

(5) 특수정수

① 철, 망간의 제거
② 경수의 연화법
③ 냄새 및 맛 제거
④ 이온교환에 의한 수처리
⑤ 2단 여과
⑥ 규조토 여과
⑦ 마이크로 스트레이너
⑧ 철부식성 제거
⑨ 중성세제의 제거

4. 결론

원수의 질과 정수목적에 따라 수질기준에 적합한 정수방법을 선택하여야 할 것으로 사료된다.

02 수질오염의 방지대책에 대하여 논하라.

1. 개요

급수설비가 오염되는 주된 원인에는 저수조에서의 오염과 공급배관 및 위생기구에서의 Back Flow, 크로스 커넥션(Cross Connection)과 Tank 등의 내면물질 용해 및 기타 오염물질의 유입 등이 있다.

2. 수질오염원인

(1) 저수조에서의 오염

① 저수조 내 물의 장기 체류에 의한 오염
② 소화용수 체류로 인한 오염
③ 맨홀 및 O.F 배수관을 통한 이물질 유입
④ 탱크 내 소화용수 배관 등 타목적의 배관에 의한 오염

(2) 배관에서의 오염

① 공급배관 내 스케일에 의한 오염
② 공급배관 내 부식에 의한 오염

(3) 위생기구에서의 Back Flow

① 중앙식 급탕설비에서 샤워헤드를 통한 역류
② Flush 밸브에서의 역류

(4) Cross Connection

① 시수배관과 중수도 배관오인으로 인한 오염

3. 수질오염 방지대책

(1) 저수조에서의 오염방지

① 음료수 탱크에는 다른 목적의 물을 공급하지 않는다.
② 음료수 Tank는 완전히 밀폐하고 맨홀뚜껑을 통하여 다른 물이나 먼지 등이 들어가지 않도록 한다.
③ 음료수 탱크에는 다른 목적의 배관을 하지 않는다.
④ 음료수 탱크에 부착된 Over Flow 관에 철망 등을 씌워, 벌레 등의 침입을 막는다.
⑤ 음료수 Tank 내면은 위생상 지장이 없는 도료 또는 공법 처리한다.

⑥ 수수탱크 등에는 필요 이상 다량의 물이 저장되지 않도록 한다.

(2) 배관에서의 오염방지

① 배관 내부 부식 발생방지
② 관 내 스케일 생성방지

(3) 위생기구에서의 Back Flow 오염방지

① 위생기구에서 충분한 토수구 공간 확보(25mm 이상)
② 역사이펀을 막기 위해 역류방지기(Back Siphon Breaker) 사용

(4) Cross Connection

① 급수배관과 이외 배관과의 접속금지
② 시수배관과 중수도 배관의 접속금지

4. 저수조 설치 지침

(1) 보수점검 및 유지 관리가 용이토록 할 것
(2) 충분한 강도와 내구성 유지
(3) 저수조 내 물의 오염방지

5. 결론

수자원의 부족현상으로 인한 급수원의 확보가 어려운 점을 감안하고, 막대한 비용을 들여 정수한 수원을 효율적으로 활용하기 위해 급수의 오염방지에 만전을 기하여야 할 것으로 사료된다.

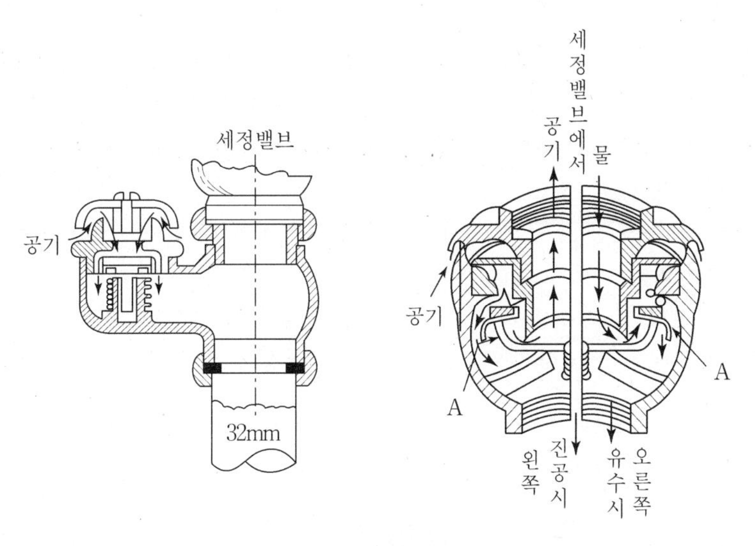

[역류방지기]

저수조의 설치지침에 대하여 논하라.

1. 개요

(1) 저수조는 음용수를 저장하는 시설로서 음용수가 오염되지 않게 하여야 한다.

(2) 설계, 시공, 유지 관리 시 구조와 재질에 안전을 기함과 동시에 유해위험물질이 침투하지 못하도록 한다.

(3) 음용수 오염의 주된 원인은 저수조의 오염 및 오염물질 침투에 있다.

2. 적용범위

(1) 주택건설기준 등에 관한 규정 제35조 비상급수설비에 의한 저수조

(2) 에너지 절약계획서 제출대상 건축물

(3) 수도법 시행령 제50조 각호의 어느 하나에 해당하는 건축물이나 시설에 저수조를 설치할 경우

① 연면적이 5천제곱미터 이상(건축물 또는 시설 안의 주차장 면적은 제외한다)인 건축물이나 시설

② 연면적 2천제곱미터 이상인 둘 이상의 용도에 사용되는 건축물

③ 「건축법」 제2조제2항제14호에 따른 업무시설 중 연면적 3천제곱미터 이상인 업무시설

④ 「공연법」 제2조제4호에 따른 공연장 중 객석 수 1천석 이상인 공연장

⑤ 「유통산업 발전법」 제2조제3호에 따른 대규모점포(「실내공기질 관리법」의 적용을 받는 시설은 제외한다)

⑥ 「유통산업 발전법」 제2조제7호에 따른 상점가 중 지하도에 있는 연면적 2천제곱미터 이상인 상점가(「실내공기질 관리법」의 적용을 받는 시설은 제외한다)

⑦ 「체육시설의 설치 · 이용에 관한 법률」 제2조제1호에 따른 체육시설 중 관람석 1천석 이상인 실내체육시설

⑧ 「학원의 설립 · 운영 및 과외교습에 관한 법률」 제2조제1호에 따른 학원 중 연면적 2천제곱미터 이상인 학원

⑨ 「건축법 시행령」 별표 1 제2호가목에 따른 아파트 및 그 복리시설

⑩ 「건축법 시행령」 별표 1 제5호나목에 따른 예식장 중 연면적 2천제곱미터 이상인 예식장

3. 저수조 설치지침

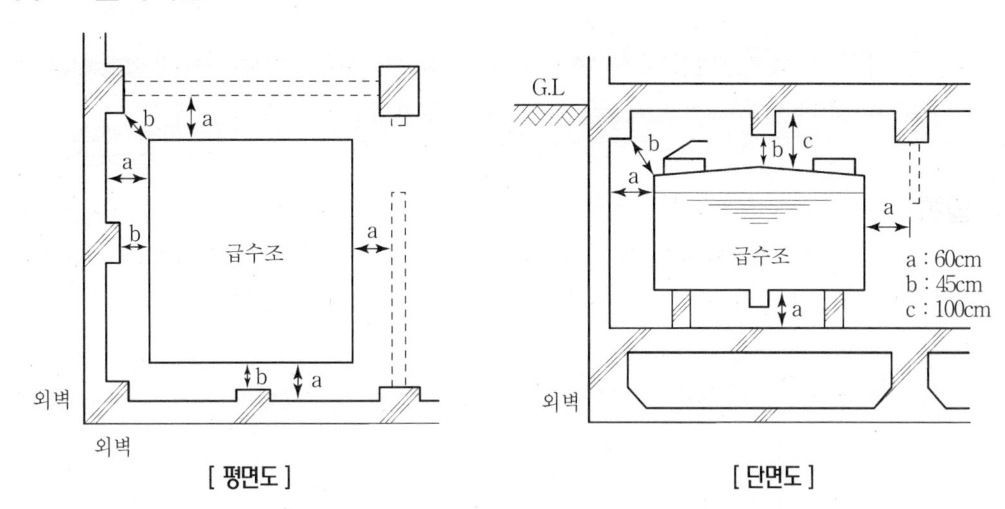

[평면도] [단면도]

(1) 보수점검 및 유지 관리 용이

① 주위 벽과 60cm, 상부와 100cm 이상 이격 설치

② 유해물질 및 저장시설로부터 5m 이상 이격하여 설치하고, 5m 이내 설치 시 Con′c벽 등의 특수조치를 취함

③ 저수조 상부에 기기 등을 설치할 때는 반드시 받침대 등을 설치

④ 저수조 내부에 점검, 청소를 위해 맨홀(원형 직경 90cm, 사각 한 변이 90cm)을 설치

⑤ 바닥은 청소가 용이하게 1/100 이상의 구배로 시공하며 드레인 배관 설치

⑥ 드레인 배관은 역류방지 위해 간접 배수

(2) 충분한 강도와 내구성

① 저수조는 수질에 영향을 주지 않는 내식성 재료로서 수밀성 확보

② 재료는 SMC, FRP, 스테인리스제 등을 사용

③ FRP의 경우 조류증식 방지제품 구조상 내부에 빔을 설치할 경우 녹슬지 않는 재질 사용

④ 저수조는 만수, 저수 경보장치를 설치하며 수신기는 관리실에 설치

(3) 저수조 내 물의 오염방지

① 저수조는 구조체의 벽을 저수조벽으로 사용하지 않음

② 저수조는 유입관의 역류 방지를 위해 월류관과 공간 확보

③ 저수조에는 월류관과 공기소통을 위해 통기관을 설치하며 먼지 등 이물질 유입방지 위해 반드시 철망으로 보호조치

④ 월류관은 역류방지를 위해 간접 배수

⑤ 저수조는 유입관과 유출관이 마주보는 위치에 설치하여 체류수가 정체하지 않도록 하며 저수조가 큰 경우 도류벽을 설치

⑥ 저수조는 점검, 보수 청소 시 단수되지 않게 칸막이 시설을 하거나 2조의 저수조 설치, 2개로 설치 시 보수공간 60cm 이상 확보
⑦ 저수조의 용량은 1일 사용량으로 하며 물을 저장하여 오염되는 일이 없도록 함
⑧ 저수조의 내부 높이는 최소 1.8m 이상, 옥상에 설치한 저수조는 제외

4. 결론

저수조 내에는 다른 목적의 물을 저수 및 배관하여도 안 되며 항상 청결하게 관리되어야 하고, 저수조 설치 지침을 설계, 시공 시 반드시 지켜 급수설비의 오염을 막도록 하여야 한다.

제2장 급수설비

Professional Engineer

○ Building Mechanical Facilities
○ Air-conditioning Refrigerating Machinery

급수배관 설계 시공 시 주의사항

1. 개요

급수설비는 급수기구가 충분한 기능을 발휘할 수 있는 수량의 공급과 사용목적에 알맞은 수압유지 및 항상 위생적으로 안전한 물의 공급 등이 요구된다.

2. 급수배관 설계 시 주의사항

(1) 적정한 급수량 산정

① 건물 종류별에 의한 방법

② 인원수에 의한 방법

$$Q_d = N \times q_d \rightarrow Q_h \rightarrow Q_m \rightarrow Q_p$$

③ 기구수에 의한 방법

$$Q_h = e\Sigma q \cdot n$$

여기서, Q_h : 1시간당 평균사용수량(l/h)
q : 기구의 1회당 사용량(l/회)
n : 1시간당 사용횟수(회/h)
e : 동시사용률(%)

(2) 적절한 급수방식 선정

① 수도직결방식

② 고가수조방식

③ 압력수조방식

④ 탱크리스 부스터 방식

(3) 적절한 급수배관방식 선정

① 상향공급식

② 하향공급식

③ 상하혼용식

(4) 적절한 배관경 선정법에 의한 배관경 선정

① 관경 균등표에 의한 방법
② 유량과 저항선도에 의한 방법
③ 기구 연결관의 관경에 의한 방법

(5) 과대수압 방지를 위한 적절한 Zoning

① APT, Hotel 등 : 100~400kPa 이하
② 공장, 사무소 등 : 100~500kPa 이하

3. 급수배관 시공 시 주의사항

(1) 배관의 구배

① 급수관의 적정구배 확보
1/200~1/300

② 하향 급수방식
㉮ 수평주관 : 순구배(선하향)
㉯ 횡지관 : 역구배(선상향)
㉰ 수직관 하단부 Drain valve 설치

(2) 지수밸브(Stop valve)

① 설치위치
㉮ 수평 주관에서의 각 수직관의 분기점
㉯ 각층 수평관의 분기점
㉰ 집단 기구에의 분기점

② 설치 Valve
게이트 밸브 또는 글로브 밸브

③ 기계 장비류 연결 급수관의 적절한 위치에 유니온 또는 플렌지 설치
㉮ ϕ50mm 이하 소구경 : 유니온 설치
㉯ ϕ65mm 이상 대구경 : 플렌지 설치

(3) 수격작용

① 급수 기구 주위에 Air chamber 설치
② 펌프 토출 측 배관에 수격방지기 설치

(4) 바닥 또는 벽의 관통배관

① 콘크리트 타설 전 Sleeve 설치
㉮ 관의 수리 또는 교체 작업 시 용이
㉯ 배관의 신축에 영향 없음

(5) 방식 피복

① 강관의 경우
㉮ 나사부 : 내산도료 칠
㉯ Cinder Concrete 또는 지중 매설 시
• Asphalt Jute 감아서 매설

② 연관
㉮ 납땜 이음부 : 내알칼리성 도장
㉯ Concrete 매설 시
• 내알칼리성 도장+Asphalt Jute

(6) 방동/방로 피복

① 배관의 결로 방지용 방로 피복요
② 동파 방지용 보온재 피복요
• 20~40mm 정도

(7) 수압시험

① 접합부 및 기타 부분의 누수 유무, 수압에 견디는지 여부 시험

② 방로, 방동 피복 전, 지하 매설관의 복토 전 실시

③ 수압
㉮ 공공 수도직결관 : 1.75MPa
㉯ 탱크 및 급수관 : 1MPa

(8) 기타

① 급수관 내 적정 유속 확보 : 1~2m/sec
② 펌프 흡입배관에서 Cavitation 방지대책 요구

4. 결론

급수배관 설계 시 적정 급수량, 급수방식, 배관경 등을 선정하고, 급수배관 설계 시공상의 주의사항에 유의하여 유지 관리가 용이하도록 해야 한다.

급수설비에 대해서 논하라.

1. 개요

급수설비의 목적은 급수기구가 충분한 기능을 발휘할 수 있는 수량의 공급과 사용목적에 알맞은 수압유지 및 항상 위생적으로 안전한 물의 공급 등이 있다.

2. 급수량 산정

(1) 건물 종류별에 의한 방법
(2) 인원수에 의한 방법
(3) 기구수에 의한 방법

3. 급수방식

(1) 수도직결방식
(2) 고가수조방식
(3) 압력수조방식
(4) 탱크리스 부스터 펌프방식

4. 급수 배관에 의한 분류

(1) 상향공급식

수도직결식, 압력 탱크방식, 부스터 펌프방식
① 장점 : 보수 유리
② 단점 : 올라갈수록 관경을 크게 하지 않으며 상층부에 수압이 떨어져 물이 잘 안 나옴

(2) 하향공급식

고가탱크방식에 흔히 사용
① 장점 : 급수 합리, 급수 압력이 일정
② 단점 : 점검, 보수가 어렵다.

(3) 상하혼용식

1, 2층 상향식으로 하고 3층 이상은 옥상탱크에서 하향식으로 배관

5. 급수 배관경 선정방법

(1) 관경균등표에 의한 방법

기구수	2	3	4	5
동시 사용률	100%	88%	75%	70%

주관 \ 지관	15	20	25	32
15	1			
20	2	1		
25	3.7	1.8	1	
32	7.2	3.6	2	1

(2) 유량과 저항선도에 의한 방법

① 부하유량계산

㉮ 물사용 시간율과 기구 급수단위에 의한 방법

㉯ 기구 급수부하 단위에 의한 방법

㉰ 기구 이용으로부터 예측하는 방법

② 허용압력강하계산

$$R = \frac{H}{l(1+K)}$$

여기서, R : 허용마찰 손실수두(Pa/m)

H : 순수허용낙차(Pa)

l : 직관의 길이

K : 국부저항 상당장(%)

③ 관경결정

(3) 기구연결관의 관경에 의한 방법

6. 고층 건물에서의 급수 배관법

(1) 층별식

건물을 몇 개의 Zone으로 나누어서 각 Zone마다 고가수조 펌프를 설치하여 물을 양수하는 방식

(2) 중계식

건물을 몇 개의 Zone으로 나누어서 고가수조도 각 Zone마다 설치하고, 양수펌프를 각 Zone마다 설치하여 차례로 위 Zone에 중계하여 설치하는 방식

(3) 압력조정 펌프식

① 고층 빌딩에 가장 많이 사용되는 방식
② 건물의 Zone을 구분하여 Zone의 수만큼 최하층에 펌프를 설치하여, 사용 수량의 부하 변동에 따라 자동적으로 공급하여 주는 시스템
③ 수압을 항상 일정하게 유지하여 자동제어하며 상층에 고가탱크가 없어 건물 중량이 가볍다.

(4) 감압 밸브식

최상층 고가수조로부터 하향급수하면서 감압밸브에 의해 Zone을 구분

7. 결론

(1) 최근 급수설비의 급수방식은 고가수조에서 탱크리스 부스터 펌프방식으로 에너지 절약 및 수질오염방지를 위해 사용한다.
(2) 급수관의 선정은 유량과 저항선도에 의해 많이 구해지며, 고층 건물의 급수배관 방식은 압력조정 펌프식으로 건물의 중량을 줄이는 방향으로 시공되고 있다.

급수방식에 대하여 논하라.

1. 개요

인입계량기 이후 급수사용처까지 급수를 공급하는 데 수질오염방지, 충분한 토수량 확보, 적정압력유지를 위하여 건물의 규모, 용도, 사용형태 등을 고려한 적절한 급수방식을 선정하여야 한다.

2. 급수방식

(1) 수도직결식

(2) 고가수조방식

(3) 압력수조방식

(4) Tankless Booster Pump 방식

3. 각 급수 방식별 비교

구분	수도직결식	고가수조방식	압력수조방식	부스터펌프방식
급수원리	인입계량기 이후 수도전까지 직접연결급수	지하저수조 → 양수펌프 → 고가수조 → 급수전	지하저수조 → 가압펌프 → 가압탱크 → 급수전	지하저수조 → 부스터펌프 → 급수전
수질오염가능성	가장 적다	가장 크다	크다	적다
단수시 급수공급	급수 불가능	일정시간 가능	일정시간 가능	일정기간 가능
정전시 급수공급	급수 가능	일정시간 가능	불가능	비상급수 가능
고가수조필요유무	무	유	무	무
급수공급압력제어	관말에서 변동	급수압 일정	급수압 변동	급수압 일정
반송동력소비	가장 적다	크다	가장 크다	작다
미관적 및 구조적 문제	영향 없음	영향 미침	영향 없음	영향 없음

4. 각 방식별 급수압 및 펌프양정 산정

(1) 수도직결식

수도본관의 압력(P) kPa

$$P = p_1 + p_2 + p_3$$

여기서, p_1 : 낙차압력(kPa) $p = 10H$

p_2 : 배관, 밸브류 등의 마찰손실수두압력(kPa)

p_3 : 기구의 최소필요압력 환산수두(kPa) H=10P

(2) 고가수조방식

① 최고위수전으로부터 고가수조 설치 높이 H(m)

$$H = h_1 + h_2 (m)$$

여기서, h_1 : 고가수조로부터 최고위수전까지의 마찰손실수두(m)

h_2 : 기구의 최소필요압력 환산수두(m) H=10P

② 고가수조용량(Q)

㉮ 시간최대예상급수량(Qm)

㉯ 시간최대예상급수량 : 시간평균예상급수량(Qh) × (1.5−2)

③ 고가수조용량(Q)

㉮ 시간평균예상급수량(Qh)

㉯ 순시최대예상급수량(Qp) : $\frac{(3-4)Q_h}{60} = l/\min$

㉰ 순시최대예상급수량(Qp)을 30분에 모두 양수

(3) 압력 Tank 방식

① 필요최저압력(P_{I}) kPa

$$P_{\mathrm{I}} = p_1 + p_2 + p_3 \quad p_1,\ p_2,\ p_3 \Rightarrow \text{수도직결식 해설참조}$$

② 필요최고압력(P_{II}) kPa

$$P_{\mathrm{II}} = P_{\mathrm{I}} + (70 \sim 140)\,\mathrm{kPa}$$

③ 펌프양정(H) m

$$H=(\text{흡입양정}+P_{\text{II}}\times 10)\times 1.2$$

④ 압력수조 용량(V)

$$V=\frac{V_e}{A-B}$$

여기서, V_e : 유효저수량 (l) = 시간 최대 예상 급수량(Qm) × $\frac{20}{60}$

A : 탱크의 최고압(P_{II})일 때의 탱크 내의 수량비율(%)

B : 탱크의 최저압(P_{I})일 때의 탱크 내의 수량비율(%)

(4) 탱크리스 부스터방식

① 펌프양정(H) m

$$H=h_1+h_2+h_3$$

여기서, h_1 : 낙차=실고=흡입양정(hs)+토출양정(hd)

h_2 : 배관, 밸브류, 관이음 등의 마찰손실수두(m)

h_3 : 기구의 최소필요압력 환산수두(m) H=10P

② 운전방식

㉮ 정속방식 : 대수 제어

㉯ 변속방식 : 회전수 제어

③ 검지방식

㉮ 압력검지식 : 토출압, 말단압 일정제어

㉯ 유량검지식

㉰ 수위검지식

5. 양수펌프 소요동력계산

$$P(kW)=\frac{QH}{E}k$$

여기서, Q : 양수량(m^3/s)

H : 펌프양정(kPa)

E : 펌프의 효율(%)

k : 전동기 전달계수 k=1.1~1.15

6. 결론

급수방식의 선정은 건물의 규모, 용도, 사용형태 등을 면밀히 검토하여 가장 적합한 급수방식을 선정하여야 한다. 최근까지 가장 많이 사용하는 고가탱크방식은 환경오염과 미관상 문제, 수질오염 때문에 차츰 줄어들고 있고, 수질오염방지와 에너지 절약이 좋은 탱크리스 부스터 펌프방식이 최근 많이 사용되고 있다.

Tankless Booster Pump 방식에 대하여 논하라.

1. 개요

수수조의 물을 건물의 필요개소에 Booster Pump에 의해 직접 급수하는 방식이며, Pump의 제어방식에 따라 정속방식(대수 제어)과 변속방식(회전수 제어)이 있다.

2. 특징

(1) 장점

① 수질오염 가능성이 적다.
② 고가수조가 필요없다.
③ 단수 시 수수조 물 이용, 정전 시 발전기 설치 공급가능
④ 급수압이 거의 일정하다.
⑤ 수전동력이 적다.
⑥ 에너지 절약적이다.

(2) 단점

① 설비비가 비싸다.
② 자동제어장치가 필요하다.

3. 운전방식

(1) 계통도

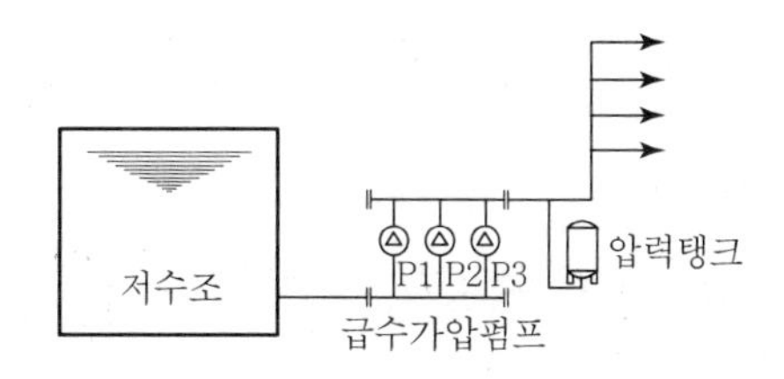

(2) 운전모드

구분	유량 증가 시	유량 감소 시
첫째 날	$P_1 \rightarrow P_2 \rightarrow P_3$	$P_3 \rightarrow P_2 \rightarrow P_1$
둘째 날	$P_2 \rightarrow P_3 \rightarrow P_1$	$P_1 \rightarrow P_3 \rightarrow P_2$
셋째 날	$P_3 \rightarrow P_1 \rightarrow P_2$	$P_2 \rightarrow P_1 \rightarrow P_3$

4. 검지방식

(1) 압력검지식

① 토출압 일정제어

② 말단압 일정제어

(2) 유량 검지식

(3) 수위 검지식

5. 회전수 제어의 원리

(1) VVVF에 의한 회전수 제어

$$N = \frac{120 \cdot f}{P}$$

여기서, N : 회전수(rpm), f : 주파수(Hz), P : 극수(전동기)

(2) 회전수 변화에 따른 유량, 양정, 동력변화

$$Q' = (\frac{N'}{N})Q \qquad Q \propto N \qquad \left(\frac{D_2}{D_1}\right)^3 Q$$

$$H' = (\frac{N'}{N})^2 H \qquad H \propto N^2 \qquad \left(\frac{D_2}{D_1}\right)^2 H$$

$$P' = (\frac{N'}{N})^3 P \qquad P \propto QH \propto N^3 \qquad \left(\frac{D_2}{D_1}\right)^5 P$$

여기서, $N.N'$: 변화 전후의 회전수(rpm)

$Q.Q'$: 변화 전후의 용량(m^3/s)

$H.H'$: 변화 전후의 양정(m)

P, P' : 변화 전후의 동력(kW)(Ps)

D_1, D_2 : 변화 전후의 폴리직경(m)

6. 펌프의 운전특성

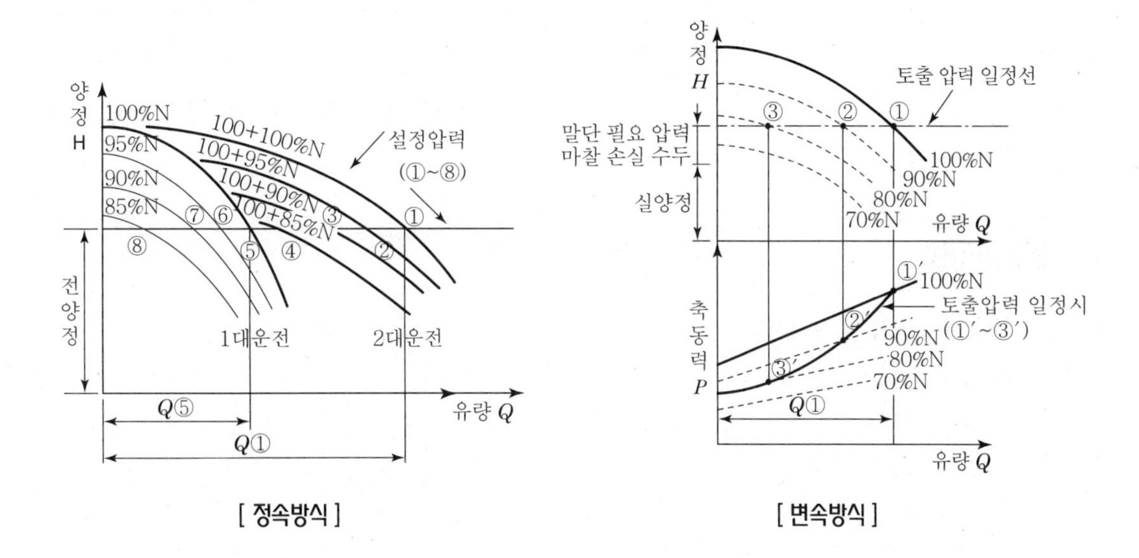

[정속방식]　　　　[변속방식]

7. 결론

(1) Booster Pump 방식은 건물의 구조, Space, 미관적 문제 및 고가수조에 의한 수질오염문제를 해결할 수 있는 급수방식이다.

(2) 에너지절약을 위한 제어방식은 회전수 제어방법보다 대수제어에 의한 방식이 유리하다.

급수배관의 관경결정법에 대하여 논하라.

1. 개요

급수배관의 관경결정방법에는 기구 연결관의 관경에 의한 방법, 관경균등표에 의한 방법, 유량선도에 의한 방법 등이 있다.

2. 관경결정법

(1) 관경균등표에 의한 방법

① 옥내 급수관과 같은 간단한 배관의 관경계산에 사용하는 방법으로 관경균등표와 동시 사용률(同時使用率)을 적용하여 계산하는 약산법이다.

기구수	2	3	4	5
동시 사용률	100%	88%	75%	70%

주관 \ 지관	15	20	25	32
15	1			
20	2	1		
25	3.7	1.8	1	
32	7.2	3.6	2	1

② 큰 관과 작은 관에 대한 마찰계수가 일정하다고 할 때

$$Q = KD^{2.63} = NK'd^{2.63}$$ (Williams Hazen 공식)

$N = (D/d)^{2.63}$: 큰 관에 해당하는 작은 관의 수

(2) 마찰저항선도에 의한 방법

급수배관 속에 흐르는 수량과 허용마찰로 관경을 구하는 방법

① 부하유량 계산

㉮ 물사용시간율과 기구급수단위에 의한 방법

㉯ 기구급수 부하단위에 의한 방법

㉰ 기구이용으로부터 예측하는 방법

② 허용 압력강하 계산

$$R=\frac{(H_1-H_2)}{l(1+K)}\times 1,000 \rightarrow \frac{1,000h}{l(1+K)}$$

여기서, H_1 : 고가탱크에서 각층의 기구까지의 수직높이(m)

H_2 : 각층 급수기구의 최저 필요압력에 해당하는 수두(m)

h : 순수허용낙차(m)

l : 직관의 길이(m)

K : 등가길이

③ 관경 결정

관 내 유속이 클 경우 워터해머링의 원인이 되므로 유속이 2m/sec 이하가 되도록 하는 것이 좋다.

(3) 기구 연결관의 관경에 의한 방법

3. 결론

급수관의 관경은 수두압에 따른 유출수량에 많은 차이가 나는 점을 고려할 때 유량과 허용마찰 손실표에 따른 관경 선정이 유효하다고 판단됨

설비시설에서 적정 수압유지의 필요성에 대하여 논하라.

1. 개요

한정된 국토를 효율적으로 이용하기 위해서는 모든 건축물이 고층화될 수밖에 없고 고층화할 때 배관 System을 어떻게 구성하느냐 하는 것이 매우 중요한 문제이다.

2. 수압과 수두

$$P = WH$$

여기서, P : 압력(MPa)
W : 물의 비중량=1,000(kg/m^3)
H : 수두=물기둥의 높이(m)

$$P = 1,000(\text{kg/m}^3) \times H(\text{m}) = 1,000H(\text{kg/m}^2) = 0.1H(\text{kg/cm}^2)$$

$$P = 0.01H(\text{MPa})$$

3. 적정 수압유지의 필요성

배관계통에서 수압이 적정하지 못하면 물 사용이 불편해지고, 물을 낭비하게 되어 비경제적이다.

(1) 수압이 과대하게 높을 경우

① 토수량이 과대하고, 손실되는 양이 많다.
② 유수 소음이 크고, 수격작용에 의한 소음과 진동으로 주거환경을 열악하게 한다.
③ 수전류의 파손 및 마모로 경제적 손실과 유지 관리비가 증가한다.

(2) 수압이 너무 낮은 경우

① 토수량 부족으로 물 사용이 불편해진다.
② 기구별 최저필요압력 이하 시 수전류 및 기구류 사용이 불가하다.

4. 배관계통 구성에 기준이 되는 압력

(1) 급수, 급탕 허용 압력

① 공동주택, 호텔, 오피스텔 등 주거용 건물 : 0.3~0.4MPa

② 사무소, 공장, 기타 건물 : 0.4~0.5MPa

(2) 배관재의 등급

$$Sch\ NO. = \frac{P}{S} \times 1000$$

여기서, P : 최고사용압력(kg/cm^2)

S : 관재의 허용응력(kg/cm^2)

(3) 수격작용에 의한 충격 압력

$$P_r = \rho a v$$

여기서, P_r : 상승압력(Pa)

ρ : 물의 밀도($1,000 kg/m^3$)

a : 압력파의 전파속도(m/sec) - 물에 대해서는 1,200~1,500을 평균치

v : 유속(m/sec)

5. 결론

건물이 고층화될수록 배관 내 압력이 높아질 수밖에 없고 압력이 높아짐에 따라 사용 배관재의 사용등급이 상향조정되어야 하며 사용자의 입장에서 불편하지 않게 적정수압이 유지되도록 설계되어야 한다.

07 절수형 위생기구에 대하여 논하라.

1. 개요

용수공급의 확대보다도 용이하고 적은 투자로써 큰 효과를 낼 수 있는 절수대책으로 용수문제를 해결하려는 노력이 매우 필요하다. 보통사람의 경우 평소 물 사용과 관련된 생활습관을 조금만 개선한다면 별 불편을 느끼지 않고도 물 사용량의 20% 정도를 절약할 수 있다.

2. 절수방법

(1) 정책적인 대책

① 수도(상수도, 하수도) 요금의 인상
② 절수에 대한 홍보 강화
③ 노후된 상수도 배관의 교체로 누수율을 줄임
④ 절수형 설비의 개발 및 연구 지원
⑤ 절수형 설비의 설치 시 자금 및 세제지원

(2) 기술적인 대책

① 중수도 설비(배수의 재이용)
② 절수형 위생기구 사용
③ 압력조절에 의한 절수
④ 정유량 밸브 사용
⑤ 전자 감응식 자동수전
⑥ 냉각수의 절수

3. 절수형 위생기구

(1) 절수형 양변기 부속(2단 사이폰식)
(2) 절수형 대변기용(Flush Valve)
(3) 양변기 세척음과 동일한 전자음 장치
(4) 전자감지식 소변기 세척밸브
(5) 절수형 소변기용(Flush Valve)
(6) 절수형 Disc
(7) Aerator(포말장치)
(8) Restrictor(감압판)

(9) Single Lever식 혼합수전
(10) 자폐식 Thermostat 혼합꼭지
(11) Self Closing Faucet

4. 절수방법별 특징

(1) 압력조절에 의한 절수

① 원리

고층 건물의 경우 최고·최저압력차가 크며 특히, 저층부에서 과대한 수압작용으로 수전기구로부터 토수량이 필요 이상 많게 되고, 이에 따른 물 낭비는 물론 수격현상(Water Hammer) 발생과 수전기구의 내구 연수가 단축됨

② 특징

㉮ 상기와 같은 현상방지를 위해서 사용수압 0.1~0.5MPa 이내로 제한하기 위해 급수조닝
㉯ 급수조닝방법
㉠ 층별식 ㉢ 압력조정펌프식
㉡ 중계식 ㉣ 감압밸브식

(2) 정유량 밸브에 의한 절수

① 작동원리

급수압력이 낮을 때 조절량이 평상시 위치에 있어 오리피스의 통과면적이 최대로 넓혀지고 급수압력이 높을 때 조절량이 경사진 오리피스 입구쪽으로 내려앉아 오리피스의 통과면적이 줄어들어 유량을 일정하게 공급

② 유량특성곡선

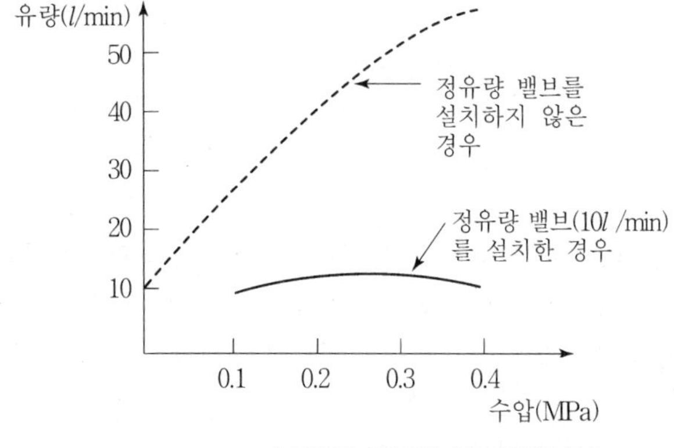

[정유량 밸브의 성능특성곡선]

③ 특징

㉮ 절수효과

㉯ 에너지 절약

㉰ 하수도 비용절감

㉱ 온수온도 일정 유지

㉲ 워터해머 및 소음방지

(3) 전자감응식 자동수전에 의한 절수

① 작동원리

센서에 의해서 인체 또는 물체를 감지하여 전자제어장치가 소형모터를 제어해서 급수밸브의 개폐기능을 자동으로 실행하여 필요한 동력은 건전지 또는 상용전원에서 공급받는다.

② 수도전의 동작특성 비교

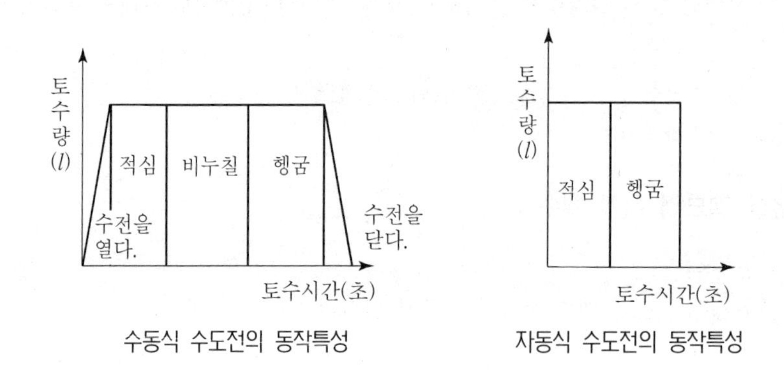

[수도전의 동작특성 비교]

③ 특징

㉮ 절수효과

㉯ 에너지 절약

㉰ 하수도 비용 절감

5. 결론

생활수준의 향상에 의한 폭발적인 생활용수의 증가, 산업화에 따른 급격한 공업용수의 증가, 쌀 중심의 농업에 의한 많은 농업용수의 확보문제 등으로 인해 우리나라의 용수문제 해결은 앞으로 가장 중요한 정책목표가 될 것이며, 기존 건축물의 경우에도 절수형 위생기구 사용을 적극 권장하여야 할 것으로 사료된다.

08 중수도설비에 대하여 논하라.

1. 개요

중수도란 수자원의 절약을 위해서 한 번 사용한 상수를 처리하여 상수도보다 질이 낮은 저질수로서 사용 가능한 생활용수에 사용하는 것으로 하수의 중간수라고 할 수 있다.

2. 중수도의 용도 및 도입효과

(1) 중수도의 용도

수세식 변소용수, 조경용수, 살수용수, 세차 · 청소용수

(2) 도입효과

① 용수 사용료 절감, 자원회수, 하수도료 절감
② 하절기의 용수부족 해결
③ 환경 보전법상 총량규제에 따른 오염부하 감소효과

3. 중수도의 종류

(1) 개별순환방식

① 개별 건축물별로 행해지는 순환방식
② 건물 내에서 발생된 오수를 제외한 모든 배수를 처리
③ 대규모 빌딩

(2) 지구순환방식

① 지역 내에서 행해지는 순환방식
② 지역 내에서 발생하는 하수 또는 잡배수를 처리
③ 도심지 재개발, 대규모 주택단지

(3) 광역순환방식

광역에 급수하는 방식으로 광역적이며 대규모

4. 중수도 용도별 수질기준

(1) 수질기준 선정 시 고려사항

① 시설과 기구에 악영향을 미치지 않을 것
② 위생상 지장이 없을 것
③ 관리수준의 확보 및 판정을 위한 적절한 지표가 있을 것
④ 용수처리 기술의 안정성이 확립되어 있을 것
⑤ 이용상 장애가 없을 것

(2) 수질기준

항 목	수세식변소 용수	조경용수	살수용수	세차 및 청소용수
대장균군수	검출되지 아니할 것			
잔류염소(결합)	0.2mg/l 이상	-	0.2mg/l 이상	0.2mg/l 이상
외관	이용자가 불쾌하지 않을 것			
탁도	2NTU를 넘지 아니할 것			
BOD	10mg/l 이하			
냄새	불쾌한 냄새가 나지 아니할 것			
pH	5.8~8.5			
색도	20도를 넘지 아니할 것	-	-	20도를 넘지 아니할 것
COD	20mg/l를 넘지 아니할 것			

5. 중수도의 원수 및 처리

(1) 중수의 원수

잡배수, 우수, 하천수

(2) 처리대상

① 대장균 군수
② 잔류염소
③ 외관
④ 탁도
⑤ BOD
⑥ 냄새
⑦ pH
⑧ 색도
⑨ COD

6. 중수처리의 프로세스

중수처리에는 생물법, 화학법 및 여과막법이 있으며 생물법은 비용은 적지만 건물 내 공간을 많이 차지하여 여과막법이 점차 증가하고 있고 화학법은 사용예가 적다.

<table>
<tr><th>생물학적 처리방식</th><th>물리화학적 처리방식</th><th>여과막법</th></tr>
<tr><td>원수</td><td>원수</td><td>원수</td></tr>
<tr><td>스크린 파쇄기</td><td>스크린 파쇄기</td><td>V/B 스크린</td></tr>
<tr><td>조정조</td><td>조정조</td><td>조정조</td></tr>
<tr><td>폭기조</td><td>폭기조</td><td rowspan="2">여과막</td></tr>
<tr><td>침전조</td><td>침전조</td></tr>
<tr><td rowspan="2">모래여과조</td><td>모래여과조</td><td rowspan="2">활성탄 여과기</td></tr>
<tr><td>오존반응조</td></tr>
<tr><td>소독</td><td>소독</td><td>소독</td></tr>
<tr><td>처리소독</td><td>처리소독</td><td>처리소독</td></tr>
<tr><td>재사용</td><td>재사용</td><td>재사용</td></tr>
</table>

7. 결론

중수도의 문제는 원수량 확보에 있으며 빌딩은 곤란하고 아파트 및 호텔 등의 건물은 가능하다. 또한 관 내의 스케일 생성방지를 위해 건물의 배관재질을 검토해야 하며 농도기준의 오염기준을 총량규제와 병행하여 실시함으로써 중수도 설비를 활성화하여 수자원보호에 이바지해야 한다.

우수 이용 시스템에 대하여 논하시오.

1. 개요

건축물의 위생설비 음료용 수원으로서 우수 이용은 세균학적인 문제를 제외하면 지장이 없다는 주장도 있으며, 잡용수로 이용하는 데 특별한 문제점이 없는 것으로 판단된다.

2. 빗물이용시설 설치대상

(1) 운동장 또는 체육관으로서 지붕면적이 2,400m² 이상이고 객석수가 1,400석 이상인 경우

(2) 서울시 조례 : 연면적 5,000m² 이상인 다중이용 건축물

3. 빗물이용시설의 시설기준

(1) 지붕에 떨어지는 빗물을 모을 수 있는 집수시설

(2) 비가 내리기 시작한 후 처음 내린 빗물을 배제할 수 있는 시설이거나 빗물에 섞여 있는 이물질을 제거할 수 있는 여과장치 등 처리시설

(3) 처리시설에서 처리된 빗물을 일정기간 저장할 수 있는 빗물저류조로서 다음 각 목의 요건을 갖춘 것

① 저수조의 용량은 지붕면적(m²)×0.05ton/m²

② 물의 증발이나 이물질이 섞이지 않도록 되어 있어야 하며 햇빛을 막을 수 있는 구조

③ 내부 청소에 적합한 구조

(4) 처리한 빗물을 화장실 등 빗물을 사용하는 곳으로 운반할 수 있는 펌프 · 송수관 · 배수관 등 송수 · 배수시설

(5) 빗물이용시설은 위생과 안전 등에 필요한 조치를 하여야 함

(6) 배관은 상수도, 가스공급 배관과 구분되어야 하고, 연 2회 이상 주기적으로 점검하고 이물질 제거 등 청소를 하여야 함

(7) 관리자는 관리대장을 만들어 빗물 사용량, 누수 및 정상가동점검, 청소일시 등을 기록 및 관리

4. 우수 이용 시스템의 계획

(1) 간단한 시스템으로 계획
① 우수 이용으로 절약되는 상수도 요금은 적다.
② 우수 본래의 수질은 양호하므로 간단한 수처리
③ 초기투자비가 적은 시스템 계획
④ 수처리 비용이 적게 드는 우수만 집수

(2) 우수 저수조의 크기는 가능한 한 크게 한다.
① 집중호우 시 양질의 우수를 많이 저장
② 사용용량이 1~2개월분
③ 정수를 개발하는 건축물의 경우에는 정수조와 겸용

(3) 우수조의 구조는 사수를 방지할 수 있는 구조로 한다.
① 침사조에서 저수조에 유입되고 펌프로 양수하는 곳까지 물의 흐름을 유지
② 산소를 포함할 수 있도록 물의 유동

(4) 우수조는 청소가 용이한 구조로 한다.
바닥 구배를 주어 청소를 용이하게 하고 점검구를 설치

(5) 옥상 정원의 침투수를 이용할 수 있도록 계획한다.

(6) 우수를 장기간 보관 시 염소 주입장치 설치
부식방지, 조류번식 및 생성방지, 오염방지

(7) 호우시 우수가 넘치지 않도록 주의
오버 플로우관을 설치

(8) 우수 유입량은 시기가 있기 때문에 통기관 및 배관을 크게 한다.
우수의 집수는 장마기에 집수

(9) 잡용수 계통과 음료수 계통 분리

(10) 우수의 수질은 중수도 수질기준

(11) 우수의 사용용도는 음료용이 아닌 것으로 제한

5. 우수 이용 시스템

(1) 구성 요소

① 집우설비
② 우수저장조
③ 여과장치
④ 배관 등

(2) 우수 저수조의 구조

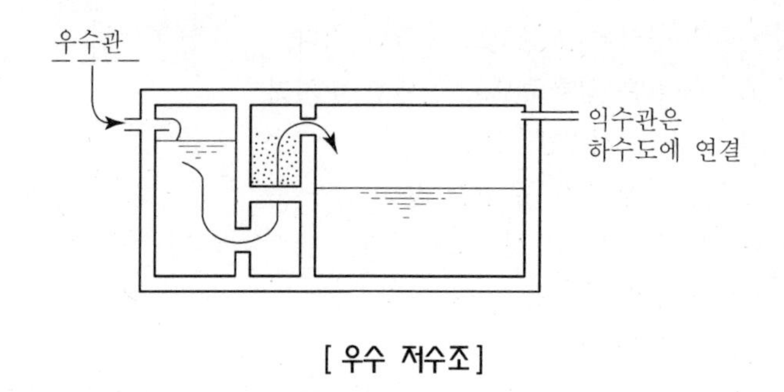

[우수 저수조]

6. 우수 이용 시 고려사항

(1) 산성우에 대한 대책수립

① 초기 우수 0.5mm 정도 배제

② 콘크리트 구조로 계획할 경우 콘크리트에 의해 중화

(2) 흙먼지, 낙엽, 새의 분뇨 등의 혼입방지 대책수립

① 집수조를 지면 가까이 설치

② 플라스틱 여과제를 사용하는 여과장치를 설치하여 1차 제거

③ 우수 저장조에 유입

(3) 집중호우 및 정전 시의 대책수립

우수조의 용량이 건축 여건상 부족할 경우에는 집중호우 시 남은 유입수를 우회시켜 옥외로 방출 계획

7. 결론

우수 이용 시스템에 대한 연구개발로 수자원의 보호에 이바지해야 할 것으로 사료된다.

10 급배수 설비과제에 대한 전망

1. 현황

(1) 천대받는 기술분야
(2) 전문 학회 부재
(3) 사회적 요구 미흡
(4) 법규 재시행 미흡

2. 기준

(1) 일본 : 1970년 위생적 환경 확보 법률 공포
(2) 미국 : 1949년 National Plumbing Code 출현, 1996년 American Standard 채택
(3) 한국 : 건축법에 절수형 위생기구 채택, 비상급수설비, 위생설비(변기 및 남녀 구분), 공공업무, 판매시설, 관광호텔의 10개 이상 대변기 설치하는 공간, 장애인용 대변기 설치, 오수정화조시설 등의 구조 등이 있다.

3. 당면과제

(1) 관련법규 제정
(2) 기술내용 제도화
(3) 전문기술자 양성

4. 기술적 관계

(1) 급수부하 산정법 미비
(2) 헌티곡선 이용(BMS에서 확률을 응용한 급수의 순시 최대 유량을 구하는 방법)
(3) 기구 급수 부하는 개인용, 공공용 구분
(4) 대시식, 즉시식 이용형태 구분하며 즉시식으로 복층 이용 시는 기구개수 보정이 필요하다.
(5) 급수압력 조절이 용이한 펌프직송 급수방식 채택
(6) 고층건물 급수압력 문제점
(7) 수질오염 방지대책
(8) 배관 부식
(9) 배수의 재이용과 우수 이용
(10) 통기방식 개선
(11) 공사의 Precut 방식과 Prefab 방식 채용

급·배수관 및 수도계량기 동파원인과 방지대책

1. 개요

급·배수관 및 수도계량기의 동파피해는 경제적 피해와 물사용 불편, 결빙에 의한 안전사고 발생 등을 초래하며 매년 영하 10℃ 이하일 때 전국적으로 많은 동파발생으로 생활에 불편을 초래하므로 동파방지대책을 강구하여야 될 것으로 사료된다.

2. 동파현상

(1) 0℃ 물이 0℃ 얼음이 될 때 물의 체적팽창은 9%이며, 4℃ 물이 0℃ 얼음이 될 때 9.8%에 해당하는 체적팽창이 일어나 동파의 원인이 됨

(2) 체적팽창으로 인한 상승압력

$$\Delta P = K\frac{\Delta V}{V}$$

여기서, ΔP : 압력상승(MPa)
K : 체적팽창계수(일반온도 범위에서는 2.2×10^3MPa)
V : 보유수량(l)
ΔV : 팽창수량(l)

3. 동파원인

(1) 급수배관

① 보온재의 변형 및 변질
② 보온재의 기계적 강도 약화
③ 보수관리 후 보온 원상복귀 불량
④ 옥외 노출배관의 우수 및 수분침투
⑤ 고가수조방식 사용 시 옥탑배관 보온불량
⑥ 옥탑탱크 정수위밸브, 전자변 동파

(2) 배수배관

① 발코니 바닥배수 트랩동결의 동파
② 최하층부, 옥외노출배관 동결의 동파
③ 배수관 내 슬러지 등으로 배수불량에 의한 동파

④ 지하주차장 등으로 배수관 외기에 직접 접촉 시 동파
⑤ 외부구조체 노출 슬리브 부위 동파

(3) 수도계량기

① 아파트
㉮ 복도식은 외기와 접촉
㉯ 계량기함의 단열불량
㉰ 계량기 연결부 보온불량

② 기타 건물
㉮ 계량기함 내 단열 불량
㉯ 계량기함 내 누수에 의한 현상

4. 동파방지대책

(1) 급수관 및 수도계량기보호함의 설치기준에 준하여 시공

(2) 급·배수관

① 보온재의 적절한 규격시공
② 배관유지 관리 후 보온재 원상복구 철저
③ 옥외 배관보온은 기밀유지 철저
④ 고가수조 이용 시 옥탑배관, 정수위 밸브의 보온
⑤ 최하층 배수관, 옥외 배수관 보온 철저
⑥ 배수관 청소, 구배 철저로 배수 용이
⑦ 급수관은 외기온도 영하로 될 때 순환회로방식 채택

(3) 수도계량기

① 복도식 아파트는 복도통로 주민과 합의하여 복도창문 설치
② 계량기함의 피복단열 강화
③ 계량기는 열선 설치
④ 원격지침 수량계 적극 채용
⑤ 수도사업소와 협의 동파방지 홍보
⑥ 계량기함 내 누수방지
⑦ 동파방지용 계량기설치

5. 보온재 구비조건

(1) 열전도율이 작을 것
(2) 비중이 적을 것
(3) 기계적 강도가 있을 것
(4) 시공이 용이할 것
(5) 보온재가 물에 젖지 않을 것
(6) 흡습성, 흡수성이 적을 것
(7) 화학적 강도가 있을 것
(8) 불연성, 내연성일 것

6. 결론

급 · 배수관 및 수도계량기 동파의 직접적인 원인은 보온피복에 의한 원인이 가장 크므로 시공 시 보온의 단열 철저로 동절기 동파피해를 최소화하여야 하며, 유지 관리 시 철저한 보온으로 직접피해가 없도록 만전을 기해야 할 것으로 사료된다.

물의 재이용시설에 대하여 기술하시오.

1. 개요

우리나라의 연평균 강수량은 세계평균의 1.3배지만 인구 1인당 연 강수량은 세계평균 10분의 1에 불과하다. 강수량의 $\frac{2}{3}$가 6~8월의 장마기에 집중되고, 표토층이 얇아 자연담수 능력이 열악한데도 1965년 이후 용수사용 총량은 6.5배가 증가하였고, 생활용수 사용은 32배가 증가하여 UN에서 정한 물부족 국가로 지정되어 빗물을 효율적으로 이용하기 위한 설치기준을 마련해야 한다.

2. 물의 재이용 설치대상

신축, 증축, 개축, 재축하는 건축물 또는 시설물로서 다음의 대상이 있다.

(1) 빗물이용시설설치

종합운동장, 실내체육관, 공공청사, 공동주택, 학교, 골프장, 대규모 점포 : 지붕 면적 1,000m^2 이상

(2) 중수도시설 설치

① • 숙박업, 목욕장업(연면적 60,000m^2 이상)
  • 공장, 발전시설(1일 폐수배출량 1,500m^3 이상)

② 개발사업 : 관광단지개발사업, 택지개발사업, 도시개발사업, 산업단지개발사업
  ※ 개발사업은 국가, 지방자치단체, 공기업, 지방공기업이 시행하는 경우 해당

(3) 하수처리장

1일 하수처리 용량이 5,000m^3 이상인 시설

(4) 공장

1일 폐수량 1,500m^3 이상

3. 물의 재이용량

(1) 빗물이용시설

• 규정된 재이용량은 없음
• 집수조 용량은 지붕면적(m^2) × 0.05m^3 이상으로 하여야 함

(2) 중수도시설

① 시설물 : 물사용량(수돗물+지하수)의 100분의 10 이상

② 개발사업 : 개발사업 내 물사용량(수돗물+지하수)의 100분의 10 이상

③ 공장 : 폐수배출량의 100분의 10 이상

4. 물의 재이용시설의 시설기준

(1) 지붕에 떨어지는 빗물을 모을 수 있는 집수시설

(2) 비가 내리기 시작한 후 처음 내린 빗물을 배제할 수 있는 시설이거나 빗물에 섞여 있는 이물질을 제거할 수 있는 여과장치 등 처리시설

(3) 처리시설에서 처리된 빗물을 일정기간 저장할 수 있는 빗물 저류조로서 다음 각 목의 요건을 갖춘 것

① 저수조의 용량은 지붕면적(m^2) × 0.05ton/m^2

② 물의 증발이나 이물질이 섞이지 않도록 되어 있어야 하며, 햇빛을 막을 수 있는 구조

③ 내부 청소에 적합한 구조

(4) 처리한 빗물을 화장실 등 빗물을 사용하는 곳으로 운반할 수 있는 펌프 · 송수관 · 배수관 등 송수 · 배수 시설

(5) 빗물이용시설은 위생과 안전 등에 필요한 조치를 하여야 함

(6) 배관 상하수도, 가스공급 배관과 구분되어야 하고, 연 2회 이상 주기적으로 점검하고 이물질 제거 등 청소를 하여야 함

(7) 관리자는 관리대장을 만들어 빗물 사용량, 누수 및 정상가동점검, 청소일시 등을 기록 및 관리하여야 함

5. 물의 재이용 시스템

(1) 구성요소

① 집우설비

② 여과장치

③ 빗물 저장조

④ 배관 등

(2) 빗물 저수조의 구조

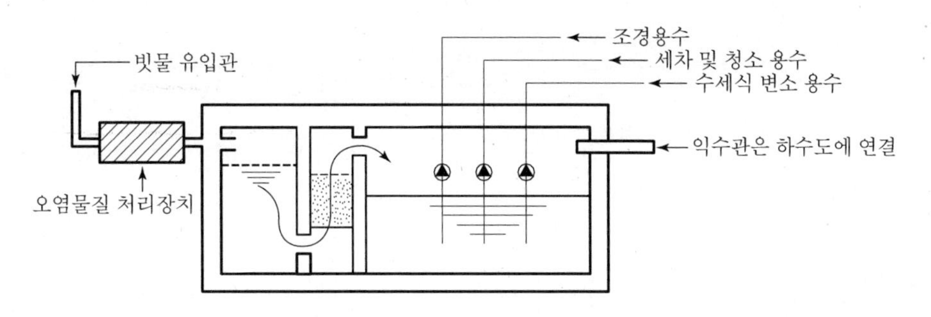

※ 빗물유입 → 오염물질 처리장치 → 1차 저수조 → 여과장치 → 2차 저수조 → 재활용

6. 결론

물의 재이용 시스템에 대한 연구개발로 수자원의 보호에 기여하여야 할 것으로 사료된다.

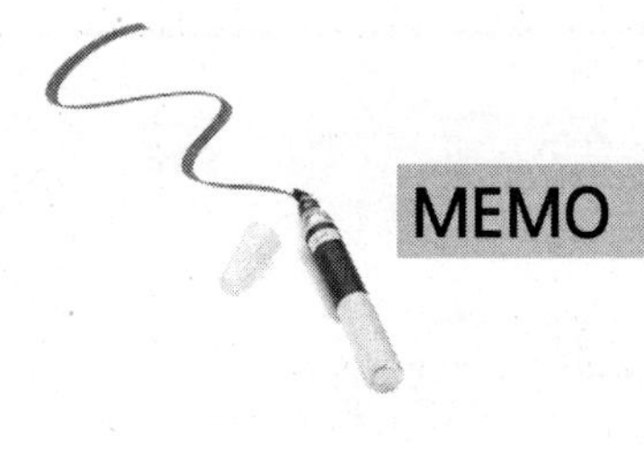

MEMO

제3장 급탕설비

급탕방식에 대하여 논하라.

1. 개요

급탕이란 증기, 온수 또는 전기를 이용하여 물을 가열하여 요구하는 온도의 온수를 만드는 것을 말한다.

2. 급탕방식의 분류

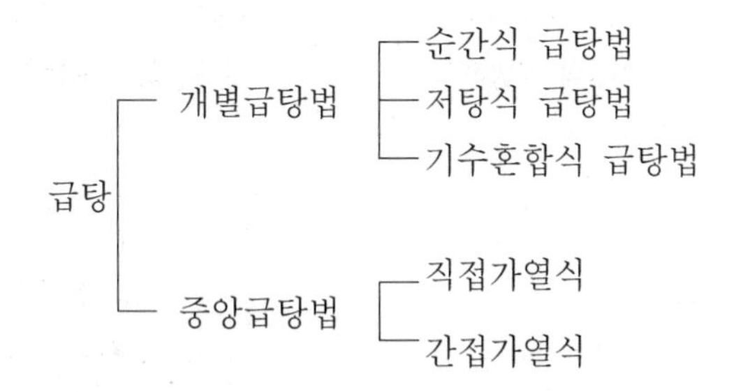

3. 급탕방식의 비교

구 분	개별식			중앙식
	순간식	저탕식	기수 혼합식	
장 점	• 수시로 원하는 온도의 물을 쉽게 얻을 수 있다. • 열손실이 적다. • 설비비가 저렴하여, 유지 관리가 용이하다. • 급탕개소의 증설이 비교적 용이하다.			• 대규모이므로 열효율이 좋다. • 관리용이 • 동시사용률 고려 총용량을 적게 할 수 있다.
단 점	• 급탕개소마다 가열기 설치장소가 필요하다. • 저렴한 연료를 쓰기 어렵다.			• 배관도중 열손실이 많다. • 초기 투자비 많다. • 전담 취급자 필요 • 증설이 어렵다.
특 징	배관 중의 코일을 직접 가열한다.	일시에 다량의 온수 공급이 가능하다.	열효율 100%	가열방식에 따라 직접 및 간접식으로 구분한다.
적 용	이발소, 미장원	학교, 공장, 기숙사	병원, 공장 등 특수한 장소에만 사용	대규모 및 일반건물
가열기의 종류	가스, 전기 순간 온수기	가스, 전기 저탕식 온수기	증기 취입기, 기수 혼합밸브	증기 또는 온수보일러

4. 급탕방식의 Diagram

(1) 개별식 급탕법의 Diagram

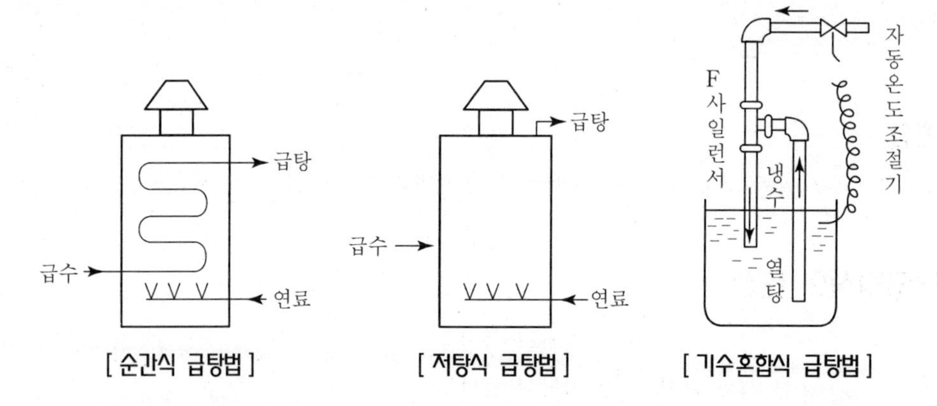

[순간식 급탕법] [저탕식 급탕법] [기수혼합식 급탕법]

(2) 중앙식 급탕법의 Diagram

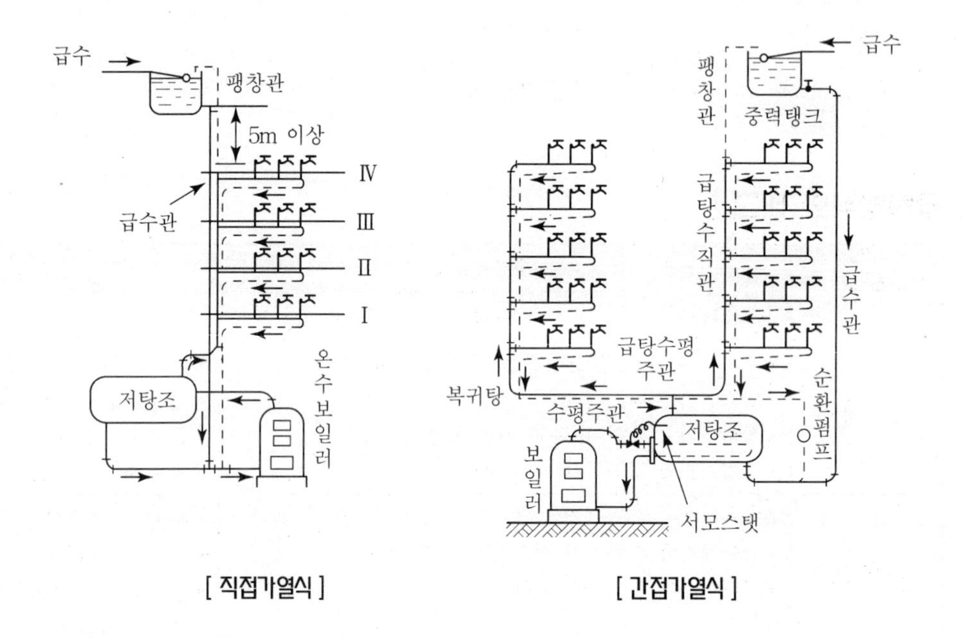

[직접가열식] [간접가열식]

5. 배관방식에 의한 분류

(1) 단관식

① 처음에는 찬물이 나온다.

② 배관에서 15m 이상 떨어져 급탕전 설치금지

③ 소규모 주택에 적합

(2) 복관식

① 환탕관이 있어 곧바로 온수가 나온다.
② 대규모 및 일반건물에 주로 사용

6. 공급방식 의한 분류

(1) 상향식
(2) 하향식
(3) 상하향식

7. 순환방식에 의한 분류

(1) 중력순환식

① 온수의 온도차에 따른 비중량차에 의해 순환
② 온수온도 저하
③ 소규모에 적합

(2) 강제순환식

① Pump를 이용한 강제순환
② 온수온도 저하를 방지
③ 중규모 이상에 주로 사용

(3) 순환수량

$$G = \frac{H}{c \cdot \Delta t} \text{ (kg/h)}$$

$$H = \Sigma l \cdot q \times 1.3$$

여기서, G : 순환수량 kg/h
q : 손실열량 W
Δt : 온도차(입 · 출구)
C : 물의 비열 J/kg · K
l : 구경별 길이(m)
q : 구경별 단위길이당 손실열량(W/m)
1.3 : 탱크 및 기기에서의 손실열량 보정계수

(4) 순환펌프 양정

① $H = Rl(1+k)$

② 약산식

$$H = 0.1\left(\frac{L}{2} + l'\right)$$

여기서, H : 순환펌프 양정(kPa)
R : 허용압력강하(Pa/m)
l : 직관의 길이(m)
k : 직관 상당장(%)
L : 급탕관의 길이(m)
l' : 반탕관의 길이(m)

8. 결론

온수를 원활하게 공급받기 위해서는 건물의 용도에 맞는 적절한 급탕법을 선정 · 채택하여 안정적 · 경제적인 공급이 이루어지도록 하여야 할 것이다.

위생설비에서의 에너지 절약 기술

1. 개요

위생설비에서의 에너지 절약 기술은 구체적인 최종 사용제한기법과 전체에너지 관리개념을 적용한 것으로 최소한의 에너지로 최대의 만족을 줄 수 있도록 위생설비를 설계하는 것이다.

2. 위생설비에서 에너지 절약 기술

(1) 급탕온도를 낮춘다.
(2) 사용유량을 감소한다.
(3) 경제적인 보온재두께 적용
(4) 급탕설비 개선
(5) 비사용 시의 손실 줄임
(6) 급탕가열에 폐열 이용

3. 에너지 절약 기법별 특징

(1) 급탕온도를 낮춤

① 급탕 공급온도 60°C, 급탕 사용온도 40°C에서 공급온도를 43°C 정도로 공급
② 식기세척기 등 공급온도보다 높은 온도를 요하는 장소는 부스터 히터 적용
③ 급탕순환온도와 외기 온도차를 줄여 에너지 절약

(2) 사용유량 감소

① 위생기구에 절수형 기구채택
② 정수처리량 감소
③ 하수처리장의 오배수 처리량 감소
④ 유량감소에 따른 관경 축소
⑤ 반송동력 절감

(3) 경제적인 보온재 두께

① 열손실을 낮춤
② 온도차를 줄임으로써 에너지 절약

(4) 급탕설비의 개선

① 급탕탱크와 급탕관의 단열두께 증가
② 수전에 과다한 수압 적용 시 감압변 설치
③ 최저급탕에 맞는 공급온도 설정과 부스터 히터 적용
④ 전기 온수가열기 및 순환펌프는 전기 Peak Load를 피함
⑤ 건물 내 재실자가 없을 때 순환펌프 정지
⑥ 온수가열기는 사용장소 가까이에 위치
⑦ 생활용수 예열에 폐열이용

(5) 비사용 시의 손실

비상주시간 동안 급탕 온수기와 순환시스템 정지

(6) 급탕가열에 폐열이용

① 냉동기로부터의 폐열
② 스팀 응축수로부터 재생된 열
③ 열병합 발전 설비의 냉각수 및 배기열
④ 히트펌프와 열회수시스템

4. 유틸리티 비용의 절감

(1) 비사용 시간대의 이용

물을 가열하고 순환시키는 데 필요한 동력을 전력 최대사용 시간대를 피해 사용하는 것

(2) 고효율 장비의 채택

(3) 배수 재이용 시스템

5. 대체에너지 이용

(1) 태양열 급탕

① 자연순환형
㉮ 저유형
㉯ 상변화형
㉰ 자연대류형

② 강제순환형
㉮ 밀폐식

㉯ 개폐식
㉰ 배수식
㉱ 공기식

(2) 지열을 이용한 급탕가열

(3) 고체 폐기물 처리

쓰레기 소각 배열 이용 급탕 가열

6. 결론

위생설비에서의 에너지절약 기술은 최종 사용제한인 절수형 위생기구 사용, 사용수압제한 등과 급탕가열 부하 저감과 열손실 방지 등으로 설비설계자가 전체 에너지 관리 개념을 적용하여야 될 것으로 사료된다.

급탕 2단열교환기(2-Stage System)에 대하여 논하라.

1. 개요

지역난방설비에서 기존의 급탕 및 난방용 열교환기를 통과한 1차 측 중온수를 급탕예열 열교환기에 통과시켜 급탕시수를 예열 중온수의 이용을 높이고 에너지를 절약하는 방식이다.

2. 원리

급탕 2단열교환기 방식은 기존 급탕 열교환기를 급탕 재열 및 예열 열교환기로 직렬로 분리 설치하여 급탕 재열 열교환기와 난방 열교환기를 통과한 1차 측 중온수를 급탕 예열 열교환기에 통과시켜 급탕시수를 예열하는 방식

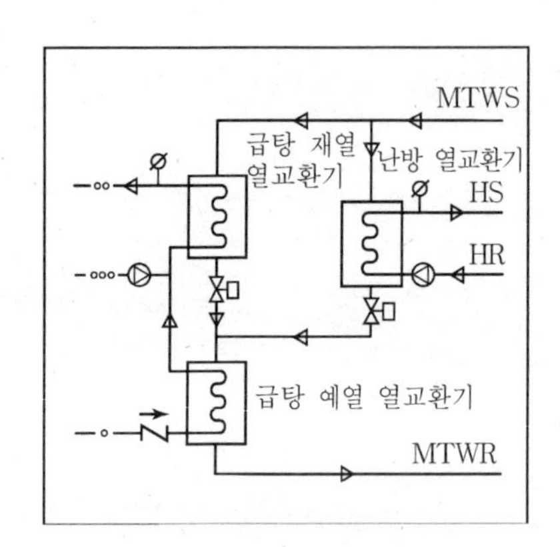

[급탕 2단열교환 방식]

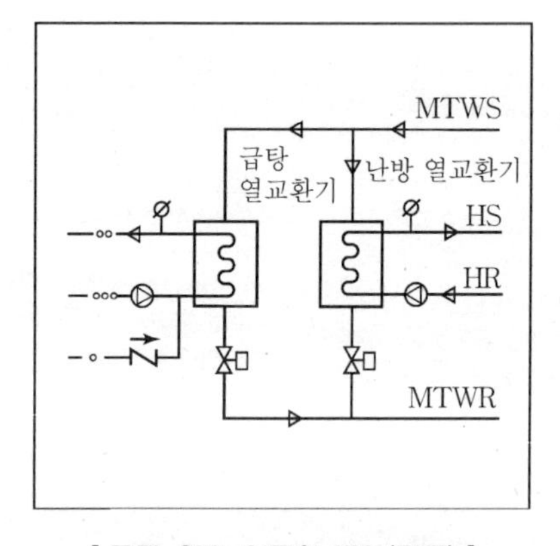

[급탕 일반 열교환 방식(기존)]

3. 급탕 2단열교환기 방식의 특징

(1) 장점

① 중온수 회수온도의 저하로 공급유량 감소 및 배관 열손실 감소
② 열원시설의 펌프 동력비 절감
③ 열원시설의 열효율이 향상되고 열공급 능력이 증대됨
④ 회수온도 감소로 열병합 발전의 발전효율 증대
⑤ 중온수 회수온도 편차는 기존 급탕 일반 열교환기 방식보다 안정화됨

(2) 단점

① 사용자 설비의 1차 측 압력손실이 증가됨
② 급탕 열교환기의 분할설치에 따른 사용자 공사비 증가
③ 난방 열교환기의 용량이 급탕 열교환기 용량보다 현저하게 클 때 적용이 어려움

4. 설계 검토 시 고려사항

(1) 설계온도기준

구 분		현 행	2단열교환방식		비 고
			재 열	예 열	
1차 측 설계온도(℃)	공급	75	75	55	1차 측 회수온도 40→35℃로 하향 조정
	회수	40	55	35	
	ΔT	35	20	20	
2차 측 설계온도(℃)	공급	55	55	35	
	회수	5(시수)	35	15	
	ΔT	50	20	20	

(2) 설계압력 손실기준

구 분	현 행	2단열교환방식		비 고
		재 열	예 열	
1차 측 설계온도(bar)	0.2	0.1	0.1	2단열교환으로 인한 1·2차 측 압력손실 증가 억제 고려
2차 측 설계온도(bar)	0.15(권장)	0.08	0.08	

(3) 회수온도 저하정도

현 행		1차 측 회수온도(℃)		비 고 (주배관)
공급(℃)	회수(℃)	예열기 출구	저하 ΔT	
115	65	53	12	–

(4) 최소 급탕부하

공동주택 및 일반건물 627.6MJ/h 이상

5. 향후 기대효과

(1) 지역난방 공급, 회수 온도차 증가로 열배관 수송능력 증대

(2) 열사용자의 열공급 불균형 해소로 민원발생요소 제거

(3) 전력비 절감 : 전력사용량의 15~20%

(4) 열공급시설 용량 증대 : 약 20%

(5) 열손실 감소 : 약 20%

6. 결론

지역난방 공급지역에서 급탕 2단열교환기 방식을 채택하여 중온수의 여열을 이용 급탕시수를 예열하고, 회수온도차를 크게 하여 반송동력을 줄여 에너지를 절약하고 지역난방 설비의 효율증대와 열공급 불균형을 해소해야 한다.

태양열 온수 급탕시스템에 대하여 논하라.

1. 개요

(1) 태양열 급탕설비의 요구 온도는 대체적으로 40~60℃이고 집열장치의 가격 또한 비교적 저가이며, 주택용으로 널리 보급되고 있다.

(2) 저온 집열의 이점을 최대한 살리도록 설계한다.

2. 시스템의 종류

(1) 자연 순환형 System

① 동력의 사용 없이 비중차에 의한 자연대류를 순환원리로 하는 System

② 순환원리 및 작동유체에 따른 분류

㉮ 저유형(Batch Type)

㉯ 자연대류형

㉰ 상변화형(Phase Change Type)

(2) 강제 순환형 System

① 동력을 사용하여 열매체나 물을 강제 순환시키는 System

② 순환원리와 회로 구성에 따른 분류

㉮ 밀폐식

㉯ 개폐식

㉰ 배수식

㉱ 공기식

3. 자연형 태양열 온수 급탕기

(1) 저유형 온수 급탕기

① 역사가 가장 오래됨

② 간단한 구조

③ 배관 길이를 짧게 할 수 있는 장소

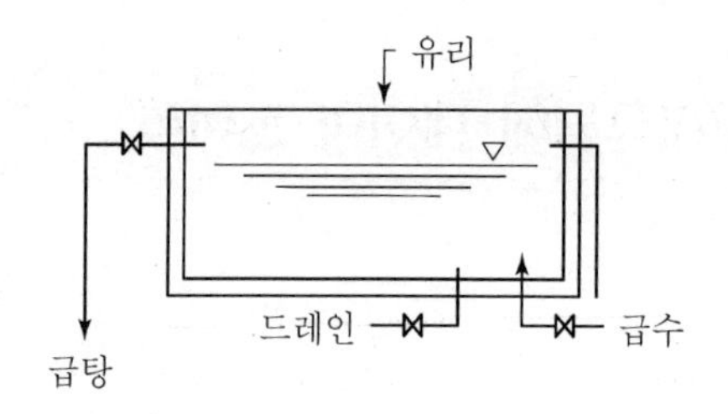

(2) 자연순환형 온수 급탕기

① 자연대류의 원리 이용

② 집열판과 저장탱크에 Check V/V 설치하여 역방향 흐름 차단

③ 동절기 동파 우려

④ 설계상 세심한 주의 필요

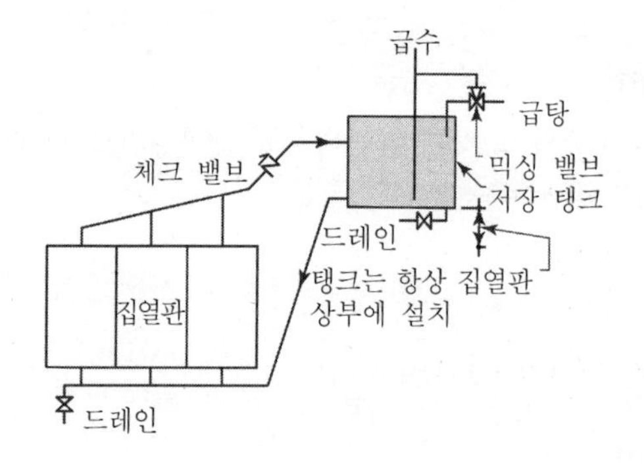

(3) 상변화형 온수 급탕기

① 열매로 상변화 물질 사용. 열매 선택 시 주의

② 특수한 밸브와 배관재 사용(열매)

③ 잠열을 이용한 열교환

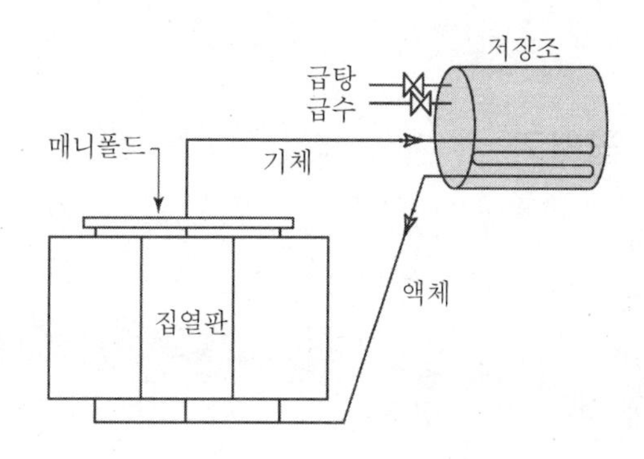

4. 강제 순환형 태양열 온수 급탕기

(1) 밀폐식 강제순환형

- 특징

㉮ 펌프동력소비가 적다.
㉯ 동파 우려가 없다.
㉰ 열교환 효율이 낮다.
㉱ 집열매체는 부동액과 물
㉲ 열매체 유지비 고가
㉳ 급탕오염 우려가 적다.
㉴ 배관구배 불필요
㉵ 팽창탱크 필요

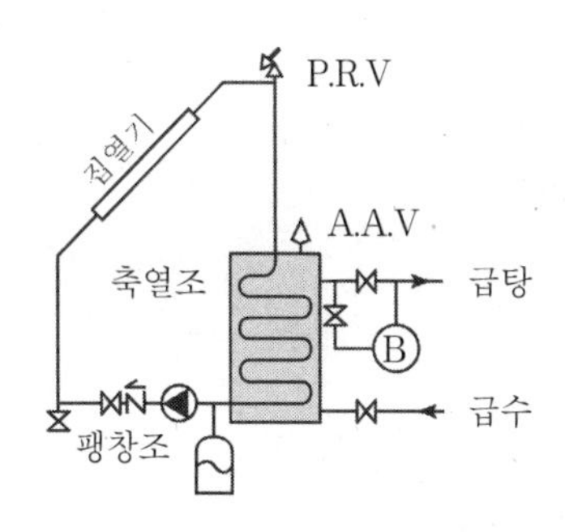

(2) 개폐식 강제순환형

- 특징

㉮ 펌프동력소비가 크다.
㉯ 동파 우려가 있다.
㉰ 열교환 효율이 높다.
㉱ 집열매체는 물
㉲ 열매체 유지비 저렴
㉳ 급탕오염 우려가 크다.
㉴ 배관구배 필요
㉵ 팽창탱크 불필요

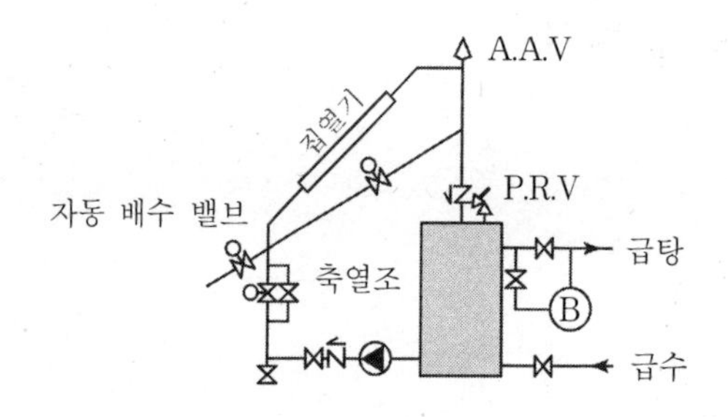

(3) 배수식 강제순환형 온수 급탕기

- 특징

㉮ 펌프동력소비가 크다.
㉯ 동파 우려가 없다.
㉰ 열교환 효율이 낮다.
㉱ 집열매체는 물
㉲ 열매체 유지비 저렴
㉳ 급탕오염 우려가 적다.
㉴ 배관구배 필요
㉵ 팽창탱크 불필요

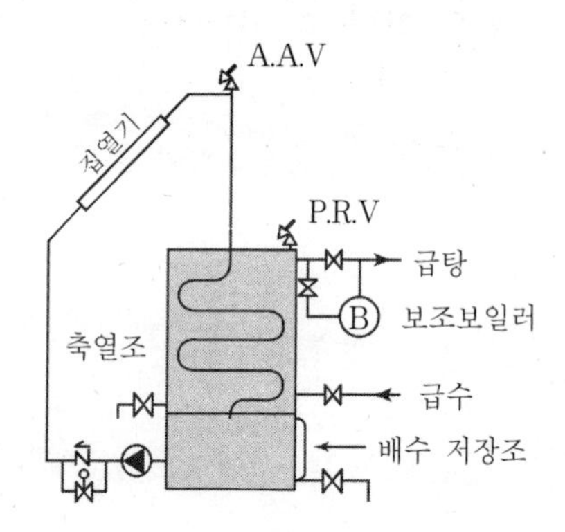

(4) 공기식 강제순환형

- 특징

㉮ 동파 우려가 없다.
㉯ 효율이 낮다.
㉰ 부식의 위험이 없다.
㉱ 배관비 증가
㉲ 운영비가 증가

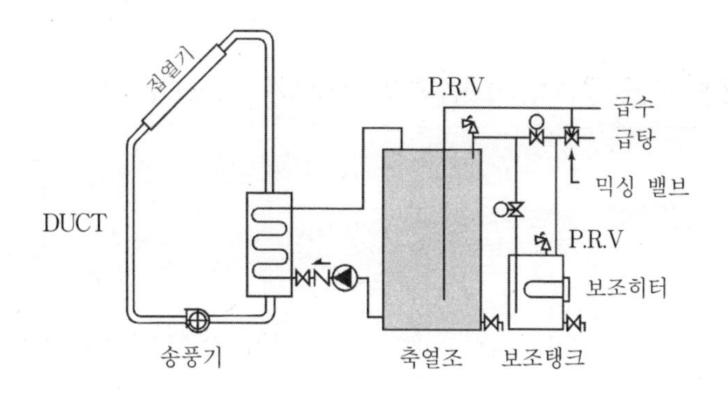

5. 집열기

(1) 집열면적 2~4m²/가구

(2) 경사각도

- 위도와 동일하게
- 난방의 경우 위도 +10°, 보통 40~60°

6. 결론

최근 신재생 에너지 보급과 관련하여 무한정, 무공해인 태양열 급탕설비의 이용이 적극 요구되며, 특히 진공관식 집열기를 이용한 태양열이용 급탕 System 적용이 활성화되어야 할 것으로 사료된다.

급탕배관 시공 시 주의사항에 대하여 기술하시오.

1. 개요

급탕설비 배관을 시공할 때 원활한 급탕공급을 위하여 시공 시 주의사항인 배관구배, 공기빼기 밸브, 신축이음쇠, 보온재 선정 시 고려사항을 충분히 고려하여 시공하여야 한다.

2. 급탕배관 시공 시 주의사항

(1) 배관의 구배
(2) 공기빼기 밸브
(3) 배관의 신축관 설치
(4) 보온재 및 마감재
(5) 배관의 지지
(6) 배관기기의 시험과 검사

3. 급탕배관 시공 시 주의 및 고려사항

(1) 배관의 구배

① 배관의 구배는 온수의 순환을 원활하게 하기 위해 현장 조건이 허용하는 한 급구배로 하는 것이 좋다.

구분	급탕관	복귀관
상향 공급 방식	선상향(앞올림)	선상향(앞올림)
하향 공급 방식	선하향(앞내림)	선상향(앞올림)

② 배관의 구배

㉮ 중력환수식 : 1/150
㉯ 강제순환식 : 1/200

(2) 공기빼기 밸브

① 물이 가열되면 수중에 함유되어 있는 공기가 분리된다.
② ㄇ자형 배관부에 공기가 정체하면 순환을 저해한다.
③ 공기정체가 우려되는 곳에 공기빼기 밸브를 설치한다.

(3) 배관의 신축

① 관의 신축량 계산공식

$$L = 1,000 l c \triangle t$$

여기서, L=온도 변화 전의 관 길이(m)
c=관의 선팽창계수
$\triangle t$=온도 변화(℃)

② 신축이음쇠의 종류 및 특징

구분	개념도	특징
Swivel 이음		① 2개 이상의 엘보를 사용한다. ② 신축과 팽창으로 누수가 되는 단점이 있다. ③ 저압증기나 온수의 분기관에 사용한다.
Loop 이음	R, T 4R T / R, T 4R T / R, R, T 2.28RT / 2R	① 고압배관 사용에 가장 안정적이다. ② 공간을 차지하는 면적이 큰 것이 단점이다. ③ 누수 및 고장이 없다.
Sleeve 이음		① pipe pit 또는 pipe shaft와 같은 좁은 장소에 설치한다. ② 보수하기 쉬운 벽이나 바닥용 관통배관에 주로 사용한다. ③ 저압증기나 온수배관에 사용한다.
Bellows 이음		① 단식과 복식이 있다. ② 공간 차지 면적이 작다. ③ 벨로스 주위에 응축수가 고여 부식의 우려가 있다. ④ 누수는 없으나 고압에는 부적당하다.

③ Expansion Joint 설치간격

(단위 : m)

구분	동관	강관
수직배관	10	20
수평배관	20	30

④ 누수의 우려 순서
스위블>슬리브>벨로스>루프

(4) 보온 및 마감재의 선정 시 고려사항

① 안전 사용 온도 범위
② 열전도율
③ 물리적 및 화학적 강도
④ 내용연수
⑤ 단위중량당 가격
⑥ 구입의 난이성
⑦ 공사현장에 대한 적응성
⑧ 불연성

(5) 배관의 지지 시 고려사항

① 신축관 몸체는 가대 및 옹벽에 철저히 고정할 것
② 관 및 유체의 중량을 지지하는 충분한 강도를 유지할 것
③ 온도 변화에 따른 신축을 감당할 것
④ 배관의 구배를 손쉽게 조절할 수 있는 구조일 것
⑤ 지진 및 진동 충격에 충분히 견딜 수 있을 것
⑥ 관의 처짐방지를 위해서 적당한 간격으로 배관을 지지할 것

(6) 배관기기의 시험과 검사

① 최고사용압력의 2배 이상으로 10분 이상 유지할 것
② 신축관을 고정하고 수압시험할 것
③ 단관으로 접속하여 수압시험 후 신축 이음쇠로 교체할 것
④ 신축관 주위에 점검구를 필히 만들 것

4. 결론

급탕설비 배관의 시공은 구배, 공기빼기 밸브, 신축이음쇠, 관의 지지, 기기의 시험 등을 적절하게 시행 및 설치하여 원활히 급탕을 공급할 수 있어야 한다.

제4장 배수설비

Professional Engineer

○ Building Mechanical Facilities
○ Air-conditioning Refrigerating Machinery

배수방식에 대하여 논하라.

1. 개요

(1) 배수란 건물이나 부지에 생긴 오수, 빗물, 폐수 등을 외부에 배출하는 것이다.

(2) 건물 내부에 설치한 세면기, 욕조, 싱크 등의 위생기구에서 나오는 오수를 건물 내에 정체시키지 않는다.

(3) 옥외하수도 또는 오물 정화조로 속히 방류하는 설비이다.

(4) 위생기구 등에서 사용된 물을 위생적이고 안전하게 공공하수도까지 배출하는 설비이다.

2. 배수계통의 분류

(1) 사용목적에 의한 분류

① 잡배수(일반배수) : 변기 이외의 싱크대, 욕조, 세면기 등에서 나오는 일반배수

② 오수 : 인분을 포함한 배수로서 대·소변기에서 나오는 배수

③ 우수 : 빗물 배수

④ 특수배수 : 공장, 실험실, 연구소 등에서의 유해, 위험물질을 포함한 배수

(2) 배수방식에 의한 분류

① 중력배수방식 : 높은 곳에서 낮은 곳으로 자연유하하여 배수하는 방식

② 기계배수방식 : 기계실 및 지하실 등 공공하수관보다 낮은 곳의 배수를 집수정에 모아 펌프로 배출하는 방식

(3) 배수처리방식에 의한 분류

① 분류처리 : 오수와 잡배수를 분류해서 처리하는 방식

② 합류처리 : 오수와 잡배수를 합류해서 처리하는 방식

(4) 사용장소에 따른 분류

① 옥내배수 : 건물 내에서 이루어지는 배수로 건물의 외벽면에서 1m까지의 배수

② 옥외배수 : 부지배수라고도 하며, 건물의 외벽면에서 1m 이상 떨어진 배수

(5) 기타

① 직접배수 : 위생기구 배수관이 배수수평지관 또는 주관에 직접 연결되는 배수

② 간접배수 : 대기 중에 개구하였다가 배수하는 배수

㉮ 냉장고, 식품저장용기 등의 배수

㉯ 세탁기, 탈수기 등과 음료기 등의 배수

㉰ 공조기, 급수용 펌프 등에서의 배수

3. 배수설계 시의 유의사항

(1) 주방, 냉장, 의료 등의 배수는 역류에 의한 오염방지를 위하여 간접 배수한다.

(2) 배수배관에는 트랩의 봉수파괴 방지를 위해서 반드시 통기관을 설치해야 한다.

(3) 통기관의 말단은 관 내의 냄새가 거주자에게 미치지 않는 곳까지 연장하여 대기 중에 개구한다.

(4) 공공하수도, 오수처리장에 유해한 그리스, 가솔린 등이 들어가지 않게 저집기를 설치해야 한다.

(5) 하천, 공공하수관에 연결 시 역류방지대책을 강구해야 한다.

4. 결론

(1) 날로 심각해지는 환경오염문제를 방지하기 위하여 정확한 배관과 분류로서 대응한다.

(2) 오염원을 줄이고 배제 또는 제거하는 데 역점을 둔다.

(3) 정화시설의 연구개발로 수질오염방지에 최선을 다해야 할 것이다.

02 Trap의 종류와 기능 및 용도를 설명하라.

1. 개요

(1) Trap은 배수관 내의 악취, 유독가스 및 벌레 등이 실내로 침투하는 것을 방지하기 위하여 배수계통의 일부에 봉수를 고이게 하여 방지하는 기구이다.

(2) 봉수깊이는 50~100mm이다.

2. Trap의 종류

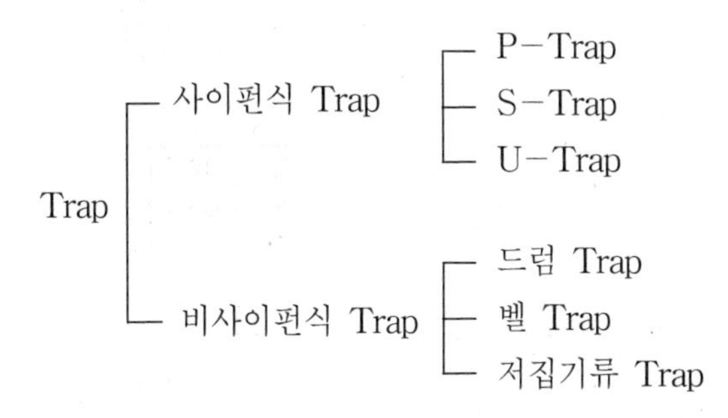

3. Trap의 기능 및 용도

(1) 사이펀식 Trap

관의 형상에 의한 것으로 자기사이펀 작용으로 배수

① P-Trap

㉮ 세면기, 소변기 등의 배수에 사용

㉯ 통기관 설치 시 봉수가 안정적이며 가장 널리 사용

㉰ 배수를 벽의 배수관에 접속하는 데 사용

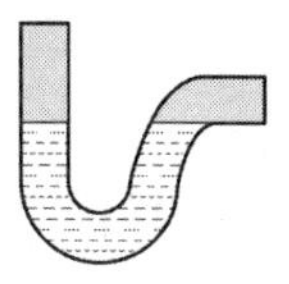

② S-Trap

㉮ 세면기, 소변기, 대변기 등에 사용

㉯ 배수를 바닥 배수관에 연결하는 데 사용

㉰ 사이펀 작용에 의하여 봉수가 파괴되므로 널리 사용되지 않음

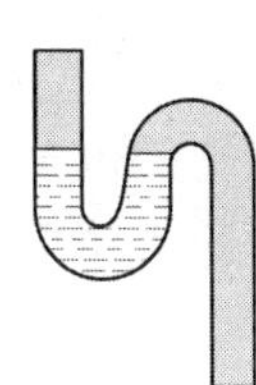

③ U-Trap

㉮ 일명 가옥트랩 또는 메인트랩

㉯ 공공 하수관에서 하수가스의 역류방지용으로 사용하는 트랩

㉰ 수평주관 끝에 설치하는 것으로 유속을 저해하는 결점은 있으나 봉수가 안전하다.

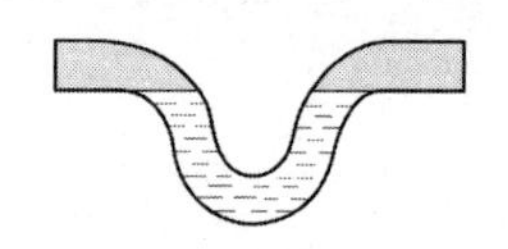

(2) 비사이펀식 Trap

중력작용에 의해 배수

① 드럼트랩

㉮ 드럼모양의 통을 만들어 설치

㉯ 보수, 안정성도 높고 청소도 용이

㉰ 주방용 Sink에 주로 사용

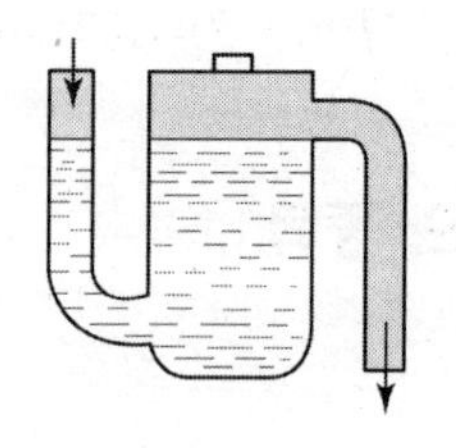

② 벨트랩

㉮ 주로 바닥 배수용으로 사용

㉯ 상부 벨을 들면 Trap 기능이 상실되므로 주의

㉰ 증발에 의한 봉수파괴가 잘됨

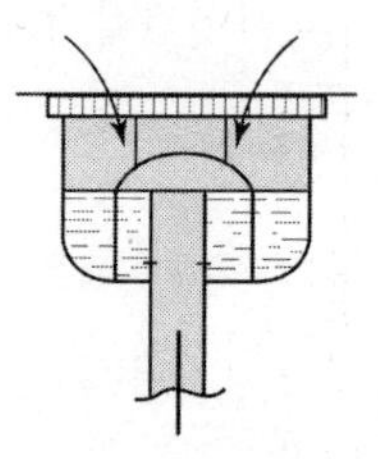

(3) 저집기(Interceptor)

저집기는 배수 중에 혼입된 여러 가지 유해물질이나 기타불순물 등을 분리수집함과 동시에 트랩의 기능을 발휘하는 기구이다

① 그리스 저집기(Grease Trap) : 주방 등에서 기름기가 많은 배수로부터 기름기를 제거, 분리하는 장치

② 샌드 저집기(Sand Trap) : 배수 중의 진흙이나 모래를 다량으로 포함하는 곳에 설치

③ 헤어 저집기(Hair Trap) : 이발소, 미장원에 설치하여 배수관 내 모발 등을 제거, 분리하는 장치

④ 플라스터 저집기(Plaster Trap) : 치과의 기공실, 정형외과의 깁스실 등의 배수에 사용

⑤ 가솔린 저집기(Gasoline Trap) : 가솔린을 많이 사용하는 곳에 쓰이는 것으로 배수에 포함된 가솔린을 수면 위에 뜨게 해서 통기관을 통해서 휘발시킴

⑥ 론더리 저집기(Laundry Trap) : 영업용의 세탁장에 설치하여 단추, 끈 등의 세탁불순물이 배수관 중에 유입하지 않도록 함

4. Trap 구비조건

(1) 구조가 간단하여 오물이 체류하지 않을 것
(2) 자체의 유수로 배수로를 세정하고 평활하여 오수가 정체하지 않을 것
(3) 봉수가 파괴되지 않을 것
(4) 내식, 내구성이 있을 것
(5) 관 내 청소가 용이할 것

03 Trap의 봉수파괴 원인에 대하여 논하라.

1. 개요

(1) Trap의 봉수깊이는 50~100mm이다.

(2) 배수관 내의 악취, 유독가스 및 벌레가 실내에 침투하지 못하게 설치하며 봉수 파괴 원인은 아래의 6가지가 있다.

2. 봉수파괴 원인의 종류

(1) 자기 사이펀 작용

(2) 분출작용

(3) 흡인작용(흡출)

(4) 모세관현상

(5) 증발

(6) 관 내 기압변동에 의한 관성작용

3. 봉수파괴의 원인 및 대책

(1) 자기사이펀 작용

① 만수된 물의 배수 시 배수의 유속에 의하여 사이펀 작용이 일어나 봉수를 남기지 않고 모두 배수

② S-Trap의 경우 가장 심함

③ 봉수파괴의 가장 큰 요인이다.

④ 방지책 : S-Trap 사용자제, P-Trap 사용

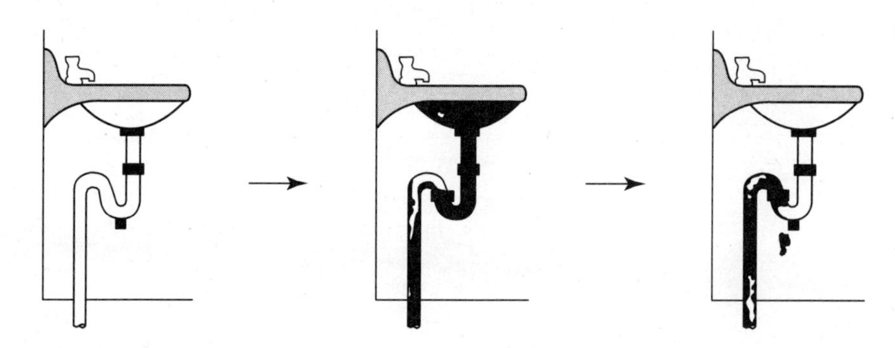

(2) 분출작용

① 상류 또는 상층에서 배수할 경우 하류 또는 하층에서 봉수 파괴

② 상류에서 배수한 물이 하류 측에 부딪혀서 관 내 압력이 상승하여 봉수를 분출하여 파손

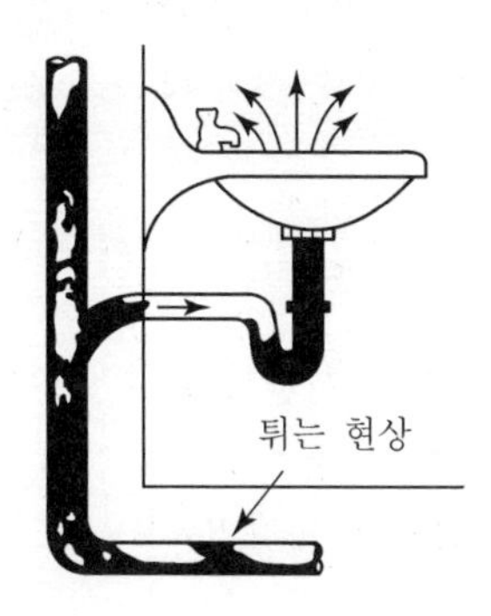

(3) 흡인작용

① 하류 또는 하층에서 배수할 경우 상류 또는 상층에서 봉수 파괴

② 하류 측에서 물을 배수하면 상류 측의 물에 의해서 횡주관 내의 관의 압력이 저하되면서 봉수를 흡입 파괴

③ 방지책 : 각개 통기관을 설치하여 분출흡입 작용을 해결

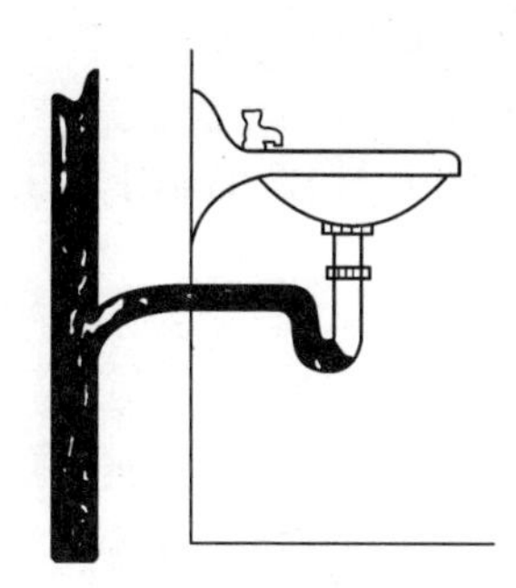

(4) 모세관 현상

① Trap 내에 실, 머리카락, 천조각 등이 걸려 아래로 늘어뜨려져 있어 모세관 현상에 의해 봉수 파괴

② 방지책 : 내면이 미끄러운 재질의 Trap 사용

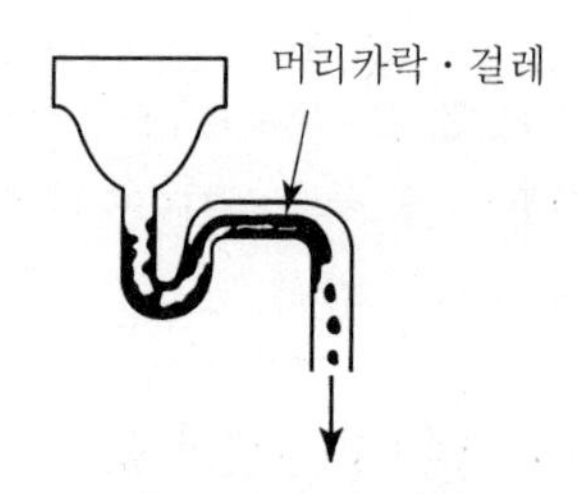

(5) 증발

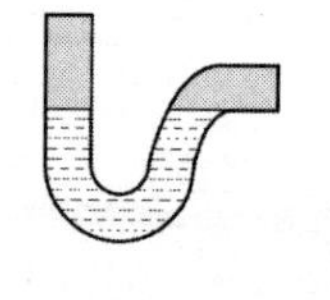

① 오랫동안 사용하지 않은 베란다, 다용도실 바닥배수에서 봉수가 증발하여 파괴

② 방지책 : 트랩에 물을 보급하거나, 파라핀유를 뿌림

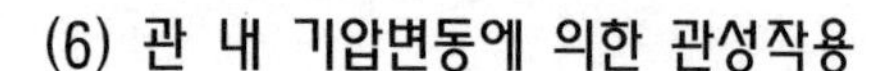

(6) 관 내 기압변동에 의한 관성작용

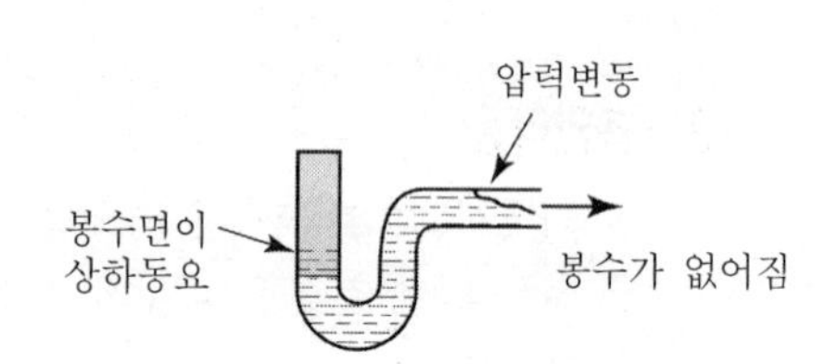

① 해풍 또는 강풍에 의하여 관 내기압이 변동하여 봉수가 파괴되는 현상

② 방지책 : 기압변동 원인제거

4. 결론

(1) 트랩의 봉수가 파괴되면 관 내의 악취, 유독가스, 벌레 등이 실내로 유입되어 쾌적한 실내환경을 해치게 된다.

(2) 봉수 파괴를 방지하기 위해서는 시공 시 S-Trap의 사용을 피하고 규정에 의하여 통기관을 설치하여야 한다.

통기방식에 대하여 논하라.

1. 개요

통기관을 배수배관에 연결하여 대기 중에 개방하여 배수관 내에 공기를 유통시키는 것을 말한다.

2. 통기관의 설치목적

(1) Trap의 봉수보호
(2) 배수관 내 환기
(3) 배수관 내 원활한 흐름
(4) 배수관 내 청결유지

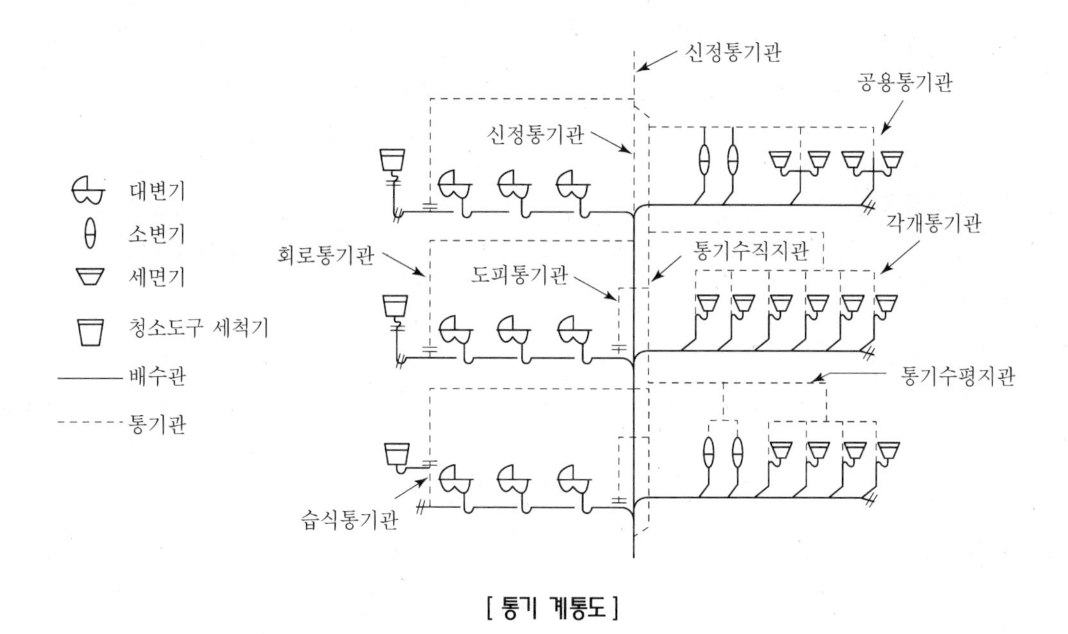

[통기 계통도]

3. 통기관의 종류

(1) 각개통기관

① 위생기구마다 통기관을 설치하는 것으로 가장 이상적

② 건축물의 구조상 또는 공사비관계로 채용이 어렵다.

(2) 환상통기관(회로 통기관 or Loop 통기관)

① 최상류기구 바로 앞에 설치하여 환상통기관을 통기수직관에 연결

② 1개의 통기관이 8개의 기구를 담당하며 수평거리 7.5m 이내

(3) 도피통기관

① 환상통기관의 능률을 촉진시키기 위해서 수직배수관 바로 앞에서 설치하여 통기수직관에 연결

② 양변기 3개 이상일 경우도 설치한다.

③ 기구수 8개 이상

④ 수평거리 7.5m 초과

(4) 신정통기관

① 배수수직관의 상단을 축소하지 않고 그대로 연장하여 대기 중에 개방

② 대기 중에 개방부분은 먼지, 새, 곤충 등으로 막히지 않게 철망으로 보호

(5) 결합통기관

① 고층건물에서 원활한 통기목적으로 5개 층마다 통기 수직관과 배수입관 연결

② 층에서 1m 이상 올려서 통기수직관에 연결

(6) 습식통기관

배수 시에는 배수역할을 하고 배수가 아닌 때에는 통기관의 역할을 하는 배수와 통기 2가지 역할

4. 특수통기방식

(1) 소벤트 방식

① 배수수직관과 배수수평지관 연결 부위에 공기 혼합이음을 설치하여 유하수 속도를 감소시키고 급격한 공기흡입 현상을 방지

② 수직주관과 수평주관 연결 부위는 공기분리이음을 설치

③ 공기혼합이음을 설치하지 않을 시에는 S자형 오프셋을 설치하여 배수흐름을 저하시킨다.

(2) 섹스티아 방식

① 배수수직주관과 수평지관 사이에 섹스티아를 설치하여 수평지관의 물이 회전하면서 수막을 형성하여 수직주관으로 흘러내리며 중심부에 공기코어를 형성하고 배수는 이 주위를 돌면서 내려간다.

② 수직주관과 수평주관 연결부위에 곡간 디플렉트를 설치하여 물마개가 생기는 것을 방지하고 공기코어가 수평주관에 연결되도록 한다.

(3) 반환통기(Return 통기)

① 반환통기는 일종의 간편법이며, 완전한 것이 아니다.

② 창이 있는 벽의 세면기나 실 중앙에 설치되는 실험싱크대 등 통기관을 입상시키기 곤란한 경우에 이용

③ 자기 사이펀 방지에 유효하다.

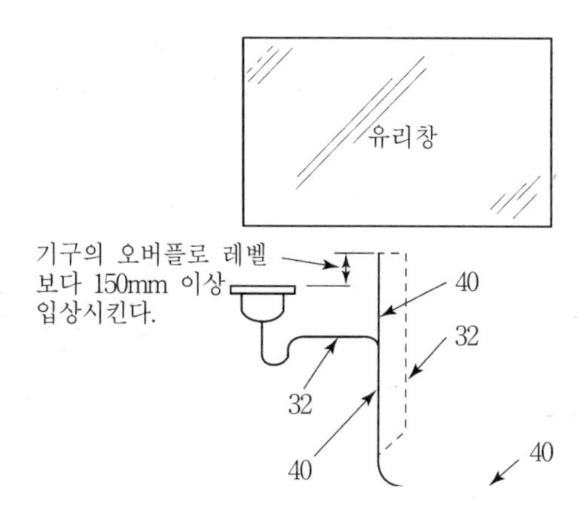

5. 통기관의 구경

(1) 통기관이 연결되는 배수수평지관 또는 배수수평주관 관경의 1/2 이상일 것

(2) 상기 (1)항의 값이 최소관경 이하일 때 최소관경 이상으로 할 것

(3) 통기관의 최소구경

① 각개통기관 : 32A

② 환상통기관 : 40A

③ 도피통기관 : 32A

④ 결합통기관 : 50A

6. 통기배관 시 주의사항

(1) 배수수직주관의 상단을 위생기구 넘침관 이상까지 세운 다음 신정통기관으로 하여 대기 중에 개방

(2) 통기수직주관의 상단은 최상층, 기구의 넘침관보다 150mm 이상 높은 곳에서 신정통기관과 접속한다.

(3) 통기수직주관의 하단은 그 관경을 축소하지 않고 45° 이내의 각도로 수직관 최하부 기구보다 더 낮게 배수 수직관에 접속한다.

(4) 통기관의 설치위치는 Trap의 하류에 연결하며 통기관이 바닥아래에서 배관되어서는 안 된다.

(5) 오수정화조의 통기관과 일반 배수용의 통기관은 별도 배관하며 통기관은 실내 환기용 Duct에 연결하지 않도록 한다.

(6) 통기수직관은 우수수직관에 연결해서는 안 된다.

(7) 배수관은 내림구배, 통기관은 올림구배로 한다.

F.D, C.O의 설치목적, 설치위치, 설치 시 유의사항

1. 개요

(1) F.D는 Floor Drain으로 바닥 배수구이며 화장실, 세탁실 등 물을 사용하는 바닥의 Drain으로 사용된다.

(2) F.D는 반드시 봉수(Trap)의 기능을 가진 것을 사용해야 하며 봉수의 기능이 없는 경우 Trap을 배관에 설치한다.

(3) C.O는 Clean Out으로 청소구(배관)를 말하며 배수관 내에는 항상 찌꺼기 및 고형물이 있어 배관이 막힐 우려가 있으므로 청소구가 필요하다.

2. 설치목적

(1) F.D

① 욕실, 화장실, 세탁실 등의 바닥을 배수할 목적으로 설치한다.

② 물이 증발하면서 봉수가 잘 파괴되기 때문에 물 사용이 적은 곳에는 가능한 한 설치하지 않는 것이 좋다.

(2) C.O

배수 배관 내에는 헝겊, 모래, 걸레 등 불순물이 많이 있으므로 막힐 경우 청소가 용이하도록 설치한다.

3. 설치위치

(1) F.D

① 바닥의 배수가 모이는 곳

② 점검 보수가 용이한 곳

(2) C.O

① 가옥배수관과 대지하수관이 접속되는 곳

② 배수수직주관의 최하단부

③ 수평지관의 기점부

④ 가옥배수 수평주관의 기점

⑤ 45° 이상의 각도로 구부러지는 곳
⑥ 수평관의 관경 100mm 이하에서는 직선거리 15m, 관경 100mm 이상에서는 직선거리 30m 이내마다 설치할 것
⑦ 각종 트랩 및 기타 배관상 특히 필요한 곳

4. 설치 시 유의사항

(1) F.D

① CON'C 타설 전 정확한 Sleeve 시공
② 걸름망 부분은 Tape로 밀봉
③ Trap 기능이 없는 경우 배관에 Trap 설치
④ 충수 전 F.D 분해 청소
⑤ 바닥 마감 재질과 조화하는 재질 선정

(2) C.O

① 소제구 설치 위치에 Space 확보 및 그 아래층 천장에 점검구 설치
② 바닥에 매설할 경우 바닥부분까지 끌어올려 F.C.O 설치
③ 연장관이 긴 수평관의 경우 100A 이하 15m마다 100A 이상 30m마다
④ CO는 배수관 옆에서 토출시켜 45° 곡관을 설치 후 배관보다 높은 위치에 C.O 설치
⑤ 오물의 정체 및 막힐 우려가 많은 곳에는 투명 PVC 청소구 설치

5. 결론

(1) F.D는 다용도실 등 물의 사용이 적은 곳에는 증발에 의한 봉수 파괴가 잘 일어나기 때문에 가능하면 시공하지 않는 것이 바람직하다.
(2) Bell Type은 종종 바닥의 배수가 잘 되지 않을 때 Bell 뚜껑을 열어 놓은 경우가 있으므로 주의한다.
(3) C.O는 규정에 의하여 설치하여 배수관이 막힐 경우 손쉽게 청소할 수 있도록 해야 하며, 청소가 용이하게 반드시 C.O 바로 아래층 천장 점검구를 설치하여야 한다.

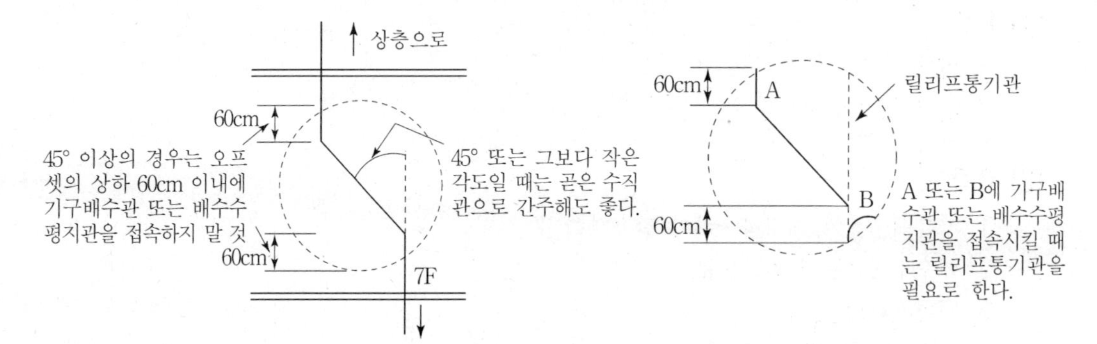

발포 Zone에 대하여 기술하시오.

1. 개요

(1) 자동세탁기의 발달과 보급으로 합성세제를 많이 사용하면서 고층 B/D에서는 하층부에서 비누거품이 실내로 나오는 경우가 종종 발생하고 있다.

(2) 통기수직관이 없는 신정통기 방식의 배수 배관의 경우 세제를 포함한 배수가 상층에서 배수되면 아래층에서 봉수가 파괴되어 실내로 거품이 올라오게 된다.

2. 원인

(1) 위층에서 세제를 포함한 배수가 수직관을 거쳐 유하하면서 물 또는 공기와 혼합되어 거품이 발생되고 다른 지관에서 배수와 합류하면 이 현상은 더욱 심화된다.

(2) 물은 거품보다 무겁기 때문에 먼저 흘러내리고 거품은 수평주관 또는 45° 이상의 오프셋 부위에 충만하여 오랫동안 없어지지 않는다.

(3) 상층에서 물이 배수되면 배수와 함께 유하된 공기가 빠질 곳이 없다.

(4) 통기수직관이 설치되며 통기 수직관으로 공기가 빠지고 거품도 빨려 올라가지만 통기 수직관이 없으면 관 내 압력상승으로 봉수가 파괴되어 비누거품이 실내로 들어가게 된다.

3. 방지책

(1) 발포 Zone에서는 기구배수관이나 배수수평지관 접속을 피해야 한다.

(2) 부득이 이 위치에 접속해야 할 경우 도피 통기관을 압력 상승이 없는 곳에 설치해야 한다.

(3) 통기 수직관 설치

(4) 세제 사용량 억제

(5) 최하 2~3개 층 입상 별도 설치

- 15층 기준: 주방, 화장실 오배수 1층 / 세탁실 2층 → 까지 완전분리 구획하여 지하 횡주관에 연결
- 25층 기준: 주방, 화장실 오배수 2층 / 세탁실 3층 → 까지 완전분리 구획하여 지하 횡주관에 연결

4. 발포 Zone

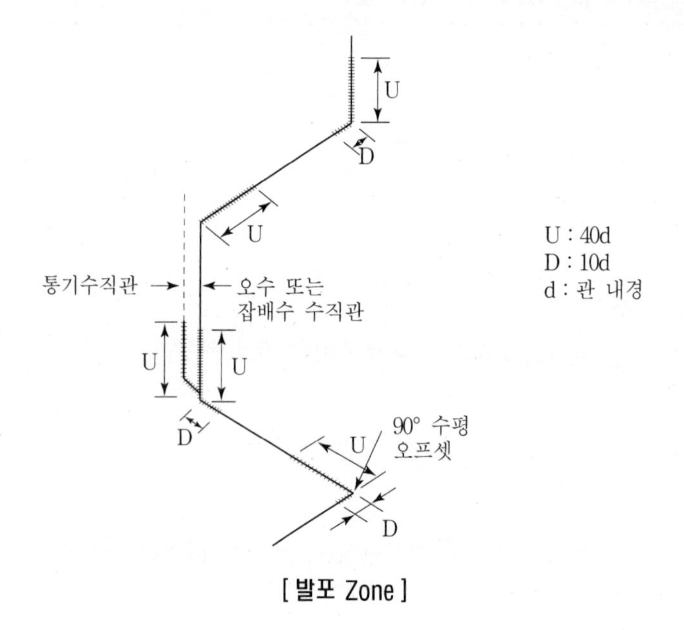

[발포 Zone]

5. 결론

(1) 고층 APT에서는 종종 비누거품이 실내로 역류하는 현상이 발생한다.

(2) 가능한 한 발포 Zone에서 배수 배관의 접속을 피해야 한다.

(3) 최하 2~3개 층은 별도의 입상 배관을 하여 방지한다.

배수수직관에서의 종국유속과 종국길이(유하길이)에 대하여 설명하고, 고층건물의 배수배관의 관계성을 설명하라.

1. 개요

일반적인 배수방식에서 배수는 대기압에 가까운 상태에서 자연유하식으로 흘려보내므로 배수관에 적절한 내경과 구배를 주어 흐르는 물의 중력에 의하여 고형물을 포함한 배수를 아무런 장애 없이 소정의 지점으로 배출시켜야 한다.

2. 기구의 배수량

Low Tank 대변기의 경우 최대배수 시의 유량은 140l/min이며 평균배수유량의 약 2.2배가 되어 순간적으로 배수관 내에 물의 피스톤 작용이 생겨서 흐르는 방향의 앞쪽은 정압, 뒤쪽은 부압이 된다.

3. 유속과 기울기

(1) 배수배관은 기구의 예상최대 배수유량이 배관 내를 세정하면서 흐르도록 해야 한다. 즉 배수 속에는 찌꺼기 등의 고형물이 있으므로 어느 정도 이상의 유속을 유지해야 한다.

(2) 배수관 내 유속 : 최소 0.6m/sec 권장

(3) 기름기 있는 배수 : 최소 1.2m/sec 권장

(4) 유량에 비해서 관경이 크면 수심이 얕아져서 오물은 정지하고 물만 흐르게 된다. 반면 유량에 비하여 관경이 가늘면 관 내가 만류상태가 되어 대기압 유지가 어렵다.

(5) 기울기가 너무 급하면 유속이 빨라져서 수심이 얕아지므로 오물이 세정되지 못하고 기울기가 너무 완만하면 유속이 느려서 오물이 내려가지 못하고 관 내에 남게 된다. 따라서 적당한 관경과 기울기를 유지하고 수심은 관경의 약 1/2~2/3 정도가 적당하다.

① 옥내수평주관 1/50~1/100

② 옥외수평주관 1/100~1/200

[유량에 비하여 관경이 너무 클 때]

[유량과 관경이 적당할 때]

[유량에 비해 관경이 작을 때]

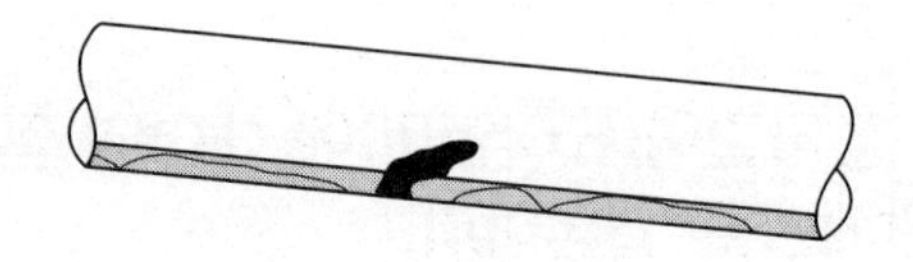

[기울기가 너무 클 때]

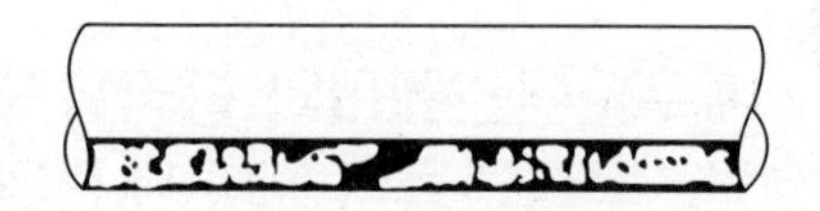

[기울기가 너무 없을 때]

4. 배수수직관

(1) 종국유속

① 배수수평지관에서 배수수직관으로 흘러내리는 물의 유속은 중력가속도로 급격히 증가되지만 무한히 증가하지는 않는다. 즉 관 내벽과의 마찰저항과 관 내에서 정지 또는 상승하려는 공기에 의하여 균형되어 일정한 유속을 유지하게 되며 이것을 종국유속(Vt)이라고 한다.

② 종국유속 공식

$$Vt = 0.635\left(\frac{Q}{D}\right)^{\frac{2}{5}}(\text{m/sec})$$ 로 표시된다.

여기서, Q=입관에 흐르는 유량(l/sec)
D=수직관의 관경(m)

③ 실험에서의 개략치는 100mm, 신품주철관의 경우 10(l/sec)일 때의 유속은 4m/sec 정도이다.

(2) 종국길이

① 수직관에 유입되어 종국유속이 될 때까지의 낙하길이를 종국길이라고 하며 Lt로 표시한다.

② 대개 2~3m 정도이다.

③ 종국길이 공식 $Lt = 0.14441 \times Vt^2(\text{m})$

5. 배수수평주관

(1) 일반적인 배수수평주관의 기울기가 1/100일 때 유속 : 0.6m/s

(2) 배수수직관에서 수평주관으로 방향 전환 시 원심력 및 조수작용으로 인해 관 내 정압 발생

(3) 배수 수평주관에서 정상류 형성 거리

① 100mm : 36m

② 75mm : 25m

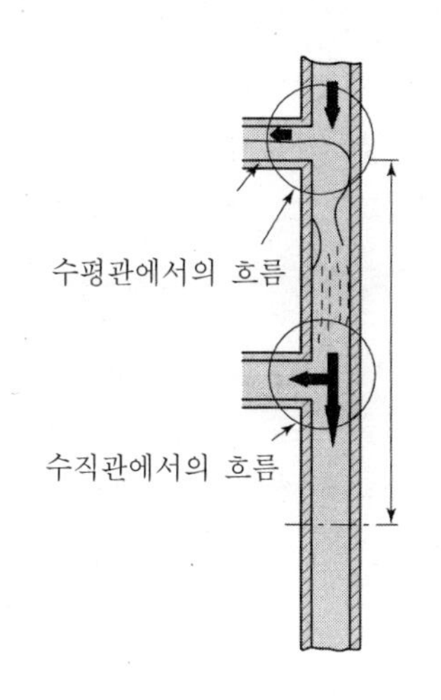

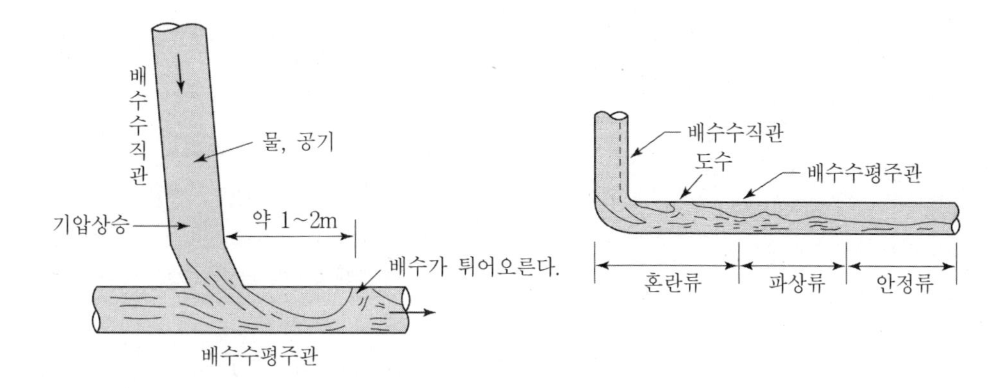

6. 결론

배수관 내에서 공기의 흐름과 통기의 필요성을 검토하면 배수수직관에서의 압력 변화는 상부에 있는 기구로부터 배수된 물이 공기와 같이 낙하하므로 배수수직관의 하부에는 대기압보다 높은 압력이 작용하게 되고 이때 공급되는 공기는 상부로부터 흡인되므로 상부에서 대기압보다 낮은 압력이 발생한다. 따라서 배수관 내에 생기는 과도한 압력변화를 방지하기 위해 통기관의 설치가 필요하다.

대변기의 세정급수방식에 대하여 논하라.

1. 개요

(1) 대변기는 형상에 따라 세출식, 세락식, 사이펀식, 사이펀제트식, 블로아웃식 변기로 대별된다.

(2) 세정급수방식에는 세정탱크식, 세정밸브식, 기압탱크식 등이 있다.

2. 대변기의 분류

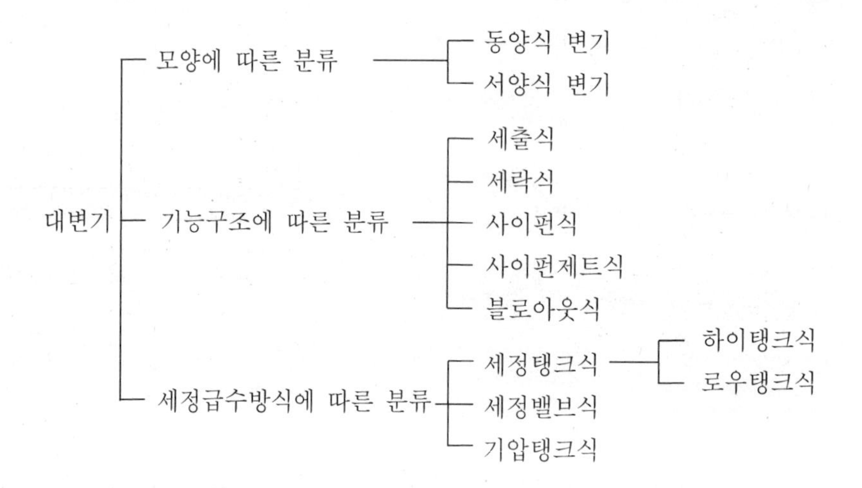

3. 기능구조에 따른 특징

(1) 세출식

① 오물을 수심이 얕은 유수면에 받고 물의 낙차에 의해서 오물을 배출하는 방법

② 동양식 변기에 사용하며 소음발생

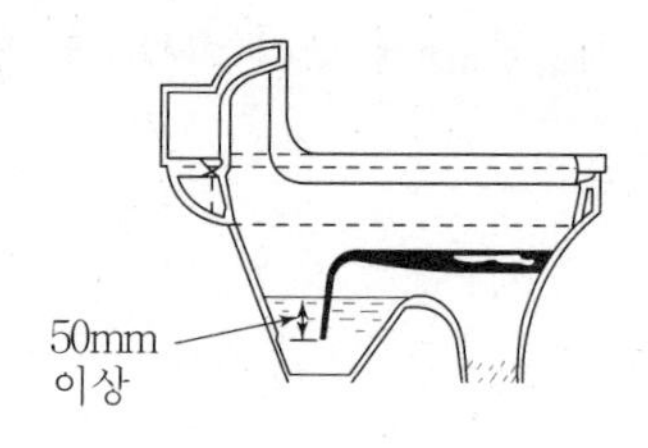

(2) 세락식

① 오물을 직접 트랩의 유수 중에 받아 물의 낙차에 의하여 배출하는 방법

② 서양식 변기에 사용하고 소음이 발생하며 잘 사용하지 않는다.

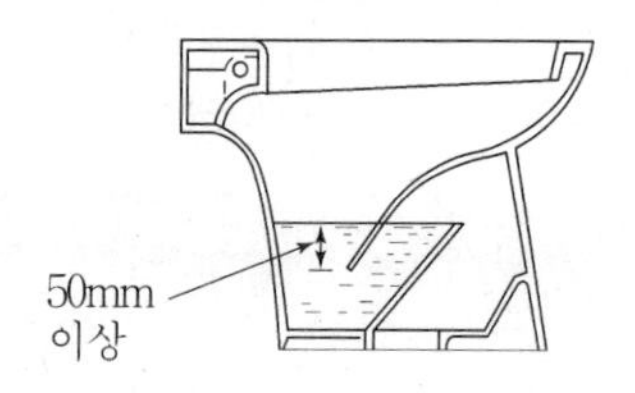

(3) 사이펀식

세정수를 배수로 내에 만수시켜 사이펀작용에 의하여 배출시키는 방법

65 이상

[사이펀식(서양식)]

(4) 사이펀제트식

① 사이펀작용을 더욱 촉진하기 위해 제트공을 만들어 배출시키는 방법

② 현재 수세식 변기 중에 가장 우수하다.

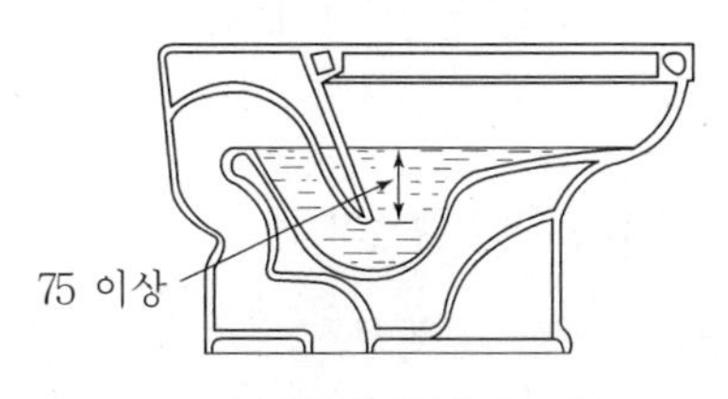

[사이펀제트식(서양식)]

(5) 블로아웃식

① 변기 가장자리에서 세정수를 적게 내뿜고 분수 구멍에서 분수압으로 오물을 배출하는 것이다.

② 트랩 수로에 굴곡을 만들 필요가 없다.

③ 급수압이 0.1MPa 이상이어야 한다.

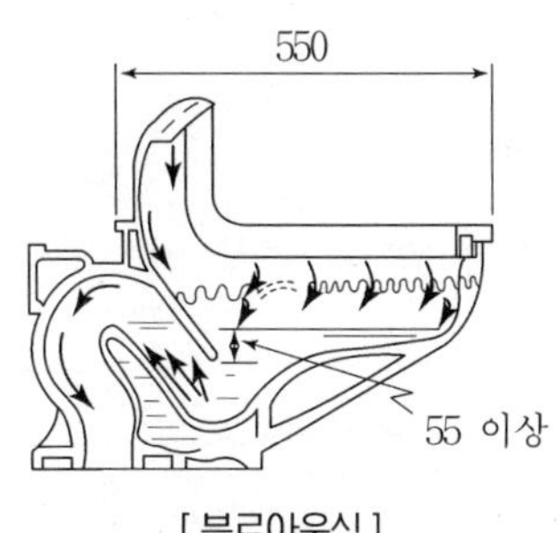

[블로아웃식]

4. 세정급수방식의 특징

검토항목	High Tank	Low Tank	Flush Valve
수압한계	0.03MPa	0.03MPa	0.07MPa
급수관경	15A	15A	25A
장소(크기)	소	대	중
소음	대	소	대
연속 사용	불가	불가	가능

(1) High Tank 식

① 탱크용량 15*l*, 높이 1.9m, 세정관 32A

② 동양식 변기에 주로 사용

③ 세정 시 소음이 많다.

(2) Low Tank 식

① 세정 시 소음이 적다.

② 바닥의 점유면적이 크다.

③ 주택, 아파트, 호텔 등에 사용

(3) Flush Valve 식

① 급수관 직결방식

② 동, 서양식 모두 사용 가능

③ 학교 등 공공시설에 적합

(4) 기압탱크식

① 급수관의 관경은 15mm

② 급수공급압력이 0.1MPa 이상이어야 한다.

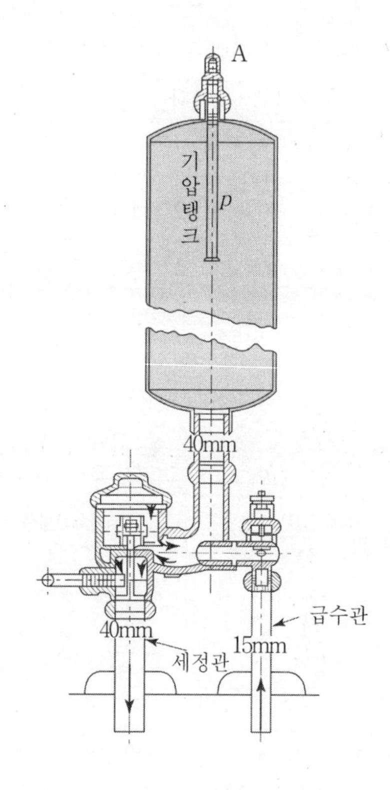

5. 결론

근래의 대변기는 서양식의 경우 사이펀제트식이 주로 사용되며 세정급수방식은 Low Tank 방식이다. 그러나 공공장소에서는 연속사용문제로 Flush Valve Type이 사용된다.

특수통기인 소벤트 방식과 섹스티아 방식에 대하여 논하라.

1. 개요

소벤트 및 섹스티아 방식은 별도의 통기관 없이 배수 수직관만으로 배수와 통기를 겸하는 방식이다.

2. 소벤트(Sovent) 방식

(1) 공기혼합 이음쇠(Aerator fitting)

① 배수수평지관과 배수수직관의 접합부 이음쇠

② 배수수평지관에서 유입된 배수와 공기의 혼합으로 수포로 만들어 유속을 저감

③ 수직관 정상부에서 급격한 공기의 흡인현상 방지

④ 공기 혼합실의 격리판에 의해 배수흐름 저해 방지

⑤ 배수의 유하로 생성된 부압에 의한 흡인현상 방지

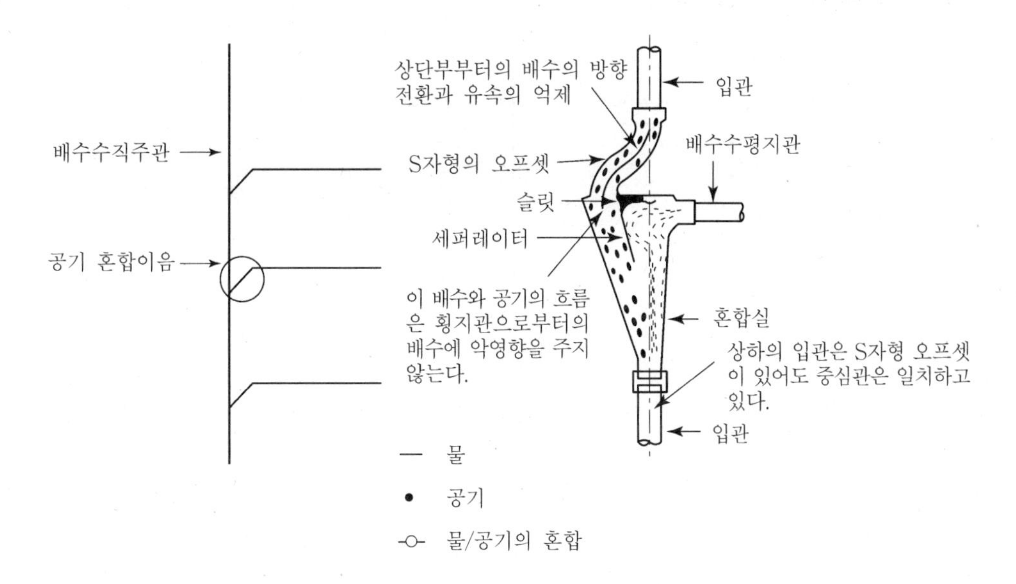

(2) 공기분리 이음쇠(Deaerator Fitting)

① 배수수직관과 배수수평주관의 접합부 이음쇠

② 내부에 돌기 있는 공기 분리실, 유입구 꼭대기의 공기출구 및 바닥부분의 배수구 등으로 구성

③ 공기 분리실의 내부 돌기는 낙하속도 저감

④ 이음부 상부에서 인출한 통기관은 하류 측으로 약 1~1.5m 지점에서 배수 수평 주관의 상부와 접속한다.

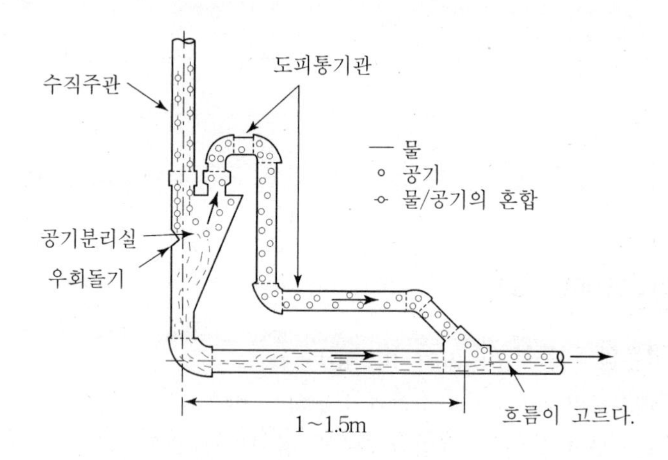

3. 섹스티아 방식(Sextia)

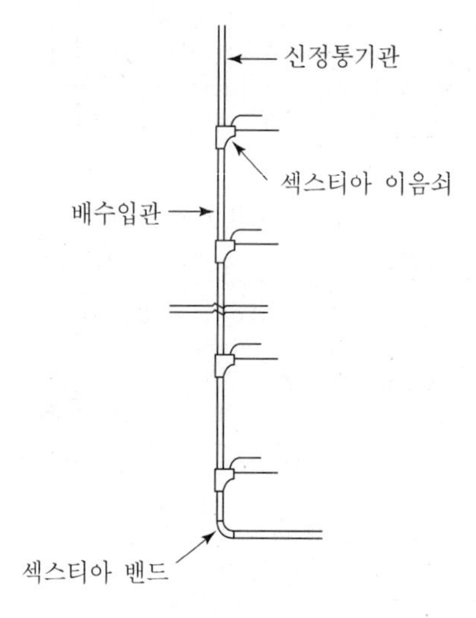

(1) 섹스티아 이음쇠

① 배수수평지관과 배수수직관의 접합부 이음쇠

② 이음의 안쪽에 고정날개 설치로 원심력을 유발

③ 중심부에 공기코어를 형성

④ 배수는 코어의 주위를 선회하여 유하한다.

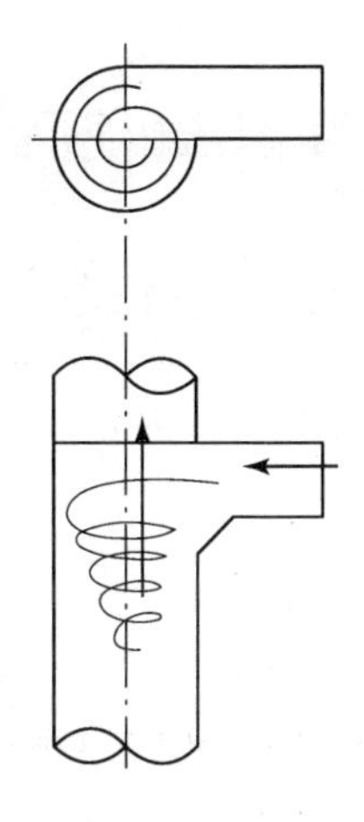

(2) 섹스티아 밴드

① 배수수직관과 배수수평주관의 접합부 이음쇠
② 배수수직관 하부에서 물마개의 생성을 방지
③ 공기코어가 수평주관에도 연결되도록 한다.

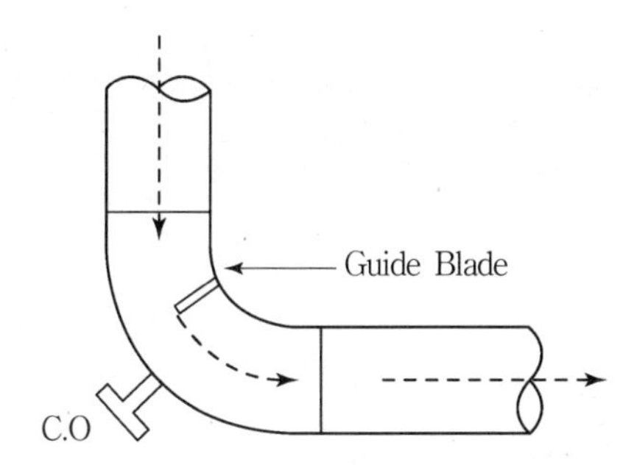

4. 결론

별도의 통기관 없이 배수수직관만으로 배수와 통기를 겸하는 방식으로 파이프 shaft의 크기를 줄일 수 있어 경제적인 방식이다.

10 배수관 및 통기관의 설계 시 유의사항에 대하여 논하라.

1. 배수관 계통

(1) 배수관

배수관은 관경 선정 시 기울기, 유속 등을 고려하여 정해야 하며 기울기가 완만하면 물의 흐름이 느려서 오물세정이 안 되고 기울기가 너무 급하면 배수관 내의 물이 쉽게 빠져 버려 오물의 세척이 어렵게 되므로 배수관의 유속은 최소 0.6m/sec 이상 1.2m/sec 이하가 가장 적합하다.

(2) 수직배수관

수직배수관은 물이 낙하할 때 배수관의 중심부에 공기심이 생기게 되며 관경이 작을 경우 공기심의 단면이 축소하여 배수관 하류 측에 급격한 압력상승을 가져오게 되므로 특히 신정통기방식의 채택이 여유 있는 배수관경의 선정이 필요하다.

(3) 수평배수주관

배수수직관과 합류되는 점에서 급격히 흐름이 바뀌게 되므로 도수현상(물이 튀어 오름)이 발생하므로 수직 배수관보다 한 단계 큰 관경을 선정한다.

(4) 배수관의 기울기

① 32~75A : 1/50
② 100~125A : 1/75~1/100
③ 150~200A : 1/100~1/200

2. 통기관 계통

(1) 수직배수관 하단에서 수평배수주관으로 연결하는 부분에 통기수직관의 하단을 접속시킨다.
(2) 최상층을 제외한 층에 대변기 3개 이상을 설치할 때는 도피 통기관을 설치한다.
(3) 고층건물의 경우 5개 층마다 결합통기관을 설치한다.
(4) 신정통기관은 수직 배수주관에서 수직 연장하며 통기수직관은 45° 이내의 옵셋배관으로 연결한다.
(5) 환상통기관을 설치할 때는 물사용 기구의 최상단(물의 넘침면)보다 150mm 이상 높게 배관한다.
(6) 오수 탱크와 통기수직관은 계통을 완전히 분리한다.
(7) 통기구를 대기에 개방할 때는 옥상 사용에 대비하여 옥상 바닥보다 2~3m 높게 설치하여 냄새가 퍼지지 않도록 한다.

제5장 오물정화설비

Professional Engineer

○ Building Mechanical Facilities
○ Air-conditioning Refrigerating Machinery

오수정화시설에 대하여 논하라.

1. 개요

합류배수방식으로 연면적 1600m^2 이상인 건축물에 있어서 적용되며, 하수도법의 규정에 의한 방류수의 수질기준 이상이 되도록 처리하여야 함

2. 오수의 처리방법

(1) 생물학적 처리

미생물에 의하여 하수처리를 하는 것을 말하며, 호기성 분해에 의한 것과 혐기성 분해에 의한 것이 있고 간헐여과, 살수여과베드, 활성오니(Activated Sludge) 등에 의한 방법이 있다.

(2) 물리, 화학적 처리

오탁물질의 제거율이 생물학적 처리보다 떨어지지만 설비비가 적고 부유물 제거가 가능하므로 다른 처리법과 병용하여 사용된다. 그 처리법에는 산·알칼리를 이용하여 중화하는 중화법, 산화제를 이용하는 산화법, 특히 오존의 이용, 응집제를 이용하여 부유물질을 침전시키는 방법 등이 있다.

3. 오수정화시설의 분류

오수정화시설은 침전, 호기성 또는 혐기성 분해 등의 방법에 의하여 분뇨와 생활하수처리를 함께하는 합류 정화시설로서 다음과 같이 분류하고 있다.

(1) 생물학적 처리방법

① 장기폭기방법
② 표준활성오니방법
③ 접촉산화방법
④ 접촉안정방법
⑤ 살수여상방법
⑥ 회전원판 접촉방법
⑦ 현수미생물 접촉방법
⑧ 혐기여상 접촉폭기방법
⑨ 분리형 접촉폭기방법

(2) 물리적·화학적 처리방법

임호프 탱크 방법

4. 오수정화시설의 종류 및 특성

(1) 장기폭기방법

장기폭기방법을 이용한 시설로서 전처리시설, 장기폭기조, 침전조, 소독조 및 그 부대설비를 조립하여 만든 시설

(2) 표준활성오니 방법

표준활성오니 방법을 이용한 시설로서 전처리시설, 활성오니조, 침전조, 소독조 및 그 부대설비를 조합하여 만든 시설

(3) 접촉안정방법

접촉안정방법을 이용한 시설로서 전처리시설, 접촉조, 오니폭기조, 침전조, 소독조 및 그 부대설비를 조립하여 만든 시설

(4) 접촉산화방법

접촉산화 방법을 이용한 시설로서 전처리시설, 접촉폭기조, 침전조, 소독조 및 부대시설을 조립하여 만든 시설

(5) 살수여상방법

살수여상 방법을 이용한 전처리시설, 살수여상, 침전조 및 그 부대설비를 조합하여 만든 시설

(6) 임호프 탱크 방법

임호프 탱크 방법을 이용한 시설로서, 전처리시설, 임호프 탱크, 보조처리시설, 소독조 및 그 부대설비를 조립하여 만든 시설

(7) 회전원판 접촉방법

회전원판 접촉방법을 이용한 시설로서 전처리시설, 회전원판 접촉조, 침전조, 소독조 및 그 부대설비를 조립하여 만든 시설

5. 법적 시설기준

(1) 건축 연면적(2동 이상의 건물 기타 시설물을 건축하는 경우에는 각 건축 연면적을 합산한 면적을 말한다. 이하 이 조에서 같다.) 1,600m^2 이상인 건물 기타 시설물. 다만, 다음 각목의 1에 해당하는 구역 또는 지역 안에서는 건축 연면적이 800m^2 이상인 건물 기타 시설물로 한다.

① 수도법 제5조의 규정에 의한 상수원보호구역과 동법 제3조 제15호의 규정에 의한 상수원취수시설로부터 유하거리 4km 이내의 상수원 상류지역

② 환경정책기본법 제22조의 규정에 의한 특별대책지역

③ 수질환경보전법 제33조의 규정에 의한 특정 호소수질관리구역

④ 자연공원법 제4조 내지 제6조의 규정에 의한 공원구역 및 동법 제25조의 규정에 의한 공원보호구역

⑤ 지하수법 제10조의 규정에 의한 지하수보전구역

(2) 건축 연면적이 400m^2 이상인 고속국도법 제7조 제2항의 규정에 의한 휴게소 및 여객자동차터미널법 제2조 제3호의 규정에 의한 여객자동차터미널

(3) 다음 각목의 1의 영업에 필요한 건물 기타 시설물로서 단위업소별 바닥면적이 400m^2 이상인 것. 다만, 제1호 각목의 1에 해당하는 구역 또는 지역 안에서는 단위 업소별 바닥면적을 200m^2 이상으로 한다.

① 체육시설의 설치 이용에 관한 법률 제10조의 규정에 의한 골프장업 및 스키장업

② 식품위생법 제21조의 규정에 의한 식품접객업 또는 조리판매업

③ 관광진흥법 제3조의 규정에 의한 관광숙박업 및 관광객 이용시설업(외국인 전용 관광기념품 판매업은 제외한다.)

④ 공중위생법 제2조의 규정에 의한 숙박업

(4) 공중위생법 제2조의 규정에 의한 목욕장업에 필요한 건물 기타 시설물로서 단위업소별 바닥면적이 200m^2 이상인 것

02 폐수처리(활성오니법)에 대해서 논하라.

1. 개요

최근의 경제적 고도성장에 수반한 사회와 생활양식의 급변과 대도시로의 인구집중현상은 각종 공해 및 자연환경의 파괴라는 중대한 사회문제를 유발하였다. 그중 수질 악화는 수중생물의 생존을 위협하고 급기야 인간의 식수뿐만 아니라 농업용수 및 공업용수의 적절한 수질확보도 어렵게 되어 이를 개선하고자 한다.

2. 시설의 개요

보편적인 폐수처리시설은 1차, 2차 및 3차 처리시설과 물리 화학적 처리시설임

(1) 1차 처리시설

폐수 중의 부유물을 제거할 수 있는 장치로 구성

(2) 2차 처리시설

잔여 부유 유기물과 용해성 유기물을 생물학적으로 산화 처리하는 장치로 구성

(3) 3차 처리시설

유출수의 질 향상을 위해 처리를 하는 것

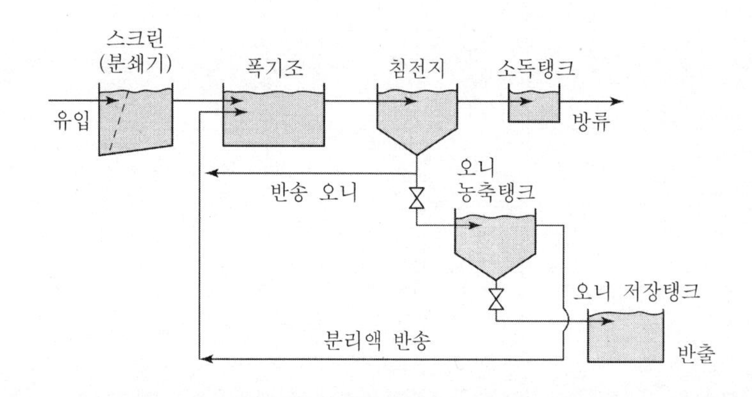

[표준 활성 오니 방식]

3. 물리적 및 화학적 처리

폐수 내의 불순물은 물리적 및 화학적 방법에 의하여 그 일부를 제거할 수 있는데, 이들 중에는 스크린, 분쇄기, 침전, 침사, 부상, 여과, 흡착, 혼합, 응결 등이 있다.

(1) 물리적 처리 방법

① 침전

㉮ 침전은 부유물 중에서 중력에 의하여 제거될 수 있는 침전성 고형물을 제거하는 것이 목적

㉯ 침전은 부유물의 농도와 입자의 특성에 따라서 1형, 2형, 지역(Zone) 및 압축침전의 4종류로 분류됨

② 폐수처리를 위한 침전

㉮ 생폐수를 침전시키기 위한 침전지를 1차 침전지라고 함

㉯ 폭기조 다음에 위치한 침전지를 종말 또는 2차 침전지라고 함

㉰ 침전지의 표면 부하율은 12~40m/day이며 잔류시간은 1~3시간

(2) 화학적 처리방법

① 살균

㉮ 염소 : 폐수처리에서 가장 많이 사용되는 살균제임

㉯ 염소주입

㉠ 폐수처리에서의 살균은 완전살균이 아니고 충분한 양의 염소를 주입해서 15분 후에 0.5mg/l의 잔류 염소농도를 얻고자 하는 것

㉡ 1차 침전지의 유출수를 위해서는 20~25mg/l

㉢ 활성오니처리장의 유출수를 위해서는 8mg/l의 염소 주입이 요구됨

㉣ 폐수에 염소를 주입하면 주입된 염소 1mg/l당 2mg/l의 비율로 BOD가 감소함

4. 생물학적 처리

생물학적 처리방법은 폐수 내에 있는 유기물 중에서 생물에 의해서 분해가능한 유기물을 미생물을 이용하여 제거하는 방법

(1) 활성오니법

① 활성오니란 폐수 또는 침전폐수에 충분한 산소를 공급하면서 교반하면 호기성 세균 및 미생물의 작용에 의하여 형성되는 오니이다. 이것은 폐수 내 유기물에 대한 흡착, 산화 작용이 매우 활발하고 또 침전성도 극히 양호하며 이 활성오니를 이용하여 폐수를 정화하는 것이 활성오니법이다.

② 폭기조부하 : 폭기시간, 단위체적당의 BOD 부하, F/M비 및 미생물 평균 체류기간에 의하여 활성오니 공정이 정의된다.

㉮ 폭기시간 $t=\dfrac{24V}{Q}$

여기서, t : 체류시간
V : 폭기조체적
Q : 1일 평균유량(m^3/day)

㉯ BOD 부하$=\dfrac{BOD}{V}$

여기서, BOD : 단위체적에 적용한 1일당 BOD의 중량(g/m^3 · day)
BOD : 1일당 BOD의 중량(g/day)
V : 폭기조의 체적(m^3)

㉰ F/M비(먹이와 미생물의 비)

$$F/M=\frac{Q\times BOD}{V\cdot MLSS}$$

여기서, Q : 유입폐수량
BOD : 폐수 BOD
$MLSS$: 폭기조 내의 혼합액 부유 고형물

③ 고형물 체류시간

$$SRT=\frac{MLSS\times V}{(SS_w\times Q_w)+(SS_e\times Q_e)}$$

여기서, SRT : 고형물 체류기간(day)
V : 폭기조체적(m^3)
$MLSS$: 혼합액 부유 고형물 농도(mg/l)
SS_e : 유출수의 부유물 농도(mg/l)
Q_e : 유출량(m^3/day)
SS_w : 폐슬러지의 부유물 농도(mg/l)
Q_w : 폐슬러지양(m^3/day)

제6장 배관

Professional Engineer

○ Building Mechanical Facilities
○ Air-conditioning Refrigerating Machinery

수배관의 회로방식에 대하여 논하라.

1. 개요

개방회로는 보통 축열방식으로서 이용되지만 밀폐회로, 개방회로 중에서 선정할 때는 부하상태, 사용방법, 경제성(설비비, 경상비) 등을 종합적으로 판단하여 결정할 필요가 있다.

2. 종류 및 특징

(1) 개방회로방식

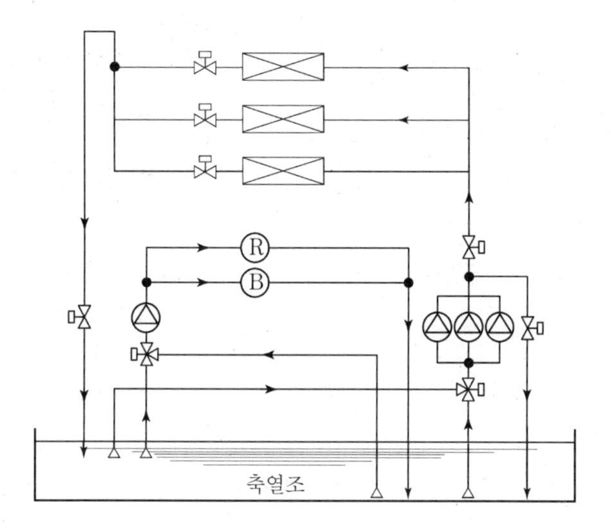

(2) 특징

① 장점

㉮ 열원장비용량 감소

㉯ 열원계 및 부하계의 시간차에 대응

㉰ 수전동력 감소

㉱ 기기의 고효율 운전

㉲ 냉·온수 동시사용 가능

㉳ 폐열회수 이용 가능

㉴ 소화용수 사용 가능

② 단점

㉮ 펌프동력소비 증가

㉯ 축열조 열손실 발생

㉰ 배관부식 및 수처리조치 필요

㉱ 순환수가 오염되기 쉽다.

(2) 밀폐회로방식

① 단식정유량펌프(Main Pump) 방식

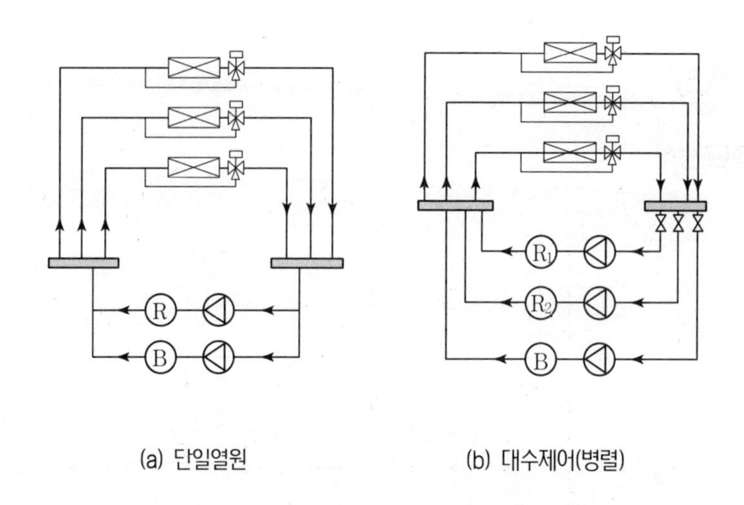

(a) 단일열원 (b) 대수제어(병렬)

㉮ 특성

㉠ 가장 간단한 방법이지만, 부하계, 각 Zone별 저항 Balance가 문제이다.

㉡ 최대저항 Zone에서 Pump 양정이 결정되므로 일반적으로 동력비가 커진다.

㉢ 냉열원과 온열원의 저항에 심한차가 있을 때 여름, 겨울 별도의 Pump를 사용하면 동력비가 절감된다.

㉯ 대수제어 방법

㉠ 순환 수량이 일정할 때 송수온도는 대수제어에 의하여 단계적으로 변화한다.

㉡ 대수제어에 의하여 순환수량이 감소되면 송수온도를 일정하게 유지할 수 있다.

② 단식변유량펌프(Main Pump) 방식

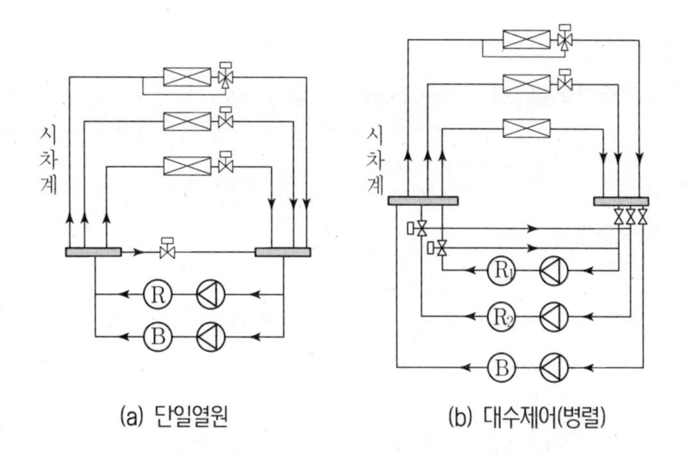

(a) 단일열원 (b) 대수제어(병렬)

㉮ 특성

㉠ 부하계, 각 Zone별 저항 Balance가 문제

㉡ 최대 Zone에서 펌프양정이 결정되므로 동력소비가 크다.

㉢ 열원계에 By-Pass를 설치함으로써 부하계의 변화유량에 상관없이 열원계에서는 일정한 유량을 확보할 수 있다.

㉣ 기타 정유량 단식 Pump 방식과 같은 특성을 갖는다.

㉯ 대수제어방법

대수제어를 할 때에 열원계의 By-pass는 열원 기기별로 설치할 필요가 있다.

③ 복식정유량펌프(1차, 2차 Pump) 방식

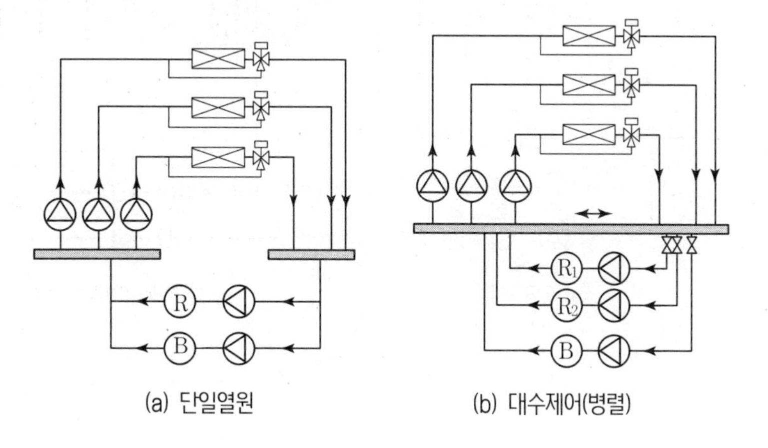

(a) 단일열원 (b) 대수제어(병렬)

㉮ 특성

㉠ 각 계통의 유량을 안정되게 확보할 수 있다.

㉡ 동력비의 절감이 가능하다.

㉢ 단식 Pump 방법에 비하여 관 내 압력을 낮게 유지할 수가 있으므로 대규모 방법에 적합하다.

㈏ 대수제어 방법

공급, 환수 Header를 공통 Header로 하면, 대수제어 시에 열원 Pump를 정지하더라도 부하계의 순환수량을 거의 일정하게 유지할 수 있으나 송수온도가 변화한다.

④ 복식변유량펌프(1, 2차 Pump) 방식

㈎ 특성

㉠ 부하계에 2-Way Control Valve or 시차계통이 있는 경우 이 외에는 각 Zone 범위로 Pump의 회전수제어, 대수제어 또는 환수 By-Pass에 의한 송수온도 제어 등을 채용할 수가 있다.

㉡ 공급, 환수 Header를 공통 Header로 하면 부하계의 순환 수량이 변화하더라도 열원계의 순환 수량을 일정하게 유지할 수가 있다.

㉢ 기타 정유량 복식 Pump 방식과 같은 특성을 갖는다.

㈏ 대수제어 방법

공통 Header 방식에 의하면 부하계의 유량이 열원계의 유량보다 많든 적든 열원계의 유량을 일정하게 유지할 수 있다.

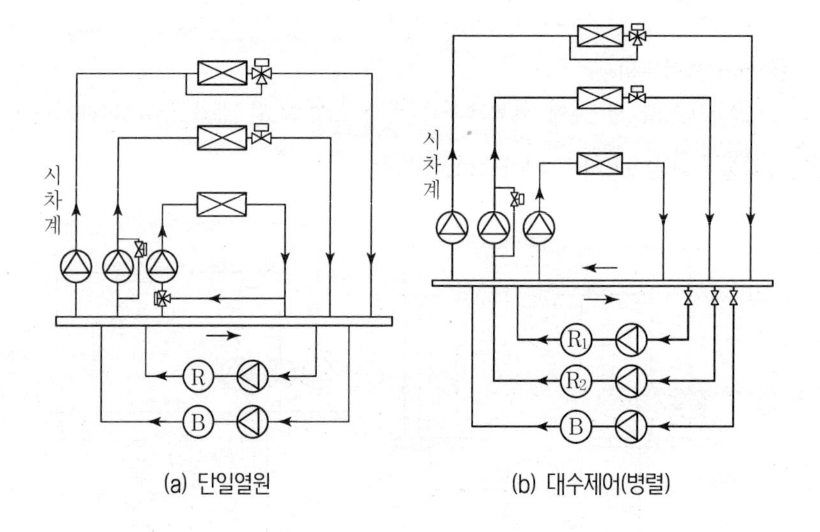

(a) 단일열원　　(b) 대수제어(병렬)

02 밀폐 배관계의 압력계획

1. 압력계획이 필요한 이유

(1) 운전 중 배관계 내에 대기압보다 낮은 개소가 있으면 접속부 등에서 공기를 흡입하거나, 운전 중 발생한 기포의 배출이 불가하여 순환불량의 원인이 되는 공기정체가 발생하고, 소음 및 배관부식의 원인이 된다.

(2) 운전 중 수온에 알맞은 최소압력 이상으로 유지하지 않으면, 순환수의 비등이나 국부적인 플래시 현상이 생길 염려가 있어서 Water Hammer 또는 펌프의 Cavitation의 원인이 된다.

(3) 펌프의 운전으로 배관계 각부의 압력이 상승하므로 부하기기, 열원기기, 기타 배관 각부의 내압상 문제가 생기기 쉽다.

(4) 수온의 변화에 의한 체적의 팽창, 수축으로 배관 각부에 이상압력의 영향을 미칠 염려가 있다.

(5) 일반적으로 이러한 압력을 유지하기 위하여 각종 팽창 탱크가 이용되며, 밀폐 배관계에서 순환펌프와 팽창탱크의 설치위치에 따라서 배관 내 압력분포가 달라진다.

2. 팽창 Tank와 순환 Pump의 위치

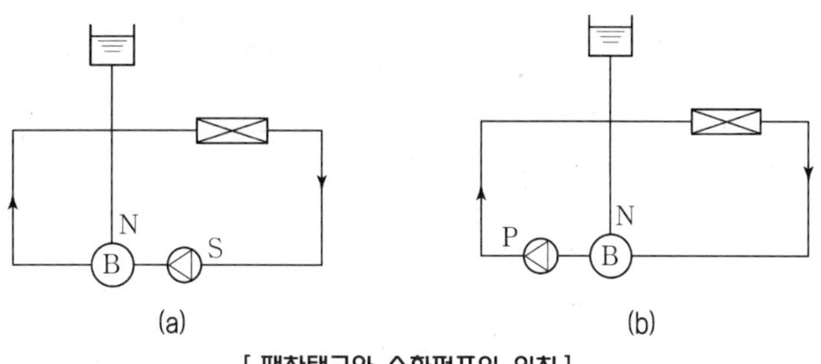

[팽창탱크와 순환펌프의 위치]

그림은 팽창 Tank와 순환 Pump의 관계위치가 다른 경우의 예를 나타내며, 어떤 경우에서나 Pump의 운전, 정지에 상관없이 팽창 Tank 접속점에서의 압력은 달라지지 않는다.(No Pressure Change Point)

(1) 그림 (a)에서 Pump가 운전되면 배관계 내의 압력은 접속점에서 Pump 흡입 측에 이르는 부분에서는 흡입 측까지의 마찰손실에 상당하는 분만큼 정수두보다 적어진다.

(2) 이 방식에서는 팽창 Tank의 설치 높이에 주의하여 공기의 흡입이나 Cavitation이 일어나지 않도록 해야 한다.

(3) 그림 (b)에서는 Pump가 운전되면 토출 측에서 접속점에 이르는 부분의 배관계 압력은 접속점까지의 마찰손실에 상당하는 분만큼 정수두보다 높아진다.

(4) 이 방식은 운전 중의 최고 압력에 주의하여 이것이 기기 기타의 내압 허용도를 넘지 않도록 해야 한다.

압력분포 계산방법

문제 1 그림과 같은 배관계에서 펌프의 필요양정과 펌프의 정지시 및 운전 시에 관 내의 압력분포를 도표로 표시하시오.

단, 배관의 마찰손실 : 0.04MPa/100m
보일러 마찰손실 : 0.02MPa
공조기 마찰손실 : 0.03MPa
팽창탱크는 A위치에만 접속되어 있음

풀 이

(1) 펌프의 소요양정

배관길이 98m×마찰손실 0.04MPa/100m=0.0392MPa
보일러 마찰손실 0.02MPa+공조기 마찰손실 0.03MPa=0.05MPa
따라서 펌프의 소요양정=0.0892MPa 이상

(2) 관 내의 압력분포

상태	상당 길이(m)	펌프정지 시		펌프운전 시	
		계산	압력(mAq)	계산(m)	압력(MPa)
A	0	5m+(높이 : 15m)	20	5m+(높이 : 15m)=20	0.2
B	30		20	20−(30×4/100)=18.8	0.188
C	30		20	18.8+(펌프양정 : 8.92)=27.72	0.2772
D	35		20	27.72−(5×4/100)=27.52	0.2752
E	37	20−2	18	27.52−(보일러손실 : 2+보일러 높이 : 2)=23.52	0.2352
F	50	18−13	5	23.52−(13×4/100+높이 : 13)=10	0.1
G	67		5	10−(17×4/100)=9.32	0.0932
H	70		5	9.32−(공조기 손실 : 3)=6.32	0.0632
I	88		5	6.32−18×4/100=5.6	0.056
A	103	5+15	20	5.6−15×(4/100)+(높이 : 15)=20	0.2

따라서 펌프가 정지하고 있을 때의 압력분포는 그림에서 점선 A, B~A의 상태이고, 펌프가 가동하고 있으면 A′B′~A′의 상태로 변화한다.

문제 2 문제 1의 그림에서 팽창탱크를 순환펌프와 보일러 사이에 접속하고 펌프를 운전했을 때의 압력분포를 그림으로 도시하고 진공부분이 있는지 확인하시오.

풀 이 펌프가 정지 중에 관 내의 정압은 전과 동일하지만, 운전 중에는 팽창 탱크의 접속 위치인 C−D중간에서 압력수두는 0.2MPa가 되도록 각 구간마다 운전 중의 압력 수두를 내리면 A″, B″−A″가 된다. 따라서 H″−I″ 구간이 대기압보다 낮은 진공 부분이 된다.

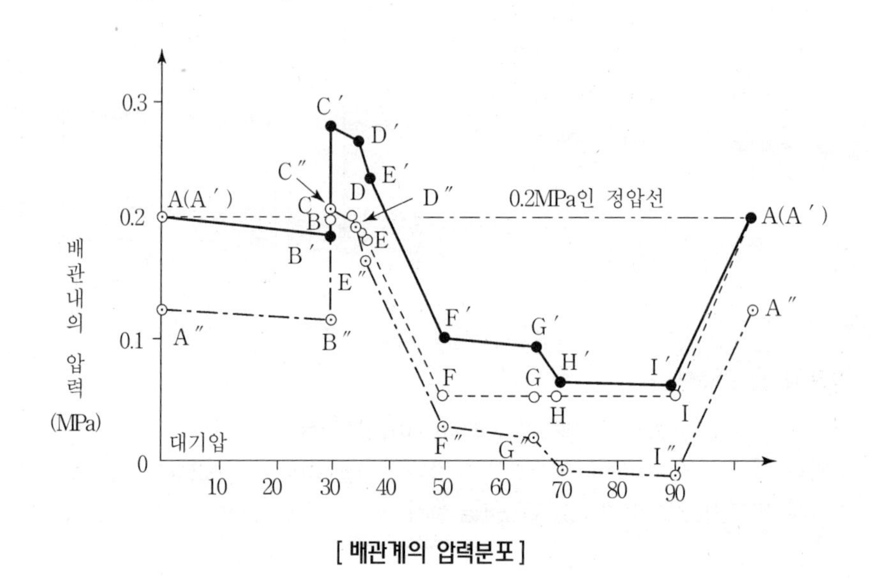

[배관계의 압력분포]

배관저항의 Balance에 대해서 논하라.

1. 개요

(1) 배관계통의 각 구간의 저항을 조정하여 실제 유량이 설계유량의 비율대로 흐르도록 한다.

(2) 최종적으로 요구하는 실온을 적정하게 유지토록 하기 위해 Balance의 계획이 필요하다.

2. 목적

(1) 실내온도를 균일하게 유지

(2) 설비 System의 안전 운전

(3) 유지 관리 용이

(4) 적정온도 유지로 배관 저항흡수

(5) 에너지 절약

(6) 민원방지

3. 종류

(1) Reverse Return 방식

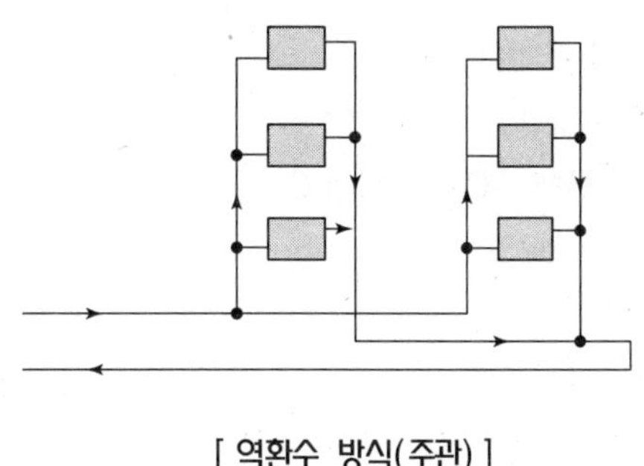

[역환수 방식(주관)]

① 동일계통 내의 각 부하 경로의 저항 Balance에 채용

② 각 기기부하 자체의 저항치의 Unbalance를 제거할 수 없음

③ 설비비, 운전비의 증대에 비하여 부하출력의 개선을 기대할 수 없는 경우가 있으므로 주의

(2) 관경 또는 Valve에 의한 방법

① 이론적으로 배관경로 및 부하기기 간의 저항 Balance를 해결할 수 있지만 Valve 개도 설정이 곤란
② 저항치가 큰 차가 있는 부하기기가 근접해 있을 때는 개선 효과가 없음
③ 유속증가에 따르는 소음증가와 침식 때문에 한계가 있음
④ 사용되는 Valve는 글로브 Valve가 적당하며 게이트 Valve는 부적당

(3) 오리피스에 의한 방법(밸런싱 밸브에 의한 방법)

① 조절해야 될 저항을 올바르게 구하고 필요한 오리피스 구경의 산출이 적정하다면 효과적인 방법
② 배관을 복잡하게 구성하지 않더라도 물(온수나 냉수에 상관없이)을 정해진 소비처에 필요한 양만큼 원활하게 공급
③ 작동원리에 따라 가변유량 밸런싱 밸브와 정유량식 밸브가 있다.
④ 관 내의 이물질과 오염물질을 제거하기 위한 방법이 필요

(4) 부스터 펌프에 의한 방법

① 주로 계통 간의 Balance 조절에 적합한 방법이다.
② 부스터 펌프는 그 계통의 단독 운전 내지 Return by−Pass 사용에 의한 송수온도의 조절용에 쓰인다.
③ 열원계의 운전압력 상승을 막기 위해서도 이용한다.

4. Balance System의 설계순서

(1) 부하계산
(2) 부하기기에 필요한 실제유량 산정
(3) System의 각 구간별 유량계산
(4) 유량에 적합한 관경과 유량에 적합한 제어기구 결정
(5) 각 구간의 압력손실 계산
(6) 가장 불리한 관로 탐색
(7) System Pump의 선정과 적정설계
(8) 각 분기관로 말단의 보상을 위한 여유압력 계산
(9) Balance 기구의 적정설계와 초과압력을 흡수하기 위해 필요한 설정점 설정

5. Balance 계획 시 유의사항

(1) 열방출기, 배관 System, System Pump의 용량 등을 검토하여 Balance 방식을 결정
(2) 계통 간의 저항치 및 부하기기 간의 저항치를 계산하여 두 저항차를 제거할 수 있는 적정설계
(3) 소음 발생에 유의하여 설계

6. 결론

올바르게 Balancing하기 위해서는 Balance 기구의 적정 설계와 정확한 시공, 시운전 시 측정기를 사용한 TAB을 실시하여 열적평형이라는 목적을 달성해야 한다.

Soldering과 Brazing에 대하여 논하라.

1. 개요

동관의 대표적 접합방법인 솔더링과 브레이징은 용접재만 용융되어 모재 사이를 충전하고, 모재와 일체되어 적정강도가 유지되는 방법으로 용융된 용접재가 모재의 틈으로 침투되는 모세관 현상에 의한 접합이다.

2. 솔더링(Soldering)

450℃ 이하에서 용융되는 용접재(Solder Metals)를 사용한 용접

(1) 가열방법에 따른 분류

① 침액 솔더링(Dip Soldering : DS)
② 토치 솔더링(Torch Soldering : TS)
③ 저항 솔더링(Resistance Soldering : RS)
④ 로 솔더링(Furance Soldering : FS)
⑤ 유도가열 솔더링(Induction Soldering : IS)
⑥ 적외선 솔더링(Infrared Soldering : IRS)
⑦ 초음파 솔더링(Ultrasonic Soldering : LIS)
⑧ 인두 솔더링(Iron Soldering : INS)

(2) 대표적인 Solder Metal : Sn50, Sb5, Ag5.5

3. 브레이징(Brazing)

450℃ 이상에서 용융되는 용접재(Filler Metal)를 사용한 용접

(1) 가열방법에 따른 분류

① 침액 브레이징(Dip Brazing : DB)
② 토치 브레이징(Torch Brazing : TB)
③ 저항 브레이징(Resistance Brazing : RB)
④ 로 브레이징(Furance Brazing : FB)
⑤ 유도가열 브레이징(Induction Brazing : IB)
⑥ 적외선 브레이징(Infrared Brazing : IRB)
⑦ 확산 브레이징(Diffusion Brazing : DFB)

(2) 대표적인 Brazing Filler Metals : BCuP 그룹

4. 플럭스(Flux)

(1) 플럭스는 부식성을 가지고 있는 것과 비부식성인 것으로 나뉜다.
(2) 동관용으로는 약간의 부식성을 가진 것이 산화물 제거에 효과적이다.
(3) 용접재를 빨리 용해하며 확산이 잘 되도록 돕는 역할을 한다.
(4) 용접재가 이음부로 잘 빨려 들어갈 수 있는 표면 장력을 형성한다.
(5) 접합 후에는 반드시 여분의 플럭스를 닦아내어야 한다.
(6) 플럭스의 제품형태 : 액체, 분말, 페이스트(Paste) 등이 있으며 페이스트 형태가 가장 널리 적용된다.

5. 용접순서

(1) 연결부위를 샌드페이퍼 등으로 깨끗이 닦는다.
(2) 연결부 및 모든 부속을 맞춘다.
(3) 적합한 용제를 바른다.
(4) 알맞은 온도로 고르게 가열한다.
(5) 가열부위에 용접재를 녹이면 금속표면의 기공으로 흘러 들어가(모세관 현상) 단단한 접착이 이루어진다.
(6) 연결부위를 식힌다.
(7) 더운물이나 솔을 사용하여 연결부위의 용제가 제거되도록 닦는다.

6. 용접 시 주의사항

(1) 땜할 부분의 표면이 매우 깨끗해야 한다.
(2) 깨끗한 용제가 사용되어야 한다.
(3) 열을 낼 수 있는 시설이 옆에 있어야 한다.
(4) 용접 중 그 부위가 움직이지 않도록 고정한다.
(5) 용제를 알맞게 바르고 흘러내리지 않도록 한다.
(6) 새는 곳을 시험할 때에는 산소를 사용하지 않는다.

7. 결론

동관 용접방법은 Soldering과 Brazing 방법 중 사용조건에 따라 적당한 방법을 선택하되 고온의 열을 취급하므로 안전에 유의해야 한다. 특히 표면에 남은 여분의 용제는 관부식의 원인이 되므로 깨끗이 제거해야 되고 용접 후 누설 Test는 폭발우려가 있으므로 산소사용을 피해야 한다.

동절기 공기조화기에서 동결방지대책에 대하여 논하라.

1. 개요

동절기 공기조화기(AHU)에서 동파방지의 대책이 중요하다. 최근에는 연중 냉방을 요구하는 사무실이 늘어나고 때론 에너지 절감방안인 외기냉방으로 빙점 이하의 외기를 도입하거나 환기용 외기 도입 시 공조기(AHU) 내부에서 일부 냉각 Coil이 동파되어 파손되는 현상이 자주 발생하므로 이에 대한 대책이 필요하다.

2. 건축설비계획

(1) 해당 지역의 외기온도, 풍향, 풍속, 적설량 등 기상 조건, 지반의 동결심도 파악

(2) 다설지역, 외기온도가 낮은 지역은 급기구, 급기용 예열코일의 위치 파악하여 옥상 또는 외부와 노출지점 설해방지 조치 또는 동파 방지 대책 강구

(3) 지중 매설 배관은 동결심도보다 깊게 매설(각시도 급수 조례 참조) → 급·배수관 시공 시

(4) 물의 동파방지 방법 강구

① 통상 실내를 난방으로 상시 0℃ 이상 유지

② 물의 온도가 0℃ 이상 되도록 유지

③ 보온 등으로 물의 온도 0℃ 이상(가열) 유지하도록 보온

④ 물이 정체되지 않게 유동

⑤ 사용할 때 이외 배수

⑥ 부동액 사용으로 동파방지(잔류냉수, 냉각수)

(5) 실제의 계획 설계 시에는 상기조건 중 2가지 이상 만족하게 한다.

(6) 주위 온도가 0℃ 이하로 강하하지 않도록 배려함이 최선

(7) 동파방지용 Heating Coil 설치

(8) Tight Damper 사용

3. 배관계획

(1) 관의 선정 시 통과하는 실, 장소의 온도 환경을 사전에 충분히 검토하여 저온인 곳은 피한다.

(2) 배수장치는 관리에 편리한 위치에 설치한다.

(3) 퇴수 밸브, 동결방지 밸브를 부착한다.

(4) 동결방지 밸브 : 수온에 의한 감열체의 수축, 팽창에 의해 자동적으로 밸브가 퇴수할 수 있는 구조이다.

4. 보온 및 동결방지대책

(1) 보온

① 방온 및 방동이 목적이다.

② 냉수 배관의 경우 매립배관, 노출배관 표면에 결로방지 및 보온으로 보온효과가 증대하며, 석면, 규조토, Rock Wool, Glass Wool, 염기성 탄산, 마그네슘, 탄화코르크, 우보펠트, 규산칼슘, 폼폴리스틸렌, 펄라이트, 경질우레탄폼 등 용도에 따라 선택

③ 정체상태 배관은 두께, 성능, 시공성이 우수해야 한다.

(2) 동결방지

① 보온두께에만 의지하지 말고 실제적으로 배관의 위치를 고려해야 하며 외벽 부착 Pit Duct는 동결의 위험이 있으므로 배관에 전열선을 넣어 전기를 공급하여 보온

② 급수관에(냉수관) 물이 흐르도록 냉수 등 순환

5. 결론

동절기의 공조기의 방동대책은 매우 중요한 것으로 중부 이북 지역처럼 겨울철 외기온도가 낮을 때에는 특별한 동결방지대책을 세워야 한다. 지역적인 방동대책은 지역 기온, 기후변동 정보를 입수하여 적정한 대책을 세워야 하며 보온대책으로 어려울 때는 부동액의 봉입으로 대책을 강구해야 한다.

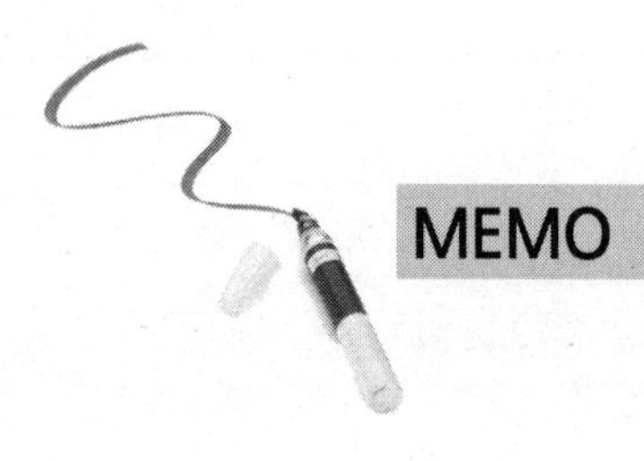

MEMO

제7장 배관부식 및 스케일

Professional Engineer

○ Building Mechanical Facilities
○ Air-conditioning Refrigerating Machinery

배관의 부식방지대책에 대하여 논하라.

1. 개요

부식이란 어떤 금속이 주위환경과 반응하여 화합물로 변화(산화반응)되면서 금속 자체가 소모되어 가는 현상을 말한다.

2. 부식의 종류

(1) 습식과 건식

① 습식부식 : 금속표면이 접하는 환경 중에 습기의 작용에 의한 부식현상

② 건식부식 : 습기가 없는 환경 중에서 200℃ 이상 가열된 상태에서 발생하는 부식

(2) 전면부식과 국부부식

① 전면부식 : 동일한 환경 중에서 어떤 금속의 표면이 균일하게 부식이 발생하는 현상. 방지책으로 재료의 부식여유 두께를 계산하여 설계

② 국부부식 : 금속의 내적 요인(조직, 가공, 열처리), 금속의 외적 요인(P.H, 용해성분, 온도), 기타 요인(이중금속 접촉, 탈아연, 응력, 유속 등)에 의하여 금속표면에 국부적 부식이 발생하는 현상

㉮ 이종금속접촉 : 재료가 각각 전극, 전위차에 의하여 전지를 형성하고 그 양극이 되는 금속이 국부적으로 부식하는 일종의 전식현상이다.

㉯ 전식 : 외부전원에서 누설된 전류에 의해서 전위차가 발생하고 전지를 형성하여 부식되는 현상

㉰ 틈새부식 : 재료 사이의 틈새에서 전해질의 수용액이 침투하여 전위차를 구성하고 틈새에서 급격히 부식이 일어난다.

㉱ 입계부식 : 금속의 결정입자 경계에서 선택적으로 부식이 발생

㉲ 선택부식 : 재료의 합금성분 중 일부 성분은 용해하고 부식이 힘든 성분은 남아서 강도가 약한 다공상의 재질을 형성하는 부식이다.

3. 부식의 원인

(1) 내적 원인

① 금속의 조직영향 : 금속을 형성하는 결정상태면에 따라 다르다.

② 가공의 영향 : 냉간가공은 금속의 결정구조를 변형한다.

③ 열처리 영향 : 잔류응력을 제거하여 안정시켜 내식성을 향상한다.

(2) 외적 요인

① pH의 영향 : pH4 이하에서는 피막이 용해되므로 부식

② 용해성분 영향 : 가수분해하여 산성이 되는 염기류에 의하여 부식

③ 온도의 영향 : 약 80℃까지는 부식의 속도가 증가

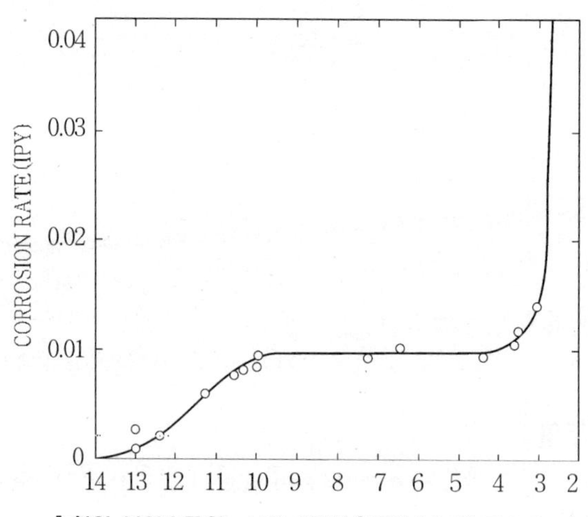

[철의 부식속도와 pH의 관계(용존산소농도 7.1g/m³)]

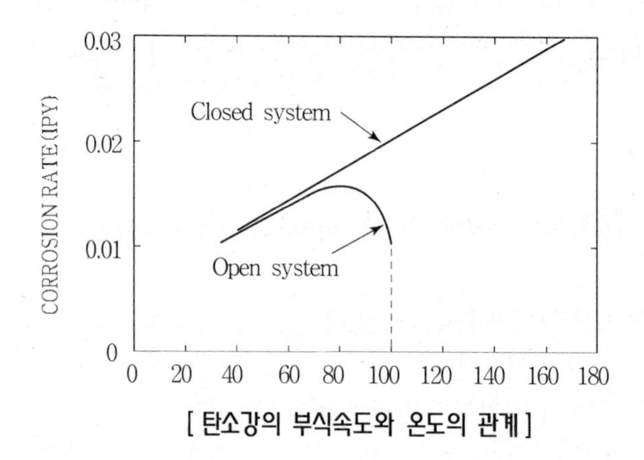

[탄소강의 부식속도와 온도의 관계]

(3) 기타 원인

① 아연에 의한 철부식 : 50~95℃의 온수 중에서 아연은 급격히 용해

② 동이온에 의한 부식 : 동이온이 용출하여 이온화 현상에 의하여 부식

③ 이종금속 접촉부식 : 용존가스, 염소이온이 함유된 온수의 활성화로 국부전지를 형성하여 부식

④ 용존산소에 의한 부식 : 물속에 함유된 산소가 분리되어 부식

⑤ 탈아연 현상에 의한 부식 : 밸브의 Stem과 Disc의 접촉부분에서 부식

⑥ 응력에 의한 부식 : 내부응력에 의하여 갈라짐 현상으로 발생
⑦ 온도차에 의한 부식 : 국부적 온도차에 의하여 고온 측이 부식
⑧ 유속의 영향

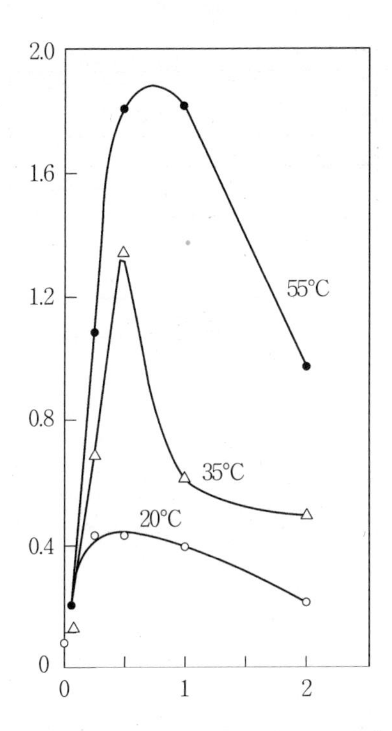

[수도수의 유속이 연강의 부식에 미치는 영향]

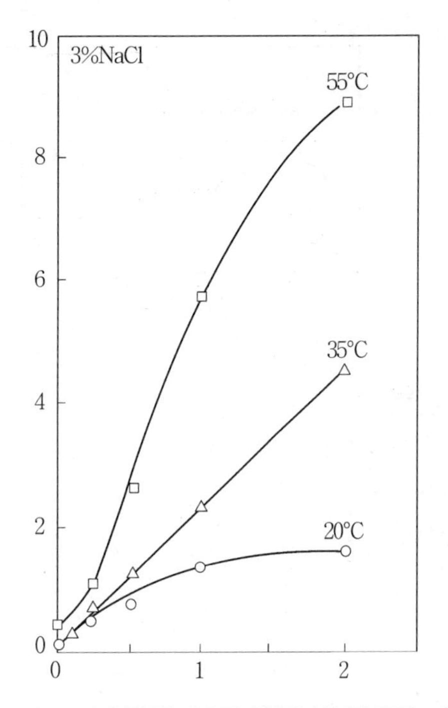

[3% NaCl 수용액중의 유속이 연강의 부식에 미치는 영향]

4. 부식의 방지대책

(1) 전면부식

① 적절한 재료의 선택
② 음극 방식
③ 드라이 코팅(Dry Coating)
④ 환경 측에 억제제 첨가

(2) 국부부식

① 가급적 동일계의 배관재 선정
② 라이닝재의 사용 : 열팽창에 의한 재료의 박리에 주의
③ 온수의 온도조절 : 50°C 이상에서 부식이 촉진된다.
④ 유속의 제어 : 1.5m/s 이하로 제어
⑤ 용존산소제어 : 약제투입 용존산소제어

⑥ 희생양극제 : 지하매설의 경우 Mg 등을 배관에 설치
⑦ 방식재 투입 : 규산인산계 방식제 이용
⑧ 급수의 수처리 : 물리적 방법과 화학적 방법

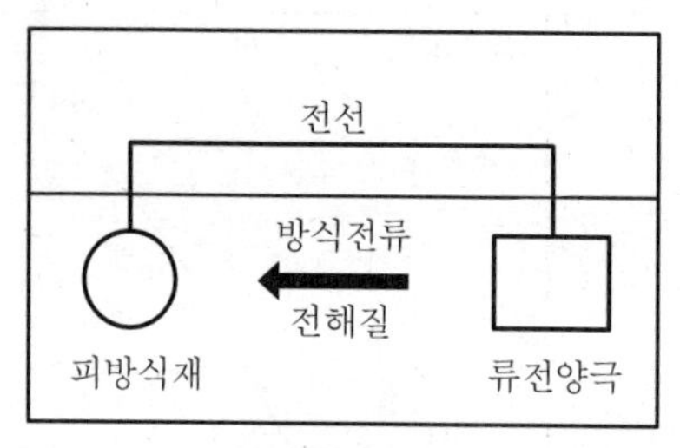

[희생양극법]

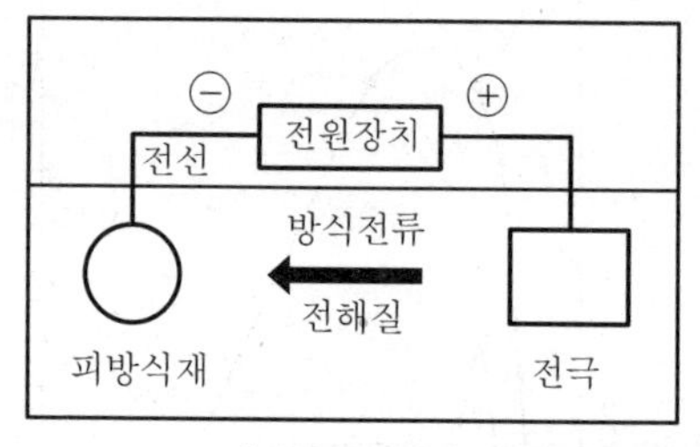

[외부전원법]

5. 결론

배관의 부식은 관의 재질, 흐르는 유체의 온도 및 화학적 성질에 따라 다르나 일반적으로 금속의 이온화, 이종금속의 접촉, 전식, 온수온도 및 용존산소에 의한 부식이 주로 일어나므로 여기에 대한 대책이 강구되어야 한다.

배관의 Scale 생성원인과 방지대책

1. 개요

(1) 물에는 광물질 및 금속의 이온 등이 녹아 있다. 이 이온 등의 화학적 결합물($CaCO_3$)이 침전하여 배관이나 장비의 벽에 부착하는데 이를 Scale이라고 한다.

(2) Scale의 대부분은 $CaCO_3$이다.

2. Scale의 생성과 종류

(1) 생성화학식

$$2(HCO_3^-) + Ca^{++} \rightarrow CaCO_3 + CO_2 + H_2O$$

(2) Scale의 종류

① $CaCO_3$: 탄산염계 Scale
② $CaSO_4$: 황산염계 Scale
③ $CaSiO_4$: 규산염계 Scale

3. Scale 생성원인

(1) 온도

① 온도가 높으면 Scale 촉진
② 급수관보다 급탕관 Scale이 많다.

(2) Ca이온 농도

① Ca이온 농도가 많으면 Scale 생성 촉진
② 경수가 Scale 생성이 많다.

(3) CO_3이온 농도

4. Scale 생성 방지대책

(1) 화학적 방법

① 인산염 이용법
인산염은 $CaCO_3$ 침전물 생성을 억제하며 원리는 Ca^{++} 이온을 중화한다.

② 경수연화장치(합성수지이용법)
㉮ Ca^{++}, Mg^{++} 이온을 용해성이 강한 Na^{+} 이온을 교환하여 Scale 생성원인인 Ca이온 자체를 제거
㉯ 완전반응 후 Ca, Mg 화합물이 잔류하지 않도록 물로 세척

③ 순수장치
㉮ 강산성 양이온 교환수지와 강염기성음이온 교환수지를 통과시켜 총용존성물질(TDS)을 제거하여 순수를 제조
㉯ 복상식 순수제조장치와 혼상식 순수제조장치가 있다.

(2) 물리적 방법

물리적인 에너지를 공급하여 Scale 생성을 촉진하여 Scale이 벽면에 부착하지 못하고 흘러나오게 하는 방법

① 전류이용법

② 라디오파 이용법

③ 자장이용법
㉮ 시중에서 판매하는 Scale 방지기의 원리
㉯ 영구자석을 관 외벽에 부착하여 자장생성

④ 전기장 이용법

5. Scale에 의한 피해

관, 장비류의 벽에 붙어서 단열기능을 한다.

(1) 열전달률 감소

에너지 소비 증가, 열효율 저하

(2) Boiler 노 내 온도 상승

① 과열로 인한 사고
② 가열면 온도 증가 → 고온 부식 초래

(3) 냉각 System의 냉각효율 저하

(4) 배관의 단면적 축소

마찰손실 증가 → 반송동력 증가

(5) 각종 V/V 및 자동제어기기 작동 불량

① Scale 등의 이물질 영향

② 고장의 원인 제공

6. 스케일 방지장치의 선정 시 고려사항

(1) 적용하는 곳의 수질을 분석

(2) 사용유량을 검토

(3) 스케일 방지장치 설치위치 결정

(4) 처리강도의 조정

7. 결론

Scale의 생성을 방지하기 위하여 물속의 Ca^{++}이온을 제거하여야 하며 가장 널리 사용되는 방법은 경수 연화법이다.

동관의 부식원인과 방지대책에 대하여 논하라.

1. 개요

우리 건설분야에서 동관을 사용한 결과는 내구성으로 인한 보수, 유지비의 대폭적인 절감과 재활용 가치 등의 경제적 효과와 더불어, 온열 환경의 개선, 위생성의 향상 등 여러 측면에서 주거문화 향상에 기여한 바가 매우 크다. 그러나 이러한 장점과 특성을 가진 우수한 재료일지라도 적절하게 사용되지 못하면 불의의 사고를 당할 수도 있고 내구성에 치명타를 입을 수가 있다.

2. 동관의 부식에 대한 특성

(1) 동관 표면의 산화 피막의 역할

금속학적으로 동이 대기와 접촉하면 대기 중의 수분과 반응, 표면에 일산화동(Cu_2O)과 염기성탄산동[$CuCO_3$, $Cu(OH)_2$]이 주성분인 치밀하고 얇은 산화피막을 형성한다. 이 피막은 동의 부식 등 각종 변화가 발생하지 않도록 보호피막의 역할을 한다.

(2) 산화 피막이 손상되었을 경우

동관의 내식성은 표면에 형성되는 피막에 크게 의존하는데, 그 피막이 어떤 작용으로 파괴되는 경우나 피막이 형성되기 어려운 경우에 부식에 의한 손상이 문제가 된다.

3. 건축 배관용 동관이 부식하는 경우

(1) 공식

① 특징

㉮ 혹 모양으로 쌓여 올려진 녹청색의 부식 생성물의 밑에서 진행됨

㉯ 공식은 주로 형식 1과 2의 두 가지로 분류됨

㉰ 형식 1의 공식은 상수도를 사용하는 배관에서의 발생은 거의 없고 드물게 지하수를 사용하는 급수, 급탕 배관에서 찾아볼 수 있다.

㉱ 형식 2의 공식은 중앙집중식 급탕배관에서 발생

② 원인

㉮ 동관의 자연전위가 상승해서 어떤 임계전위를 넘으면 공식이 발생

㉯ 자연전위가 상승하는 것은 수질에 관계가 있는데 특히 산화제, 특정 음이온, pH 등이 주가 됨

㉰ 형식 1의 공식사례는 pH가 7 이상으로 유리탄산이 20mg/l 이상인 수질에서 발생

㉱ 형식 2의 공식에서는 잔류염소가 크게 관계되며 가용성 실리카도의 전위 상승에 영향을 줌

③ 대책

㉮ 형식 1에서는 폭기에 의해서 유리탄산을 비산시키는 것과 pH를 높이는 수처리가 필요하다.

㉯ 형식 2에서는 잔류염소 농도를 낮게 억제해야 함

(2) 궤식

① 특징

㉮ 흐름이 급변하는 엘보, 티 등의 하류 측에서 국부적으로 또는 광범위하게 발생

㉯ 환탕에서의 사례가 많다.

② 원인

㉮ 관 내의 피막이 유체의 전단응력 또는 기포의 충돌에 의해서 계속적으로 파괴되어 노출된 부분의 관표면이 급속하게 용출하기 때문에 발생하는 현상

㉯ pH가 낮고 급탕온도가 높으며 용존가스나 기포가 많을수록 발생하기 쉽다.

③ 대책

㉮ 관 내 유속을 1.5m/s 이하로 억제

㉯ 급탕온도를 낮게 함

(3) 개미집 모양 부식

① 특징

㉮ 단면을 관찰할 때 부식공이 3차원의 복잡한 형태를 취하고 있다는 것

㉯ 부식공이 눈으로 발견하기 어려울 정도로 작은 경우가 많다.

② 원인

㉮ 개미산, 초산 등의 카본산이 주된 부식 매체로 생각

㉯ 건축재료 등에서 발생한 유기산이 동관과 피복재의 틈새로 침입한 물에 용해되어 부식을 일으키는 것으로 추정

③ 대책

㉮ 카본산과 같은 유기산이 발생하기 어려운 건축재료의 사용

㉯ 시공상의 대책으로는 수분의 침입을 가능한 한 방지할 수 있도록 피복재의 단말을 처리

(4) 응력부식 균열

① 특징

㉮ 균열의 기점이 되면 검게 변색하고 녹청색의 부식생성물을 수반

㉯ 건축 배관에서는 관의 외면이 균열의 기점으로 되는 일이 많다.

② 원인

㉮ 응력부식 균열은 응력, 수분, 부식매체의 3가지 요인이 공존하는 경우에 발생

㉯ 건축배관에서는 보온재로부터 용출된 암모니아나 황화물이 부식매체로 되는 경우가 많음

③ 대책

㉮ 암모니아나 황화물이 발생하기 어려운 보온재를 사용하는 동시에 수분의 침입을 방지하는 것이 효과적

㉯ 부식매체의 제거가 어려운 사용 환경에서는 응력부식균열 감수성이 낮은 저인탈산 동관, 무산소동관, 큐프로니켈관을 채용

(5) 청수(동이온의 용출)

① 특징

청수 : 욕조, 세면기, 타일바닥 등에 파란색의 부착물이 보이거나 수건, 기저귀 등이 파랗게 물드는 현상

② 원인

㉮ 동관에서 용출한 미량의 동이온이 비누나 때에 포함되어 있는 지방산 등과 반응해서 청색의 불용성 동비누를 생성하면 나타날 수 있는 현상

㉯ 수도꼭지에서 파란물이 나오지는 않는다.

③ 대책

유리 탄산이 많고 pH가 낮은 물의 경우에는 폭기에 의해서 유리탄산을 비산시키는 것과 pH를 중화할 수 있도록 수처리를 하는 것이 효과적

(6) 보온재에 의한 외면부식

① 특징

녹청색, 백색, 흑색 등의 부식생성물을 수반하는 부식이 관의 외면에서 광범위하게 보이는 경우

② 원인

㉮ 빗물, 배수 등의 침입이나 결로에 의해 보온재가 젖어서 염소이온, 암모니아, 황화물 등의 부식매체가 용출되어 부식을 일으키는 현상

㉯ 내면부식 또는 시공불량에 의한 누수에 의해서 이차적으로 외면 부식이 일어나는 경우도 있음

③ 대책

염소이온, 암모니아, 황화물 등의 부식매체가 용출되기 어려운 보온재를 사용하는 동시에 수분의 침입을 가능한 한 방지

(7) 피로균열

① 특징

급탕 배관에서는 이음매 부근이나 굴곡이 있는 부분 등 열응력이 집중되기 쉬운 곳이나 시공 시에 발생된 우묵한 부분 또는 상처 부위에 발생하는 일이 많다.

② 원인

㉮ 피로 균열 : 피로한계를 넘는 응력이 반복적으로 가해져 균열이 발생하는 현상

㉯ 급탕배관의 경우에는 물의 온도변화에 따른 배관의 신축작용에 의해 발생하는 열응력이, 냉동공조기기의 배관에서는 압축기의 진동에 의한 응력이 주원인

③ 대책

열응력을 흡수할 수 있도록 배관하는 것이 좋고 급탕배관의 교차부분에서는 완충재를 사용하는 것이 효과적

(8) 배수관의 부식

① 특징

잡배수관에서 수평 배관의 하벽 측에서 띠모양의 부식이 발생하는 것

② 원인

수평배관의 구배가 불충분하거나 모발 등의 섬유상의 이물질이 존재하면 그 부분에 부식성의 배수가 고여서 부식이 발생

③ 대책

적절한 유수 세척으로 부식성의 배수가 관 내에 장시간 체류하지 않도록 배려

4. 결론

동관의 최대 장점이 내식성이고 어떠한 재료보다도 실용상 만족할 수 있는 배관재이지만 설명한 바와 같이 사용 조건에 따라서는 부식 손상을 일으키는 경우가 있는데 동관의 특성을 잘 살려서 적절한 사용방법 또는 방지책을 강구한다면 특수하게 나타나는 몇 가지 현상을 충분히 방지할 수 있을 것이다.

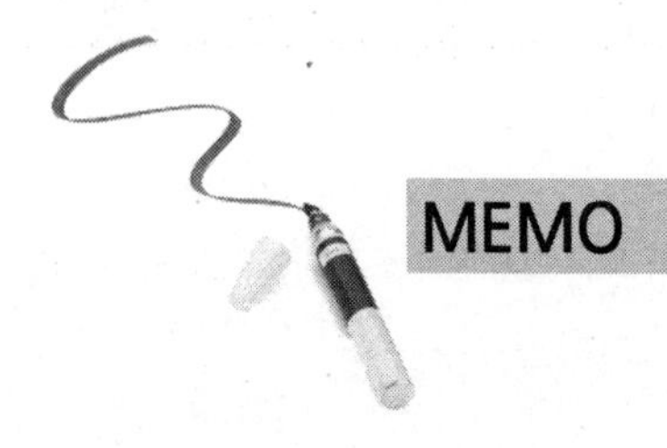

MEMO

제8장 배관부속

배관의 Expansion Joint의 종류와 용도를 설명하라.

1. 개요

관 내 유체의 온도변화에 따른 배관계의 수축, 팽창을 흡수하기 위해 배관 도중에 설치되는 이음쇠로, 배관의 양단을 고정, 신축을 흡수토록 하여 배관계의 누수 및 파손을 방지한다.

2. 신축이음의 종류

(1) Swivel 이음
(2) Sleeve 이음
(3) Bellows 이음
(4) Loop 이음

3. 종류별 특성

(1) Swivel 이음

① 2개 이상의 엘보를 사용하여 나사의 회전을 이용해서 신축을 흡수
② 저압증기나 온수의 분기관에 사용

(2) Sleeve 이음

저압증기나 온수 배관에 사용되며 Sleeve가 미끄러지면서 배관의 신축을 흡수

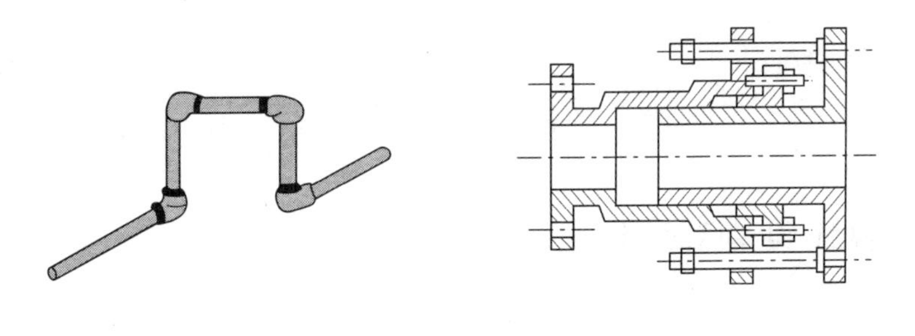

[스위블 이음]　　[슬리브형 신축이음]

(3) Bellows 이음

① Sleeve를 스테인리스제의 Bellows로 싸고 Sleeve가 미끄러지면서 Bellows가 신축
② 누수가 없으나 Bellows 강도에 한계가 있어 고압에는 부적당
③ Bellows 부위에 응축수 및 응결수가 고여 부식 우려
④ 단식과 복식이 있다.

(4) Loop 이음

① 배관을 Ω과 같이 굽혀서 Loop형을 만들어 밴딩에 의해 신축을 흡수
② 누수 및 고장이 없고 고압에 적당
③ 스페이스를 많이 차지하는 단점이 있다.
④ $L=73\sqrt{D\Delta l}$

여기서, L : 신축 곡관의 길이(mm)
D : 관의 외경(mm)
Δl : 흡수해야 할 배관의 신축(mm)

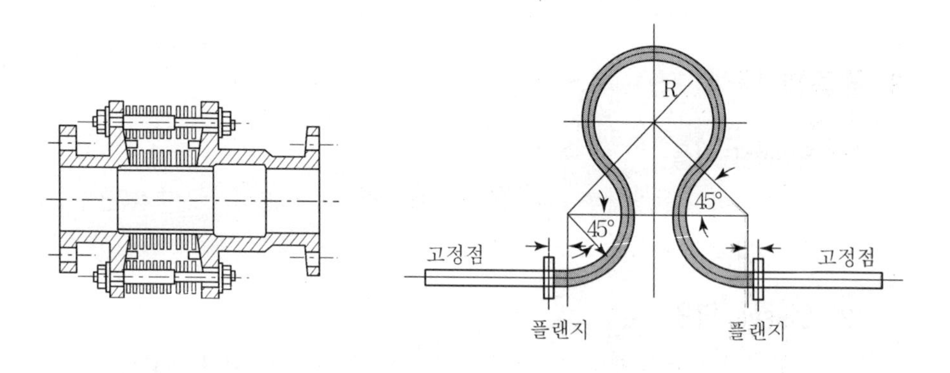

[벨로스형 신축이음쇠]　　[루프형]

(5) 누수 우려 순서

스위블 > 슬리브 > 벨로스 > 루프

4. 신축길이 계산 및 설치간격

(1) 공식

$$l'=\alpha\cdot\Delta t\cdot l$$

여기서, α : 선팽창 계수, Δt : 온도차, l : 관길이, l' : 팽창길이

(2) Expansion Joint 설치간격

(단위 : m)

구 분	동 관	강 관
수직	10	20
수평	20	30

5. 건물과 배관팽창

배관이 수축, 팽창을 하게 되듯이 건물도 외부의 온도에 영향을 받게 되면 수축, 팽창을 하게 된다. 즉 계절이 바뀌면서 수축과 팽창을 반복하게 된다. 일반건물의 경우 길이가 길면 건축 익스팬션 조인트를 설치하게 되며 이에 대해 설비측면에서 배관 또는 덕트에 건물신축에 대응할 수 있는 이음을 고려하여야 한다.

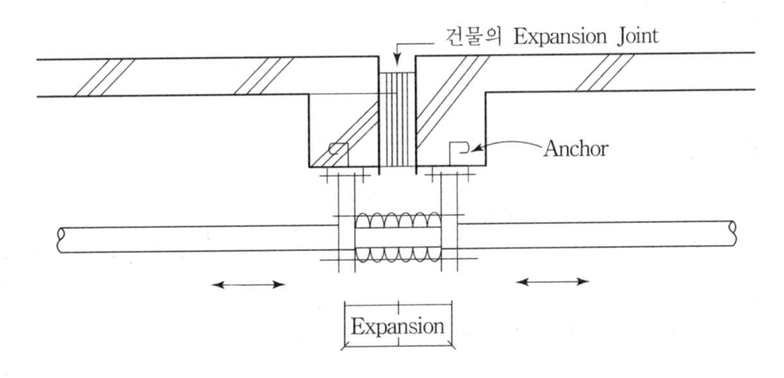

6. Expansion 설치 시 유의사항

(1) Expansion 고정앵커 Type으로 고정하고, 나머지 배관은 슬라이딩이 가능하게 고정

(2) Bellows Type의 경우 제품 출하 시 시공이 용이하도록 고정 날개가 부착되어 있다. 시공 후 고정날개를 제거하지 않아 시운전 및 운전 시 Expansion Joint 파손

(3) 같은 Expansion Joint의 용접 시 슬라이딩 부분까지 용접열이 전달되어 누수위험
  –용접부 주위에 물수건 등으로 열 차단

(4) 입상 Pit의 협소로(APT) Loop Type 시공이 어렵고 점검구의 크기가 작아(미관고려) 보수 시 어려움이 따른다.

7. 결론

온도차가 있는 유체가 통과하는 배관은 물론이고 건물외벽 외기 온도차에 의한 팽창수축을 고려하여 Loop Type Expansion Joint를 설치해야 하며, 시공이 용이한 Bellows Type보다는 누수 부식의 우려가 없는 Loop Type을 사용하는 것이 바람직하다.

Balancing Valve에 대해서 기술하시오.

1. 개요

냉 · 온수 배관에서 부하기기 간의 배관거리와 기기 자체의 저항의 차가 있어 이를 해소하기 위하여 배관의 저항을 밸런싱시켜 냉 · 온수를 소요처에 원활히 공급하여 냉난방 불균형을 해소하기 위한 것이다.

2. 밸런싱 밸브의 종류

(1) 가변유량식 밸브

(2) 정유량식 밸브

3. 가변 유량식 밸브

(1) 유체가 통과할 수 있는 단면적을 고정

(2) 정해진 유량($Q = CV\sqrt{\Delta P}$)에서 ΔP를 조정(교축)하여 정상 운전 상태의 유량을 통과할 수 있도록 함

(3) System 운전상태의 변화로 유량의 변화가 있더라도 이를 흡수할 수 있다.

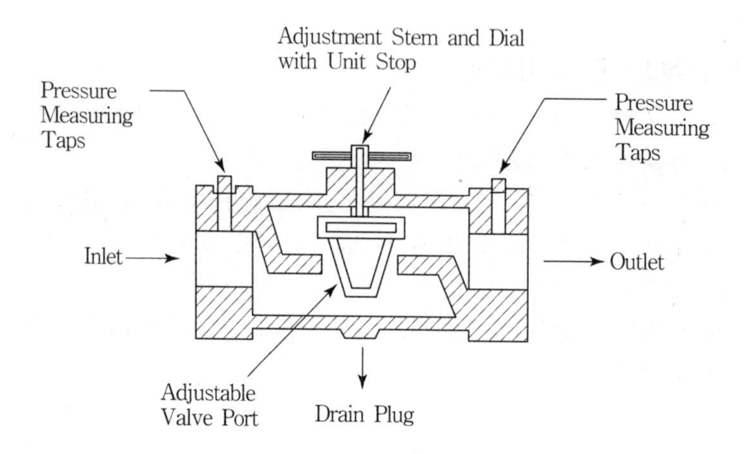

(4) 당초에 조정된 비율대로 흐를 수 있다는 것이 가변유량식 밸런싱 밸브의 적용상 이점

4. 정유량식 밸브

(1) 오리피스의 단면적을 변화시켜 일정한 유량을 흐르도록 함

(2) 밸브몸통과 카트리지로 구분

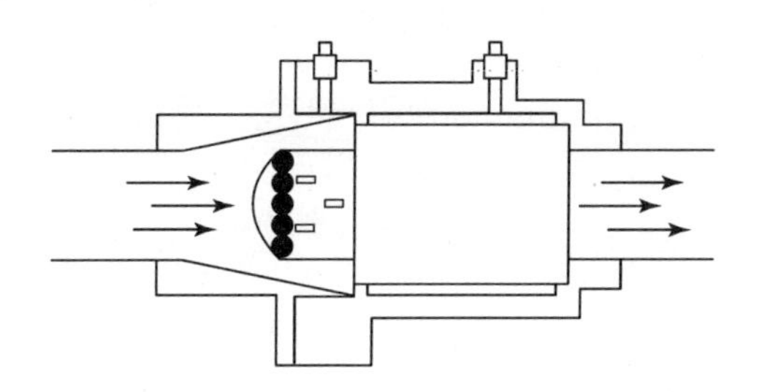

5. 주요용어

(1) 유량계수

밸브의 능력을 표시한 값

① CV → 통과 유량을 GPM으로 표기

② KV → 통과 유량을 LPM으로 표기

(2) 레인지 빌리티

제어 가능한 최대유량과 최소유량의 비

① 공조용 유량 조절 밸브 30 : 1 정도

② 공업용 유량 조절 밸브 50 : 1 정도

(3) 압력강화

밸브 전후의 압력차를 말하며 최대유량이 통과할 때 값

6. 설계 및 시공상 요점

(1) 유량 및 차압계산이 정확해야 한다. 유량을 과대하게 잡을 필요가 없다.

(2) 밸브 크기 선정이 과대하지 않도록 한다. 유량제어용 밸브는 반드시 KV 값이 제시되는데 이때 적은 쪽의 규격을 선정하는 것이 좋다.

(3) 차압의 범위를 과대하게 잡지 않도록 한다.(0.3bar 기준으로 규격 선정)

(4) 차후 Water Balancing을 대비하여 설치 위치를 정확하게 파악하여 밸브의 전후 직관은 밸브관경의 5배 이상이 되도록 설계 및 시공한다.

(5) 관 내 이물질 제거를 위하여 Flushing을 철저히 한다.

7. 결론

유효면적 극대화, 배관망이나 설비공간을 적정하게 요구하는 System을 추구해야 한다.

03 밸브의 종류를 열거하고 기능, 특성을 설명하라.

1. 개요

밸브는 배관 또는 장비류에 부착하여 유체의 흐름을 차단, 조종하거나 특정한 방향으로만 흐르도록 하는 기구이다.

2. 밸브의 분류

(1) 구조상의 분류 : Gate, Globe, Check, Cock, Ball, Butterfly
(2) 재료별 분류 : 청동, 황동, 주철, 주강, 가단주철, 스테인리스, 비철금속
(3) 밸브의 접속방식에 의한 분류 : 나사식, 플랜지식, 용접식
(4) 작동원리에 따른 분류 : 수동식, 자동식

3. 밸브의 종류와 기능

(1) 게이트 밸브

① Sluice 밸브라고도 부르며 유체의 흐름을 차단하는 대표적인 밸브로서 주로 배관에 사용하고, 디스크가 밸브몸통에서 상하로 직선운동을 하여 열고 닫음

② 특징

㉮ 압력손실이 적다.
㉯ 핸들 회전력이 가벼워 대형 및 고압에 적합
㉰ 개폐에 시간이 걸린다.
㉱ 전개 또는 전폐용

(2) 글로브 밸브

① 밸브 몸통의 형식이 구형이며 디스크가 밸브 내를 승강하여 유량을 제어

② 특징

㉮ 디스크 개폐 속도가 빠르다.
㉯ 유량조절이 용이
㉰ 견고하고 유체누설 방지가 쉽다.
㉱ 압력손실이 크고 핸들이 무겁다.

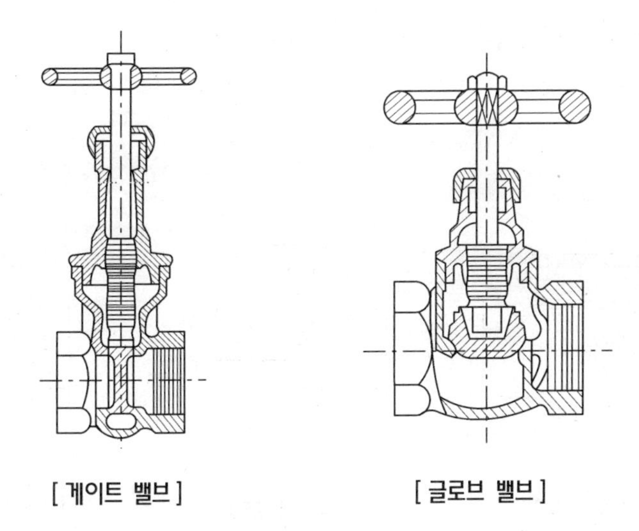

[게이트 밸브] [글로브 밸브]

(3) Butterfly Valve

① 디스크가 유체 내에서 단순회전하므로 개폐 정도를 확인하기 좋으나 유체누설 방지가 어려워 사용범위 제한

② 특징

㉮ 구조가 단순하며 밸브크기가 작고 가볍다.

㉯ 밸브개폐 시간이 짧고 개폐 정도 확인이 쉽다.

㉰ 유체저항이 적다.

㉠ 누설형 버터플라이 밸브

유량을 조정하는 댐퍼로 이용되며 전폐 시 어느 정도 누설을 인정할 때 사용한다.

㉡ 내누설형

밸브 몸통과 디스크에 루버 라이닝 또는 O링을 끼운 형식으로 밸브 시트부의 탄성에 의해 누설방지

㉢ 밀폐형

유량특성기능은 떨어지나 전폐 목적으로 사용

(4) Check Valve

① 유체 역류방지용으로 사용

② 종류

㉮ 스윙 Type : Disk가 스윙하여 개폐작용 수평배관에 주로 사용하며 수직배관에도 사용 가능

㉯ 리프트 Type : Disk가 밸브 시트면에 수직으로 승강하는 형식으로 수직, 수평배관용으로 구분

㉰ 스모렌스키 Type : Lift형 Check Valve에 스프링과 안내깃을 내장한 자폐식으로 Pump의 토출 측 및 수직배관에 사용. Water Hammer 방지효과가 있다.

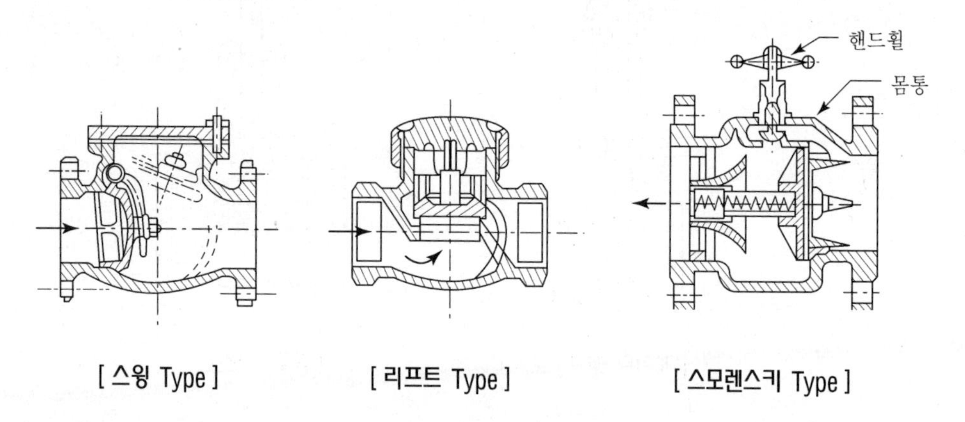

[스윙 Type] [리프트 Type] [스모렌스키 Type]

(5) Cock Valve

원추상의 디스크가 축을 중심으로 90° 회전으로 전개 또는 전폐, 압력계의 사이펀 관에 설치

(6) Safety Valve

설정 이상 압력 시 개방되는 밸브

4. 밸브 선정 시 고려사항

(1) 밸브 재질의 선정－작동유체의 온도, 압력, 화학적 특성 고려
(2) 밸브 구조상 선정－개폐용, 유량조절용, 압력손실 등 고려
(3) 접속방식 고려
(4) 작동원리 고려
(5) 냉동기, 냉각탑, Pump 등 기계에 직접 부착 시 밸브의 자중을 고려하여 Butterfly Valve 선정(기계 및 배관에 영향)

5. 결론

장치의 용도와 기능 및 유체특성에 알맞은 것을 사용해야 한다.

증기트랩의 종류, 특징 및 설치 시 유의점

1. 개요

증기와 응축수를 공학적 원리 및 내부구조에 의해 구별하여 응축수만을 자동적으로 배출하는 일종의 자동 조절밸브이다.

2. 증기트랩의 분류

(1) 기계식 : 증기와 응축수의 비중차를 이용하여 응축수 회수

① 버킷 트랩
② 플로트 트랩

(2) 열동식 : 증기와 응축수의 온도차를 이용하여 응축수 회수

① 바이메탈 트랩
② 벨로스 트랩

(3) 열역학식 : 증기와 응축수의 열역학적 특성인 유체의 운동에너지차 이용

① 디스크 트랩
② 오르피스 트랩
③ Y형 Trap
④ 피스톤 Trap

3. 증기트랩의 사용목적

(1) 응축수의 자연회수
(2) 시스템 내의 합리적인 증기 이용 구성
(3) 배관 내의 배압방지
(4) 에너지 손실방지

4. 증기트랩의 종류별 특징

(1) 기계식 트랩

증기와 응축수의 비중차를 이용한 것으로 Air Vent 능력이 없고, 연속배출이 가능하며, 동파위험이 있다.

① Bucket 트랩

㉮ 특징

㉠ 연속배출 가능

㉡ Air Vent 능력이 없다.

㉢ 동파의 위험이 있다.

㉣ 작동상 40kPa 이상의 압력차 필요

㉯ 적용

세탁기구, 소독기구, 관말, 흡수식 냉동기

② Float 트랩

㉮ 특징

㉠ 연속배출 가능

㉡ Air Vent 능력이 없다.

㉢ 동파의 위험이 있다.

㉣ 내압상 최대 400kPa 이하에 사용

㉯ 적용

열교환기, 가열탱크, 공기조화기

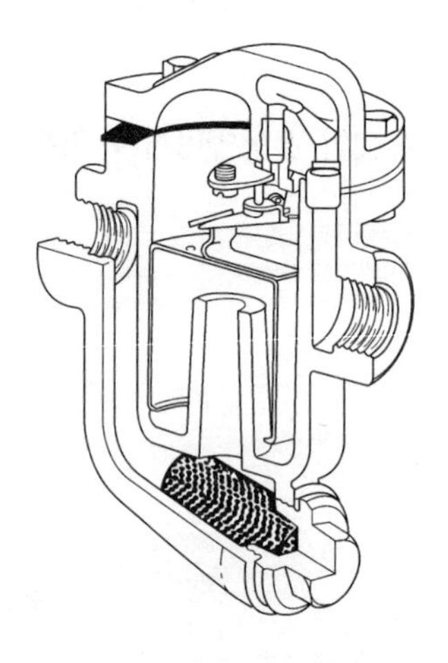

[Bucket 트랩]

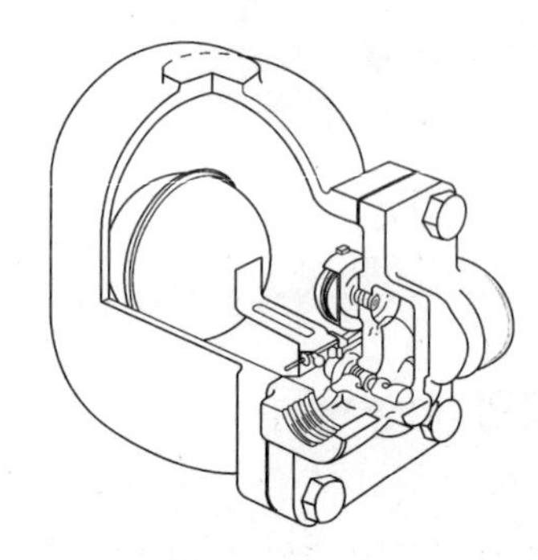

[Float 트랩]

(2) 열동식 트랩

증기와 응축수의 온도차를 이용한 것으로 Air Vent 능력이 있고 연속배출이 불가능하다. 현열을 이용하여 에너지를 절약하며 동파위험이 없고 워터해머에 충분히 견딘다.

① Bellows Trap

㉮ 특징

㉠ 연속배출 불가능

㉡ Air Vent 능력이 있다.
㉢ 동파의 위험이 있다.
㉣ 워터해머에 충분히 견딘다.
㉤ 현열이용으로 에너지 절약적이다.
㉥ 소량이고 가볍다.

㉯ 적용
방열기

② Bimetal Trap

㉮ 특징
㉠ 연속배출 불가능
㉡ Air Vent 능력이 있다.
㉢ 동파의 위험이 없다.
㉣ 워터해머에 충분히 견딘다.
㉤ 현열이용으로 에너지 절약적이다.
㉥ 밸브의 구조가 체크밸브처럼 작동

㉯ 적용
Tracing Line

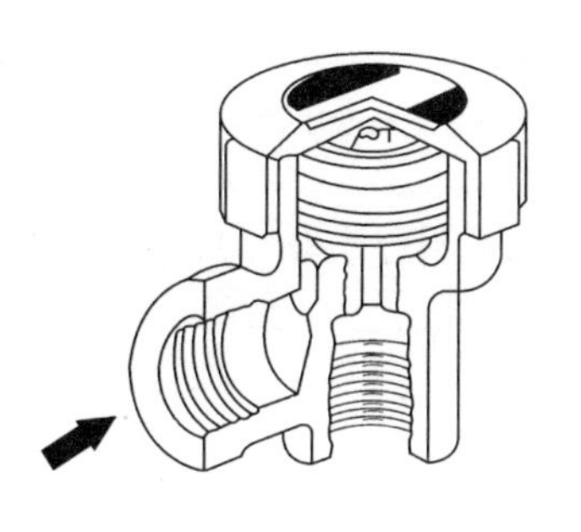

[Bellows Trap]

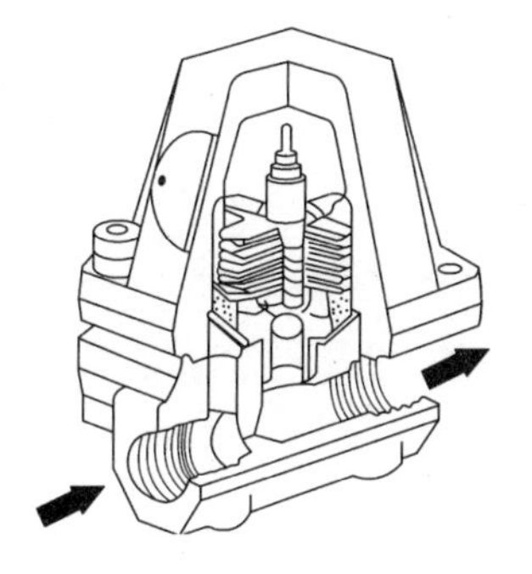

[Bimetal Trap]

(3) 열역학적 트랩

증기와 응축수의 열역학적 특성인 유체의 운동에너지차 이용

① Disk형
㉮ 응축수의 재증발 이용
㉯ 설치방향에 제약이 없다.
㉰ 동파 염려가 없다.

② Orifice형
㉮ 실린더와 오리피스로 구성

㉯ 응축수(고압)의 증발을 이용하여 재액화 사용
㉰ 설치방향에 제약이 없고 유지 관리 용이
㉱ 동파 염려가 없다.

5. 트랩 선정 시 주의사항

(1) 각 사용 용도에 적합한 트랩 선정
(2) 안전율을 고려하여 간헐 작동할 것
(3) 규격 선정 시 과대 또는 과소하지 않게 할 것
(4) 실제에 가까운 유효압력차를 택할 것
(5) 과대한 배압이 걸리지 않게 배관작업 할 것

6. 증기트랩 설치 시 주의사항

(1) 화살표 방향으로 설치
(2) By-pass 배관 설치
(3) 스트레이너 설치
(4) 하면이 수평인 편심 레듀샤 설치
(5) 유지 보수 공간 확보

7. 결론

증기공급 시스템에서 합리적인 증기 이용을 위해 용도에 적합한 증기 트랩을 선정 · 설치하여야 한다.

감압밸브의 구조와 적용특성에 대하여 논하라.

1. 개요

고층화된 건축물에 설치된 설비 시스템에서 과도한 수압은 토수량 증가, 유수에 의한 소음, 진동으로 기구의 파손과 주거환경에 악영향을 미치므로 적정압 유지를 위해 감압밸브가 필요하다.

2. 과도한 압력과 빠른 유속에 따른 장해요인

(1) 배관의 심한 침식이나 부식
(2) 밸브시트 파손 등에 따른 유지 관리상의 문제발생
(3) 수격현상 발생
(4) 토수량 증가
(5) 시스템이나 장비의 수명감소
(6) 고압조건에서 운전되는 특별한 장비 설치비 증가

3. 감압밸브에 관한 용어

(1) Set Pressure(설정압력) : 감압변의 출구 측 압력
(2) Dead End Service(밸브의 정밀도) : 유량 사용이 없을 때 완전 차단하도록 요구되는 작동 형식
(3) Sensitivity(감도) : 압력변화를 감지하는 감압변의 성능
(4) Response(응답성) : 출구압력의 변동에 응답하는 감압변의 성능
(5) Full-Off(감소량) : 설정압력으로부터 요구유량에 이를 때까지 압력의 감소량
(6) Accuracy(정확도) : 전유량 상태에서 설정 압력으로부터 출구압력의 감소량 정도
(7) No-Flow Pressure : 유량 흐름이 없을 때 시스템 내에 유지되는 압력
(8) Reduced-Flow Pressure : 물이 흐르고 있을 때 감압변 출구 측에 유지되는 압력

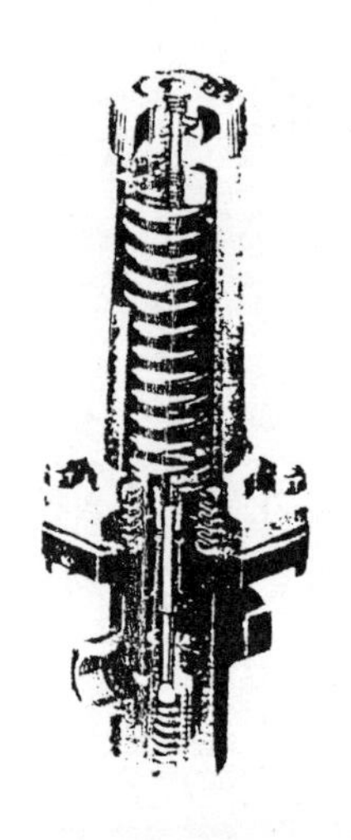

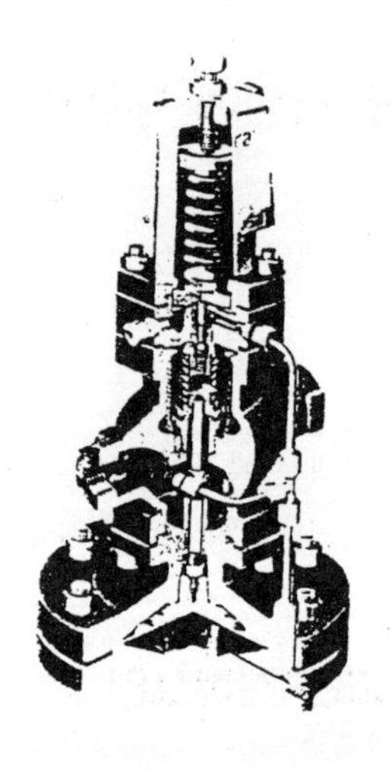

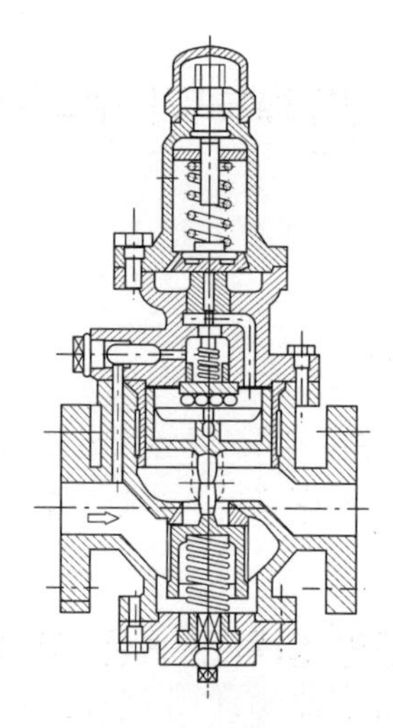

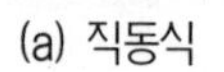

(a) 직동식 (b) 파일럿 다이아프램식 감압밸브 형 (c) 파일럿 피스톤식

4. 감압변의 구조와 적용특성

구 분	파일럿 다이어프램식	파일럿 피스톤식	직동식
메인밸브 구동방법	파일럿 콘트롤 압력에 의한 메인 다이어프램의 구동력	파일럿 콘트롤 압력에 의한 피스톤의 구동력	2차 압력에 의한 압력 조정스프링의 수동력
감압의 범위 (감압비)	높다 (거의 제한이 없다.)	작다 (일반적으로 10 : 1)	크다 (거의 제한이 없다.)
감압의 정밀도	높다	낮다	낮다
드롭 현상	거의 없다.	거의 없다.	있다
용량(동일구경 비교 시)	크다	비교적 적다	적다
고장률	적다	비교적 자주 정비하여야 한다.	적다
밸브의 정밀도 (Dead-End Service)	뛰어나다	떨어진다	뛰어나다
내부 부품 (일반제품)	스테인리스강	청동	스테인리스강

5. 설치 시 주의사항

(1) 사용처에 가깝게, 화살표 방향으로 설치
(2) 감압밸브 앞에 스트레이너 설치
(3) 기수 분리기 또는 스팀트랩에 의해 응축수 제거 가능
(4) 편심 레듀샤 설치
(5) 바이패스관 설치
(6) 전후 관경 선정 시 주의

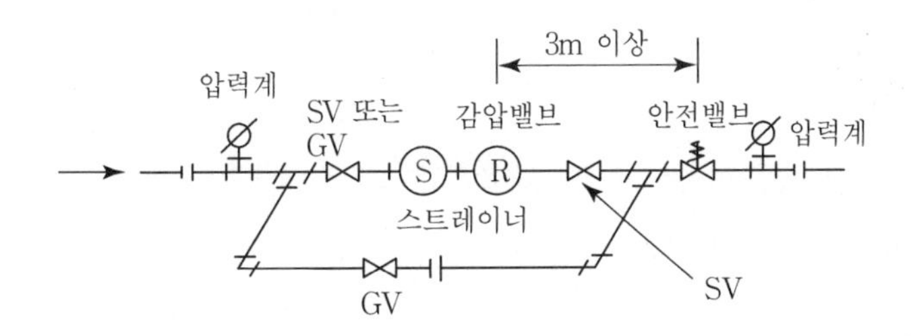

6. 결론

고층건물의 압력조절 대책은 중요하며 감압밸브에 대한 신뢰성을 기하기 위하여 용도에 적합한 감압변의 선정이 중요하다.

방열기에 대해서 논하라.

1. 개요

직접 실내에 설치하여 증기, 온수를 통해 방사열로 실내온도를 높이며, 더워진 실내공기는 대류작용에 의해 실내를 순환하여 난방목적을 달성한다.

2. 형상에 따른 분류

(1) 주형 방열기

① 2주－Ⅱ

② 3주－Ⅲ

③ 3세주－3

④ 5세주－5

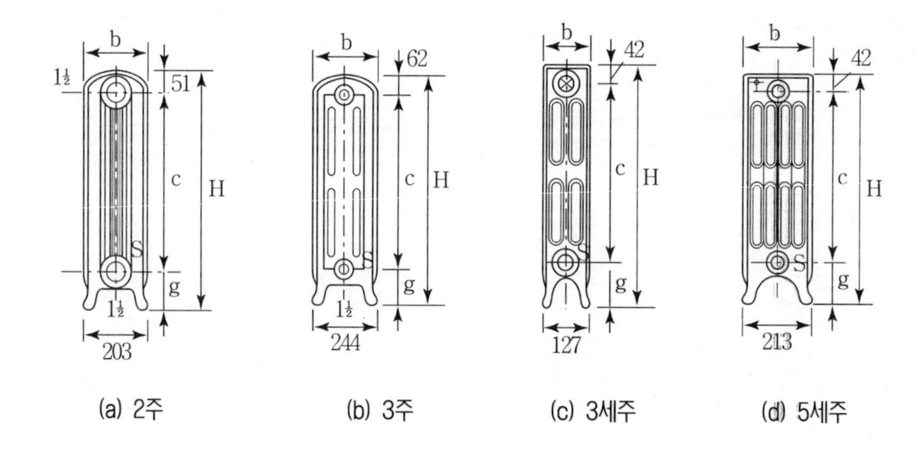

(a) 2주 (b) 3주 (c) 3세주 (d) 5세주

(2) 벽걸이 방열기(Wall Radiator)

① 횡형(H)

② 종형(V)

(3) 길드 방열기

(4) 대류 방열기

① 대류작용을 촉진하기 위해 철제 Cabinet 속에 핀튜브를 넣은 것
② 외관 미려

(5) 관 방열기

(6) Baseboard 방열기

3. 재질에 따른 분류

(1) 주철제

① 내식, 내구적이다.
② 취성에 약하다.
③ 저압에 사용

(2) 강판제

① 두께에 비하여 인장강도가 크다.
② 고압에 사용
③ 전열 효율이 좋다.
④ 부식에 약해 수명이 짧다.

(3) 특수금속제

① AL제
② 스테인리스제

4. 열매에 의한 분류

(1) 증기용
(2) 온수용

5. 방열기 Section 수

(1) 증기 난방

$$Ns=\frac{1.163H}{650\cdot a}$$

(2) 온수 난방

$$Ns = \frac{1.163H}{450 \cdot a}$$

여기서, H : 난방부하(w)

a : 방열기 Section당 방열면적(m^2)

6. 방열기 호칭법(예)

(1) 3주형 방열기
(2) 섹션 : 15개
(3) 높이 : 650mm
(4) 유입, 유출관의 관경 : 1/2″

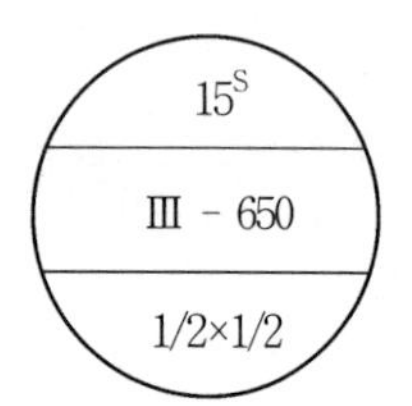

(1) 벽걸이 방열기(W)
(2) 종형(V)
(3) 섹션 : 3개
(4) 유입, 유출관의 관경 : 15mm

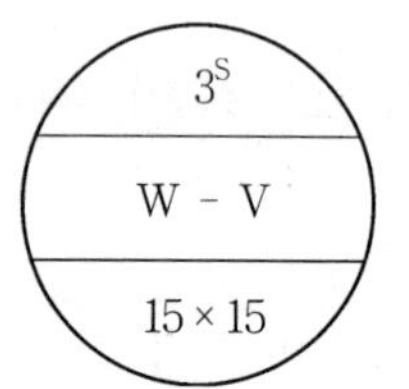

팽창 Tank에 대하여 기술하라.

1. 개요

온수난방 배관에서 온수의 온도변화에 따라 온수는 수축과 팽창을 한다. 따라서 압력이 변화하며 압력저하 시 국부적 비등이나 Flash 현상 및 배관계의 공기 흡입이 일어나고 압력상승 시 기기 및 배관계에 내압 상승을 일으킨다. 이러한 문제를 해결하기 위하여 팽창 Tank를 사용한다.

2. 팽창 Tank의 종류 및 특징

(1) 개방형 팽창 Tank

① 장점

㉮ 구조가 간단하며 설치가 용이

㉯ 설비비 저렴

② 단점

㉮ 공기 속의 산소가 용해되어 배관 부식 원인

㉯ Over Flow 시 배관계의 열손실

㉰ 설치 위치에 제약이 따른다.

(2) 밀폐식 팽창 Tank

① 장점

㉮ 공기 침입 우려가 없다.

㉯ Over Flow가 없다.

㉰ 설치위치에 제약이 없다.

㉱ 열손실이 없다.

② 단점

㉮ 설비비가 고가이다.

㉯ 탱크 용량이 크다.

3. 팽창 Tank 설치 목적

(1) 배관계의 온도변화에 따른 수축 · 팽창 · 흡수

(2) 배관계의 압력을 포화증기압 이상으로 유지 국부적 비등이나 Flash현상 방지
(3) 이상 압력 상승 시 초과 압력 배출
(4) 대기압 이하 시 공기흡입 방지

4. 팽창 Tank의 용량 계산

(1) 팽창량 계산

$$\Delta V = V\left(\frac{1}{\rho_2} - \frac{1}{\rho_1}\right)$$

여기서, ΔV : 팽창량(l)
V : 관 내 전수량(l)
ρ_1 : 가열 전의 밀도(kg/m³)
ρ_2 : 가열 후의 밀도(kg/m³)

(2) 개방형 팽창 Tank 용량

$$V_t = (2-2.5)\Delta V$$

(3) 밀폐식 팽창 Tank의 용량

$$V_t = \frac{\Delta V}{P_a\left(\frac{1}{P_o} - \frac{1}{P_m}\right)}$$

여기서, P_o : 장치 내의 정수두압(절대압력)
P_a : 팽창 Tank의 가압압력(절대압력)
P_m : 팽창 Tank의 최고사용압력(절대압력)

5. 팽창 Tank와 순환 Pump의 위치 관계

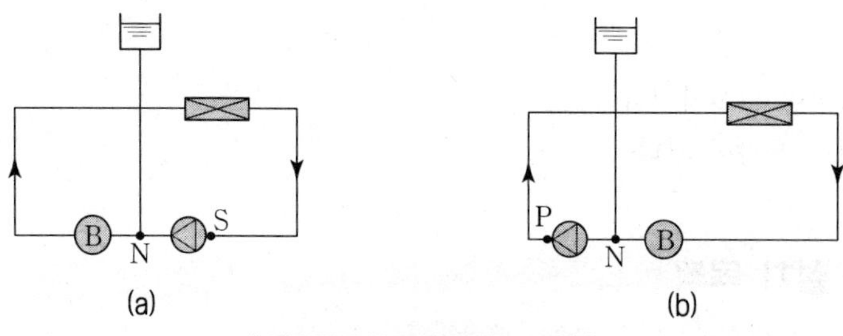

[팽창탱크와 순환펌프의 위치]

(1) 앞의 그림은 순환 Pump의 위치를 나타낸 예를 든 그림

(2) 앞의 그림에서 N점은 어떤 경우(Pump의 가동, 정지)에도 관계없이 압력은 변하지 않는다. 즉 No Pressure Change Point이다.

(3) (a)의 경우

① 배관계 내 N점에서 S점까지의 압력은 정수두압에서 N점에서 S점까지의 마찰손실수두만큼 감소한다.

② 이 경우 배관계 내 공기 흡입 우려

(4) (b)의 경우

① 배관계 내 P점에서 N점까지의 압력은 정수두압에서 P점에서 N점까지의 마찰손실수두만큼 증가한다.

② 이 경우 배관계 내 내압 상승 우려

6. 결론

순환 Pump의 설치 위치는 설계 시 반드시 압력분포도를 작성하여 본 후 위치를 선정하여야 하며, 팽창 Tank는 공기흡입 우려 및 Over Flow가 없는 밀폐식을 사용하는 것이 바람직하다.

08 배관의 진동에 대한 원인과 방진대책에 대하여 기술하시오.

1. 개요

배관진동은 기계류의 진동이 직접 또는 간접적으로 전달되는 것과 관 내의 흐름에 의해 일어나는 것이다.

2. 진동의 원인

(1) 배관과 접속된 회정장비의 회전 불균형
(2) 장비 가동 시 기체 및 액체의 와류
(3) 전동기와 연결불량
(4) 관 내 유속에 따른 배관의 진동 및 마찰에 의한 진동
(5) 배관 내 워터해머 현상

3. 기계류 및 건물에 미치는 영향

(1) 기계성능이 저하되며, 기계가 파손되거나 재료의 피로현상 유발
(2) 배관 접합부분에 균열이 일어나서 가스, 유체 등이 누출
(3) 기계 기초의 경사, 침하 등으로 인한 파손을 유발
(4) 반복적인 진동은 건축물 자체는 물론 내 · 외벽의 박리 등을 유발
(5) 인체감각 및 생리적 불쾌감 초래

4. 방진대책

(1) 수평관

① 플렉시블 커넥터를 장비 입 · 출구 측에 설치하여 관 내의 흐름에 진동을 감소시켜야 한다.
② 기기로부터 전달되는 진동과 관 내 흐름에 의해 일어나는 진동을 차단키 위해서는 방진 스프링 또는 네오프렌 방진장치를 설치

(2) 수직관

① 수직관의 수축 및 팽창 시 각 층간의 변위, 유체의 압력변화로 인한 소음과 진동을 흡수 차단할 수 있도록 할 것
② 방진앵커 및 방진가이드는 개방형 방진스프링 마운트에서 제한되고 조절될 것

③ 개방형 방진스프링 마운트는 건물의 구조체에 진동 전달요인을 효과적으로 방지하고, 배관의 상하 수축, 팽창 시 생기는 진동을 원활하게 흡수, 차단할 것
④ 스프링은 정적변위가 50mm인 개방형 방진스프링 마운트를 설치할 것

5. 방진효과

(1) 진동 공해로 인한 문제 해결
(2) 건물 구조체로 전달되는 진동 전달방지
(3) 재산 피해와 인명 피해를 사전에 방지
(4) 쾌적한 근무 및 정숙한 생활환경을 조성

6. 결론

배관의 진동을 차단하여 이로 인한 성능저하, 파손, 피로현상 유발 등을 방지하고 쾌적한 주위환경을 유지하도록 한다.

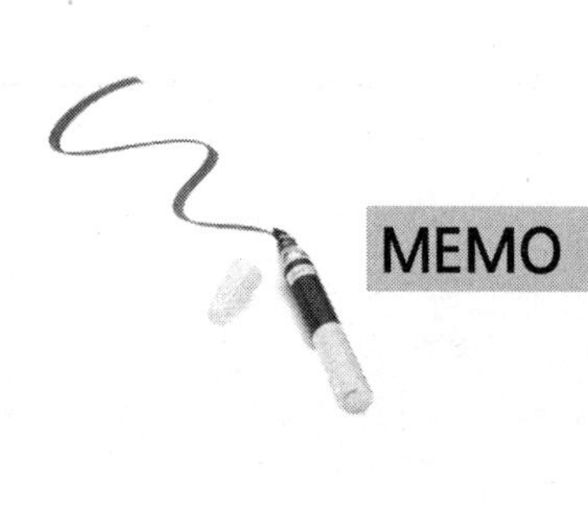

MEMO

제9장 송풍기 및 펌프

Professional Engineer

- Building Mechanical Facilities
- Air-conditioning Refrigerating Machinery

송풍기의 분류 및 특성

1. 개요

기체를 수송하기 위한 목적으로는 송풍기를, 압축하기 위해서는 압축기가 사용되며 그 구분은 배출압력, 날개의 모양, 구조 및 형식에 따라 분류된다.

(1) 10kPa 미만 : 팬(Fan)

(2) 10~100kPa 미만 : 송풍기(Blower)

(3) 100kPa 이상 : 압축기(Compressor)

2. 날개의 형상에 따른 분류

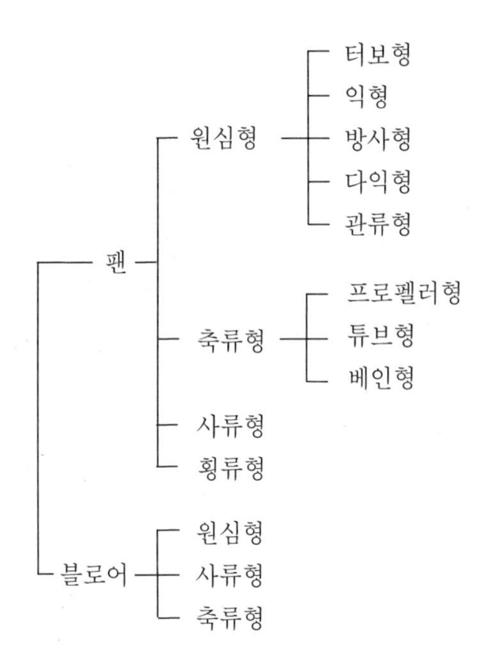

3. 송풍기의 특성

(1) 터보형

① 회전날개는 후곡형(Backward)이다.

② 효율이 높다.(72~82%)

③ Non Over Load 특성이 있다.
④ 고속에서도 정속운전가능
⑤ 터보형 송풍기에 적용

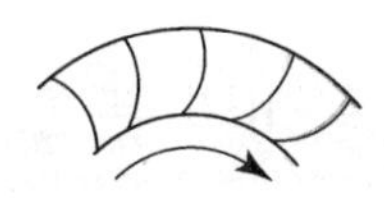

(2) 익형(Air Foil)

① 박판을 접어서 유선형의 날개를 형성
② 고속회전이 가능하고 소음이 적다.
③ Non Over Load 특성이 있다.
④ 효율이 높다.(76~86%)

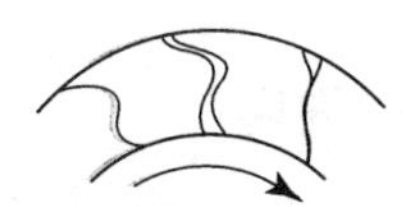

(3) 방사형

① 방사형의 날개로서 평판형으로 되어 있다.
② 자기청소(Self Cleaning)의 특성이 있다.
③ 분진 누적이 심하고 이로 인한 날개 손상이 우려되는 공장용 송풍기에 사용
④ 효율이 낮다.(65~77%)
⑤ 소음이 크다.

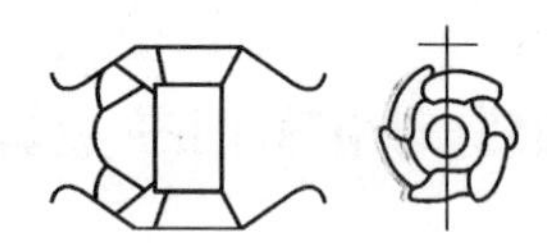

(4) 다익형(Sirocco)

① 회전날개는 전곡형(Forward)이다.
② 풍량이 증가하면 축동력이 급격히 증가하여 Over Load가 된다.
③ 회전수가 적다.
④ 송풍기 용량이 적다.
⑤ FCU 및 저속덕트용으로 사용
⑥ 효율이 가장 낮다.(45~60%)

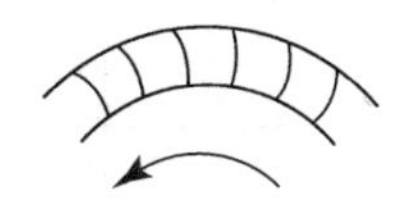

(5) 관류형

① 회전날개는 후곡형(Backward)이다.
② 정압이 낮다.
③ 송풍량이 적다.
④ 효율이 낮다.(60~70%)

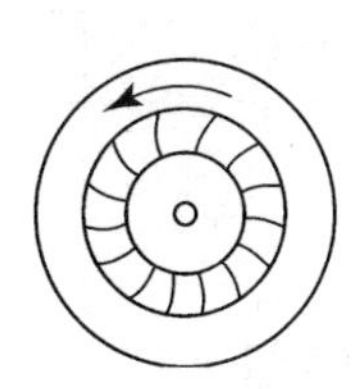

(6) 축류형

① 프로펠러형의 날개가 기체를 축방향으로 송풍
② 낮은 정압에 많은 풍량을 송풍하는 데 적합
③ 환기팬, 소형냉각탑, 유닛히터 등에 사용

④ 프로펠러형, 튜브형, 베인형이 있다.

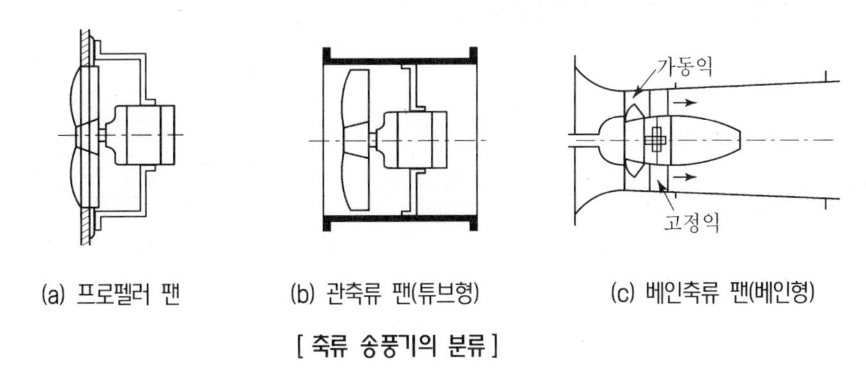

(a) 프로펠러 팬 (b) 관축류 팬(튜브형) (c) 베인축류 팬(베인형)

[축류 송풍기의 분류]

4. 흡입구의 형식에 의한 분류

(1) 편흡입

(2) 양흡입

공조 및 냉동기에 사용되는 송풍기

종 류		풍량(m^3/min)	압력(수주 mm)	용 도
원심송풍기	다익송풍기	10~2,900	10~125	국소통풍 · 저속덕트 · 에어커튼용
	리밋 로드 송풍기	20~3,200	10~150	공업용 송 · 배풍용
	사일런트 송풍기	60~900	125~250	고속덕트용
	익형 송풍기	60~3,000	125~250	고속덕트용 · 냉각탑용 냉각팬
축류형 송풍기		15~10,000	0~55	급속동결실용

송풍기 날개의 형상

종 류	원심송풍기					축류형 송풍기 (프로펠러팬)
	터보팬		익형 송풍기 (에어필팬)	리밋로드 팬	다익송풍기 (시로코팬)	
	보통형	사일런트팬				
날개의 형상						
정압(kPa)	0.3~10	1~2.5	1~2.5	0.1~1.5	0.1~1.5	0~0.5
효율(%)	60~70	70~85	70~85	55~65	45~60	50~85

송풍기의 풍량제어방법의 종류 및 특징

1. 개요

공기조화에 있어서 실내 냉난방 부하조절 및 년간 송풍 동력비 절감의 일환으로 댐퍼제어, 회전수제어 Vane제어 등이 있다.

2. 풍량제어방법의 종류

(1) Damper에 의한 제어

① 흡입 댐퍼 제어

② 토출 댐퍼 제어

(2) 흡입 Vane에 의한 제어

(3) 회전수에 의한 제어

(4) 가변 피치 제어

3. 제어방식별 특징

(1) 토출 Damper에 의한 제어

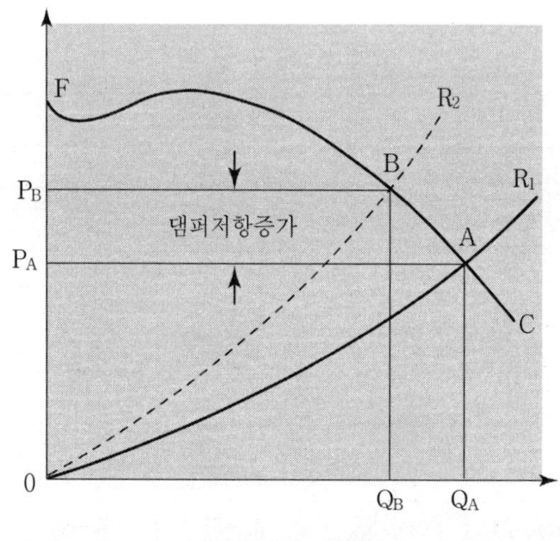

[토출 댐퍼 제어]

① 원리

㉮ 압력 특성곡선 F~C와 장치저항곡선 O~R_1의 교차점인 A점이 운전점이다.

㉯ 토출댐퍼를 조이면 운전점인 A점은 B점, C점으로 이동한다.

㉰ 풍량은 $Q_A \rightarrow Q_B \rightarrow Q_C$로 감소, 송풍전압은 $P_A \rightarrow P_B \rightarrow P_C$로 증가

② 특징

㉮ 공사 간단, 투자비 저렴

㉯ 소형 설비 적당

㉰ 서징 가능성이 있다.

㉱ 효율이 낮음

㉲ 소음 발생

③ 적용

㉮ 가장 일반적인 방법

㉯ 다익 송풍기, 소형 송풍기에 적용

(2) 흡입 Damper에 의한 제어

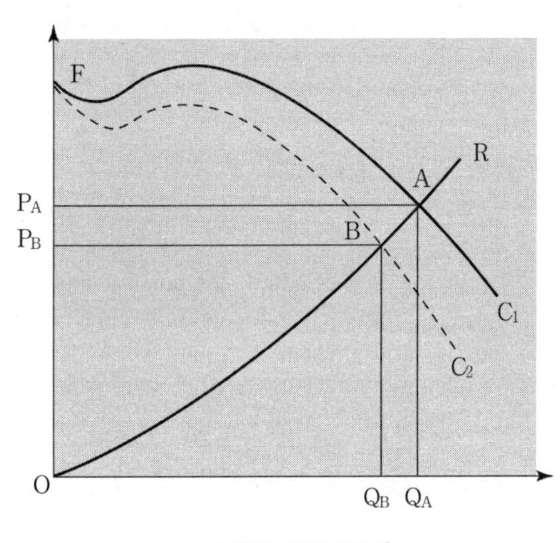

[흡입 댐퍼 제어]

① 원리

㉮ 압력특성곡선 F~C_1과 장치저항곡선 O~R의 교차점인 A점이 운전점이다.

㉯ 흡입 댐퍼를 조이면 운점점인 A점은 B점, C점으로 이동한다.

㉰ 풍량은 $Q_A \rightarrow Q_B \rightarrow Q_C$로 감소, 송풍전압은 $P_A \rightarrow P_B \rightarrow P_C$로 감소

② 특징

㉮ 공사비 저렴, 투자비 저렴

㉯ 서징 영역이 토출댐퍼식에 비해 좁다.

③ 적용

실무에서 잘 사용하지 않음

(3) 흡입 Vane에 의한 제어

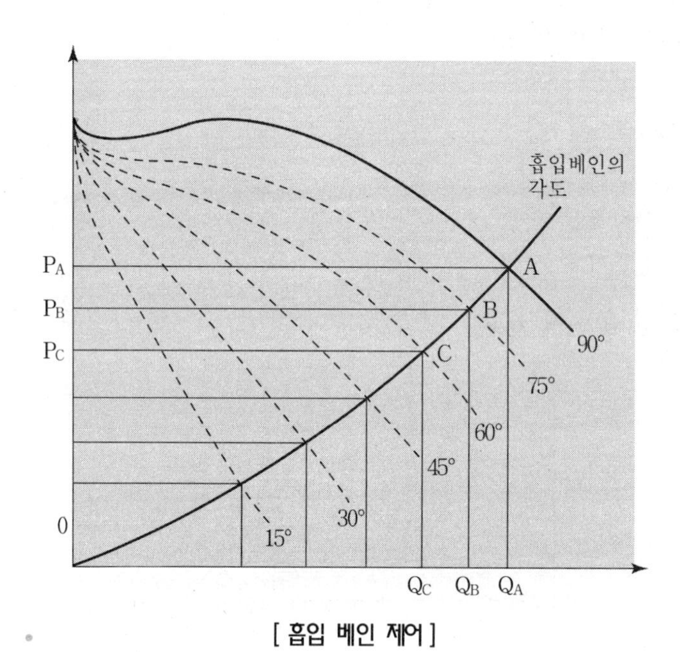

[흡입 베인 제어]

① 원리

㉮ 압력특성곡선 F~C_1과 장치저항곡선 O~R의 교차점인 A점이 운전점이다.

㉯ 베인의 제어각도를 달리하면 운전점인 A점은 B점, C점으로 이동한다.

㉰ 풍량은 $Q_A \rightarrow Q_B \rightarrow Q_C$로 감소, 송풍전압은 $P_A \rightarrow P_B \rightarrow P_C$로 감소

② 특징

㉮ 베인의 정밀성 요구

㉯ 회전수 제어방식에 비해 설비비 저렴

③ 적용

㉮ 풍량조절효과는 풍량의 70% 이상 양호하다.

㉯ 리미트 로드 송풍기, Turbo 송풍기에 사용된다.

(4) 회전수에 의한 제어

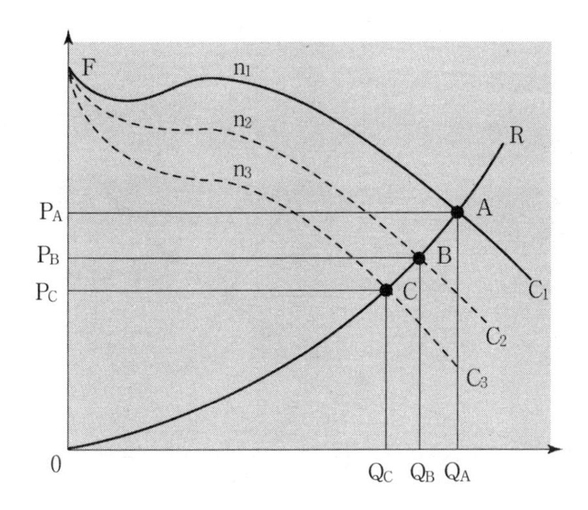

① 원리

㉮ 압력특성곡선 F~C_1과 장치저항곡선 O~R의 교차점인 A점이 운전점이다.

㉯ 회전수를 달리하면 운전점인 A점은 B점, C점으로 이동한다.

㉰ 풍량은 $Q_A \rightarrow Q_B \rightarrow Q_C$로 감소, 송풍전압은 $P_A \rightarrow P_B \rightarrow P_C$로 감소

② 특징

㉮ 에너지 절약

㉯ 송풍기 운전 안정

㉰ 설비비 고가

㉱ 전자 Noise 장애 발생

③ 적용

㉮ 범용전동기

㉯ 소·대용량에 모두 적용

㉰ 자동화 적합

(5) 가변 피치 제어

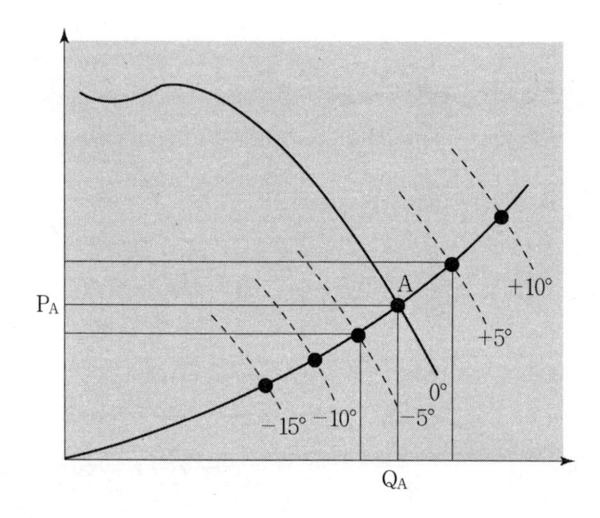

① 원리

㉮ 압력특성곡선 F~C₁과 장치저항곡선 O~R의 교차점인 A점이 운전점이다.

㉯ 피치의 제어각도를 달리하면 운전점인 A점은 B점, C점으로 이동한다.

㉰ 풍량은 $Q_A \rightarrow Q_B \rightarrow Q_C$로 감소, 송풍전압은 $P_A \rightarrow P_B \rightarrow P_C$로 감소

② 특성

㉮ 에너지 절약 특성 우수

㉯ VVVF 방식에 비해 설비비 적음

㉰ 감음장치 필요

㉱ 날개각 조종용 동력이 필요

③ 적용

㉮ 축류송풍기

㉯ 회전수 방식과 겸용

4. 각 방식의 비교 송풍량

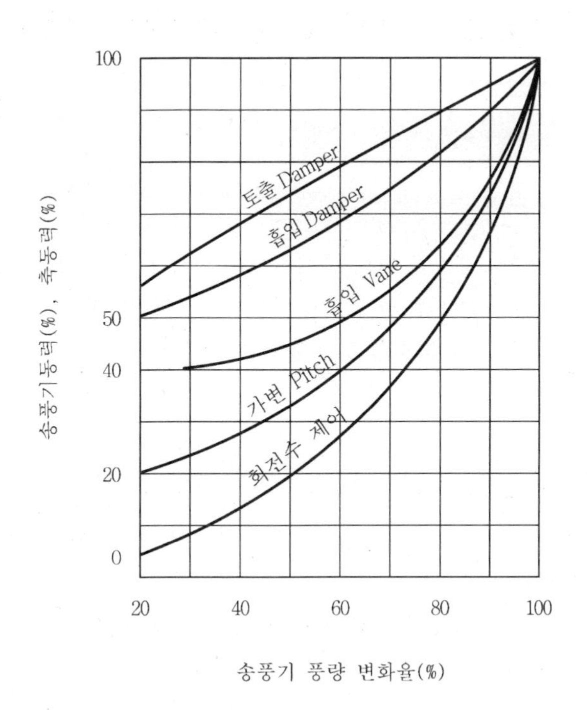

5. 회전수 변환에 의한 풍량조절방법

(1) 전동기에 의한 회전수 변환

(2) 유도전동기의 2차 측 저항 조정

(3) 정류자 전동기에 의한 조정

(4) 극수의 변환

(5) 풀리의 직경 변환

6. 결론

실내 냉난방비 절약 및 연간 송풍 동력비 절감을 위하여 용도 및 설정에 맞는 방식을 선정하는 것이 중요하다.

VAV 시스템의 송풍기 제어방법의 종류와 특징에 대해 기술하시오.

1. 개요

VAV 공조시스템은 실내부하 변동에 따라 급기온도를 일정하게 유지시키고 실별, 구역별 송풍량을 변화시켜 실온을 제어하는 방식으로 에너지 절약과 개별제어성이 뛰어나도록 하기 위해 환기댐퍼, 급기팬, 환기팬 제어방식의 종류와 특징을 정확히 이해하여야 한다.

2. 급기팬 제어

(1) 급기팬 제어의 목적은 변풍량 유닛에 적절한 정압을 제공하는 것으로 급기덕트에 설치된 정압감지기의 정압을 측정하고 미리 설정된 설정값과 비교하여 팬을 제어한다.

(2) 정압감지기 설치위치

① 팬에서 가장 먼 ATU(Air Terminal Unit)의 3~4개 ATU 앞에 설치하는 방법

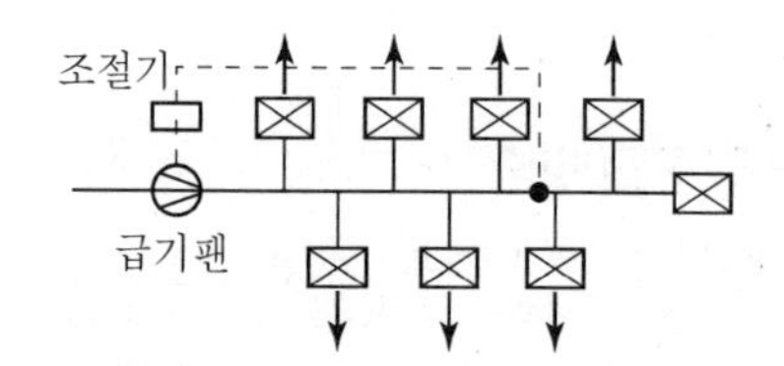

[정압 감지기의 설치 위치]

② 가장 먼 ATU 사이 거리의 75% 지점

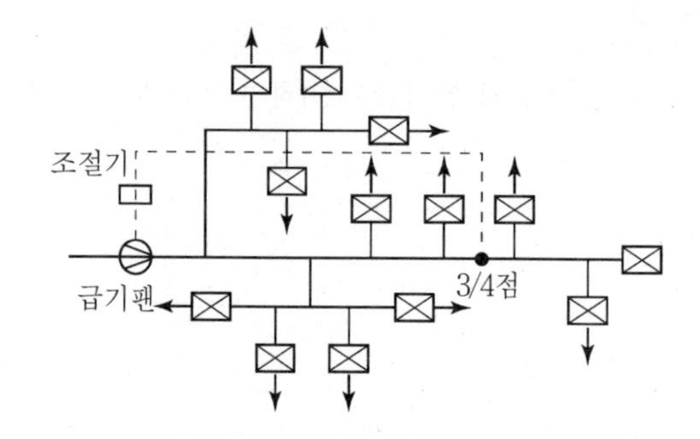

[정압 감지기의 설치 위치]

3. 환기팬 제어의 종류

(1) 종속 환기팬 제어
(2) 실내 정압에 의한 환기팬 제어
(3) 측정 풍량에 의한 환기팬 제어
(4) Plenum 일정 압력에 의한 환기팬 제어

4. 환기팬 제어의 종류별 특징

(1) 종속 환기팬 제어(Slave Return Fan Control)

① 개요

환기 측에서의 어떤 제어신호를 받지 않고 급기팬과 환기팬 사이에 일정한 비율을 설정하여 급기팬의 제어량에 비례하여 환기팬을 제어

② 제어 계통도

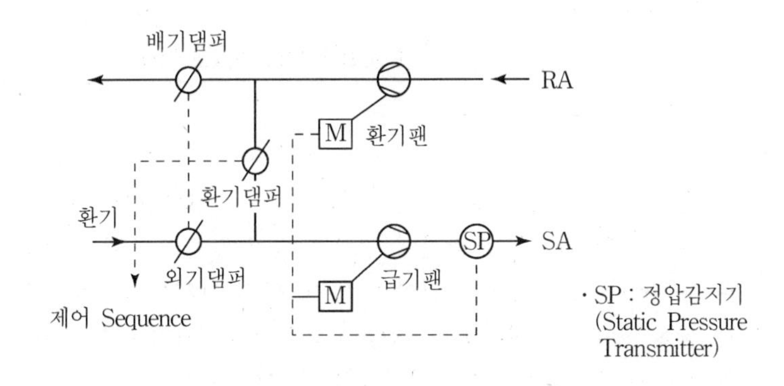

[종속 환기팬 제어]

③ 특성

㉮ 급기팬과 환기팬이 종속되어 동작하므로 두 팬의 성능 특성이 유사하여야 한다.
㉯ 최대, 최소 운전점 선정을 위한 정확한 밸런싱이 요구된다.
㉰ 최소 외기량 확보나 실내 압력유지의 필요성이 적은 소형 시스템에 적합
㉱ Turndown%를 50% 이내에서 적용하여야 한다.

$$\text{Turndown}(\%) = \frac{\text{최대풍량} - \text{최소풍량}}{\text{최대풍량}} \times 100$$

㉲ 환기 측의 댐퍼제어나 국소배기량의 변화 시 최소 외기량 확보 및 실내 압력 유지가 어렵다.

(2) 실내 정압에 의한 환기팬 제어(Direct Building Control)

① 개요

실내외의 압력차에 의해서 환기팬을 제어하는 방식

② 제어 계통도

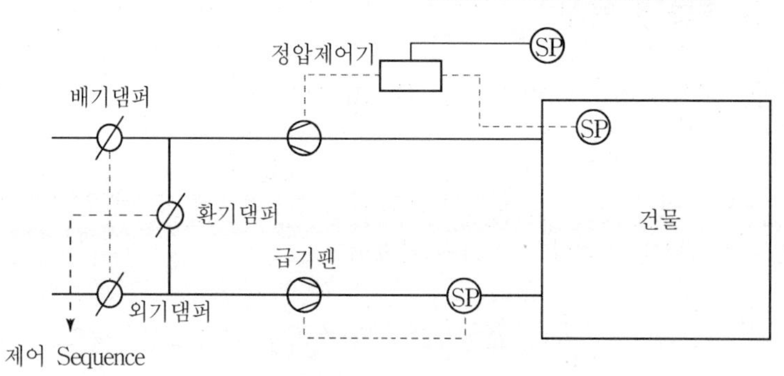

[실내 정압에 의한 환기팬 제어]

③ 특성

㉮ 실내 정압 감지기 설치위치는 문, 개구부, 엘리베이터, 로비에서 가급적 멀리 설치

㉯ 외기 정압 감지기는 바람에 영향을 받지 않는 위치에 설치

㉰ 아트리움 등의 개방 공간이 있는 고층 건물에는 연돌효과로 설치가 곤란하다.

㉱ 실내 정압 측정범위(15~30Pa)가 너무 낮아 기기 확보가 어렵고, 정확도가 떨어진다.

㉲ 개방된 공조구역에서는 일정압력 유지가 어렵다.

㉳ 출입구의 작동이 빈번할 때는 실내 압력 변동폭이 크다.

㉴ 국소배기량의 변화나 외기 공기의 유입 또는 실내 공기의 유출 시에도 최소 외기량 확보가 가능하다.

(3) 측정풍량에 의한 환기팬 제어(Airflow Monitor Tracking Control)

① 개요

급기덕트와 환기덕트에 설치된 풍량측정장치(F.M.S : Flow Measuring Station)에 의하여 환기팬을 제어하는 방식

② 제어 계통도

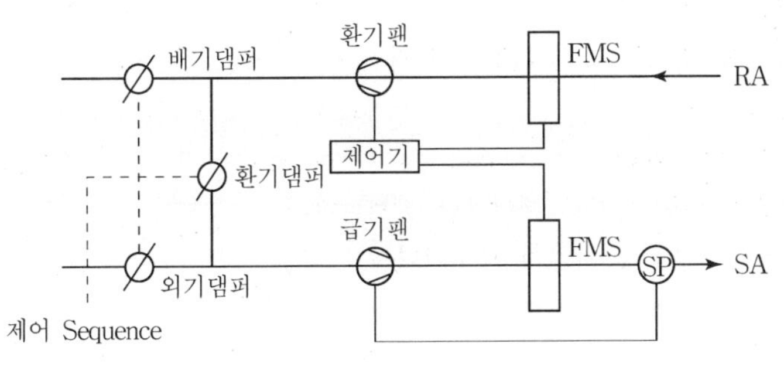

[측정 풍량에 의한 환기팬 제어]

③ 특성

㉮ 공조기 덕트 내의 풍량 변화에 따른 압력 변화에 대한 제어가 고려되지 않는다.

㉯ 층류 흐름을 구성하기 위한 설치공간이 부족하다.

㉰ 급기, 환기의 온습도차에 의한 공기 비중차를 고려하지 않아 풍량 측정오차가 크게 발생한다.

㉱ 압력제어가 고려되지 않아 Plenum에서 압력 불균형으로 외기량과 배기량의 비율이 맞지 않아 실내 압력유지가 어렵다.

㉲ 투자비가 고가이다.

(4) Plenum 일정 압력에 의한 환기팬 제어(Fixed Pressure Method)

① 개요

외기/환기 Plenum과 환기/배기 Plenum에 압력감지기를 각각 설치하고 설정된 압력에 따라 환기팬과 댐퍼를 제어하고 외기 댐퍼와 배기 댐퍼는 외기온도(외기냉방), CO_2 농도(공기환경제어), 혼합기 온도 신호에 의해 제어하는 방식

② 제어 계통도

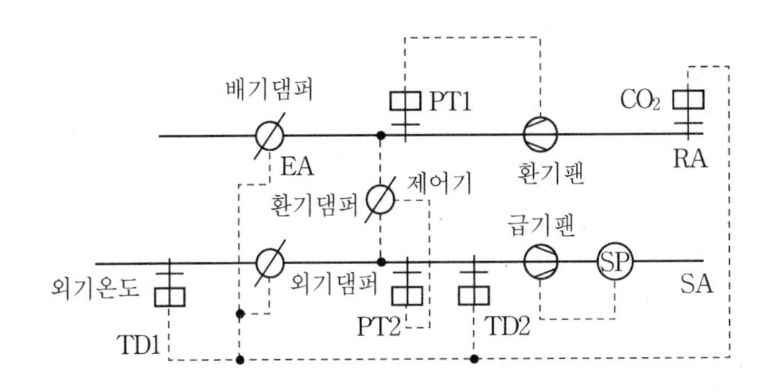

[Plenum 일정 압력에 의한 환기팬 제어]

③ 특성

㉮ 부하변동에 따른 풍량변화 시에도 외기량 확보가 가능하다.

㉯ 실내압력 유지, 실내공기 환경을 유지할 수 있다.

㉰ 제어성이 우수하다.

㉱ 덕트, 댐퍼의 Oversizing/Undersizing Turbulence에 영향을 받지 않는다.

㉲ 측정풍량에 의한 환기팬 제어보다 경제적이다.

㉳ 정확한 공기 밸런싱 자료가 요구된다.

5. 결론

변풍량 공조의 환기팬 제어는 다양한 방식이 도입되어 사용되고 있으나, 아직 최적의 제어방식이 없는 실정이므로 앞으로 더욱더 개발이 필요하겠다.

송풍기의 선정절차 및 설치 시 고려사항

1. 개요

공조용, 산업용 및 기타 기체를 수송하는 장치인 송풍기의 선정절차 및 설치 시 유의사항을 고려하여 용도에 맞는 송풍기를 선정하여 설치할 것

2. 송풍기의 선정절차

(1) 송풍기의 형식 결정

① 공기조화의 필요한 송풍량과 정압이 Duct 설계에 의해 계산되면 송풍기의 형식은 그림에서 선정된다.

② 송풍기에서 적당한 회전날개의 형상은 비교 회전수 N_s에 의해 선정된다.

$$N_s = N \cdot \frac{Q^{\frac{1}{2}}}{P^{\frac{3}{4}}}$$

여기서, N : 회전수(RPM)

N_s : 비교 회전수

P : 풍압(Pa)

Q : 풍량(m^3/min)(양흡입인 경우는 풍량을 Q/2로 한다.)

(2) 송풍기의 No(#) 결정

① 송풍기의 크기는 송풍기 번호(No, #)로 다음과 같이 계산된다.

㉮ 원심송풍기의 경우 $No(\#) = \frac{\text{회전날개의 지름(mm)}}{150(mm)}$

㉯ 축류송풍기의 경우 $No(\#) = \frac{\text{회전날개의 지름(mm)}}{100(mm)}$

② 송풍기의 종류 및 날개의 모양이 결정되면, 송풍기 선정표를 선택하여 정압과 소요풍량에 해당하는 회전수, 소요마력, 송풍기 번호(NO, #)를 알 수 있다.

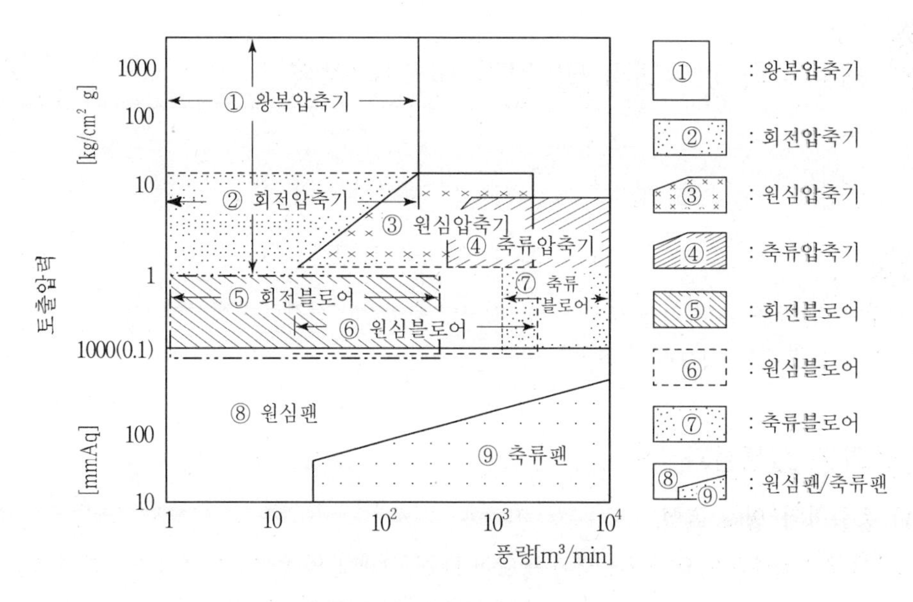

[송풍량 및 토출압력과 송풍기의 종류]

(3) 송풍기의 외형 결정

① 송풍기류의 방향은 외형 및 설치위치에 따라 정해진다.

② 회전방향은 시계방향과 반시계방향이 있다.

③ 기류의 방향은 45°, 상향, 하향 및 수평, 수직 등이 있다.

(4) 전동기 선정 및 Pulley 직경결정

① 전동기의 출력

$$P(kW) = \frac{Q \cdot \Delta P}{1,000 \times n_\eta} \times \alpha$$

여기서, Q : 풍량(m^3/s)

ΔP : 압력손실(Pa)

n_η : 전동기 효율

α : 여유율(1.1~1.2)

② 전동기의 회전수와 송풍기의 필요 회전수가 반드시 일치하지 않는다.

③ 회전수의 변화는 송풍기 및 전동기에 부착되는 Pulley의 직경 변화로 가능하다.

④ 송풍기 및 전동기 Pulley의 직경비율은 미끄럼을 방지하기 위하여 8 : 1을 초과하지 않도록 한다.

$$\frac{N_f}{N_m} = \frac{D_m}{D_f}$$

여기서, N_f, N_m : 송풍기 및 전동기의 회전수(rpm)

D_f, D_m : 송풍기 및 전동기의 Pulley(mm)

(5) 가대형식

가대는 송풍기, 베어링 유닛 및 전동기를 함께 받치는 공통 가대와 각각을 받치는 단독 가대로 구분된다.

3. 설치 시 고려사항

(1) 송풍기의 기초는 원칙적으로 Pump 기초와 같다.

(2) 기초는 송풍기용과 전동기용을 가능한 한 단일체로 하고 콘크리트제 방진 베이스나 형강제의 자체 베이스를 사용하는 경우에 기초와의 사이에는 적절한 방진기를 사용한다.

(3) 소형의 송풍기(#2.1/2 이하)는 간단한 강제 가대를 이용하여 직접 바닥 위에 설치한다.

(4) 전동기의 설치 위치는 회전방향과 송풍기의 토출방향에 따라 선택한다.

(5) 송풍기의 수평잡기는 원칙적으로 송풍기의 회전축을 기준으로 한다.

(6) 전동기축과 송풍기축은 직결시에 편심되지 않도록 하고, 두 축의 중심선이 어긋나지 않도록 한다.

(7) 송풍기에 대한 전동기의 위치는 운전 시 전동기의 Pulley가 Belt를 잡아당김이 아래쪽에 되도록 한다.(접지저항을 증가시키기 위함)

(8) 전동기와 송풍기의 축간 거리는 양측 V-Belt Pulley 직경 합의 2배 이하가 이상적이며, V-Belt와의 접촉각은 120° 이하로 되는 것은 피한다.

$$0.87\times(D+d) < C < 2\times(D+d)$$

여기서, C : 축간거리(mm), D, d : Pulley 직경(mm)

(9) 몇 개의 V-Belt를 동시에 걸고 운전하는 데 이 중에서 1개만 낡았더라도 동시에 모두 교체한다.

(10) V-Velt는 너무 느슨하거나 팽팽하여도 안 된다.

4. 결론

송풍기는 선정절차에 의하여 선정하되 설치 시 고려사항을 유의하여 사용용도 및 사용목적에 부합되며 유지 관리가 용이하도록 한다.

펌프의 선정절차 및 설치 시 주의사항

1. 개요

원동기 등에서 기계적 에너지를 받아서 유체에너지로 변환하는 기계로서 각종 유체의 특성과 용도에 맞게 형식, 양정, 유량, 구경, 회전속도, 동력 등을 구하고 설치 시 주의사항을 고려하여 설치한다.

2. 선정절차

(1) 형식 결정

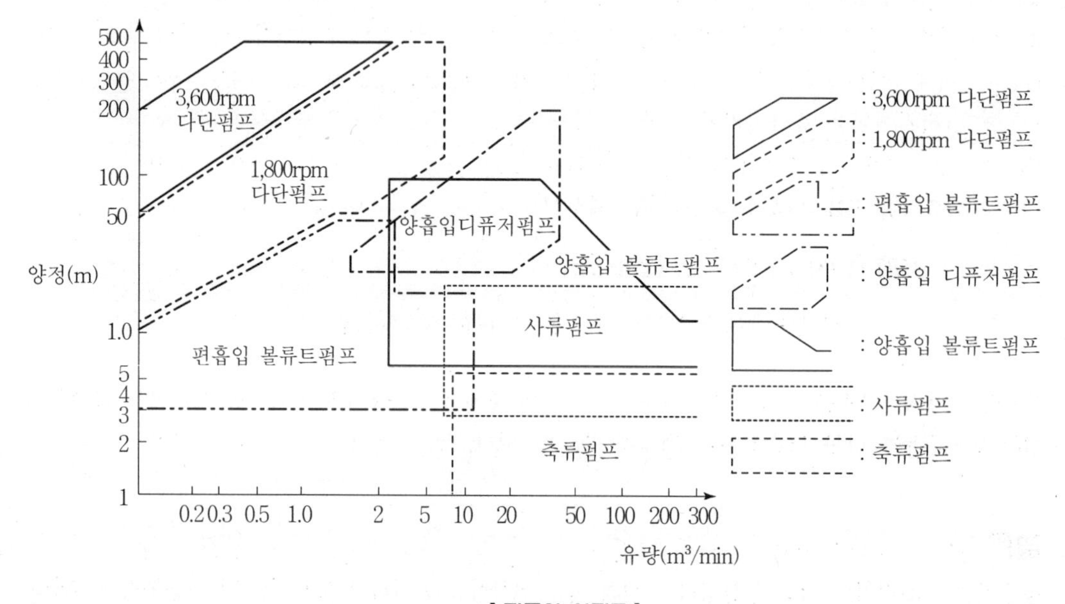

[펌프의 선정도]

① 저유량 저양정인 경우 : 편흡입 볼류트

② 저유량 고양정인 경우 : 터빈펌프

③ 고유량 저양정인 경우 : 축류펌프, 사류펌프

(2) 양정 결정

$$H = h_1 + h_2 + h_3$$

여기서, H : 전양정(m)
h_1 : 낙차=실고=흡입+토출수두(m)
h_2 : 배관, 밸브류, 관이음쇠 등의 마찰손실수두(m)
h_3 : 기구의 최소 필요압력 환산수두(m)

(3) 양수량 결정

① 펌프의 양수과정에는 약간의 누수가 있을 수 있기 때문에 설계 양수량은 필요 양수량보다 많게 산정

② 누수량은 필요양수량의 2~15% 정도

③ $Q' = Q + Q_L = (1.02 - 1.15)Q$

여기서, Q : 필요 양수량(m^3/min)
Q' : 설계 양수량(m^3/min)
Q_L : 누수량(m^3/min)

(4) 펌프의 구경결정

$$D = \sqrt{\frac{4Q}{\pi v}}$$

여기서, Q : 필요 양수량(m^3/sec)
D : 구경(m)
v : 유속(m/sec) 보통 1.5~3m/sec

호칭경과 양수량의 범위(KS B 6303)

호칭경(mm)	40	50	65	80	100	125	150
양수량 범위 (m^3/min)	0.11~0.22	0.18~0.36	0.28~0.56	0.45~0.90	0.71~1.40	1.12~2.24	1.80~3.15

(5) 원동기의 회전속도 결정

$$N = \frac{120f}{P}(1 - S)$$

여기서, N : 원동기의 회전속도(rpm)
P : 전동기의 극수
f : 전원의 주파수(Hz)
S : 미끄럼률(보통 2~5%)

(6) 소요동력 결정

$$P(kW) = \frac{QH}{E}K$$

여기서, Q : 유량(m^3/s)
H : 양정(kPa)
E : 효율
K : 전달계수 : 전동기일 때(1.1~1.15), 내연기관일 때(1.2)

3. 설치 시 주의사항

(1) 펌프의 회전방향과 모터의 회전방향 일치 여부 확인
(2) 펌프의 축심을 맞춘다.
(3) 회전축의 중심을 맞출 때 플랜지의 체결볼트는 풀어놓은 상태에서 조정
(4) 흡입관 끝부분에서 수면까지 1.5D 이상, 바닥까지 1~1.5D 이상, 관중심에서 벽까지 1.5D 이상, 흡입관과 흡입관거리 3D 이상 유지
(5) 흡입구 형상은 물이 서로 간섭을 받지 않고 자연스럽게 흐르도록 할 것
(6) 흡입관은 펌프 측으로 상향구배가 되도록 하여 공기가 지체하지 않도록 할 것
(7) 흡입관부에서 관경 확대 시 상부가 평행인 편심 레듀샤 사용
(8) 흡입구 가까이에서 급격한 변화를 시키지 말 것
(9) 펌프 흡 · 토출 측에 신축이음(Flexible Joint) 설치
(10) 흡입관이나 토출관의 하중이 펌프에 직접 걸리지 않도록 할 것
(11) 흡 · 토출관에 슬루스 밸브를 설치하고 토출 측에 체크밸브 설치

4. 결론

유체의 특성과 용도를 정확히 파악하여 펌프 선정절차 및 설치 시 주의사항에 적합하도록 한다.

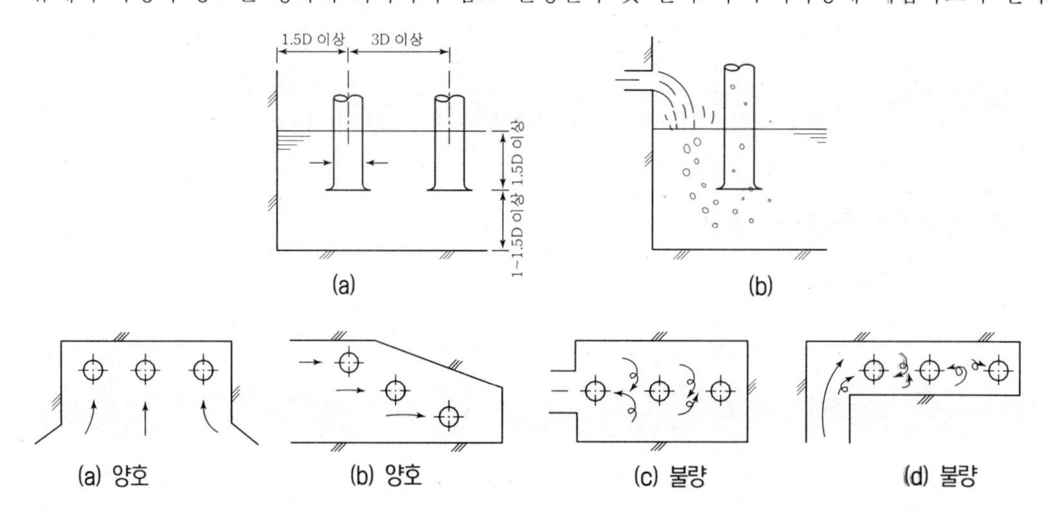

Pump의 직렬 및 병렬 운전 특성

1. 개요

(1) 펌프의 직렬운전은 유량보다 펌프의 양정을 늘리고 싶을 때 사용한다.

(2) 펌프의 병렬운전은 양정보다 펌프의 유량을 늘리고 싶을 때 사용한다.

(3) 동일 특성 운전과 다른 특성 운전 2가지가 있다.

2. 직렬운전

(1) 동일 성능 직렬운전

① 원리

㉮ ⓐ는 단독운전, ⓑ는 합성운전 시 특성곡선

㉯ ⓑ는 ⓐ의 종축방향으로 2배해서 구한다.

㉰ 동일 유량에서는 양정이 2배가 된다.

㉱ 저항곡선 R과의 교점 ②(H_2, Q_2)가 운전점이다.

㉲ 2대 직렬운전 시 1대가 부담하는 양정도 $H_2/2$에서 운전되어 1대 단독운전 시보다 양정은 저하($H_1 > H_2/2$)

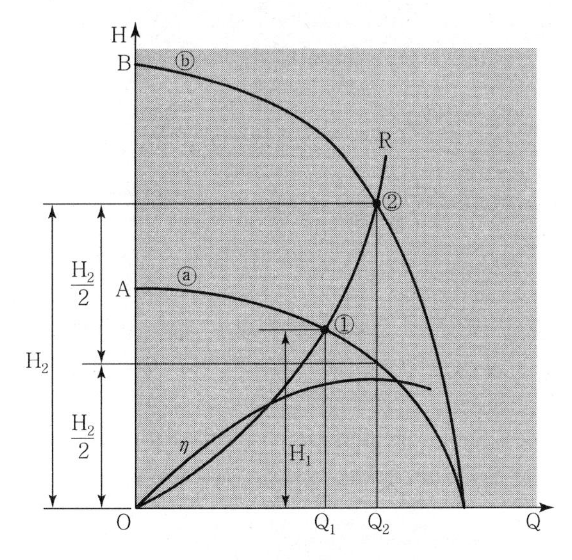

[특성이 같은 펌프의 직렬운전]

② 운전특성

㉮ 상류 측 펌프는 내압(압입운전) 주의

㉯ 상류 측 펌프는 흡입유량을 항상 확보

㉰ 펌프 2대를 운전해도 양정은 2배가 되지 않는다.

(2) 성능이 다른 펌프의 직렬운전

① 원리

㉮ A 펌프의 단독운전점은 ① (H_1, Q_1)

㉯ B 펌프의 단독운전점은 ② (H_2, Q_2)

㉰ 펌프의 합성운전점은 ③ (H_3, Q_3)

㉱ R은 저항곡선이다.

㉲ ⓒ곡선은 ⓐ와 ⓑ의 곡선을 종축 방향으로 합해서 구한다.

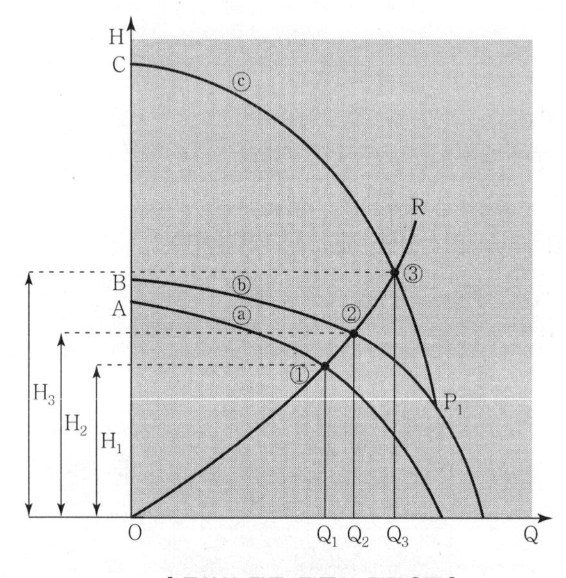

[특성이 다른 펌프의 직렬운전]

② 운전특성

㉮ P_1 점 이하에서 운전되면 B 펌프는 저항을 받아 유체의 흐름을 방해하므로 주의

㉯ 임의의 양정 H와 Q가 필요할 때 사용

3. 병렬운전

(1) 동일 특성 병렬운전

① 특성곡선 설명

㉮ ⓐ는 단독운전, ⓑ는 합성운전 시 특성곡선

㉯ ⓑ는 ⓐ의 횡축방향으로 2배해서 구한다.

㉰ 저항곡선 R과의 교점 ②가 운전점이다.(H_2, Q_2)

㉱ 펌프 2대가 병렬로 운전되면 1대가 처리하는 유량 $Q_2/2$는 펌프 단독운전 때의 유량 Q_1 보다 훨씬 적다.($Q_1 > Q_2/2$)

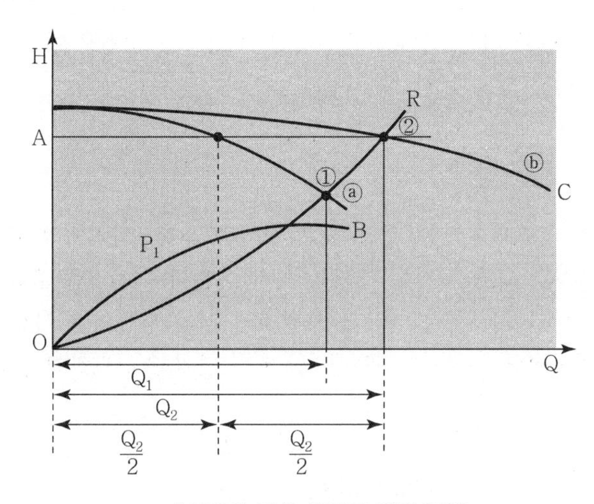

[특성이 같은 펌프의 병렬운전]

② 장단점

㉮ 다량의 유량 사용 시 적합

㉯ 대수제어로 유량 조절이 용이

㉰ 펌프를 2대 운전해도 유량이 2배가 되지 않는다.(배관저항 증가)

㉱ 단독운전 시 과부하가 걸리지 않는 전동기 사용

(2) 특성이 다른 2대의 펌프 병렬운전

① 특성곡선 설명

㉮ A 펌프의 단독 운전점은 ①(H_1, Q_1)

㉯ B 펌프의 단독 운전점은 ②(H_2, Q_2)

㉰ 합성 운전점은 ③(H_3, Q_3)

㉱ R은 저항곡선이다.

㉲ ⓒ곡선은 ⓐ와 ⓑ의 곡선을 횡축으로 합해서 구한다.

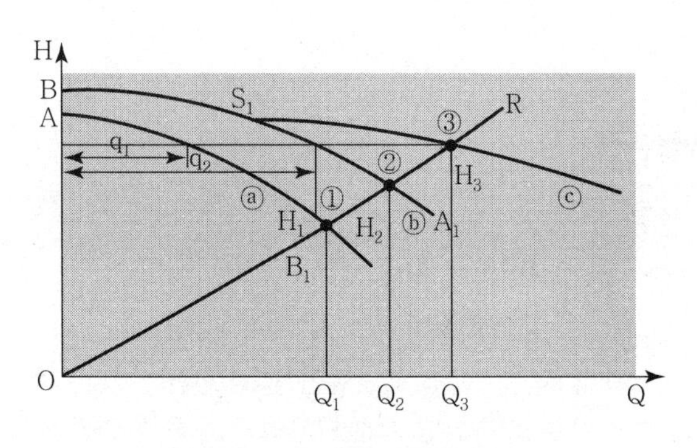

[특성이 다른 펌프의 병렬운전]

② 장단점

㉮ S점보다 유량이 적은 곳에서 운전하면 B 펌프는 체절운전이 된다.

㉯ 임의의 유량을 얻고자 할 때 사용한다.

4. 결론

(1) 동일 특성 펌프의 직렬운전, 병렬운전 시 양정이나 유량은 2배가 되지 않는다.

(2) $H_1 > H_2/2$, $Q_1 > Q_2/2$로 되며 이것은 배관의 저항 때문이며 이점을 유의하여 설계에 반영한다.

(3) 특히 병렬운전으로 단독운전 시 과부하가 걸리지 않는 전동기를 사용한다.

(4) 실무에서 펌프 직 · 병렬 운전 시 펌프성능곡선을 면밀히 검토하여야한다.

07 배관계에서의 저항의 합성운전

1. 저항이 다른 관로에서의 직렬운전

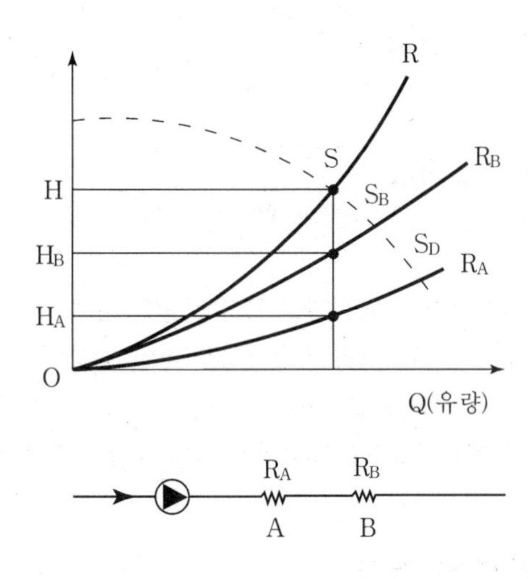

(1) 그림과 같이 밀폐 배관계에서 관로A의 저항을 R_A, 관로B의 저항을 R_B라고 한다.

(2) 직렬로 접속한 경우 이 배관계의 합성저항은 동일 유량에서 양자의 양정을 합한 것으로서 나타난다.

(3) 점선의 특성곡선(양정)과의 교점 S가 운전점이 되므로 출발부에 의한 유량조정에도 응용할 수가 있다.(OR)

(4) ① 가령 배관계 전체저항을 R_B라 하고 토출 측 밸브를 열었을 때의 저항을 R_A라 하면
② 당초 토출밸브 전개상태에서 S_B이던 운전점이 토출밸브를 조임으로써 S점으로 변환되었다고 생각할 수 있다.
H_B와 H 사이의 길이가 토출밸브의 저항에 상당하는 값이 되고 O와 H_A 사이의 길이와 같다.

2. 저항이 다른 관로에서의 병렬운전

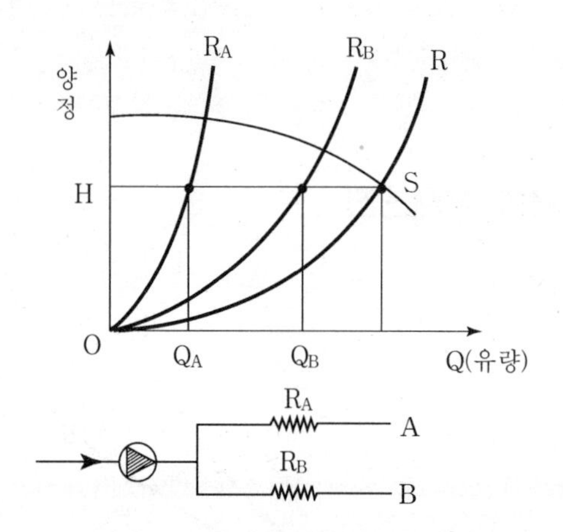

(1) 밀폐 배관계에서 관로 A의 저항을 R_A, 관로 B의 저항을 R_B라 하고 이것을 병렬로 배치한 경우
(2) 이것을 병렬로 배치한 경우 이 배관계의 합성저항은 동일 양정에서 양자의 유량을 더한 것으로서
(3) 펌프특성곡선(양정)과의 교점 S가 운전점이 되며
(4) 이 점을 통하여 횡축에 평행인 선과 R_A, R_B와의 교점이 각각 관로 A, B의 유량 Q_A, Q_B를 나타낸다.

3. 높이와 저항이 다른 관로의 운전

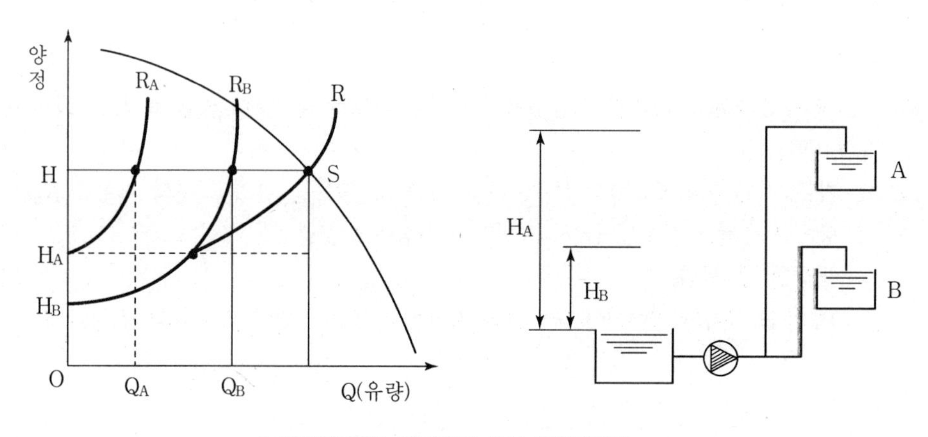

[개방회로에서 병렬운전 시의 합성운전]

(1) 개방회로에서 0점에서의 높이가 각각 H_A, H_B인 그 점에 병렬로 양수하는 경우 각각 관로저항을 R_A, R_B라 한다.

(2) 배관계 합성저항은 R_A, R_B를 횡축방향으로 더한 R곡선이 된다.

(3) R곡선과 펌프 특성과의 교점 S가 운전점이다.

(4) 관로의 A, B 유량은 Q_A, Q_B가 된다.

08 압력분포선도 작성

(1) 배관의 마찰손실 : 0.4kPa/m

(2) 기기의 마찰손실 : 보일러 100kPa, 방열기 50kPa

(3) 각 지점의 마찰손실 : A－B 0.8mAg, B－C 0.4mAg, D－E 0.4mAg,
(20) (10) (10)
F－G 1.2mAg
(30)
G－H 0.4mAg, I－J 0.4mAg, J－A 1.6mAg, 계 5.2mAg
(10) (10) (10)

(4) 펌프의 최소양정 : 15m(기기)＋5.2m(배관)＝20.2m

1. 펌프의 흡입 측에 안전관, 보일러 및 팽창탱크를 설치한 경우

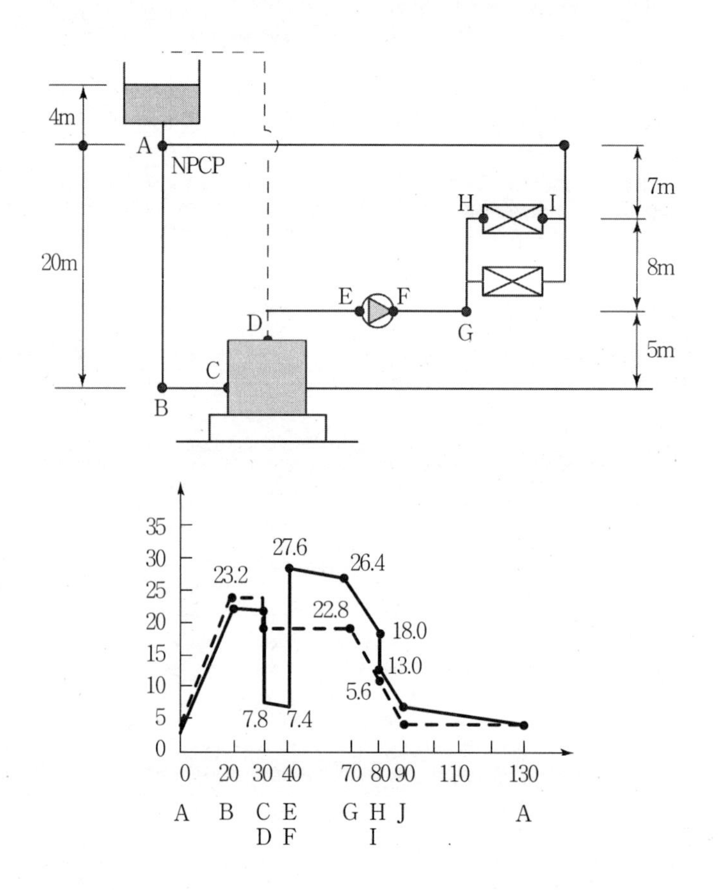

A : NPCP(No Pressune Change Point 압력불변점)=4mAg

B : 24−0.8=23.2mAg　　C : 23.2−0.4=22.8mAg

D : 22.8−(10+5)=7.8mAg　　E : 7.8−0.4=7.4mAg

F : 7.4+20.2=27.6mAg　　G : 27.6−1.2=26.4mAg

H : 26.4−(8+0.4)=18.0mAg　　I : 18.0−5=13.0mAg

J : 13.0−(7+0.4)=5.6mAg　　A : 5.6−1.6=4.0mAg

2. 펌프의 흡입 측에 팽창탱크, 보일러를 설치한 경우

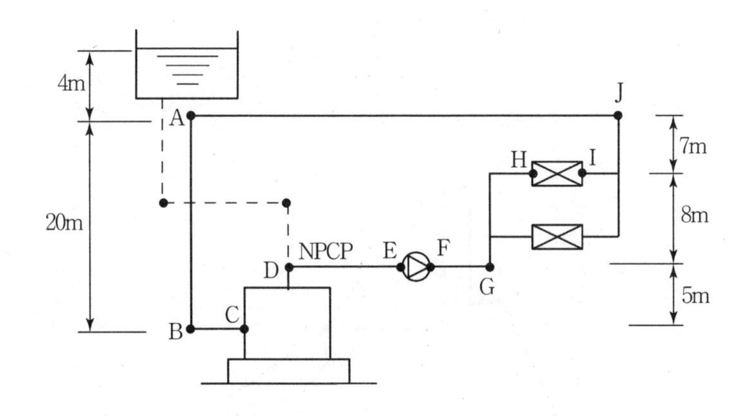

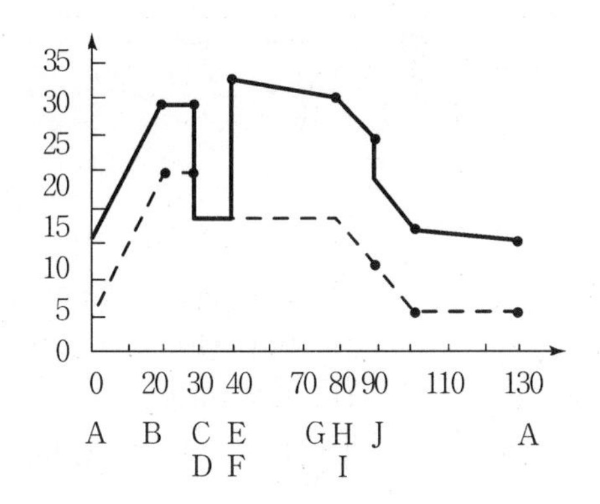

A : 16.8−1.6=15.2mAg　　B : 15.2−0.8=14.4+20=34.4mAg

C : 34.4−0.4=34.0mAg　　D : 34.0−(10+5)=19.0(NPCP)

E : 19.0−0.4=18.6mAg　　F : 18.6+20.2=38.8mAg

G : 38.8−1.2=37.6mAg　　H : 37.6−(8+0.4)=29.2mAg

L : 29.2−5=24.2mAg　　J : 24.2−(7+0.4)=16.8mAg

3. 펌프의 토출 측에 보일러, 흡입 측에 팽창탱크를 설치한 경우

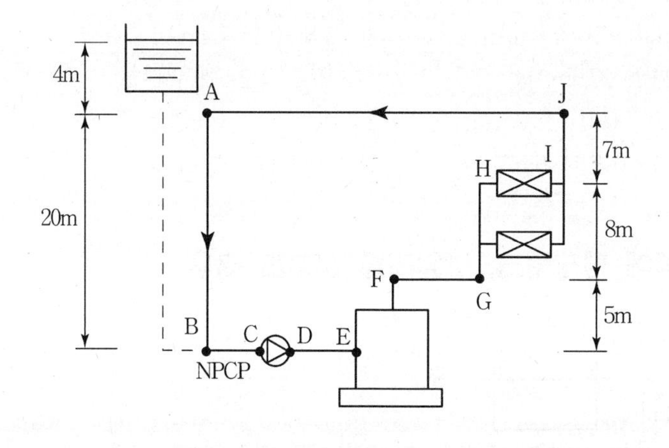

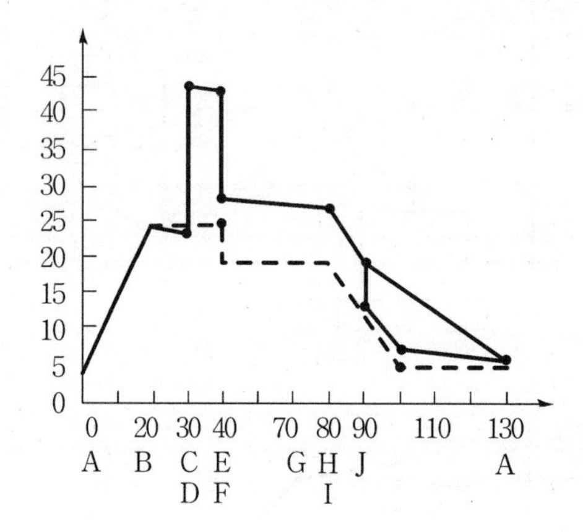

A : 6.4−1.6=4.8mAg

B : 4.8+20=24.8−0.8=24mAg(NPCP)

C : 24−0.4=23.6mAg

D : 23.6+20.2=43.8mAg

E : 43.8−0.4=43.4mAg

F : 43.4−(10+5)=28.4mAg

G : 28.4−1.2=27.2mAg

H : 27.2−(8+0.4)=18.8mAg

I : 18.8−5=13.8mAg

J : 13.8−(7+0.4)=6.4mAg

4. 펌프의 토출 측에 보일러, 팽창탱크를 설치한 경우

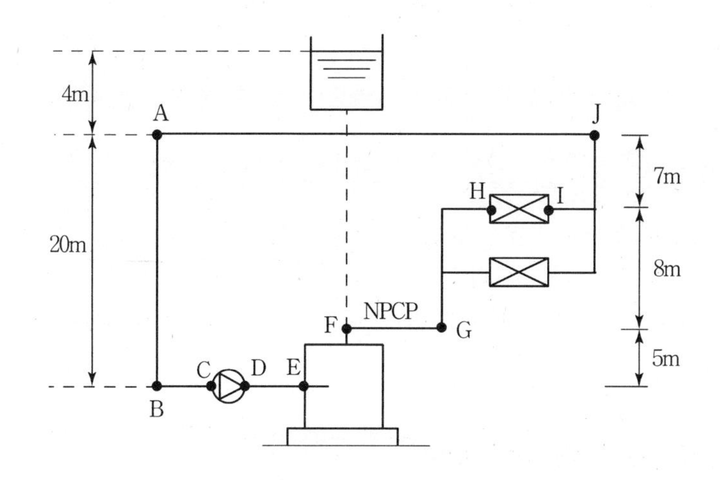

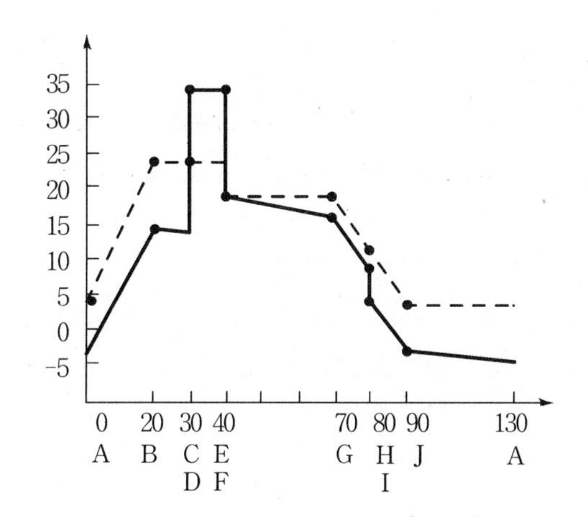

A : −3.0−1.6=−4.6mAg

B : −4.8+20=15.4−0.8=14.6mAg(NPCP)

C : 14.6−0.4=14.2mAg

D : 14.2+20.2=34.4mAg

E : 34.4−0.4=34mAg

F : 19mAg(NPCP)

G : 19−1.2=17.8mAg

H : 17.8−(8+0.4)=9.4mAg

I : 9.4−5=4.4mAg

J : 4.4−(7+0.4)=−3.0mAg

NPSH(Net Positive Suction Head)

1. 개요

(1) Cavitation이 일어나지 않는 유효흡입양정을 수주로 표시한 것을 말하고 펌프의 설치 상태 및 유체의 온도 등에 따라 달리 나타난다.

(2) 펌프설비에서 얻어지는 NPSH는 펌프 자체가 필요로 하는 NPSH보다 커야만 Cavitation이 일어나지 않는다.

2. 펌프 설비에서 얻어지는 NPSH

(1) 펌프설비에서 얻어지는 이용 가능한 유효흡입양정의 계산식은 다음과 같다.

$$H_{av} = P_a - (P_{vp} \pm \rho g H_a + \rho g H_{fs})$$

여기서, H_{av} : 이용 가능한 유효흡입양정(Available NPSH)(Pa)

P_a : 흡수면의 절대압력(MPa)(표준대기압 101.322Pa)

H_a : 흡입양정[흡상일 때(+), 압입일 때(−)]

H_{fs} : 흡입손실수두(Pa)

P_{vp} : 유체의 온도에 상당하는 포화증기압력(Pa)

ρ : 물의 밀도(1,000kg/m^3)

g : 중력가속도(9.8m/s^2)

(2) 온수와 같이 포화증기 압력이 높은 경우에는 펌프흡입구 측에서 쉽게 증발하여 Cavitation이 일어나므로 압입함으로써 압입수두를 형성하여 유효흡입양정(NPSH)을 높인다.

3. 펌프 자체가 필요로 하는 NPSH*

$$NPSH^* = \sigma \cdot h = \lambda \frac{v^2}{2g}$$

$NPSH^*$: Required NPSH

여기서, σ : 토마의 Cavitation

h : 펌프의 임펠러 1단에 대한 양정

λ : 깃의 형상에 따른 압력강화계수

v : 유속(m/s)

g : 9.8m/s^2

4. 결론

$$NPSH \geq 1.3 \times NPSH^{*}$$

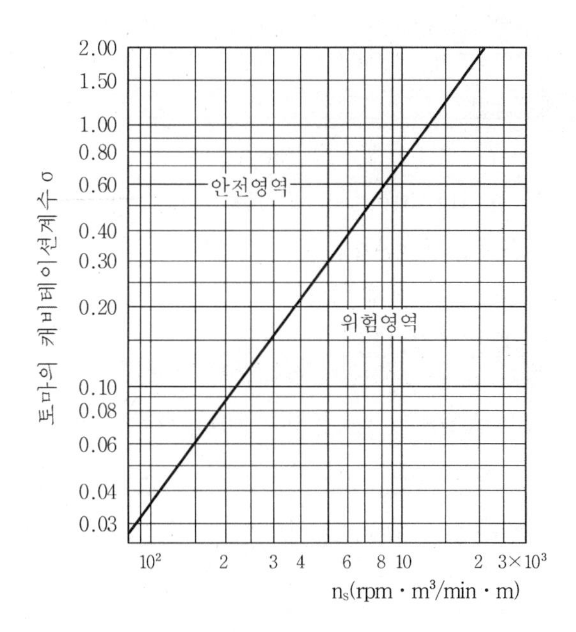

[n_s와 σ와의 관계]

예제 1 다음 그림은 363.15K의 환수를 보일러에 급수하는 장치이다. 여기서, 환수탱크의 수위는 펌프로부터 얼마나 높게 설치해야 하는가?(단, 펌프의 토출량은 1.5m³/min, 양정은 60m, 회전수 1,500rpm의 3단 볼류트 펌프이고, 흡입관의 마찰저항은 3m로 한다.)

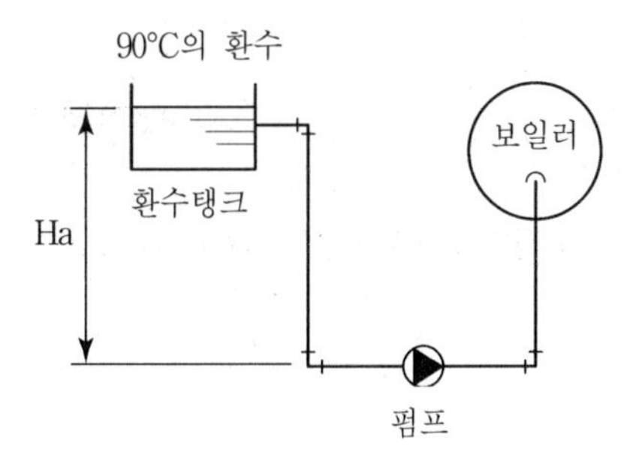

풀 이 펌프의 임펠러 1단에 대한 양정 H는

$$H = \frac{60}{3} = 20\text{mAq}$$

비교회전수 n_s는

$$n_s = 1,500 \frac{1.5^{\frac{1}{2}}}{20^{\frac{3}{4}}} = 194\text{rpm} \cdot \text{m}^3/\min \cdot \text{m}$$

따라서 그림에 의해 n_s=194일 때 토마의 캐비테이션수 σ=0.09를 얻고, 이를 식에 대입하면

$$NPSH^* = \sigma \cdot H = 0.09 \times 20 = 1.8\text{mAq}$$

한편, 이용 가능한 NPSH(Hav)는 NPSH*의 1.3배를 취하면,

$$H_{av} = 1.3 \times 1.8 = 2.34\,\text{mAq}$$

따라서 주어진 조건들을 식에 대입하면

$$2.34 = \frac{10.332}{965} - \left(\frac{7.150}{965} \pm H_a + 3\right)$$

$\therefore H_a = -2.04\,\text{mAq}$(즉, 압입높이가 2.04m 이상 필요하다.)

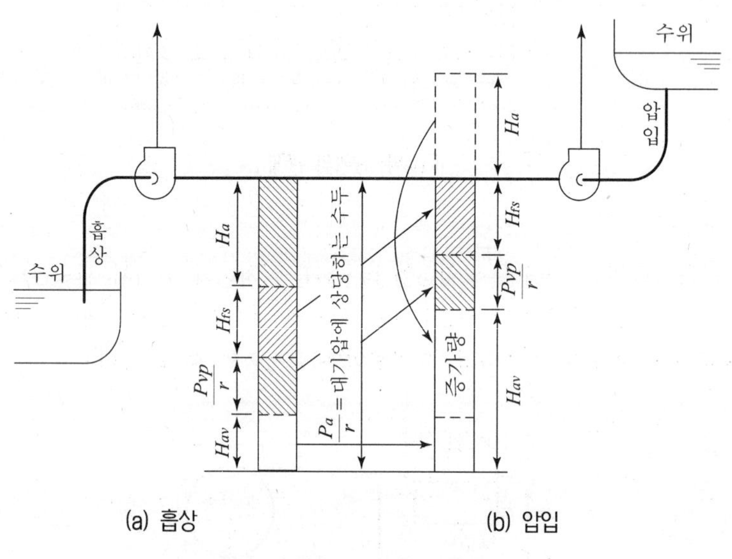

(a) 흡상 (b) 압입

[펌프 설비에서 얻어지는 NPSH]

Cavitation에 대해서 논하라.

1. 개요

펌프의 흡입구로 들어온 물 중에 함유되었던 증기의 기포는 임펠러를 거쳐 토출구 측으로 넘어가면 갑자기 압력이 상승되므로 기포는 물 속으로 소멸되고 이 순간에 격심한 음향과 진동을 유발하는데 이를 Cavitation이라고 한다.

2. 발생원인

(1) 해발이 높은 고지역에 대기압이 낮은 경우
(2) 수온이 높아져 포화증기압 이하로 되었을 때
(3) 액체가 휘발성인 경우
(4) 배관이 좁아지는 부분(유속이 빨라지는 부분)

3. 방지대책

(1) 펌프 흡입 측에 공기 유입방지
(2) 수온 상승 방지
(3) 휘발성 액체는 흡입압력 부분이 정(+)압력이 되도록 흡입 수위를 높인다.
(4) 배관 내(흡입) 유속을 낮게 한다.
(5) 배관계 교축은 편심 레듀샤를 사용하여 공기가 괴지 않도록 한다.
(6) 펌프의 설치위치를 될 수 있는 대로 낮춘다.
(7) 펌프의 회전수를 적게 한다.
(8) 단흡입에서 양흡입으로 바꾼다.
(9) 흡입관의 지름을 크게 한다.

4. 배관계에 미치는 영향

(1) 소음, 진동 발생
(2) 양수불능상태 발생
(3) 관의 부식
(4) 펌프손상(임펠러 하우징)
(5) 공회전으로 모터 손상

5. 결론

펌프 및 배관계의 설계 시 흡입배관 측의 유속은 1m/sec 이하로 하여야 하며, 가능한 한 흡입수위를 정(+)압 상태로 하되 불가피한 경우는 직선 단독거리를 유지하여 펌프의 유효흡입 수두보다 1.3배 이상을 유지하여야 한다. 또한 고온의 유체인 경우 유속이 급격히 빨라지지 않도록 하여 항상 유체의 포화 증기압 이상으로 유지해야 한다.

Pump의 Surging 원인 및 방지법

1. 개요

펌프 등을 저유량 영역에서 사용하면 유량과 압력이 주기적으로 변하며 결국 안정된 운전이 불가능한 상태로 되는 것을 서징(Surging)이라고 하며 Surging이 일어나면 큰 압력변동과 소음, 진동이 발생하고 계속되면 기계장치나 배관의 파손이 우려된다. Surging은 결국 배관의 저항특성과 유체의 압력특성이 맞지 않을 때 발생한다.

2. Surging의 발생현상

(1) 펌프, 송풍기 등이 운전 중에 한숨을 쉬는 것과 같은 상태가 되어 펌프인 경우 입구와 출구의 진공계, 압력계의 침이 흔들리고 동시에 송출유량이 변화하는 현상이 나타날 경우가 있는데, 이것이 Surging의 외관적인 현상이다. 즉 송출압력과 송출유량 사이에 주기적인 변동이 일어나는 현상을 말한다.

(2) Surging 현상이 일단 일어나면 그 변동의 주기는 비교적 거의 일정하고 송출밸브의 개도를 바꾸어 인위적으로 운전상태를 바꾸지 않는 한 진동의 경우처럼 이 상태가 계속된다.

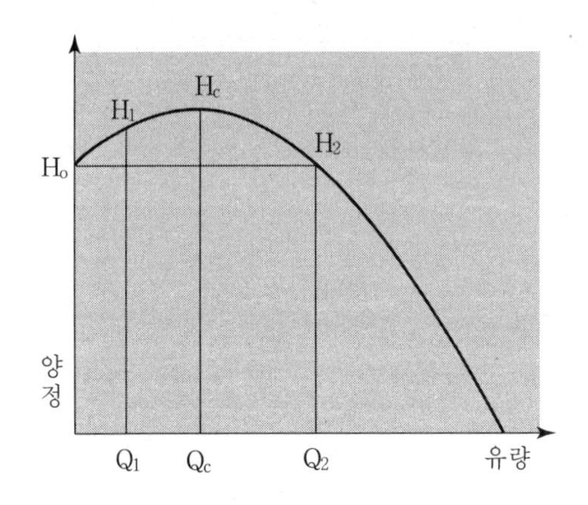

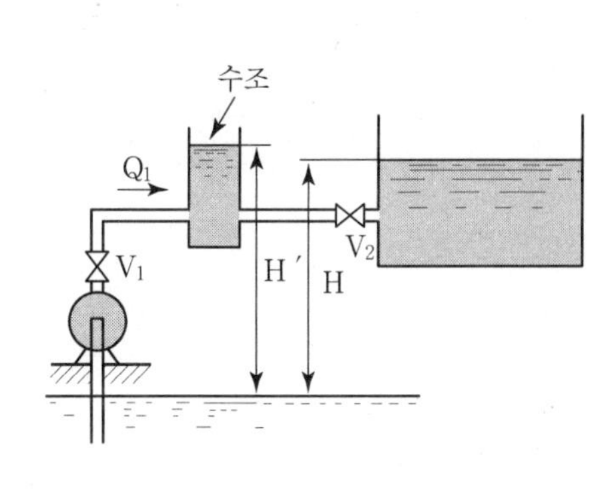

3. Surging의 발생조건

아래 조건이 모두 갖추어져야 한다.

(1) 펌프의 특성곡선이 산고곡선이고, 이 곡선의 산고 상승부에서 운전할 것

(2) 배관 주위에 물탱크나 공기탱크가 있을 것

(3) 유량 조절 밸브가 탱크의 뒤쪽에 있을 것

4. 대책

(1) 회전차나 안내깃의 형상치수를 바꾸어 펌프의 운전특성을 변화시킨다. 특히, 깃의 출구각도를 적게 하거나, 안내깃의 각도를 조절할 수 있도록 배려한다.

(2) 방출밸브 등을 써서 펌프 중의 양수량을 서징 시의 양수량 이상으로 증가시키거나, 무단변속기 등을 써서 회전차의 회전수를 변화시킨다.

(3) 관로에서 불필요한 공기탱크나 잔류공기를 제어하고 관로의 단면적, 유속, 저항 등을 바꾼다.

12 송풍기 전압(P_T), 정압(P_S)을 식으로 나타내시오.

1. 흡입덕트와 토출덕트를 보유하는 송풍기

(1) 송풍기 전압(P_T)

송풍기 전압(P_T)이라는 것은 송풍기에서 얻은 전압의 증가량으로서 송풍기의 송출구의 전압(P_{T2})과 흡입구의 차로 나타낸다.

$$P_T = P_{T2} - P_{T1} = P_{S1} \text{ (Pa)}$$

(2) 송풍기 정압(P_S)

송풍기 전압(P_S)은 송풍기 전압(P_T)에서 송풍기의 출구의 동압(P_V)을 뺀 것이다.

$$P_S = P_T - P_{V2} = P_{S2} - P_{S1} - P_{V2} \text{ (Pa)}$$

2. 토출덕트만 보유하는 송풍기

$$P_T = P_{T2} = P_{S2} + P_{V2} \text{ (Pa)}$$

$$P_S = P_{T2} - P_{V2} = P_{S2} \text{ (Pa)}$$

3. 흡입덕트만 보유하는 송풍기

$$P_T = P_{V2} - P_{T1} = - P_{S1} \text{ (Pa)}$$

$$P_S = P_{V2} - P_{T1} - P_{V2} = - P_{T1} \text{ (Pa)}$$

4. 송풍기 전압 공기동력(L_{AT}), 정압 공기동력(L_{AS})

$$L_{AT} = \frac{P_T Q}{1,000 \eta_T} \text{ (kW)}$$

$$L_{AS} = \frac{P_S Q}{1,000\eta_S} \text{ (kW)}$$

여기서, P_T : 송풍기 전압(Pa)

P_S : 송풍기 정압(Pa)

Q : 송풍 공기량(m^3/s)

η_T : 전압효율(%)

η_S : 정압효율(%)

5. 송풍기 동압(P_V)

$$P_V = \frac{\rho\nu^2}{2}$$

여기서, ρ : 공기의 밀도(kg/m^3)

(표준 공기밀도 $1.2kg/m^3$)

ν : 풍속(m/s)

제10장 공조부하

Professional Engineer

○ Building Mechanical Facilities
○ Air-conditioning Refrigerating Machinery

01 벽체에 대한 열관류율 'K'값 계산

1. 개요

(1) 열관류율(Coefficient of Over−all Heat Transmission, Heat Transmission Coefficient : K)은 구조체 내외 온도차 1℃에 대하여 구조체 표면적 1m²에서 1시간 동안 전해지는 열량 W로 나타낸 것

(2) 열관류에 의한 관류열량의 계수로서 전열의 정도를 나타내는 데 사용되는 것으로 정상상태에서 고체벽을 사이에 두고 두 유체 사이에 단위면적을 통해 단위시간에 이동하는 열량 Q는 두 유체의 온도차($t_i - t_o$)에 비례하고 $Q = K \cdot A \cdot (t_i - t_o)$로 나타내며 비례 정수 K(W/m²K)를 열관류, 열통과율이라 한다.

2. 식의 유도

(1) 실내 공기에서 벽면에 전달되는 열량

$$q_1 = \alpha_i (t_1 - t_2) A$$

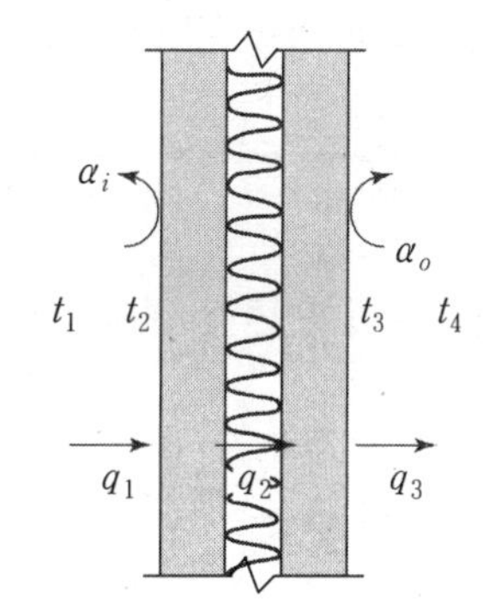

(2) 실내 벽면에서 실외 측 벽면으로 전달되는 열량

$$q_2 = \frac{\lambda}{d}(t_2 - t_3) A$$

(3) 실외 측면에서 외기에 전달되는 열량

$$q_3 = \alpha_o (t_3 - t_4) A$$

(1), (2), (3)식을 정리하면

$$\frac{q_1}{\alpha_i} = (t_1 - t_2)A, \quad \frac{d}{\lambda} q_2 = (t_2 - t_3)A, \quad \frac{q_3}{\alpha_o} = (t_3 - t_4)A$$

전열량 $H = q_1 = q_2 = q_3$라고 하면

$$H = \frac{(t_1 - t_4)A}{\dfrac{1}{\alpha_i} + \dfrac{d}{\lambda} + \dfrac{1}{\alpha_o}} = KA(t_1 - t_4)$$

$$K = \frac{1}{\frac{1}{\alpha_i} + \frac{d}{\lambda} + \frac{1}{\alpha_o}} \ (\text{W/m}^2 \cdot \text{K})$$

3. 열통과율(열관류율) 값

(1) 벽의 한 면이 옥외에 면할 때

$$\frac{1}{K} = \frac{1}{\alpha_o} + \frac{d_1}{\lambda_1} + \frac{d_2}{\lambda_2} + \cdots\cdots + \frac{1}{\alpha_i} + \frac{1}{C}$$

$\frac{1}{K}$을 열관류저항, $\frac{1}{\alpha_o}$, $\frac{1}{\alpha_i}$, $\frac{d}{\lambda}$, $\frac{1}{C}$을 각각의 전열저항[Resistance of Heat Conduction : 두께 d(m)인 물체의 열전도율을 λ라 하면 열전도저항은 $\frac{d}{\lambda}$이며, 열전도의 난이도를 나타낸다.]으로 하면 전기저항과 같이 전 전열저항은 각부의 전열저항의 합과 같으므로

$$K = \frac{1}{\frac{1}{\alpha_o} + \frac{d}{\lambda} + \frac{1}{\alpha_i} + \frac{1}{C}}$$

(2) 벽의 양면 모두가 옥외에 면해 있지 않을 때

$$\frac{1}{K} = \frac{1}{\alpha_i} + \frac{d_1}{\lambda_1} + \frac{d_2}{\lambda_2} + \cdots\cdots + \frac{1}{\alpha_i} + \frac{1}{C}$$

(3) 벽의 한면이 실내, 다른 면이 지면에 면했을 때

$$\frac{1}{K} = \frac{1}{\alpha_i} + \frac{d_1}{\lambda_1} + \frac{d_2}{\lambda_2} + \cdots\cdots + \frac{d_e}{\lambda_e}$$

4. 열관류율을 줄일 수 있는 방법

(1) 내표면의 열전달률을 적게 한다.
(2) 외표면의 열전달률을 적게 한다.
(3) 벽체의 두께를 두껍게 한다.
(4) 열전도율이 적은 단열재를 사용한다.
(5) 밀폐된 공기층을 두어 전달저항을 증가시킨다.

공조부하의 종류에 대하여 논하라.

1. 개요

공조부하 계산에는 최대부하와 기간부하의 두 가지 계산방법이 있고 최대부하 계산은 외기온도가 최고 또는 최저일 때의 부하로 열원방지 및 부하기기를 선정하며 난방부하 및 냉방부하로 구분한다.

2. 난방부하

(1) 구조체를 통한 손실열량 : $q=K \cdot A \cdot \Delta t \cdot K'$

여기서, K : 열관류율(W/m²K)
A : 구조체 면적(m²)
Δt : 구조체 양면의 온도차(K)
K' : 방위계수(N=1.2, S=1.0, W=1.1, E=1.1, H=1.2)

(2) 극간풍부하

① 현열 : $q_s=G \cdot C \cdot \Delta t \rightarrow 1.01 \times 1.2 \times Q \times \triangle t = 1.21 Q \Delta t$

② 잠열 : $q_L=2,501 G \cdot \Delta x \rightarrow 2,501 \times 1.2 \times Q \times \triangle x = 3,010 Q \Delta x$

③ 극간풍량계산식

㉮ 환기 횟수법

$$Q=n \cdot V$$

여기서, Q : 환기량(m³/hr)
n : 환기 횟수(회/hr)
V : 실체적(m³)

㉯ Crack법

$$Q=L \cdot V$$

여기서, L : 창둘레 크랙길이(m)
V : Crack 길이당 풍량(m³/m hr)

㉰ 창문면적법

$$Q=A \cdot V$$

여기서, A : 창의 면적(m²)
V : 창문면적당의 풍량(m³/m²hr)

3. 난방부하

(1) 외부부하

① 지붕을 통한 전도열 $q=KA(CLTD)_{corr}$

② 외벽을 통한 전도열 $q=KA(CLTD)_{corr}$

③ 유리를 통한 전도열 $q=KA(CLTD)_{corr}$

④ 유리를 통한 일사량 $q=A(SC)(SHGF)(CLF)$

⑤ 간막이벽, 천장, 바닥 등을 통한 전도열 $q=KA(\Delta t)$

⑥ 침입외기에 의한 열취득

$$q_T=G\Delta h=1.2Q\Delta h$$

$$q_s=GC\Delta t=1.21Q\Delta t$$

$$q_L=2,521G\Delta X=3,010Q\Delta X$$

(2) 내부부하

① 재실인원에 의한 발열 $q_s=(N)(SHGp)(CLF)$

$q_L=(N)(LHGp)$

② 조명에서의 발열 $q_s=(HG_{el})(CLF)$

③ 동력 사용에 의한 발열 $q_s=(P_{input})(CLF)$

④ 실내기구에서의 발열 $q_s=(SHG_{appl})(CLF)$

$q_L=(LHG_{appl})(CLF)$

(3) 환기부하

외기도입에 의한 부하

$$q_T=G\Delta h=1.2Q\Delta H$$

$$q_s=GC\Delta t=1.21Q\Delta t$$

$$q_L=2,501G\Delta X=3,010Q\Delta X.$$

(4) 공조장치 부하

① 덕트에서의 열취득(실내취득 현열량의 3~7%)

$$q=\Sigma\,(\text{Duct gain})$$

② 송풍기에서의 열취득

$$q = P_{\text{input}}(\text{송풍기})$$

4. 기간부하

(1) 난방도일(Degree Day)

건물의 연간 에너지 소비량을 예측하는 가장 간단한 방법으로서 외기온도가 18℃일 때 건물의 일사취득과 내부발열 등으로 인하여 건물의 열손실이 상쇄되어 에너지가 평형을 이룬다는 가정 하에 에너지량을 산출하는 방법

(2) 확장도일법(EDD : Extended Degree Day)

종래의 Degree Day법은 일사나 내부발열 등에 의해 상승된 실내온도를 고려하지 않으므로, 일반적으로 난방부하가 실제보다 너무 크게 산출된다. 이러한 문제점을 보완하기 위하여 확장 Degree Day법에서는 종래 Degree Day법에 일사, 내부발열, 야간복사량 등의 부하요소를 고려한 것이다.

(3) BIN법

외기온도 빈도를 사용한 BIN법 또는 온도 빈도법을 사용해서 난방 및 냉방부하를 산정한다. 이것은 외기온도를 여러 단계로 세분하여 각 BIN에서 에너지양을 계산하고 그 계산치에 온도 출현 시간수를 곱하여 가중계산한다. 각 BIN은 보통 5°F(2.78℃)의 폭으로 잡는다. 이때 외기의 Enthalpy를 사용해서 냉방부하를 계산하고 건물 내 재실, 비재실을 모두 고려하며, 평형점 온도를 조정하여 내부부하도 배려한다.

(4) 수정 BIN법

표준 BIN법에 시간 평균부하 및 다변부하의 개념을 적용하였다. 각 부하를 일사, 전도, 환기, 실내발열부하로 크게 나누어 BIN 구간에 대한 1차 선형 함수를 산출하고 이를 산정기간에 발생된 외기온도의 빈도수를 곱해서 건물열부하 및 에너지 소비량을 구한다. CLF를 사용하여 축열성능도 고려한다.

5. 결론

공조부하에 대한 특성을 정확히 이해하여 냉난방부하 계산 시 오류가 발생하지 않아야 하며, 부하계산 프로그램을 활용 시 입력 data를 잘 처리하여 정확하게 부하를 계산해야 한다.

03 난방부하에 대하여 논하라.

1. 개요

최대부하 계산방법으로 정적 열부하 계산이라고도 하고 난방기간 중 외기온도가 최저일 때를 기준으로 하여 계산하며 난방장치 용량선정의 기준이 되는 것이다.

2. 난방부하

(1) 구조체를 통한 손실 열량 : $q = K \cdot A \cdot \Delta t \cdot K'$

(2) 극간풍부하

① 현열 : $q_s = G \cdot C \cdot \Delta t \rightarrow 1.21Q\Delta t$

② 잠열 : $q_L = 2,501G \cdot \Delta x \rightarrow 3,010Q\Delta x$

여기서, K : 열관류율(W/m²K)
A : 구조체 면적(m²)
Δt : 구조체 양면의 온도차(K)
K' : 방위계수(N=1.2, S=1.0, W=1.1, E=1.1, H=1.2)

(3) 극간풍량계산식

① 환기 횟수법

$$Q = n \cdot V$$

여기서, Q : 환기량(/hr)
n : 환기 횟수(회/hr)
V : 실체적(m³)

② Crack법

$$Q = L \cdot V$$

여기서, L : 창둘레 크랙길이(m)
V : Crack 길이당 풍량(m³/m hr)

③ 창문면적법

$$Q=A \cdot V$$

여기서, A : 창의 면적(m^2)

V : 창문면적당의 풍량(m^3/m^2hr)

3. 결론

에너지 절약 설계기준에 따라 외기온도의 설정은 TAC 2.5~10% 범위에서 선정한다.

04 냉방부하에 대하여 논하라.

1. 개요

최대부하 계산방법으로 정적 열부하 계산이라고도 하고 냉방기간 중 외기온도가 최고일 때를 기준으로 하여 계산하며 냉방장치 용량선정의 기준이 되는 것이다.

2. 냉방부하

(1) 외부부하

① 지붕을 통한 전도열 $q=KA(CLTD)_{corr}$

② 외벽을 통한 전도열 $q=KA(CLTD)_{corr}$

③ 유리를 통한 전도열 $q=KA(CLTD)_{corr}$

④ 유리를 통한 일사량 $q=A(SC)(SHGF)(CLF)$

⑤ 간막이벽, 천장, 바닥 등을 통한 전도열 $q=KA(\Delta t)$

⑥ 침입외기에 의한 열취득

$$q=G\Delta h=1.2Q\Delta h$$

$$q_s=GC\Delta t=1.21Q\Delta t$$

$$q_L=2,501G\Delta X=3,010Q\Delta X$$

(2) 내부부하

① 재실인원에 의한 발열 $q_s=(N)(SHG_p)(CLF)$

$q_L=(N)(LHG_p)$

② 조명에서의 발열 $q=(HG_{el})(CLF)$

③ 동력사용에 의한 발열 $q=(P_{input})(CLF)$

④ 실내기구에서의 발열 $q_s=(SHG_{appl})(CLF)$

$q_L=(LHG_{appl})(CLF)$

(3) 환기부하

외기도입에 의한 부하

$$q = G\Delta h = 1.2Q\Delta h$$

$$q_s = GC\Delta t = 1.21Q\Delta t$$

$$q_L = 2,501G\Delta X = 3,010Q\Delta X$$

(4) 공조장치 부하

① 덕트에서의 열취득

$$q = \Sigma\,(\text{Duct gain})$$

② 송풍기에서의 열취득

$$q = P_{\text{input}}(\text{송풍기})$$

기호설명	
• q : 냉방부하(J)	• q_s : 현열(J)
• q_L : 잠열(J)	• K : 열관류율(W/m²K)
• A : 면적(m²)	• Δt : 온도차(K)
• ΔX : 절대습도차(kg/kg)	• Δh : 엔탈피차(J/kg)
• Q : 풍량(m³/hr)	• SC : 차폐계수
• $SHGF$: 최대일사 부하량(J/m²)	• CLF : 냉방부하계수
• N : 재실인원수(인)	• SHG_p : 1인당 현열발생량(J/인)
• LHG_p : 1인당 잠열발생량(J/인)	• HG_{el} : 조명발열량(J)
• P_{input} : 동력사용량(W)	• SHG_{appl} : 기구현열발생량(J)
• LHG_{appl} : 기구잠열발생량(J)	• $Duct\ gain$: 덕트를 통한 열취득량
• $(CLTD)_{corr}$: 수정된 냉방부하온도차	

3. 결론

에너지 절약 설계기준에 따라 외기온도의 설정은 TAC 2.5~10% 범위에서 선정한다.

공조용 에너지양 산출방법에 대하여 논하라.

1. 개요

연간의 에너지 소비량을 계산하기 위해서는 공조장치에 걸리는 일정기간(연간) 동안의 기간 열부하를 알아야 하고, 이를 위해서는 건물 전체의 열부하를 전 기간을 통하여 계산하여야 한다.

2. 산출방법

(1) 정해법(전산기에 의한 계산법)

동적 열부하 계산법이라고도 하며, 보일러의 용량, 공조장치의 연간 에너지비 등을 예측하여 공조설계 과정에서 에너지 소비량을 정량적으로 분석, 평가하는 데 이용된다. 표준 기상 Data는 외기입력 Data로서 건구온도, 절대습도, 법선면 직달일사량, 수평면 천공일사량, 운량(구름), 풍향, 풍속의 7개 기상요소에 대해 1년간의 매 시각별 자료로 구성된다. 입력자료가 방대하고 시간이 오래 걸리므로 Computer로 계산하여야 하며 Software는 미국의 DOE－II, 일본의 HASP/ACLD, TRANSYS(미국 위스콘신대), AIRCON－E(일본 NIT) 등이 있다.

(2) 간이법

① 도일법(Degree Day법)

건물의 연간 에너지 소비량을 예측하는 가장 간단한 방법으로서 외기온도가 18℃일 때 건물의 일사취득과 내부 발열 등으로 건물의 열손실이 상쇄되어 에너지가 평형을 이룬다는 가정하에 에너지량을 산출하는 방법

② 확장도일법

종래의 Degree Day법은 일사나 내부발열 등에 의해 상승된 실내온도를 고려하지 않으므로, 일반적으로 난방부하가 실제보다 너무 크게 산출된다. 이러한 문제점을 보완하기 위하여 확장 Degree Day법에서는 종래 Degree Day법에 일사, 내부발열, 야간복사량 등의 부하요소를 고려한 것이다.

③ BIN법

외기온도 빈도를 사용한 BIN법 또는 온도 빈도법을 사용해서 난방 및 냉방부하를 산정한다. 이것은 외기온도를 여러 단계로 세분하여 각 BIN에서 에너지양을 계산하고 그 계산치에 온도 출현 시간수를 곱하여 가중계산한다. 각 BIN은 보통 5°F(2.78℃)의 폭으로 잡는다. 이때 외기의 Enthalpy를 사용해서 냉방부하를 계산하고 건물 내 재실, 비재실을 모두 고려하고,

평형점 온도를 조정하여 내부부하도 배려한다.

④ 수정 BIN법

표준 BIN법에 시간 평균부하 및 다변부하의 개념을 적용하였다. 각 부하를 일사, 전도, 환기, 실내발열부하로 크게 나누어 BIN 구간에 대한 1차 선형 함수를 산출하고 이를 산정기간에 발생된 외기온도의 빈도수를 곱해서 건물 열부하 및 에너지 소비량을 구한다. CLF를 사용하여 축열성능도 고려한다.

［건물 열부하계산의 구분］

㉮ 일사부하 : 창문

㉯ 외피를 통한 일사 흡수열 부하

㉰ 관류열 부하 : 벽체

㉱ 실내 발생 열부하

㉲ 환기 부하 : 외기 부하

(3) 전 부하 상당운전 기간법(CEC법)

전 부하 상당운전 기간이란 연간의 냉방(또는 난방) 부하(kcal/연)의 합계치를 냉동기(또는 보일러)의 최고 능력의 합계(kcal/hr)로 나눈 수치다.

연간부하=전 부하 상당기간×냉동기(또는 보일러) 용량이 성립됨을 알 수 있다.

여기에는 다음의 수치를 가산해야 한다.

① 기기 정격값의 에너지

② 전 부하 상당 운전시간 기준치 설정

③ 시스템의 특성에 따른 효율(예 : VAV, VWV 등)

④ 연간 공조에너지량(공조부하, 반송부하)

(4) 감도해석에 의한 효과 추정법

간이법으로 다층건물에서 작용되는데, 우선 표준적 제원을 갖춘 실을 가상하고, 표준외기조건, 실내조건, 운전조건하에서 연간 부하의 정산치에 따라 연간 부하의 감도를 효과 추정표에서 구한다.

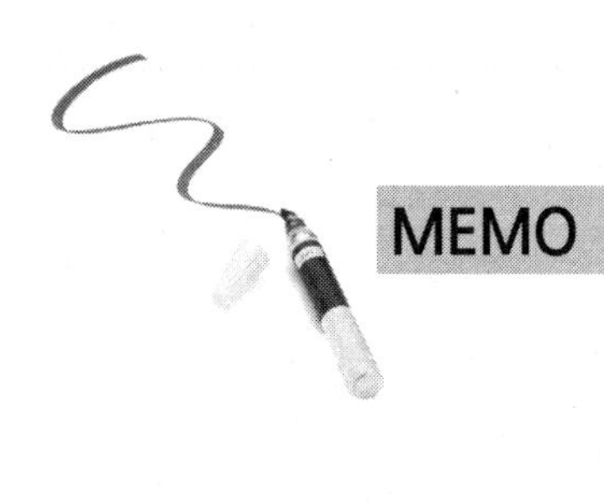

MEMO

제11장 난방

Professional Engineer

○ Building Mechanical Facilities
○ Air-conditioning Refrigerating Machinery

난방방식에 대해서 논하라.

1. 개요

(1) 난방방식을 열원공급 위치에 따라 중앙난방과 개별난방으로 분류된다.
(2) 중앙난방 방식 중 직접 난방방식은 증기난방, 온수난방, 복사난방으로 분류된다.
(3) 간접 난방방식은 온풍난방, 가열 Coil 난방으로 분류된다.

2. 난방방식의 분류

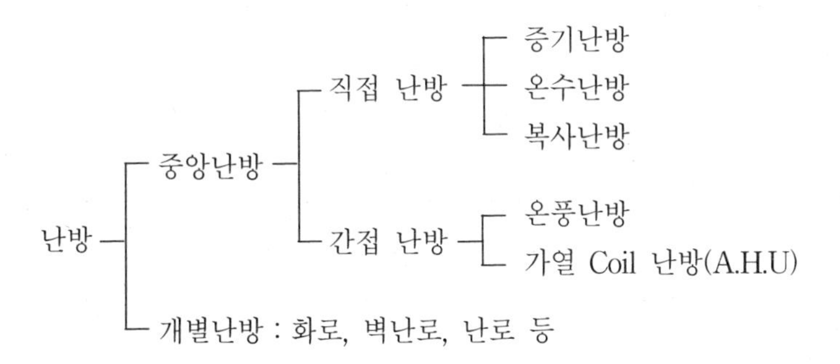

3. 난방방식의 특징

(1) 중앙난방

① 중앙난방은 열원을 어느 한 곳에 위치하여 각 수요처에 배관 및 덕트를 통하여 공급하는 방식
② 개별난방방식에 비해 저질유를 사용하여 운영경비가 저렴하나, 별도의 관리요원이 필요하고 Power Plant 및 공동구 등에 의해 배관 및 덕트로 필요개소 어디든지 공급 가능하여 대규모 집단시설에 적합

(2) 직접 난방

온도조절은 가능하나 습도조절은 불가능하며, 별도의 환기장치 필요

구 분	증기난방	온수난방	복사난방
열매온도	103℃	80°~90℃	50°~60℃
예열시간	짧다	길다	길다
열 수송능력	대	중	소
열용량	소	대	중
방열면적	소	중	대
배관경	소	중	대
공사비	소	중	대
부식(관)	생긴다	안 생긴다	안 생긴다
동파	미발생	발생 우려	발생 우려
쾌감도	나쁘다	좋다	가장 좋다
열손실	대	중	소
열방식	잠열	현열	현열
소음	크다	작다	작다
사용용도	공장, 대규모시설	병원, 기숙사	APT, 주택

(3) 간접난방

온도, 습도조절 및 실내환기로 청정을 유지

① 온풍 난방 및 가열 Coil 난방 등이 있다.

② 간접 난방방식은 열매체를 이용하여 공기 등을 가열한 후 반송(Duct)하여 소요처에 공급한다.

③ 직접 난방에 비하여 열손실이 크다.

④ 주로 대류난방에 이용된다.

4. 난방방식 선정 시 유의사항

(1) 난방 대상 건물에 따른 적절한 난방방식의 설계(예 : 병원, 공동주택, 공장, 특수시설)

(2) Power Plant, 지역난방, 도시가스 등의 공급원의 유무에 따른 적합한 방식 설계

(3) 유지, 관리, 보수 등을 고려한 난방방식 선택

(4) 초기 투자비 및 운영경비 등을 고려하여 선택

5. 결론

보건공조의 난방은 크게 Office Building 및 APT 난방이 주류를 이루고 있으며 Office Building 난방은 간접 난방 중 가열Coil(A.H.U)난방이 적합하고, APT 등의 공동주택은 복사난방이 적합하다. 특히 APT 등의 공동주택은 중앙난방방식에서 점차 탈피하여 전용면적이 넓어지고 입주자의 편의에 맞게 난방이 가능한 개별난방방식으로 바뀌고 있다.

중앙난방과 개별난방의 차이점에 대해서 논하라.

1. 개요

(1) 난방방식은 크게 중앙난방과 개별난방으로 대별된다.
(2) 중앙난방은 건물의 어느 한 곳에 Power Plant를 설치하여 열매체를 배관을 통해서 사용처에 공급한다.
(3) 개별난방방식은 사용처에 직접 열원을 설치하는 방법이다.

2. 중앙난방의 특징

(1) 장점

① 열원으로서 비교적 값싼 석탄, 등유 등을 사용하며 연료비가 개별난방에 비해 적게 든다.
② 난방장치가 대규모이므로 열효율이 좋다.
③ 다른 설비 기계류와 동일한 장소에 설치되므로 관리상 유리하다.
④ 배관에 의해 어디든지 공급이 가능하다.

(2) 단점

① 설비규모가 크기 때문에 처음에 설치하는 설비비가 많이 든다.
② 전문인력이 필요하다.
③ 배관이 길어 배관도중 열손실이 많다.
④ 시공 후의 기구증설에 따른 배관 변경공사가 어렵다.

3. 개별난방의 특징

(1) 장점

① 수시로 필요할 때 난방 가능
② 사용개소 적을 때 설비비 저렴, 유지 관리 용이
③ 배관도중 열손실이 적다.
④ 증설 용이
⑤ 초기투자 싸다.

(2) 단점

① 고급연료 사용으로 연료비가 비싸다.
② 사용개소가 많을 때 유지 관리가 어렵다.

4. 중앙난방방식 중 직접 난방과 간접 난방의 차이점

(1) 직접 난방

① 증기난방, 온수난방은 난방을 하려는 방에 방열기를 설치하여 여기에 증기 또는 온수 등을 공급함으로써 실내를 따뜻하게 하는 방식으로 열매에 따라 증기난방과 온수난방이 있다.
② 복사난방은 실내의 벽, 천장, 바닥에 코일 파이프를 배관하여 복사열로써 실내를 난방하는 방식이다.
③ 직접난방방식은 온도조절은 가능하나 실내습도의 조절이나 공기의 청정도 유지가 곤란하다.

(2) 간접 난방

① 건물의 중앙기계실에 공기 가열장치를 설치하여 이곳에서 가열된 공기를 덕트를 통하여 실내로 열기를 송풍하는 온풍로방식이다.
② 증기 또는 온수를 공기조화기에 공급하여 공기조화기에서 가열가습하여 실내에 송풍하는 가열코일방식이다.
③ 간접난방은 실내 온·습도 조절뿐만 아니라 공기의 청정도(환기) 유지가 가능하다.

5. 결론

건축물 난방방식의 결정은 매우 중요한 요인이 될 것이며, 특히 개별난방방식 또는 중앙난방방식의 결정은 초기투자비 및 건축계획에 커다란 영향을 준다.

온수난방에 대해서 논하라.

1. 개요

온수난방은 열매인 온수를 난방기기에 공급하여 실내를 난방하는 방식으로 현열을 이용한 난방방식이다.

2. 특징

(1) 장점

① 열용량이 크다.
② 부하변동에 따른 방열량의 조절이 용이하다.
③ 관의 부식이 적다.
④ 상하온도차가 적다.
⑤ 실내 쾌감도가 높다.
⑥ 소음이 적다.
⑦ 보일러 취급이 용이하다.

(2) 단점

① 예열시간이 길다.
② 방열면적 및 배관경이 크다.
③ 증기난방에 비하여 열수송능력이 적다.
④ 한냉 시, 난방 정지 시 동파우려가 있다.
⑤ 설비비가 비싸다.

3. 온수난방방식의 분류

(1) 온수순환방식에 의한 분류

① 중력순환식(Gravity Circulation System)
㉮ 온수온도차에 의하여 생기는 대류작용에 따라 자연순환시키는 방식
㉯ 난방기기 설치 위치에 제한을 받는다.
㉰ 소규모 건축물에 사용
㉱ 순환수두 $H=1000(r_1-r_2)h$

② 강제순환식(Forced Circulation System)

㉮ 순환펌프를 환수주관 보일러 측 말단에 설치하여 강제순환시키는 방식

㉯ 난방기기 설치 위치에 제한을 받지 않는다.

㉰ 대규모 건축물에 사용

㉱ 순환펌프양정 $H = Rl(1+k)R = \dfrac{1,000H}{l(1+k)}$

(2) 배관방식에 의한 분류

① 단관식 : 공급관과 환수관 겸용

② 복관식

㉮ 공급관과 환수관 분리

㉯ 직접환수방식

㉰ 역환수방식(Reverse Return)

㉠ 온수의 유량을 균일하게 분배하기 위하여 각 난방기기마다의 배관회로 길이를 같게 하는 방식

㉡ 공급관과 환수관의 길이 합을 같게 하여 각 난방기기의 온도가 균일하게 됨

(3) 공급방식에 의한 분류

① 상향식

㉮ 온수주관을 건물의 하부에 배치해서 입상관에 의해 온수 공급

㉯ 가장 이상적이다.

② 하향식

㉮ 온수주관을 건물의 상부에 배치해서 입하관에 의해 온수 공급

㉯ 중력순환식의 경우 유리

(4) 온수온도에 의한 분류

① 보통온수식 : 80°C 이하 → 가장 보편적으로 온수난방열원

② 중온수식 : 80~120°C 이하 → 지역난방 열원

③ 고온수식 : 120~180°C

4. 팽창탱크

① 온수난방 시 온수의 체적팽창을 흡수하며 배관계 내의 수온에 해당하는 포화증기압 유지, 대기압 이하로 되지 않게 정수두 확보를 위하여 사용된다.

② 개방식과 밀폐식이 있다.

- **팽창량**

$$\Delta V = \left(\frac{\rho_1}{\rho_2} - 1\right) V$$

여기서, V : 난방장치 내에 함유되는 전수량(l)
ΔV : 온수의 팽창량(l)
ρ_1 : 가열 전 물의 밀도(kg/m³)
ρ_2 : 가열 후 온수의 밀도(kg/m³)

① 개방식 팽창탱크
㉮ 설치위치에 제한을 받는다.
㉯ 최고위 난방기구로부터 1m 이상 높게 설치
㉰ 일반적으로 저온수 난방 및 급탕 설비에 적용
㉱ 팽창탱크 용량 $V = (2-2.5)\Delta V$

② 밀폐식 팽창탱크
㉮ 설치위치에 제한을 받지 않는다.
㉯ 고온수 및 지역난방에 널리 적용
㉰ 관 내 공기 유입이 되지 않아 관의 부식이 적다.
㉱ 팽창탱크 용량

$$V = \frac{\Delta V}{P_a\left(\frac{1}{P_o} - \frac{1}{P_m}\right)}$$

여기서, P_o : 장치 만수 시의 절대압력
P_a : 팽창탱크의 가압력(절대압력)
P_m : 팽창탱크의 최고사용압력(절대압력)

5. 결론

열용량이 크고, 소음이 적으며, 관의 부식이 적으므로 일반적으로 호텔 객실, 병원 병실, 기숙사, 중소규모 사무실 난방에 널리 적용 가능하다.

증기난방에 대해서 논하라.

1. 개요

증기난방은 증기보일러에서 발생한 증기를 배관에 의하여 각 실에 설치한 난방기기로 보내어 증기의 잠열로 난방한다.

2. 특징

(1) 장점

① 예열시간이 짧다.
② 열의 운반능력이 크다.
③ 방열면적과 환수관경이 작다.
④ 설비비와 유지비가 싸다.
⑤ 동파의 우려가 없다.

(2) 단점

① 부하변동에 따른 방열량 조절이 곤란하다.
② 방열기 표면온도가 높아 상하 온도차가 크다.
③ 환수관의 부식이 비교적 심하므로 수명이 짧다.
④ Steam Hammer에 의한 소음이 심하다.
⑤ 난방의 쾌감도가 낮다.
⑥ 보일러 취급이 어렵다.

3. 증기난방방식의 분류

(1) 응축수 환수방식에 의한 분류

① 중력환수식

㉮ 중력환수식은 증기 사용 후의 응축수를 중력작용에 의해 보일러에 유입시키는 난방방식
㉯ 난방기기 설치 위치에 제한을 받는 단점이 있다.

② 기계환수식

㉮ 기계환수식은 환수관 말단의 응축수 탱크에 응축수를 모아 응축수 펌프를 통하여 보일러

에 환수시키는 방식

㉯ 난방기기 설치 위치에 제한을 받지 않는다.

③ 진공환수식

㉮ 진공환수식은 환수주관 말단의 보일러 바로 앞에 진공펌프를 접속하여 환수관 중의 응축수와 공기를 흡인하는 방식

㉯ 응축수 환수방식 중 증기의 순환이 가장 빠르며 난방기기의 설치위치에 제한을 받지 않는다.

㉰ 다른 방식에 비하여 환수관경이 적어도 되며 방열량을 광범위하게 조절 가능

(2) 증기공급압력에 따른 분류

① 저압증기난방 : 사용압력 100kPa 미만

② 중압증기난방 : 사용압력 100~400kPa 미만

③ 고압증기난방 : 사용압력 400kPa 이상

(3) 공급방식에 의한 분류

① 상향공급식

㉮ 증기주관을 건물의 하부에 배치해서 입상관에 의해 난방기기에 증기를 공급하는 방식

㉯ 증기와 응축수의 유통방향 반대

㉰ 입상관의 관경을 약간 크게

㉱ 증기유속을 느리게 할 것

② 하향공급식

㉮ 증기주관을 건물의 상부에 배치해서 입하관에 의해 난방기기에 증기를 공급하는 방식

㉯ 증기와 응축수의 유통방향 같음

㉰ 관경을 작게 할 수 있다.

③ 상하 혼용 공급방식

대규모 건축물의 온도 차이를 줄이기 위하여 상하향 혼용하는 방식

(4) 배관방식에 의한 분류

① 단관식 : 공급관과 환수관 겸용

② 복관식 : 공급관과 환수관 분리

(5) 환수배관방식

① 습식환수방식

② 건식환수방식

4. 증기난방 배관법

(1) 냉각레그(Cooling Leg)

증기주관에서 생긴 응축수를 냉각하여 완전한 응축수를 트랩에 보내기 위해 트랩 전에 1.5m 이상 보온피복을 하지 않는 배관법

(2) 하트포드(Hart Ford) 배관

① 보일러 안전수위 확보
② 환수관 내의 찌꺼기 보일러 유입방지
③ 빈불때기 방지

(3) 리프트 이음(Lift Joint)

① 진공환수식 난방장치에 있어서 환수주관보다 아래에 난방기기 설치 시 응축수를 환수하기 위한 방식
② 저압일 경우 흡상 높이 1.5m 이내
③ 고압일 경우 흡상 높이 0.1MPa에 대해 5m 정도

5. 증기난방 부속품

(1) 감압변

고압의 증기를 사용압력에 맞게 강압하는 데 이용

(2) 응축수 탱크

잠열을 이용한 난방으로 회수되는 응축수를 모으는 데 이용

(3) 증기 트랩

증기와 응축수를 분리하여 응축수만을 통하게 하는 데 이용
① 열동식 : 벨로스, 바이메탈
② 기계식 : 플로트, 버킷
③ 동역학식 : 디스크, 피스톤, 오리피스

6. 결론

증기난방은 열수송 능력이 크고, 방열면적, 배관경 등이 작고 설비비, 유지비 등이 저렴하므로 소음에 영향이 적은 공장, 학교, 사무소, 백화점 등의 난방에 적합하다.

복사난방에 대해서 논하라.

1. 개요

건축물 구조체(천장, 바닥, 벽 등)에 Coil을 매설하여 여기에 증기보다는 보통 온수를 공급하여 가열면의 온도를 높여서 복사열에 의해 난방하는 방식이다.

2. 특징

(1) 장점

① 방열기가 필요치 않으며 바닥의 이용도가 높다.
② 실내의 온도분포가 균등하여 쾌감도가 좋다.
③ 동일 방열량에 대하여 손실열량이 적다.
④ 방을 개방 상태로 놓아도 난방의 효과가 있다.
⑤ 대류가 적으므로 바닥면의 먼지가 상승하지 않는다.

(2) 단점

① 배관을 매설하므로 정성 들인 시공 필요
② 외기 온도 급변에 따른 방열량의 조절이 어렵다.
③ 열손실을 막기 위한 단열층이 필요하다.
④ 시공, 수리, 구획 변경 시 불편
⑤ 설비비가 비싸다.

3. 복사난방방식의 분류

(1) 패널의 종류에 의한 분류

① 바닥패널
㉮ 바닥면을 가열면으로 하는 것
㉯ 가열온도(27~35°C)를 너무 높게 할 수 없다.
㉰ 시공이 비교적 용이

② 천장패널
㉮ 열량손실이 큰 실에 적합

㉯ 가열온도(50℃) 정도까지 가능
㉰ 천장이 높은 실에는 부적합
㉱ 시공이 어렵다.

③ 벽패널
㉮ 특수한 벽체 구조가 아니면 외부로의 열손실이 크다.
㉯ 바닥이나 천장패널의 보조로서 창틀 부근에 설치

(2) 열매체의 의한 분류

① 온수식
㉮ 일반적으로 많이 사용
㉯ 저온복사 난방 시 80℃ 이하의 저온수 사용
㉰ 중온 및 고온 복사난방 시 150~200℃의 고온수 사용

② 증기식
㉮ 일반적으로 저압증기 이용
㉯ 천장이 높은 공장 등에 사용
㉰ 천장 방열 면에는 고압증기 사용

③ 전기식
특수한 전열선을 구조체에 매입 또는 적외선 램프 이용

④ 온풍식
㉮ 온풍을 구조체 내의 덕트에 통과시켜 바닥 등을 가열
㉯ 열효율은 좋지 않다.

⑤ 연소가스식

(3) 패널의 구조에 의한 분류

① 파이프 매입식
㉮ 파이프를 구조체 위에 단열시공 후 보호몰탈 내부에 매입
㉯ 일반거실 혹은 천장이 높은 회의장 및 강당 등에 적합

② 특수패널식
㉮ 동판제의 패널을 천장, 벽 등의 표면에 부착
㉯ 150~200℃ 고온수 또는 증기를 통과시켜 패널면을 가열
㉰ 가열면의 표면온도 140~150℃로 유지

③ 적외선 패널식
가스, 전기 등 적외선 램프를 이용한 가열

(4) 방열패널의 배관방식

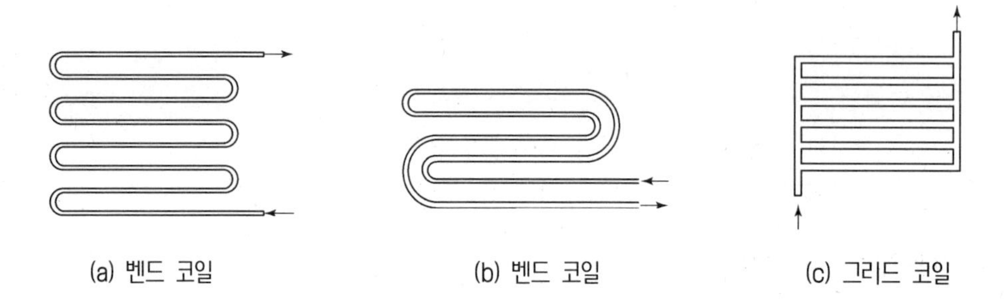

(a) 벤드 코일 (b) 벤드 코일 (c) 그리드 코일

(a) 유량분포 균일, 온도분포가 불균일
(b) 유량분포와 온도분포가 균일
(c) 배관저항이 적어 좋지만 유량이 불균일

4. 관계규정

(1) 매설관경 : 20~40A
(2) 매설간격(Pitch) : 200~300
(3) 매설깊이 : 1.5~2.0D。
(4) 코일 1 Zone의 길이 : 35~50m
(5) 열매공급온도 : 35~50°C
(6) 바닥표면온도 : 27~34°C

5. 결론

복사열에 의한 난방으로 상하온도차가 적고 실내쾌감도가 좋아 주택의 방, 극장, 강당, Hall 등의 난방에 적합하다.

대류난방과 복사난방의 특징, 장단점

1. 개요

(1) 중앙난방방식 중 직접 난방으로 실내온도 조절을 위하여 방열기, 콘벡터 등을 이용한 대류난방과 바닥, 벽, 천장 등에 코일을 매설한 복사난방이 있다.

(2) 방열기를 사용하여 방열량의 70~80%가 대류에 의해 난방한다.

(3) 복사난방은 실내의 바닥, 벽, 천장을 직접 가열하여 방열체로 하여 방열량의 50~70%가 복사열에 의해 난방하는 쾌감도가 좋은 난방방식이다.

2. 대류난방의 특징

(1) 방열기를 실내에 설치하여 증기 또는 온수를 통하여 그 방사열로 실내의 온도를 높이며 대류작용에 의해 난방 목적을 달성

(2) 방열기는 열효율이 높고, 내구성이 뛰어난 주철제, 강판제 및 AL제가 사용되며, 주철제는 내구성이 뛰어나고 강판제 및 AL제는 가볍고 두께가 얇으므로 열전도성은 좋으나, 내구성이 떨어진다.

(3) 방열기의 종류에는 주형, 벽걸이형, Grilled형, 콘벡터, Pipe, Baseboard형이 있다.

3. 장단점 비교

(1) 대류난방의 장점

① 공사비가 저렴

② 시공 용이, 유지 관리 용이

③ 예열시간이 짧다.

④ 실내온도 조절이 용이

(2) 대류난방의 단점

① 바닥면적을 차지한다.

② 상·하 온도차가 크다.

③ 열손실이 복사난방에 비해 크다.

(3) 복사난방의 장점

① 온도분포가 좋고 열을 효율적으로 이용

② 난방효과가 이상적이다.

③ 실온이 낮으므로 열손실이 적다.
④ 개방공간에서도 난방효과가 있다.
⑤ 쾌감도가 높다.
⑥ 바닥면 이용도가 높다.
⑦ 대류가 적으므로 바닥먼지가 상승하지 않는다.

(4) 복사난방의 단점

① 대류난방에 비하여 설비비가 고가
② 예열시간이 길다.(관수용량이 많다.)
③ 바닥배관의 경우 누수 시 대처의 어려움
④ 실내온도 조절이 어렵다.

4. 복사난방의 특징

(1) Panel 종류에 의한 분류

① 바닥 패널형
바닥면을 가열면으로 사용하는 방식으로 시공이 용이하여 널리 사용되며, 표면온도를 31℃ 이상으로 할 수 없음

② 천장 패널형
천장면을 가열면으로 사용하는 방식으로 시공곤란, 매입 Con'c가 불필요하고 경제적이며 구조체에 여분의 하중을 주지 않음

③ 벽체 패널형
벽면을 가열면으로 사용하는 방식으로 외부에 대한 열손실이 많음(널리 사용되지 않음)

(2) 배관방식

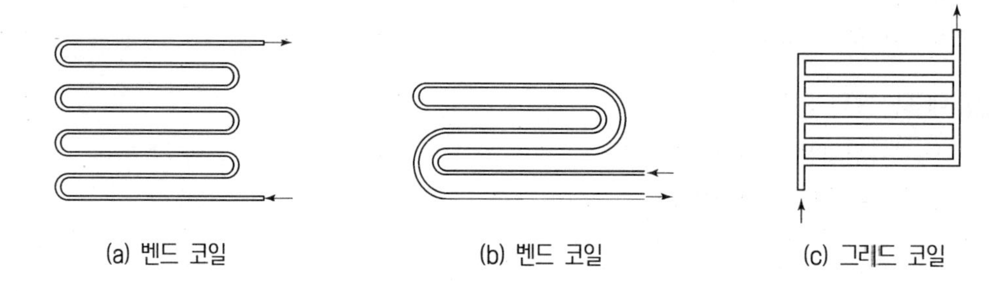

(a) 벤드 코일　(b) 벤드 코일　(c) 그리드 코일

① (b)방식이 유량분배 및 온도차가 일정하여 가장 좋다.
② (c)방식은 온도분포는 일정하나 유량분배에 문제가 있고 대규모 시설에 적합
③ Coil의 배관 Pitch는 25mm 경우 300mm / 20mm 경우 250mm
④ 배관의 길이는 30~50m가 적당하며 분기 Head 설치

5. 결론

실의 천장고가 낮고 외벽 창문이 비교적 많은 학교, 사무소 등 일반건물에는 대류난방이 유리하고 특히 천장고가 높은 극장, 강당, 공회당 및 고급건축물, 주택, 아파트 등에서는 복사난방이 유리하다고 판단된다.

단관배관의 APT난방에서 난방이 불균형할 때, 원인과 해결방안을 제시하라.

1. 개요

중앙난방방식에서 고층APT의 세대 간 난방 불균형에 대한 불만이 사회문제화되자 1980년 중반부터 난방 불균형에 대한 신중한 검토와 설계에 대한 자성이 일기 시작했고, 1988년 최초로 각 층간 난방 유량 측정이 이루어졌다.

2. 난방 불균형의 원인

(1) 배관 내 유속문제

관 내 유속이 낮은 부분의 비정상적인 흐름발생

(2) 온수 온도 공급 불균형 발생

온수온도를 높게 취하는 설계와 그에 따른 열량공급의 제어 결여로 발생

(3) 정수두 압력차의 발생

① 공급 온수 유량의 불균일성이 발생하고 온수의 불균일성은 온수 공급관과 환수관에서의 온도차에 의한 물의 밀도차에 의해 발생하는 정수두 압력차에 의해 발생

② Stack Effect와 같은 유사한 현상

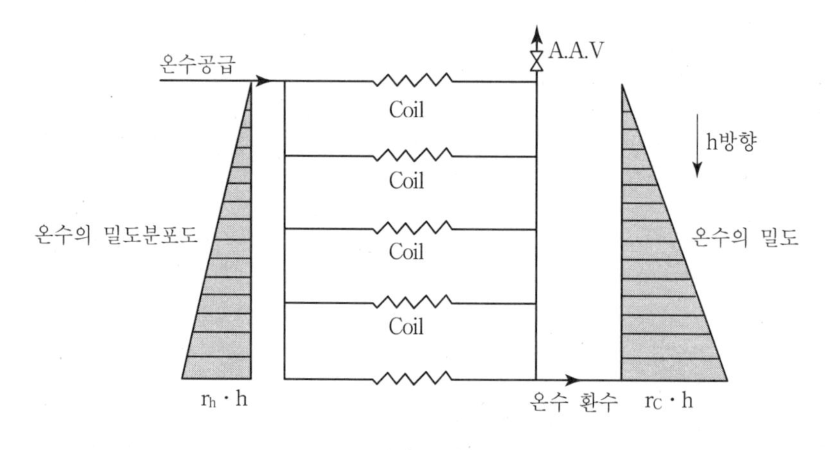

[온수의 흐름도]

$$P_h = r_h \cdot h(\text{온수 측 : 공급수}),\ P_c = r_c \cdot h(\text{냉수 측 : 환수})$$

$$\Delta P = P_c - P_h = (r_c - r_h) \cdot h$$

유동저항은 h가 0일 때는 “0”이 되고 h가 증가하면 비례해서 커지게 된다. 따라서 하층부로 갈수록 유동의 저항이 커져서 흐름이 방해되고 상층부로 갈수록 유동저항이 작아져서 흐름이 원활하게 된다. 즉 상층부의 온도가 높아도 하층부는 추워진다.

3. 대책

(1) 설계 측면

① 열공급 불균형의 원인이 되는 단관방식으로는 해소될 수 없고 유체역학상 온수공급관이 하나로 연결된 경우는 온수공급관에 걸리는 정수두 압력은 배관형식에 관계없이 관의 높이에 따라 변한다.

② 각 세대 유량조절밸브를 취부해서 해소한다.

③ 온도조절변을 설치하여 밸런싱한다.

④ 세대별 열량계 설치하여 자발적인 절감유도

⑤ 각종기구는 점검과 측정이 쉬운 안전한 곳 선정

(2) 현장시공 측면

① 스트레이너 설치로 장치보호

② 조절밸브 설치 후 관 내 플러싱을 철저하게 한다.

③ 설치 시 주의(겨울철 동파방지 조치)

㉮ 무리한 힘을 주지 않는다.

㉯ 잔류응력이 남지 않게 한다.

㉰ 설치 후 유지 관리가 용이하도록 배려

④ 시운전 시 유량 Check를 철저하게 하여 설계치 도달

4. 결론

APT의 고층화로 중앙집중식 난방의 불균일은 층간구획에만 의존하면 흐름의 불균일로 민원소지가 발생하기 쉽다. 층간 고저에 따른 물(온수)의 밀도차에 의한 흐름을 자유롭게 하려면 자동장치에 의해 유량을 조절해주는 것이 근본적인 대책이라 하겠다.

증기난방 배관법에 대하여 기술하시오.

1. 개요

증기난방은 증기보일러에서 발생한 증기를 배관에 의하여 각 실에 설치된 부하기기로 보내어 증기의 잠열로 난방하는 방식이며, 각종 증기난방 배관법에 유의하여 시공하여야 한다.

2. 증기난방 배관법의 종류별 특징

(1) 증기 주관에서 상향 수직관을 분기할 때의 배관

수평 증기 주관에서 상향 급기 시 T이음 하향 또는 45° 하향 분기 후 올려 세운다.

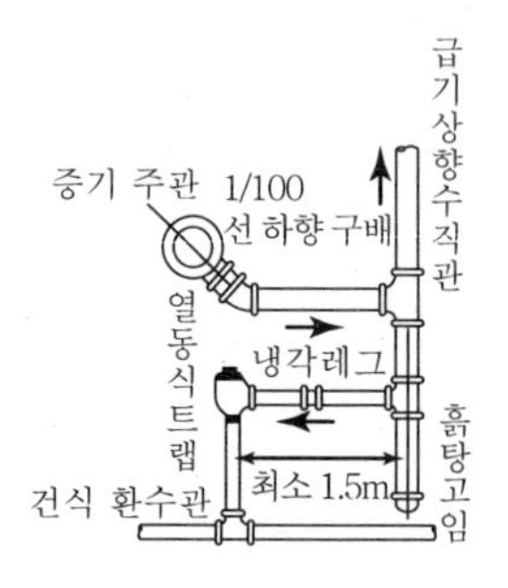

(2) 증기 주관에서 하향 수직관을 분기할 때의 배관

수평 증기 주관에서 하향 급기 시 T이음 상향 또는 45° 상향 분기 후 스위블 이음으로 내려 세운다.

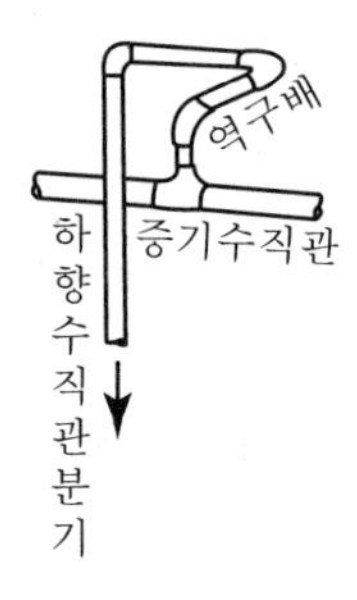

(3) 급기하향 수직관 하단의 트랩 배관

급기하향 수직관 최하단은 관 내 응축수를 배제하기 위하여 환수관에 연결한다.

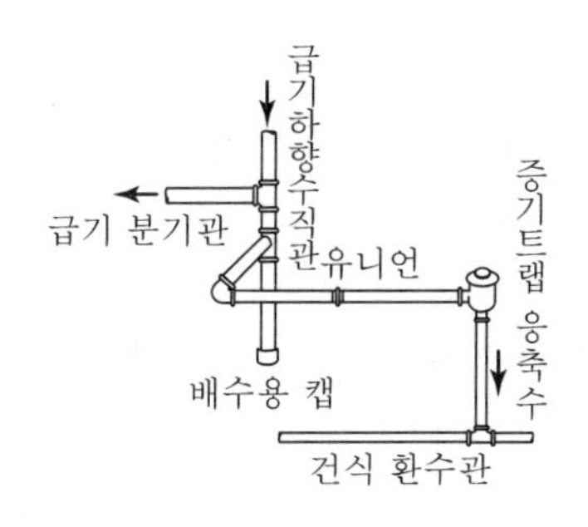

(4) 증기 주관의 관말 트랩 배관

① 증기주관 관말 부분에서 응축수를 원만하게 배제하지 못할 경우 고온의 응축수 고임으로 수격작용, 관말에서의 증기 공급 불량 등을 초래하므로 Cooling Leg를 설치하여 원활한 증기 공급 및 환수가 되도록 할 것

② 증기주관에서부터 트랩에 이르는 냉각 레그(Cooling Leg)는 완전한 응축수를 트랩에 보내므로 보온 피복을 하지 않으며, 냉각 면적을 넓히기 위해 그 길이도 1.5m 이상으로 한다.

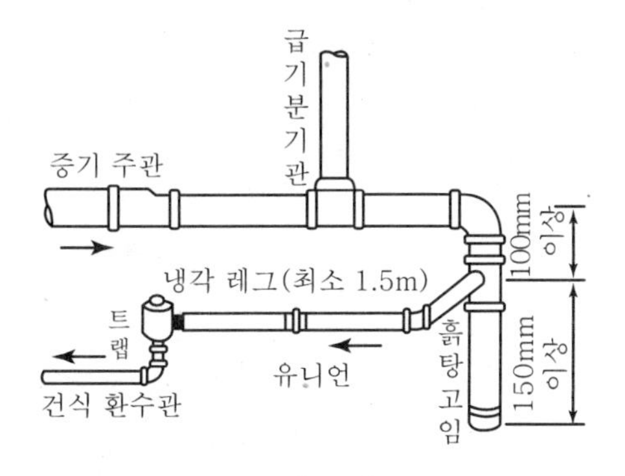

(5) 증기 배관 도중의 서로 다른 관경의 관 이음

하면이 수평인 편심 레듀샤를 사용하여 응축수 고임이 생기지 않게 한다.

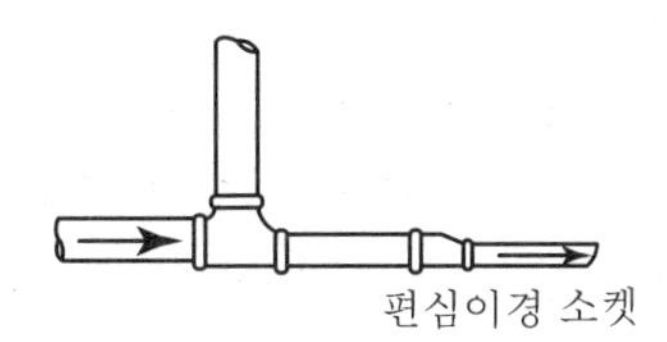

(6) 보일러 주변의 배관

① 보일러 내의 수면이 안전 수위 이하로 내려가거나 보일러가 빈 상태로 되는 것을 막기 위해서 밸런스관을 달고 안전 저수면보다 높은 위치에 환수관을 접속한다.

② 하트포드(Hartford) 접속법은 증기압과 환수압의 균형을 맞추고, 환수 주관 내에 침적된 찌꺼기를 보일러에 유입시키지 않는 특징이 있다.

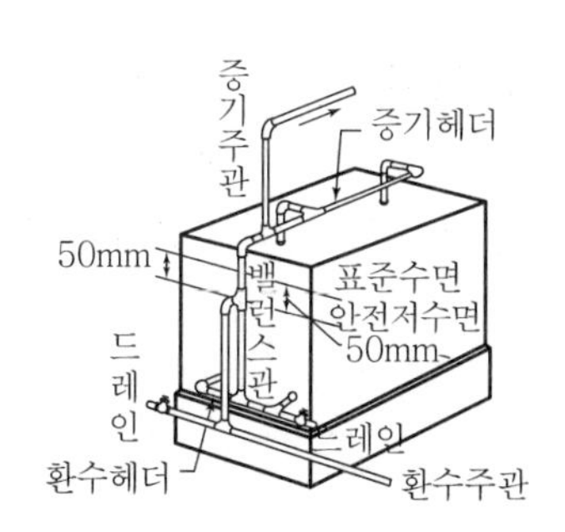

(7) 리프트 이음 배관

① 진공환수식 난방장치에서 부득이 방열기보다 높은 곳에 환수관을 배관해야 할 경우나 환수주관보다 높은 위치에 진공펌프를 설치할 경우에는 리프트 이음(Lift fittings)을 사용하여 환수관에 응축수를 끌어올린다.

② 수직관은 주관보다 한 치수 작은 관으로 하며, 1단의 높이는 1.5m 이내로 한다.

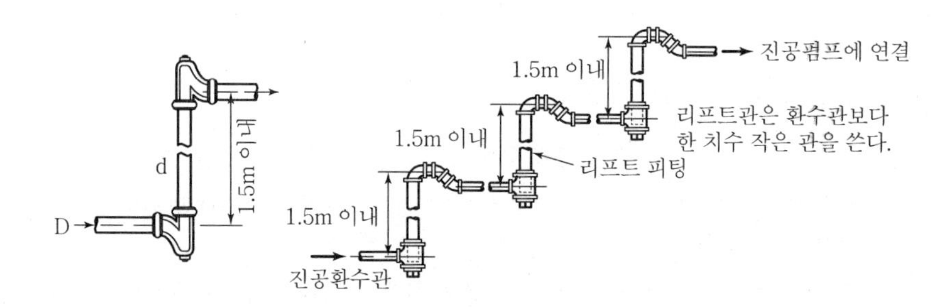

(8) 증발 탱크(Flash Tank)

증기 트랩의 배압이 상승함으로써 트랩의 능력이 감소되는 것을 방지하기 위하여, 고압환수를 증발 탱크로 끌어들여 저압 하에서 재증발시켜 발생한 증기는 그대로 이용하고, 탱크 내에 남은 저압환수만을 환수관에 공급토록 함

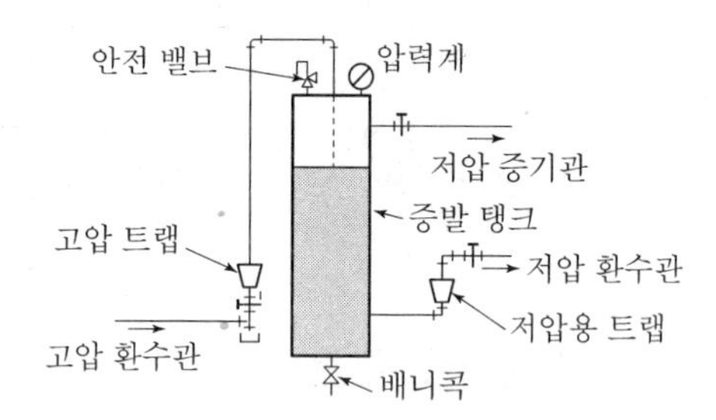

(9) 스팀 헤더(Steam Header)

① 보일러에서 발생한 증기를 각 계통으로 분배하는 것

② 스팀 헤더의 관경은 접속하는 관 내 단면적 합계의 2배 이상의 단면적을 갖게 한다.

③ 스팀 헤더의 접속관에 설치하는 밸브류는 바닥 위 1.5m 정도의 위치에 설치한다.

3. 결론

증기난방은 예열시간이 짧고, 열 수송능력이 커서 대규모 빌딩, 공장 등에 이용되며 증기난방 배관법에 준하여 설계 · 시공해야 한다.

제12장 지역난방

Professional Engineer

- Building Mechanical Facilities
- Air-conditioning Refrigerating Machinery

열병합 방식의 종류 및 특징

1. 개요

(1) 열병합 발전은 화력발전소에서 버려지는 냉각배열을 유효하게 이용할 수 있는 설비이다.
(2) 입력에너지의 30% 정도만을 전력으로 사용하고 나머지는 냉각수, 배기가스, 송전손실로 없어진다.
(3) 이러한 System의 종합효율을 높이기 위해 도입된 방법이 폐열을 이용한 열병합 방법이다.
(4) 효율을 70~80%까지 올릴 수 있다.

2. 열병합 방식의 이점

(1) 발전과 배출연료의 열이용에 의해 에너지 비용 절감
(2) 전력비의 Peak 전력요금 회피와 기본요금 삭감
(3) 비상용, 상용 발전기를 겸용하여 설비를 유효하게 이용
(4) 에너지 절약 및 환경 오염방지
(5) 특별고압 또는 고압수전 회피
(6) 상용전원의 정전과 비상대책

3. System 종류

(1) Total Energy System

에너지를 시점과 종점 사이에서 다목적 단계적으로 사용하여 종합적인 Energy 효율을 향상시키는 System

(2) Co－Generation System

발전을 동반하는 방식을 말하여 열병합 발전이라고도 함

(3) Onsite Energy System(O.E.S)

매전을 하지 않고 자기 건물 내 또는 지역 내 자가발전 또는 냉동기운전을 하는 System

4. 열병합 발전방식의 종류 및 특징

(1) 증기 Turbine System

① 장점

㉮ 연료선택 범위가 넓다.

㉯ 냉 · 온수의 안정적 공급

② 단점

㉮ 건설기간이 길며, Space가 넓다.

㉯ 발전효율이 떨어진다.

㉰ 출력당 건설비가 고가

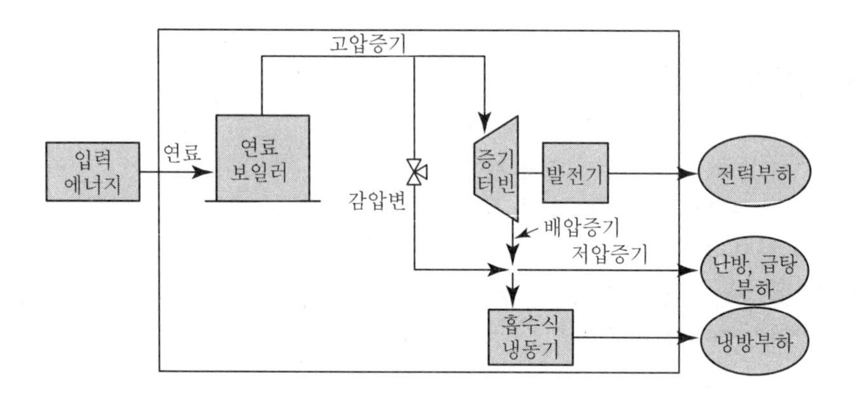

(2) Gas Turbine System

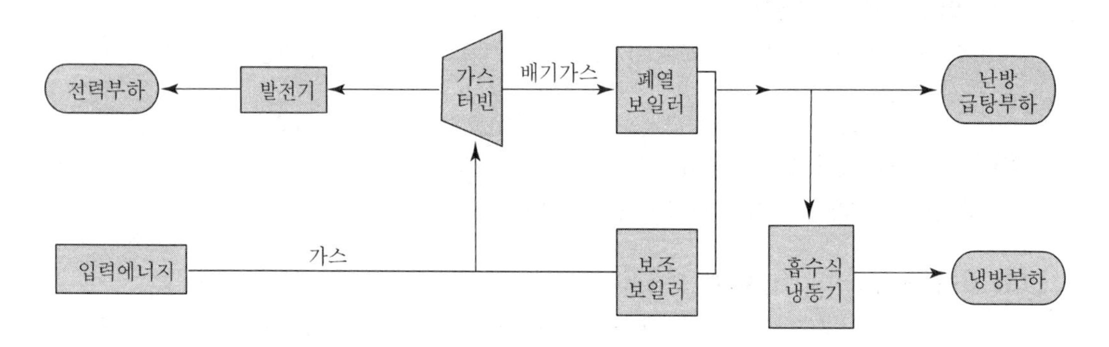

입력에너지 가스로 사용하며 발전기를 가동해서 전력부하를 생산하고, 400~500°C인 배기가스를 이용하여 폐열보일러를 가동한다.

① 장점
㉮ 대기오염의 문제를 현저히 감소
㉯ 시스템이 간단하며, 설치 Space가 적고, 발전효율이 높다.
㉰ 진동, 소음이 적다.

② 단점
㉮ 연료비가 많이 들고 제어장치가 복잡하다.
㉯ 고온의 단열재료 필요

(3) Diesel Engine System

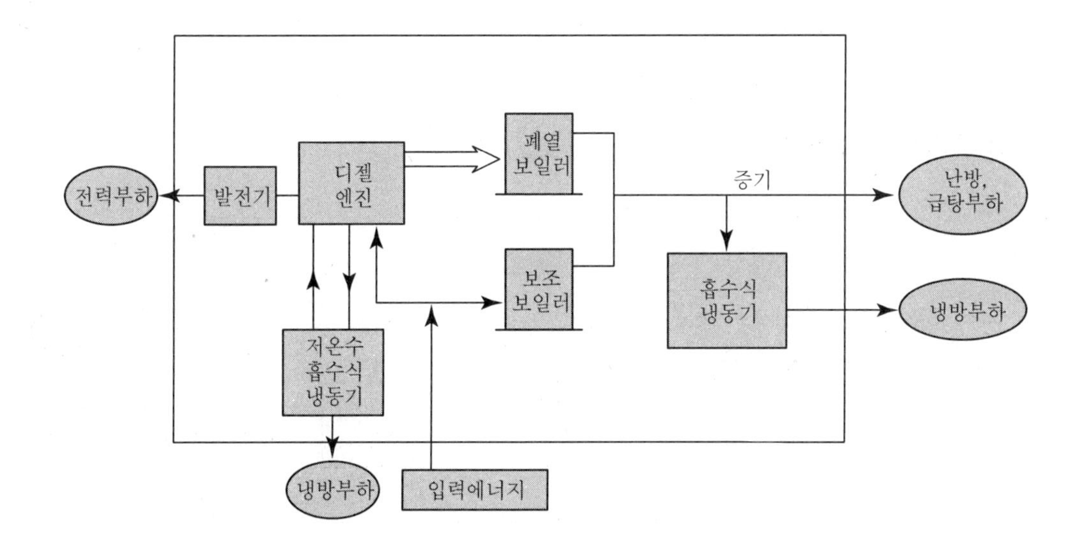

입력에너지로 디젤엔진을 바로 가동하여 전력부하를 생산하고 폐열로 난방하며 급탕부하에 사용한다.

① 장점
㉮ 시스템이 간단하며 발전효율이 높다.
㉯ 설치면적이 작고 자동제어가 간단
㉰ 부하변동에 대한 추종성이 높다.

② 단점
㉮ 냉각수 온도(90℃) 이상 사용 고려
㉯ NOx, SOx 배출우려
㉰ 진동, 소음이 있다.

(4) Gas Engine System

발전방식은 디젤엔진과 동일하나 연료가 가스이므로 대기오염 방지효과가 있다.

① 장점

㉮ 발전효율이 높다.

㉯ 전력량과 회수열량의 비가 적당

㉰ 시스템 간단

㉱ 자동운전 용이

㉲ 청결한 환경유지

② 단점

㉮ 마력당 중량이 크다.

㉯ 진동, 소음이 있다.

(5) 연료전지 System

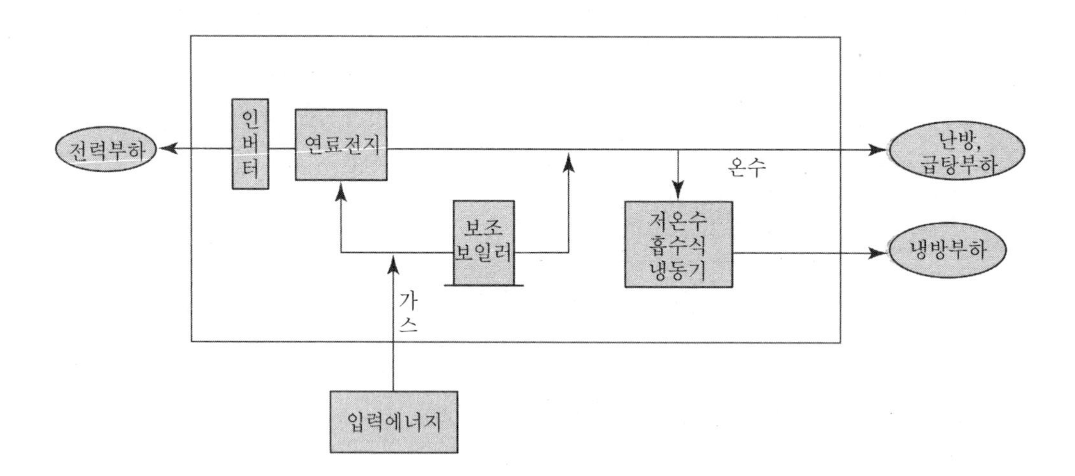

도시가스를 직접 전력으로 변환하며 발전 종합 효율은 80%로 높다.

① 종류

㉮ 인산형

㉯ 용융탄산염형

㉰ 고온, 고체 전해질형

㉱ 알칼리 수용액형

㉲ 메타놀형

② 특성

㉮ 장점

㉠ Process가 화학적으로 진동, 소음이 없다.

㉡ 대기오염에 대한 걱정이 없다.

㉢ 구조 간단하고 입력에너지가 가스이다.

㉯ 단점

가격이 비싸다.

5. 결론

(1) 에너지의 효율적 이용, 대기오염방지 등 여러 가지 장점이 있어 열병합 발전이 널리 사용된다.

(2) 신도시, 재개발 지역에서는 가스터빈 System, 단일건물은 Diesel Engine System이 많이 채용되고 있다.

02 지역난방 설비계획

1. 지역난방의 이점

(1) 경제적 이점

① 대용량 기기 채택
　㉮ 설비비 저하
　㉯ 운전효율 향상

② 동시 부하율 고려
　설비 용량의 축소로 인한 가동률 향상

③ 각 건물의 설비 Space 축소

④ 보수 관리 인원의 축소

⑤ Energy 단가 저하
　대량 구매 또는 열병합 발전

(2) 사회적 이점

① 대기오염방지
　㉮ 고급연료 채택
　㉯ 연소 폐기물의 집중처리

② 화재 방지

③ 주거 향상

2. 지역난방의 경제성 조건(지역난방공사 자료)

(1) 난방 도일 : 2,000(D18~18 이상)
(2) 열수요 밀도(열부하 밀도) : 23.24MW/m^2 이상
(3) 열수송 거리 : 20km 이내

3. 지역난방의 열매

(1) Steam

① 고압 Steam : 0.85MPa 이상

② 중압 Steam : 0.22~0.85MPa

③ 저압 Steam : 0.22MPa 이하

(2) 온수

① 고온수 : 150℃ 이상

② 중온수 : 100~150℃

③ 저온수 : 100℃ 이하

4. 지역난방 배관경 선정 기준(중온수)

(1) 1차 측

일반적으로 배관마찰손실은 10~30mmAq/m 정도이나 운전시간이 길고, 전력단가가 높으며, 배관공사비가 높을수록 마찰손실을 적게 채택한다.

① 남서울 지역난방의 경우 : 10 mmAq/m

② 목동 지역난방의 경우 : 10~30 mmAq/m, 2m/s 이내 타당성 검토 보고서(에너지관리공단 자료), Max : 15mmAq/m, Max : 1.5m/s

(2) 2차 측

간헐 운전은 20mmAq/m 이내, 1.5m/s 이내를 일반적인 기준치로 채택하고 있으나 지역난방은 연간 운전 시간이 길어지므로 2차 측 난방 순환 Pump의 동력비를 감소시키는 방안으로 3~10mmAq/m, 0.3~1m/s의 범위를 기준치로 채택

① 간헐 난방 APT의 연간 운전 시간 : 1,000시간/연 이내

② 지역 난방 APT의 연간 운전 시간 : 목동의 경우 6,540시간/연

③ 2차 측 난방순환 Pump의 전력 요금은 업무용 전력 요금으로 부과

5. 중온수 지역난방의 1, 2차 측 부하 변동에 따른 수온 및 유량제어방식

(1) 정유량 변온도 제어방식

① 외기 보상에 의한 공급수로 제어

② 환수 온도 일정 제어

(2) 변유량 정온도 제어방식(Inverter 또는 대수 제어)

① 관 내 압력 변화 제어

② 사용 열량에 의한 제어

(3) 혼용 방식

① 겨울철 난방 부하가 클 경우 정유량 변온도 제어방식으로 운전(배관 부하 경감, Over Heating 방지)

② 중간기 또는 여름철 난방 부하가 적을 경우 변유량 정온도 제어방식으로 한다.(Pump 동력비 절감)

6. 열량계 설치

(1) 집단 에너지 공급 지역 안에 건설하는 공동주택의 각 세대에는 열량계를 설치해야 한다.

(2) 열량계에 정상 작동 최소 유량 이하로 유량이 흐를 때는 (−) 측으로 많은 오차가 발생하여 열량계에 감지되지 않는 열량이 많게 된다. 그러므로 열량계 선정 시 세대 부분 부하까지 감안하여 결정해야 한다. 대체로 보면 25평 미만의 경우 최소 구경인 15mm로 가능하다.

지역난방의 장점과 고압증기, 고온수 사용 시 장단점을 나열하라.

1. 개요

지역난방은 지역별로 열원 Plant를 설치하여 수용가까지 배관을 통하여 공급하고, 에너지를 효율적으로 이용할 수 있으며 대기오염 및 인적 절약의 장점이 있는 집단 에너지 공급 방식이다.

2. 방식의 장점

(1) 대기오염 문제 해결

건물별 난방방식은 각 건물별로 오염물질이 발생되어 관리에 어려움이 있고, 특히 주택의 오일보일러 및 연탄에 의한 대기오염은 막을 수 없다.

(2) 에너지의 경제성

보일러 설비의 대형화로 기기의 효율이 향상되어 에너지가 절약되고 열효율이 50~60%에 지나지 않는 석탄도 90% 정도까지 높일 수 있다.

(3) 각 건물별 설비 공간 축소

보일러, 냉동기 및 부하기기 등을 위한 공간이 없어도 됨

(4) 인적 자원 절약

설비의 대형화로 인적관리 자원이 절약

(5) 화재 방지책

화재의 원인이 대부분 난방용 난로에 의해 발화된다.

3. 고압증기 및 고온수 사용 시 장단점

(1) 고압증기 사용 장단점

① 장점

㉮ 난방 외의 증기 사용이 가능

㉯ 배관경을 작게 할 수 있다.

㉰ 희망 압력보다 낮을 경우 승압이 가능

㉱ 최대 압력 강하에 대한 허용범위가 넓다.
㉲ 간헐운전에 용이

② 단점
㉮ 응축수 회수가 어렵다.
㉯ 배관의 구배가 필요하다.
㉰ 증기의 재증발 작용으로 열손실이 많다.(Trap)
㉱ 응축수관의 부식이 많다.
㉲ 외기 온도변화에 따른 실온 제어가 어렵다.

(2) 고온수 사용의 장단점

① 장점
㉮ 배관의 구배가 필요 없다.
㉯ 증기에 비해 축열량이 크다.
㉰ 용량제어 및 온도제어가 용이
㉱ 열손실이 적다.
㉲ 관 내 공기 침투가 없어 부식 우려 없다.(밀폐식 팽창 Tank 사용)

② 단점
㉮ 관 내 정수두압이 높아 기기의 배압을 높여야 한다.
㉯ 온수 순환 동력비가 크다.
㉰ 장치의 용량이 크고 간헐 운전에 불리
㉱ 특수 설계된 고온수 보일러가 필요

4. 결론

지역 난방의 열매 중 고압증기와 고온수는 서로의 장단점이 있으나, 배관의 구배, 응축수 회수의 어려움 때문에 고온수 방식이 주로 사용된다. 날로 심각해지는 대기오염 문제 및 에너지의 효율적 이용 측면에서 대도시 외각의 신도시 건설에는 지역 난방 시설이 바람직하다.

지역난방설비의 배관 부설방법의 종류 및 특징

1. 개요

(1) 지역난방은 각 지역별로 열원 Plant를 건설하여 소요처까지 배관으로 공급

(2) 에너지의 효율적 이용, 대기오염, 인적 자원의 절약 등 장점이 있는 집단 에너지 공급 방식

(3) 지역난방의 배관 부설은 향후 증설되는 시설에 대한 공급 관계 및 배관 고장 시에도 공급 가능한 배관망 구성이 중요하다.

2. 지역 주관의 배관에 의한 분류

(1) 단관식

① 열원 Plant에서 수용가까지 공급관만 부설한다.

② 이 경우 환수관 설치 시의 공사비가 보일러 수처리비, 용수 비용보다 높아서 경제성이 없을 때 사용한다.

(2) 복관식

열원 Plant에서 수용가까지 공급관과 환수관을 분리하여 시공하는 일반적인 방법이다.

(3) 3관식

공급관을 대구경과 소구경으로 나누어 부하율에 따라 공급하고, 환수관은 공통으로 사용

(4) 4관식

온수관과 냉수공급관, 온수환수관과 냉수환수관으로 나누어 설치한다.

3. 배관망의 형식에 의한 분류

지역 내 배관의 부설은 전체 공사비의 40~60%나 되므로 가급적 합리적이고 경제적으로 하여야 한다.

(1) 망목상 배관 특징

① 가장 이상적인 방법

② 어느 배관망 고장 시에도 공급 가능

③ 공사비 많이 소요

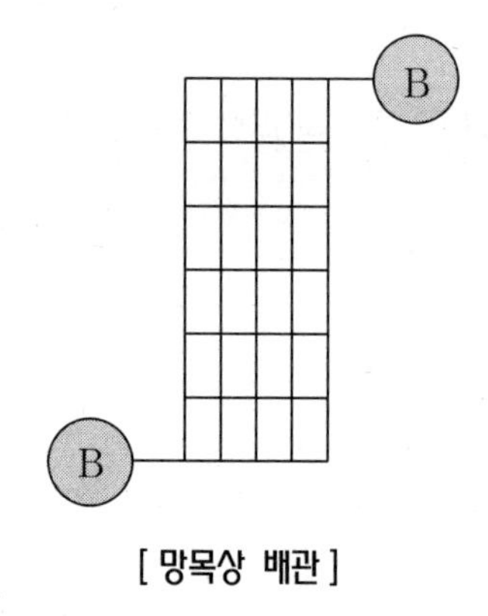

[망목상 배관]

(2) 환상 배관 특징

① 가장 널리 사용

② 어느 배관망 고장 시에도 공급 가능

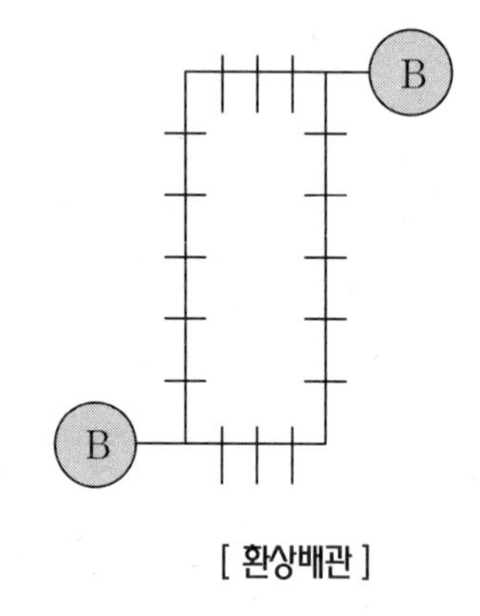

[환상배관]

(3) 빗형 배관 특징

지관 중의 배관 고장 시 지관 이후의 배관에 공급 불가능

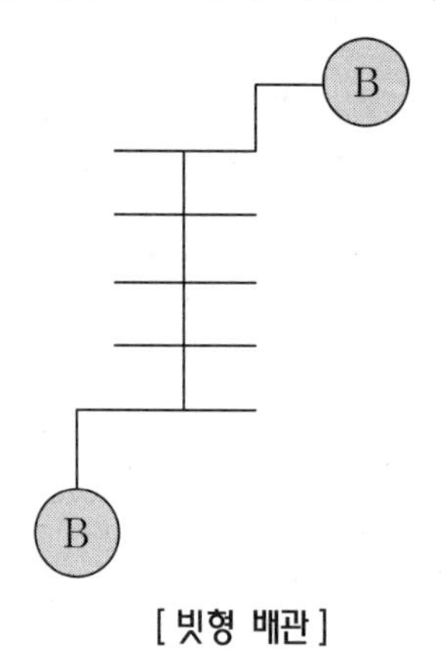

[빗형 배관]

(4) 방사형 배관 특징

① 어느 배관망 고장 시 해당 관로 열원공급 불능

② 소규모에 적합

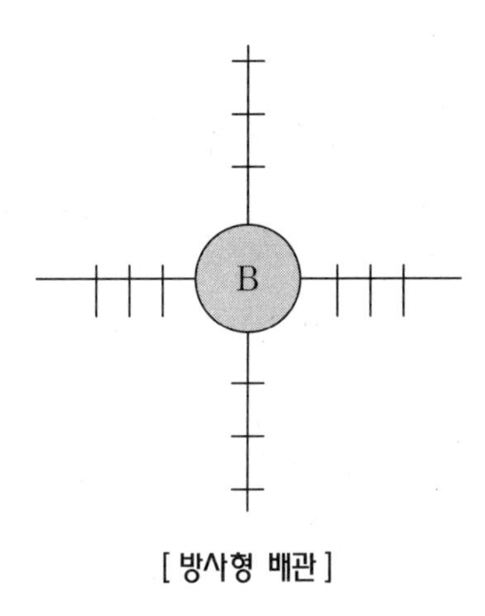

[방사형 배관]

4. 관 내 유량에 의한 분류

(1) 정유량 방식

① 열 수요의 변화에 대해 공급 온도를 변화시켜 대체하고 관 내 일정 유량 및 압력으로 공급 안정

② 저부하 시 동력 절감 없음

(2) 변유량 방식

① 2차 측의 부하 변동 시 2Way V/V에 의해 열매 유량을 제어하고 열매온도 일정, 저부하 시 주 관 내 압력변동 발생

② 2차 측의 소요 유량 확보 위해 압력제어장치 필요

③ 저부하 시 동력 절감

5. 배관부설에 의한 분류

<table>
<tr><th colspan="2"></th><th>장 점</th><th>단 점</th></tr>
<tr><td colspan="2">가공 배관</td><td>• 건설비 저렴
• 시공 용이
• 유지 관리 용이</td><td>• 미관상의 문제로 시가지 배관방식으로 부적합
• 부식과 누수 문제 발생</td></tr>
<tr><td colspan="2">지상 배관</td><td>• 건설비 저렴
• 시공 용이
• 유지 관리 용이</td><td>• 교통 장애 발생
• 미관 문제 발생
• 부식과 누수 문제 발생</td></tr>
<tr><td rowspan="7">지중 매설 방식</td><td>공동 구내 배관</td><td>• 노면 유지비 저하
• 에너지의 항구적 공급
• 공급의 확실성
• 어느 정도의 확장 용이
• 내압, 내식, 방수성이 뛰어남</td><td>• 관리상 문제
• 건설비 고액
• 설계, 건설비의 분담, 협력 번잡</td></tr>
<tr><td rowspan="2">전용 구내 배관</td><td colspan="2">Con'c 트렌치, PC 트렌치 흄관 등 이용</td></tr>
<tr><td>• 내수, 방수성 뛰어남
• 유지 관리 용이</td><td>• 시공이 약간 어려움
• 건설비가 공동구에 이어 고액
• 집중 호우 시 침수 우려</td></tr>
<tr><td rowspan="2">콘덕트 방식</td><td colspan="2">주철관, 강관, FRP관 내에 수납하여 외압으로부터 보호</td></tr>
<tr><td>• 시공 용이
• 건설비 저렴
• 공기 단축</td><td>• 배관 유지 관리 곤란</td></tr>
<tr><td>직접 매설</td><td>• 배관 작업 간단
• 건설비 저렴
• 공기 단축</td><td>• 배관의 부식 누수 문제
• 누수시 보온 성능 저하
• 유지 관리 곤란(노면 유지비 증가)</td></tr>
</table>

6. 결론

지역 난방 배관방식 중 우리나라에서는 복관식 방법과 환상 배관망을 지중에 직접 매설하는 방식이 널리 사용된다.

05 고온수 배관의 2차 측 접속방식

1. 개요

고온수 배관은 넓은 지역에 공급하는 경우가 많으며, 고온수는 1차 측 열매로 사용하고, 부하 측에 있는 2차 측과의 접속점에 중간 기계실(Sub-Station)을 하며 열교환하여 사용한다.

2. 접속방법

(1) 직결방식
(2) Bleed-In 방식
(3) 열교환기 방식

3. 직결방식

(1) 원리

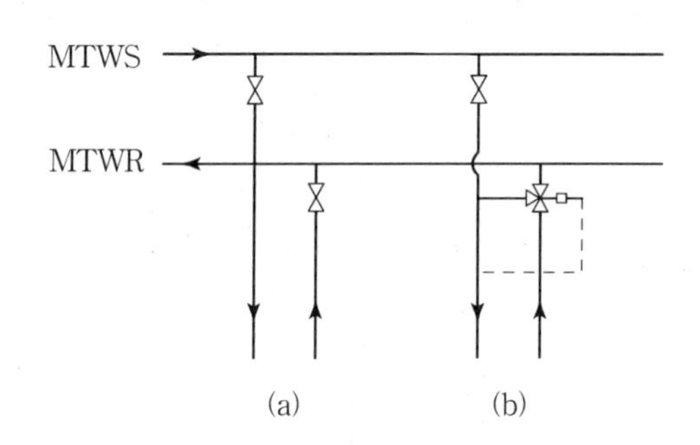

① 그림 (a)와 같이 간단한 방식이며,
② 1차 측 열매인 고온수를 그대로 2차 측에 공급하는 방식
③ 2차 측의 용량제어를 위해 그림 (b)와 같이 접속점에 2-way Valve 또는 3-way Valve를 설치한다.

(2) 특징

① 장점
㉮ 공사비가 싸다.
㉯ 기계실 면적이 작다.

② 단점

㉮ 부하기기 사용조건에 따라 120℃ 정도로 제한

㉯ 출입구 온도차를 크게 할 수 없으므로 배관구경이 크다.

㉰ 부하 측에 초고층 건물이 있는 경우에는 boiler의 내압상 불리

4. Bleed－In 방식

(1) 원리

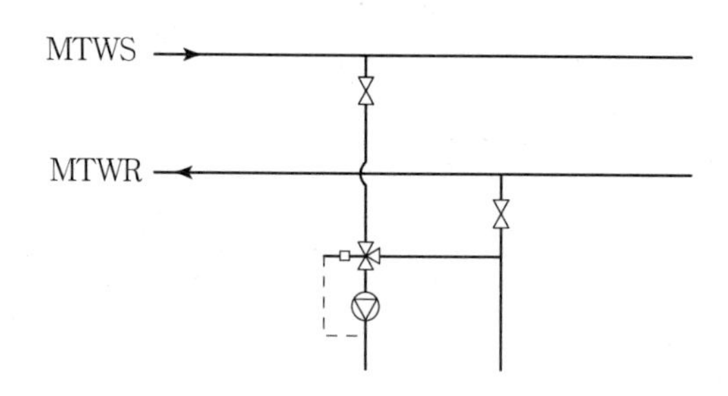

① 그림과 같이 1차 측과 2차 측이 직결

② 2차 펌프에 의하여 2차 측의 환수를 By－pass시켜 온도를 낮게 하고 가압

③ 1차 측의 고온수의 허용 공급높이 이상의 위치에 있는 부하기기에 온수를 공급하는 방식

(2) 특징

① 장점

㉮ 감압밸브 및 유량제어 밸브를 설치함으로써 1차 측의 압력에 관계없이 2차 측 압력을 낮게 유지가능

㉯ 온도제어 밸브의 차압을 일정하게 유지할 수 있어서 제어성이 좋다.

㉰ 열교환방식에 비해 공사비가 적으며 기계실 면적이 작다.

② 단점

㉮ System 고장 시 또는 노후 시 중온수가 직접 공급될 가능성이 있음

㉯ 1차 압력이 높을 경우 적용 곤란

5. 열교환기 방식

(1) 원리

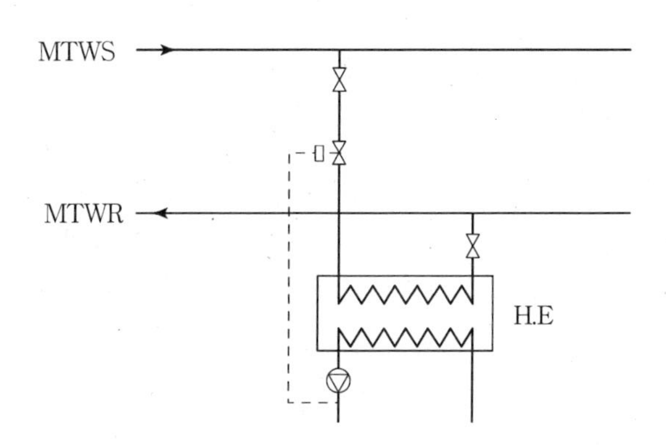

그림과 같이 열교환기를 사용하여 1차 측의 고온수로서 2차 측에 온수 또는 증기를 발생시키는 방식

(2) 특징

① 장점

㉮ 1차 측의 공급온도와 환수온도차를 크게 하여 배관구경을 작게 한다.

㉯ 1차 측과 2차 측이 압력면에서 절연되어 2차 측의 내압강도가 커지는 일이 없다.

㉰ 2차 측이 초고층 건물 등으로 1차 측 Boiler에 영향이 미치지 않으므로 1차 측 수온이 150℃를 초과하는 경우 적합

㉱ 2차 측에 증기를 사용 시 1차 측 환수온도를 증기의 포화온도보다 10~20℃ 정도 높게 설정

㉲ 1, 2차 측이 완전 분리되어 안전함

② 단점

㉮ 설비비가 비싸다.

㉯ 기계실 면적이 크다.

6. 결론

지역난방 배관의 2차 측 접속방식은 공급측의 조건과 사용자 측에서의 안전성, 적용성, 공사비 등을 충분히 검토하여 결정해야 한다.

고온수 난방의 가압방식

1. 개요

(1) 고온수 난방은 100℃ 이상의 온수(평균온수온도 100~200℃, 온수온도 강하 20~50℃)를 말하며 직접 이용이 곤란하고 위험성이 있으므로 특수건물, 공장, 지역난방 등에 사용된다.

(2) 고온수를 사용처에 보내기 위해서 가압이 필요하며 가압방식에는 정수두가압식, 증기가압식, 질소가스 가압식, 펌프가압식 등이 있다.

2. 가압방식의 종류 및 특징

(1) 정수두 가압방식

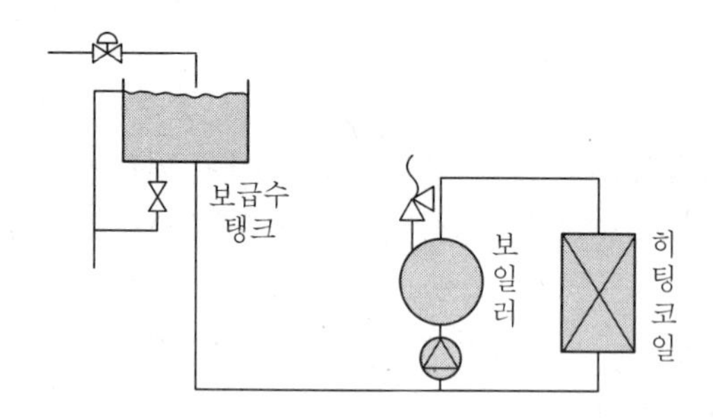

① 개방형 팽창탱크 사용

② 초고층 빌딩에서 팽창탱크를 상층에 설치하고 지하층에 고온수 사용기기를 설치하는 경우에만 사용 가능

(2) 증기 가압방식

① 종류

㉮ 증기실을 가진 고온수 보일러에 의한 방법

㉯ 직결식 증기 가압실을 가진 밀폐식 팽창탱크에 의한 방법

㉰ 밀폐식 팽창탱크를 보조 가열하는 방법

㉱ 증기흡입 밀폐식 팽창탱크에 의한 방법

② 특징

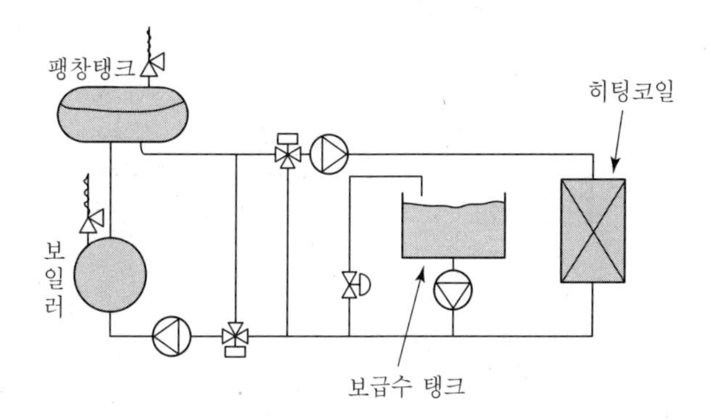

㉮ 보일러 내 또는 팽창탱크 내 증기실을 두어 증기에 의해 가압하는 방식
㉯ 가압압력이 탱크 내의 온수온도에 의해 좌우
㉰ 간헐난방의 경우 운전정지 시 배관계로 공기가 흡입되어 부식의 원인

(3) 질소가스 가압방식

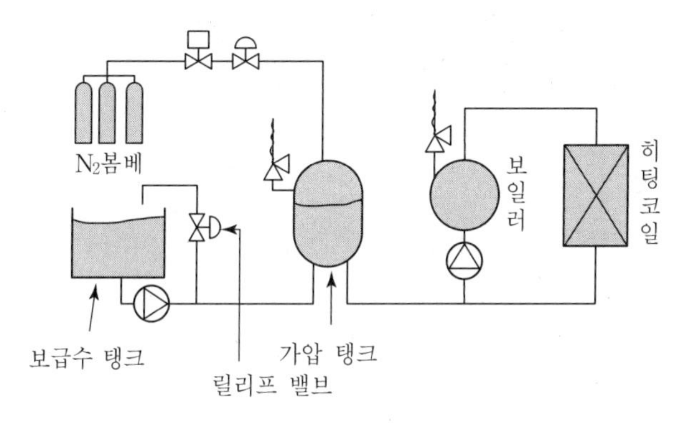

① 질소가스의 압력에 의해 가압
② 온수온도에 관계없이 가압압력 일정
③ 가압탱크를 보일러실 내에 설치 높이에 관계없이 소정의 고온수 공급 가능
④ 부식이 일어나지 않는다.
⑤ 변압법과 정압법이 있다.

(4) 펌프가압방식

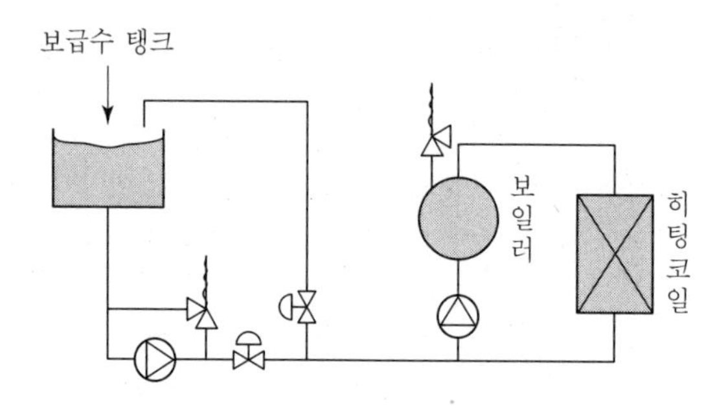

① 가압급수펌프를 사용하여 장치 내 압력이 낮아지면 가압급수펌프가 운전되어 압력을 상승시킨다.
② 장치 내의 압력이 상승하면 압력조절 밸브가 열려 개방 탱크로 일부의 고온수를 방출하여 압력을 조정한다.
③ 장치 내의 압력을 일정하게 유지하기 어렵다.
④ 개방탱크로에 공기가 침입하여 부식될 우려가 크다.
⑤ 정전 시 가압이 불가능하다.

3. 설계 시 유의사항

(1) 고온수의 유동상태에서 장치 내의 모든 부분을 포화압력 이상(0.15~0.2MPa)으로 유지하고 Flash 현상이 일어나지 않도록 할 것
(2) 팽창탱크로서 역할을 하고 보급수의 보충을 최소화할 것
(3) 압력조정기능이 확실하여 신뢰성이 있을 것
(4) 유지 관리가 용이할 것
(5) 부식의 원인이 되는 산소의 보급원이 되지 않을 것

4. 결론

고온수 난방의 가압은 관 내 부식의 원인이 되는 공기의 유입을 차단하면서 정전 시에도 영향을 받지 않는 가압방식이어야 한다.

07 지역냉방에 대하여 기술하시오.

1. 개요

집단 에너지인 지역난방 중온수 열원을 이용하여 저온수 2단 흡수식 냉동기에 의해 냉수를 만들어 중앙 집중 냉방하는 방식이다.

2. 이용효과

(1) 경제성 향상

① 지역난방열 사용으로 에너지 비용절감

② 유지 관리 용이 및 운영경비 절감

(2) 전력비 절감

하절기 전력 Peak Cut

(3) 안정적 열공급

중온수의 일정온도 유지

(4) 초기 투자비 저렴

① 고압수, 배전반 설비 불필요

② 연도 불필요

(5) 흡수식 냉동기 수명연장

수질이 양호한 중온수 사용

(6) 가스 등 안전사고로부터 안전

(7) 열병합 발전설비의 하절기 이용률 증대 및 대기환경 개선

(8) 전력부문 S.O.C 투자비 절감기여

(9) 지역난방설비의 기본요금 삭감

3. 지역냉방공급 System

(1) 공급온수 온도 95℃ 이상, 환수온도 55℃ 이하
(2) 변유량, 정온도 방식 → 사용자 냉방부하에 따라 유량변화
(3) 95℃ 이상 공급열원으로 냉방, 급탕 동시 사용

4. 흡수식 냉동기 선정 시 유의사항

(1) 냉동기 설계조건

① 가열원 열매체 : 중온수
② 중온수 공급온도 : 95℃ 이상
③ 중온수 환수온도 : 55℃ 이상
④ 중온수 공급압력 : 1.6MPa
⑤ 재생기 측 허용수두 손실 : 60kPa 이내

(2) 중온수 제어밸브의 구비조건

① 전동 비례제어식일 것
② 설계온도 및 압력 : 120℃, 1.6MPa
③ 밸브자체의 허용수두 손실 : 30kPa 이내
④ 중온수 제어 밸브의 허용차압한계 : 300kPa 이상

(3) 용량제어가능

흡수식 냉동기의 2차 측 냉수 공급온도에 따른 1차 측 중온수 유량조절기능을 가질 것

(4) 냉방부하 선정 시 유의사항

기기용량 산정시 안전율, 배관소실, 예열부하 등 배제

(5) 냉각탑 선정 시 유의사항

① 중온수 흡수식 냉동기에 사용되는 냉각수 온도조건은 냉동기 효율상승 및 기기 크기 축소를 고려하여 31~36.5℃ 적용
② 냉각탑 출구수온(−) 외기 · 습기 온도 차가 적어 냉각탑을 크게 선정할 것
③ 냉각탑의 비용이 증가하나, 냉각수 온도 저하에 따른 냉동기의 비용 감소 효과로 대체

6. 지역냉방설계 검토 시 고려사항

(1) 냉방부하

① 단위냉방부하 기준값으로 냉방면적기준 : 105(W/m²)

② 건물의 단열상태 및 공조방식 등에 따라 달라질 수 있음

(2) 연결부하

① 기계실 연결 열부하는 동계 열부하와 하계 열부하로 구분 산정하되 큰 부하값을 기계실 연결부하로 함

② 동계열부하 : 난방 열교환기 및 급탕 열교환기 부하

③ 하계열부하 : 흡수식 냉동기(냉방재생부하) 및 급탕 열교환기 부하

④ 냉방재생부하 : 흡수식 냉동기 용량을 냉동기 성적계수로 나누어 산정(성적계수는 0.725)

(3) 열량계 설치

① 열량계 2중화 설치(난방, 급탕용, 냉방용)

② 주상복합건물 등의 경우 용도별로 열량계 구분 설치

㉮ 1차 측 회수배관에 설치

㉯ 유량부 전후의 직관거리 유지(입구 5D/출구 3D)

㉰ 유량부 설치 전 플렌지가 부착된 단관을 사용자가 설치

㉱ 열량계용 전원은 사용자가 무상제공

7. 결론

지역냉방시스템은 열병합 발전 시스템의 하절기 이용률 증대 및 대기환경 개선, 안전사고 예방, 전력부문 S.O.C 투자비 절감에 기여하고, 하절기 전력과 C.F.C 규제에 부응하며 에너지를 절약하려는 방식이다.

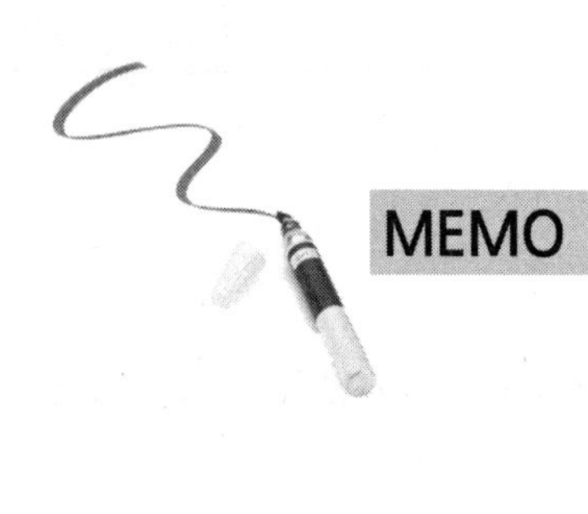

MEMO

제13장 가스

Professional Engineer

○ Building Mechanical Facilities
○ Air-conditioning Refrigerating Machinery

가스공급방식과 배관설계 시 지켜야 할 사항을 설명하라.

1. 가스의 종류

(1) 제조가스

열분해, 접촉분해 등 화학적 처리에 의하여 제조되는 가스

(2) 천연가스

천연적으로 산출되는 가연성 가스로서 메탄 등의 탄화수소를 주성분으로 하는 가스

(3) 액화천연가스(LNG)

메탄이 주성분인 천연가스를 냉각, 액화한 가스

(4) 액화석유가스(LPG)

프로판, 부탄을 주성분으로 하고 소량의 에틸렌, 프로필렌, 부틸렌을 함유하고 있으며 천연가스나 석유 정제과정에서 채취된 가스를 압축 냉각해서 액화한 가스

(5) 부탄가스

부탄을 기화하여 여기에 공기를 혼합한 가스

2. 가스공급설비

도시가스의 공급설비는 다음과 같이 구분한다.

(1) 제조설비

제조발생, 정제설비 등

(2) 공급설비

홀더, 압송기, 정압기, 도관, 가스계량기, 가스콕

(3) 소비설비

접속구(고무관 등)기구, 기타 기구의 부속설비(급・배기) 이상과 같이 제반가스 소비기기를 포함한 범위

3. 가스공급 설비기기

(1) 저장설비

① 저압가스 홀더
② 중압가스 홀더
③ 공장가스 홀더
④ 공급소가스 홀더

(2) 압송설비

① 저압(0.1MPa 미만)
② 중압(0.1~1MPa 미만)
③ 고압(1MPa 이상)

(3) 정압기

① 기구정압기 : 공장 또는 공급소에 설치
② 지구정압기 : 공급구역내 설치
③ 전용정압기 : 전용 수요가에 공급하는 배관에 설치

(4) 도관

① 가스의 사용압력에 의한 분류
㉮ 저압(0.1MPa 미만)
㉯ 중압(0.1~1MPa 미만)
㉰ 고압(1MPa 미만)

② 설치장소에 의한 분류
㉮ 본관과 지관 : 도로에 평행으로 부설되는 것을 본관, 80mm인 구경 이하를 지관
㉯ 공급관 : 본관 또는 지관에서 분기하여 수요가의 전용 또는 소유토지와 경계선까지의 도관
㉰ 내관 : 경계선에서 가스계량기를 거쳐 가스콕까지의 도관

4. 공급방식

(1) 저압공급

일반 가정에서와 같이 비교적 가스 소비량이 적은 기기를 이용하는 경우에 해당

(2) 중간압공급

도로에 부설되어 있는 중앙본관에서 공급관을 분기하고 수요가 부지 내에 정압기실을 설치하여 공조용 열원기기의 공급압 5~15kPa까지 감압 공급한다.

(3) 중압공급

중압본관에서 공급관을 분기하여 열원기기에 직접 중압으로 공급하는 방식이며 가스압력은 기기의 기구 거버너로 감압한다.

5. 공급계통

(1) 저압공급방식

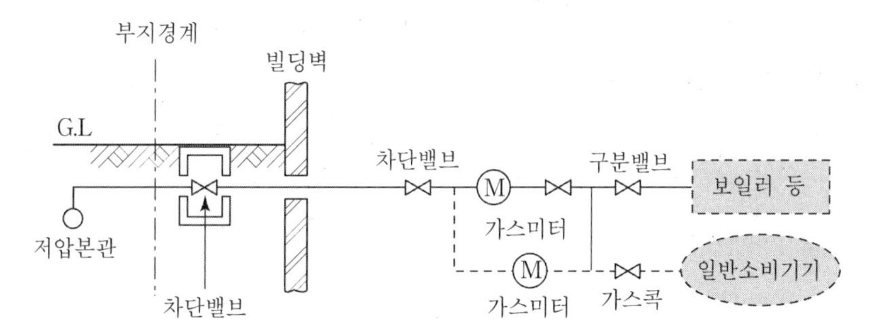

(2) 도시가스 공급 계통도

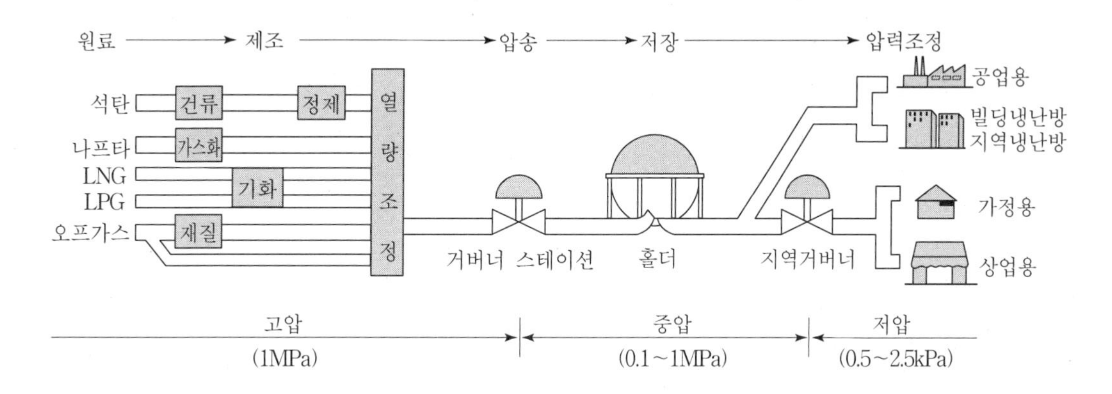

정압기 및 조정기의 종류별 특징에 대하여 논하라.

1. 개요

취사, 냉난방용 및 상공업용으로 공급되는 가스연료에는 도시가스와 LP가스 충전용기에 의한 방식이 있다. 초기 투자비, 시공성, 원활하게 공급하기 위해서 고압으로 공급하여 수요자 측에서 압력을 조정하여 사용하며 도시가스압력 조정용에는 정압기를, LP가스층 전용기에는 조정기를 사용하여 적정압력의 가스를 공급하는 기구이다.

2. 정압기의 종류 및 특징

현재 지역 정압기로 널리 적용되는 Pilot식에는 Axial Flow식, Reynold식, Fisher식, KRF식이 있고, 소규모 공급용에는 Service Gov'라 불리는 직동식이 있다.

(1) Axial Flow식(A.F.V)

① 구조

Main Diaphram과 Main Valve를 Rubber Sleeve 1개로 해결한 Compact한 정압기

② 특징

㉮ 변형 Unloading형

㉯ 정특성, 동특성 모두 좋다.

㉰ 고차압에서도 특성이 좋다.

㉱ 대단히 Compact하다.

㉲ 작동 소음이 작다.

③ 사용압력

㉮ 고압 → 중압

㉯ 중압 → 저압

(2) Reynold식

① 구조

Double Port 구조로 상부에 Diaphram이 있으며, 2차압 제어용 중압보조 Gov', 저압보조 Gov' 및 Auxiliary Ball로 구성 Auxiliary Ball Diaphram의 변동을 Main Valve에 전하기 위해 Lever와 연결봉으로 연결되어 있음

② 특징

㉮ Unloading형

㉯ 정특성은 대단히 좋으나 안정성이 부족하다.

㉰ 다른 종류에 비하여 부피가 크다.

③ 사용압력

㉮ 중압B → 저압

㉯ 저압 → 저압

(3) Fisher식

① 구조

㉮ Double Port식과 Single Port식이 있으며 작동원리는 같다.

㉯ Pilot식 Loading형 정압기 작동원리의 것을 닫힘방향의 응답성이 좋아지도록 개량한 것

② 특징

㉮ Unloading형

㉯ 정특성, 동특성 모두 좋다.

㉰ 비교적 Compact하다.

③ 사용압력

㉮ 고압 → 중압A

㉯ 중압A → 중압A, 중압B

㉰ 중압A, 중압B → 저압

(4) KRF식

Reynold식과 같다.

3. 조정기의 종류 및 특징

(1) 단단감압식

① 저압 조정기

㉮ 현재 가장 많이 사용

㉯ 소량 사용처에 이용

㉰ 출구 압력은 2.75±0.5kPa

② 준저압 조정기

㉮ 중압의 음식점 등의 조리용

㉯ 출구 압력은 10~30kPa

(2) 2단 감압식

① 2차용 조정기

㉮ 2단 감압식의 2차 측 또는 절체식 분리형의 2차 측에 사용

㉯ 입구 압력의 상한 0.34MPa 이하

㉰ 단단감압식 대용으로 사용하면 안 됨

㉱ 용도에 적합하게 설치 사용

② 1차용 조정기

㉮ 2단 감압식의 1차 측에 사용

㉯ 출구 압력 0.07~0.08MPa

③ 중압버너에 직접 사용하지 말 것

(3) 자동절체식 조정기

① 분리형 조정기

㉮ 2단 감압식이며 자동절제 기능과 1차 감압기능을 겸한 1차용 조정기

㉯ 중압으로 가스를 보내 각 말단에 2차 측 조정기를 설치 사용

㉰ 충전용기로 교체 시 사용측과 예비측의 기능을 레버 또는 핸들조작으로 용이하게 변환

㉱ 절체시기로 인한 가스공급 중단이 일어나지 않는다.

㉲ 용기 1본당의 잔액이 극히 적을 때까지 사용할 수 있어 수동절체식에 비하여 설치 본수가 적다.

② 일체형 조정기

㉮ 2차 측 조정기가 1차 측 조정기의 출구측에 직접 연결되거나 또는 일체식

㉯ 출구압력이 저압이다.

4. 결론

Gas연료는 청정, 무공해, 단위 중량당 열량이 높아 취사, 냉난방 및 상공업용에 널리 사용, 공급에 있어서 장거리 이송 시 초기투자비, 시공성, 원활하게 공급하기 위해서는 고압으로 공급하여 사용처에서 적절한 압력으로 조정하여 사용하되 용도에 적합한 정압기 및 조정기를 선정하여 고압분출 사고 및 불완전연소로 인한 사고를 방지해야 한다.

공동주택의 가스보일러 설치 및 공동연도에 대하여 논하라.

1. 개요

최근 청정연료의 사용과 시간대 운전의 편리성 등을 통하여 중앙집중방식에서 탈피하여 개별 가스보일러로 전환하고 있는 실정이다. 이러한 시기에 가스보일러에 대한 사전지식이 없으면 안전사고의 위험이나 불이익을 받게 될 수 있다.

2. 가스보일러 설치기준

(1) 가스보일러실

① 가능한 일사 및 열기가 없는 안정된 곳(온습도 적절한 곳)
② 급기구, 배기구 설치 갖출 것
③ 보일러실 내 방폭조명시설을 갖출 것
④ 가스보일러 조작 및 취급이 용이할 것
⑤ 가스경보기 설치할 것

(2) 연도

① 통풍력이 좋을 것
② 공동연도 시에는 최상부에서 대기를 완전하게 확산될 수 있는 구조일 것
③ 연도의 연장 끝 부위가(Top 부위) 다른 건축물의 급기나 환기구에서 2m 이상 이격될 것
④ Top 부위에는 철망 등을 하여 곤충, 벌레의 침입을 방지할 것
⑤ 공동연도 내의 개별연도 접속 시는 공동연도 내에서 1m 이상 상승시킬 것
⑥ 공동연도의 Top은 풍압대 범위를 피할 것

3. 공동연도

(1) U-Type식

① 급기구 → 급기덕트 → 배기덕트 → 배기구의 흐름
② 연소기기에 신선한 외기 공급과 동시에 배기가스 배출 가능
③ 연도 내의 온도차에 의한 부력 이용

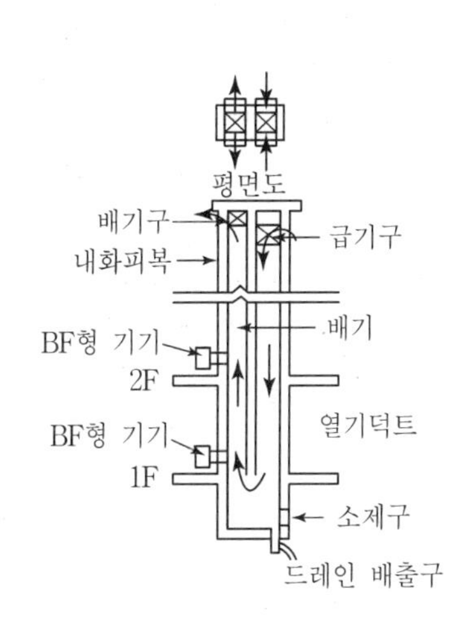

(2) South－Eastern식

① 건물지하 pit에서 급기→배기덕트→배기구의 흐름
② U－Tube식과 원리 비슷함
③ 입상 Pit Size 축소
④ 상층부 저산소용 B/R 사용

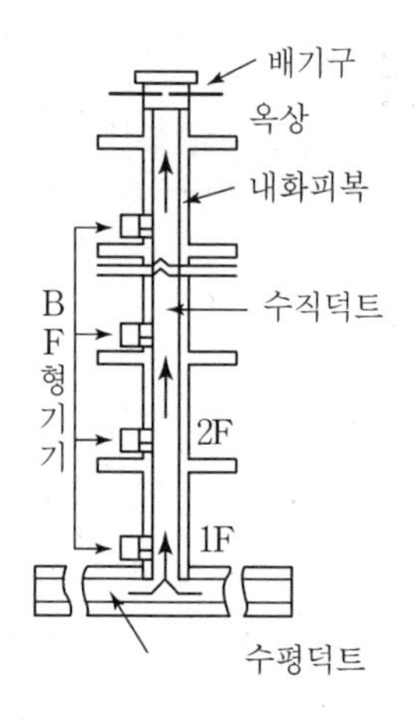

(3) 공동연도

① 외기공급은 각 개별도입
② 배기는 공동연도 이용
③ 계절변화에 따른 연돌효과 역류 가능
④ 역풍방지시설을 갖추어야 한다.

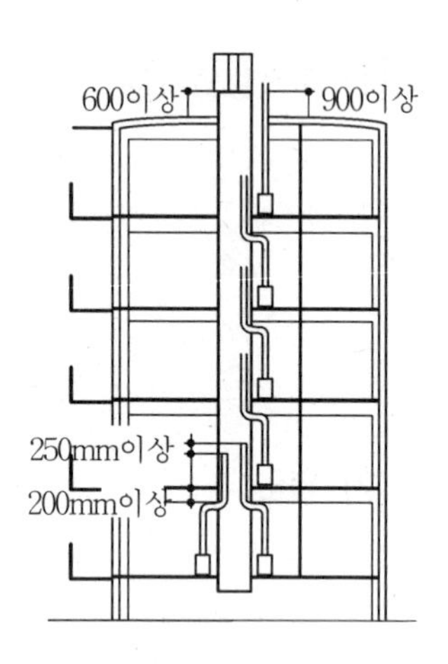

4. 공동연도 설치 시 유의사항

(1) 공동급배기 덕트에 설치한 보일러는 공동급배기 덕트용으로 검사에 합격할 것
(2) 공동배기 덕트는 보일러 전용으로 할 것
(3) 배기 Top은 배기가 실내로 유입되지 않을 것
(4) 불연성, 내연성, 내식성 재료일 것
(5) 시공 시 기밀이 충분히 유지될 것
(6) 공동연도 내 방화 Damper 설치하지 말 것
(7) 공동배기 단면형태는 가능한 한 원형 또는 정사각형에 가깝도록 해야 하며 가로세로의 비는 1 : 1.4 이하가 되도록 할 것

5. 배관설치에 따른 유의점

(1) 일사의 영향이 적은 곳 설치

(2) 전기와의 이격거리 유지

① 콘센트 : 300mm 이상

② 개폐기 : 600mm 이상

(3) 초고층에 따른 가스의 비중이나 온도차에 의한 적정 배관경 산정 : 가스 수송공식 이용

6. 결론

가스 이용이 증대하면서 일어나는 무자격자의 시공난립과 가스 사용의 안전수칙 미비가 염려되는 바 가스보일러 설치 시는 검사기준에 적합한 보일러를 설치하되 설치기준법을 준수하고 안전에 대한 사전지식을 습득하여 늘 안전사고에 대비하는 체제를 갖추어야 하겠다.

B-C유용 사용 버너를 도시가스버너로 교체 시 유의사항

1. 개요

기존의 유류를 사용하던 Boiler에서 대기오염 물질인 아황산가스가 발생하는 일을 억제하기 위하여 도시가스 난방연료로 대체할 것을 적극 또는 의무화 조치로 권장하고 있다.

2. 연료사용의 규제

(1) 신규 공동주택

① 서울 및 수도권
　㉮ 85m^2 이상 : 청정연료
　㉯ 40m^2 초과 : 청정연료 또는 경유

② 기타 광역시
　40m^2 초과 : 청정연료 또는 경유

(2) 기존 공동주택(97년 9월 1일 이후 적용)

① 서울 및 수도권 : 40m^2 초과 : 청정연료 또는 경유
② 기타 광역시 : 60m^2 이상 : 청정연료 또는 경유

(3) 업무시설

시간당 0.2ton 이상 : 청정연료 또는 경유

3. 유의사항

(1) 버너 선정 시

① 해당 지역의 도시가스 발열량 및 공급압력 등을 조사하여 버너의 형식 결정
② 버너의 규격 및 제작 상태가 검사기준에 적합한지 검토한다.
③ 연소범위가 적정한지 검토한다.
④ 기존에 설치된 송풍기의 풍량, 정압 등을 재검토한다.
⑤ 오일 배관 철거를 원칙으로 하되 비상시(가스공급 중단) 대비한 오일 사용 여부를 결정한다.
⑥ Boiler의 자동장치, 안전장치, 제어장치를 전면 재검토함

(2) 가스사용에 따른 제반 법규 검토

① 기존 Boiler가 가스 Boiler 설치 기준에 적합성 여부 및 부적합 시 대책강구

② Boiler 설치 기준에 적합여부
㉮ Boiler 설치 위치
㉯ Boiler 본체 부속품 및 안전장치
㉰ 가스 경보장치
㉱ 환기장치 및 방식
㉲ Boiler실 내의 조명기구, 방폭장치

③ 가스배관공사 시 유자격 업체 선정

(3) 정압기실의 설치

① 정압기실의 설치 위치 및 사용 면적 확인
② 도시가스 본관에서 정압기실까지 가스관 유입이 용이한지 조사
③ 정압기실의 구성 검토 : 취사용 및 기기용
④ 가스 사용압 조사

4. 문제점

(1) APT의 경우 B-C용 연료비에 비해 도시가스 교체 시 연료비 부담 증가(주민 반발)
(2) 기존 기계실까지 도시가스, 배관부설의 어려움.(상하 수도관, 옥외 소방, 취사용 가스관과 Cross)
(3) 기존 단지 내 신설 정압기실 부지확보 및 안전문제 대두
(4) 유자격자의 문제 → 위험물취급자 → 고압가스취급자

5. 결론

날로 심각해지는 대기오염을 줄이기 위해 난방용 B-C Boiler의 사용을 금지하고 청정연료인 도시가스를 사용하여 환경오염의 주범인 대기오염을 줄여야 한다.

도시가스 배관설비의 부식과 방식

1. 개요

부식이란 금속이 주위환경과 반응하여 화합물(산화반응)로 변화되면서 소모되는 현상을 말한다.

2. 부식의 분류

(1) 습식과 건식

① 습식부식

금속 표면이 접하는 환경 중에 습기의 작용에 의해 일어나는 부식

② 건식부식

습기가 없는 환경 중에서 200℃ 이상 가열된 상태에서 발생하는 부식

(2) 전면부식과 국부부식

① 전면부식

동일한 환경 중에서 금속의 전표면이 균일하게 소모되는 부식

② 국부부식

금속의 내적, 외적, 기타 원인에 의한 부식현상

㉮ 전기 화학적인 작용

- 전식
- 입계부식
- 극간부식
- 이종금속 접촉부식
- 선택부식
- 공식

㉯ 기계적 요인+전기화학적 요인

- 마멸부식
- 캐비테이션 손상부식
- 응력부식 균열
- 수소균열

3. 도시가스 배관의 부식

(1) 부식의 특성

도시가스 배관은 거의 대부분 건축물 또는 노면하에 매설되어 있기 때문에 보수가 곤란하며, 최근에는 지하 매설배관에 전식장애를 일으키는 전기철도 및 각종 전지 장치들이 확장되는 추세

(2) 부식의 원인

① 토양의 비저항
② 배관의 자연전위
③ pH
④ 세균
⑤ 함유 염류
⑥ 도장, 라이닝, 피복 등의 손상
⑦ 마크로셀 부식
⑧ 전식
　㉮ 누출 전류에 의한 전식
　㉯ 간섭에 의한 전식
　㉰ Jumping에 의한 부식

(3) 배관의 방식

① 적정 재료 선정
② 부식 억제제 첨가
③ 금속 피복에 의한 방식
④ 비금속 피복에 의한 방식
⑤ 도료에 의한 도장
⑥ 희생 양극법
⑦ 외부 전원법
⑧ 선택 배류법
⑨ 강제 배류법
⑩ 방식전류의 간섭방지

4. 결론

도시가스 배관은 매립되는 경우가 많으며 매립 시 전식현상 방지와 희생양극법, 도복장강관, 라이닝강관 등의 사용으로 부식으로부터 보호되어야 한다.

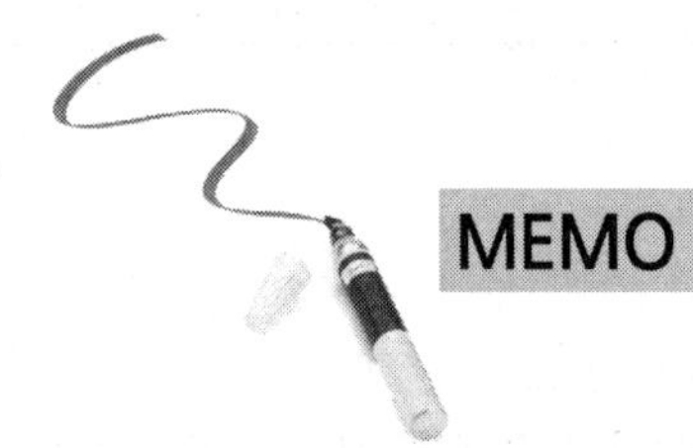

MEMO

제14장 환기

Professional Engineer

○ Building Mechanical Facilities
○ Air-conditioning Refrigerating Machinery

환기에 대해서 논하라.

1. 개요

침체 기류나 실내공기의 청정도 유지를 위하여 혼탁해진 실내공기를 신선한 외기로 교환하거나 실외에서 청정한 공기를 받아 실내의 오염공기를 환기 또는 희석하여 실외로 배출하는 것이다.

2. 환기의 목적

(1) 실내공기의 열, 증기, 취기, 분진, 유해물질에 의한 오염방지
(2) 산소농도 등의 감소에 의한 재실자의 불쾌감 및 위생적 위험성 증대의 방지
(3) 생산공정, 품질관리 시 제품과 주변환경의 악화 방지

3. 환기방법

(1) 자연환기

① 바람에 의한 환기(Wind Effect)
② 온도차에 의한 환기(Stack Effect)

(2) 기계환기

① 제1종 기계환기
② 제2종 기계환기
③ 제3종 기계환기

4. 기계환기방식의 특징

(1) 제1종 기계환기방식

① 송풍기와 배풍기로 환기하는 방식
② 정확한 환기량과 급기량 변화에 의해 실내압을 정압 또는 부압으로 유지
③ 일반공조, 기계실, 전기실

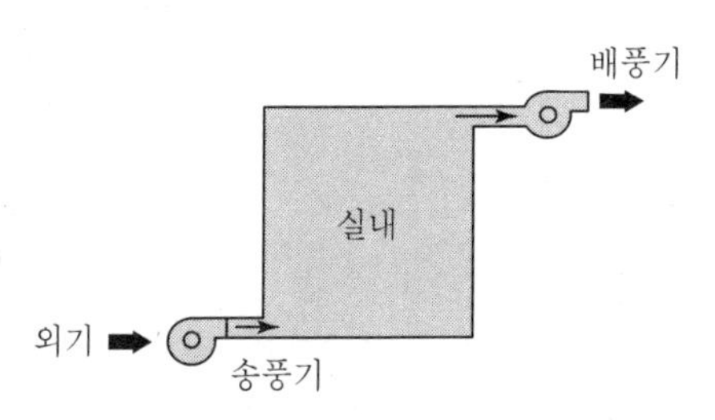

(2) 제2종 기계환기방식

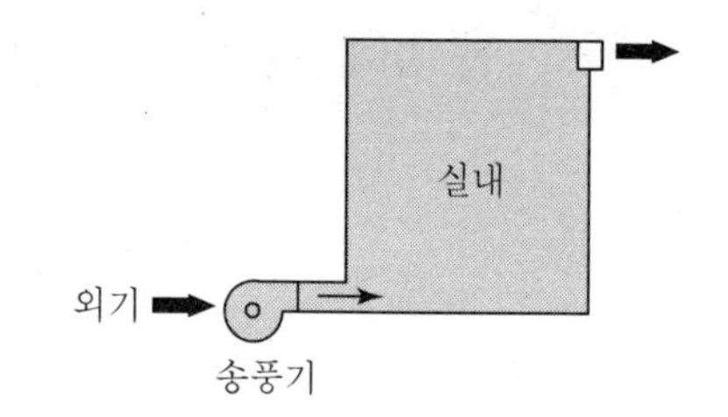

① 송풍기와 배기구로 환기하는 방식
② 실내를 정(+)압 상태로 유지하여 오염공기 침입방지를 위한 환기
③ 유해가스, 분진 등이 외부에서 유입되는 것을 극도로 싫어하는 곳

(3) 제3종 기계환기방식

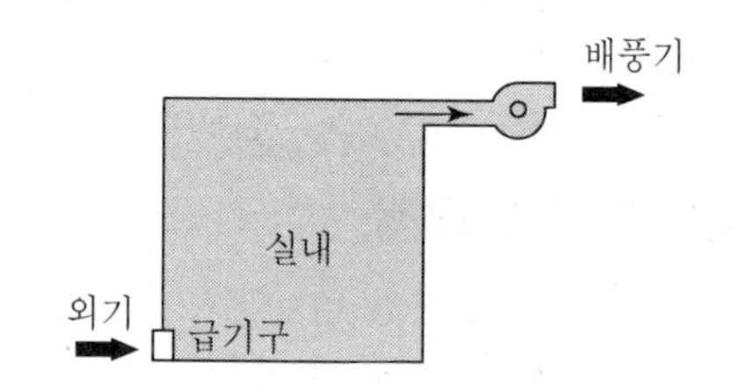

① 급기구와 배풍기로 환기하는 방식
② 실내를 부(−)압 상태로 유지하여 실내에서 발생되는 취기와 수증기 등이 다른 공간으로 유출되지 않도록 하기 위한 환기
③ 주방, 화장실, 수증기, 열기, 냄새 유발장소 등 유해가스, 분진 등의 외부유출을 극도로 싫어하는 곳

5. 소요환기량 산출법

(1) CO_2 농도 제거

$$Q=\frac{K}{P_a-P_o}$$

여기서, K : 실내에서 발생한 CO_2량(m^3/hr)
P_a : CO_2 허용 농도(m^3/m^3)
• 사람일 때 : 0.0015(m^3/m^3)
• 연소기구가 있을 때 : 0.005(m^3/m^3)
P_o : 신선외기 CO_2 농도 : 0.0003(m^3/m^3)

(2) 발열량 제거

$$Q=\frac{H_s}{C_p\cdot r\cdot(t_i-t_o)}=\frac{H_s}{1.21(t_i-t_o)}$$

여기서, H_s : 발열량(현열)(W)
C_p : 정압비열(J/kg · K)
r : 비중량(kg/m^3)
t_i : 허용 실내온도(K)
t_o : 신선공기(외기)온도(K)

(3) 수증기량 제거

$$Q=\frac{W}{r(X_i-X_o)}=\frac{W}{1.2(X_i-X_o)}$$

여기서, W : 수증기 발생량(kg/hr)
r : 공기의 비중량(kg/m^3)
X_i : 허용실내 절대습도(kg/kg′)
X_o : 신선공기 절대습도(kg/kg′)

(4) 유해가스 제거

$$Q=\frac{K}{P_a-P_o}$$

여기서, K : 유해가스 발생량(m^3/hr)
P_a : 실내 허용 농도(m^3/m^3)
P_o : 신선 공기 농도(m^3/m^3)

(5) 끽연량 제거

$$Q=\frac{M}{C_a}=\frac{M}{0.017}$$

여기서, M : 끽연량(g/hr)
C_a : 1 m^3/hr의 환기량에 대해 자극을 한계점 이하로 억제할 수 있는 허용 담배 연소량 0.017(g/hr)/(m^3/hr)

(6) 진애(먼지) 제거

$$Q=\frac{K}{P_a-P_o}$$

여기서, K : 진애 발생량(개/hr) 또는 (mg/hr)
P_a : 허용진애농도(개/m^3) 또는 (mg/m^3)
P_o : 신선공기 진애농도(개/m^3) 또는 (mg/m^3)

6. 환기 횟수

상기값에서 나온 환기량의 실내 체적당 환기 횟수

$$n = \frac{Q}{V}$$

여기서, Q : 환기량(m^3/h)
n : 환기 횟수(회/hr)
V : 실체적(m^3)

7. 결론

(1) 실내의 발열, 유해가스, 분진 등을 제거하기 위하여 환기를 할 때 적절한 환기방식을 채택하여야 한다.

(2) 오염물질 발생장소는 에너지절약 및 실내공기 오염을 최소화하기 위하여 전역환기(희석환기)보다는 국소배기로 환기해야 한다.

굴뚝효과(Stack Effect)에 대해서 논하라.

1. 개요

(1) 틈새바람에 의한 열손실은 난방부하계산에서 중요한 요소이다.

(2) 그 양은 풍속, 풍향, 건물의 높이 구조 창이나 출입문의 기밀성 등 많은 요소에 의한 영향을 받는다.

2. 틈새바람이 생기는 영향

(1) 바람에 의한 영향(Wind Effect)

① 바람이 건물의 어떤 면에 닿게 되면 그 면의 기압이 높아지고 반대 측의 기압이 낮아진다.

② 바람에 의한 작용압으로 창이나 출입문의 틈새에서 외기가 들어온다. 이 작용압은 풍속에 따라 다음 식으로 계산한다.

$$\Delta Pw = C\frac{\rho v^2}{2}$$

여기서, ΔPw : 바람에 의한 작용압(kPa)

(+) : 건물 안쪽으로 향하는 압력

(−) : 건물 바깥쪽으로 향하는 압력

C : 풍압계수 일반적인 건물 풍상 측 : 0.8, 풍하 측 : −0.4

ρ : 공기의 밀도(kg/m³)

v : 평균풍속(m/sec) 겨울 : 7(m/sec), 여름 : 3.5(m/sec)

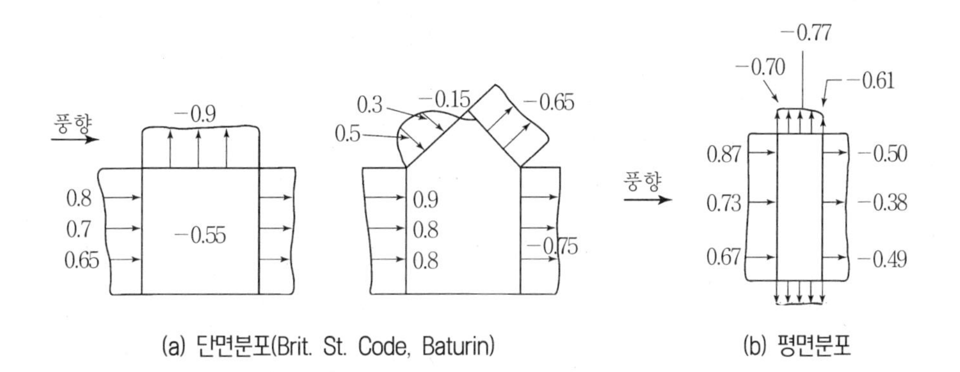

(a) 단면분포(Brit. St. Code, Baturin) (b) 평면분포

(2) 공기의 밀도차(온도차)에 의한 영향(Stack Effect)

① 건물 안팎의 공기의 온 · 습도가 다르면 공기의 밀도차에 의한 연돌효과가 생겨 틈새바람의 원인이 된다.

② 겨울철 난방 시에는 실내공기가 외기보다 온도가 높고 밀도가 작기 때문에 부력이 생긴다.

③ 건물의 위쪽에서는 밖으로 향하는 압력이 생기고 아래쪽에는 안쪽으로 향하는 압력이 생긴다.

④ 여름철 냉방 시에는 이것과 정반대로 건물의 위쪽에서는 안쪽으로 향하는 압력이 생기고 아래쪽에는 밖으로 향하는 압력이 생긴다.

⑤ 건물 위쪽과 아래쪽의 압력방향이 달라지기 때문에 건물의 중간지점에 작용압이 0이 되는 점이 있는데, 이를 중성대라 한다.

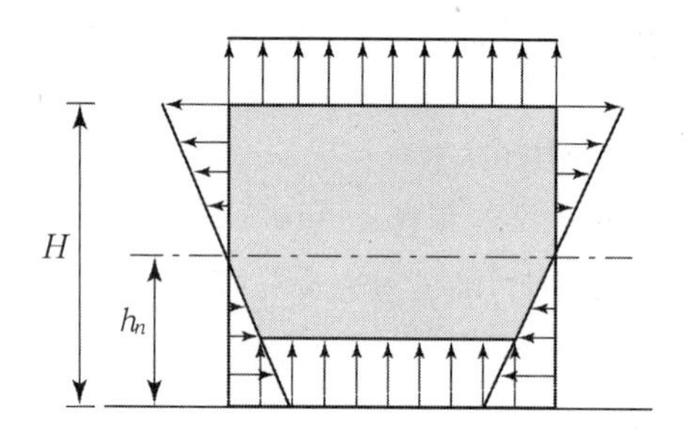

[중성대의 위치]

연돌효과에 의한 작용압은 다음 식으로 계산한다.

$$\Delta P_s = gh(\rho_i - \rho_o)$$

여기서, P_s : 연돌효과에 의한 작용압(kPa)

(+) : 건물 안쪽으로 향하는 압력

(−) : 건물 밖으로 향하는 압력

h : 창문의 지상 높이에서 중성대의 지상높이를 뺀 거리(m)

(+) : 창문이 위쪽

(−) : 창문이 아래쪽

g : 중력가속도(9.8m/s²)

ρ_i, ρ_o : 실내 및 외기의 공기 비중량(kg/m³)

난방 시 $\rho_i < \rho_o$, 냉방 시 $\rho_i > \rho_o$

3. 틈새바람의 계산법

(1) 환기횟수에 의한 방법

$$Q = n \cdot V$$

여기서, Q : 환기량(m^3/hr)
n : 환기 횟수(회/hr)
V : 실체적(m^3)

(2) Crack법(극간길이에 의한 방법)

$$Q = L \cdot V$$

여기서, Q : 환기량(m^3/hr)
L : 크랙길이(m)
V : 크랙길이당 극간풍량(m^3/m · hr)

(3) 창면적에 의한 방법

$$Q = A \cdot V$$

여기서, Q : 환기량(m^3/hr)
A : 창문 면적(m^2)
V : 면적당 극간풍량(m^3/m^2 · hr)

(4) 출입문의 극간풍

현관의 출입문은 사람에 의하여 개폐될 때마다 많은 풍량이 실내로 유입된다. 특히 건물 자체의 연돌효과로 현관은 부압이 되며 극간풍량은 증가한다.

(5) 건물내 개방문

건물내의 실과 복도, 실과 실 사이에 문으로서 양측의 온도차와 극간풍 발생

(6) 틈새바람에 의한 손실열량

$$H_i = C_p \cdot r \cdot Q(t_i - t_o) = 1.21Q(t_i - t_o)$$

여기서, H_i : 틈새바람에 의한 손실열량(kJ/h)
Q : 틈새바람(m^3/hr)
t_i : 실내온도(℃)
t_o : 실내온도(℃)

4. 극간풍의 방지법

(1) Air Curtain의 사용
(2) 회전문을 설치
(3) 충분히 간격을 두고 이중문을 설치
(4) 이중문의 중간에 강제 대류 Convector나 FCU설치
(5) 실내를 가압하여 외부압력보다 높게 유지하는 방법
(6) 건축의 건물 기밀성 유지와 현관의 방풍실 설치, 층간의 구획 등

5. 결론

(1) 최근 빌딩이 대형화, 고층화되어가는 시점에서 연돌효과에 의한 작용압은 건물 내 압력변화에 영향을 미친다.
(2) 또한 냉 · 난방부하 시 중요한 요인이므로 층간의 구획 및 출입문의 기밀화가 절실히 요구된다.

예 제 천장 높이 3m인 실의 바닥에서부터 1m 높이에 중성대가 있다고 가정했을 때의 온도차에 의한 주벽의 압력 분포를 그려라.(단, 실온 20°C, 바깥 기온 0°C, 실내 공기의 비중량 1.20kg/m³, 외기의 비중량 1.29kg/m³라고 한다.)

풀 이 다음 식에서

$$\Delta P = g(\rho_i - \rho_o)$$
$$= 9.8 \times (3-1)(1.2-1.29) = -1.764Pa$$

따라서 압력 분포는 다음 그림과 같다.

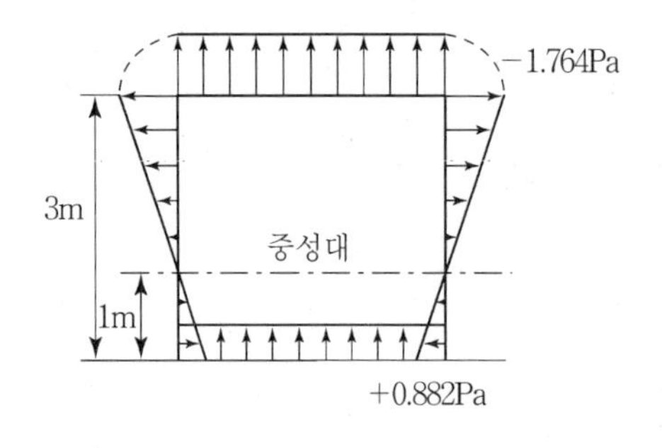

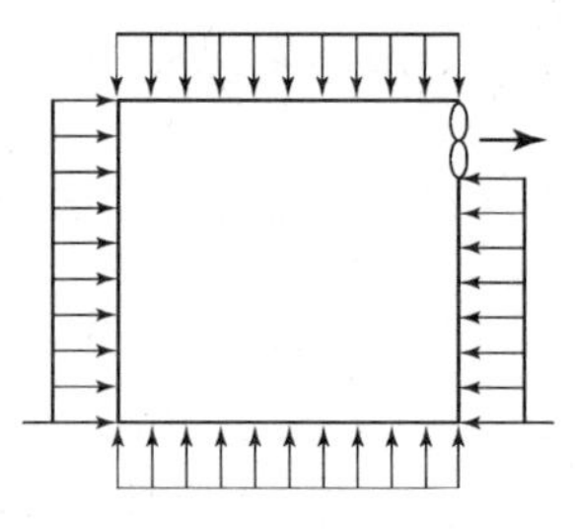

송풍기에 의한 압력 분포(제3종)

실내공기의 오염원인과 방지대책에 대하여 논하라.

1. 개요

(1) 실내공기의 오염원인에는 건물 주변의 대기오염에 의한 영향과 실내에서 발생하는 오염물질이 있다.

(2) 건물 내부의 오염물질 발생원인에는 재실자가 방출하는 탄산가스(CO_2), 수증기, 체취 등이 있으며, 담배연기, 분진, 각종 연소장치의 연소가스, 수증기 등이 있다.

(3) 그 외에도 건축자재, 가구나 사무기구 등에서 각종 오염물질이 발생하고 있다.

2. 실내공기의 오염원인

(1) 건물 외부의 발생원

① 건물 주변 오염원

② 외부공기가 유입되어 오염

③ 지중에서 유입되는 오염원

④ 미생물이 서식할 수 있는 습기나 수분

(2) 건물 내부 발생원

① 흡연에 의한 오염물질

㉮ 흡연에 의해서 발생된 오염물질은 크기가 매우 작아서 공기 중에 오래 부유하기 때문에 담배를 직접 피는 흡연자뿐만 아니라 주변에 있는 사람들에게도 커다란 해를 줌

㉯ 담배연기 속에는 니코틴, 카드뮴, 페놀 등과 같은 여러 가지 독성물질이 들어 있음

② 연소에 의한 오염물질

㉮ 취사용 기구나 급탕용 기구를 사용할 때 각종 오염물질 배출

㉯ 불완전 연소에 의한 CO, NO, HC, 분진(TSP) 등의 오염물질이 배출

③ 재실자의 활동

㉮ 개인적 활동

㉯ 유지 관리 활동

㉰ 설비의 유지 관리

④ 공기조화설비
 ㉮ 덕트나 부속품에서 발생되는 먼지
 ㉯ 냉각코일, 가습장치, 이슬받이판에 서식하는 미생물이나 세균류
 ㉰ 부적절한 살충제, 실런트, 세척제의 사용
 ㉱ 연소장치나 기구의 부적절한 배기장치
 ㉲ 냉매의 누출

⑤ 기타 설비
 ㉮ 복사기와 같은 사무기기에서 발생되는 유기용매(VOCs)나 오존(O_3) 각종 소모품(솔벤트, 토너, 암모니아)
 ㉯ 점포, 실험실, 청소작업에서 방출되는 물질
 ㉰ 승강기 모터, 기타 기계류

3. 실내공기의 오염방지대책

(1) 오염원의 발생제어

① 실내오염원의 주된 물질을 파악하여 발생원 제어
② 오염원의 격리 또는 제거
③ 밀폐 또는 국부 배기로 제어
④ 흡연장소 선정으로 국부 처리
⑤ 오염발생원을 Zone별 처리

(2) 환기에 의한 희석제어

① 국부적으로 오염원이 침체되는 것 방지
② 실내기류를 형성하여 오염물질을 희석
③ 자연환기 및 강제환기로 제어

(3) 공기정화기에 의한 오염 물질 제거

① 필터에 의한 입자형태의 오염원 제거
② 냄새, 취기, 가스제어 등은 활성탄 Filter 이용

(4) 행정지원

① 환기시설의 강화
② 공기오염 발생원의 제어 및 대체 지원
③ 행정적인 규제 강화(실내공기질 관리)
④ 환경교육의 강화(범국민적, 활동단체별)
⑤ 실내오염에 대한 연구계획 등 필요

4. 공기의 주요 오염물질과 특성

(1) 부유 분진

① 분진은 대기 중에 부유하거나 하강하는 미세한 고체상의 입자성 물질
② 실내의 먼지에 부착되어 서식하는 세균이 분진과 함께 부유하면서 인체 내부로 유입되면 각종 질병 유발

(2) 이산화탄소(CO_2)

① 미국 NASA : 우주선의 환경기준을 1% 이하로 규정
② 세계보건기구(WHO) : 실내CO_2 허용농도 0.5%(5,000ppm)
③ 미국 ASHRAE : 실내 CO_2 허용농도 0.1%(1,000ppm)
④ 우리나라 : 실내 CO_2 허용농도 0.1%(1,000ppm)

(3) 일산화탄소(CO)

① 일산화탄소는 무색, 무취의 기체로 각종 유류나 석탄과 같이 탄소를 포함한 물질의 불완전 연소과정에서 발생
② 실내에서는 취사, 난방 연소과정에서 발생하며 흡연에 의해서도 상당량 발생

(4) 포름알데히드(HCHO)

① 무색의 수용성 기체
② 건축자재, 단열재, 가구, 가정용품 등에서 발생
③ 눈, 코, 목에 가려움을 느끼고 장기간 노출 시 구토, 기침, 어지러움, 두통, 불면증, 피부질환 등을 유발

(5) 석면(아스베스토스)

① 단열재나 흡음재 또는 내부 마감재료로 많이 사용
② 석면섬유는 인체 내의 침착장소에서 병을 발생시켜 세포를 잠식해 간다.
③ 폐에 침착된 석면은 석면폐, 폐암, 악성중피종 유발
④ 미국노동안전위생연구소(NIOSH)에서는 공기 $1m^3$당 5 μm 크기의 섬유 0.1개($fibers/cm^3$)로 제한

(6) 라돈(Radon)

① 방사성 기체로서 반감기가 3.8일인 방사능 물질
② 라돈의 기준은 미국 환경청(EPA)에서는 4pci/l, ASHRAE에서는 2pci/l로 규정

5. 결론

(1) 실내공기의 오염물질은 실내에서 발생하는 것과 외부공기에서 유입되는 것으로 나뉜다.

(2) 오염물질이 적절하게 제어되지 않는다면 공기조화설비가 완벽하게 설계, 시공, 유지 관리를 철저히 하더라도 실내공기환경의 문제가 발생하게 된다.

(3) 공기의 오염원에 대한 종류와 특성을 명확하게 이해하는 것이 실내공기환경의 적절한 유지 관리에 도움이 될 것이다.

04 전역환기와 국소환기

1. 개요

(1) 환기설비란 실내오염공기와 외기를 교환하여 실내의 열, 먼지, 이산화탄소, 유해가스를 제거하기 위한 설비를 말한다.

(2) 기계환기방식의 환기대상 영역의 구분에 따라 국소환기와 전역환기방식으로 나뉜다.

2. 환기방식의 분류

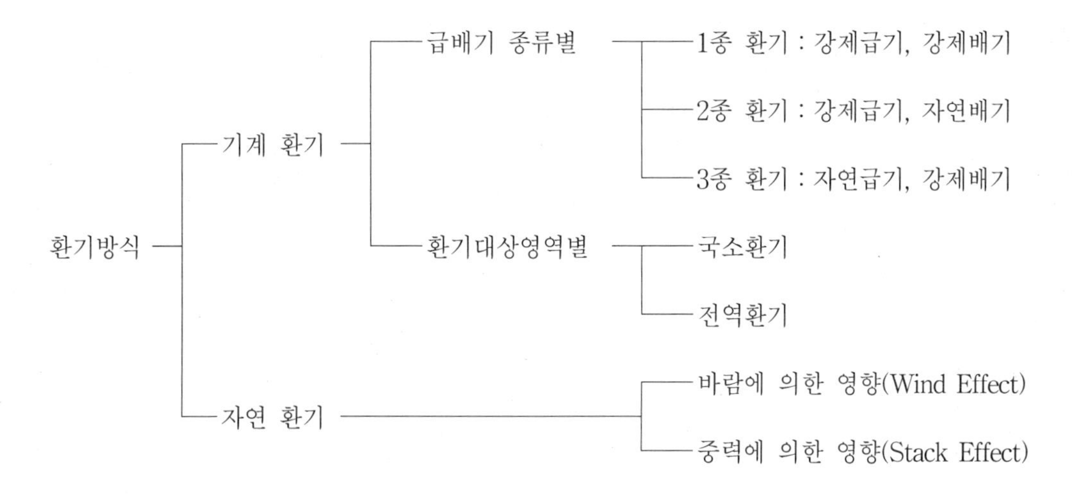

3. 국소환기와 전역환기 방식의 특징 비교

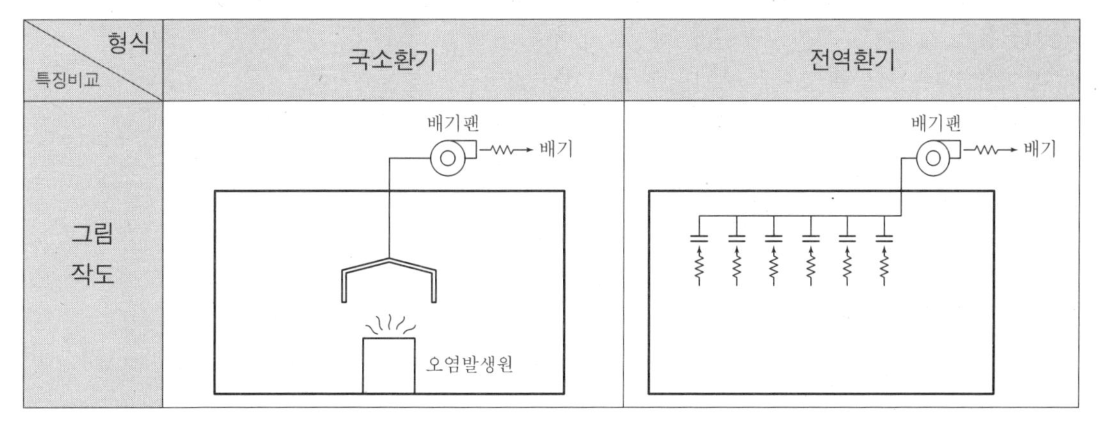

특징비교 \ 형식	국소환기	전역환기
그림 작도		

형식 / 특징비교	국소환기	전역환기
구성	국소후드 → 배기덕트 → 정화장치 → 배기Fan	배기그릴 → 배기덕트 → 배기Fan
방식	실내의 오염물을 후드를 사용하여 집중배기하는 방식	실내공기 오염물을 배기그릴 및 배기Fan을 이용하여 전역환기하는 방식
환기 목적	오염원 제거 및 확산방지, 발열제거	오염원 제거에 의한 쾌적환경 조성
환기 풍량	적다	많다
반송 동력	적다	크다
오염원확산	없다	있다
주요환기 대상	오염원, 발열원	인체대상
에너지절약	우수	불량
설비 용량	작다	크다
설치 공간	작다	크다
공 사 비	작다	크다
적용	연구소, 실험실, 주방, 탕비실 등	일반공조대상건물, 기계실, 전기실, 정화조 등

4. 전역환기방식의(오염발생장소) 설계 시 유의사항

(1) 필요 환기량을 적절하게 선정, 적정환기 횟수 유지

(2) 배기구는 가능한 오염원 가까이에 배치하여 환기성능을 증가시킨다.

(3) 신선 공기 공급으로 충분한 환기 유도

(4) 실내공기의 적정 압력상태 유지

(5) 급기구와 배기구의 거리를 적절이격시켜 배기공기의 재유입을 방지

5. 국소환기의 구성 및 후드의 종류

(1) 구성

① 후드　　② 덕트

③ 공기정화장치　　④ Fan

(2) 후드의 종류

① 포위식
 ㉮ 커버형
 ㉯ 장갑부착상자형

② 부스식
 ㉮ 드래프트챔버형
 ㉯ 건축부스형

③ 외부식
 ㉮ 슬로트형 ㉯ 루버형
 ㉰ 그리드형 ㉱ 원형
 ㉲ 장방형

④ 레시버식
 ㉮ 캐노피형 ㉯ 원형
 ㉰ 장방형 ㉱ 포위형

6. 결론

환기방식 선정 시 실내 오염원의 특징을 정확히 파악하여 전역 또는 국소환기방식을 적용하되 오염원의 확산에 따른 재실자에게 영향을 미치지 않고 에너지 및 반송동력 소비를 최소화하여야 될 것으로 사료된다.

결로에 대해서 논하라.

1. 개요

수증기를 포함한 공기의 온도가 서서히 떨어지면서 수증기를 더 이상 포함할 수 없게 되어 물방울로 되는데 이러한 현상을 결로라고 하고, 이때의 온도를 노점온도라 한다.

2. 결로의 종류

(1) 발생위치

① 표면결로
건물의 표면온도가 접촉하고 있는 공기의 노점온도보다 낮을 때 발생

② 내부결로
벽체 내의 수증기압 구배의 노점온도가 온도구배의 건구보다 높을 때 발생

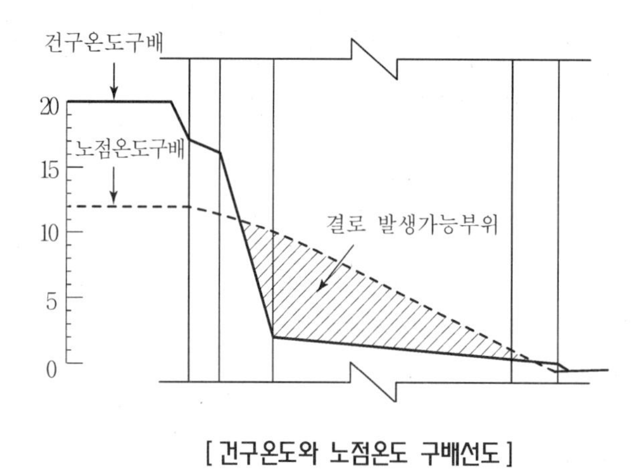

[건구온도와 노점온도 구배선도]

(2) 발생시기

① 겨울형 결로
외기의 온도가 실내기온보다 낮아지면서 실내 측에 발생

② 여름형 결로
외기의 고온다습한 공기가 들어가 실내 측 저온에 의해 실외 측에 발생

3. 결로발생 원인

구조체 표면온도가 노점온도 이하일 때

(1) 실내외 온도차가 클 때
(2) 실내 상대습도가 높을 때
(3) 열관류율(K)이 클 때
(4) 표면에서 기류가 정체될 때
(5) 실내수증기 발생량이 많을 때
(6) 실내수증기 분압이 높을 때

4. 결로발생 방지대책

구조체 표면온도($t_s > t_d$)가 노점온도보다 클 것

(1) 실내외 온도차가 작을 것
(2) 열관류율(K)이 작을 것
(3) 표면 열전달률이 클 것
(4) 열 저항이 클 것
(5) 표면에 기류를 형성할 것
(6) 실내 상대습도가 낮을 것

$$t_d < t_s = t_i - \frac{K}{\alpha_i}(t_i - t_o),\ \ t_d < t_s = t_i - \frac{r_i}{R}(t_i - t_o)$$

여기서, α_i : 실내표면 열전달률(W/m²K)
t_i : 실내온도(℃)
t_o : 실외온도(℃)
r_i : 실내표면 열전달저항(m²K/W)
K : 열관류율(W/m²K)
R : 열저항(m²K/W)

5. 결로에 의한 피해

(1) 실내환경저해
(2) 마감재 손상
(3) 구조체열화
(4) 에너지손실 증대

6. 결론

구조체의 단열성능 강화로 표면 및 내부결로의 발생을 막아 결로에 의한 피해요인이 없도록 하며 특히 방습지 시공 시 단열재로부터 결로발생 부위 측에 설치와 외단열을 고려해야 한다.

06 지하주차장의 환기설비

1. 개요

경제성장에 따른 건물의 고층화, 대형화에 따른 교통량의 증가로 한정된 국토를 효율적으로 활용하기 위해 지하공간의 활용이 대두되며 자동차의 유해한 배기가스를 배제하기 위해 지하주차장에 환기설비를 하여 쾌적한 환경을 조성하려는 것이다.

2. 목적

(1) 자동차 배기가스 제거
(2) 습공기에 의한 결로방지
(3) 쾌적하고 위생적인 시설유지
(4) 자연공기순환

3. 지하주차장의 환기규정

주차장법 시행규칙 제6조 제1항 제8호 "노외주차장 내부공간의 일산화탄소 농도는 주차장을 이용하는 차량이 가장 빈번한 시각의 앞뒤 8시간의 평균치가 50PPM 이하로 유지되어야 한다."

4. 자동차 배기가스 성분

(1) 유해한 물질

① 일산화탄소(CO)
② 탄화수소(HC)
③ 질소산화물(NO_X)
④ 매연(경유차의 경우)
⑤ 아황산가스(SO_2)
⑥ 오존(O_3)
⑦ 4에틸납($Pb(C_2H_5)_4$)

(2) 무해한 물질

① 질소(N_2)
② 수증기(H_2O)

③ 이산화탄소(CO_2)

5. 환기시설의 종류

(1) Conventional System
(2) Drivent(Air Econozzie System)
(3) Ductless Fan System

6. 환기시설 종류별 특징

(1) Conventional System

① 개요

급배기 덕트와 급배기 Fan에 의한 Push and pull식 환기 System

② 특징

㉮ 루바 및 그릴에 의존하여 외기를 급기구에서 배기구로 유도하므로 부분적 급배기됨
㉯ 부분적인 급배기로 인하여 공기의 정체현상 유발
㉰ 실내 마감재 변질을 초래한다.
㉱ 대구경 덕트 사용으로 층고가 높다.
㉲ 설치가 복잡하고 설치면적이 크다.
㉳ Line 변경 시 철거, 신설작업을 되풀이해야 함
㉴ 공사비가 비싸다.

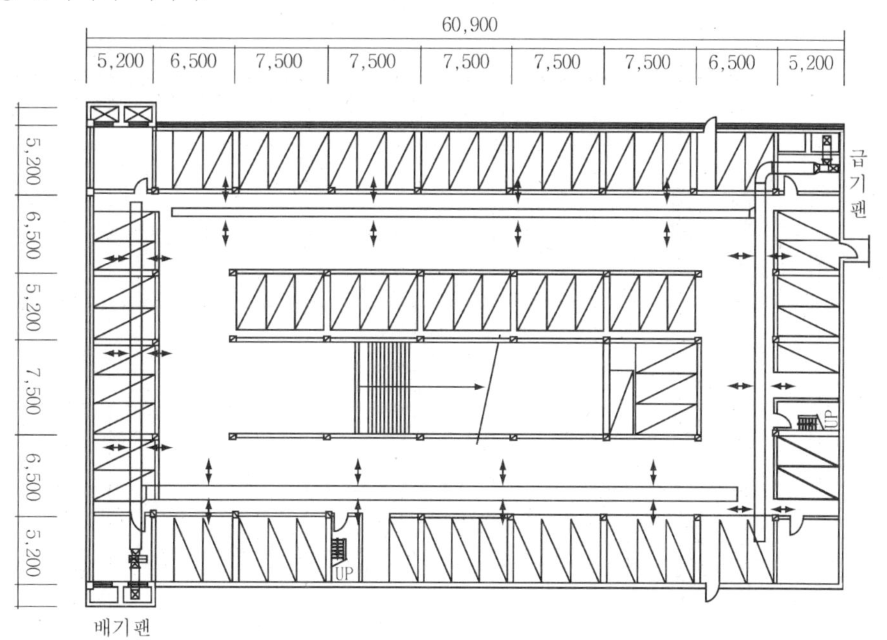

(2) Drivent(AIR JET, Econozzle) System

① 개요

급기팬에서 토출된 공기를 Drivent Fan으로 공급 받아 덕트를 이용하여 공기를 이송한 후 고속노즐을 이용하여 실내공기를 유인하여 배기 팬 쪽으로 이송하는 System

② 특징

㉮ 장점

㉠ 전체적 환기방식

㉡ 소구경 덕트 사용으로 층고를 줄일 수 있다.

㉢ 시공성이 양호하고, 설치면적이 작다.

㉣ 먼지, 냄새, 유해가스 등의 정체현상 방지

㉤ 벽면에서의 결로방지에 용이

㉥ 초기투자비가 저렴하다.

㉦ 환기동력이 Conventional 방식보다 적어 유지 관리비가 적다.

㉧ 오염물질 희석효과가 양호하며 오염물질 배출시간이 짧다.

㉯ 단점

㉠ 스파이럴 덕트 공사

㉡ 설치 · 시공이 Ductless fan 방식에 비하여 복잡하다.

㉢ 주차장 층고가 높아진다.

㉣ Line 변경 시 철거 · 신설작업 등 복잡

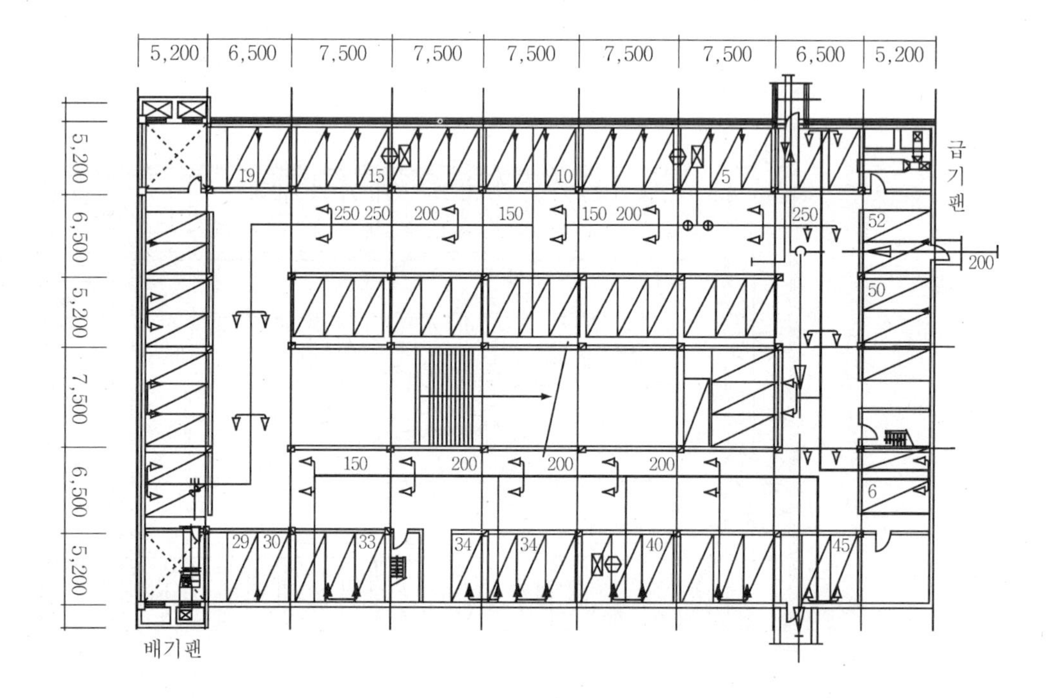

(3) Ductless Fan System

① 개요

급기팬에서 토출된 공기를 공급받아 실내에 분산 설치된 팬으로서 실내공기를 유인하여 배기팬 쪽으로 이송하는 System

② 특징

㉮ 장점

㉠ 전체적 환기방식

㉡ 많은 양의 유인공기 순환으로 공기 희석 효과를 가져온다.

㉢ 완전 무덕트 방식으로 층고에 영향을 받지 않음

㉣ 설치 및 시공이 간단하여 경비절감

㉤ 에너지소비가 적어 운전비용이 적다.

㉥ 덕트공사가 필요 없다.

㉯ 단점

㉠ Drivent system에 비하여 오염물질 배출시간이 길다.

㉡ 공기흐름을 고정적으로 유지하기 위하여 주 1회 또는 정기점검이 요구된다.

㉢ 매연, 오염물질 등이 팬날개와 케이싱 등에 부착되어 정압의 저하를 가져온다.

㉤ 정압저하로 공기흐름이 완만하여 환기성이 급격히 저하된다.

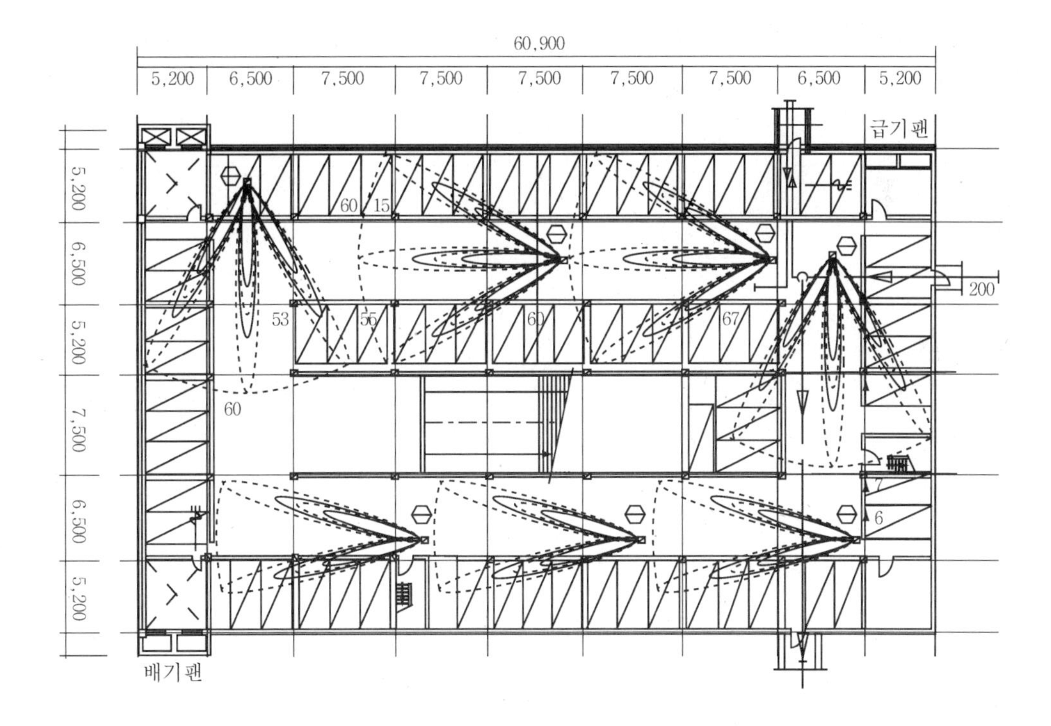

7. 환기량 및 환기 횟수산정

(1) 환기량

$$Q = \frac{M}{C_r - C_o}$$

여기서, Q : 환기량(m^3/hr)
M : 가스발생량(m^3/hr)
C_r : 실내의 CO가스농도(m^3/m^3)
C_o : 외기의 CO가스농도(m^3/m^3)

실내 CO가스농도 50ppm, 외기 CO가스농도 5ppm

(2) 환기횟수

$$N = \frac{Q}{V}$$

여기서, N : 주차장의 소요환기횟수(회/hr)
Q : 환기량(m^3/hr)
V : 주차장의 실내체적(m^3)

(3) 지하주차장 적정환기횟수

차의 배출용도	환기횟수
아파트	2~3회
일반 업무 시설	4~5회
판매 및 공공업무	7~8회

8. 결론

자동차의 배출가스를 정체 없이 신속히 배출시켜 쾌적하고 위생적인 환경을 유지하고, 습공기에 의한 결로방지, 실온상승방지, 신선외기를 도입하도록 한다.

새집증후군(SBS)에 대하여 기술하시오.

1. 개요

새집증후군은 신축 또는 기존 건축물의 건축자재 및 내장가구 등에서 발생하는 오염물질(HCHO, VOCs 등)로 인하여 실내공기가 오염되어 일시적 또는 만성적인 두통, 현기증, 눈, 코, 목 등의 시상, 구토 등 재실자의 건강에 이상을 주는 증세를 말한다.

2. 새집증후군의 원인

새로 지은 건출물이나 리모델링한 건물, 새로 배치한 가구 등이 많을 경우 마감자재에서 유독가스가 배출되며, 현재의 건물은 에너지 절약을 위해 고단열, 고밀성 등을 위주로 건물을 시공하므로, 건물 내의 환기 부족으로 인해 주로 발생한다.

3. 새집증후군과 빌딩증후군

(1) 새집증후군(Sick House Syndrome)

마감재, 건축자재 → HCHO, VOCs → 붉은 반점, 비염 아토피염, 천식 등 유발

(2) 빌딩증후군(Building Syndrome)

밀폐 · 오염된 공간 → 두통, 현기증, 집중력 감퇴, 기관지염, 천식 등 유발

4. 새집증후군의 분류

(1) 급성 새집증후군(Sick House Syndrome)

주로 건물의 신축, 증축, 개축 직후에 나타나는 현상으로 건축물 시공 시 사용되는 재료에서 발생한다. 이는 시간이 지남에 따라 자연스럽게 해결된다.

(2) 만성 새집증후군(빌딩증후군, Building Syndrome)

① 건물 자체에서 발생되는 문제로 시간이 지나도 해결되지 않는다.
② 실내의 공기를 재순환하여 사용하는 공조시스템 이용 건물에서 많이 발생된다.
③ 기밀성이 높은 건물에서 발생된다.
④ 실내마감 시 자극성 먼지 등이 많이 발생하는 재료를 사용한 건물에서 주로 발생된다.

5. 새집증후군 방지 대책

(1) 베이크아웃(Bake Out) 한다.

Bake Out이란 건축자재로 인한 실내공기 오염물질을 제거하기 위하여 입주 전 난방기구로 실내 온도를 급속히 상승시켜 VOCs 물질의 배출을 일시적으로 증가시킨 후 환기를 통해 제거하는 것을 말한다. Bake Out을 마친 후에도 거주 시 자주 환기를 하여 VOCs 물질을 배출한다.

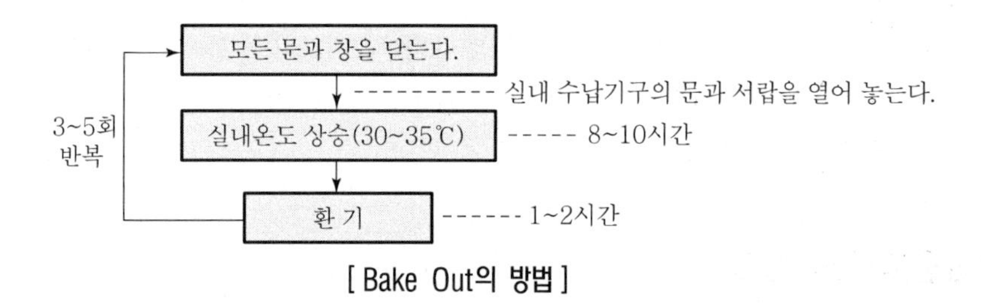

[Bake Out의 방법]

(2) 자주 환기를 한다.

자주 환기를 하여 실내에 있는 유해성분을 실외로 배출하도록 한다.

(3) 비교적 안전한 천연 소재 건축자재를 쓴다.

벽지, 바닥재 등은 황토 · 은 · 숯과 같은 천연 소재의 제품을 사용하고 특히 도배용 풀은 곰팡이를 방지하기 위해 첨가하는 화학약품이나 본드 성분이 적게 든 제품, 천연 풀 등을 이용한다.

(4) 주방에 창이나 문을 설치한다.

새집에서는 화학물질과 함께 실내 공기를 오염시키는 가스가 방출되는데, 가장 큰 비중을 차지하는 것이 주방에서 배출되는 가스이다. 음식을 만들 때는 후드를 켜 놓고, 가능하면 주방에 문을 달아 독립된 공간으로 만드는 것이 좋다.

6. VOCs 측정법

(1) 소재 측정법

① 건축자재를 분쇄하여 그 성분을 측정하는 방법이다.
② 건축자재를 구성하는 화학물질을 분석하는 방법이다.
③ 실내공기 중에 방출되는 오염물질을 파악하기에는 곤란하다.

(2) 데시케이터법

① 일본의 JAS(Japan Agricultural Standard, 일본농림규격)에서 채택하고 있는 포름알데히드의 방출농도를 측정하는 방법이다.
② 건축자재 양면과 측면에서 방출되는 농도를 측정한다.

③ 일반적인 실내공간에서의 방출특성과는 차이가 있다.

(3) 방출 시험챔버법

① 소형 및 대형 챔버를 이용하여 각종 제품에서 방출되는 오염물질의 방출량을 측정한다.
② 실내 표면에서 방출되는 화학물질의 양을 측정한다.
③ 화학물질이 실내에 미치는 영향을 고려할 때 가장 타당한 평가기법으로 판단된다.

7. 결론

친환경 건축자재의 사용과 환기 설비를 갖추어 새집증후군(SBS)에 의한 영향인자를 제거하고 실내에서 유해가스가 발생하지 않도록 한다.

실내 수영장 내부 결로의 방지 방법을 기술하시오.

1. 개요

수영장은 적정 수온의 물이 풀(pool)에 상시 저장되어 있으며, 수영 시 수영객의 인체 표면수의 증발 등으로 포화도가 높아 구조체 각부에서 결로가 발생하기 쉽다.

2. 종류

(1) 사용목적에 의한 분류

① 경기용 수영장
② 연습용 수영장
③ 군사용 및 교육용 수영장
④ 의료용 수영장
⑤ 놀이용 수영장

(2) 경영상의 분류

① 학교 수영장
② 공공 수영장
③ 레저용 수영장
④ 클럽용 수영장
⑤ 개인용 수영장

3. 설계조건

(1) 풀 수온 : 27~31℃
(2) 실내온도 : 27~31℃
(3) 기류조건 : 0.15m/s 이하

4. 결로발생 원인

(1) 환기부족
(2) 구조체 표면온도 저하
(3) 부적절한 기류

(4) 수증기 다량발생
(5) 층고가 높다.
(6) 실내외 온습도 차가 크다.

5. 결로방지대책

(1) 충분한 환기량 확보
(2) 구조체 단열강화
(3) 풀 수면 수증기 발생 억제
(4) 천장급기, 측벽환기 방식
(5) 바닥난방
(6) 벽면 강제 대류 발생
(7) 24시간 난방 및 환기운전
(8) 비사용 시 풀 수면 차단

6. 결로에 기인한 피해

(1) 투시성 저하
(2) 결로수 낙하
(3) cold draft
(4) 마감재 손상
(5) 쾌적환경 저하

7. 결론

수영객의 쾌적한 환경과 구조체의 표면, 마감재의 손상 및 미관 저해 방지를 위해 결로 방지대책을 고려해야 할 것으로 사료된다.

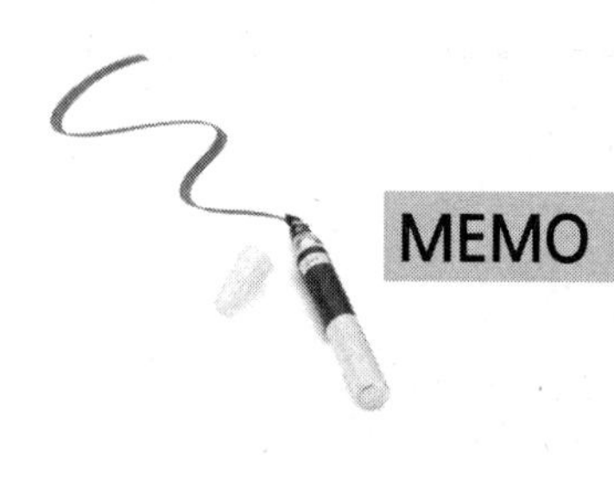

MEMO

제15장 습공기 선도

Professional Engineer

○ Building Mechanical Facilities
○ Air-conditioning Refrigerating Machinery

01 습공기의 성질을 설명하라.

1. 개요

습공기의 상태를 표시한 그림을 습공기 선도라고 하며 습공기 중의 수증기분압(kPa), 절대습도(x), 상대습도(ϕ), 건구온도(t), 습구온도(t ′), 노점온도(t ″), 비체적v(m^3/kg), 엔탈피h(kJ/kg DA) 등의 각 상태값을 하나의 선도에 나타낸 것이다.

2. 습공기 선도의 구성

(1) h−x선도 : 엔탈피와 절대습도를 사교축으로 하는 선도

(2) t−x선도 : 건구온도와 절대습도를 좌표로 하는 선도

(3) t−h선도 : 건구온도와 엔탈피를 사용하는 선도

그림은 대기압 상태(101kPa)에 대한 h−x선도이다.

공기선도에서 어떤 공기의 상태를 표시하는 한 점을 상태점(State Point)이라고 한다.

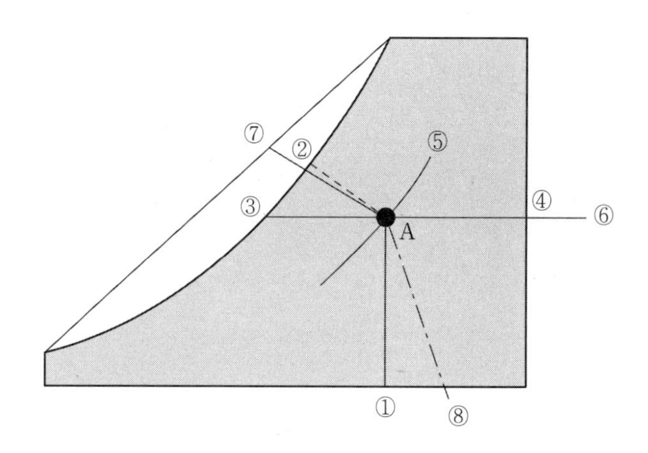

임의의 상태점 “A”를 기준으로 하여 설명하면

① 건구온도(t) : A점에서 수직으로 그은 선

② 습구온도(t′) : 교점 A를 지나고 좌측 상단에서 우측 하단으로 경사진 파선으로 표시

③ 노점온도(t″) : 절대습도의 평형선을 좌측 방향으로 연장하여 포화곡선과의 교점에서 수직선을 아래로 내려서 읽는다.

④ 절대습도(x) : 상태점 A를 지나고 횡축과 평행하게 우측 방향으로 평형선을 그어서 구한다.

⑤ 상대습도(ϕ) : 교점A와 연결되는 우측에서 좌측으로 곡선으로 그은 선으로서 구한다.
⑥ 수증기분압(P) : 절대습도선을 연장해서 구한다.
⑦ 엔탈피(h) : 좌측 상단의 엔탈피 값을 표시하는 경사선과 상태점 A를 그대로 연장해서 그어 구한다.
⑧ 비체적(v) : 좌측 상단에서 우측 하단으로 내린 일점쇄선으로 표시된다.

3. 습공기의 성질

구 분	$t,\ t',\ h,\ v$	ϕ	$\chi,\ P,\ t''$
가 열	↑증가	↓감소	변화없다 ⟷
냉 각	↓감소	↑증가	변화없다 ⟷

4. 결론

습공기선도를 사용하면 실내조건에 따른 부하계산과 장비 용량계산, 풍량, 온 · 습도조건 등 공기조화에 따른 모든 계산이 가능하다. 통상 공기조화에서 사용되는 공기선도는 h−x선도로서 엔탈피와 절대습도를 사교좌표축으로 하여 구한다.

02 습공기선도의 혼합, 냉각 감습 과정

1. 장치구성

그림과 같이 공조장치는 ①의 상태(h_1, x_1, t_1)인 외기량 G1(kg/h)과 ②의 상태(h_2, x_2, t_2)인 환기량 G_2가 혼합되어 ③의 상태(h_3, x_3, t_3)인 혼합공기량 G(kg/h)가 냉각 Coil을 지나는 동안 상태변화하여 ④의 상태(h_4, x_4, t_4)로 되어 송풍기에 의해 실내로 취출된다.

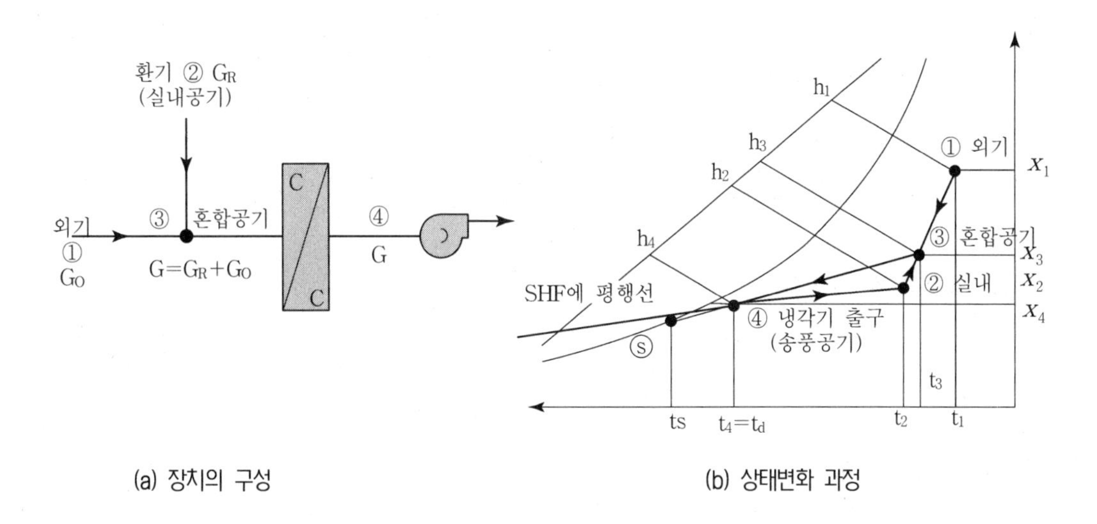

(a) 장치의 구성 (b) 상태변화 과정

2. 작도과정

(1) 외기 ①과 실내 ②의 상태점을 잡는다.

(2) 외기와 환기의 적정한 혼합에 의해 혼합점 ③을 잡는다.

(3) SHF 계산

(4) 실내 상태점 ②에서 SHF 연장선을 긋는다.

(5) 취출조건에 의해 SHF선과의 교점에 의해 취출점 결정

(6) 취출조건

① 취출온도차(10~14°C)

② 냉각감습기 출구 상대습도(85~95%)

③ B.F(0.01~0.2)

3. 계산식

(1) 냉각열량

$$q_{cc}(\mathrm{kW}) = G(h_3 - h_4) = 1.2Q(h_3 - h_4)$$

(2) 감습량

$$L(\mathrm{kg/h}) = G(x_3 - x_4) = 1.2Q(x_3 - x_4)$$

(3) 송풍량

$$G(\mathrm{kg/h}) = \frac{q_s}{C_p \Delta t} = \frac{q_s}{1.01(t_2 - t_4)}$$

$$Q(\mathrm{m^3/h}) = \frac{q_s}{r \cdot C_p \Delta t} = \frac{q_s}{1.21(t_2 - t_4)}$$

(4) 냉각기 출구 온도

$$t_4 = t_2 - \frac{q_s}{1.01G} = t_2 - \frac{q_s}{1.21Q}$$

(5) 냉동기 부하

$R = q_{cc} \times 1.15$ (배관부하 + pump 부하 여유율 15%)(kJ/h)

습공기선도의 예냉, 혼합, 냉각 감습 과정

1. 장치구성

(1) 공조기로 받아들이는 외기량이 많을 때 사용

(2) 실내를 저온으로 유지해야 할 경우

(3) 외기부하의 대부분을 예냉기에서 처리하기 때문에 냉각기 용량을 적게 한다.

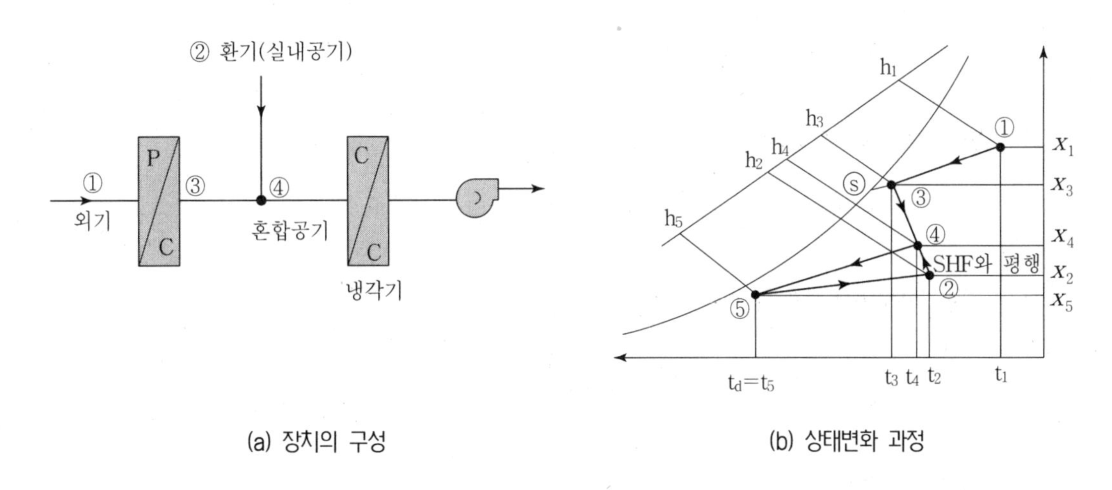

(a) 장치의 구성

(b) 상태변화 과정

2. 작도법

(1) 외기 ①과 실내 환기 ②의 상태점을 잡는다.

(2) 외기 ①의 상태점과 예냉코일의 장치노점온도 또는 에어워셔의 노점온도에 의해 ⓢ점을 잡아 연결한다.

(3) ①－ⓢ선도상에 예냉기 출구상태 ③점을 예냉기 또는 에어워셔의 효율에 따라 정한다.

(4) ②와 ③의 연결선상에 혼합비에 따라 ④점을 정한다.

(5) 실내 상태점 ②에서 SHF선과 평행하게 그어서 By－pass Factor, 실내 취출온도차, 취출구 상대습도에 의해 ⑤점을 정한다.

(6) 혼합공기 상태점 ④에서 냉각코일을 통과한 ⑤점과 선을 긋는다.

3. 계산식

(1) 냉각열량(kW)

$$q_{cc} = G(h_4 - h_5) = 1.2Q(h_4 - h_5)$$

(2) 예냉기 부하(kW)

$$q_{pc} = G_o(h_1 - h_3) = 1.2Q_o(h_1 - h_3)$$

(3) 감습량(kg/h)

$$L = G(x_4 - x_5) = 1.2Q(x_4 - x_5)$$

(4) 예냉기에서 응축수량(kg/h)

$$L_p = G_o(x_1 - x_3) = 1.2Q_o(x_1 - x_3)$$

(5) 송풍량 G(kg/h), Q(m³/h)

$$G = \frac{q_s}{1.01(t_2 - t_5)}, \quad Q = \frac{q_s}{1.21(t_2 - t_5)}$$

(6) 공조기 출구온도

$$t_5(t_d) = t_2 - \frac{q_s}{1.01G} = t_2 - \frac{q_s}{1.21Q}$$

습공기 선도 혼합, 냉각 재열과정

1. 장치구성

(1) 냉방 시 실내공기 오염이 심하여 취출공기량을 증가시킬 필요 있을 때

(2) 흐린 날씨, 장마 영향으로 일사량이 감소되거나 외기 온도가 낮아져 실내 취득현열량 q_s가 현저하게 감소하는 경우

(3) 식당, 사람이 많이 모이는 장소에 잠열부하 q_L이 매우 커지면 SHF가 작아진다.

(4) 냉각기로 혼합공기를 냉각 감습하여 절대온도를 낮춘 후에 재열기로 재열하여 SHF 평행선과 교차하도록 하였다.

(5) 재열방법은 Boiler에서 증기 온수를 이용하거나 응축기의 냉각수, 냉동기의 Hot Gas 등을 이용한다.

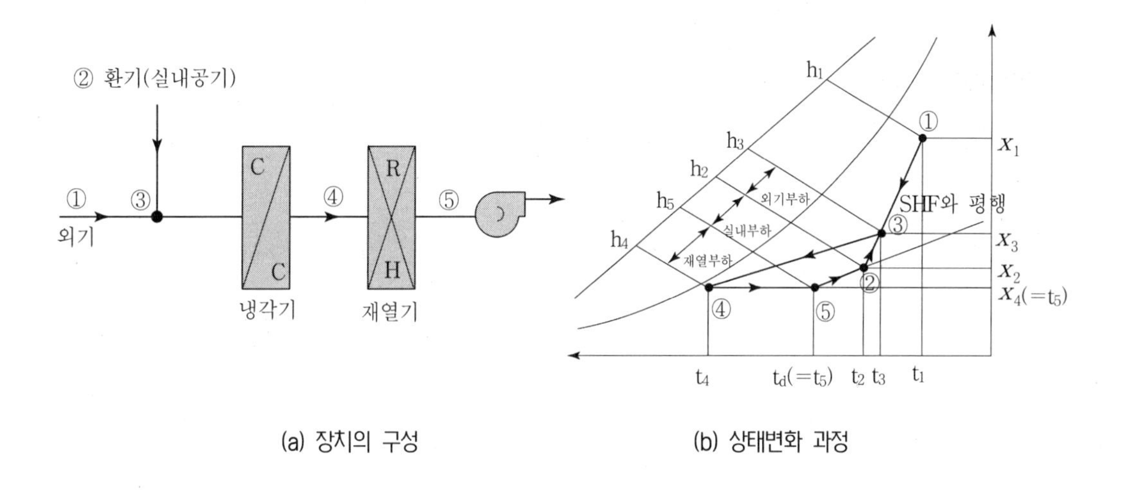

(a) 장치의 구성 (b) 상태변화 과정

2. 작도과정

(1) 외기 ①과 환기 ②의 상태점을 결정한 후 혼합비율에 따라 상태점 ③을 결정한다.

(2) SHF을 계산하여 SHF선과 평행하게 ②에서 선을 연장한다.

(3) 냉각코일의 장치노점온도에 의한 취출구 상대습도, By-pass Factor에 의해 ④점을 정한다.

(4) ④점에서 평행으로 가열하여 ②점의 현열비 연장선과의 교차점 ⑤를 취출점으로 정한다.

3. 계산식

(1) 냉각열량

$$q_{cc}(\mathrm{kW}) = G(h_3 - h_4) = 1.2Q(h_3 - h_4)$$

(2) 냉각기 감습량

$$L(\mathrm{kg/h}) = G(x_3 - x_4)$$

(3) 송풍량 G(kg/h), Q(m³/h)

$$G = \frac{q_s}{1.01(t_2 - t_5)}, \quad Q = \frac{q_s}{1.21(t_2 - t_5)}$$

(4) 공조기 취출온도

$$t_5 = t_2 - \frac{q_s}{1.01G} = t_2 - \frac{q_s}{1.21Q}$$

(5) 재열 부하

$$q_{RH} = G(h_5 - h_4) = 1.2Q(h_5 - h_4)$$

05 공조용 가습장치의 종류 및 특성에 대하여 논하라.

1. 개요

동절기 난방 시 공기를 가열함으로써 상대습도가 저하되므로 실내 상대습도를 40~70%로 유지하기 위하여 가습을 하여 실내 쾌적한 환경을 유지하는 것이다.

2. 가습장치의 종류

(1) 수 분무식
- 원심식
- 초음파식
- 분무식

(2) 증기식

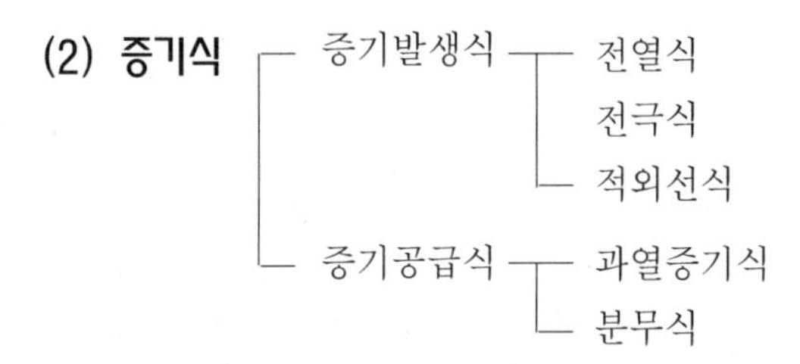

(3) 증발식
- 회전식
- 모세관식
- 적하식

3. 가습장치의 특성

(1) 수 분무식

물을 공기 중에 직접 분무하는 방식이며 공기환경은 수질에 직접적인 영향을 받는다.

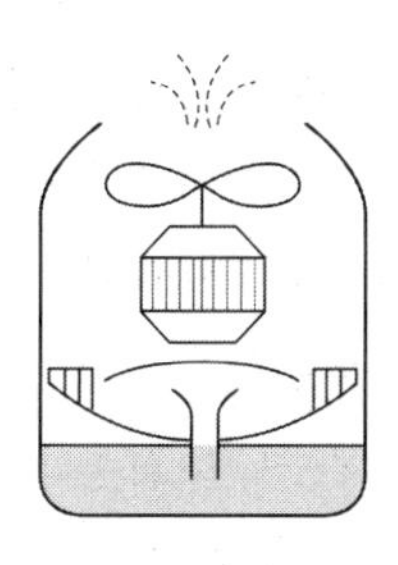

① 원심식

전동기로 원판을 고속회전하면 물은 흡습관을 통해 흡상되어 원반의 회전에 의한 원심력으로 미세화된 무화상태가 되고 전동기에 직결된 송풍기의 송풍력에 의해 공기 중에 방출된다.

② 초음파식

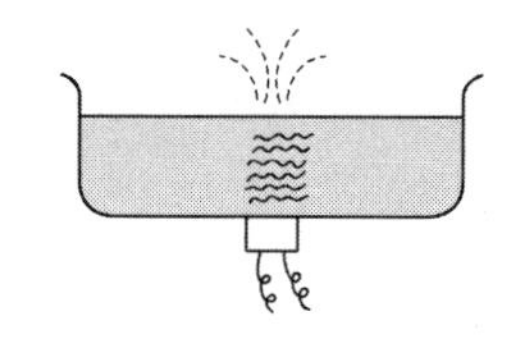

수조 내의 물에 120~320W의 전력을 사용하여 초음파를 가하면 수면에 수 μm의 작은 물방울이 발생하여 공기 중에 방출된다. 가격이 높고 용량은 적으나 큰 수적의 유출이 없고 저온에서도 가습이 가능하며 가정, 전산실, 소규모사무실에 적합하다.

③ 분무식

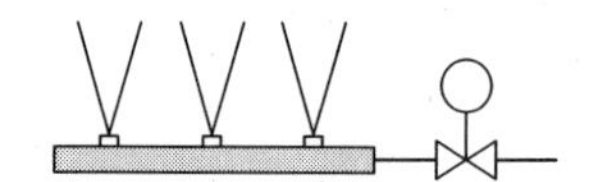

물을 공기 중에 가압펌프로 0.25~0.7MPa의 압력으로 노즐을 통해 분무한다.

(2) 증기발생식

무균의 청정실이나 정밀한 습도제어가 요구되는 경우 적당

① 전열식(가습팬)

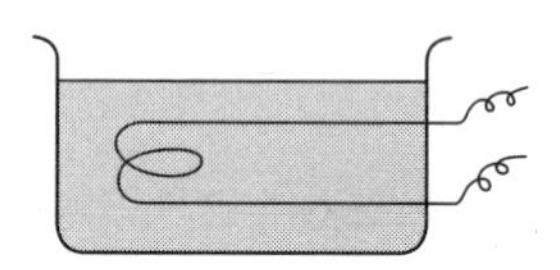

- 가습팬 내에 있는 물을 증기 또는 전열기로 가열하여 물의 증발에 의해 가습
- 수면의 면적이 작으므로 팩케이지 등의 소형 공조기에 사용

② 전극식

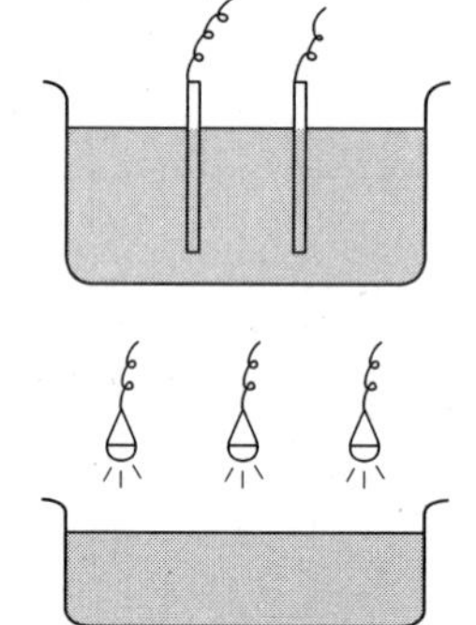

전열코일 대신에 전극판을 직접 수중에 넣어서 전기에너지가 열에너지로 전달되어 증기 발생하여 가습

③ 적외선식

물을 적외선등(Lamp)으로 가열하여 증기발생 가습

(3) 증기공급식

증기관에 작은 구멍을 뚫어 직접 공기 중에 분사 가습

① 과열증기식

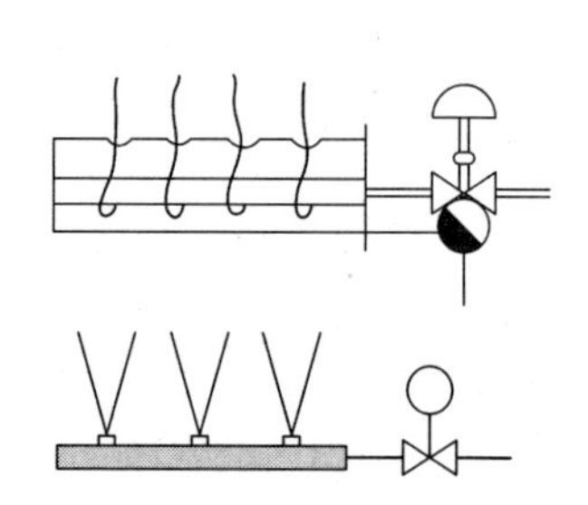

증기를 과열시켜 직접 공기 중에 분무한다. 가습효율이 100%이다.

② 분무식

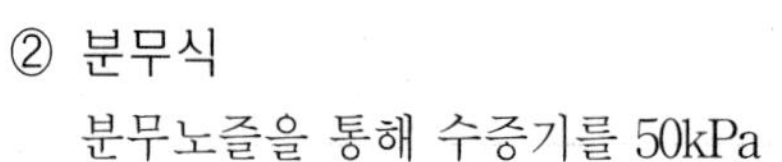

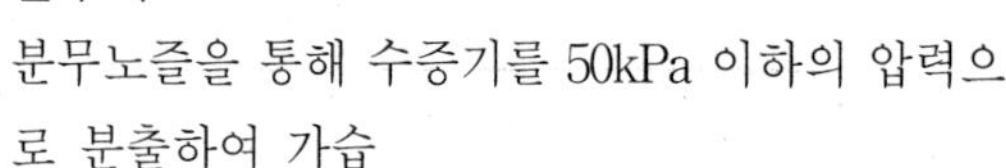

분무노즐을 통해 수증기를 50kPa 이하의 압력으로 분출하여 가습

(4) 증발식

높은 습도를 요구하는 경우 적당

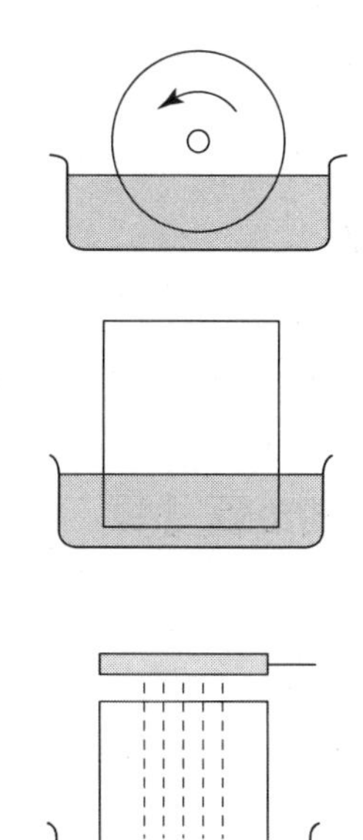

① 회전식

회전체 일부를 물에 접촉시킨 상태에서 저속으로 회전하여 물을 증발시켜 가습

② 모세관식

흡수성이 강한 섬유류를 물에 적셔서 모세관 현상으로 물을 빨아올리게 하고 공기를 통과시켜 가습

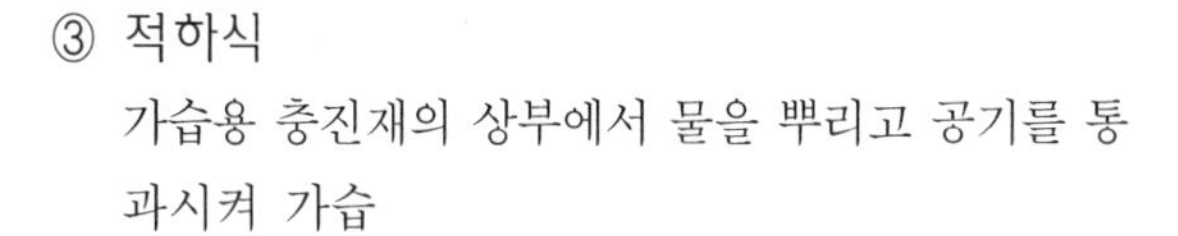

③ 적하식

가습용 충진재의 상부에서 물을 뿌리고 공기를 통과시켜 가습

(5) 에어워셔에 의한 가습

챔버 내에 다수의 노즐을 설치하여 공기를 통과시킴으로써 가습하는 것이며 공기 습구온도와 물의 온도가 일치되면 단열 가습이 된다.

4. 가습의 필요성

(1) 쾌적한 환경 조성

(2) 정전기 발생 방지

(3) 흡수성 제품의 품질 및 생산성 저하 방지

5. 결론

동절기 공기조화 시 실내 쾌적한 환경유지를 위해 가습을 할 때 가습효율이 뛰어나고 급기 온도 저하가 발생하지 않는 방식을 선정하는 것이 좋을 것으로 사료된다.

공조용 제습장치의 종류 및 특성에 대하여 기술하시오.

1. 개요

하절기 냉방 시 공기를 냉각함으로써 상대습도가 증가되므로 실내 상대습도를 40~70%로 유지하기 위하여 제습을 하여 실내 쾌적한 환경을 유지하는 것이다.

2. 제습방법의 종류

(1) 냉각식
(2) 압축식
(3) 흡수식
(4) 흡착식

3. 제습방법 종류별 특징

(1) 냉각식 제습법

① 원리
냉각코일을 이용하여 습공기를 노점온도 이하로 냉각하여 제습

② 특징
㉮ 공기조화에서 가장 일반적으로 사용
㉯ 냉방 시 온도가 내려가면 지장이 있을 때는 재열을 요하므로 비경제적
㉰ 노점온도가 낮을 때는 냉각면에 응축수가 빙결되어 공기의 흐름이 차단

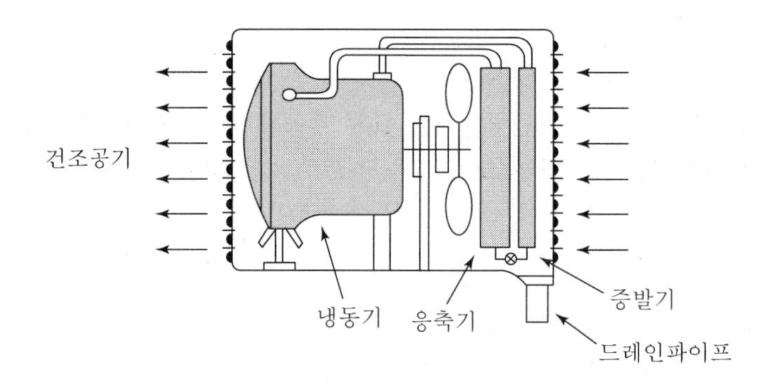

(2) 압축식 제습법

① 소요 동력이 크고 제습만을 목적으로 할 때는 비경제적

② 압축공기 자체가 필요할 때 냉각과 병용

(3) 흡수식 제습법(Liquid Desiccant)

① 원리

흡수성 수용액을 습한 공기와 접촉시켜 공기 중의 수분을 흡수하여 제습하며 흡수제로 염화리튬이나 에틸렌글리콜용액 등이 사용된다.

② 장점

㉮ 온도와 습도를 동시에 조절가능

㉯ 대풍량 공기를 처리하는 데 적합

㉰ 전환쇼크가 없다.

㉱ 처리공기 압력손실이 적음

㉲ 운전비가 적음

㉳ 염화리튬의 경우 살균효과가 있음

③ 단점

㉮ 흡수제 비산에 유의

㉯ 액체는 부식성이 강해 관리에 주의

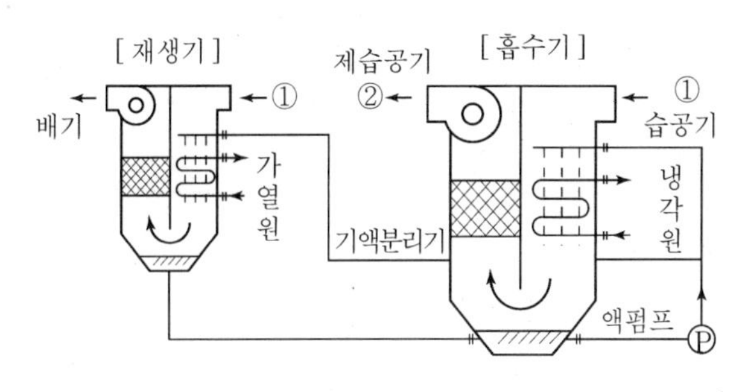

[액체흡습제 사용 제습장치]

(4) 흡착식 제습법(Solid Desiccant)

① 원리

물체의 표면에 흡착되기 쉬운 물분자가 흡착제를 통과할 때 공기의 수분이 흡착제에 모세관현상으로 이동

② 종류

㉮ 재생과 흡착방법 : 2탑식, 다탑식, Rotary Drum Type

㉯ 흡착제 : 실리카겔, 합성제오라이트, 활성알루미나

③ 장점

㉮ 3~60m³/min 정도의 소풍량에 적합

㉯ 구조가 간단하고 가동부분이 적어 유지 보수 용이

④ 단점

㉮ 처리공기의 압력손실이 큼

㉯ 재생공기 온도가 높음(150~200°C)

㉰ 전환쇼크가 있음

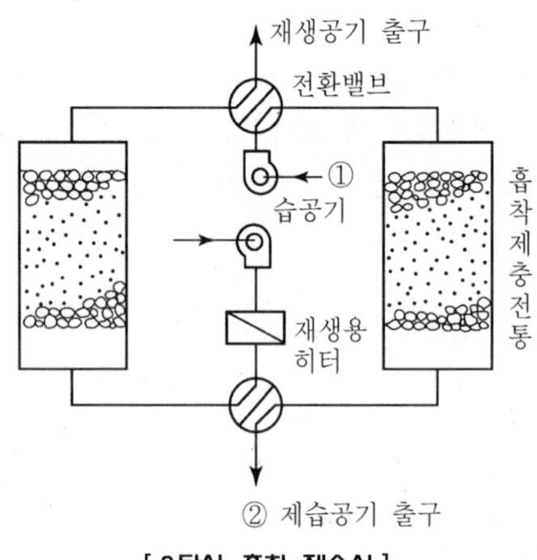

[2탑식 흡착 제습식]

4. 제습의 필요성

(1) 쾌적한 환경 유지

(2) 결로에 의한 장애 방지

(3) 흡수성 제품의 품질 및 생산성 저하 방지

(4) 녹의 방지

(5) 착상의 방지

(6) 건조

(7) 극저온 배관실의 수분 제거

(8) 에너지 절약

5. 결론

하절기 공기조화 시 실내의 쾌적한 환경유지를 위해 제습을 할 때 제습효율이 뛰어나고 급기온도 상승이 발생하지 않는 방식을 선정하는 것이 좋다.

제16장 설비계획

Professional Engineer

○ Building Mechanical Facilities
○ Air-conditioning Refrigerating Machinery

01 건축기계설비 설계방법

1. 기계설비계획 개요

- **설계의 기본방향**

① 쾌적성

② 유지 관리 용이

③ 에너지 절약

④ 경제성 추구

⑤ 기타

2. 열원설비

(1) 부하계산

① 설계용 외기 온습도 조건제시(TAC 2.5% 등)

② 냉방부하

③ 난방부하

(2) 열원방식의 선정 배경

① 냉열원

② 온열원

③ 연료

(3) 열원공급 계통

① 냉열원 Flow Sheet

② 온열원 Flow Sheet

3. 공조설비

(1) 조닝계획

(2) 공조방식의 선정 배경(또는 각 구역별 공조 방식)

(3) 공조배관 계통도

(4) 공조덕트 계통도

(5) 환기계획

4. 위생설비

(1) 급수설비

① 급수량 산정(지하저수조, 고가수조, 양수펌프유량, 양정 등)
② 급수계통 및 공급방식 선정 배경
③ 급수공급 계통도

(2) 급탕설비

① 급탕열원
② 급탕량 산정(저탕량, 가열량, 순환수량, 순환펌프양정 등)
③ 급탕계통 및 공급방식 선정 배경
④ 급탕공급 계통도

(3) 오배수 설비

① 배수계통은 오수, 잡배수, 간접배수 계통 구분
② 잡배수 계통은 중수처리하여 대소변기 급수로 재이용
③ 통기방식은 루프통기, 각개통기, 신정통기를 적절히 이용

5. 소화설비

소방법, 시행령, 시행규칙에 의거 적용

6. 기타

주방설비, 특수설비 등

7. 에너지 절약방안

에너지 절약 설계 기준

설비의 계획 및 설계단계를 설명하고 설비계획상 고려할 사항을 체계적으로 요약하라.

1. 개요

공조설비 계획설계의 순서는 흐름에 따라 '기획 → 기본계획 → 기본설계 → 실시설계'의 단계로 구분할 수 있으며 건물구조 용도에 따라서 기본계획이 기본설계에 포함되는 경우도 있다.

2. 설비의 계획

설비계획은 계획자가 시공주의 요청사항에 따라 건축 및 다른 설비와의 융합 조화를 도모하면서 협의 및 결정한 기본사항을 보다 구체적인 것으로 전개시킬 것으로서 실시설계의 지침이 된다.

(1) 기획

① 건축규모, 용도
② 공기, 예산
③ 공조범위
④ 열원계획, 공조의 수준
⑤ 장래계획 전망, 에너지 절약계획

(2) 기본계획

① 기본계획서 및 공사비 계산서 작성
② 공조방식의 검토
③ 실내 환경의 설정
④ 공사비의 개략 산출
⑤ 자료수집 검토, 실험, 실측
⑥ 관계법령조사
⑦ 유사 사례조사, 현지조사

3. 설계단계

(1) 기본설계

① 열원방식의 검토와 결정
② 공조방식의 검토와 결정

③ 개략 부하 계산
④ 각 장치의 배치계획
⑤ 자료수집 검토, 유사사례 검토, 현지조사
⑥ 각종 기술자료 검토

(2) 실시설계

① 실시설계도 작성, 특기시방서, 공사비 내역서 작성
② 설정 조건 확인
③ 열부하 계산
④ 풍량 산정
⑤ 장치 용량 결정
⑥ 세부사양 결정
⑦ 각종 계산서 작성

4. 설비계획상 고려사항

(1) 건축설계자와의 협의

① 건축물의 에너지 절약화(단열, 방위, 창 등)
② 기계실의 적절한 배치
③ 덕트, 파이프 샤프트의 크기
④ 덕트 배관의 관통과 천장 내 스페이스(층고, 천장고)

⑤ 슬래브, 철골, 구조벽의 오프닝
⑥ 고층빌딩의 경우 로비의(극간풍) 연돌효과 방지

(2) 설비의 사전조사

① 설계하려는 건물과 비슷한 건물을 조사 실시하여 장단점 파악, 문제점, 유의점에 대응
② 건물의 요구되는 공조 조건(실내 온습도, 정밀도, 운전방법 등)
③ 건축주의 의견 청취 및 이해사항 협조 구함
④ 현장 조건 파악
　㉮ 에너지의 공급
　㉯ 시수공급
　㉰ 오배수 연결조건 조사
　㉱ 대기 오염도 조사
　㉲ 소음, 진동, 내진대책
⑤ 에너지 절약 계획

5. 결론

설비의 계획 및 설계 단계에서 입지조건, 건축물의 용도, 규모, 발주자의 요구사항 등 사전조사를 충분히 해야 하며, 계획상 고려할 사항으로 건축설계자와의 사전협의와 용도에 따른 열원기기의 분할 운전계획과 에너지절감계획 등이 있다.

03 공기조화의 계획법(기본설계)에 대하여 기술하라.

1. 개요

건축물의 기능성과 환경성능을 만족시키기 위하여 공기조화계획, 열원방식, 공조방식, 기기설비의 크기와 위치, 적절한 사양, 적절한 배치, 방음방진, 제어방식, 유지 관리 측면을 고려하여 계획하여야 한다.

2. 공기조화계획

(1) 건축설계자와의 협의

① 건축물의 에너지 절약화(단열, 창, 방위 등)
② 기계실의 적절한 배치
③ 덕트, 파이프 샤프트의 크기 위치
④ 덕트 배관의 관통과 천장 내 스페이스(층고, 천장고)
⑤ 슬래브, 철골, 구조벽의 오프닝
⑥ 고층 빌딩의 경우 로비의 외기 침입 기밀 유지

(2) 사전조사

① 설계하려는 건물과 비슷한 건물을 조사하여 장단점 파악, 문제점, 유의점에 대해 대응
② 건물에 요구되는 공조조건(실내 온습도, 정밀도, 운전 방법 등)
③ 건축주의 의견 청취 및 이해사항 협조 구함
④ 현장조건 파악(에너지의 공급, 시수공급, 오 · 배수 연결, 대기오염도, 소음도 등)

(3) 시스템의 구상

① (1), (2)의 사항에 근거한 공조 시스템 설정(일반적으로 2, 3개 시스템으로 압축)
② 초기투자비, 운전비, 용도에 근거한 쾌적성 등의 검토

3. 공조시스템의 종류와 특징

(1) 열원시스템, 냉 · 온열원으로 구분

① 기기의 효율성, 가격 검토
② 에너지 가격이 합당한지

③ 환경오염을 유발하지 않는지
④ 저부하 특성이 나쁘지 않은지
⑤ 초기투자비와 운전비와의 경제성 대비
⑥ 기기의 내용연수는 충분히 보장되는가

(2) 반송시스템

① 열매의 이용 종류(증기, 온수, 냉수, 온도조건)
② 변유량 시스템의 경우 팬, 펌프의 유량제어
③ 반송계의 발생소음, 진동 제거
④ 배관 경로와 건축과의 관련
⑤ 수배관의 방식, 공기 배제 계획
㉮ 일반적으로 반송동력은 배관 사이즈를 바꾸지 않고 온도차를 2배로 하면(유량을 1/2로 취한다) 1/8로 줄어든다.
㉯ 온도차를 2배로 하면 유량은 1/2로 되고 배관경은 작아진다.
㉰ 공기 배제로 원활히 순환되도록 한다.

(3) 공조시스템

① 유리창, 외벽 등(페리메터 구간)의 열부하 변동의 크기(FCU+SD, VAV 등의 방식 선정 시 고려)
② 부하변동, 용도, 운전시간대 등에 의한 Zone 분석
③ 요구되는 온습도, 공기청정조건의 정도에 의한 Zone 분석
④ 특수한 부하(전산실, 기타 발열) 발생 여부
⑤ 분진, 냄새, 유해가스의 발생 Zone 여부
⑥ 개별제어의 필요성
⑦ 공조의 목적(보건공조, 산업공조)
⑧ 실내기류분포, 온도분포에 대한 제약은 없는지

(4) 에너지 절약 측면

① 열원 시스템 측면의 에너지 절약 : 축열장치, 외기냉방 등의 조합
② 반송 시스템에서의 에너지 절약 : 대수제어, 팬, 펌프
③ 공조 시스템에서의 에너지 절약 : 공조방식, 경제성 검토, VAV, CAV, 듀얼덕트 등
④ 외기부하 경감
㉮ 외기도입량 최소
㉯ 배기열 회수
㉰ 예열, 예냉 시의 외기도입 및 배기제한
⑤ 적절한 조닝에 의한 운전시간 제한

⑥ 코스트 스터디
㉮ 공조설비 공사비 비율
㉯ 시스템에 의한 공사비 비교
㉰ 운전관리비 연간 코스트의 검토

4. 각종 기계실과 샤프트 위치 및 크기

(1) 공조방식에 의해 개략 환기량을 구하고 공조기 용량산출
(2) 산출된 풍량에 맞는 공조기와 공조실 면적 산출
(3) 공조기의 적정 위치 및 외기인입, 배기구 등의 설치가 용이한지 확인
(4) 반입, 반출 확인(주기계실, 공조실, 팬룸)
(5) 덕트의 레이아웃 및 에어덕트 파이프 샤프트의 적정 크기 산정

5. 공조시스템과 기계실 샤프트 위치 및 크기

(1) 공조방식에 의한 계통도 작성
(2) 평면상의 공조실 배치 및 크기 산정
(3) 주기계실 배치 및 크기 산정
(4) 기계 반입, 반출구 배치 및 동선 확보
(5) 덕트 경로 레이아웃 및 에어 덕트/파이프 샤프트의 적정 크기 산정

6. 결론

공조설비는 에너지 절약, 개별 제어성, 중간기 등의 외기 냉방, 설비비, 운전비, 보수관리비, 설비의 변경, 공해 등을 고려하여 계획되어야 한다.

공조설비의 Zoning 필요성과 Zoning 계획에 대하여 기술하라.

1. 개요

한 건물 내에서도 부분에 따라서 열부하 특성이 달라지며, 방위, 시간대, 용도에 따라 부하가 변하므로 부하특성이 유사한 구역을 하나의 Zone으로 하여야 효율적인 공조 및 에너지를 절약할 수 있다.

2. Zoning의 필요성

(1) 에너지 절약
(2) 과열, 과냉 방지
(3) 과가습, 과제습 방지
(4) 유지 및 관리 용이
(5) 효율적인 운전

3. Zoning 시 고려사항

(1) 실의 용도 및 기능
(2) 실내 온습도 조건
(3) 실의 방위
(4) 실의 사용 시간대
(5) 실의 부하량 및 구성
(6) 실내로의 열운송 경로
(7) 실의 요구 청정도

4. Zoning의 계획

(1) 방위별 Zoning

① 동서남북의 방위에 따라 외주부의 열부하 특성이 시간대에 따라 달라지므로 위와 같이 외주부와 내주부로 나눈다.

② 내주부는 외부에서 열취득이나 열손실이 없어 연중 냉방부하가 존재한다.

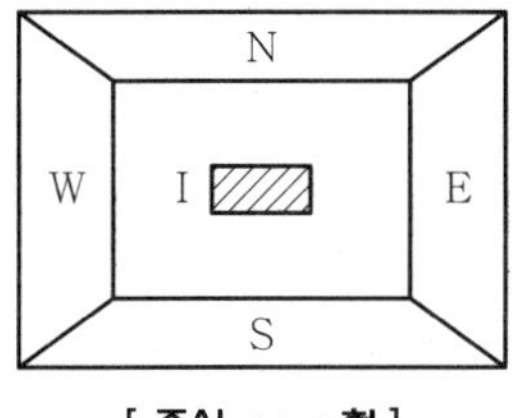

[중심 core형]

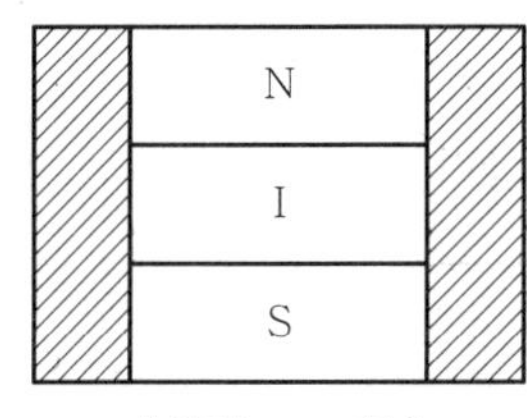

[양측 core형]

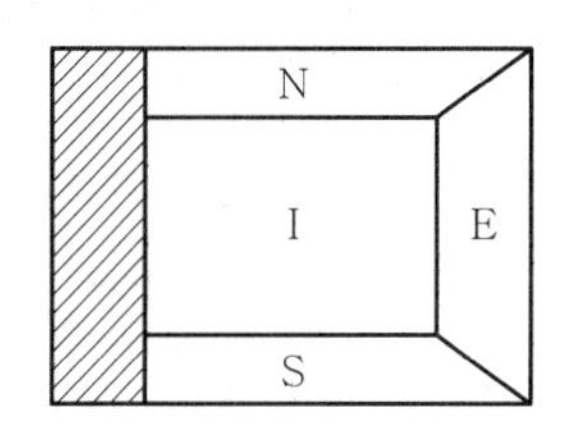

[편측 core형]

(2) 사용 시간대별 Zoning

건물 내의 실의 특성상 사용 시간대가 다음과 같이 나뉜다.

- 8시간 사용 : 사무실
- 24시간 사용 : 숙직실, 당직실, 전산실
- 간헐 사용 : 식당, 주방, 회의실
- 8시간 사용은 일반 공조 System 적용, 24시간 사용은 개별제어 및 단독운전이 가능한 개별 Unit 설치
- 간헐 사용은 용도가 같은 곳을 하나의 Zone으로 묶어 공조 System 구성

(3) 용도별 Zoning

① 사무실 계통

㉮ 실내정숙에 유의
㉯ 부하패턴이 일정
㉰ 8시간 사용

② 회의실

㉮ 실내의 정숙
㉯ 간헐적으로 사용되므로 개별제어
㉰ 담배연기 제어 : 환기량
㉱ 인원의 증감에 대비 공조용량 산정

③ 복리후생시설

㉮ 휴식의 개념으로 쾌적한 환경
㉯ 전공기 방식
㉰ 간헐 사용 및 연장시간 사용으로 개별제어

④ 식당 및 주방

㉮ 간헐적 사용
㉯ 부하 변동이 심하다.
㉰ 냄새 확산 방지를 위한 (-)압력 유지
㉱ 주방 배기량 확보

⑤ Lobby

㉮ 연돌효과 방지 (+)압력 유지
㉯ 조명부하가 크다.

⑥ 전산실

㉮ 연중 냉방 부하 발생
㉯ OA기기 증가 예측 부하 용량 산정

㉰ 대개 항온 · 항습실

㉱ 24시간 근무 가능으로 개별운전 및 개별제어 고려

⑦ 기타

분진, 악취, 유해가스 발생 Zone은 별도의 Zoning

5. 결론

건물 내의 Zoning은 용도, 시간대, 방위별 Zoning을 반드시 하여 에너지 절약 및 운전제어를 용이하게 할 수 있도록 해야 한다.

건물성능개선에 대하여 기술하시오.

1. 개요

건물 개보수(Building Remodeing)란 기존 건물의 구조적, 미관적 성능이나 에너지 성능을 개선하여 거주자의 생산성, 쾌적성 및 건강을 향상하여 건물의 가치를 상승시키고 경제성을 높이는 것을 말한다.

2. 건물 개보수의 배경

① 1970~1980년대 건물 대부분이 양적 팽창위주의 졸속개발로 질적 수준 빈약

② 물리적, 사회적 기능저하

③ 10년 이상된 건물의 개보수 사업 대상에 전체 기존건축물의 47.7% 해당

3. 건축기계설비의 기능이력

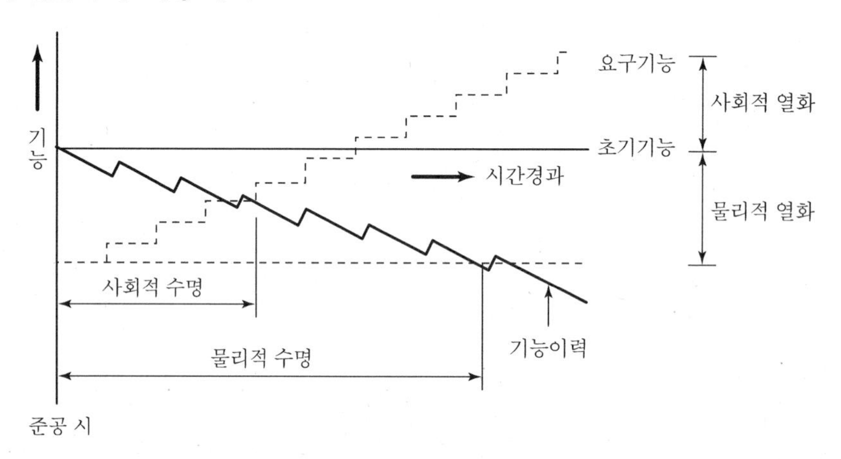

4. 성능개선 절차

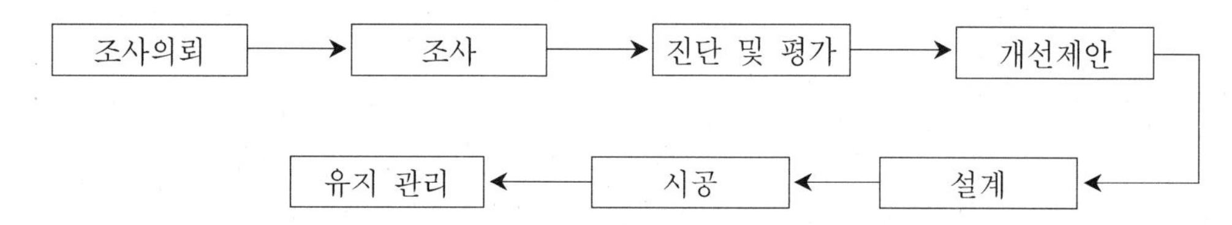

5. 건물 개보수의 분류

(1) 구조적 성능개선(Structural Performance Renovation)

① 건물의 안정을 위해 가장 우선적 고려
② 노후화에 따른 구조적 성능저하
③ 건물의 기능변화와 사용패턴의 변화 및 주변환경의 변화에 대응
④ 지진이나 화재 등 재해에 대비하기 위한 기준강화에 대응

(2) 기능적 성능개선(Functional Performance Renovation)

① 건물의 각종 기능은 건물이 노후화되면서 함께 저하
② 건축설비시스템은 다른 건축 요소에 비해 성능저하가 빠름
③ 사회 구조의 변화와 기술의 발달에 따라 빠르게 변화
④ 정보 통신기술의 발달과 건물의 IBS(Intelligent Building System)화에 따라 기능적 성능개선

(3) 미관적 성능개선(Aesthetic Performance Renovation)

① 미관적 성능은 건물의 가치를 판단하는 일차적 요소
② 재료의 노후화에 따른 질적 저하 및 시대적 성향의 변화에 따른 요소
③ 건물의 외관뿐 아니라 건물 내부의 형태 및 마감형태 등 포함

(4) 환경적 성능개선(Eneiromental Performance Renovation)

① 열환경, 빛환경, 공기환경 및 음환경의 개선은 거주의 쾌적성과 건강에 직결
② 건물 에너지 소비절약에도 기여
③ 건축물의 내외부 환경개선은 물론 지역환경이나 지구환경의 개선과도 연관

(5) 에너지 성능개선(Energy Performance Renovation)

① 건물 성능개선 분야 중에서 가장 비중이 크고 보편적이다.
② 에너지 소비는 건물의 Life Cycle Cost를 결정하는 가장 중요한 요소임

6. 성능개선에 따른 파급효과

(1) 자원절약

① 국가에너지의 약 1/4을 차지하는 건물부문에서의 에너지 소비 절감
② 전량 수입에 의존하는 석유자원 절약으로 국가 경제발전에 기여
③ 건물의 수명을 연장하여 신축에 투입되는 막대한 자원절약

(2) 환경보존

① 건물의 에너지 소비는 CO_2 발생과 선형적 함수관계에 있음

② 화석연료 사용 억제로 오염물질 배출감소 및 지구온난화 방지에 기여
③ 건물의 수명연장으로 건물폐기에 따른 각종 환경폐기물 발생 억제

(3) 건축시장의 확대

① 신축건물 위주의 건축시장을 기존 건물까지 크게 확장
② 건설경제 활성화에 기여

(4) 신고용 창출

① 건설시장의 확대는 건설고용을 확대
② 기존 건설 교용과는 달리 새로운 전문지식과 기술을 필요로 하는 고용

7. 건물성능개선 활성화방안

(1) 법적제약요소개선

① 성능개선과 관련되 건축행위가 현행관련법의 규제를 받음
② 1970~1980년대 지어진 건축물을 강화된 현 기준에 맞추기 어려움
③ 현행 건축법에 규정된 성능개선에 대한 법규정 미비
④ 리모델링 활성화를 위한 법규정의 개선이 필요

(2) 금융 및 조세 지원

① 리모델링에 대한 재정적 지원은 리모델링 활성화의 직접적인 유인방안임
② 국민주택기금의 활용과 새로운 지원기금의 설립을 통한 재정지원
③ 리모델링 소요비용에 대한 세액공제 및 조세감면방안 적극검토

(3) 건설업체의 업역분담 및 특성화

① 리모델링 분야별, 건물의 규모별, 건물의 유형별 업역 선택
② 집중적인기술과 경험을 축척하여 차별화된 사업영역 구축

(4) 정부의 선도적 역할

① 정부 산하 건물들을 대상으로 리모델링을 적극적으로 시행
② 리모델링의 활성화에 따른 파급 효과를 위해 적극 추진
③ 법규정을 개선하고 각종 지원정책을 수립하여 리모델링 산업을 적극 이끌어 나아가야 함

8. 경제성 분석 방법

(1) 순이익 분석
(2) 수익/비용 비율 분석

(3) 내부수익률 분석
(4) 초기투자비 분석
(5) 투자회수기간 분석
(6) LCC 분석

9. 결론

기존 건물의 구조적, 기능적, 미관적, 환경적 성능이나 에너지 성능 개선으로 거주자의 생산성, 쾌적성 및 건강이 향상되도록 전문가들로하여 방법론을 제시케 하여 활성화시켜야 함

06 건축기계설비의 진단 및 평가에 대하여 기술하시오.

1. 개요

건축기계설비 시스템의 물리적, 사회적, 경제적 열화현상을 분석, 진단 및 평가를 통하여 건축기계설비의 개선이나 리모델링 시행에 적절한 조언과 제안을 하는 엔지니어링을 말한다.

2. 진단 및 평가 업무의 흐름

(1) 예비조사
(2) 진단계획
(3) 현장조사 및 분석
(4) 진단 및 평가
(5) 개선제안 및 진단보고서 작성

3. 시스템 검토 및 예비조사

(1) 진단 목적확인, 각종 설계도서 및 운전자료수집
(2) 시스템 파악 및 분석
(3) 각종 장비용량 검토 및 분석
(4) 기능장애 내용, 범위, 정도파악, 불합리한 현상 청취 및 조사

4. 진단계획 수립

(1) 진단내용, 대상, 방법, 공정, 일정 검토
(2) 진단계획서 작성

5. 현장조사 및 분석

(1) 시스템 검토 및 예비조사 내용 · 비교 분석
(2) 진단계획에 의거 조사 및 분석
(3) 1차 조사 : 진단 및 평가 대상에 대하여 시각, 청각, 촉각 등의 5감에 의한 조사와 관리 데이터의 조사 분석 등을 수행하는 것을 말한다.
(4) 2차 조사 : 건축 기계설비 시스템의 계통과 기기의 운전 상태에 대해 각종 계측기기를 사용하여 데이터를 수집, 분석하고 필요시 샘플링 분석(배관의 절단 등)도 병행하여 실시한다.

(5) 3차 조사 : 대형 장비 및 고가의 기기나 특수한 기능의 기기 등에 대하여 필요시 제조회사나 외부 전문조사기관과 협력하여 분해 · 분석 등을 통해 정밀 조사한다.

6. 진단 및 평가

진단 대상에 대한 물리적 열화현상과 사회적 열화현상의 정도, 범위와 개선을 필요로 하는 대상, 범위, 시기를 판정하는 것

(1) 열원장비의 성능측정 및 분석
(2) 덕트 풍량 분포 측정
(3) 배관 유량 분포 측정
(4) 실내환경 측정
(5) 위생장비 및 기기의 성능측정 및 분석
(6) 자동제어기기의 기능 점검 및 분석
(7) 소화장비 및 기기의 기능 측정 및 분석
(8) 기타 건축기계설비 시스템 측정 및 분석

7. 개선 제안 및 진단보고서 작성

(1) 개선 제안

① 문제점에 대한 개선방안 수립 및 제안
② 개보수 범위 및 개선방안별 기본계획안 수립
③ 개선방안별 장점, 단점, 추정공사비
④ 연차별 개보수범위 및 계획수립

(2) 진단보고서 작성

진단 및 평가에 따라 서론, 진단개요, 진단항목, 진단대상설비 및 범위, 조사방법, 종합소견, 개선제안, 첨부자료 등 사항을 포함하여 보고서 작성

8. 결론

물리적 열화현상 및 사회적 열화현상을 진단, 평가하여 개보수 시기, 방법 등을 제안하여 건축기계설비의 성능개선을 통한 에너지 절약, 환경개선 등에 기여하여야 할 것으로 사료된다.

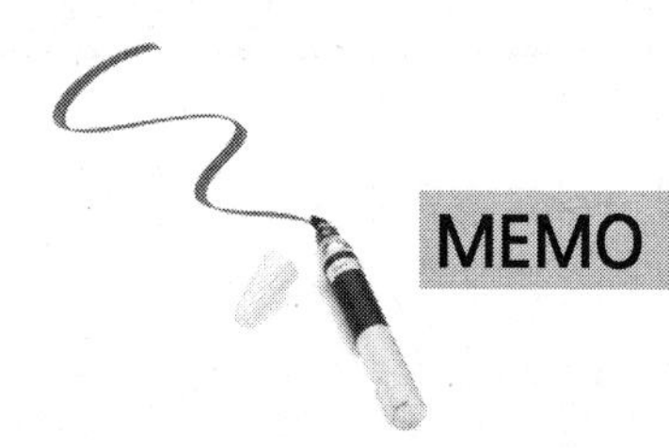

MEMO

제17장 공조방식

공기조화 방식의 종류를 쓰시오.

1. 개요

일반적으로 공조방식의 종류는 중앙식과 개별식으로 분류한다.

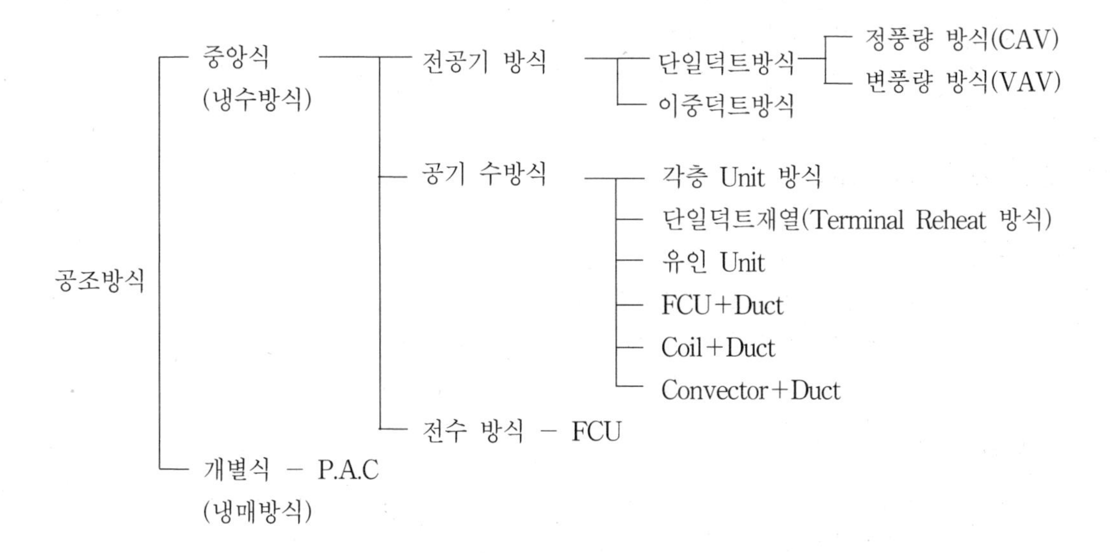

2. 전공기 방식의 특징

(1) 장점

① 온습도, 공기청정, 취기의 제어를 잘 할 수 있다.
② 실내의 기류 분포가 좋다.
③ 공조실내에 수배관이 필요 없으므로 OA기기에 물 피해가 염려되지 않는다.
④ 배열회수가 쉽다.
⑤ 실내에 설치되는 기기가 없으므로 실의 유효면적이 증대된다.
⑥ 운전 및 보수관리를 집중화할 수 있다.
⑦ 겨울철 가습이 용이하다.
⑧ 외기냉방이 가능하다.

(2) 단점

① 덕트 스페이스가 크다.
② 반송동력이 커진다.
③ 공조 기계실을 위한 큰 면적이 필요하다.

(3) 적용

① 사무소 건물
② 병원의 내부존
③ 청정도가 요구되는 병원의 수술실
④ 배기풍량이 많은 연구소, 레스토랑
⑤ 큰 풍량과 높은 정압이 요구되는 대공간

3. 공기 수방식의 특징

(1) 장점

① Fan Coil Unit 제어에 의한 개별제어가 쉽다.
② 전공기식에 비해 반송동력이 적다.
③ 덕트 스페이스, 공조 스페이스가 작아도 된다.

(2) 단점

① 실내 송풍량이 적고, 유닛에 고성능 필터를 사용할 수 없어 청정도가 낮다.
② 실내에 수배관이 필요하며 물에 의한 사고가 우려된다.
③ 유닛의 보수점검에 손이 많이 간다.
④ 외기냉방, 배열회수가 어렵다.

(3) 적용

사무소, 호텔객실, 병원의 병실 등 다실건축 등의 외부 존에 적용된다.

4. 수방식의 특징

(1) 장점

① 개별제어, 개별운전이 가능하다.
② 반송동력이 적다.
③ 덕트 스페이스, 공조 기계실이 필요치 않다.

(2) 단점

① 습도, 청정도, 기류분포의 제어가 곤란하다.
② 실내의 수배관이 필요하다.
③ 외기냉방을 할 수 없다.

(3) 적용

사무소 건물의 페리미터 처리용, 여관, 주택 등 주거인원이 적고 틈새바람에 의한 외기도입이 가능한 건물

5. 개별방식(냉매방식)의 특징

(1) 장점

① 개별 제어, 개별 운전이 가능하다.
② 반송동력이 적다.
③ 덕트 스페이스, 기계실 면적이 작아도 된다.
④ 운전 취급이 간단하다.
⑤ 고장 시 다른 것에 영향이 없고 적용성(Flexibility)이 풍부하다.

(2) 단점

① 습도, 청정도, 기류분포의 제어가 곤란하다.
② 외기 냉방을 할 수 없다.
③ 소음 진동이 크다.
④ 내구성이 비교적 낮다.

(3) 적용

① 주택, 호텔객실, 소점포 등 비교적 소규모 건물
② 24시간 계통인 컴퓨터실, 수위실 등에 사용되지만, 최근에는 사무소나 일반 건물에도 많이 채용되고 있다.
③ 종래에는 PAC(Packaged Air Conditioner)가 널리 적용되었으나 최근에는 EHP, GHP, GSHP 등의 적용이 증가된다.
④ 신재생에너지원이 지열을 이용하는 데 지열히트펌프(GSHP)의 적용이 급격히 증가되고 있다.

전공기 방식의 공기조화설비에 대하여 논하라.

1. 개요

중앙장치에서 조화된 공기를 공조가 요구되는 실내로 송풍하여 공조하는 방식

2. 종류

(1) 단일 덕트

① 정풍량 방식(CAV)
② 변풍량 방식(VAV)

(2) 이중 덕트

3. 특징

(1) 장점

① 운전 및 유지 보수관리가 용이하고 Filtration System의 선택 폭이 크다.
② 거주실 내에 Drain 배관, 전기배관, Filter의 설치가 불필요하다.
③ 중간기 및 동절기에 외기 냉방이 가능
④ 열회수 System의 채용이 용이
⑤ 건축 중의 설계변경이나 완공 후의 실내구획 변경에도 융통성을 지닌다.
⑥ 실내의 가압이 가능
⑦ 외주부에 Unit을 설치할 필요가 없으므로 Floor Space를 넓게 사용할 수 있다.
⑧ 동절기 가습이 용이하다.
⑨ 계절 변화에 따른 냉난방 자동운전 절환이 용이하다.

(2) 단점

① 중앙 기계실의 크기가 커지고 Duct Riser에 의해 Floor 면적이 줄어들며 Ceiling Space가 커진다.
② 동절기 비사용 시간에도 동파방지를 위해 공조기를 운전해야 한다.
③ 정확한 Air Balancing이 요구된다.
④ 재열장치 사용 시 에너지 손실이 크다.

⑤ 재순환 공기에 의한 실내공기 오염의 우려가 있다.

4. 적용

(1) 사무소 건물, 병원의 내부존, 청정도가 요구되는 병원의 수술실, 공장, 배기풍량이 많은 연구소, 레스토랑, 큰 풍량과 높은 정압이 요구되는 극장 등

(2) 고도의 온습도 청정제어를 요하는 Clean Room, Computer Room, 병원 수술실, 방적공장, 담배공장 등

(3) 극장, Studio, 백화점, 공장과 같이 1실 1계통의 제어

03 공기 수방식 공기조화설비에 대해서 논하라.

1. 개요

(1) 중앙장치에서 냉각 또는 가열된 수와 공기가 실내에 설치된 Terminal Unit으로 반송되어 공기조화하는 방식이다.

(2) 가장 널리 사용되는 방식에는 Fan Coil Unit 또는 Induction Unit이 있다.

(3) 그 외 복사 Panel과 중앙장치에서 처리된 환기용 공기를 송풍할 Duct계가 조합된 방식도 사용된다.

2. 종류

(1) 각층 Unit

(2) 단일덕트 재열

(3) FCU+Duct

(4) 유인유닛

(5) Coil+Duct

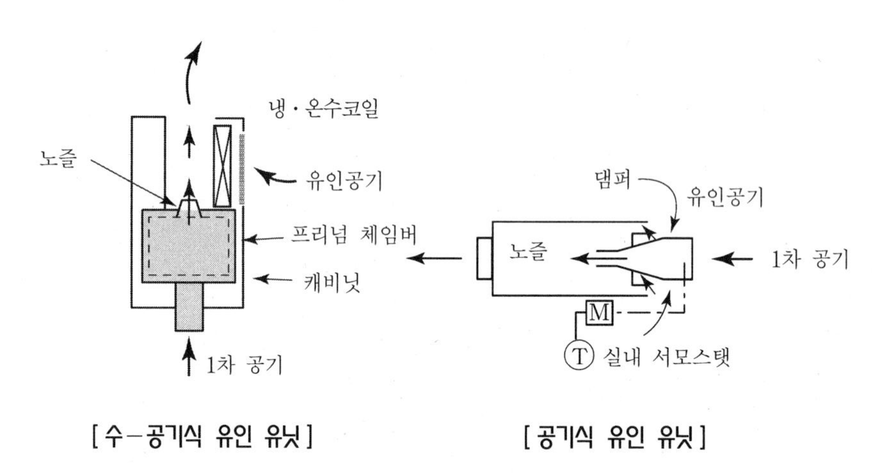

[수－공기식 유인 유닛]　　[공기식 유인 유닛]

3. 특징

(1) 장점

① 실별, 개별 제어가 용이하여 경제적 운전 가능

② Duct계로는 환기용 공기만 보내므로 Duct Space가 작아진다.

③ 중앙의 공조는 All－Air 방식에 비해 적어진다.

④ 환기, Filtration 가습이 중앙장치에서 행해진다.
⑤ 환기성이 양호하다.
⑥ 동절기 동파 방지를 위해 공조기 가동이 불필요하다.
⑦ 정전시 All－Air System에 비해 적은 전력으로도 비상 가동이 용이하다.
⑧ 외주부의 창 아래에 Unit을 설치함으로써 창면의 Cold Draft 방지

(2) 단점

① 외기 냉방이 어렵다.
② F.C.U, 유인 Unit 등은 외주부에만 적용이 가능하다.
③ 자동제어가 복잡하다.
④ 기기가 분산 설치되므로 유지 보수가 어렵다.
⑤ 습도조절을 위해서는 낮은 냉수온도가 필요하다.
⑥ 실험실 등과 같이 고도의 환기를 요구하는 실에는 적용이 불가능하다.

4. 적용

다수의 Zone을 가지며 현열부하의 변동 폭이 크고, 고도의 습도제어가 요구되지 않는 사무소, 병원, 호텔, 학교, 아파트, 실험실 등의 외주부에 사용

전 수방식 공기조화설비에 대해서 논하라.

1. 개요

(1) 실내에 설치된 Unit(Fan Coil Unit, Heater Convector) 등에 냉 · 온수를 순환시켜 냉난방하는 방식이다.

(2) 환기는 창문을 열어 공기조화 하는 방식이다.

(3) Fan Coil Unit 등에 개별 Duct 및 Damper를 설치하여 외기를 도입하는 방식이 있다.

2. FCU 방식의 종류

① 2관식

② 3관식

③ 4관식

3. 특징

(1) 장점

① 공조 기계실 및 Duct Space가 불필요하다.

② 사용하지 않는 실에 열원공급을 중단시킬 수 있다.

③ 실별제어가 용이하다.

④ 재순환 공기에 의한 오염이 없다.

⑤ 기본 건물 갱신 시 Duct의 설치가 불필요하므로 채용이 용이하다.

⑥ 자동제어가 간단하다.

⑦ 동절기 Cold Draft 방지

⑧ 4관식의 경우 냉난방을 동시에 할 수 있으며 냉난방의 절환이 불필요하다.

(2) 단점

① 기기가 분산 설치되므로 유지 보수가 어렵다.

② 각 실내 Unit, 응축수 드레인 팬과 Filter, 전기배관, 배선설치를 필요로 하며 이에 대한 정기적인 청소가 요구됨

③ Filter의 효율이 낮으며 자주 교환해 주어야 한다.

④ 환기량이 건물의 Stack Effect, 풍향, 풍속 등에 좌우되므로 환기성이 좋지 않다.

⑤ 습도제어가 불가능하다.
⑥ Two-Pipe System의 경우 중간기에 냉난방 절환의 문제가 생긴다.
⑦ Wet Coil에 박테리아, 곰팡이 서식 가능
⑧ 소형모터가 다수 설치되므로 동력소모가 크다.
⑨ Unit가 실내에 설치되므로 사용 가능한 Floor 면적이 줄어든다.
⑩ 외기 냉방이 불가능하다.

4. 적용

(1) 고도의 습도제어가 불필요하고 재순환 공기에 의한 오염이 우려되는 곳으로 개별제어가 요구되는 호텔, 모텔, 아파트, 사무소 등
(2) 많은 병원에 Fan Coil Unit System이 채용되었지만 Filter의 효율이 낮고 또 Unit을 항상 청결하게 유지하기 어려우므로 병원에서의 채용은 바람직하지 못하다.

개별식 공기조화설비에 대해서 논하라.(냉매방식)

1. 개요

개별방식(냉매방식)에는 룸에어콘, 패키지 유닛방식(중앙식), 패키지 유닛방식(터미널 유닛방식) 등이 있으며 이들 각 방식의 특징은 다음과 같다.

2. 특징

(1) 장점

① 개별제어, 개별운전이 가능하다.
② 반송동력이 적다.
③ 덕트 스페이스, 기계실 면적이 작아도 된다.
④ 운전 취급이 간단하다.
⑤ 고장 시 다른 것에 영향이 없고 적용성(Flexibility)이 풍부하다.

(2) 단점

① 습도, 청정도, 기류분포의 제어가 곤란하다.
② 외기냉방을 할 수 없다.
③ 소음, 진동이 크다.
④ 내구성이 비교적 낮다.

3. 적용

주택, 호텔객실, 소점포 등 비교적 소규모 건물이나 24시간 계통의 컴퓨터실, 수위실 등에 사용되지만 최근에는 사무소나 일반 건물에도 많이 채용되고 있는 실정이다.

개별 분산식 공기조화

1. 개요

정보활동과 사고작업이 활발해짐에 따라 사무실은 OA화가 진행될 뿐 아니라 플렉스 타임의 채용과 기업활동의 국제화, 24시간 영업에 따라 주야를 불문한 기업 활동이 현저하게 두드러지고 있다. 이러한 공간적, 시간적인 환경변화를 직면한 건물이 많아짐에 따라 건물전체의 집중제어에서 임대면적마다의 공조 분산제어가 필요해졌고, 최근 제어 기술 등의 진보로 패키지 유닛 방식을 도입하여 온도, 풍량, 풍속, 운전시간 등을 개별 제어할 수 있게 되었다.

2. 개별 분산공조의 보급요인

(1) 사용자 수요의 변화

정보화, 국제화에 따른 사무실 작업시간의 불규칙에 의한 부분 운전

(2) 부하형태의 다양성

사무실 Layout 변경에 대한 대응

(3) 토지의 가격 상승

토지의 가격 상승으로 임대면적 증대

(4) 인건비의 상승

전문기술자 배제(보일러, 냉동기 등의 운전에 따름)

(5) 기술의 진보

① 다기능화 : 월스루형에 의한 냉난방, 환기, 외기냉방, 먼지제거, 가습
② 고성능화 : 인버터화
③ 형상의 다양화 및 소형화
④ 멀티화
⑤ 고양정화
⑥ 집중제어 시스템의 개발
⑦ 주변기술의 진보

3. 개별 분산공조 System의 종류

(1) 멀티에어콘 System
(2) 월스루형 System
(3) Vapor Crystal System(냉매자연순환)
(4) 하이브리드 에어 System
(5) 냉난방 플렉스 멀티 System
(6) 터미널 공기조화기 캠 멀티 System

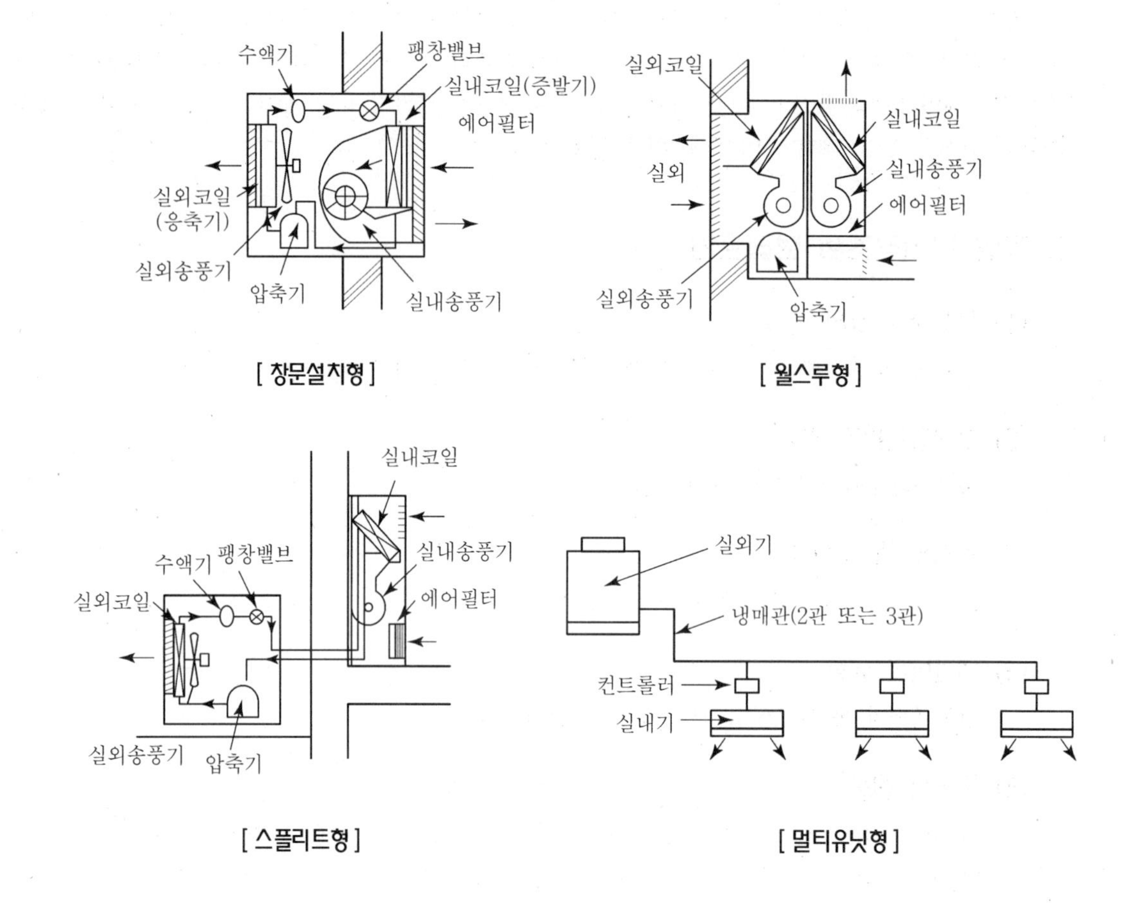

4. 결론

최근의 인텔리전트 빌딩의 공조설비 동향을 보거나 또한 실제로 요구되는 다목적화, 세분화 등의 측면에서 고려할 때 활성될 것으로 사료된다.

각층 공조방식에 대해서 기술하라.

1. 개요

각층 공조방식은 공조 대상 층에 공조기를 설치하여 공조된 공기를 공급하며 중앙기계실에서 가열 또는 냉각 냉・온수를 배관을 통하여 각층의 공조실의 공조기에 공급한다.

2. 각층 공조방식의 특징

(1) 장점

① 온습도 제어 용이
② 기류분포가 좋다.
③ 외기냉방 가능
④ 수배관이 실내에 없어 물피해 우려가 없다.
⑤ 실내 유효 면적 증대
⑥ 가습이 가능하고 환기 양호
⑦ 전공기 방식의 장점을 모두 가지고 있다.
⑧ 각층별 공조가 가능하다.

(2) 단점

① Duct 공간 필요
② 각층의 공조실 면적이 필요
③ 공조실 소음, 진동으로 인한 인근 사무실 피해 우려
④ 반송 동력비가 크다.
⑤ 초기 투자비가 높다.

(3) 적용

① 중규모 이상의 건물
② 백화점과 같이 바닥면적이 큰 경우
③ 단일덕트 정풍량 공조방식, 단일덕트 변풍량 공조방식 모두 적용한다.
④ 공조 대상 층에 공기조화기가 설치되므로 진동, 소음이 거주역에 도달되지 않게 건축, 설비시 고려사항을 충분히 반영하여야 한다.

3. 설비 시 고려사항

(1) 공조실내의 진동차단

① 공조기는 Jack Up 방진
② Duct와 공조기 연결 시 캔버스 Joint
③ 공조기, 송풍기는 방진 Spring 및 방진 가대 채용

(2) 공조실내의 소음차단

① 공조기 및 송풍기에 흡음 Chamber 설치
② Duct에 소음기 설치
③ 송풍기에 사이렌샤 설치
④ 정압이 낮은 송풍기 사용
⑤ 배관 Duct 관통 부위 밀실하게 코킹처리

4. 건축 고려 사항

(1) 각층 공조실의 위치

① 장비의 반출입 용이
② 수직 Shaft와 가까워야 한다.
③ 급 · 배기 가능한 위치
④ 주위는 가급적 창고 및 사무실이 아닌 Room 배치

(2) 공조실의 크기

① 천장높이가 충분해야 한다. – 공조기 및 Chamber 설치
② 공조기 Coil 청소용 공간

(3) 공조실의 방진처리

Floating 구조, Jack Up 방진

(4) 공조실 내벽 차음 및 흡음

내벽 + 글라스울 + 글라스크로스

(5) 공조실 바닥 Down

배관 파손 시 누수된 물이 사무실 및 바깥으로 나가지 않고 바닥 F.D로 배수

5. 결론

각층 공조방식은 백화점과 같이 바닥면적이 넓은 경우에 많이 사용되며 한 개 층에 2개 정도의 공조실을 확보하여 고장 시 대비 및 화재 시 배연 Duct 역할도 겸할 수 있다. 각층 공조방식은 공조실의 진동, 소음이 사무실에 영향을 미치지 않아야 한다.

이중 Duct 방식에 대해서 기술하라.

1. 개요

이중 Duct 방식은 한 건물 내에서 냉방과 난방이 동시에 발생될 경우 대응할 수 있는 공조방식이다. 공조기 내에 냉수 Coil과 온수 Coil을 설치하여 냉풍과 온풍을 동시에 공급하여 실내의 Mixing Box에서 적당한 온도로 만든 후 실내에 공급하여 공조하는 방식이며, 냉풍과 온풍의 혼합에 의한 에너지 소비가 많은 System으로, 특수한 경우가 아니면 잘 사용되지 않는다.

2. 장치의 구성

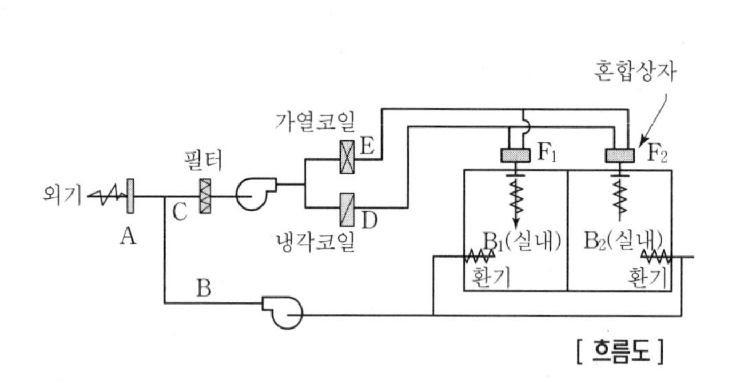

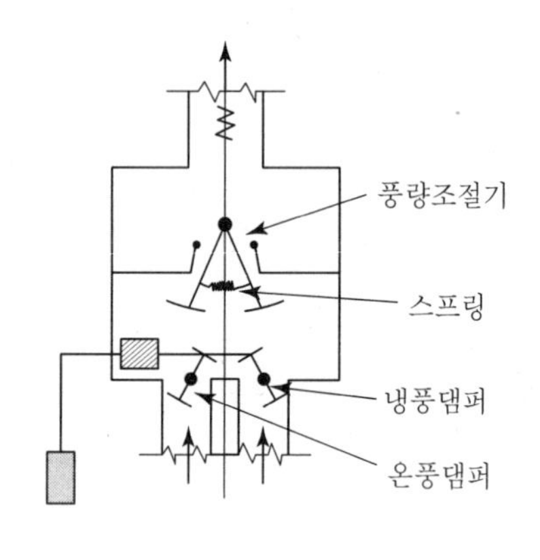

[흐름도]

3. 공기선도

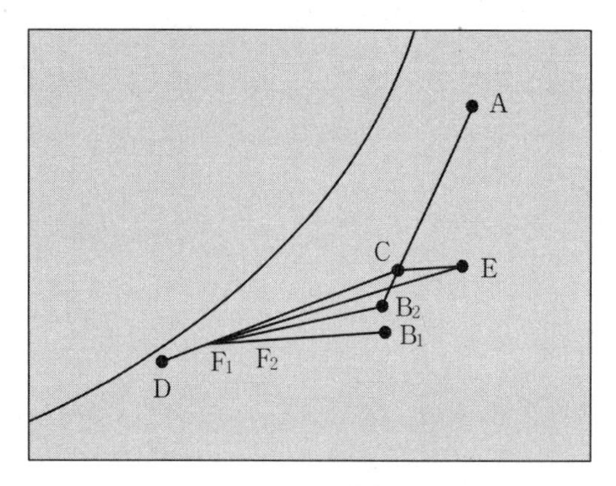

A : 외기
B : 환기
C : 공조기 입구상태(혼합)
D : 냉각코일 출구상태
E : 가열코일 출구상태
F_1, F_2 : 토출구 공기상태
(냉 · 온풍 혼합)

[공기선도상의 변화]

4. 특징

공조기에 냉수 Coil과 온수 Coil을 각각 설치하여 이중 Duct를 통하여 공조대상실까지 공급하고 Mixing Box에서 혼합하여 적정온도와 소음을 감소시켜 공조대상실에 공급하여 공조

(1) 장점

① 한 건물 내 냉난방 동시 발생 시 효과적
② 여름, 겨울 절환 불필요
③ 개별제어가능
④ 전공기 방식의 이점을 모두 가지고 있다.
⑤ 장비의 집중화로 유지 관리 용이
⑥ 중간기 외기냉방 가능
⑦ 칸막이 변경 시 대처 용이

(2) 단점

① 냉온풍 혼합 손실
② 2계통 Duct 설치로 공간을 많이 차지
③ Duct 공사비 증가
④ 혼합 Box의 소음 발생
⑤ 습도제어 곤란

(3) 적용

① 방송국 스튜디오
② 냉난방 동시 부하 발생 장소

5. 결론

이중 Duct 방식은 냉난방이 동시 발생 시 대응이 유리하나 온·냉풍의 혼합손실로 에너지 소비가 막대하여 특수한 경우가 아니면 사용되지 않는다.

중앙식 공조방식인 단일 덕트방식과 이중 덕트방식에 대해서 논하라.

1. 개요

(1) 단일 덕트방식은 정풍량 단일 덕트방식과 가변풍량 단일 덕트방식으로 구분한다.

(2) 이중 덕트방식은 냉풍과 온풍을 별도의 덕트로 공급하여 혼합공기를 실내에 공급한다.

2. 전공기 방식의 특징

(1) 장점

① 운전 및 유지 보수관리가 용이하고 Filtration System의 선택 폭이 크다.
② 거주실 내에 Drain 배관, 전기배관, Filter의 설치가 불필요하다.
③ 중간기 및 동절기에 외기 냉방이 가능
④ 열회수 System의 채용이 용이하다.
⑤ 건축 중의 설계변경이나 완공 후의 실내구획 변경에도 융통성을 지닌다.
⑥ 실내의 가압이 가능
⑦ 외주부에 Unit을 설치할 필요가 없으므로 Floor Space를 넓게 사용할 수 있다.
⑧ 동절기 가습이 용이하다.
⑨ 계절 변화에 따른 냉난방 자동운전 절환이 용이하다.

(2) 단점

① 중앙 기계실의 크기가 커지고 Duct Riser에 의해 Floor 면적이 줄어들며 Ceiling Space가 커진다.
② 동절기 비사용 시간에도 동파방지를 위해 공조기를 운전해야 한다.
③ 정확한 Air Balancing이 요구된다.
④ 재열장치 사용 시 에너지 손실이 크다.
⑤ 재순환 공기에 의한 실내 공기 오염의 우려가 있다.

3. 단일 덕트방식

(1) 정풍량 방식의 특징

① 장점

㉮ 송풍량이 일정하므로 실내 환기상태 양호

㉯ 실내 기류 속도를 일정하게 유지 가능

㉰ 초기 투자비가 적다.

㉱ 시스템이 단순하므로 유지 보수가 용이하다.(특히, 자동 제어)

㉲ 일반적인 방식이므로 설계, 시공 경험이 많다.

② 단점

㉮ 각 구역별 실내온도를 일정하게 유지하기가 어렵다.

㉯ 에너지의 소비가 많다.

㉰ 최대 부하기준으로 장비를 선정하므로 기기용량이 크다.

㉱ 실내 부하 증가에 대한 처리성 불리

㉲ 칸막이 변경시 실별 풍량 조절이 어렵다.

(2) 변풍량 방식의 특징

① 장점

㉮ 각 실별 필요공기만 공급되므로 에너지 절약

㉯ 부분 부하 시 송풍기 제어로 동력비 절감

㉰ 부분 부하 시 단일덕트 재열방식이나 2중 덕트방식과 같은 재열혼합손실이 없기 때문에 불필요한 에너지 사용이 억제된다.

㉱ 전폐형 유닛 사용 시 빈방(空宅) 급기를 정지하여 송풍동력 절감

㉲ 장래 부하 증가를 예상하여 장치용량을 결정하더라도 실내부하에 해당되는 만큼 급기되므로 동력소비 감소

㉳ 각 토출구의 풍량조절이 용이

㉴ 온도조절 용이

㉵ 실내 설비기기의 점유면적이 작으므로 유효 바닥면적이 증가

㉶ 외기 냉방 가능

㉷ 기기필터 등의 중앙집중으로 보수관리 용이

② 단점

㉮ 최소풍량 시 환기량 부족 발생

㉯ 자동제어가 복잡하므로 보수관리 어려움

㉰ 초기 투자 설비비 증가

㉱ 실내 기류 속도 변화

4. 이중 덕트방식

(1) 특징

① 장점

㉮ 개별제어가 가능

㉯ 냉난방을 동시에 할 수 있다.(계절마다 절환장치 불필요)

㉰ 전공기 방식으로서의 이점을 모두 갖추고 있다.

㉱ 외주부에 유닛(FCU, IDU) 설치가 불필요하여 건축상 스페이스 절감

㉲ 공조기는 중앙에 설치되므로 운전 보수관리 용이

㉳ 중간기 또는 동절기에 외기 냉방 가능

㉴ 장래 칸막이 변동에 융통성이 있다.

② 단점

㉮ 냉 · 온풍의 혼합손실이 생겨 에너지가 많이 든다.

㉯ 2개 계통의 덕트를 설치하므로 샤프트의 크기, 천장 스페이스가 커진다.(따라서, 고속 덕트 사용)

㉰ 혼합 유닛에서의 소음, 진동 발생

㉱ 실내 온습도 제어가 어려움

㉲ 반송동력 손실이 크다.

(2) 적용

① 방송국 스튜디오

② 냉난방 동시 부하발생 장소

10 단일덕트 변풍량과 정풍량 방식의 장단점 비교

1. 개요

전공기 방식 중 단일 덕트방식으로 실내 부하변동에 따라 송풍량을 변화시키고 송풍온도를 일정하게 유지하는 변풍량 방식과 송풍온도를 변화시켜 송풍량을 일정하게 하는 정풍량 방식이 있다.

2. VAV 방식의 원리

실내부하에 따라 송풍량을 변화시키고 송풍온도를 일정하게 유지

$$Q=\frac{q_s}{\rho \cdot c \cdot \Delta t}$$

여기서, VAV 방식을 두 가지로 대별

Q : 송풍량(m³/h)

q_s : 현열부하(kw)

ρ : 공기의 밀도(kg/lm³)

c : 공기의 비열(kJ/kg · ℃)

Δt : 취 출구 온도차(℃)

(1) 급기온도 일정(Constant)

내주부와 같이 부하 변동폭이 작은 곳

(2) 급기온도 가변(Variable)

- 외주부와 같이 특수부하 또는 온도조건이 까다로운 곳
- VAV 방식은 원래 냉방 전용으로 개발되어 급기온도를 항상 유지하는 것이 원칙이나 우리나라와 같이 겨울에 추우면 난방 부하가 발생하므로 설계 시 주의

3. VAV 공조방식의 특징

(1) 장점

① 각 실별 필요공기만 공급되므로 에너지 절약

② 부분 부하 시 송풍기 제어로 동력비 절감

③ 부분 부하 시 터미널 재열방식이나 2중 덕트방식과 같은 재열 혼합손실이 없기 때문에 불필요한 에너지 사용이 억제된다.

④ 전폐형 유닛 사용 시 빈방(空宅) 급기를 정지하여 송풍동력 절감
⑤ 장래 부하 증가를 예상하여 장치용량을 결정하더라도 실내부하에 해당되는 만큼 급기되므로 동력소비 감소
⑥ 각 토출구의 풍량조절이 용이
⑦ 온도조절 용이
⑧ 실내 설비기기의 점유면적이 작으므로 유효 바닥면적이 증가
⑨ 외기 냉방 가능
⑩ 기기필터 등의 중앙집중으로 보수관리 용이

(2) 단점

① 최소풍량 시 환기량 부족발생
② 자동제어가 복잡하므로 보수관리 어려움
③ 초기 투자 설비비 증가
④ 실내 기류 속도 변화

4. CAV 방식의 원리

실내부하량에 따라 공조기 코일의 자동 조절밸브를 조절하여 유량을 조절함으로써 송풍 온도를 변화시키고 송풍량을 일정하게 유지한다.

$$q = \frac{q_{cc}}{\rho \cdot c \cdot \Delta t}$$

여기서, q : 순환수량(l/hr)
C : 물의 비열(kJ/kg · ℃)
r : 물의 비중량(kg/ l)
Δt : 코일 입출구 온도차(℃)
q_{cc} : 냉각 코일 부하(kw)

5. CAV 공조방식의 특징

(1) 장점

① 송풍량이 일정하므로 실내 환기상태 양호
② 실내 기류 속도를 일정하게 유지 가능
③ 초기 투자비가 적다.
④ 시스템이 단순하므로 유지 보수가 용이하다.(특히, 자동 제어)
⑤ 외기냉방이 가능
⑥ 겨울철 가습 용이

⑦ 기기필터 등의 중앙집중으로 보수관리 용이
⑧ 일반적인 방식이므로 설계, 시공 경험이 많다.

(2) 단점

① 각 구역별 실내온도를 일정하게 유지하기가 어렵다.
② 에너지의 소비가 많다.
③ 최대 부하기준으로 장비를 선정하므로 기기용량이 크다.
④ 실내 부하 증가에 대한 처리성 불리
⑤ 칸막이 변경 시 실별 풍량조절이 어렵다.

6. 결론

실내부하 조절 시 풍량을 제어하는 것이 부하조절에 대한 추종성이 높고 실내쾌감도도 좋다. 또한 풍량 제어로 인한 연간 송풍동력비 절감과 에너지 절감효과를 꾀할 수 있도록 한다.

VAV 터미널유닛의 선정요건과 Pressure Independent 개념

1. 개요

(1) 부하의 증감에 비례한 양의 조화공기를 제어하는 기기인 VAV 터미널 유닛은 가장 중요한 부분이다.

(2) 대별하여 바이 패스형, 교축형(Throtting Type)으로 구분된다.

(3) 바이 패스 타입은 3방 밸브에 비교되고 교축형은 2방 밸브에 비교된다.

2. 선정요건

(1) 1차 압력이 상승하더라도 2차 압력은 항상 일정한 풍량을 유지할 수 있는 정풍량 특성이 있을 것

(2) 소음이 발생되지 않는 형태의 유닛일 것

(3) 유닛의 작동 최소 정압이 낮을 것

(4) 처리 풍량 범위가 클 것(30~100%)

(5) 자동제어 기능이 공조 System과 쉽게 인터페이스 할 수 있을 것

(6) 풍량의 최소, 최대치의 조정이 용이할 것

(7) VAV유닛의 콘트롤러 및 서보모터(Servomotor, Actuator)의 액션타임(감응속도)이 빠를 것

(8) 유지 보수가 용이할 것

(9) 시공이 쉽고 가격이 저렴할 것

(10) Warming-Up, Cool-Down, Night Setback, Reheating 등의 부가적 기능이 쉽게 조합될 수 있을 것

- Night-Setback : 야간기동[밤 사이 온도조절기에 Setting된 온도에 따라 그 이상(여름), 그 이하(겨울)의 온도시 공조장치를 가동하는 것을 말한다.]

장점 : 축열부하를 적게 하여 장치 용량을 적절히 산정함으로써 주간의 부분 부하 운전 시와 가동시의 부하가 크지 않아 효율적인 공조가 가능(장비 Peak 용량을 줄일 수 있다.)

3. VAV 유닛의 종류

(1) 벤투리형(Venturi)

(2) 댐퍼형(Damper)

(3) 바이패스형(By-Pass)

(4) 유인형(Induction Type)

(5) Fan Powered Type

4. Pressure Dependent Type(압력 종속식)

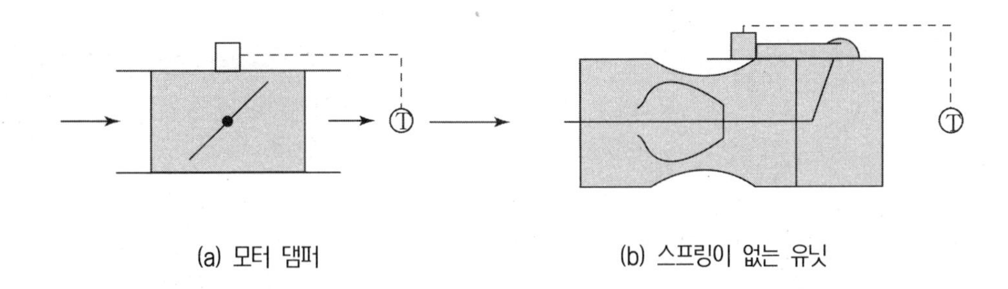

(a) 모터 댐퍼　　　　(b) 스프링이 없는 유닛

(1) 실내 온도 조절기에 의해 모터로서 풍량을 변화시키는 장치로서 댐퍼모터를 닫으면 다른 쪽 유닛에 풍량이 과다해서 과냉이 되고 또다시 다른 유닛으로 풍량이 옮아간다.
(2) 덕트 내의 압력변동에 따라 2차 측의 풍량이 변화하게 되는 것으로서 동특성이 나쁘다.
　① 어느 존 부하 감소 시 다른 존 유닛의 풍량과대
　② 필요 이상의 공기가 흘러 과냉 또는 과열 현상 발생
　③ 상호 간섭현상 발생
　④ 덕트계 정압 변동 흡수 불가능
　⑤ 공조의 온도조절 기대 어려움

위와 같이 덕트 내 정압 변동에 대해 추종성이 없는 형식의 유닛을 Pressure Dependent Type이라고 하고, 단점을 보완하여 제작한 것을 Pressure Independent Type이라고 한다.

5. Pressure Independent Type(압력 독립식)

(1) 두 개의 독립된 기능을 가짐

① 실내 부하 변동을 추정하여 동작 : Step 제어(전기식)
② 덕트 내 정압변동에 의한 동작 : 정풍량 제어로서 공기압력에 의한 동작

(2) 종류

① Damper Type
　㉮ 풍속 검출기를 내장하여 지정된 풍량 이상이 공급되지 않도록 한 정풍량 특성의 기능 추가
　㉯ 기준 풍속 이상이면 댐퍼의 모터를 작동시켜 닫아주게 됨

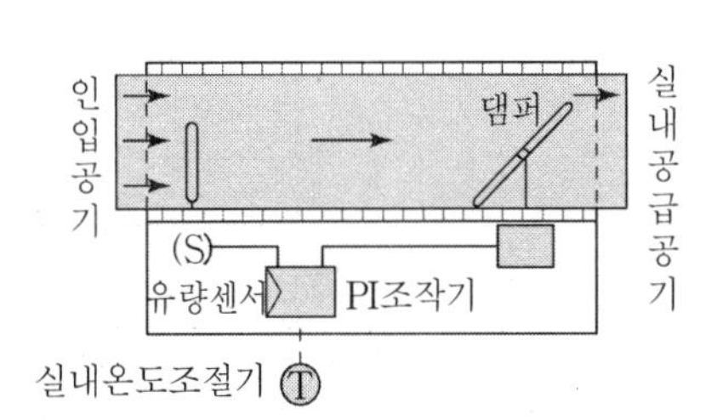

② Venturi Type

㉮ 벤투리 내부의 스프링텐션을 이용하여 정풍량 특성을 살린 기계식 정풍량 조절기

㉯ 메커니컬 타입이라고 함

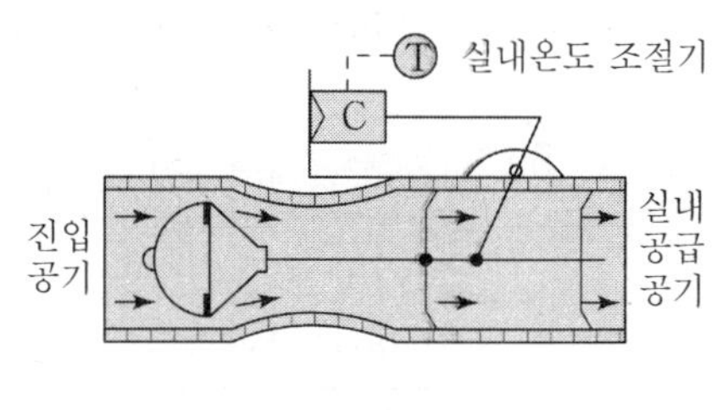

③ Bellows Type

스프링 타입과 같이 공기온도에 의해 벨로우스가 수축 팽창

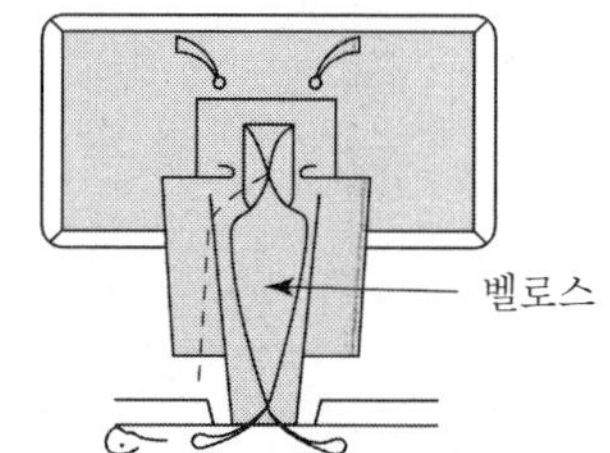

(3) 특성

① 정풍량 특성이 좋다.

② 부하량에 맞는 공기량만 통과시키므로 온도 조절 기능이 양호

③ 정압 조정이 되므로 제어성이 양호

④ CAV 유닛으로 사용

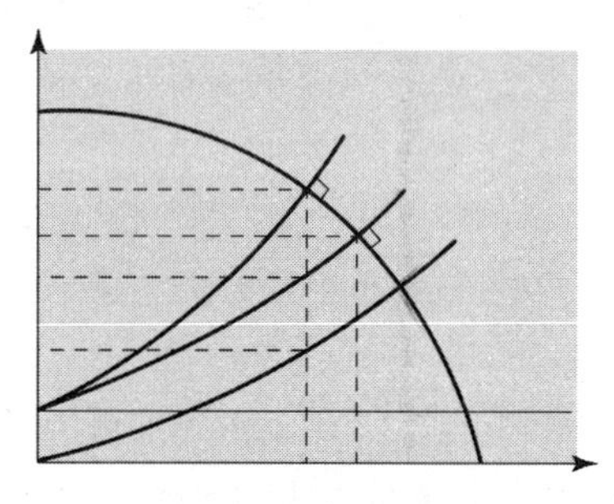

[송풍기 작동상태 변화]

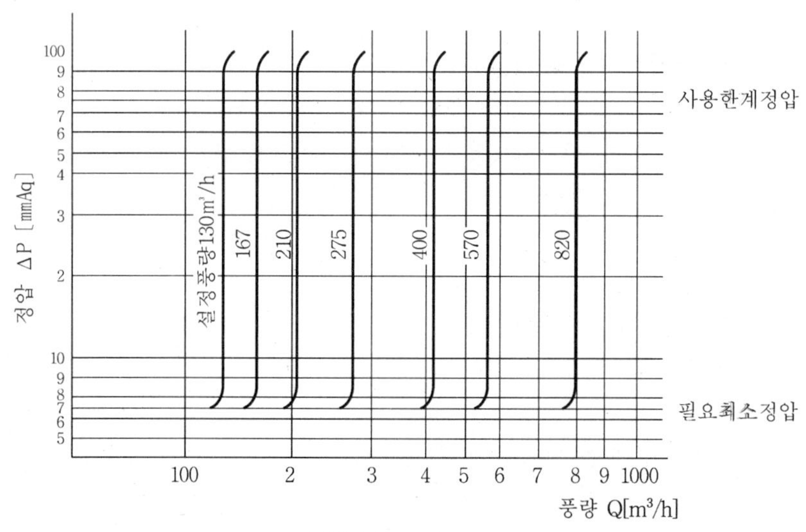

[정풍량 선도]

㉮ 정압이 일정한도 이내에서 변할 때 풍량이 같음
㉯ 풍량조절장치에 의해 Step별로 풍량 증감

6. 결론

두 개의 독립된 기능을 가지며 실내 부하변동을 추정하여 동작하며 덕트 내 정압변동에 의한 동작을 한다. 정풍량 특성이 좋고, 부하량에 맞는 공기량만 통과시키므로 온도조절 기능이 양호하며 정압조정이 되므로 제어성이 양호하다.

변풍량 유닛의 종류별 특징

1. 개요

부하의 증감에 비례한 양의 조화공기를 제어하는 기기인 터미널 VAV Unit은 변풍량 공조방식에서 가장 중요한 기기이다.

2. VAV Unit의 종류

(1) 벤투리형(Venturi)
(2) 댐퍼형(Damper)
(3) 바이패스형(By-Pass)
(4) 유인형(Induction)
(5) FAN Powered Type

3. Unit 종류별 특징

(1) 벤투리형

① 원리

㉮ 실내부하가 변동하면 온도감지기의 지령에 의해 조작기가 샤프트를 움직여서 콘의 위치를 조정함으로써 유닛 내를 통과하는 풍량을 조절하는 방식

㉯ 압력보상은 콘 내에 설치된 스프링의 물리적인 작동으로 덕트 내의 압력변동에 관계없이 일정한 풍량을 유지토록 한다.

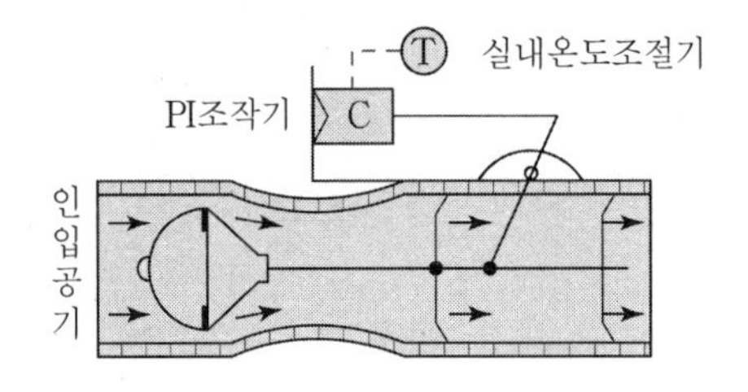

② 장점

㉮ 구조가 간단하여 고장률이 적다.

㉯ 수명이 길다.

㉰ 동압변동에 따른 압력보상이 빠르다.
㉱ 설치가 용이하고 설치면적이 작으므로 비용이 절감된다.
㉲ 소음기가 내장되어 있으므로 성능에 비하여 가격이 저렴하다.
㉳ 현장에서의 별도 조정이 필요없다.
㉴ 부하변동에 따라 풍량이 변화하므로 송풍기의 운전동력이 절감된다.

③ 단점
㉮ 정압손실이 댐퍼형보다 높다.
㉯ 제조과정에서 반드시 조정시험이 이루어져야 한다.

(2) 댐퍼형

① 원리
㉮ 실내부하가 변동하면 온도감지기의 지령에 의해 조작기가 작동하여 댐퍼의 개폐각도를 조정함으로써 유닛 내를 통과하는 풍량을 조절하는 방식
㉯ 압력보상은 유닛 입구 측에 설치된 풍속감지기로 풍속을 측정하여 덕트 내의 압력변동에 관계없이 일정한 풍량을 유지토록 한다.

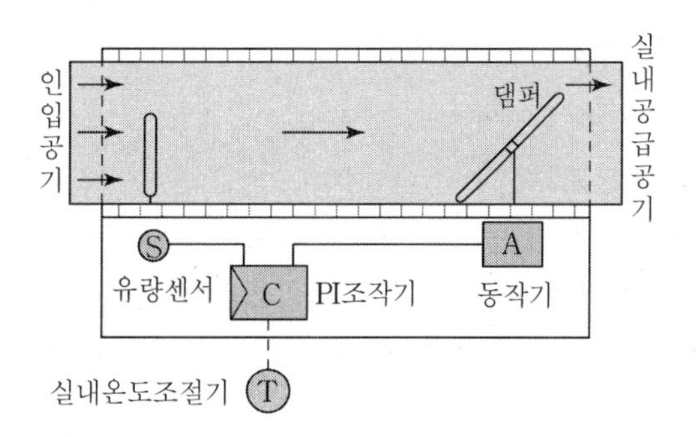

② 장점
㉮ 제작이 간편하다.
㉯ 구조가 간단하다.
㉰ 현장조정이 용이하다.
㉱ 정압손실이 낮다.
㉲ 버터플라이형 댐퍼로 풍량을 제어하므로 송풍기의 운전동력이 절감된다.

③ 단점
㉮ 감지기, 조정기 등이 내장되어 있으므로 유지 보수가 어렵고 고장나기 쉽다.
㉯ 덕트 내 동압변동에 따른 응답이 늦어서 풍량의 변화 폭이 심하다.
㉰ 감지부에 먼지나 오물이 묻게 되면 감지기능이 약화된다.

(3) 바이패스형

① 원리

실내부하가 감소하면 온도감지기의 지령에 의해 조작기가 작동하여 실내토출 공기 측의 개구면적을 줄여서 필요 공기량만을 실내에 공급하고 감소분에 상당하는 공기량은 천장 속 또는 환기덕트에 바이패스시키는 방식이다.

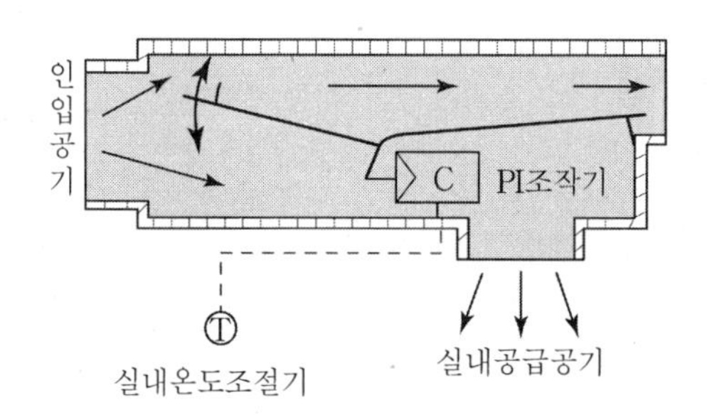

② 장점

㉮ 부하가 변동하여도 덕트 내 압력은 거의 일정하며 이 때문에 소음발생이 일어나지 않는다.

㉯ 압력손실이 적다.

㉰ 송풍기의 제어가 필요없다.

㉱ 구조가 간단하다.

③ 단점

㉮ 압력보상장치가 없으므로 덕트내 정압을 일정하게 유지하여야 한다.

㉯ 시스템의 풍량변화가 없으므로 송풍기 동력이 절감되지 않는다.

㉰ 외기량을 일정하게 유지하기 위해서는 외기도입량과 바이패스양을 비례 작동시켜야 한다.

(4) 유인형

① 원리

공조기에 의하여 저온의 고압 1차 공기를 유닛에 공급하고 실내온도조절기의 지령에 따라 실내 또는 천장 속의 고온공기를 2차 공기로 유인 · 혼합하여 실내에 토출하는 방식이다.

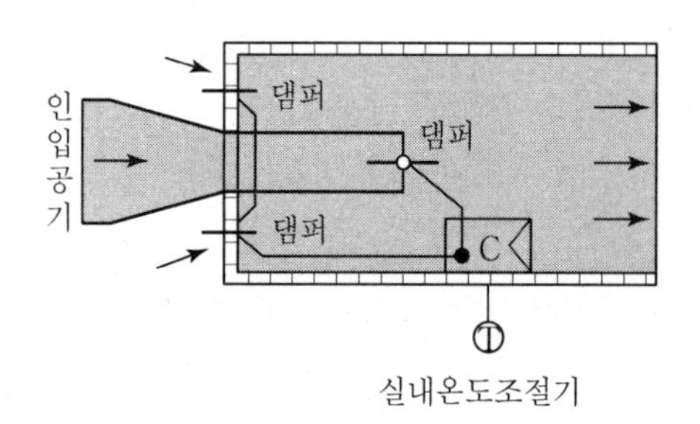

② 장점

㉮ 1차 공기의 덕트 크기를 작게 할 수 있다.

㉯ 온열원(재열원)으로 실내발생열을 이용할 수 있으며 조명의 발열을 그대로 이용할 수가 있다.

㉰ 1차 공기의 온도를 높임으로서 최소 부하 시에도 필요 환기량의 확보가 가능하다.

㉱ 저온 급기 공조에 적용

③ 단점

㉮ 제진, 탈취성능이 부족하다.

㉯ 유인비를 유지하기 위하여 1차 측 공기 출구에서의 속도를 높이게 되므로 송풍기의 동력이 증가하고 소음이 많다.

㉰ 적용사례가 거의 없다.

(5) Fan Powered Type

① 병렬식 팬파워 유닛

㉮ 원리

팬을 유닛의 입구에 설치하여 팬의 하류에서 1차 공기와 실내공기를 혼합한다.

㉯ 장점

㉠ 유닛 팬 용량이 적다.

㉡ 유닛 팬 간헐 운전

㉢ 초기 투자비 저렴

㉰ 단점

㉠ 실내기류 및 온도분포 불균형 발생

㉡ 풍량의 변화로 취출구 선정이 어렵다.

㉢ 공조기의 송풍기 정압 및 동력이 크다.

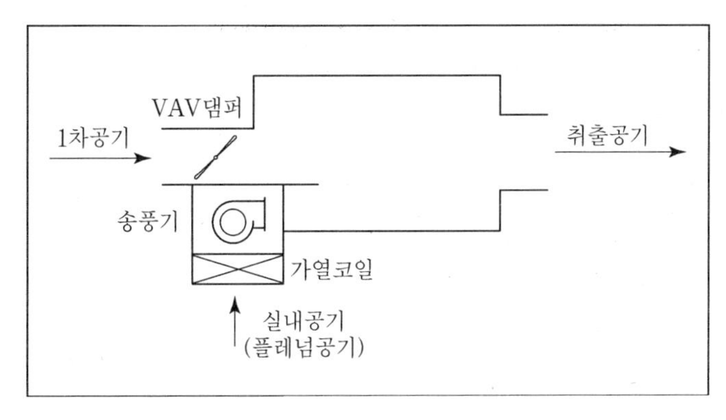

[병렬식 팬파워 유닛의 구조]

② 직렬식 팬파워 유닛

㉮ 원리

팬을 유닛의 출구 측에 설치하여 팬의 상류에서 1차공기와 실내공기를 혼합한다.

㉯ 장점

㉠ 실내기류 및 온도분포 양호

㉡ 정풍량 공급으로 취출구 선정 용이

㉢ 공조기의 송풍기 정압 및 동력이 작다.

㉰ 단점

㉠ 유닛 팬 용량이 크다.

㉡ 유닛 팬 항상 가동

㉢ 초기투자비 고가

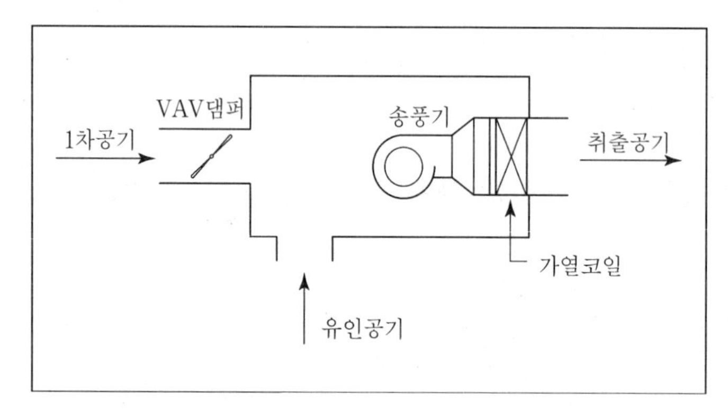

[직렬식 팬파워 유닛의 구조]

4. VAV Unit 정풍량 특성

(1) 덕트 내의 정압변동에 대해 추종성을 갖는 형식으로 일정한 정압 범위 내에서 풍량을 일정하게 공급해야 함

(2) 부하량에 맞는 공기량만 통과시키므로 온도조절 기능이 양호

(3) 정압 조정이 되므로 제어성이 양호

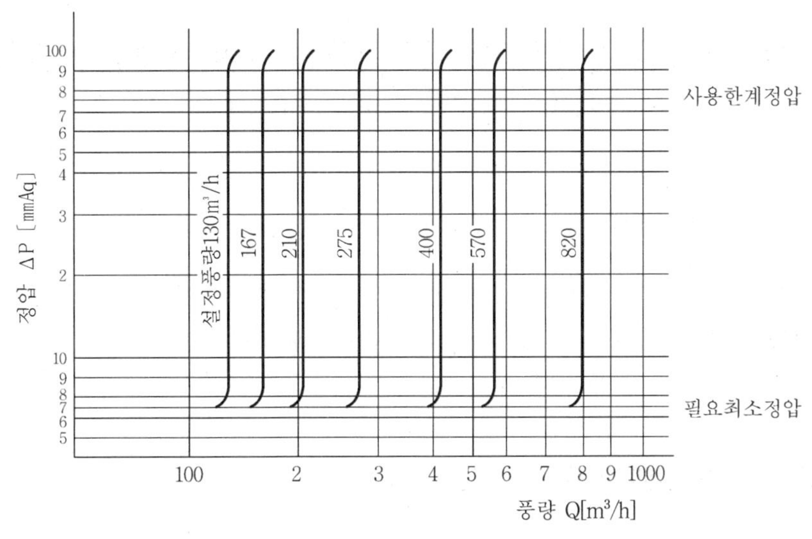

[정풍량 선도]

5. 결론

공조방식에서 에너지를 절감하기 위하여 VAV System 적용 시 VAV Terminal Unit의 특성을 면밀히 검토하여 적용하되 압력 독립식으로서 정풍량 특성을 지닌 Unit을 선정해야 한다.

공조용 취출구의 종류와 취출기류의 4역에 대해서 논하라.

1. 개요

(1) 조화된 공기를 실내에 공급하기 위한 개구부가 토출구이며 설치 위치 또는 형식에 따라 실내로의 기류방향과 형상, 온도분포, 환기기능 등이 달라지게 된다.

(2) 토출구는 축류와 복류로 나뉜다.

2. 취출구 및 흡입구의 종류

(1) 축류형

① 노즐

㉮ 도달거리가 길다.

㉯ 소음 발생이 적다.

㉰ 극장, 로비 등 도달거리가 클 때 사용

㉱ 천장, 벽면 등 설치위치는 별도 제약이 없다.

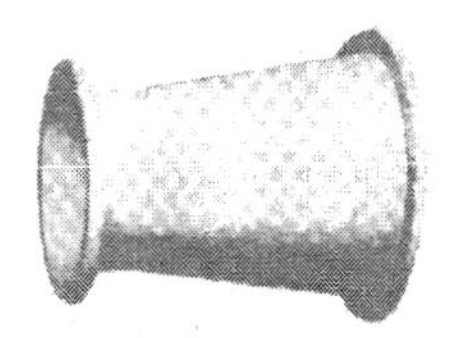

② Punker Louver

㉮ 목을 움직여 기류방향을 자유로이 조절

㉯ 풍량조절 용이

㉰ 토출풍량에 비해 공기저항이 크다.

㉱ 공장, 주방 등의 국소 냉난방 시 사용

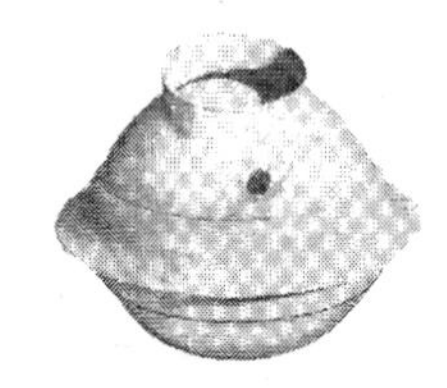

③ 격자 날개형

Grill : 셔터가 없다.

Register : 셔터가 있다. 풍량 조절 댐퍼가 있다.

㉮ 일반적으로 가장 많이 쓰이는 것으로 폭 20~25mm 정도의 얇은 날개 여러 개를 수평 · 수직으로 설치

㉯ 날개를 움직여서 토출 방향 조절

㉰ 천장, 벽면에 설치

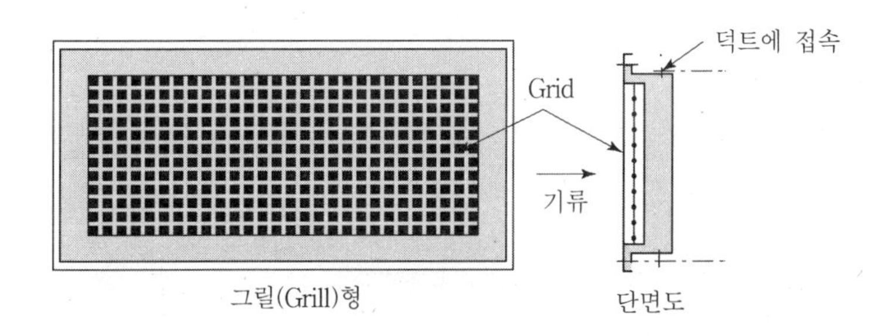

(2) 복류형

① 팬(PAN)형

㉮ 원형 또는 원추형 팬을 달아 여기에 토출기류를 부딪치게 하여 천장면에 따라서 수평판 사이로 공기를 내보내는 구조

㉯ 일정한 기류 형상을 얻기 어렵다.

㉰ 냉방 시 기류 분포는 좋으나 난방 시에는 온풍이 천장면에만 체류하므로 실내 상하에 온도차를 만들기 때문에 상하 작용할 수 있도록 하는 경우도 있다.

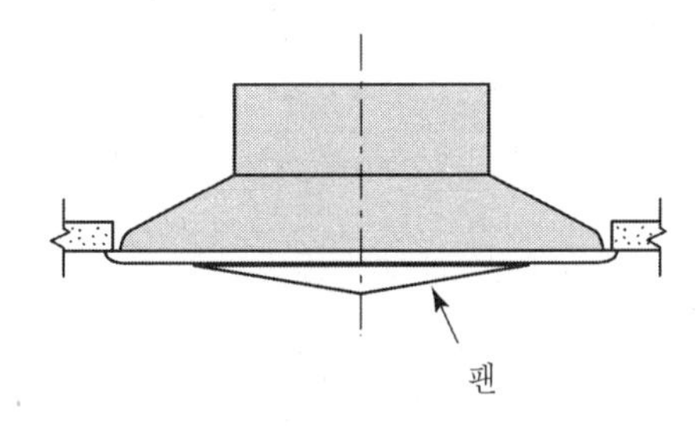

② 아네모형

㉮ PAN형의 단점을 보완한 것

㉯ 천장 디퓨저로서 환형 또는 각형코너를 취부

㉰ 천장부근의 실내 공기를 유인・확산시키는 성능을 가지고 있다.

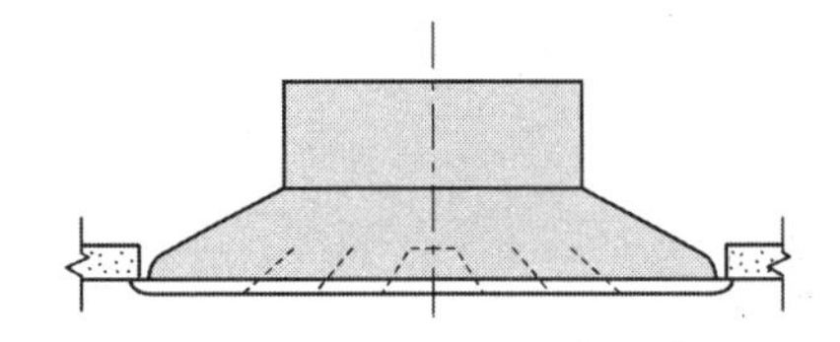

(3) 선형

- Line Diffuser
  ㉮ 토출구의 종횡비가 크다.
  ㉯ 토출구를 균일하게 분포시키기 어렵다.

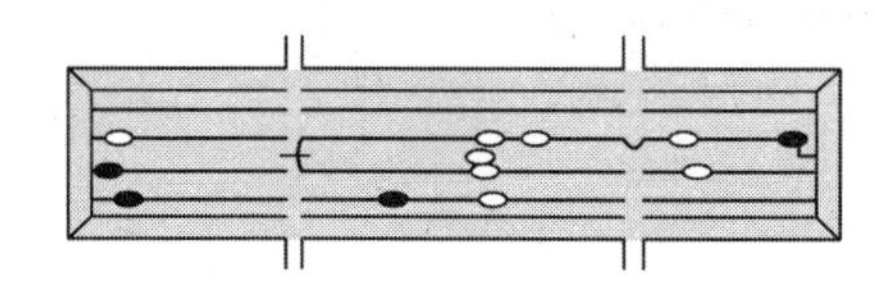

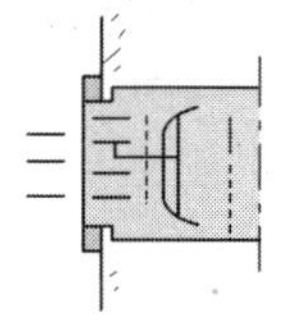

(4) 면형

- 다공판형
  ㉮ 판에 일정 규격 크기의 구멍을 뚫어 개공을 10% 정도로 하여 토출구를 만든 것
  ㉯ 확산 성능이 우수하나 소음이 크다.
  ㉰ 클린룸 급기에 사용

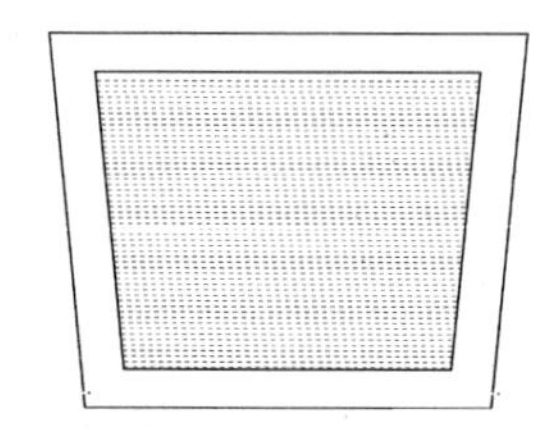

3. 토출기류의 4역

(1) 제1역

중심 풍속이 토출풍속과 같은 영역으로 토출구에서 토출구경 Do의 2~6배 범위이다.

$$V_x = V_o$$

(2) 제2역

중심 풍속이 토출구에서의 거리 X의 평방근에 역비례하는 영역이다.

$$V_x \propto \frac{1}{\sqrt{x}}$$

(3) 제3역

공기조화기에서 이용되는 기류영역 X=10~100Do

$$V_x \propto \frac{1}{x}$$

(4) 제4역

중심 풍속이 벽체나 실내의 일반 기류에서 영향을 받는 부분으로 기류 최대풍속은 급격히 저하하여 정체한다.

$$V_x < 0.25\,\text{m/sec}$$

- 도달거리 : 토출구에서 0.25m/s의 풍속으로 되는 위치까지의 거리

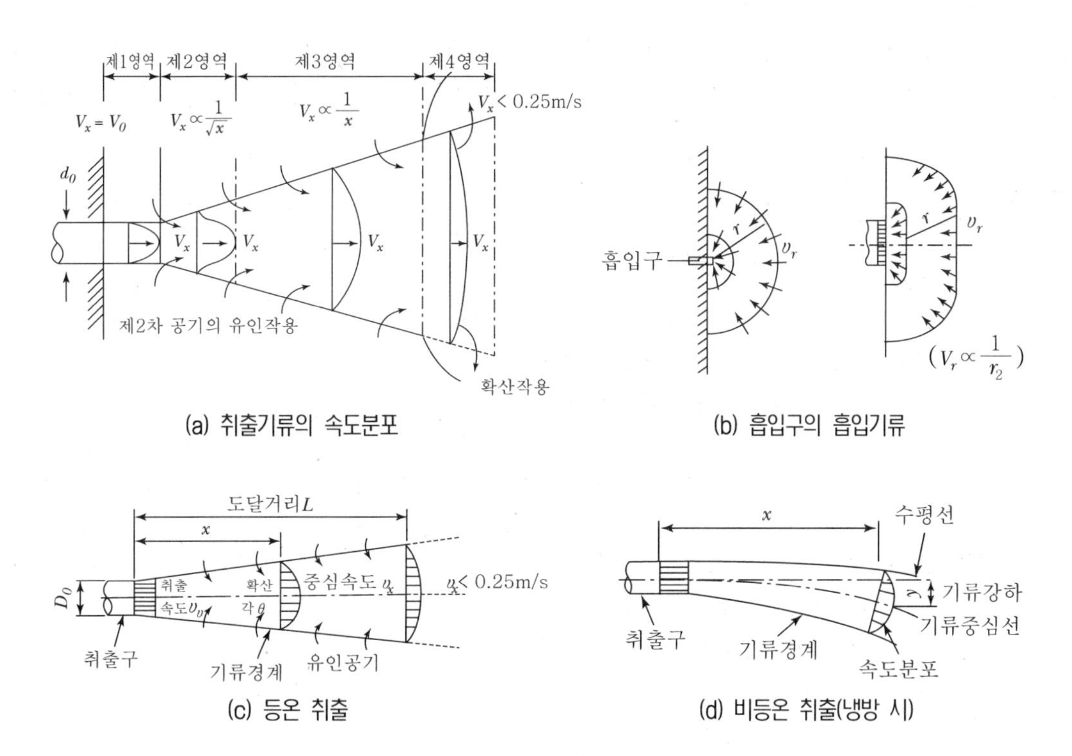

(a) 취출기류의 속도분포

(b) 흡입구의 흡입기류

(c) 등온 취출

(d) 비등온 취출(냉방 시)

4. 결론

조화된 공기를 실내에 공급하기 위해 개구부의 토출구 등 설치 위치 또는 형식 등을 잘 비교·검토하여 실내로의 기류 방향과 형상, 온도분포, 환기기능 등을 고려하여 적용해야 쾌적한 환경을 만들 수 있다.

저온공조시스템의 설계방법에 대하여 논하라.

1. 개요

저온공조시스템은 공조기에서 공급하는 공기의 온도를 일반적인 공조방식보다 낮은 온도로 공급하므로 급기풍량이 감소하여 덕트크기가 작아지고, 송풍동력도 작게 할 수 있는 경제적인 시스템이다.

2. 특징

(1) 장점

① 건축물 층고를 낮출 수 있어 건축공사비 절감
② 송풍기의 소형화 및 송풍동력 절감
③ 정풍량의 공기 취출로 실내의 환기성능 및 기류분포 양호
④ 제습량 증가
⑤ 실내 건구온도를 1℃ 정도 상승 및 상대습도 10~15% 정도로 낮게 공급해도 쾌적함

(2) 단점

① Cold Draft 유발
② 취출구에서 결로 발생
③ Duct Air Leak 시 결로 발생

3. 설계방법

(1) 부하계산

① 실내온도 조건 1℃ 정도 높게 유지 가능
② 실내 상대습도 35~45%
③ 침입외기 및 투습에 의한 잠열부하 고려
④ 공조장치 부하와 덕트를 통한 열취득 고려

(2) 열원 및 열매 선정

① 일반 냉동기 방식
일반 공조시스템과 가까운 9~10℃의 공기를 사용하는 경우 공기온도보다 3℃ 정도 낮은 냉수를 사용하는 것이 냉각 및 제습에 유리

② 빙축열 방식

㉮ 1차공기의 온도를 7℃로 할 경우 – 냉수, 브라인

㉯ 1차공기의 온도를 4℃로 할 경우 – 에틸렌 그라콜용액을 첨가한 브라인

(3) 냉각코일 선정

① 코일출구 공기온도보다 3℃ 이상 낮은 입구유체 사용(건구온도 7℃ 또는 9.8℃)

② 코일통과 풍속 1.5~2.3m/sec

③ 일반공조용 코일보다 전열면적 증가

④ 청소 용이 및 압력강하를 최소화하기 위해 열수를 8열 이하로 할 것

⑤ 응축수의 캐리오버를 감소하기 위해 핀에 특수 코팅

(4) 취출구의 선정

① 취출구의 종류

슬롯형, 복류형, 분사형, 선호류 취출구

② 취출구의 특성

㉮ 일반취출구보다 넓은 온도폭과 유량폭을 가질 것

㉯ 충분한 실내공기가 유인될 것

㉰ 제트분사 기류 및 소음 등의 검토

4. 급기터미널 유닛의 종류별 특징

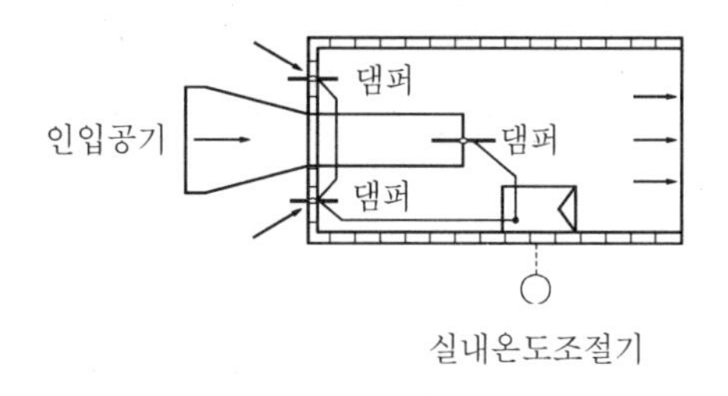

(1) 유인형 터미널 유닛

① 개요

1차 공기를 실내에 공급하기 전에 실내공기와 혼합하는 장치로서 1차공기가 변화하여도 실내 공기의 유인량을 조절하여 정풍량을 유지함으로써 적정한 취출온도를 만들어 취출구에 공급

② 특징

㉮ 추가적인 동력이 없다.

㉯ 작동방법이 간단

㉰ 초기투자비 저렴

㉱ 1차공기의 높은 입구 압력이 필요

㉲ 공조기 급기팬 동력이 증대

㉳ 정확한 풍량제어가 어렵다.

㉴ 저부하 시 제어 성능이 좋지 않다.

(2) 병렬식 팬파워 유닛

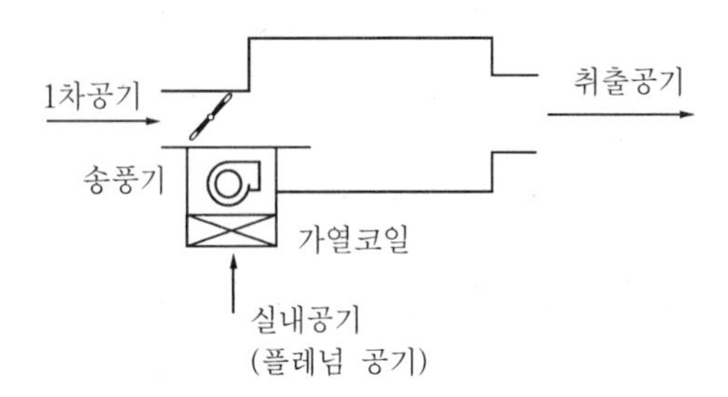

① 개요

팬을 실내공기 입구에 설치하여 팬의 하류에서 1차공기와 실내공기를 혼합한다.

② 특징

㉮ 직렬식에 비해 팬용량 및 팬동력이 작다.

㉯ 공조기의 송풍기 정압 및 동력이 크다.

㉰ 팬의 단독운전 시 풍량이 변화하므로 취출구의 선정이 어렵다.

㉱ 실내기류 및 온도분포에 불균형 발생

㉲ 유닛팬은 간헐 가동

(3) 직렬식 팬파워 유닛

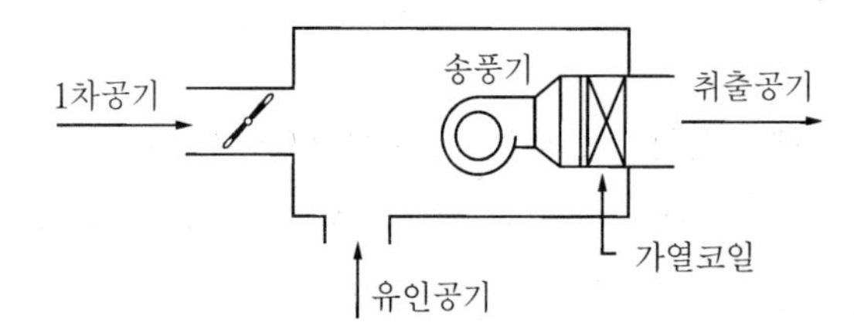

① 개요

팬을 유닛의 출구 측에 설치하여 팬의 상류에서 1차공기와 실내공기를 혼합한다.

② 특징

㉮ 병렬식에 비해 팬용량 및 팬동력이 크다.

㉯ 공조기의 송풍기정압 및 동력이 적다.

㉰ 정풍량으로 공급되므로 취출구 선정이 용이

㉱ 실내기류 및 온도 분포상태 양호

㉲ 유닛팬이 항상 가동

5. 결론

저온공조방식은 덕트 스페이스를 줄일 수 있는 방법 중의 하나이며, 빙축열 시스템을 건물의 공조열원으로 사용할 경우 건물 전체의 에너지 효율을 극대화할 수 있다. 특히 본 공조방식은 기존 건물의 개보수 공사 시에 적극 추천할 만하다.

FPU(Fan Power Unit)에 대해 논하라.

1. 개요

부하의 증감에 비례한 양의 조화공기를 제어하는 VAV Unit의 일종이다.

2. FPU의 종류

(1) 병렬식 팬파워 유닛

(2) 직렬식 팬파워 유닛

3. 병렬식 팬파워 유닛(Parallel Fan Powered Unit)

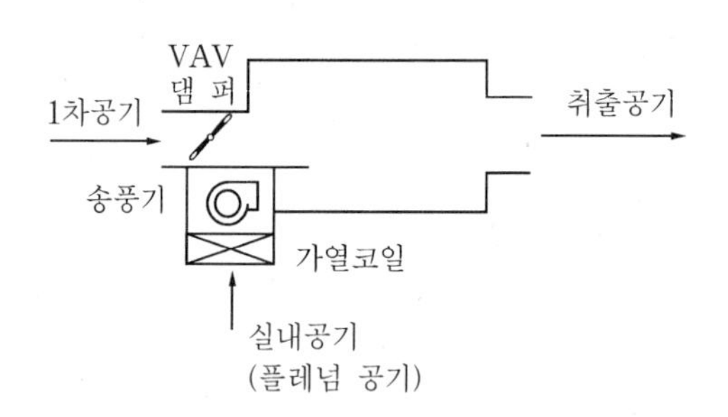

[병렬식 팬파워 유닛의 구조]

(1) 최근 변풍량 공조방식에 있어 외주부의 공조에 사용되고 있는 변풍량 터미널 유닛이다.

(2) 공조기에서 1차 공기 또는 천장프레임에서 공조공간의 공기가 터미널 유닛에 유입되도록 되어 있다.

(3) 터미널 송풍기의 흐름이 1차 공기의 흐름과 별개로 구성되어 송풍기는 1차 공기가 중단될 때 간헐적으로 운전

(4) 냉방 시에는 터미널 송풍기는 정지된 상태에서 냉방부하에 따라 1차 공기량이 Damper에 의해 조절되므로 팬이 없는 일반 VAV 유닛과 같이 운전된다.

(5) 냉방부하가 어느 정도 경감되면 1차 공기량의 조절만으로 실내온도가 조절되지만 냉방부하가 더욱 작아지면 터미널 송풍기가 작용하여 천장프레임의 공기를 인입하여 1차 공기와 혼합한다. 이때 토출 측 공기는 정풍량이 된다.

(6) 실내온도가 더욱 낮아지면 전기 또는 온수코일에 열원이 공급되어 난방운전이 시작되며 이때 1차 공기는 보정된 최소외기가 공급되거나 완전히 닫힐 수도 있다.
(7) 직렬식에 비해 팬동력이 작아진다.
(8) 1차 공기가 팬에 의해 인입되지 않으므로 입구정압이 높아야 하므로 공조기 송풍기 정압 및 동력이 커진다.
(9) 냉방부하와 난방부하가 교차할 경우 팬의 단속운전에 따라 취출풍량이 변화하므로 취출구의 선정이 어렵고 실내기류 및 온도분포에 불균형이 생길 수 있다.

4. 직렬식 팬파워 유닛(Seried Fan Power Unit)

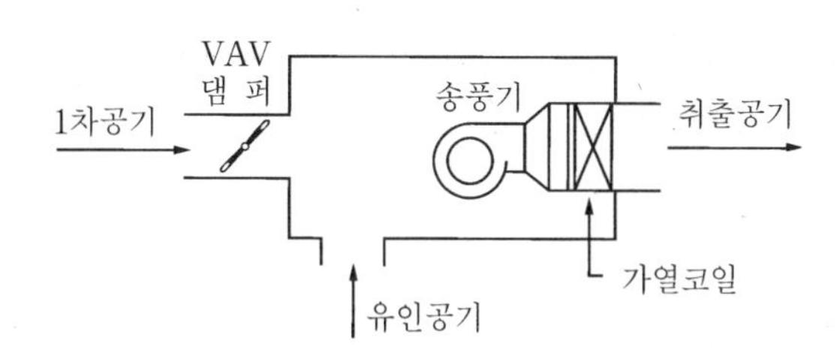

[직렬식 팬파워 유닛의 구조]

(1) 저온급기방식에 있어 외주부와 내주부에 모두 사용되고 있는 가장 확실한 정풍량 터미널 유닛이다.
(2) 공조기에서 1차 공기와 천장프레임을 통한 실내공기가 동시에 터미널 유닛에 유입되도록 되어 있다.
(3) 터미널 송풍기의 흐름이 1차 공기의 흐름 안에 구성되어 1차 공기와 유인된 공기가 혼합되어 송풍기에 의해 가압 공급
(4) 냉방 시나 난방 시에 터미널 송풍기는 항상 운전되어야 하며 냉방 시에는 실내온도에 따라 1차 공기의 양이 냉방부하에 따라 변풍량으로 조절되고, 부족한 공기는 천장플레넘을 통해 실내공기가 유입되어 터미털 출구 측은 항상 정풍량으로 급기하게 된다.
(5) 실내온도가 낮아지면 전기 또는 온수코일에 열원이 공급되어 난방운전이 시작되며 이때 1차 공기는 설정된 최소 외기가 공급되거나 완전히 닫힐 수도 있다.
(6) 병렬식에 비해 팬용량이 커진다.
(7) 유닛팬의 용량이 커서 초기투자비 다소 상승
(8) 항상 일정풍량이 실내에 공급되므로 유닛 이후의 덕트시스템과 취출구는 정풍량이 되어 취출구의 선정이 용이하며 실내 기류 상태가 양호하고 환기성능 및 제어성도 가장 우수함

Task-Ambient 공조시스템에 대하여 기술하시오.

1. 개요

공조제어의 단위를 모듈화하여 궁극적으로 개인 단위로 조화할 수 있는 개별공조 시스템의 개념이 중요해지고 있고, 에너지 효율성의 관점에서 Task-Ambient 공조시스템이 주목을 받고 있다.

2. 개념

① 실 전체의 쾌적성을 고려하는 종래의 개별공조 개념에서 비효율적인 에너지 손실을 방지
② 공조공간을 ambient 영역과 task 영역으로 분할
③ ambient 영역 : 공조 조건의 완화
　㉮ 여름 및 겨울철 : 인공적 수법의 공조
　㉯ 중간기 : 자연환기
④ task 영역 : 재실자에게 적합한 공조

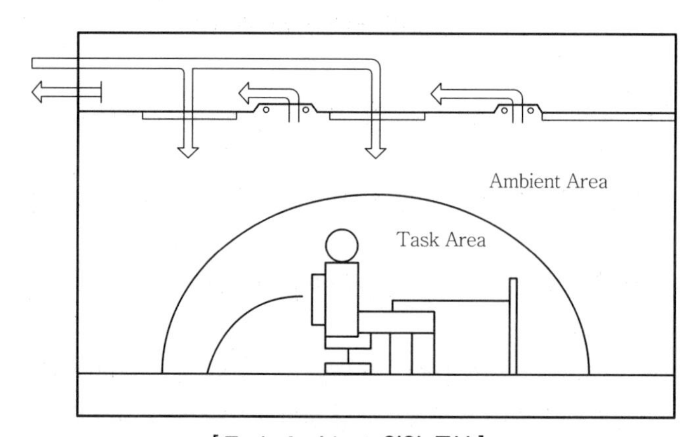

[Task Ambient 영역 구분]

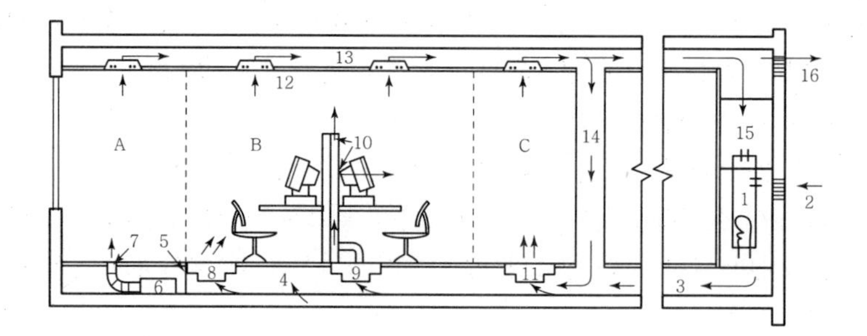

A	외주부	8	온도 조절 가능한 바닥 팬파워 디퓨져
B	재실밀도가 높은 내주부	9	Air Flow Partition과 연결된 바닥 팬파워 유닛
C	재실밀도가 낮은 내부주	10	재실자가 조절가능한 파티션 디퓨져
1	공조기	11	온도조절 가능한 바닥 팬파워 디퓨져
2	외기	12	조명을 통한 환기
3	바닥 플레넘을 통한 급기	13	천장 플레넘
4	바닥 플레넘	14	환기를 위한 인덕션 샤프트
5	보(structural slab)	15	환기
6	재열가능한 팬파워 유닛	16	배기
7	바닥 디퓨져		

[바닥플레넘을 가진 task ambient 개략도]

3. 기존 공조방식의 문제점 및 대책

(1) 문제점

① 현대 오피스 건물은 다수의 OA 기기와 파티션으로 구획된 작업공간 내에서 8시간 이상 거주
② 실 전체의 평균적이 쾌적성을 고려함으로 인하여 불필요한 공간까지 공조
③ 에너지 효율성이 떨어짐

(2) 대책

① 불필요한 공조공간을 방지하기 위한 공조단위의 모듈화
② 공조공간을 ambient 및 task 영역으로 구분
③ 영역별 공조조건의 차별화

4. 개별공조시스템의 종류

(1) 천장 개별공조시스템

① 천장 부위에 설치된 취출구의 풍량과 온도를 제어
② 각 워크스테이션으로 원하는 공조공기를 공급하는 시스템

(2) 바닥 개별공조시스템

① 사무자동화기기의 보급증가에 따라 배선의 유연성을 높이기 위해 설치된 이중 바닥공간을 공조공기의 반송공간으로 이용
② 바닥면에 특수한 취출구를 설치하여 공기를 실내로 공급하고 천장 부위의 배기구로 배출하는 방식

(3) 칸막이 개별공조시스템

① 재실자의 쾌적한 환경을 위해 이중 바닥을 이용
② 냉온풍을 주로 단위 모듈사무공간의 칸막이(partition)로 급기하고 천장으로 배기하는 방식

(4) 데스크탑 개별공조시스템

① 인텔리전트빌딩에 활발히 보급
② 재실자가 요구하는 급기온도, 급기풍량과 방향의 제어 가능
③ 재실자의 호흡기 부근으로 외기를 직접 공급

5. 결론

실 전체에 대한 전반적인 공조가 아닌 국부공조의 개념으로서 작업자 및 개인의 온열감에 따라 공조영역에서의 공기의 상태를 직접 조절하여 개개인의 쾌적도를 높일 수 있는 시스템뿐만 아니라 에너지의 효율적인 이용도 가능하므로 많은 연구 개발이 되어야 할 시스템으로 사료된다.

제18장 에너지 절약

Professional Engineer

○ Building Mechanical Facilities
○ Air-conditioning Refrigerating Machinery

사무소 건축물의 에너지 절약 설계기준 중 건축 부문과 기계 부문에 대하여 기술하라.

1. 개요

(1) 건축물의 에너지 절약은 건축 부문의 에너지절약과 기계 부문의 에너지절약 두 가지의 동시적 고찰 없이는 그 효과를 기대하기 어렵다.

(2) 에너지 절약을 위해서 설비설계자는 기계 부문의 설계뿐만 아니라 건축계획상 설계에도 반드시 깊이 관여하여야 한다.

2. 건축 부문 에너지 설계기준

(1) 배치계획

① 건축물은 대지의 향, 일조 및 주풍향 등을 고려하여 배치하며, 남향 또는 남동향 배치를 한다.

② 공동주택은 인동간격을 넓게 하여 저층부의 일사 수열량을 증대한다.

(2) 평면계획

① 거실의 층고 및 반자 높이는 가능한 한 낮게 한다.

② 건축물의 체적에 대한 외피면적의 비 또는 연면적에 대한 외피면적의 비는 가능한 한 작게 한다.

③ 실의 용도 및 기능에 따라 수평, 수직으로 조닝계획을 한다.

(3) 단열계획

① 건축물 외벽, 천장 및 바닥으로서 열손실을 방지하기 위하여 단열부위의 열저항을 높이도록 한다.

② 외벽 부위는 외단열로 시공한다.

③ 외피의 모서리 부분은 열교가 발생하지 않도록 단열재를 연속적으로 설치하고 충분히 단열되도록 한다.

④ 건물의 창호는 가능한 한 작게 설계하고, 특히 열손실이 많은 북측의 창면적은 최소화한다.

⑤ 태양열 유입에 의한 냉방부하 저감을 위하여 태양열 차폐장치를 설치한다.

⑥ 건물 옥상에는 조경을 하여 최상층 지붕의 열저항을 높이고, 옥상면에 직접 도달하는 일사를 차단하여 냉방부하를 감소한다.

(4) 기밀계획

틈새바람에 의한 열손실을 방지하기 위하여 거실 부위의 창호 및 문은 기밀성 창호 및 기밀성 문을 사용한다.

(5) 자연채광계획

① 자연채광을 적극적으로 이용할 수 있도록 계획한다.

② 창에 직접 도달하는 일사를 조절할 수 있도록 차양장치(커튼, 브라인드, 선스크린 등)를 설치한다.

(6) 환기계획

① 환기를 위해 개폐 가능한 창부위 면적의 합계는 거실 외주부 바닥 면적의 10분의 1 이상으로 한다.

② 문화 및 집회 시설 등의 대공간 또는 아트리움의 최상부에는 자연배기 또는 강제배기가 가능한 구조 또는 장치를 채택한다.

3. 기계 부분 에너지 절약 설계기준

(1) 설계온도조건

① 설계용 외기온도는 TAC 위험률 2.5% 적용

② 설계용 실내온도는 난방의 경우 20°C, 냉방의 경우 26°C

(2) 열원설비

① 부분 부하 및 전부하 운전효율이 좋은 것을 선정한다.

② 대수분할 또는 비례제어운전이 되도록 한다.

③ 고효율 인증제품 또는 이와 동등 이상의 것을 설치한다.

④ 폐열을 회수하기 위한 열회수설비를 설치한다.

⑤ 폐열회수를 위한 열회수설비를 설치할 때에는 중간기에 대비한 바이패스(by-pass) 설비를 설치한다.

⑥ 냉방기기는 전력피크 부하를 줄일 수 있도록 하여야 한다.

(3) 공조설비

① 이코노마이저시스템 등 외기냉방시스템을 적용한다.

② 팬은 부하변동에 따른 풍량제어가 가능하도록 가변익축류방식, 흡입베인제어방식, 가변속제어방식을 채택한다.

(4) 반송설비

① 난방 순환수 펌프는 대수제어 또는 가변속제어방식을 채택하여 부하상태에 따라 최적 운전상

태가 유지될 수 있도록 한다.

② 급수용 펌프 또는 급수가압펌프는 가변속제어방식을 채택한다.

③ 열원설비 및 공조용 송풍기는 효율이 높은 것을 채택한다.

(5) 환기 및 제어설비

① 최소한의 외기도입이 가능하도록 계획한다.

② 환기 시 열회수가 가능한 폐열회수형 환기장치 또는 바닥열을 이용한 환기장치를 설치한다.

(6) 위생설비

위생설비 급탕용 저탕조의 설계온도는 55℃ 이하로 한다.

(7) 자동제어

① 공조설비, 전력, 조명, 승강기 등의 에너지

② 에너지 이용 효율 향상 위해 중앙관제식 자동제어시스템 채택

4. 결론

건축물에 대한 에너지 절약은 건축계획 시 외벽창면적비, 단열성능을 고려하고 기계설비 차원에 고효율 열원기기, 대수 및 회전수 제어, 폐열회수장치를 적극 채용하여 에너지를 절약하도록 한다.

02 기존 건축물의 에너지 절약방안을 논하라.

1. 개요

최근 화석연료 사용에 따른 지구온난화로 인하여 신축 건물 위주로 신재생에너지가 널리 보급되고 있으며, 기존 건축물에 있어서 신축 건물 위주로 지구 온난화 방지에 기여하기 위해 에너지 사용량을 줄이는 에너지 절약 방안이 적극 요구되고 있다.

2. 운전제어에 의한 방법

(1) 설정온도 변경

① 일반실인 경우 서모스탯 설정치 변경
(여름 : 26℃에서 27~28℃로, 겨울 : 22℃에서 18℃~20℃로)

② 침실인 경우 야간 설정치 변경(시각별 Schedule)

③ 거실 이외의 실, 거실보다 여름은 높게, 겨울은 낮게

(2) 외기량 줄임

① 필요 외기량의 기준치 검토

② 취입 외기량 조정

③ 외기량 제어(CO_2 농도제어)

(3) 과열, 과냉 방지

① 서모스탯 설정치 Check

② 자동제어 장치 검토

③ Zoning 검토

④ 가습 설정치 Check

(4) 공조방식 변경

① 재열정지

② 2중 덕트 방식 정지

③ 3, 4관식 정지

④ 1차 배기량 줄임

⑤ 예열, 예냉 시 취입 외기량 중지

⑥ 조명 감소
⑦ 기동시각의 최적화

(5) 기기의 효율 운전

① 고품질 열매 채용
② Boiler 냉동기의 존 관리
③ 냉동기의 증발온도, 응축온도 Check

3. 보수관리에 의한 방법

(1) 기기의 청소

① Air Filter 청소(송풍기 동력 절감)
② 공기 Coil 청소
③ 냉동기, 응축기, 증발기의 물측관 내 청소
④ 배관 내 청소

(2) 기기의 교환

부식, 마모 등 성능이 떨어진 기기의 교환

(3) 수처리

① 보일러 보급수
② 냉각수

4. System의 개조에 의한 방법

(1) 건축적 개선방안

① 외벽 단열 강화
② 일사방지(블라인드, 이중창, 반사필름 등)
③ 건물 침기량 방지(틈새밀폐, 전실설치, 회전문)
④ 실내 조명 제어

(2) 설비적 개선방안

① 공조방식
㉮ 취입외기용 댐퍼제어장치 부착
㉯ 재열제어장치 정지
㉰ 복열원 방식의 정지(2중덕트, 3, 4관식)

㉱ 변풍량 방식으로 개조
VAV방식(VAV유닛, 송풍기 제어)
⑤ 공조방식 변경
(CAV → VAV, 중앙식 전공기식 → 수공기식)

② 열매방식
㉮ 외기 냉방 방식
㉯ 전열교환기(Heat Exchange)
㉰ Heat Pump 방식
㉱ 태양열 이용
㉲ 축열탱크

③ 자동제어장치
㉮ 팬 코일 유닛의 개별적 제어도입
㉯ 외기 취입량 자동제어
㉰ 예냉, 예열의 시각 최적화
㉱ 전력 수요 제어 운전

④ 기타
㉮ 노후기기 교환
㉯ 공기코일 열수 증가 – 송풍온도차를 크게 함(유량감소), 이용 수온차를 크게 함(유량감소)
㉰ 부스터 펌프 설치
㉱ 기기, 덕트, 배관의 단열 강화
㉲ 국소배기장치의 채용

5. 결론

건물에너지 절약방안은 공조시스템의 운전제어, 보수관리, 시스템 개조에 의한 방법으로 하되 보수 및 System의 개조는 많은 투자가 요구되므로 가능한 운전제어에 의한 방식으로 Energy를 절약하는 것이 좋다. 이를 위해서는 Operater의 고급화, 기술화가 필요하다고 생각한다.

외기 냉수 냉방 System 제어

1. 개요

자연 기후조건을 최대한 이용한 Free Cooling system에는 외기 냉수·냉방과 외기 냉방시스템이 있으나 초고층빌딩, 전산센터 등에는 외기냉수·냉방시스템이 적극 요구된다.

2. 외기냉수 냉방 시스템

(1) 밀폐형 냉각탑+냉수 열교환기 방식
(2) 밀폐형 냉각탑+냉각수 직접순환방식
(3) 개방형 냉각탑+냉수 열교환기 방식

3. 방식별 특징

(1) 밀폐형 냉각탑+냉수 열교환기 방식

① 외기이용 기간이 짧다.
② 동파 우려가 없다.
③ 열교환 효율이 낮다.
④ 공사비가 비싸다.
⑤ 밀폐형 냉각탑에는 "증발형"과 외기의 현열을 이용하는 "건식 냉각탑"이 있다.
⑥ 냉각 효율면에서는 증발형이 유리하나 겨울철 외기 온도가 낮을 때 유지 관리 불편
⑦ 냉각수조는 외기 온도조건에 따라 에틸렌글리콜과 같은 부동액을 혼합

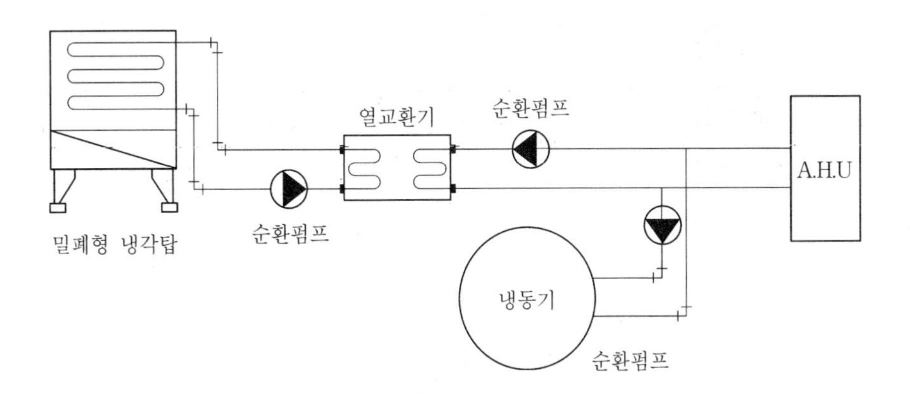

(2) 밀폐형 냉각탑+냉각수 직접순환 방식

① 외기이용 기간이 길다.
② 동파 우려가 있다.
③ 열교환 효율이 높다.
④ 공사비가 저렴하다.
⑤ 냉각수를 직접 공조 System 내를 순환시키므로 부동액 사용이 곤란하며 동파방지대책이 강구되어야 한다.

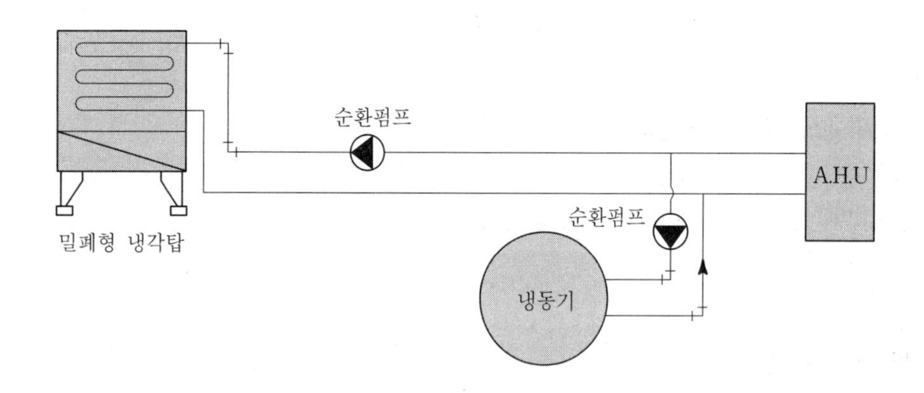

(3) 개방형 냉각탑+냉수 열교환기 방식

① 외기이용 기간이 길다.
② 동파 우려가 있다.
③ 열교환 효율이 높다.
④ 공사비가 저렴하다.
⑤ 개방형 냉각탑은 수조 분리형이 바람직
⑥ 냉각수 수처리의 System 구비

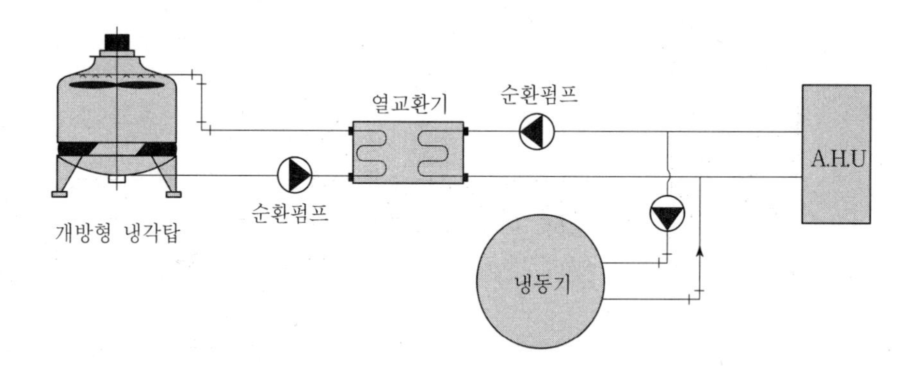

4. 외기냉방 System과 외기 냉수 냉방 System의 비교

비교항목 \ System	외기 냉방 System	외기 냉수 냉방 System
외기이용 구분	전열(Total) 이용	주로 현열 이용
실내온도 제어성	Damper 제어이므로 부정확	밸브제어이므로 정확
전산기, OA기기의 습도 영향	겨울철 가습량이 대단히 커지고 중간기 감습이 곤란하므로 악영향을 줄 수 있다.	없음
외기냉방 System 가동시간 (실내온도 26℃ 기준)	대략 외기온도 16℃에서 가능	대략 외기온도 10℃에서 가능
외기 Duct Size	100% 외기량 기준 Size	최소 필요 외기량 기준 Size
시설비	적다	많다
유지비	적다	많다

4. 결론

(1) 외기 냉수 냉방 System은 습도의 영향을 많이 받는 전산실, OA, Office 등에서 에너지를 절약하는 방식이다.

(2) 외기온도가 10℃ 정도에서 사용가능토록 많은 연구가 있어야 될 것으로 사료된다.

초에너지 절약형 건물에서의 에너지 절약사례

1. 개요

초에너지 절약적인 건축물에서의 에너지 절약은 계획 및 설계 단계에서부터 건축, 설비, 전기 전 분야에 걸쳐 공동으로 노력해야 한다.

2. 에너지 절감방안

(1) 열부하 저감대책 강구
(2) 사용자의 생활특성 및 운전특성 파악
(3) 장기적이고 경제적인 안목에서 열원 선정
(4) 고효율 설비 시스템 및 장비 선정
(5) 자연에너지 이용 및 폐열회수 방안 강구
(6) 에너지소비량 및 운전효율을 검증할 수 있는 시스템 설치

3. 에너지 절감 실현을 위한 단계별 업무

(1) 계획 및 설계 단계

① 건물용도 결정
② 건물 부하 최소화 형태 계획
③ 건물 부하 특성 분석
④ 자연에너지 이용 방안 강구
⑤ 최적의 공조시스템 구상 및 설계
⑥ 계절별 에너지 소비량 예측 및 분석

(2) 시공단계

① 건축, 기계, 전기 각 분야별 에너지 절감 Point Check
② 고효율 기기 선정 및 발주
③ 시공 시방 강화
④ TAB 및 Commissioning 기준 강화

(3) 운전 및 관리

① 최적 운전 프로그램 가동
② 에너지 소비 패턴 분석
③ 에너지 절감 항목별 효과 분석
④ 최적 운전점 재설정
⑤ 에너지 낭비 요소 제거

4. 에너지 절감 적용기술

(1) 건축분야

① Double Skin 채용
② Louver에 의한 일사 차폐
③ Twin Core 채용
④ 창면적 감소
⑤ 건물 방위의 최적화
⑥ 지중공간 활용
⑦ 층수 감소(저층화)
⑧ 층고 감소
⑨ 출입구에 방풍벽 설치
⑩ 방풍실 설치
⑪ 옥상면 일사 차폐
⑫ 건물외벽 색채계획
⑬ 특수 복층 유리 사용
⑭ 외벽 단열 강화
⑮ 창문틀의 기밀성, 단열성 향상

(2) 기계설비 분야

① 태양열 이용 : 냉난방, 급탕
② 에너지 절약 조명 방식
③ 외기 냉방 제어
④ 최소 외기량 제어
⑤ VAV 방식 적용
⑥ 배관계 저항 감소
⑦ 대온도차 방식 채용
⑧ 국소환기
⑨ 펌프제어(대수, 회전수)

(3) System의 종류

① 빙축열 System

㉮ 얼음의 잠열을 이용한다.

㉯ 축열조의 크기가 작아진다.

㉰ COP가 감소

㉱ 얼음 생산에 따른 부속장치 필요

② 수축열 System

㉮ 물의 현열을 이용한다.

㉯ 축열조의 크기가 크다.

㉰ 빙축열에 비하여 COP 증가

㉱ 기존 냉동기 병렬 연결 사용 가능

㉲ 고장이 없고 대처에(고장 시) 용이

(4) 두 방식의 비교

빙축열과 수축열은 각기 장단점이 있으나 축열조의 크기, 열용량 등을 고려할 때 빙축열이 유리할 것으로 사료된다.

3. 흡수식 냉동기

(1) 기본원리

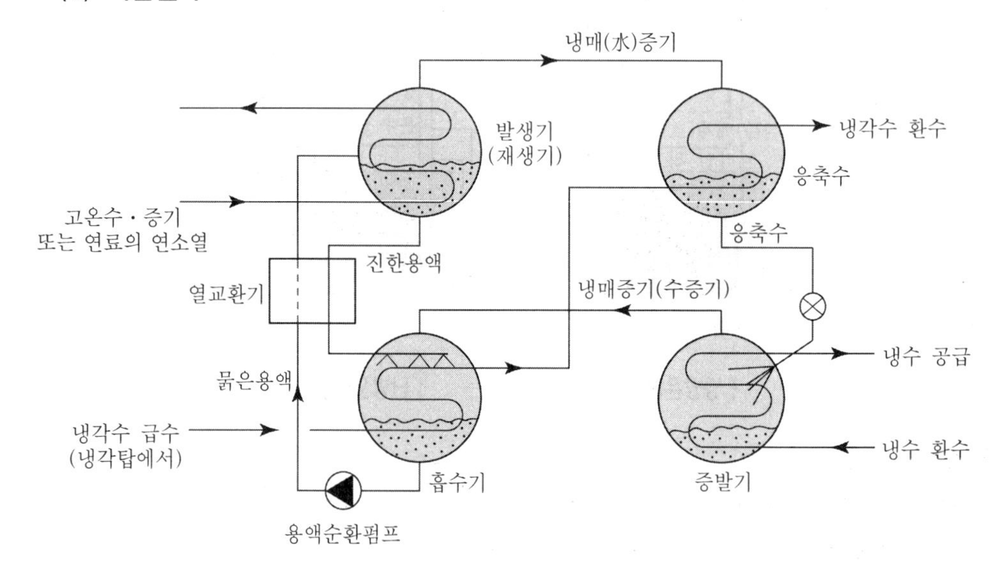

[흡수식 냉동기의 원리도(1중 효용 : 단효용)]

① 물은 6.5mmHg의 진공상태에서 쉽게 증발한다.
② 이때 증발 잠열을 이용하여 냉수를 생산
③ 증발된 수증기는 LiBr 용액에 의하여 흡수
④ 흡수된 용액을 가열하여 재생한 뒤 농축시켜 재사용
⑤ 이때 가열원이 가스이면 직화식 냉·온수 Unit, 가열원이 증기 또는 고온수이면 흡수식 냉동기
⑥ 고온재생기만 설치하면 1중효용, 고온재생기와 저온재생기를 설치하면 2중효용

(2) 특징

① 장점
㉮ 압축전용 전동기가 없어 진동 소음이 적다.
㉯ 가스가 전기료에 비해 저렴
㉰ 수변전 설비 용량 감소
㉱ 가스 냉·온수 Unit 사용 시 온수 사용 가능
㉲ 부분효율이 좋다.
㉳ 계약전력 감소 전기 기본요금이 낮아진다.

② 단점
㉮ 7℃ 이하 냉수 얻기 곤란
㉯ 진공유지가 곤란하며 진공저하 시 효율저하
㉰ 냉각수량이 많고 냉각탑이 커진다.

4. 결론

(1) 여름철 한낮의 Peak Load를 해결하기 위해 신규 발전소를 건설하면 국가 경제적으로 손해이며 주야간의 전력 불균형 상태가 심화된다.
(2) 흡수식 냉동기 및 빙축열 System을 적극 사용하여 Peak Load를 줄여야 한다.

신에너지 및 재생에너지 개발이용 보급촉진에 관하여 논하라.

1. 개요

화석연료의 사용에 따른 CO_2 가스배출로 지구온난화에 영향을 미치고 에너지 부존자원이 부족한 국내현실을 감안할 때 대체에너지 보급 활성화로 환경에 기여하고 에너지 수입 비용 절감에 기여토록 한다.

2. 신재생에너지 특성

(1) 환경친화형 청정에너지
(2) 기술에너지
(3) 비고갈성 에너지
(4) 공공 미래에너지

3. 신재생에너지의 중요성

(1) 신재생에너지는 과다한 초기투자가 약점
(2) 화석에너지 고갈 문제와 환경문제에 대한 핵심 해결방안
(3) 선진 각국에서는 과감한 연구개발과 보급정책 추진
(4) 기존 에너지원 대비 가격경쟁력 확보 시 차세대 사업으로 급신장 예상

4. 에너지별 정의

(1) 재생에너지

① 태양광

태양광발전시스템(태양전지, 모듈, 축전지 및 전력변환장치로 구성)을 이용하여 태양광을 직접 전기에너지로 변환하는 기술

② 태양열

태양열이용시스템(집열부, 축열부 및 이용부로 구성)을 이용하여 태양광선의 파동성질과 광열학적성질을 이용분야로 한 태양열 흡수 · 저장 · 열변환을 통하여 건물의 냉난방 및 급탕 등에 활용하는 기술

③ 풍력

풍력발전시스템(운동량변환장치, 동력전달장치, 동력변환장치 및 제어장치로 구성)을 이용하여 바람의 힘을 회전력으로 전환시켜 발생하는 유도전기를 전력계통이나 수요자에게 공급하는 기술

④ 바이오에너지

태양광을 이용하여 광합성되는 유기물(주로 식물체) 및 동 유기물을 소비하여 생성되는 모든 유기체(바이오매스)의 에너지

⑤ 폐기물에너지

사업장 또는 가정에서 발생되는 가연성 폐기물 중 에너지 함량이 높은 폐기물을 열분해에 의한 오일화 기술, 성형고체연료의 제조기술, 가스화에 의한 가연성 가스제조기술 및 소각에 의한 열회수기술 등의 가공·처리 방법을 통한 연료를 생산

⑥ 지열

지표면에서 지하로 수 m에서 수 km깊이에 존재하는 뜨거운 물(온천)과 물(마그마)을 포함하여 땅이 가지고 있는 에너지를 이용하는 기술

⑦ 소수력

개천, 강이나 호수 등의 물의 흐름으로 얻은 운동에너지를 전기에너지로 변환하여 전기를 발생시키는 시설용량 10,000kW 이하의 소규모 수력발전

⑧ 태양에너지

해수면의 상승하강운동을 이용한 조력발전과 해안으로 입사하는 파랑에너지를 회전력으로 변환하는 파력발전, 해저층과 해수표면층의 온도차를 이용, 열에너지를 기계적 에너지로 변환 발전하는 온도차 발전

(2) 신에너지

① 연료전지

수소, 메탄 및 메탄올 등의 연료를 산화(酸化) 시켜서 생기는 화학에너지를 직접 전기에너지로 변환하는 기술

② 석탄가스화 액화

석탄, 중질잔사유 등의 저급원료를 고온, 고압하에서 불완전연소 및 가스화 반응시켜 일산화탄소와 수소가 주성분인 가스를 제조하여 정제한 후 가스터빈 및 증기터빈을 구동하여 전기를 생산하는 신발전기술

③ 수소에너지

수소를 기체상태에서 연소 시 발생하는 폭발력을 이용하여 기계적 운동에너지로 변환하여 활용하거나 수소를 다시 분해하여 에너지원으로 활용하는 기술

5. 신재생에너지 이용 의무화 대상

(1) 국유재산법의 규정에 의한 정부출자기업체

(2) 정부출연기관

(3) 다음에 해당하는 기관이 납입자본금의 100분의 50 이상을 출자한 법인

① 정부투자기관

② 정부출자기업체

③ 정부출연기관

(4) 지방자치단체가 납입자본금의 100분의 50 이상을 출자한 법인

6. 결론

화석연료의 자원고갈과 화석연료 사용억제로 인한 지구온난화 정도에 기여하고 무한정한 자연에너지나 신에너지, 재활용에너지를 적극 연구 · 개발하여 에너지 절약에 기여하고 자연환경보전에 노력하여야 할 것으로 사료된다.

태양열 System에 대하여 기술하라.

1. 개요

석유, 가스 에너지원의 고갈에 대비하여 태양열을 열원으로 하는 태양열 System이 개발되고 있다. 현재 우리나라에서는 건물의 급탕, 난방부분에만 실용화되어 사용되고 있다.

2. 특징

(1) 무한성 : 태양에너지는 무한하다.
(2) 무공해성 : 공해가 없다.
(3) 저밀도성 : 밀도가 낮다.
(4) 간헐성 : 흐린 날씨, 비오는 날씨

3. System의 구성

(1) 집열장치
(2) 축열장치
(3) 보조열원장치
(4) 공급장치
(5) 제어장치

4. 구성장치 특징

(1) 집열장치

태양열을 포착하여 열로 변환하고 내부에 흐르는 열매를 가열하는 일종의 열교환기이며, 대류식과 진공관식이 있다.

① 집광식

㉮ 에너지 밀도가 낮은 태양광을 렌즈 및 반사경을 이용하여 고밀도로 바꾼 후 고온으로 집열하는 방식
㉯ 태양열의 입사각도가 시시각각으로 바뀌기 때문에 태양 추적장치 필요
㉰ 일반 건물에는 잘 사용되지 않는다.

② 대류식(평판형 태양열 집열기)

㉮ 집광장치 및 태양추적장치가 필요없다.

㉯ 지붕의 경사면에 가대 등을 이용하여 고정

㉰ 각도는 40~60°가 적당

㉱ 1일 평균 집열 효율은 40%

(2) 축열장치

① 축열매체는 일반적으로 물을 사용

② 집열과 부하 측의 시간차에 대응하여 사용

③ 집열장치에서 집열한 열을 축열한다.

(3) 공급장치

① 축열장치 내 가열된 물의 공급(급탕 및 난방)

② 자연순환식과 강제순환식이 있다.

③ 자연순환식 : 온도차에 의한 밀도차에 의하여 자연순환 및 중력순환

④ 강제순환식 : 순환 Pump에 의한 강제 순환

(4) 보조열원 장치

① 흐린 날씨, 비오는 날씨의 경우 태양열이 없을 경우 사용

② 외기의 온도가 너무 낮아 열량 부족시 사용

③ 가정용의 경우 83,682~125,523kJ/hr 적당

(5) 제어장치

태양열 장치의 효율적 사용을 위해 필요

5. 결론

태양열을 이용한 급탕, 난방 System은 초기 투자비는 높지만 장기적으로는 경제적이라는 것이 밝혀졌다. 태양에너지는 무공해로서 요즘같이 대기오염이 심할 경우 아주 좋은 System으로 산학협동으로 연구개발하여 많이 활용되어야 한다.

초에너지 절약형 건물의 기계설비 System

1. 개요

초에너지 절약형 건물에서 에너지 사용은 기존의 전기에너지, 가스 또는 화석 에너지 사용을 가급적 배제하고 가능한 한 무공해 및 무료인 대체에너지, 미이용 에너지를 이용하여 냉난방하는 기술을 말한다.

2. 초에너지 절약형 기계설비 System의 종류

(1) 저온흡수식 냉동기 System
(2) Gas 엔진 열병합발전 System
(3) Heat Pump System
(4) 연료전지 발전 System

3. 종류별 특징

(1) 저온흡수식 냉동기 System

① 원리
태양열 집열기에서 얻은 90°C 정도의 온수를 이용한 저온수 흡수식 냉동기 운전

② 하계운전(냉방 System)
㉮ 옥상에 설치된 이중유리관으로 된 진공관식 집열판 이용
㉯ 85°C → 90°C 승온
㉰ 온수 축열조에 축열
㉱ 저온 흡수식 냉동기 가동 : 9°C
㉲ 보조열원－비, 흐린날 이용 : 90°C

③ 동계운전
㉮ 집열판 이용 50°C 난방용 환수 → 60°C 가열
㉯ 온수 축열조에 저장
㉰ 보조열원가동 : 집열이 충분치 않을 경우
㉱ 온수온도 : 60°C 유지

(2) Gas-Engine 열병합 발전 System

① 원리

Gas엔진을 이용한 구동력으로 전력을 생산하고 엔진의 냉각수와 배기가스의 폐열을 이용하여 냉난방을 겸할 수 있는 System

② 하계운전

㉮ 엔진 냉각수를 이용한 저온수 흡수식 냉동기 운전

㉯ 엔진 배기가스를 폐열 보일러에 공급 발생된 증기에 의한 흡수식 냉동기 운전

③ 동계운전

㉮ 엔진 냉각수를 이용한 난방, 급탕

㉯ 엔진 배기가스를 폐열 보일러에 공급 발생된 증기에 의한 난방, 급탕

(3) Heat-Pump System

① 원리

태양열 집열기에서 얻은 45°C 정도의 온수를 이용한 Heat Pump 운전

② 하계운전

㉮ Heat Pump에 의한 냉방운전

㉯ Heat Pump에 의한 냉수를 냉수 축열조에 저장

㉰ 냉수를 이용하여 AHU의 냉각 Coil에 순환

③ 동계운전

㉮ 태양열 집열기의 45°C 온수를 온수 축열조에 저장

㉯ 온수 이용하여 AHU의 가열 Coil에 순환시켜 난방 실시

㉰ 일광의 부족 시 열회수 Pump를 운전하여 온수조의 수온을 승온시켜 난방에 이용

(4) 연료전지 발전 System

① 원리

도시가스, 천연가스 등의 연료를 개질하여 연료전지 본체의 연료로 쓰이는 H_2 가스를 얻은 후 대기 중의 산소와 전기화학적 반응을 시켜서 발전하고, 냉각수에 의한 냉난방

② 하계운전

냉각수를 이용한 저온수 흡수식 냉동기 운전

③ 동계운전

냉각수를 이용한 난방, 급탕

4. 결론

에너지 부존자원이 부족한 우리나라 현실에서는 에너지소비의 절감과 대체에너지의 효과적인 이용이 중요하며, 이를 위하여 산학연이 공동 노력하여야 할 것으로 사료된다.

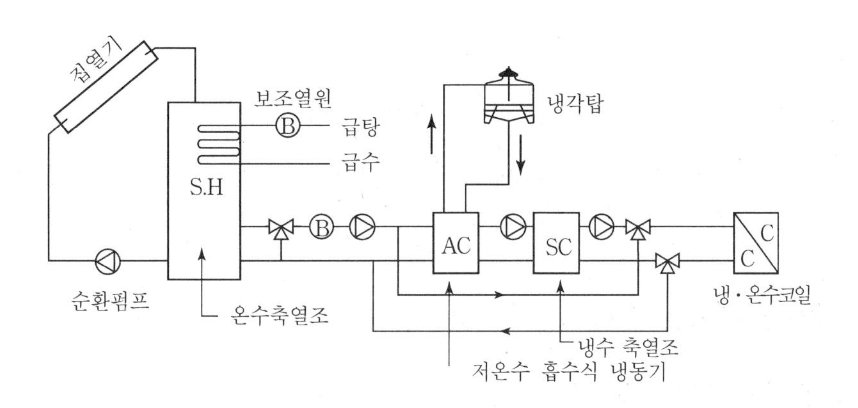

[급탕, 난방, 냉방(저온수 흡수식 냉동기)]

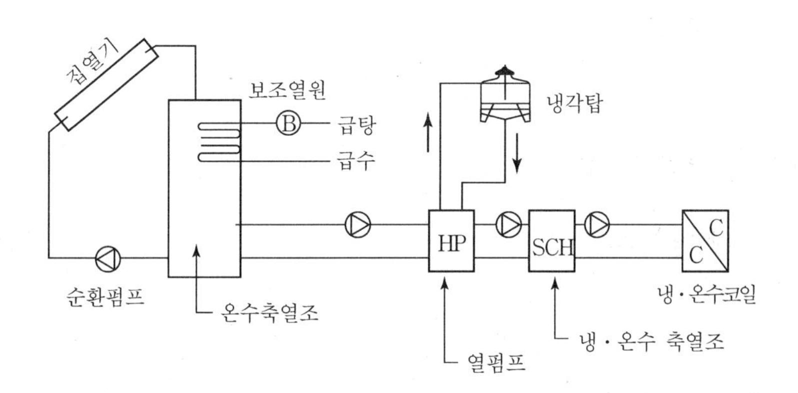

[급탕, 난방, 냉방(Heat pump)]

태양열 집열시스템에 대하여 논하라.

1. 개요

초에너지 절약 건물에서 에너지 사용은 기존의 전기에너지, 가스 또는 화석에너지 등의 사용을 가급적 배제하고 가능한 한 무공해 및 무료인 대체에너지를 활용하는 방안이 가장 현실적인 방법으로 주목받고 있다.

2. 태양열 집열기의 종류

(1) 평판형 태양열 집열기

(2) 진공관식 태양열 집열기

① 2중 튜브형 진공관식 집열기
② 판 튜브형 진공관식 집열기
③ 히트 파이프형 진공관식 집열기

3. 집열기의 종류별 특징

(1) 평판형 태양열 집열기

① 최고 60℃의 온수 공급 가능
② 우리나라 기후조건에 적용할 때 냉난방 열원으로는 부적합

(2) 진공관식 태양열 집열기

① 구조 : 동관이 접착된 흡열판과 덮개유리 사이의 빈 공간을 진공 상태로 만들어 그 안에서 일어나는 자연대류의 영향을 제거함으로써 열손실을 최소화하여 보다 높은 열을 얻을 수 있도록 한 집열장치
② 급탕 및 난방 열원공급
③ 냉방이 가능한 85~95℃의 온수공급가능
④ 최고 140℃ 정도의 중온수 공급가능
⑤ 산업공정별로 이용가능
⑥ 건물에 설치 시 조형미가 뛰어남
⑦ 고도의 진공기술이 필요하다.

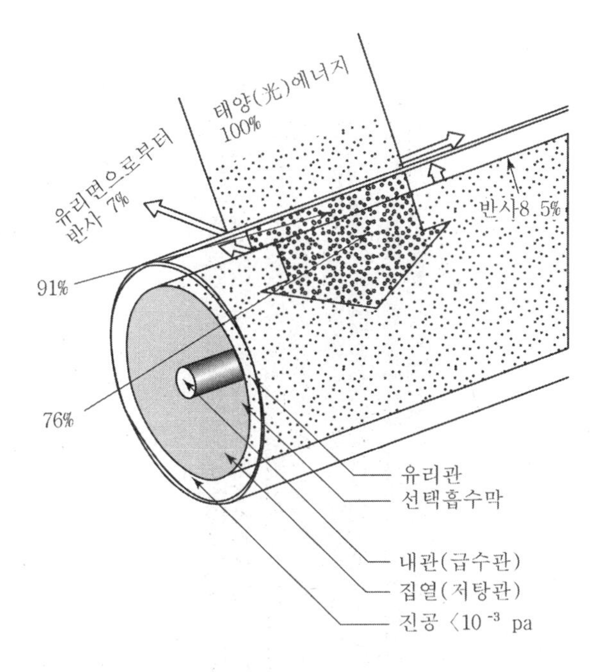

[진공관식 집열기의 집열개념]

(3) 2중 튜브형 진공관식 집열기

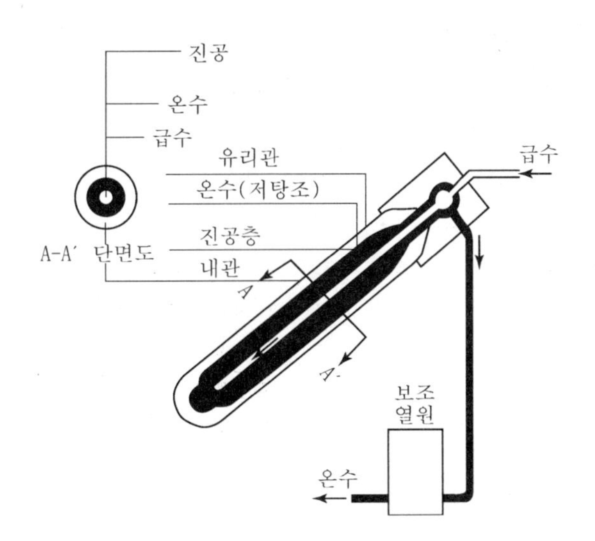

[2중 튜브형 진공관식 집열기의 개략도]

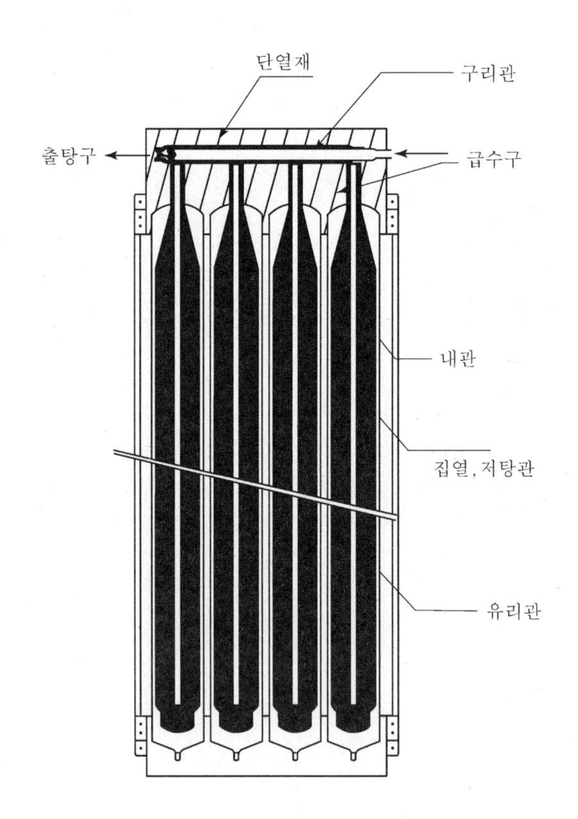

[2중 튜브형 진공관식 집열기셋의 개략도 구조]

진공이 이루어진 유리관 내에 지름이 큰 외관과 작은 내관 사이의 빈 공간에서 상당한 양의 열매체를 저장할 수 있다.

① 장점
별도의 축열조가 필요치 않거나, 축열조 용량을 줄일 수 있다.

② 단점
㉮ 집열기 내의 다량의 온수로 인한 야간 열손실이 크다.
㉯ 급수 · 급탕 배관에서의 동결방지대책 필요

(4) 판 · 튜브형 진공관식 집열기

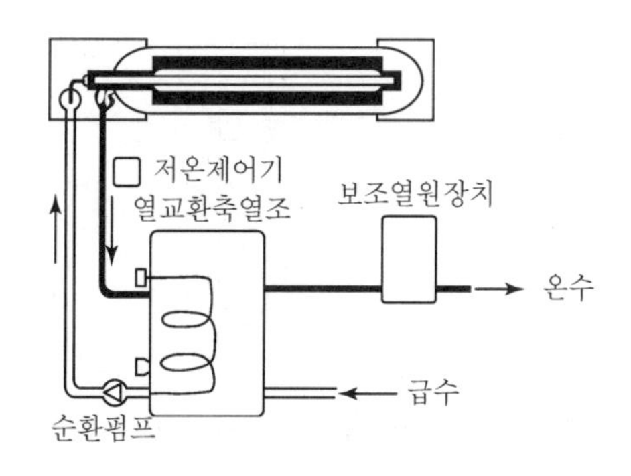

[판 · 튜브형 진공관식 집열기의 개략도]

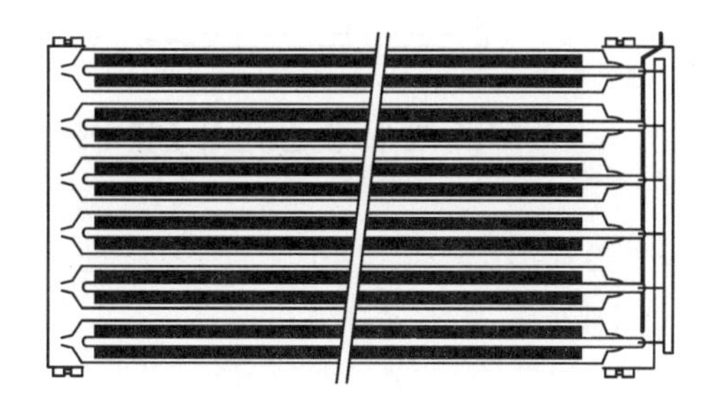

[판 · 튜브형 진공관식 집열기셋의 구조]

진공이 이루어진 유리관 내에 흡열판이 지름이 작은 집열관 위에 접착되어 있는 자유도가 높은 급탕시스템이다.

① 장점

㉮ 열교환형 축열조를 이용하여 부동액을 사용함으로써 동결문제 해결

㉯ 흡열판의 경사각도 조정 및 축열조 용량을 변화시킴으로써 급탕온도를 자유롭게 설계 가능

㉰ 건물용도에 맞는 설계 가능

㉱ 열응답이 빠르고 집열기 효율이 좋다.

② 단점

강제순환방식을 채택함으로 펌프동력이 필요하다.

(5) 히트 파이프형 진공관식 집열기

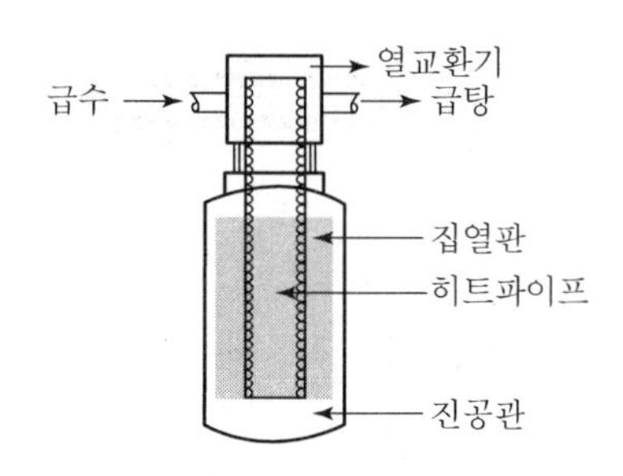

[히트 파이프형 진공관식 집열기 구조]

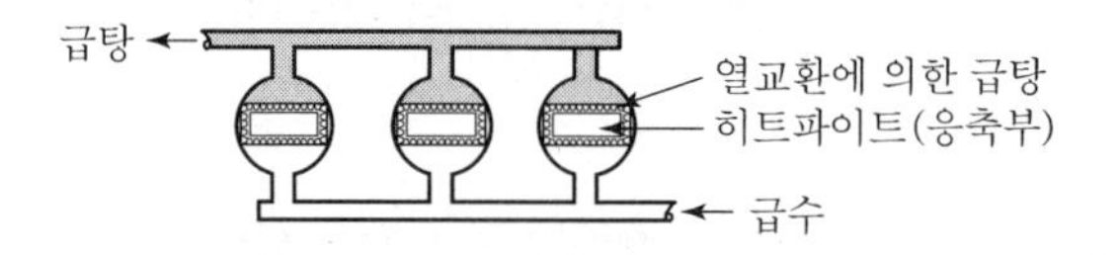

[히트 파이프형 진공관식 집열기세트]

히트 파이프와 흡열판을 결합한 것으로 집열부의 열매체가 진공상태에 있기 때문에 물을 포함한 열매체의 빙점이 정상상태보다 훨씬 낮다.

- 장점
  ㉮ 열매체의 빙점이 낮기 때문에 동결문제 해결
  ㉯ 지관이 필요없기 때문에 압력손실이 적음
  ㉰ 펌프동력이 적게 듬
  ㉱ 야간의 열손실이 적음
  ㉲ 특정시간대에 설정온도에 도달하기 위한 시간 지연이 작다.

4. 집열기의 선정 시 고려사항

(1) 건축하고자 하는 대상건물의 특성 파악
(2) 태양열을 이용하고자 하는 사용목적
(3) 건물의 내 · 외적 환경고려

5. 집열기 효율산정 방법

(1) 월별, 시간별 일사량 데이터를 구한다.
(2) 일사량 데이터로부터 다항식(Polynomid) 형태의 함수를 구한다.

(3) 다항식을 이용하여 해당되는 달의 냉방 또는 난방이 가능한 최저 일사량으로부터 사용가능한 시간대를 결정한다.
(4) 집열가능한 월별 태양일사량을 계산한다.
(5) 기후데이터로부터 시간별 집열기 효율을 구한다.
(6) 월별 평균 집열기 효율을 표시한다.

6. 결론

우리나라의 기후조건하에서는 태양열이 초에너지 절약형 건물의 냉·난방부하를 담당하는 경우 열손실을 최대한 줄일 수 있으며 열응답이 빠르고 동파방지효과가 있는 히트 파이프형 진공관식 집열기를 선택하는 것이 효과적일 것으로 판단된다.

건물적용 태양광 발전시스템에 대하여 논하라.

1. 개요

무공해, 무소음, 무연 및 운전 유지 보수가 간단한 태양광 발전은 지구상에 무한정한 자원을 갖고 있어 다른 대체에너지에 비해 많은 장점을 지니고 있으며, 태양광을 건물에 이용하는 경우에 있어서는 건축물의 에너지 효율을 향상함과 동시에 전기를 생산함으로써 건축 기술측면에서 한 차원 기술을 향상하고 있다.

2. 태양전지판을 건축물에 사용할 때의 이점

(1) 건축자재의 감소
(2) 이 장치를 떠받치는 구조 및 부재의 소요경비 감소
(3) 차양효과에 의해서 건물의 냉각부하 감소
(4) 주간의 발전된 전기를 건물의 내부 전기부하로 사용

3. 태양광 발전시스템의 종류 및 특징

(1) 복합형 PV(태양광)빌딩 시스템 – 미국

① 태양전지판을 건축자재로서의 활용
② 직류, 교류, 변환장치 필요
③ 직류, 교류 배선을 고려해야 하는 번거로움이 있음

(2) 태양광 AC PV모듈(교류전력생산) – 미국

① 각 모듈이 직접 AC 전력 발생
② 각 모듈별로 독립하여 전원공급 및 최대출력 제어용이
③ 설치방향과 그림자, PV모듈 숫자에 대한 제한점들을 극복
④ 유지 관리 용이
⑤ 시스템이 안정적이다.
⑥ 창문, 지붕부분에 설치 가능

(3) 유리창 부착형 PV 시스템 – 미국

① 빛과 냉난방 시스템에 대하여 효과적
② 에어컨디셔너 또는 팬에 대한 전력을 공급하는 데 유리

(4) 계통 연계형 시스템－일본

발전량의 크기에 관계없이 계통선에 전원을 주고받는 시스템

① 부하에 안정된 전원공급

② 태양전지와 계통연계형 인버터 및 적산전력계로 구성

③ 주택의 전원공급, 대용량 상업발전까지 다양

(5) 독립형 시스템－일본

축전지를 설치하여 태양전지에서 발전된 전기를 저장하여 부하에 공급하는 시스템

① 연중 부하에 전원을 공급하기 위해 보조발전기 사용

② 태양전지 자체가 건물외장재로 사용되므로 경제적

③ 유지 관리비가 적다.

(6) 복합형 태양광 AC모듈－스위스

① 건물일체형 Solar Cell 개발

② 건축물과 태양광 모듈의 완전일체형

③ 경제성 평가

④ 전기적 부품과의 용이한 인터페이스

4. 태양전지의 건물설치방법

(1) 수직벽체 이용방법

태양에너지를 수직으로 받는 방식

① 건물의 부지를 최대한도로 이용

② 내부공간도 효율적으로 이용

③ 방수문제에 대하여 안전

④ 건물의 외측재료에 무관하게 설치 가능

(2) 지붕위 설치방법

건물의 구조 및 재료에 관계없이 독립적으로 태양광 발전을 설치할 수 있는 방식

① 태양전지판을 경사지게 설치하기 때문에 최대효율을 낼 수 있다.

② 새로운 건축물이나 기존건물에도 사용가능

③ 양질의 태양광 발전효율과 채광가능

④ 지붕면 접합부에 있어 방수문제 고려

5. 결론

태양광 발전 시스템을 건물에 적용하는 기술은 현재 실용화 단계에 있으며, 앞으로 열과 빛의 전달을 조절하는 것 외에 에너지를 생산하는 등 다른 시스템과 보완관계를 유지할 것이다. 그러므로 설계 및 건설업계에 PV가 가져다 줄 수 있는 방대한 잠재력을 고려할 때 합리적인 방법으로 PV기술을 개발하여야 한다.

Desiccant 제습에 대하여 기술하시오.

1. 개요

Desiccant 제습은 화학제습제로서 냉각식 제습과 같은 과냉각에 의한 에너지 손실을 방지하며, 최근 공조용 제습장치로 널리 사용되고 있다.

2. Desiccant의 종류 및 특성

(1) 정의

수분을 흡착 또는 흡수하려는 성질을 지닌 물체를 이용하여 공기를 건조하는 것

(2) 종류

① 흡착식

㉮ 흡착력을 이용

㉠ 2탑식

㉡ 다탑식

㉢ Rotary Drum Type

㉯ 실리카겔, 합성제오라이트, 활성알루미나

② 흡수식

㉮ 화학반응 흡습제(고체 흡습제) : 오산화인(P_2O_5)

㉯ 조해성 흡습제(화학반응과 융해열 이용) : 염화칼슘, 수산화나트륨

㉰ 액체 흡습제(수증기압차 이용) : 염화리튬, 트리에틸렌글리콜

3. Desiccant 이용 냉방방법별 특징

(1) 흡착식(Solid Desiccant) 제습냉방시스템

① 원리

물체의 표면에 흡착되기 쉬운 물분자가 흡착제(Solid Desiccant)를 통과할 때 공기에서 수분이 흡착제로 이동(모세관 응축)

② 종류

㉮ 2탑식

㉯ 다탑식

㉰ Rotary Drum Type

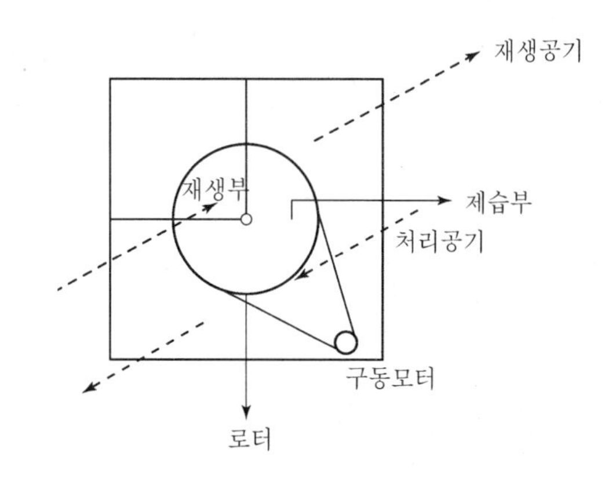

[건식 제습기 작동원리]

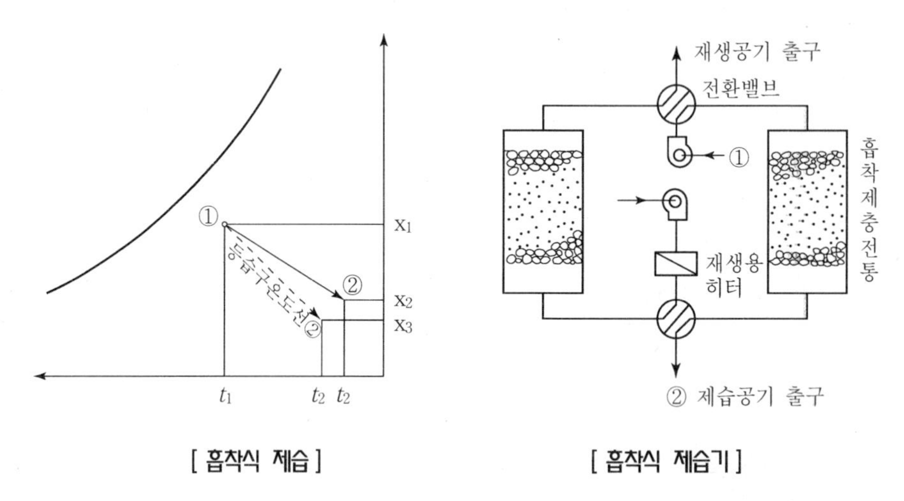

[흡착식 제습]　　　　[흡착식 제습기]

③ 특징

㉮ 장점

㉠ 3~60m³/min 정도의 적은 풍량에 적합하다.

㉡ 구조가 간단하고 가동부분이 적기 때문에 보수가 용이하다.

㉯ 단점

㉠ 처리공기의 압력손실이 크다.

㉡ 재생 공기 온도가 높다.(150~200°C)

㉢ 전환 쇼크가 있다.

(2) 흡수식(Liquid Desiccant) 제습 냉방시스템

① 원리

흡수성 수용액을 습한 공기와 접촉시켜 공기 중의 수분을 흡수하여 제습하며 염화리튬이나 에틸렌글리콜 용액 등이 자주 사용된다.

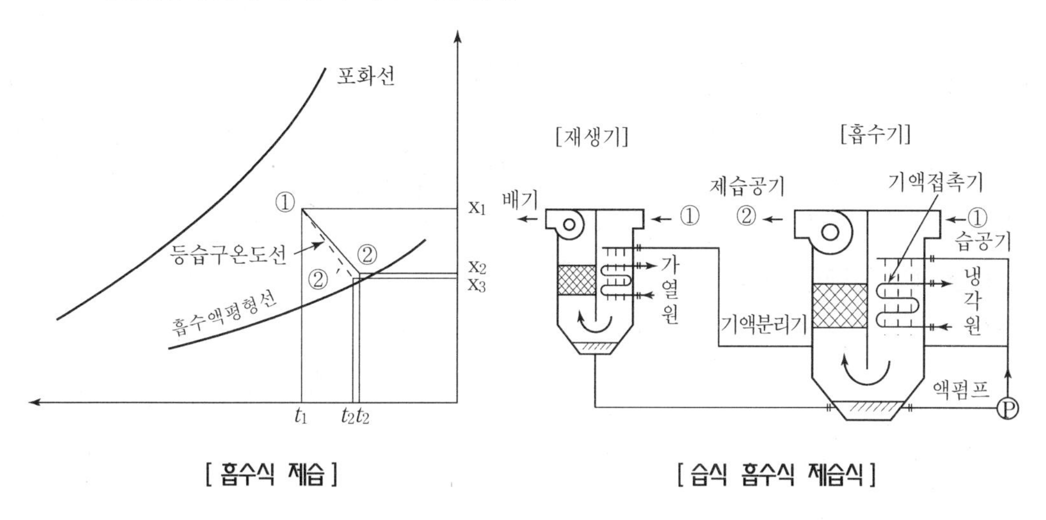

[흡수식 제습] [습식 흡수식 제습식]

② 특징

㉮ 장점

㉠ 온도와 습도를 동시에 조절가능하다.

㉡ 많은 풍량의 공기를 처리하는 데 적합하다.

㉢ 전환 쇼크가 없다.

㉣ 처리 공기 압력손실이 적다.

㉤ 운전비가 적다.

㉥ 염화리튬 흡수제 경우 살균효과가 있다.

㉮ 단점

㉠ 흡수제의 비산에 유의해야 한다.

㉡ 액체는 부식성이 강해 관리에 주의를 요한다.

4. 결론

Desiccant 제습법은 쾌적하고 질이 좋은 실내공기를 제공하며 운전비가 기존방식보다 저렴한 방법으로 전망이 매우 밝다. 그러나 연구과제로 콤팩트 제습기의 개발과 비용감소 및 성능향상의 개발과제를 가지고 있다.

보온 및 단열재에 대하여 기술하시오.

1. 개요

건축설비시스템의 배관 및 기기 등에서 열의 출입을 방지하여 에너지절약을 기하고, 고온 및 결로에 의한 피해를 방지하기 위하여 피복하는 것을 보온 및 단열재라 한다.

2. 보온 및 단열의 목적

(1) 에너지 절약(열손실 및 취득에 따른)
(2) 결로방지
(3) 착상방지
(4) 안정적 및 효율적 운전
(5) 화상방지

3. 보온재 및 단열재 선정 시 고려사항

(1) 안전사용 온도범위
(2) 열전도율
(3) 물리적, 화학적 강도
(4) 내용연수
(5) 단위 중량당 가격
(6) 구입의 용이성
(7) 공사현장에서의 적응성
(8) 불연성
(9) 화재 시 독성가스를 발생치 않을 것
(10) 환경 친화적일 것

4. 보온 및 단열재의 종류

(1) 온도에 의한 분류

① 저온 및 상온용(200℃ 이하)
② 일반용(200~800℃ 이하)
③ 고온용(800~1200℃ 이하)

(2) 재질에 의한 분류

① 무기질 재료

② 유기질 재료

5. 보온재의 분류별 특징

(1) 유리솜

순수한 유리원석을 고속원심분리공법으로 만들어 섬유 굵기가 4~6 μm으로 가늘고 균일하여 비섬유질이 전혀 없고 많은 양이 섬세하게 집면되어 있다.

① 사용온도범위 : −25℃~300℃로 고온에 용이

② 단열성, 불연성 우수

③ 시공성 우수

(2) 암면

규산칼슘계의 광석을 1,500~1,700℃의 고열로 용융 액화하여 고속회전공법으로 만든 순수한 무기질 섬유

① 사용온도범위 : 고온에 우수

② 단열성, 불연성, 흡음성, 발수성, 내구·내후성, 시공성 우수

(3) 실리카(Silica) 보온재

실리카 보온재는 규조토와 소석회, 보강섬유를 첨가하여 고압으로 증기를 양생하여 얻은 결정의 칼슘실리케이트

① 사용온도범위 : 650℃까지로 내열도가 높다.

② 단열성, 내열성, 불연성 우수

③ 시공성 우수

(4) 퍼라이트(Perlite) 보온재

유리질의 화성암 계통의 원석을 분쇄해 일정 조건하에서 건조·가열(1000℃)하면 속이 빈 상태나 세포상의 가벼운 팽창물로 약 30배 정도의 크기로 팽창되며 각종 첨가물과 혼합하여 특수제조 공법으로 만든다.

(5) 폴리에틸렌(P.E) 보온재 : 아티론 등

폴리에틸렌을 화학가교, 발포된 쉬트상태의 반경질 발포체

① 사용온도범위 : −25~80℃

② 내열·난연성, 발수성 우수

③ 취급과 시공성 용이

(6) 경질 폴리우레탄(P.U)

우레탄(Urethane) 결합을 가진 폴리머로서 폴리이소시아네이트와 폴리올 등의 활성수소 함유물과의 반응에서 생성되는 합성수지의 총칭으로 현장분사식, 주입식, 판상 등의 시공방법으로 제품의 경량성 우수

① 사용온도범위 : −190～100℃로 저온에 용이

② 단열성, 난연성 우수

③ 운반 및 취급 용이

(7) 발포고무(NBR) 보온재

밀폐된 기포형태(Closed-cell)의 탄성중합체로 NBR(니트릴러버)과 여러 가지 합성혼합물로 이루어져 있는 발포형태의 폼(Form) 재질로 우수한 단열성, 시공의 용이성으로 일반 건축설비, 조선, 냉동, 플랜트 분야 등에서 사용되며 제품 자체로 마감이 가능한 보온, 보냉 단열재이다.

① 사용온도범위 : −40～110℃로 보온, 보냉재로 사용

② 환경성, 인체무해성, 흡수 · 흡습성 우수

③ 시공성 및 내화학 · 내후 · 내구성 우수

④ 온도변화에 대한 완벽한 적응

6. 시공 시 주의사항

(1) 보온대상물과 보온재의 적합 유무를 점검

(2) 보온통의 경우는 소정두께의 보온통을 강선으로 밀착 후 작업

(3) 보온재의 두께가 75mm 이상 시는 두 층으로 나누어 시공

(4) 입상 또는 섬유상의 보온재를 사용할 때에는 소정의 두께를 외각에 만들고 그 속에 보온재를 채운다.

7. 내화, 단열, 보온재의 구분

(1) 내화재 : KS공업규격에서 내화도가 SK26(1580℃) 이상인 것

(2) 단열재 : 850～900℃ 이상 1200℃ 정도까지 견디는 것

(3) 보온재

① 무기질 : 850～300℃ 정도까지 견디는 것

② 유기질 : 200℃까지 견디는 것

8. 결론

보온 및 단열재 선정 시 고려사항과 시공 시 주의사항에 따라 피복하며 에너지절약과 결로 방지에 유의해야 한다.

태양광 발전에 대하여 설명하시오.

1. 개요

태양에너지 이용방법 중 가장 대표적인 것이 태양광을 직접 전기로 변환하여 사용하는 태양광 발전이다. 증기터빈 등의 설비를 이용하여 발전하는 태양열 발전과는 달리 무한정, 무공해의 태양에너지를 직접 전기에너지로 변환하는 기술이다.

2. 태양전지 발전원리

(1) 빛을 받아 전기를 발전하는 태양 전지는 실리콘소자로 만들어진 반도체

(2) 태양전지에 태양광이 입사하면 광기전력 효과에 의해 기전력이 발생하여 외부에 접속된 부하에 전류가 흐름

(3) 태양전지는 변화하는 기후와 충격을 이겨낼 수 있도록 모듈이라는 일정한 틀 속에 직병렬로 연결하여 사용된다.

(4) 태양광 발전은 모듈의 배열에 따라 큰 용량의 전압과 전류를 만들 수 있다.

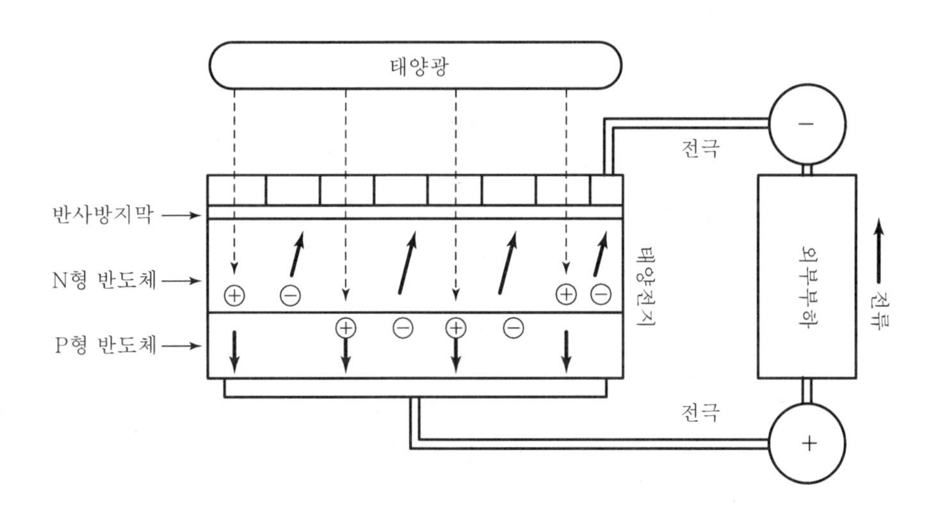

3. 태양광발전시스템 원리 및 구성요소

(1) 발전원리

① 태양전지에 햇빛을 쪼이면 전기가 발생

② 전력조절장치를 통해 전기를 일정한 양으로 변환
③ 인버터를 통해 직류를 교류로 바꾸어 사용

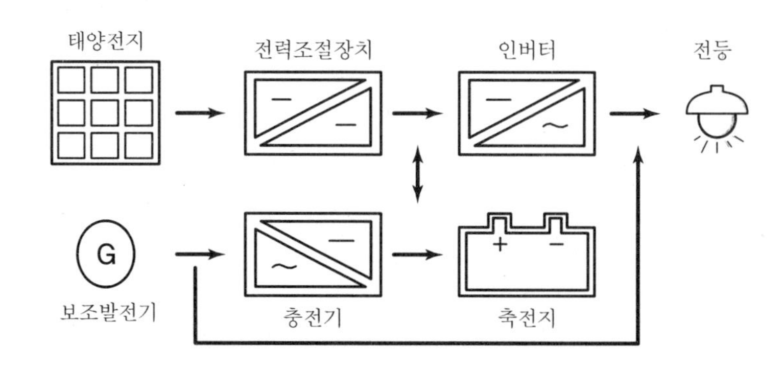

(2) 구성요소

① 어레이 : 모듈을 직병렬로 연결
② 축전지 : 발전한 전력을 저장
③ 직교류 변환장치 : 직류를 교류로 변환

4. 태양광 발전의 특징

(1) 장점

① 에너지원인 태양빛 에너지의 무한정성
② 대기오염이나 폐기물 발생이 없는 깨끗한 에너지원을 사용
③ 사용하는 장소에서의 발전(각 가정의 지붕 등)
④ 기계적인 진동과 소음이 없다.
⑤ 운전 및 유지 관리에 따른 비용을 최소한으로 할 수 있다.

(2) 단점

① 입사에너지의 밀도가 작다.
② 기상조건에 따른 발전편차가 크다.
③ 빛을 받고 있을 때만 발전하고 축전기능이 없다.
④ 태양전지 및 주변장치의 가격 때문에 초기 투자비용이 많이 들어 발전단가가 높다.

5. 계통연계형 발전시스템

(1) 개요

① 계통선이 공급되는 지역에서 태양전지를 이용하여 주간에 직류 전원을 발전하며 교류전력으로 변환하기 위하여 인버터로 공급한다.

② 변환된 양질의 교류전원을 주전력원으로 사용하며 부족한 전력은 한전 계통의 전력을 공급받는다.

③ 잉여 전력 발생 시 계통선에 전력을 공급하는 시스템이다.

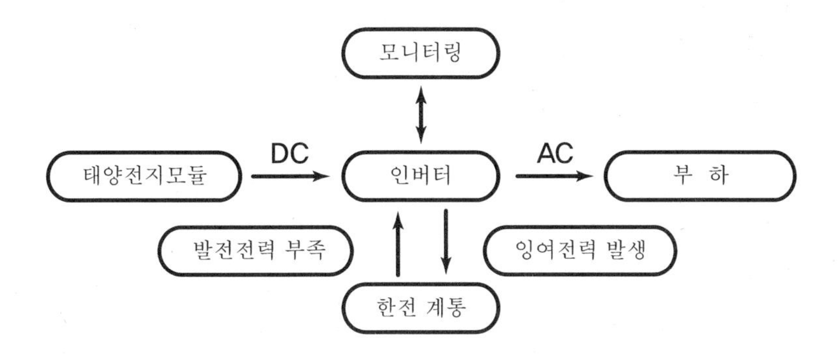

(2) 종류

① 주택형

㉮ 아파트, 빌라, 일반 주택의 지붕에 설치

㉯ 경사 지붕형, 평지붕형, 지붕 일체형

② 일반형

평지에 태양광 발전시스템을 설치

③ BIPV형

㉮ 태양광 발전시스템을 건물과 통합

㉯ 도심지의 고층 빌딩이나 아파트 등의 외피, 외부 마감재로 설치

㉰ 지붕형, 차양형, 외벽형, 채광형, 커튼월형

6. 독립형 발전시스템

(1) 계통선이 공급되지 않는 지역 등에 전력을 공급하기 위한 시스템

(2) 주간에 전력을 발전하여 축전지에 저장하였다가 축전지의 전력을 이용

(3) 부하의 종류와 시스템의 구성에 따라서 직류부하용과 교류 부하용 시스템이 있음

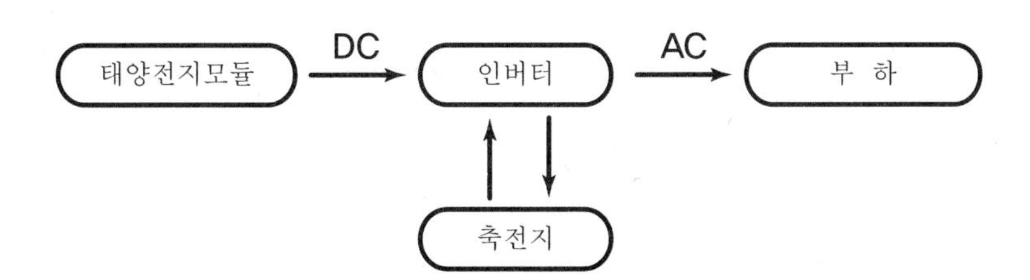

7. 채광방식에 따른 태양광 발전 분류

(1) 플레이트 패널형 태양광 발전

① 고정형 어레이 방식

② 반고정형 어레이방식

③ 트래킹방식

(2) 집광형 태양광 발전

① 투과형 집광방식

㉮ 패널트래킹 방식

㉯ 턴테이블 방식

② 반사형 집광방식

㉮ 고정초점 트래킹 방식

㉯ 이동초점 트래킹 방식

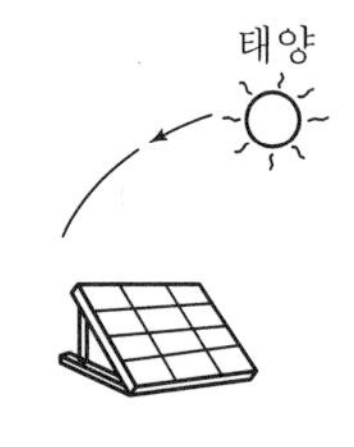

태양의 방향에 관계 없이 항상 일정한 방향으로 고정

(a) 고정형 어레이 방식

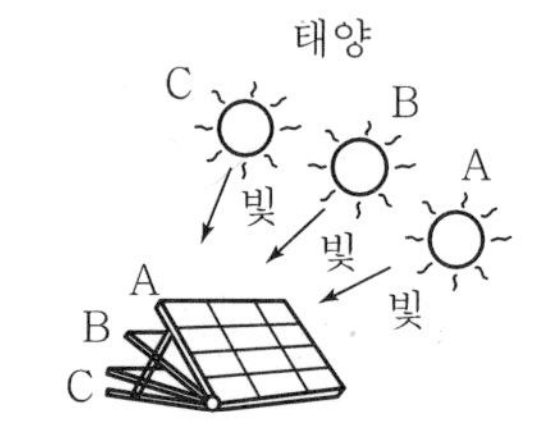

계절에 따라 태양 남중 방향인 A, B, C에 대응하여, 고정 위치를 A′, B′, C′ 로 바꾼다.

(b) 반고정형 어레이 방식

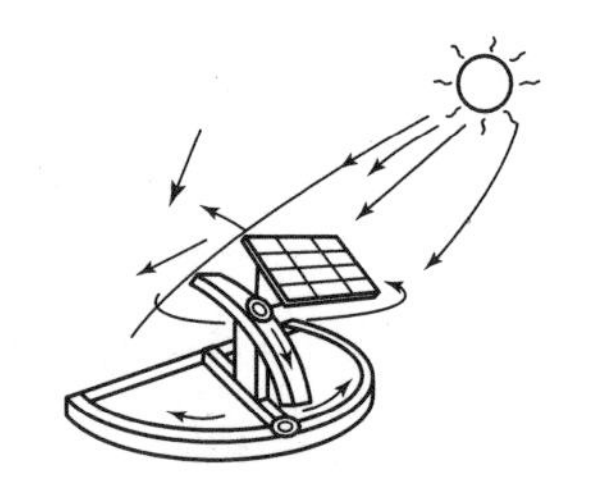

항상 태양을 향하도록 상하, 좌우로 이동한다.

(c) 트래킹 방식

8. 결론

무공해, 무소음, 무연소 및 운전 유지 보수가 간단한 태양광 발전은 다른 대체에너지에 비해 많은 장점을 지니고 있다. 또한 건물에 적용하는 기술은 현재 실용화 단계에 있으므로 설계 및 시공에서 적용하기 쉬운 경제성 있는 시스템 개발이 요구된다.

태양열 발전

1. 개요

태양열 발전은 일사된 태양 복사에너지를 고비율로 집광하여 회수된 고온(250~1,200℃)의 열에너지를 이용, 발전설비를 구동하여 전기에너지를 얻는 것을 말한다.

2. 태양열 발전시스템의 구성

(1) 집광, 흡수, 저장, 발전시스템으로 구성

(2) 고온의 태양에너지는 열에너지의 형태로 발전설비에 공급

(3) 열함량이 증가된 연료 혹은 수소 등의 화학에너지 생산을 위한 흡열반응의 열원으로 공급되어 발전을 위한 연료생산에 이용

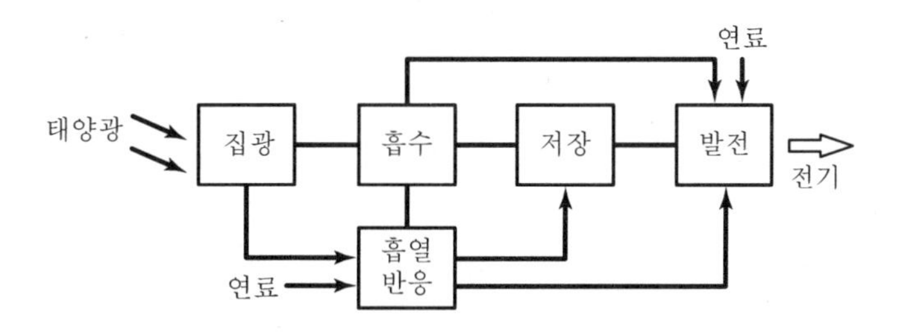

3. 태양열 발전의 분류

태양열 발전은 사용되는 집광방식에 따라 발전의 규모, 발전의 방식, 열전달 방식 등이 상이하므로 통상 집광방식에 따라 분류

(1) 구유형

(2) 타워형

(3) 접시형

4. 태양열 발전 운영방식

(1) 태양열을 열유체를 이용하여 회수한 후 스팀터빈 등의 발전사이클 구동

① 장치구성 간단

② 발전효율이 낮음

(2) 태양열을 이용하여 가스터빈으로 공급되는 압축공기를 가열
① 터빈발전기의 효율 향상
② 연료절감
(3) 태양에너지를 이용 스터링 엔진을 직접 구동
소규모 고효율 발전시스템 구성 가능
(4) 고온 태양열을 이용하여 반응생성물을 발전설비 연료로 공급

4. 결론

국내의 경우 태양에너지 공급량과 밀도는 사막과 같은 고밀도 일사지역의 약 70% 수준으로 태양열 발전을 하기에는 부족하지 않은 것으로 분석되고 있다. 따라서 화석연료 사용에 대한 감축을 고려할 때 대체에너지 관련기술에 대한 인식전환이 필요하다고 사료된다.

자연형 태양열 시스템

1. 개요

자연형 태양열 시스템은 집열부, 축열부, 이용부 간의 에너지 전달 방법이 자연 순환 즉, 전도, 대류, 복사 등의 현상에 의한 것으로 특별한 기계장치 없이 태양에너지를 자연적인 방법으로 집열, 저장하여 이용할 수 있도록 한 것이다.

2. 특징

(1) 설비형 시스템에 비하여 경제성이 높다.
(2) 신뢰도가 우수하다.
(3) 수명이 반영구적이다.
(4) 유지 관리가 용이하다.
(5) 건축의 다른 디자인요소와 균형적 조화를 이룰 수 있다.

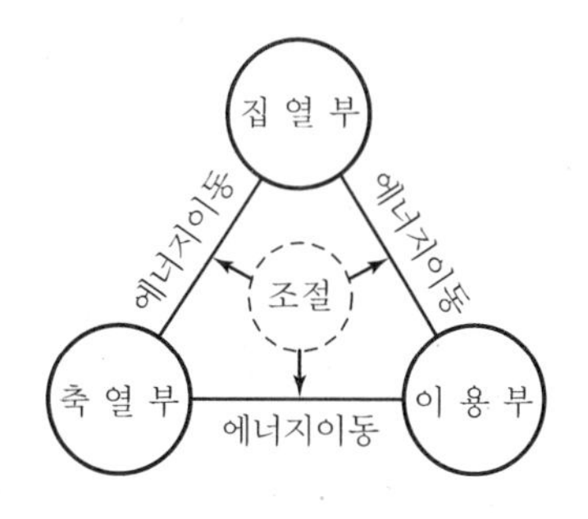

3. 자연형 태양열 시스템의 종류

(1) 적용 방법상의 분류

① 직접 획득형(Direct Gain)
② 간접 획득형(Indirect Gain)
③ 분리 획득형(Isolated Gain)

(2) 물리적인 분류

① 직접 획득방식(Direct Gain)
② 축열벽 방식(Thermal Storage Walls)
③ 축열 지붕 방식(Thermal Storage Roof) 또는 지붕연못 방식(Roof Pond)
④ 부착 온실 방식(Attached Sun Spaces)
⑤ 자연 대류 방식(Convective Loop)
⑥ 혼합형(Hybrid System)

4. 종류별 특징

(1) 직접 획득 방식

① 원리

㉮ 가장 보편적인 방법으로서 태양의 복사열이 생활공간을 통과해 햇빛에 의해 직접 가열되면서 동시에 집열기로서의 역할도 한다.

㉯ 하루의 실내온도 변화폭이 비교적 크며, 창의 위치, 크기, 축열체의 위치, 크기, 실내 표면의 마감재료에 따라 영향을 받는다.

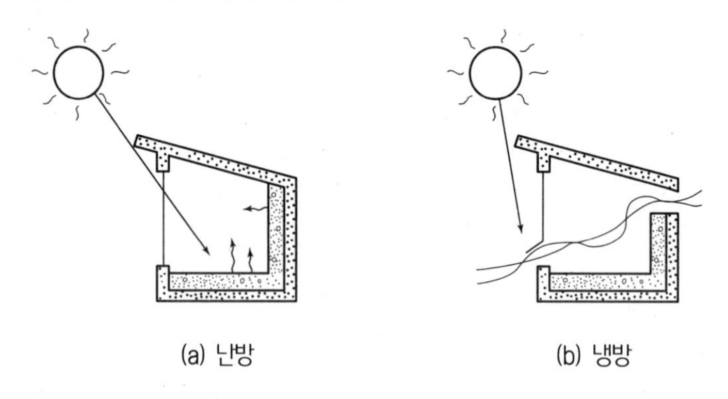

(a) 난방 (b) 냉방

② 장단점

㉮ 장점

㉠ 일반화되고 비교적 저렴하다.

㉡ 계획 및 시공이 용이하다.

㉢ 창의 재배치가 가능하다.

㉣ 투과체는 다양한 기능을 할 수 있다.

㉤ 축열조가 없어도 된다.

㉯ 단점 – 유리창이 넓으므로 프라이버시가 결핍된다.

㉠ 주간에 많은 현휘(Glare) 현상을 초래한다.

㉡ 자외선에 의한 직물과 사진의 퇴화현상이 발생한다.

㉢ 축열체가 구조적인 역할을 겸용하지 못하면 시공비가 증가한다.

㉣ 과열난방이 초래되기 쉽다.

㉤ 야간단열재 처리를 안하면 열손실이 많다.

(2) 축열벽 방식

① 원리

㉮ 간접 획득 방식의 일종인 이 방식은 생활공간을 통과한 열을 축열체가 직접 태양으로부터 받아들여서 열에너지를 저장하여 생활공간으로 전달해 주는 방식

㈏ 남측 축열벽에 접해 집열창을 설치하는 것으로서 이것은 집열을 위한 것일 뿐 채광의 기능은 아니다.

㈐ 축열벽에 개구부를 설치하여 채광 및 직달일사의 부분적인 도입이 가능

㈑ 축열벽의 재료로는 콘크리트, 벽돌, 콘크리트 블록, 물 등이 사용된다.

㈒ 축열벽의 전면은 가동 단열막을 설치하지 않을 경우에는 이중 유리로 하여야 한다.

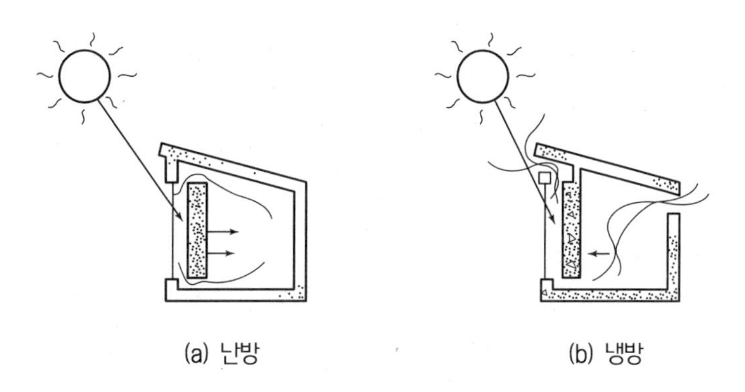

(a) 난방 (b) 냉방

② 장단점

㈎ 장점

㉠ 현휘와 자외선에 의한 퇴화현상은 생기지 않는다.

㉡ 거주공간 내 온도변화가 적다.

㉢ 축열된 복사에너지는 야간에 방출하여 난방한다.

㉣ 여러방식 중 현재 가장 많이 개발된 방식이다.

㉤ 비교적 추운 기후에 유리하다.

㈏ 단점

㉠ 남측벽의 일면은 투과체로, 다른 면은 축열체로 된 이중면이어야 한다.

㉡ 벽의 부피가 크고 고가이며, 조망이 결핍된다.

㉢ 추운 기후에서는 야간에 투과체를 단열하지 않으면 열손실이 많다.

㉣ 가동식 야간 단열재는 고가이며, 현재 기술상태는 미비하다.

(3) 부착온실 방식

① 원리

㈎ 거주공간과 분리된 별개의 공간에 태양 복사에너지를 받아들여 저장해 두었다가 다음에 분배할 수 있도록 하는 방식

㈏ 온실형 시스템의 적정 설계가 이루어지면 온실에서 실내로 자연적인 열 분배가 가능하다.

㈐ 축열부와 열 이용부 사이에 강제순환방식을 이용하면 이 효율은 더욱 증가된다.

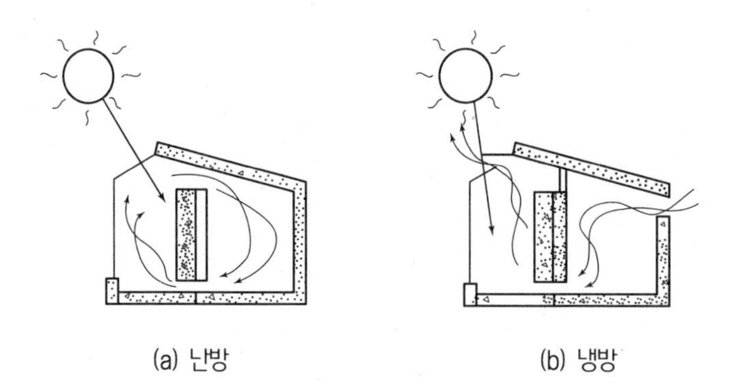

(a) 난방　　　　(b) 냉방

② 장단점

㉮ 장점

㉠ 인접된 실내공간의 온도 변화가 적다.

㉡ 채소나 다른 식물을 키울 수 있는 공간이 확보된다.

㉢ 완충 지대의 역할을 하여 건물의 열손실을 줄인다.

㉣ 자연과 가까이 할 수 있다.

㉤ 기존 건물에 쉽게 적용될 수 있다.

㉥ 온실이 생기므로 건물 디자인은 자연을 도입한 장식적인 공간이 형성된다.

② 단점

㉠ 디자인에 따라 열 성능이 크게 다르다.

㉡ 상업적인 가치가 있도록 잘 시공하려면 시공비가 비싸다.

(4) 축열 지붕 방식

① 원리

㉮ 지붕 자체가 집열기의 역할을 하며, 단층지붕에만 적용 가능하다.

㉯ 복층 건물일 경우 최상층에만 응용이 가능하며, 건물 높이에 제한을 받으며, 방위나 평면계획에는 구애받지 않는다.

㉰ 겨울철 난방뿐 아니라 여름철의 냉방에도 효과적이다.

㉱ 밤과 낮의 기온 일교차가 심한 지역일수록 유리하다.

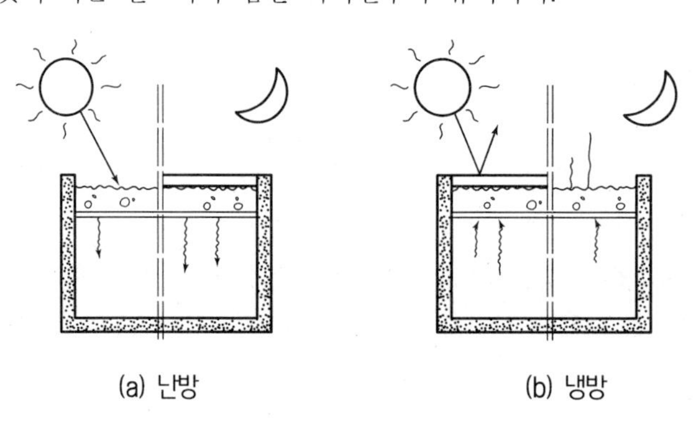

(a) 난방　　　　(b) 냉방

② 장단점

㉮ 장점

㉠ 냉방 효과를 건물 전체에 골고루 분배할 수 있다.

㉡ 건물 내 온도 변화가 적다

㉢ 현휘나 자외선에 의한 퇴화현상은 안 생긴다.

㉣ 냉난방에 모두 효과적이다.

㉤ 온화한 기후에서는 보조난방 및 냉방 방식을 고려하지 않아도 된다.

㉯ 단점

㉮ 천장 위 무거운 축열체가 심리적으로 부담스럽다.

㉯ 축열지붕의 면적은 최소한 바닥면적의 50%가 필요하다.

㉰ 건물 디자인을 보다 세련할 필요가 있다.

㉱ 무거운 축열체를 구조적으로 처리하는 데 비용이 많이 든다.

(5) 자연 대류 방식

① 원리

㉮ 집열부가 받아들인 태양열로 인해 집열부 내의 공기가 가열되어 자연 대류현상에 의해 온열 공기가 집열부와 거주공간으로 순환

㉯ 집열부가 거주공간과 완전히 분리되기 때문에 설비형 시스템과 비슷해 보이나 강제 순환 방식을 사용하지 않는다.

㉰ 집열체를 반드시 건물에 부착할 필요가 없으므로 태양에 잘 노출되도록 하는 이점이 있다.

㉱ 집열부분이 건물에서 분리되어 있으므로 벽체나 개구부를 설계하는 데 융통성이 있다.

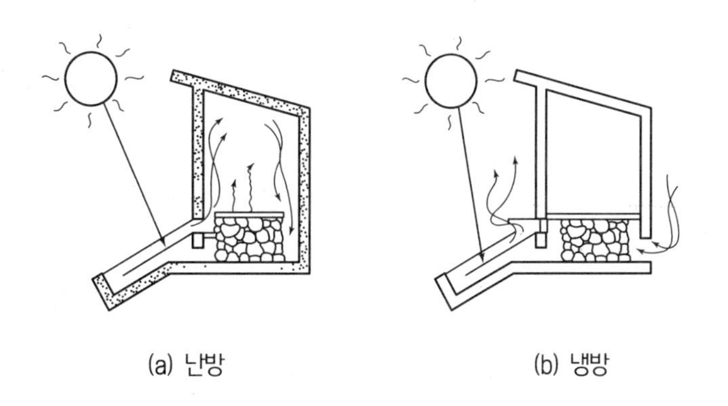

(a) 난방 (b) 냉방

② 장단점

㉮ 장점

㉠ 현휘나 자외선에 의한 직물의 퇴화현상은 생기지 않는다.

㉡ 가장 저렴한 방식이다.

㉢ 국부적인 난방식 축열조가 꼭 필요치는 않다.
㉣ 기존 건물에 쉽게 적용될 수 있다.
㉤ 열손실이 가장 적은 방식이다.
㉥ 집열기의 부착설치가 가능하다.

㉯ 단점
㉠ 세심한 시공과 기술이 필요하다.
㉡ 축열체의 축열이 직접 이루어지지 못하고 대류공기에 의하여 이루어지므로 축열이 다른 방식보다 나쁘다.
㉢ 건물 및 축열조의 위치를 고려하여 집열기는 하부에 설치하여야 한다.

5. 결론

에너지 부존자원이 부족한 국내 현실을 감안할 때 자연형 태양열 시스템에 의한 난방, 냉방 등이 적극적으로 도입되어야 할 것으로 사료된다.

건물의 에너지 절약을 위한 구체적인 대안 제시 및 설명

1. 개요

최근 에너지 자원이 부족한 우리나라의 현실에서는 에너지 소비의 절감과 자연에너지의 효과적인 이용이 매우 중요한 과제이며 이러한 현상은 점차 증가하는 환경오염 문제의 해결방안이기도 하다.

2. 열원시스템

(1) 냉동기

① 고효율 냉동기 적용
② COP 증대를 위해 증발온도를 높이는 방안 또는 응축온도를 낮추는 방안 모색
③ 대온차 냉동기 적용
④ 냉동기 대수 제어

(2) 보일러

① 고효율 보일러 적용
② 보일러로부터의 폐열 회수(Air Preheater, Flash Vessel 등)
③ 전열효율 개선을 위한 수처리 system 적용
④ 보일러 대수 제어

(3) 축열장치

① 부하계와 열원계 간의 시용시간 대 상이에 따른 열원 장비 용량 축소
② 대온차도 적용에 의한 반송 동력 절감
③ 태양열을 이용한 온수의 축열로 냉난방 및 급탕 system에 활용하여 에너지 절약

(4) Heat Pump & Heat PIPE

① 미활용 에너지를 열원으로 하여 에너지 절약
② 열원 : 지열, 공기, 지하수, 하수, 해수, 태양, 건물의 배열 등

(5) 열병합발전 System

① 에너지를 시점과 종점 사이에 다목적 단계적으로 사용하여 종합적인 에너지 효율을 향상하는 System
② 종류 : 증기터빈, 가스터빈, 디젤엔진, 가스엔진, 연료전지 system

3. 급탕부하

(1) 급수가열기(Feedwater Heater)

급탕 탱크 보급수르 보일러 배기가스 등을 이용 예열하여 급탕부하 절감

(2) 응축수 재증발기 이용(Flash Vessel)

재증발 증기는 높은 잠열을 보유하고 있어 이를 Flash Vessel을 통해 회수하여 급탕 가열에 활용

(3) 응축수 탱크 내 열교환기 설치

응축수 탱크 내 열교환기를 설치 급탕 보급수를 예열하여 급탕부하 경감과 응축수의 재증발 방지

4. 건물의 외기량

(1) 외기냉방

중간기 또는 동계에 발생하는 냉방부하를 실내기준 온도보다 낮은 외부로부터의 도입외기에 의하여 제거 또는 감소

(2) CO_2 농도 제어

실내환기 시 CO_2 농도에 의한 환기량 제어로 외기 유입량 절감에 따른 에너지 절감

(3) 실내 가압

겨울철 홀, 로비, 아트리움 등에 실내를 급기 가압하여 연돌효과에 의한 열손실을 최소화 한다.

5. Pump의 동력

(1) 대온도차 적용

펌프 및 송풍기에서 열원 수송 시 대온도차를 적용하여 에너지 절약

$$G = \frac{q}{c \cdot \Delta t}$$

여기서, G : 순환수량(kg/h)

q : 열량(kw)

c : 비열(kJ/kg · K)

Δt : 입출구 온도차(°C)

(2) VAV 또는 VWV 방식 채택

실내부하량 또는 송풍 공기량 산정 시 VAV 또는 VWV 방식 적용으로 반송 동력 절감

(3) 펌프 및 모터의 효율 향상

$$P(kw) = \frac{QH}{E} K$$

여기서, Q : 유량(m^3/s)
H : 양정(kPa)
K : 전동기 전달계수
E : 펌프의 효율

(4) 배관 내 스케일 제거

① 전열 효율 증가
② 관단면적 증가로 펌프양정 감소에 의한 반송 동력 절감

(5) 밀폐 회로 방식 채택

반송 동력 절감

6. 실내 공조 방식

(1) CAV → VAV로 변경, 실내 부하량에 비례하여 송풍하므로 송풍동력 및 에너지 절약
(2) 전공기 방식 → 공기수방식 → 전수방식으로 펌프 반송동력 절감
(3) 대온도차방식 적용
(4) 재열정지
(5) 2중덕트 방식 정지
(6) 1차 배기량 줄임
(7) 기동시각의 최적화

7. 결론

신축 건물 및 기존 건물 개수 등에 있어 열원설비, 급탕부하, 외기량, Pump 동력, 공조방식 선정 시 에너지 절약 요소를 최대 이용하여 에너지 절감과 환경부하 감소에 기여해야 한다.

보일러의 에너지 절약 대책에 대하여 기술하시오.

1. 개요

보일러와 관련된 에너지절약 대책은 에너지를 유효하게 이용하는 것이 근본적이 요건이며 열효율의 향상으로 보일러 효율의 향상, 연소효율의 향상, 보일러 및 부속기기 용량의 최적화 등이 필요하다.

2. 보일러의 에너지 절약 방법

(1) 보일러 효율의 향상
(2) 연소 효율의 향상
(3) 보일러 및 부속기기 · 용량의 최적화
(4) 수질관리, 보수 및 개조 기타

3. 보일러 효율의 향상

(1) 배기가스 열이용

보일러의 열손실의 대부분을 차지하는 배기가스의 온도를 절탄기, 공기예열기, 과열기 등으로 열량을 회수하여 배기가스의 온도를 20℃ 정도 낮추면 보일러의 효율이 약 1% 정도 상승된다.

(2) 연소효율의 향상

① 연소실을 기밀구조로 하고 가압연소로 열부하를 녹인다.
② 적절한 연소장치 채용 및 적정공기비 제어로 미연소실 감소
③ 적정 공기비 제어로 연료분무를 양호하게 한다.

(3) 보일러 및 부속기기 용량의 최적화

① 보일러 및 부속기기 용량을 사용량에 맞게 적정용량 설치
② 보일러 및 부속기기 경제부하운전
③ 보일러 및 부속기기 부분부하 및 장기운전 금지
④ 부속기기의 적정형식 및 사양 결정
⑤ 부속기기의 제어방식 등에 따라 소비동력의 차가 크다.

(4) 수질관리

① 경도가 높은 물은 열전도 방해 및 과열사고 발생 등을 일으키므로 반드시 보일러의 수질관리가 필요

② 보일러 및 배관의 스케일 방지를 위한 스케일 억제장치 또는 방청제 사용

(5) 기타

① 보일러 및 배관보온 철저

② 보일러 보수 및 개조

③ 보일러 및 부속기기 유지 관리 철저 등

4. 결론

보일러와 관련된 에너지 절약은 고효율 보일러 설계, 적정 연소 장치 채용, 가연연소, 부속기기의 용량 최적화 등이 우선적으로 필요하고 시공 및 효율적인 유지 관리 필요. 전문적인 보일러의 법정 취급자로 유지 관리가 필요하다 사료된다.

18 우레탄폼 단열재에 대하여 기술하시오.

1. 개요

이음매가 없고 대상물의 형상에 좌우됨이 없이 수평으로 평균된 층의 방열층을 얻는다. 방습 · 방음 · 방진 · 전기절연성이 양호하며 콘크리트 · 패널금속 등에 접착력이 우수하여 냉동 · 냉장창고 단열재로 널리 이용된다.

2. 보일러의 에너지 절약 방법

(1) 원리

폴리우레탄폼은 M.D.I와 P.P.G의 2종류의 혼합액을 특수제작된 스프레이 기계로 대상표면에 직접 분사 · 발포하는 방법으로 시공

(2) 종류

① Spray(현장뿜칠발포)
② Pour(현장주입발포)
③ Froth(특수한 경우에 한해서 특수한 장비로 시공)
④ Board(판상시공)

3. 특징

(1) 장점

① 대상물의 형상에 좌우됨 없이 수평으로 평균된 층의 방열층을 얻는다.
② 요구하는 비중 및 두께로 스프레이할 된다.
③ 접착제가 필요 없다.
④ 표면처리에 의한 내화성, 내후성을 향상시킬 수 있다.
⑤ 조직이 안정되고 변형이 없다.
⑥ 압축강도 · 인장강도 · 전당강도 등이 우수하여 외부영향에 안정적이다.
⑦ 내약품성이 우수하다.
⑧ 방습 · 방음 · 방진 · 전기 절연성이 양호하다.
⑨ 스프레이 폼은 단열성이 우수하며 시공용이
⑩ 공간 활용면적 증대

(2) 단점

① 화재에 취약하다.
② 집중하중 및 충격에 약하다.

4. 용도

(1) 수산물 냉동창고
(2) C.A(기밀) 창고
(3) 제빙 공장 및 제빙창고
(4) 농산물 보존용 저온창고
(5) 항온 · 항습공장
(6) 쌀 · 보리 · 바나나 등의 훈증창고
(7) Tank 및 일반 건축 단열

5. 사용온도 범위

(1) 일반적으로 −70℃~100℃
(2) 특수제조 공법에 의해 −170℃까지도 시공 가능

6. 저장 및 보존기간

(1) 우레탄폼 원액은 밀폐된 용기에 저장
(2) 저장용기는 장기간 햇빛이나 습기에 노출을 피할 것
(3) 저장되 원액의 보존기한은 12개월 이내

7. 시공순서 및 시공 시 주의사항

(1) 시공순서

① 먼지 · 수분 · 유분 · 기타 오염물질 제거
② 우레탄 방습제를 도포하여 방습층 형성
③ 외벽 · 내벽의 경우 단열 앵커볼트 시공
④ 경질 우레탄폼을 지정된 두께의 중간 정도 두께로 스프레이
⑤ 메시 또는 각목 설치
⑥ 경질 우레탄폼을 최종 지정된 두께로 스프레이
⑦ 갈바륨(골판)을 시공하여 마감한다.

(2) 시공 시 주의사항

① 스프레이 기계에 공급되는 압축공기는 80 PSI 이상 유지
② 압축공기는 에어필터를 거쳐 유분 및 수분 제거
③ 스프레이는 표면의 요철을 균일하게 하기 위해 스프레이건의 분사각도를 소지로부터 90° 유지
④ 스프레이 시 1회 두께는 30mm 이하
⑤ 시공장소 및 배합장소에서는 일체의 화기 · 화염 · 흡연 · 용접을 금한다.

8. 결론

우레탄폼 단열재는 방수 · 방습 · 방음 · 방진 · 전기 절연성이 우수하며 초저온도에 적합한 단열재로 냉동 · 냉장창고에 많이 이용되나, 화재에 취약하므로 난연성 폼 제조기술 및 기법에 산학연이 노력하여야 할 것으로 사료된다.

제19장 특수공조

Professional Engineer

○ Building Mechanical Facilities
○ Air-conditioning Refrigerating Machinery

대공간의 온열환경에 대해서 논하라.

1. 개요

대공간의 온열환경 설계에서 주로 고려하여야 하는 요소는 천장높이, 실 공간용적, 실제 사용공간의 분석, 외벽 면적비이다. 이들 요소에 의한 문제점에 상하 온도차, 냉기류에 의한 불쾌감, 구조체의 열용량과 단열성능의 약화에 따른 냉난방부하의 증가, 동절기 결로, Cold Draft 및 Cold Bridge 현상 등이 있으므로 냉난방 시스템 및 환기시스템에 유의하여야 한다.

2. 대공간 내의 온열환경 형성과정

(1) 일사와 구조체

일사에 의한 열용량과 축열성능, 열관류 등에 의한 형성

(2) 실내 발생열

인체발생열, 기기 발생열, 조명기구 발생열에 의한 형성

(3) 투입열량

배관손실, 덕트손실 등에 의한 형성

(4) 기류조건

실내공간의 Air Balance, 유입・유출구의 부적절한 위치로 형성

3. 건축, 설비 설계자 상호 간 협의사항

(1) 외피구조계획

(2) 환기계획

(3) 냉 난방계획

(4) 축열, 예열을 포함한 제어계획

(5) 취출구 배치 및 설비기기계획

4. 대공간 공조계획 시 문제점과 대책

(1) 문제점

① 하기 냉방 시 외벽 및 지붕의 유리면을 통한 일사 열부하
② 동기 난방 시 외벽 및 지붕의 유리면에서 발생되는 결로 및 Cold Bridge 현상
③ 동기 난방 시 외벽 및 지붕의 유리면을 통한 열손실
④ 유리면에서 발생되는 Cold Draft 현상
⑤ 상부공간의 온도상승된 공기가 주변 공조공간으로의 영향
⑥ 연돌효과로 인한 침입외기 발생으로 난방불균형 현상

(2) 대책

① 냉방 시 일사열 부하 감소를 위한 열선반사유리 채용 및 일사차단막 고려
② 결로 및 Cold Bridge 현상방지를 위하여 유리의 단열성능 개선 및 철골 등 금속부위의 열적 절연
③ 열손실 최소화를 위한 특수 복층유리 또는 Low-E 유리 설치
④ 유리면에서 발생되는 Cold Draft 현상방지를 위해서 실내 측 유리면에 바닥 취출형 디퓨져를 설치하여 상부 취출 고려
⑤ 상부공간의 온도감지에 의한 환기창 연동으로 영향 최소화
⑥ 대공간 주위 사무공간 배기를 비공조 공간 내 급기로 활용 고려
⑦ 출입구 전실에 급기가압을 하여 외기공기의 침입을 최소화

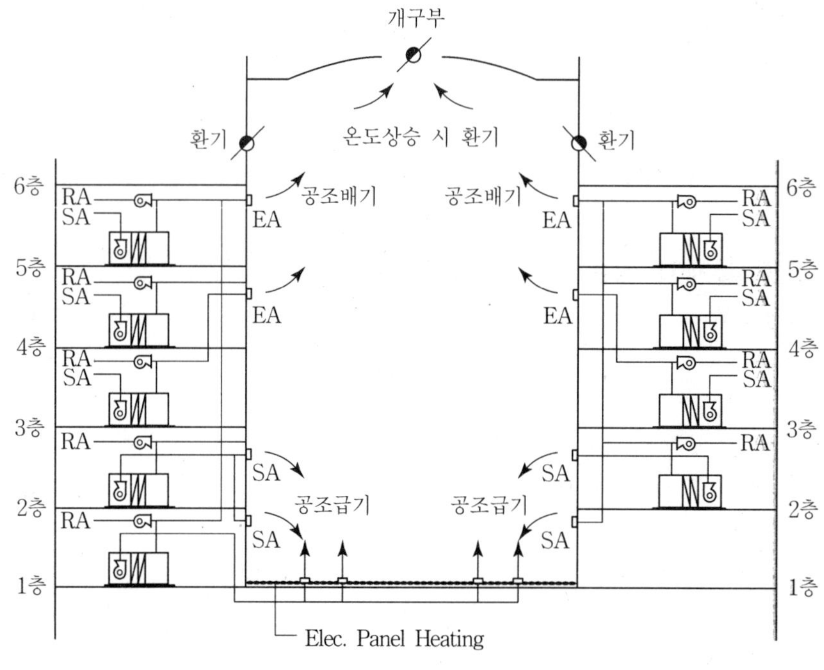

[대공간 공조계획 개념도]

5. 결론

대공간의 계획은 공간의 특수성으로 인해 건축원론적인 단계에서부터 접근하여야 하되, 건축계획적인 측면에서 환기계획, 외피 구조계획이 잘 이루어져야 하며, 경계층에서의 열이동, 대류, 복사열 현상을 고려한 냉난방 방식의 선정, 내외부 부하의 변화조건을 충분히 고려하여야 한다.

대공간의 열환경 특성과 이를 고려한 CFD 분석의 필요성

1. 개요

대공간의 온열환경 설계에서 고려하여야 하는 요소는 천장높이, 실 공간용적, 실제 사용공간의 분석, 외벽 면적비와 상하온도차, 구조체의 열용량과 단열성능의 약화, 동절기 결로, Cold Draft 및 Cold Bridge 현상 등이 있다.

2. 대공간 열환경 특성

(1) 하기 냉방 시 외벽 및 지붕의 유리면을 통한 일사 열부하 발생
(2) 동기 난방 시 외벽 및 지붕의 유리면에서 발생되는 결로 및 Cold Bridge 현상 발생
(3) 동기 난방 시 외벽 및 지붕의 유리면을 통한 열손실 발생
(4) 유리면에서 발생되는 Cold Draft 현상
(5) 상부공간의 온도상승된 공기가 주변 공조공간으로 영향을 미침
(6) 연돌효과로 인한 출입구의 침기 발생
(7) 냉난방 시 상하온도차 발생
(8) 거주역 편재

3. 대공간 내의 온열환경 형성과정

(1) 일사와 구조체

일사에 의한 열용량과 축열성능, 열관류 등에 의한 형성

(2) 실내 발생열

인체발생열, 기기 발생열, 조명기구 발생열에 의한 형성

(3) 투입열량

배관손실, 덕트손실 등에 의한 형성

(4) 기류조건

실내공간의 Air Balance, 유입 · 유출구의 부적절한 위치로 형성

4. CFD(전산유체역학) 분석의 필요성

(1) 열류이동현상 분석

(2) 대공간의 기류 및 온도분포 추정

(3) 취출도달거리 분석에 따른 취출구 용량, 방법, 위치 결정

(4) 거주역 위주 공조계획

(5) Cold Draft, 일사열 처리 등 열환경 조건 충족을 위한 공조 및 환기계획

5. 전산유체역학 시뮬레이션 업무 흐름

(1) 기초자료 수집 및 기본계획 수립

발주자의 요구사항과 관련 도면, 기존 유사시설물 조사자료 등을 검토하여 설계의도를 이해하고 공조·환기방식 등을 결정하기 위함

(2) 시뮬레이션 대상물 모델링

기본계획에 따라 대상물의 전산유체역학 시뮬레이션을 수행하기 위한 계통도를 작성하고 공조·환기방식 등을 결정한 후 각종 데이터를 입력하여 모델링을 수행

(3) 시뮬레이션 해석

입력된 모델링을 이용하여 시뮬레이션을 수행한 후 해석 목표에 부합하는 결과의 도출 여부를 평가하는 과정

(4) 시뮬레이션 결과 도출 및 분석

시설물의 용도와 공조·환기 방식 등에 대한 요구 성능기준과 기류분포, 열환경 등의 실내 환경에 대한 종합적인 분석 및 평가 과정

6. 결론

대공간 온열환경 설계 시 CFD를 이용하여 설계의도에 부합하는 공조 및 환기방식을 결정하는 것이 에너지 절약 및 온열환경의 향상에 기여할 수 있다고 사료된다.

03 대공간의 공조설비계획

1. 개요

대공간은 높이와 용적이 커서 전체공간을 대상으로 공조를 행할 수 없으므로 거주역을 적절한 높이로 설정하고 이 거주역 부분을 효율적으로 공조할 수 있도록 성층화된 공조계획이 필요하다.

2. 공간의 특성

(1) 외피구조

바닥면적에 대한 외피면적이 크다.

(2) 단열성

단열성이 나쁠 경우 실내 상하온도 분포차가 커짐

(3) 축열현상

벽, 바닥 대부분이 열용량(축열성)이 크다.

(4) 벽체 주위 드래프트 발생

3. 온열환경

(1) 특징

① 환경제어의 난이성에 중점을 둔다.
② 공간의 크기, 형상 및 거주영역과 밀접한 관계가 있다.

(2) 공기환경 제어면에서의 중요 요소

① 천장높이
② 공간의 용적
③ 거주역의 편재

(3) 주요 제어사항

① 수직 및 수평 온도분포
② 구조의 경량화

③ 공간의 이용성

④ 환기 횟수의 부족

㉮ 부분 공조방식

㉯ 구조의 경량화

㉰ 에어커튼-부분 공조방식

㉱ 천장면 취출방식

㉲ 천장면 복사난방방식

㉳ 좌식 공조방식

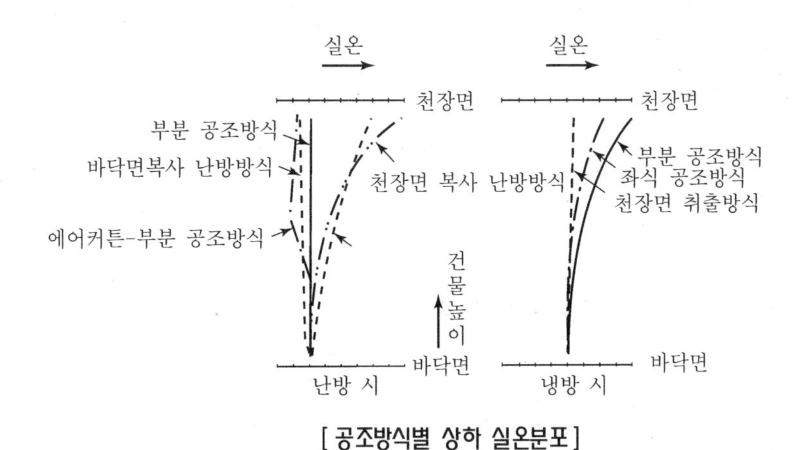

[공조방식별 상하 실온분포]

4. 공조계획

(1) 건물별 부하특성

① 극장 및 대형 홀

(냉난방 최대부하 W/m²)

구 분	난방부하	냉방부하	비 고
객석부	232.6	407~581.5	인원밀도가 높다.
무대부	174.45	232.6~349	천장이 높아 상부에 열이 체류함

② 스포츠 시설

내부 발열부하와 외기부하가 차지하는 비율이 크다.

㉮ 냉방 시 : 내부 발열부하 70%, 외기부하 20%, 기타 10%

㉯ 난방 시 : 외기부하 70%, 기타 30%

③ 공항 여객터미널

㉮ 저층이 가로방향으로 길어짐

㈏ 다양한 시설의 함축된 복합성을 지님－공항관리실, 은행, 상가 등
- 최대 냉방부하 : 174.5～232.6W/m^2
- 최대 난방부하 : 139.56～186W/m^2

(2) 공조방식 적용의 예

① 가로 취출 방식
② 천장면 아래 취출노즐 방식
③ 노즐＋확산 취출구 방식
④ 방열기 또는 바닥난방 방식
⑤ 페리미터의 취출흡입방식
⑥ 페리미터＋관객석 취출방식
⑦ 방열기＋관객석 취출방식
⑧ 관객석 바닥면 취출방식

(3) 경제적인 공조방식

① 취출/흡입구의 배치에 따라 부하변동

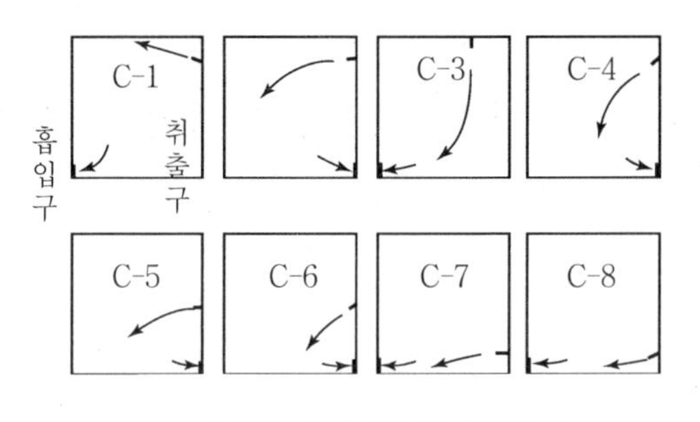

[취출 및 흡입구의 위치]

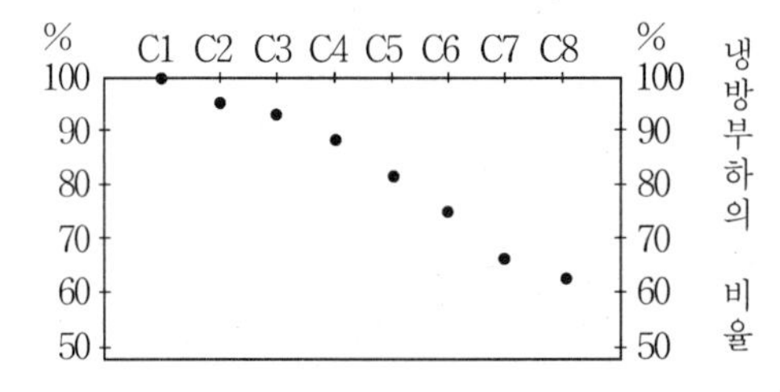

[각 위치별 냉방부하 비율]

② 부분 공조
바닥으로부터 높이에 따른 부분 공조 시 부하감소

(4) 공조요인별 검토사항

① 거주역의 허용풍속 결정
㉮ 냉방 시 : 0.3m/s 이하
㉯ 난방 시 : 0.5m/s 이하
② 현열부하의 감소
③ 취출기류의 조정
④ Duct 설계 및 풍량조정
⑤ 자연환기계획

5. 결론

대공간의 공조계획은 높이와 용적이 커서 전체공간을 대상으로 공조할 수 없으므로, 거주역을 적절한 높이로 설정하고, 이 거주역 부분을 효율적으로 공조할 수 있도록 성층화된 공조계획이 필요하다.

백화점의 공조설비 시스템에 대해서 논하라.

1. 개요

백화점은 일반건물에 비해 냉방부하가 크고, 공조시간이 훨씬 길어 에너지 소비가 대단히 많은 점에 비추어 설비 시스템 계획 시 건축환경, 에너지 절약적인 측면에 많은 비중을 두어야 한다.

2. 공간적 고려사항

(1) 일반적으로 오픈매장으로 구성되어 내부 칸막이가 없다.(단일 공조 공간)
(2) 상품의 진열을 위해 조명부하가 대단히 크다.
(3) 고객 및 점원으로 면적당 인원 밀도가 대단히 높다.
(4) 중앙의 에스컬레이터로 지하에서 상부층까지 수직으로 관통되어 있어, 동계 외기 유입에 대한 대책이 필요하다.
(5) 상품의 반출입 및 고객의 보행 등으로 실내에 먼지 발생이 많으므로, 쾌적한 환경을 위해 고도의 공기정화설비가 요구된다.

3. 부하특성

(1) 외기설계 조건

① TAC 위험률 2.5%
② 전산실 등 항온 · 항습공간에는 TAC 위험률 1% 적용

(2) 실내설계 조건

① 여름
인원밀도가 대단히 높아 잠열부하가 크므로 이에 대응 습도를 낮게 유지하고, 출입 고객의 체류 시간이 짧으므로 실내온도를 낮게 유지하는 것이 효과적

② 겨울
외기온도에 맞는 착의 상태로 들어오므로 실내온도를 너무 높게 유지하지 말 것

③ 인원밀도
실내부하에 미치는 영향이 크므로 신중한 결정 요함(매장기준 1인/m^2)

④ 조명부하

기본조명, 인테리어 조명, 계산용 컴퓨터 등에서의 발열부하, 고급 백화점일수록 인테리어 조명부하 증가, 향후 증가(매장기준 $100W/m^2$)

⑤ 외기도입량

내장객의 이동, 상품의 반・출입 등으로 실내 분진발생률이 높으므로 실내환경 기준유지를 위한 충분한 환기량 확보(매장기준 $29m^3$/인)

4. 열원 설비방식

(1) 부하특성

① 냉방부하밀도 : 일반 업무용 건물의 2.5~3배
② 냉방기간 : 일반 업무용 건물의 약 2배
③ 열원장치 : 대수분할 3대 정도 고려

(2) 냉열원

중앙식 냉수 공급방식에 의한 냉수공급

(3) 온열원

증기보일러 또는 온수보일러에 의한 증기 및 온수공급

5. 공조방식

(1) 단일공조공간이며 무창층으로 구성되어 외기의 영향이 거의 없고 균등한 부하 패턴을 가지므로 단일덕트 정풍량 공조방식 채택 → 화재 시 배연덕트로의 전환계획
(2) 매장 이외의 공간은 용도, 사용시간대 등에 따라 공간적 특성에 적합한 공조방식 채택

6. 결론

백화점은 냉방부하가 크고 공조운전기간이 길므로 실내부하 패턴의 정확한 분석이 요구되며 최적의 자동제어설비로 에너지를 절약하며, Security에 대응하고 장래용도변경, 매장 확장 등 영업 측면을 고려한 계획을 세워야 한다.

병원 공조 환기에 대하여 논하라.

1. 개요

환자와 의료진의 건강과 직결되는 설비로서 건물특성상 실내공기의 오염확산 및 방지를 위하여 각 실의 압력상태에 따라 구분되야 하며, 실의 용도 및 기능 온습도조건, 사용시간대, 부하특성, 청정도 등에 의해 공조방식을 결정하고, 신선한 외기를 도입하여 항상 쾌적한 실내환경을 조성해야 한다.

2. 공조환기의 특성

(1) 온습도 유지로 쾌적한 환경
(2) 실내 정부(+, −)압 유지, Filter 채택
(3) 신선외기 도입으로 위생적인 환경 유지
(4) 일정한 공기청정도 유지로 원내 감염 억제
(5) 환기를 통한 재실자의 불쾌감 및 위생적 위험성 증대의 방지

3. 열원 설비 방식

(1) 긴급시 혹은 부분 부하 시에 대비하여 열원기기 복수 설치
(2) 온열원은 의료용기기, 급탕가열, 주방기기, 가습 등을 고려해 증기 사용
(3) 냉열원은 흡수식 냉동기, 또는 빙축열시스템 사용

4. 각 부분별 공조환기방식

(1) 외래 진료부

① 중앙진료부
㉮ 전공기 단일덕트방식
㉯ 전외기 도입방식에 의한 방식

② 진료실
㉮ FCU+DUCT 방식
㉯ 신선외기 도입 및 실내공기 재순환에 의한 환기
㉰ 실내를 정압(+)으로 유지하여 원내감염방지

③ 검사실

㉮ 전공기 단일덕트방식

㉯ 오염원에 대해 국소배기 장치

㉰ 실내를 부압(−)으로 유지하여 확산 및 오염방지

④ RI진료부

㉮ 전공기 단일덕트방식

㉯ 전외기 도입방식에 의한 환기(환기횟수 10~15회/hr), 재순환하지 않음

㉰ 실내를 부압(−)으로 유지하여 확산 및 오염방지

⑤ 방사선 치료부

㉮ 전공기 단일덕트방식

㉯ 암실, 방사선오염실, 일반실의 배기로 각각 분리하되 전외기 도입방식

㉰ 실내를 부압(−)으로 유지하여 확산 및 오염방지

⑥ 산부인과

㉮ 전공기 단일덕트방식, 온습도조건을 충족시키기 위해 재가열 코일, 재가습기 설치

㉯ 전외기 도입방식, HEPA FILTER 채용

㉰ 실내를 정압(+)으로 유지하여 원내감염방지

⑦ 중환자실

㉮ 전공기 단일덕트방식, 실내온습도 제어를 위해 재열코일 설치

㉯ 전외기 도입방식

㉰ 실내를 정압(+)으로 유지하여 원내감염방지

⑧ 응급실

㉮ 전공기 단일덕트방식, 24시간 운전이 가능토록 단독계통

㉯ 신선외기 도입 및 실내공기 재순환에 의한 환기

㉰ 실내를 정압(+)으로 유지하여 원내감염방지

(2) 병동부

① 병실

㉮ FCU+DUCT 방식 또는 VAV 방식

㉯ 전외기 도입방식에 의한 환기

㉰ 실내를 정압(+)으로 유지하여 원내감염방지

② 간호사실, 처치실, 복도

㉮ 전공기 단일덕트 방식

㉯ 신선외기도입 및 재순환방식

㉰ 24시간 거주하는 곳으로 단독계통

(3) 수술부

① 일반수술부

㉮ 전공기 단일덕트방식, Clean Room Class 1,000 이상

㉯ 전외기 도입방식

㉰ 실내를 정압(+)으로 유지하여 원내 감염 방지

② Bio-Clean 수술실

㉮ 전공기 단일덕트방식, Clean Room Class 1,000 이상 적용

㉯ 전외기 도입방식

㉰ 실내를 정압(+)으로 유지하여 원내 감염 방지

(4) 장례식장

① 개별공조+바닥난방+환기덕트방식

② 실내를 부압으로 형성향 확산방지

5. 에너지 절약 대책

(1) 전외기 도입에 따른 에너지 소비가 많아 전열교환기에 의한 배기열 회수

(2) 변풍량, 변유량 방식채택

(3) 전외기 도입에 따른 중간기외기 냉방 채택

6. 결론

병원의 공조환기방식은 각 실별 압력상태에 따른 정, 부압 유지와 원내 감염 방지를 위한 전외기 도입으로 위생적이고 쾌적한 환경을 유지하되 비상시에 대비한 안전성 및 신뢰성을 갖추어야 한다.

Hotel의 공조에 대하여 기술하라.

1. 개요

Hotel의 열부하 특성은 일반건물에 비하여 다양하고, 특히 객실 부분은 방위에 영향을 받기 쉬우며, Public 부분은 내부부하, 인체, 조명 발열 비율이 높으므로 용도별 및 시간대별 Zoning이 필요하다.

2. Zoning

(1) 객실 부분 : 방위별 Zoning
(2) Public 부분 : 용도별, 시간대별 Zoning
(3) 사무실 부분 : 일반 공조

3. 열원장치

(1) 부하특성

Hotel은 부하특성이 다른 부분이 많고 부분부하 운전이 많이 되므로 부분부하 효율이 좋은 장비 선정 및 장비의 대수 분할 3대 정도 고려함

(2) 열원장치

① 냉열원
중앙식 냉수공급방식에 의한 냉수공급

② 온열원
증기보일러 또는 온수보일러에 의한 증기 및 온수 공급

4. 공조방식

(1) 객실

① FCU+Duct 방식
② FCU는 실내 취득 부하 담당
③ Duct는 환기부하 담당
④ 침대 근처 송풍 금지
⑤ 한실은 Panel Heating+Duct

⑥ FCU+Duct 소음주의
⑦ 개별제어 가능하게 설계

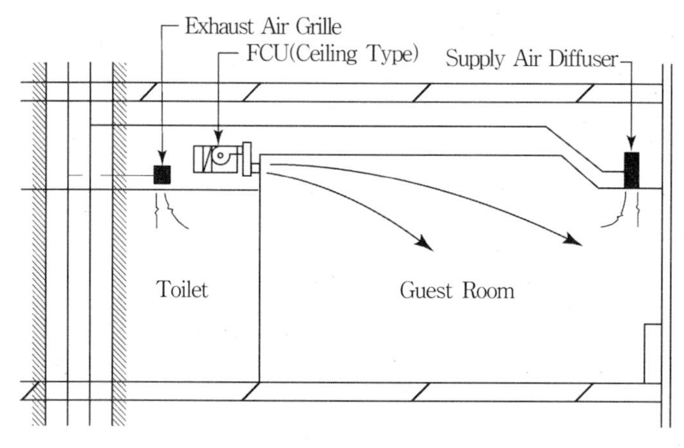

[호텔 객실 공조 개념도]

(2) Public 부분

① 현관, 로비, 라운지
㉮ 전공기 단일덕트 방식
㉯ 연돌효과 방지 위해 실내 정압(+) 유지
㉰ 현관문 Air 커튼 설치 고려
㉱ 로비의 대공간은 취출 도달거리 고려
㉲ 조명기구와 취출구 배치 고려
㉳ 조명 부하가 크다.

② 대연회장 회의실
㉮ 전공기 단일덕트 방식
㉯ 인체의 잠열부하 제거
㉰ 흡연 제거 위한 환기량 제어
㉱ 간헐 사용에 따른 개별 제어

③ 음식부(일식, 한식, 중식)
㉮ 전공기 단일덕트 방식
㉯ 음식냄새 확산방지 부압 유지(-)
㉰ 주방은 배기량 확보 유의
㉱ 냉장고 등의 응축열 및 가스레인지 발생열 제거를 위한 부하 고려

④ 라운지 및 레스토랑
㉮ 전망을 위한 전면 유리창 시공으로 Cold Draft 방지 위한 취출구 배치 유의

㉯ 바닥은 Panel Heating 고려
㉰ 영업시간이 길어 단독계통 및 개별 제어

(3) 관리부

일반 사무실과 동일

5. 결론

Hotel은 다양한 부하 특성과 Zoning으로 구성되어 에너지 절약, 개별 제어, 중간기 등의 외기 냉방과 반송동력을 최소화해야 할 것으로 사료된다.

07 온도 및 습도가 유물에 미치는 영향에 대해 설명하시오.

1. 개요

전시공간 내의 각종 자료에 영향을 미치는 주요인자로서 상대습도, 건구온도, 공기오염 물질 등을 들 수 있다. 그중에서 실내상대습도는 전시공간 내에 보관 또는 전시되고 있는 각종 자료에 대해 많은 영향을 미친다.

2. 상대습도에 의한 영향

(1) 박물관 내에 보관 또는 전시되고 있는 각종 자료에 형상 및 크기의 변화, 화학반응의 촉진, 곰팡이, 곤충 등에 의한 생물적 노화 등 영향을 미침

(2) 목재, 동물의 뼈, 상아, 양피지, 가죽, 섬유, 죽세공품 등은 흡습재료여서 내부의 함수량이 주위의 상대습도에 비례하여 변화

(3) 상대습도가 높아져 함수량이 많아지면 팽창하고 상대습도가 낮아져 함수량이 적어지면 수축하여 찢어지거나 접착부분이 떨어져 파손된다.

(4) 칠기제품은 낮은 상대습도에서 칠 내부 쪽의 목재가 수축하게 되고 이로 인한 표면의 칠이 터진다.

(5) 목재로 만든 틀에 팽팽하게 걸어 맨 캔버스상의 유화는 상대습도의 변화로 목재틀이 틀어져 유화 자체에 실금이 발생

(6) 목재의 화판에 그려진 유화는 보다 현저한 영향을 받음

(7) 금속재료의 부식, 염료의 퇴색, 섬유의 강도저하 등을 초래

(8) 상대습도가 높으면 곰팡이나 세균번식

3. 상대습도에 대한 대책

(1) 금속제품은 상대습도를 낮게 함

(2) 흡습재료로는 적정한 습도유지

(3) 상대습도 급변화 방지

(4) 적정 상대습도는 40~63%

(5) 서적보관소 40~55%(저습 35%, 저온 13~18°C)

4. 건구온도에 의한 영향

(1) 건구온도의 변화 및 그 정도는 상대습도보다는 자료에 커다란 영향을 미치지 않지만, 건구온도의 상승은 상대습도의 변화를 일으키게 되고 그 결과로써 영향을 미침

(2) 건구온도는 그 변동범위 및 변화속도가 중요한 요소

5. 건구온도에 대한 대책

건구온도의 변동범위 및 변화속도를 적절히 조정

6. 공기오염물질에 의한 영향

(1) 부유분진

① 자료를 더럽힌다.

② 쌓인 분진은 공기 중의 수분이나 아황산가스를 흡수하여 산부식의 원인이 됨

③ 충해의 원인이 됨

(2) 아황산가스

① 탄산칼슘을 포함한 자료에 급속하게 반응하여 침식

② 철, 청동, 동등의 부식이 심함

③ 종이류, 면제품, 마섬유 등의 셀룰로오스에도 영향

(3) 이산화질소

① 목면, 양모에 영향

② 셀룰로오스나 폴리에스테르상의 아민군을 포함하는 염료를 변질

7. 결론

수장고, 전시케이스 등은 항온·항습으로 자료를 영구 보존할 수 있도록 하되 공기 오염물질에 노출되지 않도록 한다.

도서관 공조 설계상의 조건 및 계통 설명

1. 개요

도서관은 도서 및 기타 기록자료 등을 조사, 수집, 정리, 보존하며 열람, 대출 등을 통하여 일반이 이용하는 일종의 교육시설이다.

2. 도서관의 종류

(1) 국회도서관
(2) 공공도서관
(3) 대학도서관
(4) 학교도서관
(5) 전문도서관
(6) 특수도서관

3. 설계조건

(1) 일반적으로 도서관에는 여러 가지 서로 다른 기능을 가진 공간들이 포함되므로 면밀한 기능분석을 통하여 이에 알맞은 환경조건을 제고하여야 한다.

(2) 지류 특히 고문서의 보존에는 저온, 저습도가 유리하지만, 저온은 제본소재(풀, 아교 등)를 상하게 하고, 저습은 필름이나 테이프 등을 부스러지게 할 수 있다.

(3) 도서류 보존을 위한 설계조건

구 분	ASHRAE Handbook	UNESCO
기온	20~22°C(고문서류 13~18°C)	16~24°C
습도	40~55%RH(고문서류 35%RH)	45~63%RH(Film 50~63%RH)
기류	0.13m/s 이하	
최소외기 도입량	1인당 2.5l/s	

※ 참고 : 상기 표는 도서관의 일반적인 설계조건을 정리한 것임

4. 부하특성

(1) 용도별 Zoning

① 열람부문
② 서고부문
③ 학습부문
④ 관리부문

(2) Zoning 시 고려사항

① 운전시간
② 열부하특성
③ 설계조건
④ 청정도조건
⑤ 운전시간
㉮ 공공도서관 : 오전 10시부터 오후 9시까지
㉯ 대학도서관 : 1일 16시간

(3) 부하의 종류

① 관류열 : 구조체열, 일사부하열(창문이 많음)
② 인체의 잠열 : 열람실에서의 사용자 밀도 최고 1인당 0.9m^2 정도
③ 환기에 의한 외기부하 : 인원 밀도가 높으므로 환기부하 증가
④ 조명부하, 기기부하

5. 시스템

(1) 시스템에는 전공기방식이 유리하다.(All Air System)

① 도서관에는 증기나 냉・온수를 직접 각 실에서 사용하는 시스템은 도서류와 각종 기록자료, 테이프 등을 손상시킬 우려가 있다.
② 열람실이나 학습실에는 환기량에 유의해야 한다.

(2) VAV 방식 채택

도서관의 공간은 서로 다른 부하 특성을 가지므로 이중덕트방식, 멀티존 유니트 방식, 터미널 리히트방식이 가능하지만 에너지 절약을 위해 VAV 방식이 유리하다.

(3) 공기정화장치

① 오염물질의 종류
분진, 염분(NaCl), 아황산가스, 암모니아, 오존(O_3)

② Air Filter의 종류
㉮ 먼지, 부유분진 등 : 고성능 Dust Filter
㉯ 가스상 물질 : 활성탄 Filter 또는 공기세정 설비

(4) 훈증설비

① 별도의 훈증실을 설치하는 방법과 밀폐된 서고에 훈증제를 살포한 후 배기시키는 감압훈증 장치의 2종류가 있다.
② 훈증제의 종류 : 취화메틸과 산화에틸렌의 혼합제
−독성이 강하므로 서고는 완전히 밀폐한다.

(5) 소음 및 진동

① 방음, 방진 설비를 설치해야 한다.
② 기계실은 열람실과 멀어야 한다.
③ 송풍기소음은 흡음기 설치하여 전달차단
④ 소음기준(NC : Noise Criterion)은 35~40dB 이하로 유지

6. 결론

(1) 도서관은 자료의 보관과 열람, 대출과 참고도서실, 시청각자료의 보관과 집회실, 휴게실 그리고 관리실, 기계실 등으로 구분한다.
(2) 목적과 사용시간, 조닝 등 각 부분의 부하특성과 시스템 구성, 세부계획이 있어야 하며 항온, 항습 시스템 선택을 고려해야 한다.

전시 및 수장공간 내의 적정환경 유지방안에 대해 설명하시오.

1. 개요

분류된 자료 및 문헌을 보관하는 수장계통과 전시를 목적으로 하는 전시계통으로 구분하여 적정환경을 유지하여 자료를 영구 보존하려는 것이다.

2. 전시실

전시실은 밀폐되어 있으며 철근콘크리트 등의 건축마감재에 수지분이나 수분이 많이 포함되므로 곰팡이, 세균 등의 번식방지를 위해 공기조화설비 및 환기대책이 필요

(1) 온습도 조건

① 건구온도 : 22~24℃
② 상대습도 : 40~60%
③ 특별한 부식 및 열화의 염려가 있는 전시품은 습도의 영향을 방지하기 위해 저습도로 유지

(2) 전시물의 조도

① 유화 : 300~500Lux
② 대리석의 조각 : 300~1,000Lux
③ 나무조각 : 200~1,000Lux
④ 청동 : 500~1,000Lux

(3) 공조방식

① 관객에 의한 분진발생 제거 등을 고려 전공기 방식
② 에너지 절약을 위한 전열교환기 설치
③ 신선외기공기 도입은 CO_2
④ 온습도, 분진량, 가스농도가 엄격한 전시품은 전시케이스에 넣어서 전시
⑤ 항온 · 항습장치로 계획하여 연간 운전이 가능토록 할 것
⑥ 최소의 풍량, 풍속으로 전시품에 대한 공기흐름의 영향을 받지 않도록 할 것

3. 수장고

단열성능이 좋고 조명도 인원 있을 때만 점등하므로 열부하가 극히 적어 취출, 흡입구의 위치를 적정하게 배치할 것

(1) 온습도 조건

① 건구온도 : 16~24℃
② 상대습도 : 40~63℃
③ 온습도 조건이 엄격한 물품에는 항온 · 항습을 ±0.5℃DB, ±2.5%RH로 할 것
④ 수장품의 열화 및 부식방지를 위하여 단열 및 방습구조로 하여 곰팡이, 좀, 곤충 등의 사멸을 위해 가스훈증 설비를 갖출 것

(2) 공조방식

① 온습도 조건에 따라 항온 · 항습할 것
② 연간운전이 가능토록 하여 예비기 설치
③ 다습한 공기로 부패 등이 발생가능한 수장품을 보관하는 특수실 등은 제습설비 고려
④ 기류속도의 권장치는 0.1~0.12m/sec로 하되 공기정체로 인한 곰팡이 발생 방지
⑤ 취출구는 천장, 흡입구는 바닥 부근에 배치
⑥ 자료의 산화방지를 위해 외기도입량을 한정하고 외기의 오염물질 제거용 청정장치 설치
⑦ 훈증 후의 배기계통 고려
⑧ 가습수의 수질이 좋은 것 사용

4. 결론

최초 계획 시 기능적 분류 및 사용할 때 기간 등을 충분히 검토하여 Zoning을 결정하고 일정한 온습도 유지가 필요한 Zone은 항온 · 항습과 연간 운전이 가능토록 하되 외기 도입 시 분진, 아황산가스, 이산화질소 등 유해가스 제거를 위한 공기정화장치를 설치해야 한다.

박물관이나 미술관 공조에 대하여 설명하시오.

1. 개요

(1) 박물관, 미술관의 수장고의 공조는 보존용의 온습도 및 공기청정도를 확보하기 위해 특히 중요하며 다른 계통과 구분해서 전용계통으로 한다.

(2) 전시 스페이스의 공간은 전시품의 중요도에 따라 공조질을 구별해야 한다.

2. 설계조건

(1) 설비환경은 외부와 실내로 구별한다.

(2) 외기로 통한 오염 확산 주의

(3) 건물 출입구 및 내외의 압력차 여부

(4) 24시간 공조(수장품 보존 환경유지 위해)

(5) 실내온습도 조건

① 온도 : 16~25℃ DB

② 습도 : 45~65% RH

③ 동물박제 : 4.5~10℃ 정도 유지

(6) 구역 구분(Zoning)

① 수장고

② 전시케이스

③ 전시실(상설전시실, 기획전시실)

④ 반공조시설(강의실, 연수실, 아틀리에 등)

⑤ 운영, 관리시설(사진실, 일시보관실, 도서실, 사무실)

⑥ 환경레벨로는 수장고가 가장 높고 항온·항습 시스템이 많이 요구된다.

3. 부하특성

(1) 수장고는 무창으로 하고, 구조체에 단열, 방습층을 둔다.

(2) 구조체 관류부하, 수장고를 정압으로 유지하기 위한 외기부하가 주가 된다.

(3) 온습도 유지는 24시간 운전하는 항온·항습 개념

(4) 실내의 부하변동은 적다.

(5) 내장재에 목재를 많이 사용하면 수장고 현열비가 줄며 재열부하가 커진다.(수분 함유가 많다.)

(6) 전시케이스는 밀폐 단열적 구조로 해야 함

(7) 송풍량이나 토출구 흡입구 배치에 충분한 검토 필요
(8) 제습기 사용(목재 사용품 : 실리카겔, 제올라이트 등)

4. 열원방식

(1) 열원의 종류

① 전기, 가스, 등유 등 이용(지역 냉난방도 가능)
② 환경유지와 안정성 차원에서 전기가 용이
③ 축열조 이용(야간 운전을 삼간다.)
④ 방화 관리에 중점을 둔다.(안전시스템 가동)

(2) 열원 시스템과 열부하

① 일반적으로 항온 · 항습 개념 도입
② 천장고는 3.5~4m로 공간 용적이 크다.
③ 외피부하 93~116.3W/m^2 정도
④ 인원부하, 조명부하, 기구부하
⑤ 열원시스템
㉮ 패키지형 공조기+전기히터 조합방식
㉯ 공기열원히터 펌프(냉온 동시취출) 직결방식
㉰ 공기열원히터 펌프(냉온 동시취출) 축열방식
⑥ 종래의 냉동기+보일러 방식은 피하는 것이 좋다.

5. 공조방식

All Air System으로 하되 다음 각부 공조계획을 고려할 것

(1) 수장고의 공조

① 수장고의 공조는 수장품의 종류에 따라 하지 않을 수도 있으나 적어도 항온은 고려되어야 한다. 특히 청정도 요구 시에는 매립형 송풍기를 설치하고, 필터는 ASHRAE NBS 85% 이상의 성능이 요구된다.
② 가스의 제거에는 활성탄 필터 사용
③ NOx, SOx, H_2S 제거는 과망간산칼륨 흡착필터 사용 제거
④ 습기에 의한 문제발생(가습, 감습 주의)
⑤ 특히 가습장치와 가습용 수질에(순수 이용) 중점을 두어야 한다.

(2) 전시케이스의 공조

① 전시케이스의 공조는 미술관, 박물관의 공조 가운데서 제일 어려운 공조에 속한다.
② 그 이유는 내장품이 귀중한 품목이라는 것과 세밀한 항온·항습이 요구되기 때문이다.
③ 전시케이스 자체의 열성능의 차이 고려
④ 열부하 변동폭이 크다.
⑤ 케이스 형태는 폭이 짧고 길이가 길기 때문에 기류 분포가 방해받기 쉽다.
⑥ 계측용 센스의 위치(전시품과 동일 장소 선정)
⑦ 전시 케이스 각부의 온도 차이 극복

(3) 전시실의 공조

① 온 습도 제어에 중점을 둔다.
② 기획 전시실과 상설 전시실로 구별된다.
③ 기획 전시실은 장래 예측이 어렵다.
④ 공조 운전 시간이 길어진다.
⑤ 에너지 절약적인 측면 고려하여 제어기능이 저하되지 않는 한도 내에서 보다 작게 분할해서 시스템 구성

6. 결론

박물관, 미술관은 제 기능에 적합한 공조계획을 하되, 주위의 오염(도심지 또는 특정 오염지역)에 민감하므로 대기오염(탄소(CO_2), O_3, NOx, SOx)에 주의하고, 항온·항습 개념에 주안점을 둔다. 또한 수장품과 보관품의 환경에 특히 민감하게 보관 계획을 세워야 하고, 특히 우리나라는 4계절이 뚜렷하므로 그에 따른 기술과 기법 연구 및 정확한 Data가 요구된다.

도서관이나 박물관에 적용하는 훈증설비에 대해 기술하시오.

1. 개요

도서관이나 박물관에서 보존, 전시, 열람하고 있는 수장품을 각종의 생물(곰팡이, 곤충 등)에 의해 열화피해로부터 보호하기 위해 훈증설비를 하게 된다.

2. 박물관 등에서 발생하는 생물피해

(1) 수장물의 생물피해

① 서적의 해충
② 목재, 미술 공예품의 피해
③ 회화, 서적 등 지질 문화지의 피해
④ 유채화의 피해
⑤ 합성수지의 피해
⑥ 목조 건조물의 피해
⑦ 도금의 녹
⑧ 동물섬유의 충해

(2) 시설의 생물피해

① 수장고 건재의 생물피해
② 수장고 내에 발생하는 곰팡이
③ 전시실의 생물피해
④ 서고의 피해

3. 생물피해 방제방법

(1) 훈증법

① 피복훈증
② 밀폐훈증
③ 훈증고 훈증
④ 감압 훈증

(2) 저독성 방충, 방부제

훈증과 병용하여 사용

① 목재 등의 방충, 방부재

② 증산성 방출, 방부재

4. 훈증방법별 특징

(1) 밀폐훈증

① 수장고나 서고의 전체를 훈증할 때 창문, 문, 급배수관, 환기구멍 등을 안팎으로 밀폐하여 훈증하는 방법

② 인접실, 복도, 계단으로 가스가 누출될 수 있으므로 충분한 주의 필요

(2) 감압훈증

① 밀폐도가 높은 용매(Vacuum Chamber)로 감압하여 훈증제를 도입한다.

② 약제의 재질 심부로 침투 용이

③ 서적이나 소형 문화재의 살충, 살균에 극히 유효

④ 감압에 따른 온도변화에 주의를 요한다.

(3) 훈증고 훈증

100m^2 정도의 콘크리트조의 실내에 30m^2 전후의 완전 밀폐가 가능한 훈증고를 설치하여 이 속에 훈증대상을 반입하여 훈증하는 방법

(4) 피복훈증

건조물이나 대량의 수장물을 훈증 시 0.3mm 전후의 방수포 등으로 피복훈증

(5) 포장훈증

① 목조 조각 1점, 회화 수점 등 비교적 소형, 소량을 훈증설비 없는 곳에서 훈증 시 사용

② 훈증제의 누출, 배기에 주의

5. 훈증용 약제

(1) 훈증약제

① 살충

메틸 브로마이트(Methyl Bromide) CH3Br

② 살균

메틸 브로마이드와 산화에틸렌 옥사이드 혼합제

(2) 특징

① 약제가 기체이기 때문에 취약한 재질에서 구조가 복잡해도 손을 대지 않고 균일한 살균, 살충처리가 가능

② 침투성이 뛰어나기 때문에 재질의 심부에 용이하게 도달

③ 약제와 재질과의 접촉시간이 짧다.

6. 훈증설비 시스템

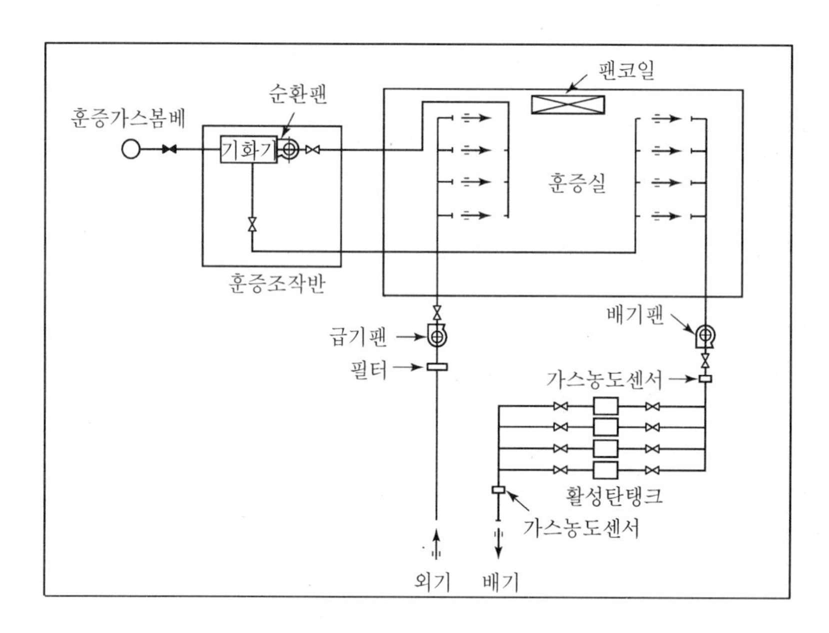

[훈증설비 시스템도]

(1) 훈증 가스 봄베로부터 공급된 가스는 기화기를 경유하여 각 훈증실로 공급된다.

(2) 순환 Fan에 의해 기화기로 되돌려져 순환한다.

(3) 훈증실은 15~20°C로 유지되면 훈증효과가 올라가므로 FCU를 설치하여 온도를 유지

(4) 배기가스처리도 종래에는 거의 대기 방출을 행하였지만 공해 등으로 고려, 활성탄 흡착법을 고려(활성탄 탱크 전후에 가스검지기를 부착하여 경보장치의 작동에 의해 활성탄의 교환시기를 판단함)

 진열장 및 전시케이스 내부 환경유지방안에 대해 설명하시오.

1. 개요

전시케이스는 공조 중에서 가장 어려운 장소로 항온, 항습, 기류분포, 조명점 등에 주의를 요한다.

2. 케이스 내부 환경

(1) 수납하는 물품이 극히 중요한 귀중품이어서 엄밀한 항온, 항습을 요구
(2) 대형 유리면은 전시실과 케이스 내 온도차 발생 시 많은 열부하 발생
(3) 전시케이스 자체는 수장고 등에 비해 열하 변동폭이 커서 제어 곤란
(4) 케이스 깊이가 90~120cm로 짧고 넓이가 길어 내부기류 분포가 고르지 못함

3. 적정환경 유지방안

(1) 취출구 및 흡입구 배치 시 냉풍은 상부에서 온풍은 하부 취출 고려
(2) 최소의 풍량, 풍속으로 유리표면에 접하여 공조하며 전시품에 대한 공기흐름의 영향을 최소화 할 것
(3) 단독 공조계통으로 하여 24시간 운전이 가능토록 할 것

4. 결론

전시케이스 자체의 열성능이 나쁜 점을 고려하여 항온·항습 및 기류분포에 역점을 두고, 센서류를 많이 설치하여 최적으로 제어하여 전시품의 열화를 방지해야 한다.

13 저온 급기분배방식에 대하여 논하라.

1. 개요

빙축열에 의해 얻어진 저온의 냉수(0~4℃)를 사용하여 일반공조 시 15~16℃의 송풍온도보다 저온으로 7℃ 또는 9℃ 온도의 공기를 공급하여 송풍량을 45~50%까지 낮추고 반송동력을 절감할 수 있는 방식이다.

2. 특성

(1) 장점

① 송풍기의 소형화 및 송풍동력의 절감
② 저온의 송수로 배관경 축소 및 물 반송동력 절감
③ 송풍량의 축소로 덕트의 축소 및 건축물 층높이 축소로 건축공사비 절감
④ 냉방부하 증대에 의한 기존 건물 개수 시 기존 덕트 활용 가능
⑤ 제습량이 증가하여 실내 건구온도를 1.5℃ 정도 상승시켜도 쾌적하다.
⑥ 상기 ⑤항에 따라 상대습도를 10~12% 정도 내림
⑦ 부분부하 대응 용이

(2) 단점

① Cold Draft를 유발
② 최소 풍량 시 환기량 부족
③ 취출구에서 결로발생
④ Duct Air Leak 시 결로발생

3. 주의사항

(1) 취출 온도 설정

① 취출 온도가 낮을 시 제습량이 증가되어 실내 상대습도 저하로 실내 쾌감도에 영향을 미침
② 취출 온도가 10℃에서 상대습도가 40% 정도로 됨
③ 실내습도 허용 하한치에 따라 취출온도 결정

(2) 공조기

① 저온 송풍 시스템에서는 송풍온도에 대한 팬 발열의 영향도 큼

② 송풍 방법은 코일에 대해 압입방식 검토

(3) Duct

① Duct Air Leak 발생 시 결로 발생

② Duct 보온철저 및 Air Leak 없도록 할 것

(4) 취출구

① 저온 취출에 따른 결로 발생

② 결로 방지용 취출구 사용

4. 결론

(1) 저온 냉풍공조 시스템 사용으로 공조기 용량, 덕트의 축소, 배관경의 축소 등으로 Initial Cost 절감과 공기 및 수 반송동력 절약에 의한 Running Cost가 절감된다.

(2) Cold Draft 방지를 위한 유인비가 큰 취출구, 결로 방지용 취출구, 최소 환기량 확보 등을 고려해야 한다.

인텔리전트 빌딩에 대하여 설명하고 향후 발전방향 및 건축기계 설비의 대처방안에 대하여 기술하라.

1. 개요

I.B(Intelligent Building)는 쾌적한 사무환경에서 지적생산성을 향상시키고 O.A, T.C, B.A, 보안기능을 갖추며 유지 관리 측면에서 경제성이 있는 빌딩이다.

2. I.B의 생성과 배경

(1) 생성과정

미국의 UTC사에서 자사가 관여하여(UTBS) 1984년 1월 코네티컷주의 하드포드에서 문을 연 City Place 건물의 특징을 소개하면서 생겼다. 이것이 세계 최초의 I.B이다.

(2) 출현배경

① 정보처리, 통신기술의 급진전
② 통신의 자유화
③ 사무실 업무비율 증대
④ 미국의 경우 B/D 공급 과잉
⑤ 안전에 대한 요구
⑥ 에너지 절약에 대한 요구

3. I.B와 재래식 B/D의 차이점

(1) High-Tech 건축으로서 Building Automation(B.A)에 대응
(2) Tele Communication(T.C)에 대응
(3) Office Automation(O.A)에 대응
(4) 쾌적한 집무환경에 대응
(5) 보안에 대응

4. I.B의 발전방향

고도의 정보화 시대가 진행되고 있는 현재 I.B의 수요는 계속 늘어날 전망이지만, 아직 I.B에 대한 개념, 역할, 정의 등이 일치된 견해는 없고 다음의 4가지 기능이 기본으로 되어 있다.

(1) O.A 기능

(2) B.A 기능

(3) T.C 기능

(4) 쾌적한 실내 환경

위의 4가지 기능을 기본으로 발전할 것이며 통신부분은 LAN, VAN 등의 활용도에 따라 점진적으로 발전 또한 O.A, B.A가 종합화되는 것도 과제이다.

5. 설비의 대처방안

(1) O.A기기의 발열

① I.B는 에너지 다소비형 건물
② 겨울철 초기에만 Warm-Up의 난방부하만 필요
③ 대부분의 경우 냉방 부하 발생
④ O.A기기의 발열부하 영향
⑤ 공조용량 산정 및 System 산정 시 주의

(2) O.A기기 발열부하 증가 대응하는 System 선정

① O.A기기의 증설에 대한 예측이 어렵다.
② 장비용량을 크게 하면 초기 투자비 상승
③ VAV System 및 개별분산공조 System 대응

(3) 공조기의 집중 및 분산배치방식 선정

① 국제화, 세계화의 흐름으로 냉난방 부하가 시간에 관계없이 발생
② 지가 상승으로 임대면적이 늘어난다.
③ 개별제어가 가능한 분산 System이 유리

6. 결론

지적 생산성을 우위로 평가하는 업무에서는 책상 위뿐만 아니라, 움직이고 쉴 때의 발상도 가능하고 중요하다. 그러므로 I.B의 개념은 주위환경과 조화를 이루는 가운데 어떻게 하면 쾌적한 실내환경과 안정성을 제공할 수 있는지에 중점을 두어야 한다.

I.B의 공조설계 시 유의사항

1. 개요

I.B는 쾌적한 실내환경에서 지적생산성을 향상할 수 있게 하며 O.A, B.A, T.C 기능 및 보안기능을 갖추고 유지 관리에 경제성이 있는 빌딩이다.

2. I.B의 구성

(1) Building Automation System(B.A)

(2) Office Automation System(O.A)

(3) Tele Communication System(T.C)

(4) 쾌적한 실내환경(업무환경)

(5) 보안기능

이러한 기능을 갖추고 있으며 이것이 일반재래식 빌딩과의 차이점이다.

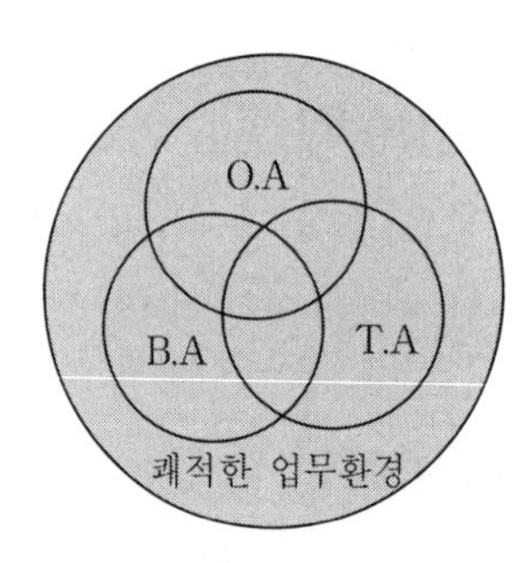

3. I.B의 공조설계 시 유의사항

(1) O.A기기 열부하 예측

① O.A기기가 1인 1대까지 계속 증가하면 그 전력소비는 막대할 것으로 예상되나 기기의 능률향상 및 기술개발로 각각의 소비전력은 감소예상

② O.A기기는 모두가 냉방부하이므로 일반공조와는 운전방법도 달리 해야 한다.

③ O.A기기 부하의 증가에 대비한 대응은 단계별 증설방안이 바람직하다.

(2) 온열기류에 관한 유의점

① 내부 발열량이 미치는 영향

O.A기기의 발열량이 10kcal/m²hr를 넘으면

㉮ 냉방용량이 난방용량보다 크게 된다.

㉯ 동계에도 냉방운전이 된다.

㉰ 냉각 제습되므로 실내 습도가 낮아진다.

② 내부발열량의 변동과 편재

일반적인 내부발열에 비해 발열량의 변동 및 O.A기기 배치에 따른 발열량 편재가 심하다.

③ 내부발열 시간대

O.A기기 사용시간대가 일반 집무시간과 다를 경우 연장 운전 대비책 필요

④ 기류분포에 대한 주의

㉮ O.A기기 부하가 크면 발열량이 많아지고 환기횟수도 30회/h로 많아진다.

㉯ 실내기류속도가 빨라지고 낮은 칸막이 등으로 인하여 실내기류 분포 및 국부적인 Draft 현상이 발생

⑤ 기기용량 산정

㉮ 증설 용량 및 시기 판단이 어렵다.

㉯ 부분부하 운전이 용이한 System 선정

㉰ 단계적 증설 요망

(3) 공조 System에 관한 유의점

① VAV System에 의한 대응

㉮ 개별제어 시 냉난방 절환문제

㉯ 저부하 시 환기량 부족

㉰ 냉난방 동시 발생 시 대처곤란

㉱ 냉난방 동시 발생 시 문제 없는 System으로 정리

② 개별유닛에 의한 대응

㉮ 수 방식의 경우 물에 대한 O.A기기 피해 우려

㉯ 24시간 계통의 경우 별도 Zone 구분

③ P.A.C 방식

㉮ 필터의 성능 문제

㉯ 가습기의 성능 문제

㉰ 냉매 배관의 허용지지 문제

㉱ 단계적 증설 용이

㉲ 개별제어가 유리하다.

4. 결론

(1) I.B의 공조는 O.A기기 증가에 대한 예측이 어렵고 대부분이 O.A기기 발열에 의한 냉방부하로 일반사무실 부하와 달리 설계 시 유의해야 한다.

(2) 대응 공조 System은 단계적 증설 방안이 가장 좋으나, 시공상 추후 증설시 문제점이 있으며 VAV System의 대응 시 환기부족(저부하 시), 동시 냉난방 발생 시에 대한 대비책이 필요하다.

인텔리전트빌딩에서 개별공조시스템에 대하여 논하라.

1. 개요

최근 I.B는 O.A기기 출현으로 사무공간의 계획도 가구 또는 칸막이로 구획된 개실화 개념의 개별 작업공간 형태로 급속히 변화되어 있어 기존의 중앙공조방식으로는 쾌적한 실내환경을 조성하기 어려워 개별공조시스템으로 쾌적한 실내 환경을 제공하려는 것이다.

2. 개별공조시스템의 종류

(1) 천장 개별 공조시스템

(2) 바닥공조시스템

(3) 칸막이 공조시스템

(4) 데스크탑 공조시스템

3. 개별공조시스템의 종류별 특징

(1) 천장 개별공조시스템

① 원리

㉮ 천장 부위에 설치된 취출구의 풍량과 온도를 제어하여 각 워크스테이션으로 원하는 공조공기를 공급하는 시스템

㉯ 천장단위 모듈공간은 급기구, 배기구, 조명, 방송, S.P, 감지기 등으로 구성되며 개인의 쾌적조건에 맞추어 온도, 풍량 및 조명수준 등을 조절하게 됨

② 특징

㉮ 장점

- 사무공간의 프라이버시, 배치, 기능 등의 변화에 적극 대응 가능
- 풍량, 온도, 조명 개별제어 가능

㉯ 단점

- 풍향 개별제어 불가능
- 부재시 절약제어 불가능
- 초기비용이 많다.
- 환기효과가 적다.

(2) 바닥 개별공조시스템

① 원리

이중바닥 공간을 공조공기의 반송공간으로 이용하고, 바닥면에 특수한 취출구를 설치하여 공기를 실내로 공급하고 천장의 배기구로 배출하는 방식

② 특징

㉮ 장점

- 이중바닥 공간 내의 덕트 공사를 생략할 수 있다.
- 풍량, 풍향 개별제어 가능
- 시설비가 싸다.

㉯ 단점

- 취출구의 강도, 마모성 문제
- 분진발생
- 구조체의 열손실
- 바닥면에서의 누기 발생
- 온도, 조명 개별제어 불가능

(3) 칸막이 공조시스템

① 원리

이중바닥으로 공급되는 공조공기를 플렉시블 덕트를 통해 칸막이로 끌어들여 급기용 칸막이 및 급기타워로 급기하고 천장으로 배기하는 방식

② 특징

㉮ 장점

- 이중바닥 공간 내의 덕트공사를 생략할 수 있다.
- 풍량, 풍향 개별제어 기능
- 환기효과가 좋다.

㉯ 단점

- 온도, 조명 개별제어 불가능
- 칸막이 패널에 팬이 내장되어 유지 관리가 어렵다.

(4) 데스크탑 공조시스템

① 원리

이중바닥으로 공급되는 공조공기를 플렉시블 덕트를 통해 데스크탑으로 끌어들여 디퓨저를 통해 수평급기하는 방식

② 특징

㉮ 장점

- 환기효과가 좋다.
- 풍량, 풍향, 온도, 조명 개별제어 가능
- 실내 공기환경의 향상
- 급기온도 상승으로 냉동기에서 에너지 절약

㉯ 단점

취출기류가 면상에 직접 취출되므로 급기온도 상승. 16~18℃가 적당

4. 개별공조시스템별 비교검토

구 분	천장 개별 공조시스템	바닥 개별 공조시스템	칸막이 공조시스템	데스크탑 공조시스템
급기구 위치	천장면	바닥면	칸막이	책상면 위
급기 공간	천장 내 덕트	이중바닥	이중바닥	이중바닥
배기구 위치	천장면	천장면, 바닥면	천장면	천장면
배기 공간	천장 내 덕트	천장덕트, 바닥배플	천장 내 공간	천장 내 공간
급기 방향	하향	상향	수평	수평
배기 방향	상향	상향, 하향	상향	상향
환기 효과	적다	크다	크다	크다
팬위치	중앙 기계실	바닥 급기구	칸막이 패널	책상면 하부

5. 결론

I.B에서 개별작업 공간의 풍량, 풍향, 온도, 조명 등의 개별 제어시스템을 도입하여 근무자들의 열환경, 시환경, 공기환경 등의 재실 쾌적감을 향상하여 생산성 향상을 유도하면서 에너지를 절약해야 한다.

바닥취출 공조시스템(샘공조시스템)에 대하여 논하라. (Free Access Floor System)

1. 개요

샘공조는 당초 작업장이나 오염물질이 많이 발생하는 대형공간에 덕트에서 취출구를 사람이 체재하는 공간까지 끌어내려 공조된 공기를 공급하는 방식이다. 즉, 작업자가 있는 곳에 샘처럼 공기를 공급함으로써 작업자에게만 신선한 공기를 공급하여 여타 공간에 공급할 공기를 절약한 방법이다.

2. 출현배경

(1) 쾌적한 실내환경 요구
(2) OA기기 등의 내부발생열 제거
(3) 실내 Layout 변경에 따른 칸막이벽 대응
(4) 개별공조 요구
(5) Free Access Floor 방식 도입 : TC, OA

3. 바닥취출 공조시스템의 종류

(1) 바닥분출공조

① 덕트방식
㉮ 바닥에 설치한 덕트에서 급기를 하는 방식
㉯ Layout 변경, 증설 시 덕트공사 필요
㉰ 열손실 적다.

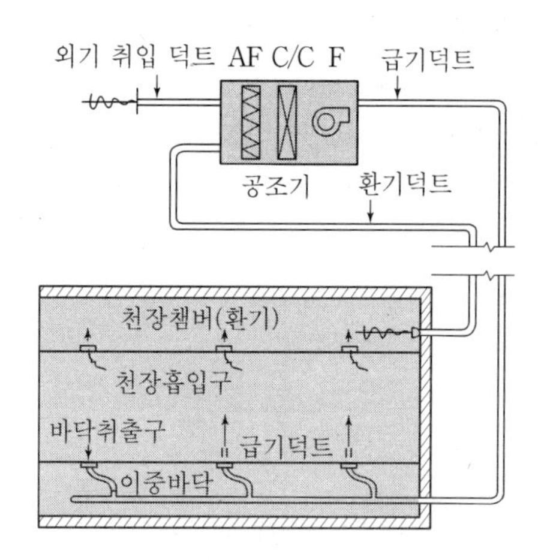

② 덕트레스 팬부착 취출구 방식
㉮ 급기를 이중바닥 Chamber 방식에 따라 덕트레스로서 공급하고 팬부착 취출구를 사용하여 강제 급기
㉯ 바닥 Chamber의 압력을 높이지 않아도 급기량을 확보
㉰ Layout 변경, 증설 시 덕트공사 불필요
㉱ 열손실이 많다.

③ 덕트레스 팬이 없는 취출구 방식

㉮ 공조기의 급기를 이중바닥 Chamber 내에 취출하고 Chamber 내의 압력을 높여 바닥면의 개구로부터 실내 급기

㉯ 3가지 방식 중 Flexibility가 가장 좋다.

㉰ 유지 관리 용이

㉱ 비용저렴하나 풍량 Balance 유지곤란

㉲ 열손실이 많다.

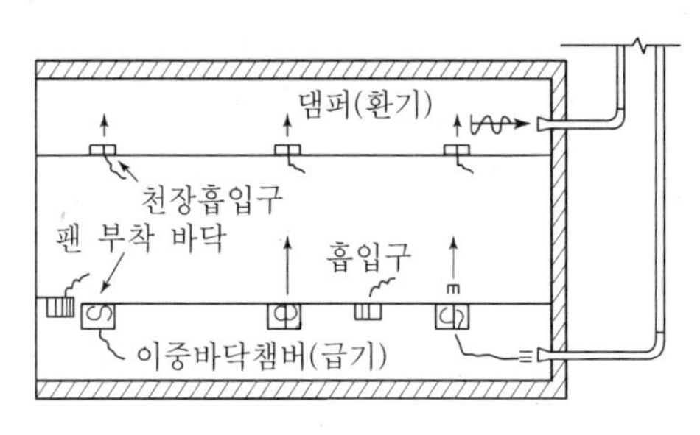

(a) 덕트레스 팬 부착 취출

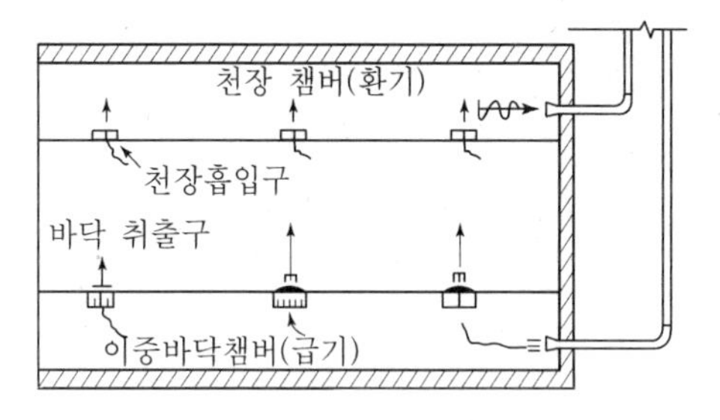

(b) 덕트레스 팬 없는 취출

(2) 바닥벽 급기형 샘공조 시스템

① 벽밑에 벽을 따라 긴 취출구를 설치하여 바닥면에 수평하게 급기한다.(0.2m/sec 이하)

② 바닥면을 따라 찬공기가 열원을 만나면 상승기류 형성으로 오염물질 및 열을 천장으로 배기

(3) 의자 취출구 공조 시스템

대형극장, 음악회장, 강의실 등에 환기를 효과적으로 하기 위해 의자 밑바닥에 취출구를 만들거나 의자 지지대에서 급기하는 방식

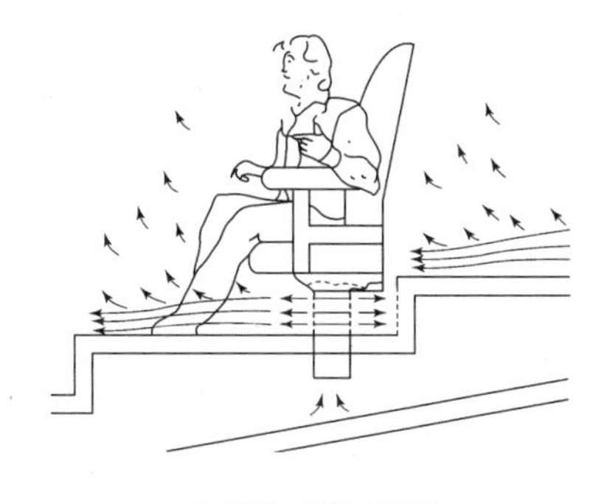

[의자 취출 공조]

4. 바닥취출 공조시스템의 특징

(1) 장점

① OA부하의 열부하나 Layout 변경에 대응하는 Flexibility가 높다.
② 개별공조의 실현가능
③ OA기기의 배열이나 담배연기의 효율적인 배기
④ 덕트공사의 절감

(2) 단점

① 바닥밑 장애물의 영향
② 바닥면에서의 누기현상
③ 바닥면의 냉방 시 영향
④ 구조체의 열손실
⑤ 분진유무

5. 바닥취출 공조 시 유의사항

(1) 취출구가 거주역에 가까우므로 Cold Draft 현상 발생
(2) 부분부하, 부분운전으로의 대응곤란
(3) 구조체의 열손실로 급기온도 저하 → 단열재 설치
(4) 바닥의 기밀성 확보
(5) 취출구의 강도, 마모성 검토

6. 향후과제

(1) 실내계

구분층 공간 또는 거주역 공조를 실현하기 위한 취출 조건 결정과 그 제어 및 쾌적성 문제, 배열 효과 등

(2) 송풍계

챔버 내의 압력(풍량)분포, 바닥면의 단열성, 기밀성

(3) 공기환경(분진)계

바닥면 퇴적분진의 유해성 등

7. 결론

Free Access Floor 개념 도입으로 OA부하의 열부하나 Layout 변경에 대한 Flexibility가 좋고 개별공조의 실현 및 덕트의 절감을 기하므로 바닥면에 대한 강도나 분진에 대해 충분히 검토하여 적극 사용이 요구되는 System이다.

항온·항습실의 건축적 계획, 설계상 주의점 및 공조방식에 대하여 논하라.

1. 개요

(1) 항온 · 항습실은 연구, 시험시설, 제약공장 등 보건공조가 아닌 프로세스 계통에 사용한다.
(2) 공조기의 구성, 제어방식 등은 실내유지 온습도의 정밀도에 따라 달라지게 된다.

2. 실내 설계조건

(1) 온도

통상 20~22℃를 표준으로 하되 편차 ±2, ±1, ±0.5, ±0.25 사용

(2) 습도

고습도는 결로, 녹발생, 세균 등에 영향을 미치며, 저습도는 정전기 발생 우려

(3) 먼지, 유독가스

기계의 마모, 측정의 혼란, 성능감소

(4) 진동

방진 고려

(5) 소음

NC 기준에 의거하여 소음기준 설정

3. 건축적 계획

(1) 외기의 영향이 적은 내부에 설치
(2) 외부 노출 벽체는 충분히 단열하고 이중벽 설치
(3) 무창 → 필요시 내벽면에 작고 개폐할 수 없는 이중창 설치
(4) 내벽, 바닥, 천장단열 고려
(5) 출입구에 전실 설치
(6) 덕트, 배관 관통부 기밀 고려
(7) 실내습도 40% 이하, 70% 이상 시 내외벽면, 천장, 바닥, 방습시공 검토

4. 설계상 주의점

(1) 부하를 정확히 파악하여 적합한 능력 선정
(2) 중간기 제어 동작의 확인
(3) 적절한 환기횟수 적용
(4) 외란의 요소 제거
(5) 공기분포 상태
(6) 덕트 내 단면온도, 속도분포를 균일하게

5. 공조방식

(1) 공조기의 구성

① 급기팬, 환기팬
② 재열코일, 냉각제습코일, 예열코일, 예냉코일
③ 에어필터
④ 가습기 장치(전기식 팬형 및 증기가습 분무장치)

(2) 온습도의 제어

① 제어 System
실내의 유지 온도 및 습도 검출기를 실내 측에 설치
㉮ 기류와 온습도가 안정된 장소(환기구로부터)
㉯ 설정온도가 크게 다를 경우 벽에서 떨어진 곳 또는 천장
㉰ P.I.D 동작의 제어방식으로 한다.

② 조작기와 Interlock
가습기는 팬 정지 시 작동하지 않도록 Interlock

③ 환기횟수

온도차(°C)	± 2	± 1	± 0.5	± 0.25
환기횟수(회/hr)	15	30	60	120

• 환기횟수 산출공식

$$N = \frac{30}{\Delta t}$$

여기서, Δt : 실내허용 온도차

(3) 덕트계획

① 실내의 온습도 분포를 고르게 할 것
② 급기는 천장에서 행하고 환기는 가급적 상면에 가깝게 할 것
③ 환기 By-Pass법을 사용하여 순환풍량의 변화를 적게 할 것
④ 유인비가 큰 취출구를 선정하되 위치와 풍속을 신중히 고려

(4) 배관계획

① 예열 코일은 겨울 사용 시에만 가능하고 20°C까지 외기 상승
② 열매는 저압증기 사용
③ 냉각 제습된 공기를 재열 시 정밀제어가 용이한 40~50°C 정도의 저온수 사용
④ 가습은 수증기 0.5kg/cm² 이내의 것 사용으로 소음방지 및 실내온도에 영향을 주지 않을 것

6. 결론

항온 · 항습실은 건축적 계획으로 외기온도에 거의 영향을 받지 않게 하되 실내 덕트 배치 시 공기정체 부분이 없도록 취출구 및 흡입구 배치에 세심한 주의를 요한다.

예 제 어떤 방의 냉각 설계를 실내 조각은 DB27°C, RH50%, 냉각기 출구의 공기 조건은 RH90%로 한다. 실내 취득 열량 중 현열이 21,900kJ/h, 잠열이 8,100kJ/h이고 취출 공기는 DB 18°C로 하고 싶다. 이 공기의 가열에 실내 환기를 이용한다고 할 때 설계를 하여라.(단, 외기는 32°C 68%, 도입 외기량은 전송입 공기량의 1/3로 한다.)

풀 이 우선 주어진 문제의 뜻을 공기선도상에 도시해야 한다. 냉각기 출구의 공기를 가열하기 위해 실내 환기의 일부를 끌어서 혼합할 경우는 단열 혼합의 생각하는 법을 쓴다. 이때 냉각기를 통하는 공기량과 취출 공기량은 다르다는 것에 주의한다.

SHF = 21,900/(21,900 + 8,100) = 0.73

(그림 1)에서 실내점 ②와 SHF 0.73을 연결하는 직선을 긋고, RH90%의 곡선과 교점④가 냉각기 출구의 상태로 DB15°C로 된다.
전송입 공기량은

$$G = \frac{21,900}{1.01 \times (27-18)} = 2,409\text{kg/h}$$

도입 외기량은

$$q_{OA}=\left(\frac{1}{3}\right)G=\left(\frac{1}{3}\right)\times 2,409=803\text{kg/h}$$

가열 때문에 바이패스하는 실내 환기량을 G_{RCA}로 하면

$$G_{RCA}/G=(t_5-t_4)/(t_2-t_4)$$

$$\therefore G_{RCA}=2,409\times(18-15)/(27-15)=602\text{kg/h}$$

냉각기를 통하여 처리되는 공기량을 G_{CC}로 하면

$$G_{CC}=G-G_{RCA}=2,409-602=1,807\text{kg/h}$$

외기와 실내 환기의 혼합점 ③의 DB는

$$t_3=\{32\times 803/1,807\}+\{27\times(1,807-803)/1,807\}=29.23℃$$

외기와 혼합하는 실내 환기를 G_R로 하면

$$G_R=G_{CC}-G_{OA}=1,807-803=1,004\text{kg/h}$$

이 계통도는 (그림 2)와 같이 된다.

$$q_{CC}=G_{CC}(i_3-i_4)=1,807\times(68.46-39)=53,234\text{kJ/h}$$

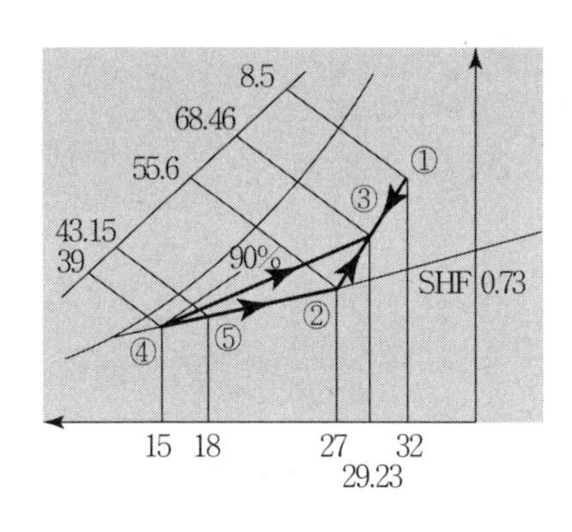

[그림1 공기선도]

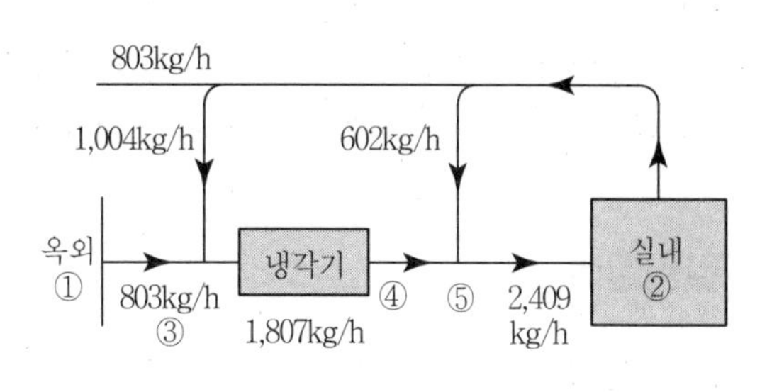

[그림2 계통도]

전산센터 설계

1. 개요

전산장비는 전산센터에서 중추를 이루는 장비로서 안전성, 방재, 온습도의 유지 등 신뢰성이 높은 공조시스템이 요구되므로 설계 및 시공 시 유의해야 한다.

2. 전산실의 특성

(1) 발열량이 크다.

(2) 온습도 및 청정도가 요구된다.

(3) 운전시간이 길다.(24시간 연중운전)

(4) 확장, 기종변경, 위치변경에 따른 Flexibility가 요구

3. 부하특성

(1) 발열량이 주로 현열이므로 현열비가 높다.(RSHF=0.9~1)

(2) 기기의 배치가 일정치 않다.

(3) 조명부하는 고급사무실보다 낫다.

(4) 구조체를 통한 취득열은 많지 않다.

(5) 거주인원이 적다.

(6) 대형 전산기계실의 발열은 전산기종에 따라 다르다.(407~581.5W/m^2)

4. 열원설비

(1) 냉열원

항온 · 항습에 필요한 전산실 계통과 일반 공조대상인 사무실 계통으로 구별

① 전산실 계통

㉮ 2중 효율 흡수식 냉동기+전동 터보냉동기

㉯ Backup용으로 전동 터보냉동기 1대 설치

② 사무실 계통

㉮ 2중 효용 흡수식 냉동기 병렬 설치하여 대수제어

㉯ 빙축열시스템

(2) 온열원

① 지역난방+증기보일러

② 증기보일러

증기보일러를 이용하여 하절기 흡수식 냉동기 가열, 겨울철, 난방, 급탕 가습용으로 사용

5. 공조방식

(1) 전산실 계통

① 온습도 조건

㉮ 전산기 기동 시 온도 22±2℃, 습도 50±5%

㉯ 휴지 중 온도 5~40℃, 습도 30~70%

㉰ 습도가 높으면 접속불량, 결로발생

㉱ 습도가 낮으면 읽기의 오류, 노이즈에 의한 트러블 발생

② 1차용 공조기와 2차용 공조기 설치

㉮ 1차용 공조기

- 전산실 내의 거주인원, 조명부하, 구조체 부하, 도입외기 부하를 담당
- 가습, 감습, 재열의 가능

㉯ 2차용 공조기

- 전산기기의 발열(현열)을 담당
- 냉각코일에서 감습현상이 일어나지 않도록 노점온도 제어
- 토출공기 온도차는 $\Delta T=4\sim6$℃ 적당

③ 정풍량 단일덕트 방식

㉮ 1차 공조기는 천장을 통한 급기, 환기

㉯ 2차 공조기는 Free Access Floor를 플레넘 챔버 이용 상향취출

④ 공지정화방식 채택

공기여과기를 설치하여 유해가스와 분진제거

⑤ 기류 및 청정도

㉮ 환기횟수는 30회 이상 유지

㉯ 최소환기량 확보

⑥ 공조기의 Back up 시스템

전산업무의 신뢰성 유지

(2) 사무실 계통

① 고려사항

㉮ 근무자가 거주하는 공간으로 쾌적한 집무환경

㉯ 사무 자동화에 의한 내주부 OA계의 발열부하, 외주부 창가의 결로대책 및 콜드 드래프트 현상방지

㉰ 방위별 부하특성 고려

② 공조방식

㉮ 가변풍량 단일덕트+외주부 콘벡터

㉯ 가변풍량 단일덕트+외주부 FCU

㉰ 가변풍량 단일덕트+Fan Powered Unit(FPU)

(3) 로비 계통

① 정풍량 단일덕트 방식

② 바닥에 Coil을 설치하여 난방과 콜드 드래프트를 방지

(4) 다목적실

① 정풍량 단일덕트 방식

② 흡연실을 고려한 충분한 환기

(5) 환기설비

① 화장실, 주방

㉮ 3종 환기방식

㉯ 실내 부압

② 주차장

고속 노즐에 의한 환기시스템

아이스링크의 종류와 설계방식을 쓰시오.

1. 개요

빙상 경기장에는 호수 또는 연못 등에 천연적으로 결빙한 천연링크(Rink)와 냉동기를 사용한 인공링크가 있으며, 일반적으로 빙상 경기장이라고 하면 인공링크를 말한다.

2. 빙상 경기장의 종류

(1) 빙상 경기장은 스케이트를 위하여 인공적으로 구성하는 빙면 또는 이들 설비가 있는 건물 등을 총칭하여 고정식과 가반식으로 대별하여 이용 목적에 따라 구분한다.

① 대중링크(유희용 링크)
② 하키링크
③ 피겨링크
④ 스피드링크
⑤ 컬링링크
⑥ 쇼용 가반식 링크

(2) 대중링크에서도 하키, 피겨 또는 컬링 등을 겸용하는 것, 하키와 피겨를 겸용하는 것 또는 스피드링크에서도 정규격의 것과 규격에는 맞지 않으나 스피드를 즐기기 위한 것 등의 여러 가지가 있다.

3. 설계방식

(1) 대중링크(Public Rink)

영업용 대중링크는 크기 및 형식에 대한 별도의 규격은 없다. 일반적으로 20×30m 정도인 소규모의 것에서 외주부에는 어느 정도 스피드를 즐길 수 있는 대규모의 시설 등 여러 가지가 있다.

※ 또한 형식에 제한이 없으며 옥외링크에는 특이한 형상의 것이 더러 있으나 특수한 형상의 것은 냉각관의 부설에 어려움이 있다.

① 스케이팅 할 수 있는 유효면적은 골주인원 1인당 3m²로 하고 어린이들이 없는 곳은 골주인원 1인당 3.5m²의 면적에 종사인원 및 부지를 합쳐서 크기 결정

(2) 하키링크(Hockey Rink)

① 국제규격은 폭 30m, 길이 60m이며 펜스로 둘러싸인 빙면 위에서 행해지므로 모서리 반경은 6m이다.

② 링크의 규격은 26×64m, 24.4×54.9m, 21.3×51.8m 등이 있으며, 최대 넓이는 길이 61m, 폭 30m, 최소의 넓이는 길이 56m, 폭 26m이고 펜스는 빙면에서 1.22m

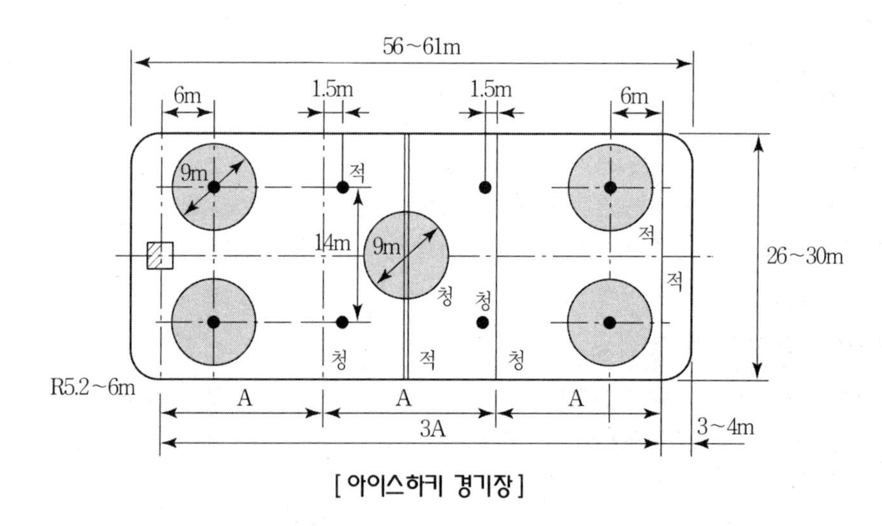

[아이스하키 경기장]

(3) 피겨링크(Figure Skating Rink)

① 자유형이나 피겨댄싱은 18×36m 이상의 공간이 소요되며 학교에서는 5×12m에서도 행한다.

② 일반적으로 하키링크 또는 대중링크와 겸용한다.

(4) 컬링링크(Carling Rink)

스코틀랜드 스포츠용 컬링링크의 규격은 4.3×45m이며 최소 크기는 3.65×36.57m이다.

(5) 스피드링크(Speed Skating Rink)

스피드 경기를 치르기 위한 링크로서 실내 스피드 스케이팅은 하키링크와 같은 크기의 링크에서 행하고 올림픽 규정의 실내 스피드 스케이팅 트랙은 400m 길이의 타원형 부분과 112m(폭10m)의 직선구분으로 구성되며, 모서리 부분의 내반경은 25m이다.

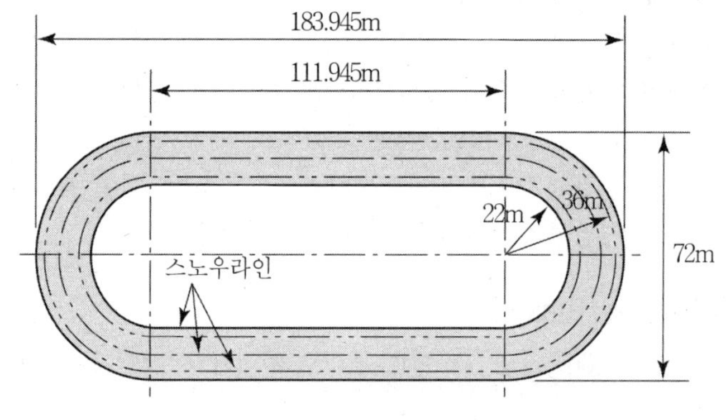

[400m 준스피드링크의 크기]

4. 결론

(1) 빙상 경기장의 바닥구조는 용도, 운전방법, 보수성 건설비, 비사용기의 활용법 등을 고려하여 알맞은 빙면이 형성되도록 설계한다.

(2) 냉동기는 터보 냉동기, 왕복동식 냉동기, 스크류식 냉동기, 로터리식 냉동기 또는 이들을 이용한 칠링 유닛, 냉방 기타 목적으로의 전용 등을 고려한 실정에 알맞은 기종을 선정하고, 브라인은 염화칼슘 또는 에틸렌글리콜 수용액을 사용한다.

(3) 수면관리는 수면이 골주에 의하여 손상되므로 하루에 3번 정도 아이스샤벨, 플레이너, 잠보니 등을 사용하여 고무걸레로 얼음 부스러기를 밀어내고, 80℃ 정도의 온수를 빙면에 뿌려서 청소와 동시에 얼음의 갈라진 틈을 메꾸어야 한다.

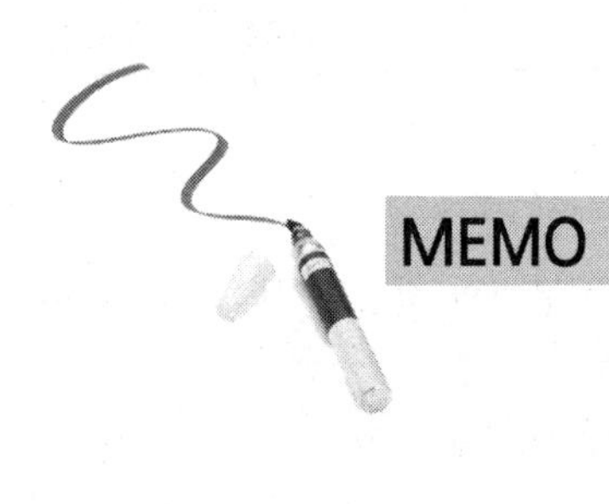

MEMO

제20장 초고층 빌딩

Professional Engineer

○ Building Mechanical Facilities
○ Air-conditioning Refrigerating Machinery

초고층 건물의 공조계획 및 에너지 절약에 대해 기술하시오.

1. 개요

(1) 초고층 건물은 에너지 다소비형 건물로서 연돌효과에 의한 에너지 손실, 열원의 수송동력, 공기의 반송동력에 의한 에너지 손실이 있다.

(2) 고층에 따르는 과대한 수압에 의한 기기의 내압에 주의해야 한다.

2. 공조계획

(1) 공조기 및 기기장치 허용수압 이내 배치

(2) 반송 동력 최소화

(3) 공조기는 실내 가압 성능 유지

3. 문제점과 방지대책

(1) 문제점

① 과도한 수압에 의한 기기의 내압문제

② 풍압에 의한 외기 침입

③ 연돌효과에 의한 외기 침입 및 건물의 압력분포에 영향

(2) 방지대책

① 건축적 해결 방안

㉮ 현관의 이중문 또는 회전문 설치

㉯ 현관의 방풍실 설치

㉰ 비상계단문 자동 닫힘 장치

㉱ 층간 구획 설치

㉲ 건물의 기밀 시공

② 설비적 해결 방안

㉮ 현관 및 로비 부분 가압

㉯ 방풍실내 F.C.U 설치

㉰ 현관 부분 Air 커튼 설치

㉱ 적절한 조닝(저층, 중층, 고층)

4. 에너지 절약 대책

(1) 공조방식

① VAV 방식 선정
㉮ 부분효율이 좋다.
㉯ 동시 사용률 감안 장비 용량 감소
㉰ 반송동력(송풍량) 절약

② 외기 냉방 실시
중간기 외기 냉방

③ 외기도입 최적 제어
CO_2 농도 관리

④ 전열 교환기 사용
외기 Peak 부하 감소

⑤ 용도, 시간, 방위별 Zoning

(2) 반송동력

① 반송동력이 적은 수방식 채택

② 1차 온열원 증기 사용 - 반송동력 절감

③ 펌프 및 Fan의 대수 제어 및 회전수 제어(VVVF 채택)

④ 냉동기 옥상 설치 검토
냉동기탑 옥상 설치 시 냉각수 반송 동력 절감

(3) 기타

① 축열조 사용
㉮ 심야 전력 사용
㉯ Peak Load 감소

② 급탕 Tank에 응축수 Tank의 재증발 증기 이용

5. 배관 설계 시 유의사항

(1) 초고층은 지반변형 및 풍압에 의한 상대변위가 20mm 정도
(2) 입상관은 3개 층마다 방진
(3) 각 층별로 횡진 방진

(4) 분기관은 3-Elbow나 Ball Joint
(5) 수압은 1MPa이 넘으므로 배관재는 고압용 탄소 강관 사용

6. 결론

(1) 초고층 건물은 에너지 다소비형 건물로서 풍압에 의한 외기침입, 연돌효과에 의한 외기 침입에 대한 열손실 등을 고려해야 한다.
(2) 고층에 따르는 수송동력 절감 및 과도한 수압에 대한 대책을 마련해야 한다.

02 초고층 건물에서의 급수, 급탕 설계사례

1. 개요

초고층 건물에 있어서는 최상층과 최하층의 배관 내 수압차가 커져서 최하층에서는 급수압의 과대로 물을 사용하기 어렵고, 수전이나 배관연결 부위의 파손으로 누수가 발생하기 쉬우며, 수격작용으로 인한 진동, 소음 등을 유발한다.

2. 초고층 건물의 급수설비 설계

(1) 수자원의 절약을 위해 시수 및 정수 사용 계통을 분리하되 말단 사용처에 있어서의 급수압력이 일정값 이하가 되도록 할 것

① APT, Hotel, 병원 : 0.3~0.4MPa
② 사무소, 공장, 기타 : 0.4~0.5MPa

(2) 급수계통의 구분

① 고가수조(분리수조)에 의한 급수 Zoning
② 감압밸브에 의한 급수 Zoning
③ 펌프직송에 의한 급수 Zoning

(3) 고가수조(분리수조)에 의한 방법

① 수조마다 양수기를 분리하는 방법
② 1대의 양수기로 여러 개의 고가수조(분리수조)에 보급하는 방식 : 소요공간 감소, 저층부에서 소음발생 우려
③ 특징
㉮ 수압이 일정하다.
㉯ 중간수조 설치 공간 필요
㉰ 수조설치에 따른 구조보강

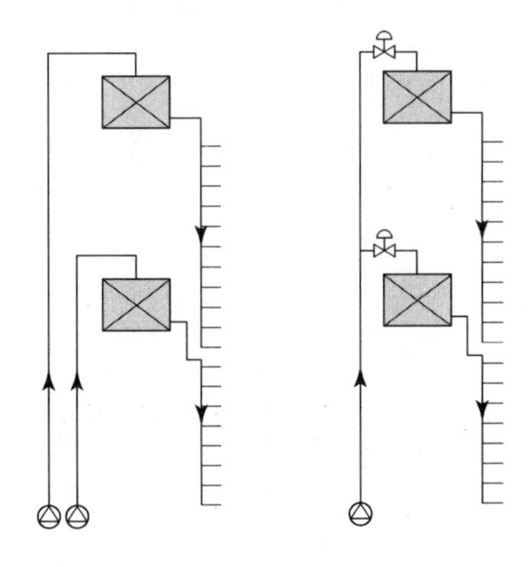

(4) 감압밸브에 의한 방법

① 감압변 수직관 중간에 설치하는 방법

② 감압변 지하기계실(또는 Pit)에 설치하는 방법

③ 특징

㉮ 중간수조의 수를 줄일 수 있다.

㉯ 고가수조 용량의 상대적 증가로 구조적 보강

㉰ 고장대비 예비 설치

㉱ 최상층 수압부족에 대비하여 가압펌프 설치 혹은 수조위치를 최대한 높일 것

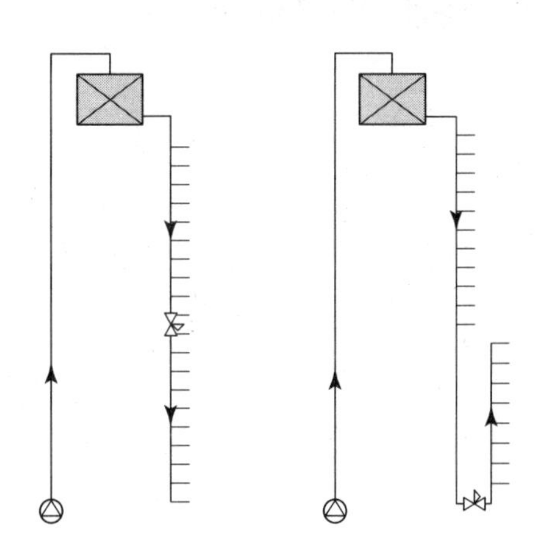

(5) 펌프직송에 의한 방법

① Zone별로 펌프를 분리하여 설치하는 방법

② 최상층용 양정의 급수펌프를 설치하고 Zone별 감압밸브를 설치하는 방법

③ 특징

㉮ 고가수조, 중간수조 설치공간 불필요

㉯ 정전 시 급수중단

㉰ 자가발전설비에 의한 비상전환

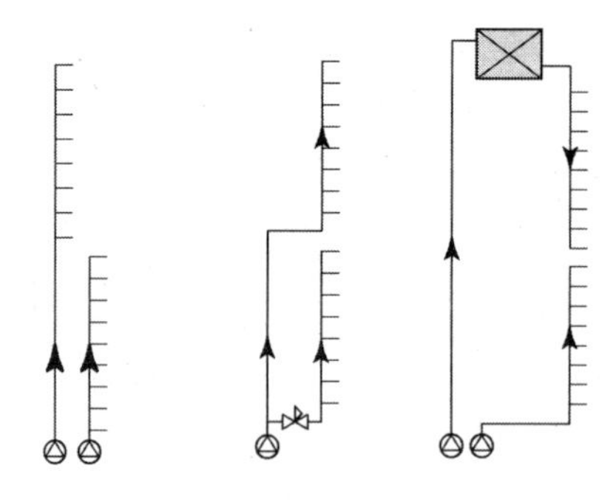

3. 초고층 건물의 급탕설비 설계

급탕설비의 Zoning은 일정한 급탕압력을 유지시키기 위한 것으로 급수설비의 Zoning과 동일하게 할 것

(1) 고가수조(분리수조)를 이용한 급탕 Zoning

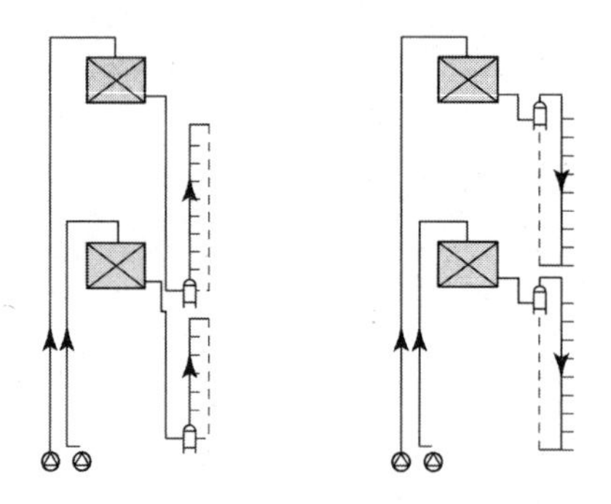

(2) 감압밸브에 의한 급탕 Zoning

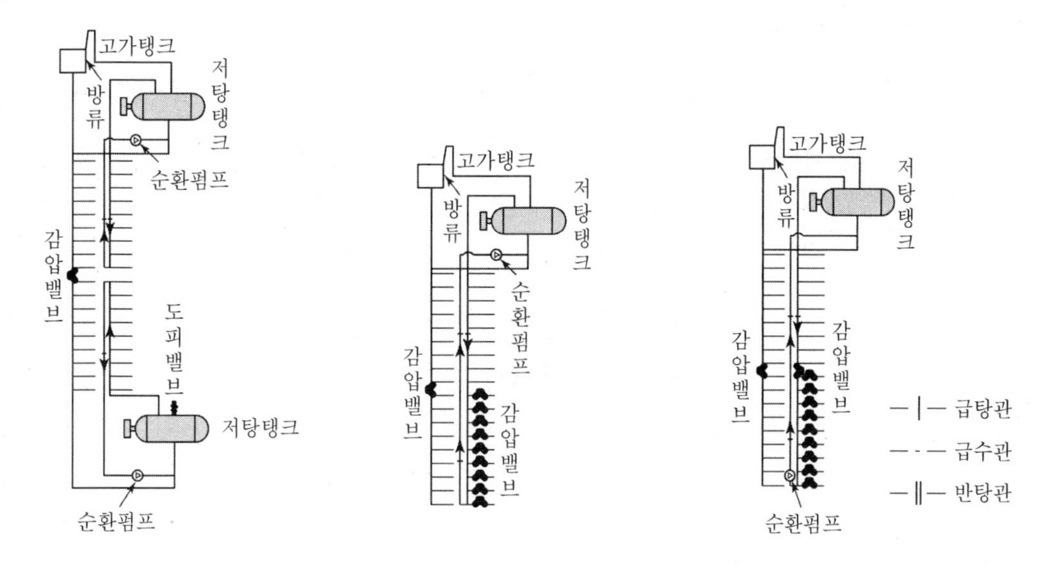

(3) 펌프직송에 의한 급탕 Zoning

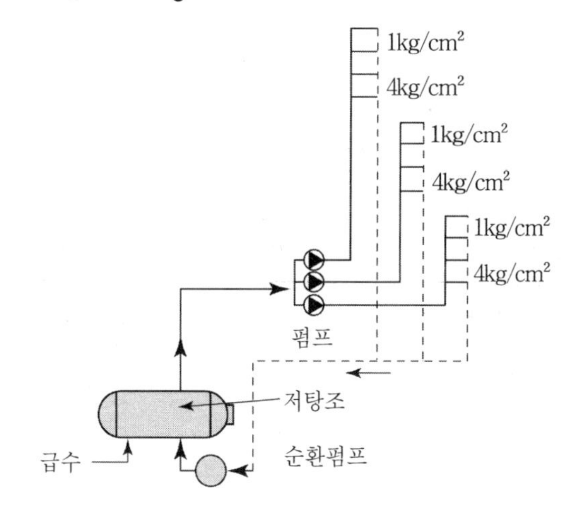

4. 초고층 건물의 설계 시 유의사항

(1) 건물의 높이를 고려하여 말단 사용처에서 적정수압을 유지하면서 경제성 및 안정성을 고려한 급수 및 급탕 Zoning

(2) 펌프의 케이싱, 밸브류 및 배관재의 내압이 고압에 견딜 것

(3) 위생설비자재의 시공성 및 경제성을 검토하여 공법과 자재 선정

(4) 배관재의 Prefab화와 위생기구의 Unit화로 공장제작, 현장 반입 설치토록 할 것
(5) 절수형 위생기구 적극 채택

5. 결론

최근 들어 펌프직송 기술의 발전, 건물 임대비 상승, 유지 관리비의 상승 등으로 펌프 직송 방식 적용이 증가하는 추세이나 안정적으로 수압을 유지하면서 경제성이 있는 급수, 급탕을 하기 위한 설비 설계가 연구 검토되어야 할 것으로 사료된다.

초고층 APT 급배수 설비의 문제점 및 대책

1. 개요

초고층 Building이란 그 한계를 정하기 어려우나, 대략 지상 30층 이상의 건축물을 초고층 Building으로 간주할 수 있다.

2. 급배수 설비의 문제점

(1) 수도꼭지 기구에 대한 적정 압력이 높아진다.
(2) Water Hammer 및 급배수 소음의 원인이 된다.
(3) 급수기구의 마모에 의한 수명 단축
(4) 보수관리의 빈도가 많아진다.

3. 대책

(1) 급수계통을 몇 개의 급수 Zone으로 분할하여 토출압력 조정

(2) 최고허용압력

① 사무소, 공장 건물에서는 0.4~0.5MPa
② Hotel, APT 등은 0.3~0.4MPa로 제한

(3) Zoning 방식

① 중간 탱크방식에 의한 Zoning(층별식)
② 감압 Valve에 의한 Zoning
③ Pump 직송 방식에 의한 Zoning(압력조정 펌프식)
④ 옥상 탱크와 Pump 직송 방식의 겸용

(4) 배관설비 방식

① 배수횡지관의 수가 많아 배수관 내에 기압변화가 일어나기 쉽다.
② 각층마다 횡진방진을 하고 입상관에는 3개 층마다 방진장치
③ 분기관은 3엘보, 또는 Ball Joint를 사용
④ 배수용 주철관은 입상관 접합부에 연콕킹(Lead Caulking)을 사용하지 말고 Rubber Joint나 Mechanical Joint를 사용
⑤ 입관에 최고층에서부터 매 5층마다 반드시 결합 통기관을 설치
⑥ 1층 배수는 입관과 분리하여 단독 계통으로 하도록 한다.

4. System 설명

(1) 중간 Tank 방식에 의한 Zoning

① 가장 보편화되어 있는 방식으로 초고층 Building 대부분 이 방식을 채택하고 있다.
② 양수 Pump는 각 존마다 설치하는 것이 일반적이다.
③ 중력식이기 때문에 수압변동이 없고, 설비비도 높지 않지만 중간 Tank의 설치 공간 필요
④ 최고 Zone에 대한 양수 Pump의 양정이 높아지기 때문에 Pump 정지 시 수격현상 발생

(2) 감압 밸브에 의한 Zoning

① 건물의 상층 Zone은 감압을 하지 않고 하층 Zone은 감압 Valve에 의해 감압시킨 급수압력으로 급수한다.
② 중간 Tank를 설치 않기 때문에 설비비는 저렴하지만, 옥상 Tank는 훨씬 크고, 중량도 증가하기 때문에 건물의 구조적 강도를 고려해야 한다.
③ 감압 밸브는 고장을 고려하여 예비 Valve와 병렬로 설치한다.

(3) Pump 직송방식에 의한 Zoning

① 각 Zone에 Pump로 직송하여 급수하는 방식
② 옥상탱크와 중간탱크가 필요 없기 때문에 설치공간이 불필요
③ 설치비는 고가이고 정전 시 급수가 중단되기 때문에 자가발전시설 필요

(4) 옥상 Tank와 Pump 직송방식의 겸용

① 건물의 상층 Zone은 옥상 Tank 방식으로, 하층 Zone은 Pump 직송방식으로 급수
② 옥상 탱크 용량은 상층 Zone의 사용량 정도만 공급하므로 Tank용량을 줄일 수 있다.
③ 중간 Tank의 설치공간 불필요

(5) 배수설비

① 배수소음

㉮ 2차 통기 방식 : 주철관 또는 합성수지관+차음커버
㉯ Sextia 방식

② 악취

Trap 봉수깊이를 50~100mm로 하며 배수관 내 공기압이 변화되지 않도록 한다.

③ 역류 : 비누거품

㉮ 관 내 공기압 상승을 작게 하기 위한 관경 결정, Sextia 방식
㉯ 횡주관 내에 비누거품이 잔류하지 않도록 횡주 관경을 충분히 하고 길이를 짧게 한다.

초고층 건물의 급배수 설계 시 고려사항에 대하여 논하시오.

1. 개요

경제성장과 더불어 도시의 인구집중으로 인한 토지부족으로 대도시를 중심으로 많은 고층건물이 건설되었다. 초고층 건물에서의 급배수 설비는 수직높이 증가에 따른 압력증가 및 수충격 현상, 배관에서의 신축·팽창 등과 같이 초고층 건물의 물리적 특성을 정확히 파악한 후 설계를 진행해야 한다.

2. 초고층 건물의 특징

(1) 시대를 대표하는 건축물

(2) 건축물의 높이 높음

(3) 에너지 다소비형 건물

(4) 빌딩의 대형화 및 첨단화

(5) 복합용도의 건물

(6) 건물의 안전문제 중요

3. 급배수 설비계획

(1) 대지현황 및 건물용도

① 건물용도 및 위치에 따른 급수공급 여부, 인입 위치, 공급 압력 등을 파악

② 배수처리방식 및 맨홀 위치를 확인

(2) 법규 검토

① 위생 관련 법규 및 조례 검토

② 우수 재이용, 중수도 설비 적용 여부 검토

(3) 예산계획

① 급배수 설비 인입 및 배출에 따른 분담금 계산

② 지역 조례에 의한 부가적인 시스템 도입

③ 급배수 시스템에 대한 예산 종합 검토

(4) 시스템 및 용량 결정

① 용도, 규모 등을 고려하여 급수·급탕 및 배수설비의 조닝 결정

② 조닝별 급수량 및 장비용량 결정

③ 시스템별 장단점 및 예산, 유지 관리와 비용 등을 고려하여 시스템 결정

(5) 설치공간계획

① 장비용량에 따라 장비 선정
② 유지 관리를 고려하여 장비 배치
③ 배관입상 샤프트 및 배관 횡주관에 의한 천장 유효 스페이스 검토
④ 수처리 설비, 중수도 설비 고려

4. 초고층 건물 설계 시 고려사항

(1) 수직높이 증가에 따른 압력상승 및 수격작용

① 건물의 수직높이가 높으므로 건물 하부에서 수압이 상승하며, 수격작용의 발생으로 소음 및 진동이 발생
② 배관 및 기기 선정 시 내압성능을 확보할 수 있도록 배관재질, 조닝, 시스템 감압 등 검토
③ 수격작용을 해소하기 위한 과도한 압력방지 및 수격방지기 설치

(2) 급수·급탕설비의 조닝

① 압력과 수격을 고려한 급수·급탕 방식별 조닝
② 건물 내에서 용도에 따라 기능적으로 수직, 수평적인 조닝
③ 기구에서의 적정수압과 건물 용도별 적정수압 고려

(3) 급수·급탕 방식

① 고압에 따른 문제점 및 수격작용 등 장애를 극복할 수 있는 공급방식 선정
② 설치 공간 및 유지 관리의 용이성, 비용을 고려하여 경제적인 방식 계획

(4) 통기관 및 배수관

① 수직관 배수 시 관 내 공기압축 및 역압현상이 증가하므로 이를 방지하기 위한 통기방식 적용
② 지진, 진동 등에 의한 내진대책, 지지방법, 접합방식 고려
③ 배수는 특별한 압력이 작용하지 않으므로 압력을 고려한 관재질의 선택은 불필요

(5) 위생기구의 경량화 및 Unit화

① 건물의 경량화, 기구의 수송 및 양중, 시공성을 고려하여 경량화에 주력
② 시공기간 단축 및 초기투자비가 절감될 수 있도록 위생기구의 유닛화, 샤프트 내 배관의 유닛화

(6) 배관의 신축 및 지지

① 건물의 수평 및 수직변위에 견딜 수 있는 배관자재와 배관지지방법 계획
② 배관재질 및 온도에 따른 기둥축소로 인한 Building Shortening, 풍압에 의한 빌딩 흔들림

현상, 지진에 대비한 배관 조인트의 선정, Anchor 등을 계획
③ 설비의 내구성, 안전성 및 유지 관리를 고려하여 최적의 배관시스템이 되도록 구성

(7) 갱신을 고려한 배관방식

① 급수·급탕 수직관의 갱신을 고려 시 작업의 효율성이나 초고층 건물에 대한 내진 시공의 필요성에 따라 가능한 수직관을 집중설치하는 방식 도입
② 건축계획에 영향을 주는 부분은 사전에 건축분야와 충분히 검토
③ 더블 샤프트 배관방식이나 트윈&루프 배관방식 고려

5. 결론

초고층 건물의 급배수설비에서 적정압력 유지, 건물 변위에 대한 대응, 공기단축 및 시공성 향상을 위한 Unit화 등은 매우 중요한 문제로 이에 대한 충분한 검토가 이루어져 경제적이고, 안정적인 시스템이 될 수 있도록 해야 한다.

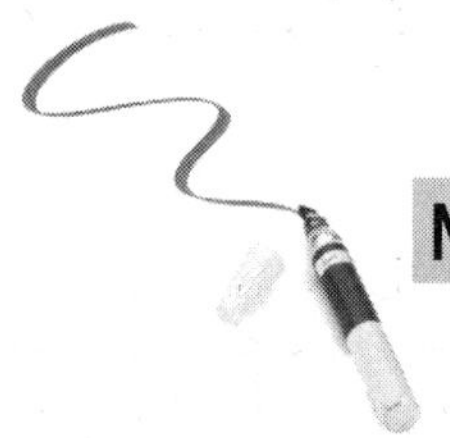

MEMO

제21장 소음과 진동

Professional Engineer

○ Building Mechanical Facilities
○ Air-conditioning Refrigerating Machinery

건축기계설비의 소음발생원과 소음방지대책에 대하여 기술하시오.

1. 개요

최근 건축물의 대형화로 건축기계설비의 규모도 대형화되어 열원장치, 열원수송장치, 공기반송장치 등 장비의 용량이 커져 소음 발생이 높으며, 생활수준의 향상으로 실내환경의 제조건에 대한 요구가 다양화하면서 실내 소음에 대한 대책을 마련해야 한다.

2. 소음 발생원과 원인

(1) 열원장치

① 보일러

압입 통풍 송풍기와 버너의 연소음에 의한 것이며 75~100dBA 정도이다.

② 냉동기

㉮ 압축식 터보 냉동기는 운전 시 100dBA이며 저부하 시 Surging이 발생하면 진동, 소음이 발생한다.

㉯ 흡수식은 대략 70dBA 이하이나 직화식의 경우 버너의 연소음과 송풍기 소음이 있어 80dBA 정도이다.

③ 냉각탑

발생원은 냉각수의 낙수 및 송풍기 소음이다.

(2) 열원수송장치

① 펌프

㉮ 펌프 운전 중에 발생하는 공기전파음과 고체전파음 있음

㉯ Cavitation 발생이나 Surging 현상 등의 이상 운전 시 소음 및 진동 발생

② 수배관

㉮ Water Hammer 발생으로 인한 배관 내 진동소음 발생

㉯ 유속의 과다로 인한 유속음 발생

㉰ 급탕 난방 배관의 팽창으로 인한 소음 발생

③ 증기 배관

㉮ Steam Hammer 발생으로 인한 배관 내 진동 소음 발생

㉯ 배관의 팽창으로 인한 소음발생

(3) 공기반송장치

① 송풍기

㉮ 송풍기 운전 중에 발생하는 공기전파음과 고체전파음이 있음

㉯ 저부하 시 Surging 현상 등의 이상 운전 시 소음 및 진동 발생

㉰ 송풍기 자체의 발생소음은 정압의 2승에 비례하여 발생

② 덕트

㉮ 덕트계에서의 소음은 주로 엘보, 댐퍼 등

㉯ 부하 변동에 의한 풍속의 과다도 소음원

③ 흡입, 취출구

㉮ 형상에 따라 소음발생에 차가 있으며 정류판 셔터 등이 소음발생원

㉯ 풍량변화에 의한 유속의 증가

3. 소음방지대책

(1) 열원장치계

① 보일러

기계실 수용, 저소음형 버너와 송풍기 사용, 소음기 부착

② 냉동기

㉮ Surging 발생 방지 및 방진

㉯ 저소음형 버너 및 송풍기 사용

③ 냉각탑

㉮ 냉각탑 방진 및 방음벽 설치

㉯ 수적이 직접 수조면에 낙하하지 않도록 합성섬유매트 설치

㉰ 저소음형 송풍기 사용

(2) 열원수송계

① 펌프

㉮ 방진가대 및 플렉시블 이음

㉯ Cavitation 및 Surging 현상 방지

② 수배관

㉮ 배관의 적정 유속설계, 관 내 Air 처리

㉯ 신축이음쇠 설치 및 앵커 고정 철저

㉰ Water Hammer Arrester 등의 설치

③ 증기배관

Steam Hammer 방지, 주관 30m마다 증기 트랩 설치

(3) 공기반송계

① 송풍기

㉮ 방진가대 및 Canvas 이음

㉯ Surging 현상 발생방지

㉰ 가급적 정압을 낮추는 방안을 모색, 저음형 송풍기 채택

② 덕트

㉮ 소음챔버, 소음기, 소음엘보 등 설치

㉯ 주덕트 철판 두께를 표준치 보다 두껍게 한다.

③ 흡입 및 취출구

㉮ 소음발생이 적은 취출구 선정

㉯ 취출구 풍속은 허용풍속 이하로 선정

4. 건축적인 대책

(1) 기계실은 거주역과 멀리 떨어지도록 계획

(2) 기계실 내벽은 중량벽(RC구조)로 흡음재료(Glass Wool+석고보드)로 흡음하고 거실과 인접한 경우는 이중벽의 구조

(3) 기계실 바닥은 Floating Slab 구조로 처리

5. 결론

기계설비의 소음대책은 설비설계 시점의 소음대책 기술이 건축과 설비와의 기술적, 경제적인 접점 의해 기인되는 것이 많기 때문에 공조설비뿐만 아니라 건축 설계상에서도 충분한 고려가 수반되어야 한다.

어느 백화점 중간층 기계실에 공기조화기(AHU)가 있다. 소음 전달 과정별로 이 기계실에 대한 소음대책을 수립하고 그 대책 선정 이유를 설명하라.

1. 개요

중간층의 기계실은 인접한 Room에 소음이 전달되지 않게 건축적 측면과 기계 설비적 측면이 동시에 고려되어야만 효과적인 소음대책이 된다. 건축적 대책과 기계설비적 대책에 대하여 알아본다.

2. 소음발생원과 소음전달경로

(1) 소음발생원

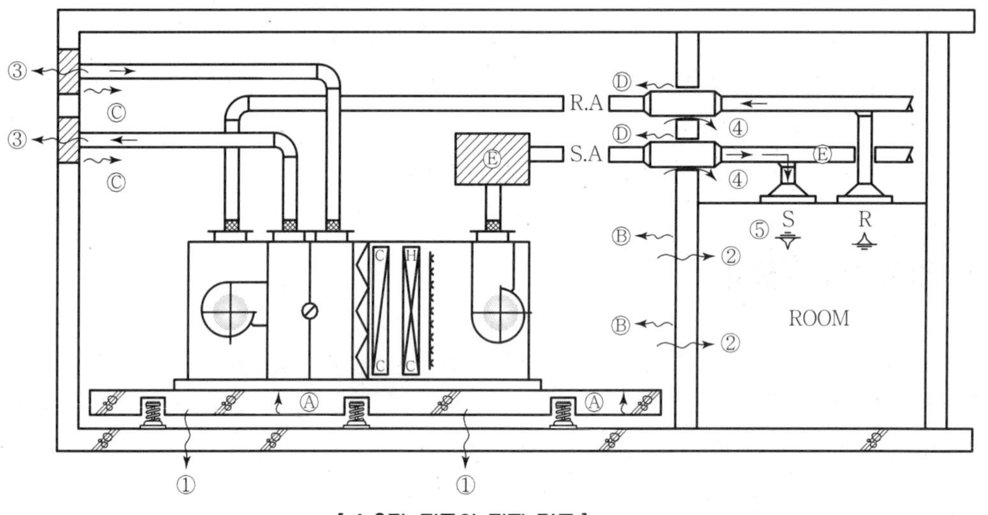

[소음과 진동의 전파 경로]

① 공조기
공조기 내의 공기 흐름으로 인한 소음

② 송풍기
정압의 2승에 비례하여 소음발생

③ 급·배기구의 소음
급기, 배기에 의한 소음

(2) 소음전달경로 분석

① 바닥의 구조체를 통한 실내 전달
② 벽의 구조체를 통한 실내 전달
③ 흡입구 및 배기구를 통한 실외 전달
④ Duct 틈새(건축물)를 통한 전달
⑤ Duct 내부를 통한 전달

3. 전달 경로에 따른 대책

(1) 바닥의 구조체를 통한 실내 전달

바닥을 Floating 구조로 한다.(Jack Up 방진)

(2) 벽의 구조체를 통한 실내 전달

벽을 중량벽 구조 및 흡음재 설치

(3) 흡입구, 배기구를 통한 실내외 전달

① 흡입구, 배기구 공기통과 단면적을 크게 한다.
② 흡음 Chamber 설치

(4) Duct와 건축물의 틈새로 통한 전달

밀실하게 코킹한다.

(5) Duct를 통한 전달

① Duct 내 흡음재 설치
② Air Chamber, 소음기, 소음엘보 사용

4. 설비적 측면의 대책

(1) 공조기

① 공조기 내부에 흡음재 취부
② 공조기의 외부 철판 보강(공조기의 On, Off 시 공기의 팽창 수축으로 인한 소음 발생)

(2) 송풍기

① Duct 계통의 정압을 줄인다.
② 저소음형 송풍기 사용
③ 송풍기 전후에 소음기 설치

④ 송풍기에 방진가대(Spring Type) 설치
⑤ Duct 연결 시 캔버스 Joint

(3) Duct

① 소음 엘보 및 Air Chamber 설치
② Duct 내부에 흡음재 설치
③ Duct 보강을 한다.
④ Air Chamber 설치 시 캔버스 Joint

5. 건축적 측면의 대책

(1) 공조실 바닥

Jack Up 방진(Floating 구조)

(2) 공조실 벽

① 중량벽 구조와 흡음재 설치
② Duct 관통부위를 코킹

(3) 공조실 주위는 사무실, 회의실, 중역실 등은 피한다.

즉 약간의 소음이 허락되는 창고 등으로 사용

6. 문제점 및 대책

(1) 건축설계자 및 시공자의 소음에 대한 인식 부족
(2) 건축설계자와 설비설계자의 상호 협조 미흡
(3) Jack Up 방진 및 흡음재 설치 시 공사비 증가
(4) 공조기계실 층고 및 공간 부족 시 Air Chamber 설치 및 소음기 설치공간 확보

7. 결론

중간층 기계실의 경우 소음에 대한 대책은 아주 중요하며 설계와 사고의 종합적인 관점에서의 인식 및 시공 시 소음에 대한 충분한 사전조사가 이루어져야 한다.

고층 APT에서 배수설비에 의하여 발생하는 소음을 감소시킬 수 있는 방안에 대하여 기술하라.

1. 개요

(1) 생활수준의 향상으로 쾌적한 실내환경의 질이 증대되고 특히 소음에 대한 요구가 늘어나 소음 대책은 피할 수 없게 됐다.

(2) APT의 경우 주소음원은 화장실에서 발생하는 배수 소음으로 양변기 및 세면기에서 나는 소음이다.

(3) 화장실의 배관은 대부분 아래층의 천장을 통해 지나가기 때문에 소음전달이 더욱 촉진된다.

(4) 설비적 대책과 건축적 대책에 대하여 알아본다.

2. 소음의 원인 및 대책

(1) 양변기

① 소음 원인

양변기의 소음은 세정시 배수관을 통해 나는 소음과 Low Tank의 급수소음이 발생한다.

② 대책

㉮ 배관이 통과된 벽 또는 Slab의 Sleeve 주위를 밀실하게 코킹

㉯ 배관(배수) 흡음재 보온

㉰ 입상 연결 부위 Sextia 시공

㉱ 바닥 설치 양변기 벽체 부착식으로 변경 소음 전달 경로 차단

(2) 세면기

① 소음 원인

APT의 경우 대부분 단관통기방식으로 시공하기 때문에 세면기 배수 시 유도사이펀 작용에 의하여 봉수가 빨려들어 가면서 공기도 흡인되어 소음이 발생된다.

② 대책

㉮ P-Trap과 입상관과의 거리를 멀리한다.

㉯ P-Trap의 Top 부위에 통기관을 설치한다.

(3) 기타

① 급수압을 수전 요구수압 이상 과도하게 설정하지 않는다.
② One-Touch 수전은 W.H.C를 부착한다.

(4) 건축적 대책

- 화장실
  ㉮ 조적으로 구획된 부분은 반드시 1차 미장을 하여 조적 사이 틈새가 없도록 한다.
  ㉯ 화장실 천장재를 흡음성 재질로 검토한다.
  ㉰ 계획 시 거실에서 떨어진 곳에 배치한다.

3. 결론

(1) 소음전달경로(틈새)를 코킹처리한다.
(2) 건축의 화장실 천장을 흡음재질로 시공하여 소음을 줄일 수 있도록 해야 한다.
(3) 양변기의 구조를 개발하여 자체소음을 적게 하여 근본적인 소음을 감소해야 한다.

내진설비에 대해서 논하라.

1. 개요

건축설비의 내진목적은 설비물의 탈락에 의해 주위에 중대한 피해를 입히는 것을 방지하고, 이에 대한 2차적 피해를 방지하는 데 있다.

2. 내진설계 적용 시설

(1) 전도, 낙하, 이동 등으로 인하여 인명, 기타 기재에 손상을 줄 우려가 있는 기기 또는 장치
(2) 2차 재해를 유발할 가능성이 있는 기기 또는 장치
(3) 지진 시에 발생하는 화재의 검지, 소화 및 피난에 필요한 방재기기 또는 장치
(4) 지진 후에도 건물로서 최소한의 기능을 유지하기 위하여 필요한 기기 또는 장치

3. 기본지침

(1) 중소지진(지동입력 0.8～2.5m/sec^2) 시 조치사항

기기, 배관 등의 설치위치 또는 지지부에서 피해가 발생하지 않고 설비기능이 유지되도록 한다.

(2) 대지진(지동입력 2.5～4.0m/sec^2)시 조치사항

① 인명안전을 중점적으로 다루고, 건축설비에 의한 2차 피해가 발생하지 않도록 한다. 또한 기기, 배관의 설치장소 또는 지지부에서 피해가 발생하더라도 간단한 보수에 의하여 설비기능이 확보되도록 한다.
② 방재설비 등은 지진 후에도 필요한 기능이 확보되도록 한다.

4. 내진설계 시 고려사항

(1) 설계

① 건물바닥의 지진 입력은 상층부에 갈수록 커지므로 중량이 큰 기기 또는 2차 재해를 유발할 기기는 하층부에 점검, 확인하기 쉬운 장소에 설치하고, 건축구조체에 견고하게 부착한다.
② 기기의 방진조치는 방진의 필요성을 검토한 후 시행한다. 특히 비상용 방재기기 등은 최소한의 방진조치를 하고 부득이 방진을 할 때는 반드시 내진 Stopper를 설치한다.
③ 기기의 배치는 가능한 한 바닥에 설치하고, 천장형, 벽체형을 선정해서는 안 된다.

④ 자립형 분전반, 제어반 등 설치면적에 비하여 높이가 높은 기기는 벽, 기둥 배면의 지지하기 쉬운 장소에 설치한다.

⑤ 지진시의 진동상황이 서로 다른 기기와 접속하는 배관 및 전기배선은 Flexible 이음을 사용하여 변위를 흡수 조치한다.

(2) 기기 선정

① 내진대책의 대상이 되는 기기는 그 내진성능을 검토하여 입력가속도를 도면에 명시해야 한다. 방진조치가 필요한 기기의 설치부분에는 이동 또는 전도방지를 위해 내진 Stopper를 설치한다.

② 개별적으로 방진되었을 때는 개별기기 또는 기기전체로서 Stopper를 설치한다.

③ 평상시 간단하게 부착하고 고정되었을 때는 지진력에 견딜 수 있는지 확인한다.

④ 불을 취급하는 기기(보일러 등)는 2차 재해방지를 위해 내진안전장치(감진장치, 연료공급 정지장치, 소화장치)를 갖추어야 한다.

(3) 기초

① 기초는 그 상부에 설치한 설비기기에 가하는 하중을 건물의 바닥 또는 보에 확실하게 전달할 수 있도록 배치한다.

② 지진 시에 기기가 이동, 전도되지 않도록 기기와 구체 또는 기초 등에 Anchor Bolt로서 긴밀하게 결속시킨다.

③ 또한 기초는 지진 시에 Anchor Bolt를 설치한 Concrete가 파괴되지 않도록 충분한 두께(10cm 이상)로 시공한다.

④ 방진기기에는 적당한 간격이 있는 내진 Stopper 등으로 기기의 이동 및 전도를 방지한다.

⑤ 지진 시에 기초가 전도되거나 부상하지 않도록 기초의 크기를 결정하고 필요시 정착용 철근으로 기초와 바닥 Slab를 결속시킨다.

(4) Anchor Bolt

① Anchor Bolt는 J형, JA형, I형을 사용한다.

② 동일기기에 대해서 동일종류, 동일경을 사용한다.

(5) 내진 Stopper

① 방진재를 이용하여 설치하는 기기는 기기와 닿지 않도록 적당한 간격을 두고 접촉면에 완충재를 붙인 다음 Stopper를 부착한다.

② 내진 Stopper의 형식은 기기가 이동, 전도하지 않는지를 판단하여 선정한다.

③ 내진 Stopper는 Bolt 등으로 기초 또는 건축 구조체에 견고하게 설치한다.

(6) 배관의 내진

① 건물의 Expansion Joint를 통과하는 배관을 Flexible Joint, Ball Joint, Flexible 전선관 등을 사용하여 관의 축방향 및 관축의 직각방향 등 그 방향에 대한 변위 흡수 조치를 행한다.

② 외부에서 건물 내에 도입하는 배관은 도입부에 Flexible Joint를 사용하여 변위흡수 조치를 시행하고, Joint 설치 부위에 점검용 상자를 설치하되 상자는 건축물과 구조적으로 일체가 되지 않도록 한다.

③ 기기와 배관의 접속부에는 원칙적으로 Flexible Joint를 설치한다.

④ 수평배관에는 지진에 의한 관축의 직각 방향에 과대한 변위량을 억제하기 위해 흔들림 방지용 지지를 한다.(최대간격 ϕ65~80 : 8m, ϕ100 이상 : 12m)

⑤ 수직배관에는 관축방향의 변형을 억제하고, 건물의 층간변위(통상 1/200)에 대응하도록 각층마다 흔들림 방지조치를 하고 3개 층에 1개소씩 흔들림 방지용 지지를 한다.

⑥ 흔들림 방지용 지지는 배관계의 지지 Balance를 고려, 배관, Duct의 시발점, 고관부, 말단 및 입상부에 설치한다.

(7) Anchor Blot의 계산

① 지진 시 Anchor Bolt에 가하는 하중은 기기를 강구조체로 보고 그 중심위치에 수평 및 수직방향의 지진력이 동시에 작용하는 것으로 계산한다.

② 기기에 작용하는 수평지진하중은 모든 Anchor Bolt의 전단력에 의하여 부담한다고 보고, 기기설치 기구와 Con'c 기초면의 마찰저항은 무시한다.

5. 결론

내진설계 시 기본지침 및 설계 고려사항인 기기선정, 기초, Anchor Bolt, 내진 Stopper, 배관 등 각 분야에서 충분한 검토를 행하며 지진발생 시 인명 및 재산피해를 최소화한다.

Water Hammer 발생원인과 방지대책

1. 개요

관 내를 흐르는 물의 유속이 급속히 변화하면 물에 급격한 압력변화가 일어나며, 밸브의 급폐쇄, Pump의 급정지 시 Check V/V가 급폐되어 발생하고, 유속의 14배에 해당하는 충격파로 관의 파손 원인이 된다.

2. Water Hammer의 발생원인

(1) 밸브의 급폐쇄
(2) 펌프의 급정지시
(3) 수전류의 급폐쇄
(4) 관 내 유속이 빠를 때
(5) 관경이 과소할 때
(6) 관경의 급격한 축소
(7) 관 내 급격한 온도변화

3. Water Hammer의 방지법

(1) 밸브를 천천히 닫는다.
(2) 펌프샤프트에 Fly Wheel 설치
(3) 펌프의 토출 측에 스모렌스키 체크밸브 설치
(4) 수전류를 서서히 열고 닫는다.
(5) 관 내 유속을 느리게 한다.
(6) 관경을 크게 한다.
(7) 관경의 급격한 축소 방지
(8) 관 내 급격한 온도변화 방지
(9) One Touch 수전류와 Flush 밸브인 경우 배관상단에 Air-chamber(30cm)를 설치한다.
(10) 서지탱크 설치
(11) Air Tank 설치

4. Water Hammer의 상승압력

$$\mathrm{Pr} = \rho a V$$

여기서, P_r : 상승압력(Pa)

ρ : 물의 밀도(kg/m^3)=1,000kg/m^3

a : 압력의 전파속도(m/sec) 물일 때(1,200~1,500)

V : 관내 평균유속(1~2m/s)

5. Water Hammer의 영향

(1) 배관파손 및 접속부 이완과 누설

(2) Pipe Hanger, Guide의 이완 및 파손

(3) Valve 및 기기류 파손

(4) 배관의 진동소음으로 주거환경의 악영향

6. 수격방지기

(1) 구조

외형상으로는 Air Chamber와 비슷하나 내부구조는 일정한 압력(60PSI)의 공기 또는 질소로 충전되어 있고 공기층과 물 사이에는 Diapram이 설치되어 항상 150PSI 이하의 상태로 배관압 유지함

(2) 설치위치

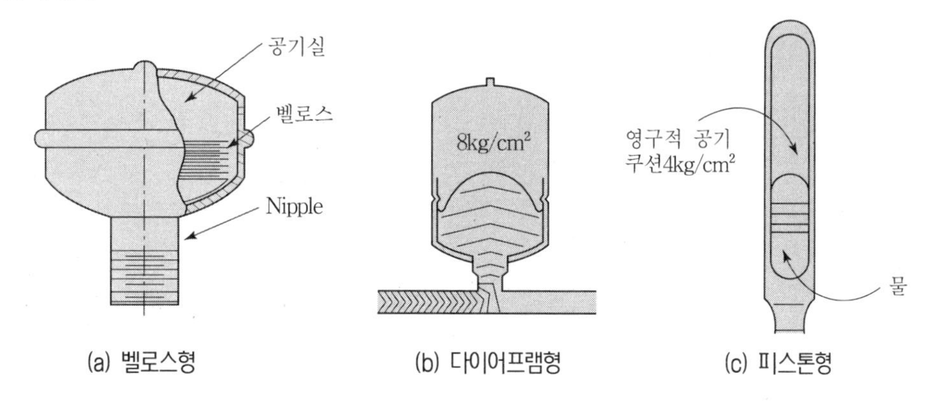

(a) 벨로스형　(b) 다이어프램형　(c) 피스톤형

① 수직 수평 어느 방향으로도 설치가 가능

② Pump에 설치 시 토출관 상단

③ 스프링클러 배관 시는 관말

④ 위생기구는 마지막 기구앞

(3) 규격

미국 PDI가 정하는 규격별 사용법

PDI부호	A	B	C	D	E	F
FU단위	1~11	12~32	33~60	61~113	114~154	155~330

7. 결론

Water Hammer는 배관파손 및 기기류의 수명을 단축하고 소음, 진동 등으로 주거환경을 해치므로 반드시 방지해야 한다. FLUSH 밸브나 One-Touch 수전류의 경우 기구 주위에 Air Chamber를 설치하고 Pump의 경우 스모렌스키 체크밸브 및 Water Hammer Arrester를 설치하여 방지해야 한다.

제22장 열원장비

Professional Engineer

○ Building Mechanical Facilities
○ Air-conditioning Refrigerating Machinery

Boiler에 대해서 아는 바를 기술하시오.

1. 개요

보일러는 온열원의 설비로서 증기보일러, 온수보일러 등이 있다. 증기보일러는 잠열을 이용, 온수보일러는 현열을 이용한다.

2. 분류

(1) 재질에 따른 분류

① 주철제
② 강판제
③ 기타(스텐, 동)

(2) 형상에 따른 분류

① 입형 또는 횡형 보일러
② 노통연관식
③ 수관식
④ 관류식

3. 재질에 따른 특성

(1) 주철제

① 내식성, 내구성이다.
② 취성에 약하다.
③ 고압에 부적당, 저압에 적당
④ 분할 반입 용이
⑤ 수명이 길다.
⑥ 무게가 무겁다.
⑦ 수리 보수가 용이

(2) 강판제

① 두께에 비해 인장강도가 크다.

② 고압에 적당
③ 부식에 약해서 수명이 짧다.
④ 제작이 용이
⑤ 가볍다.(운반, 설치 용이)

(3) 스텐 등

① 단가가 비싸다.
② 수명이 길다.
③ 고압 사용 가능

4. 형상에 따른 분류

(1) 형상도

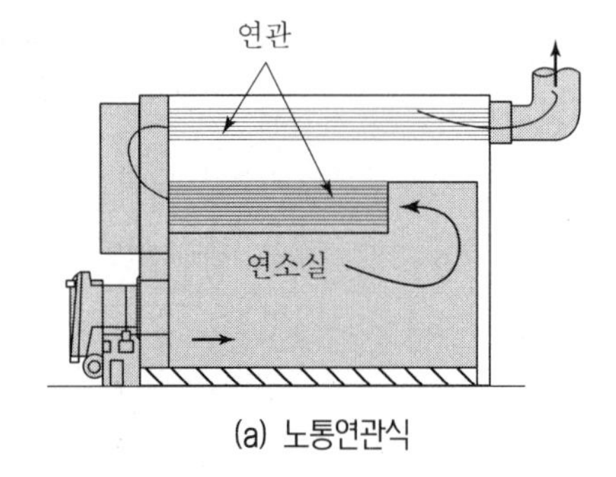

(a) 노통연관식

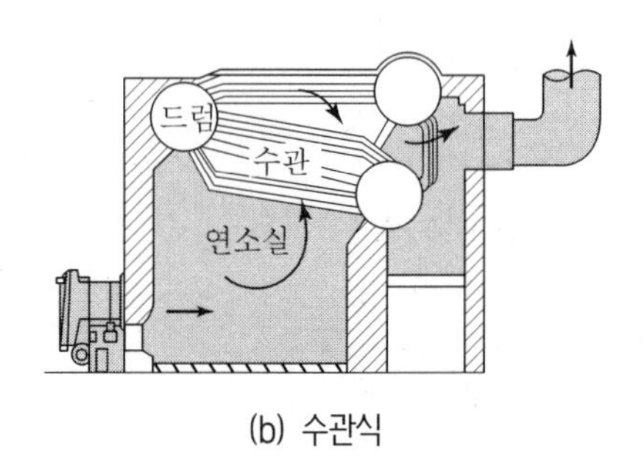

(b) 수관식

(2) 노통연관식과 수관식 특징

구 분	노통연관식	수관식
보유수량	많다	적다
예열시간	길다	짧다
열용량	크다	적다
부하변동	안정적	심하다(발생하다)
수질에 미치는 영향	적다	많다
증기압력	0.4~0.7MPa	1MPa 이상
설치면적	작다	크다
전열면적	작다	크다
효율	낮다	높다

(3) 관류형

① 일명 증기발생기
② 효율이 높다.
③ 수질에 미치는 영향이 크다.
④ 소량의 증기사용처에 적합

(4) 진공 온수보일러

진공상태에서 가열하여 온수를 발생하여 사용하는 것

5. 보일러 설치 시 유의사항

(1) 연도길이가 짧아야 한다.
(2) 연도 보온이 잘돼야 한다.(배기Gas, 누수)
(3) 최소 법정 이격거리 유지 : 좌우(45cm), 윗면, 전면(1.2m), 뒷면(1m)
(4) 에너지 관리공단 성능 검사
(5) 에너지 관리공단 설치 검사
(6) 공작 양부 검사
(7) 송풍기 압입 저소음형 채택

6. 결론

보일러는 일상생활에서 가장 많이 접하는 열원기기이므로 선택 시 유의사항, 설치목적, 모든 사항을 검토하여 선정해야 한다.

열매(熱媒)체 보일러

1. 개요

종전에 사용된 증기 또는 고온수 보일러와는 달리 전열 열매유를 열매체로 하여 높은 온도(200~350℃)로 가열하는 것으로 저압력(1~3기압)으로도 높은 온도를 손쉽고 저렴하게 얻을 수 있어서 경제적이다.

2. 전열매체 가열방법

(1) 액상 사용방법

고온으로 가열한 열매유를 강제순환시켜 현열을 이용하여 가열 또는 냉각하는 방법으로 사용자가 일정한 온도분포를 요구하지 않을 경우 사용된다.

(2) 기상 사용방법

열매체유 증기를 발생시켜 스팀과 같이 그 증발 잠열을 이용하는 방법으로서 사용자가 일정한 온도분포를 요구할 경우 사용된다.

3. 사용목적

(1) 저압력이므로 설비의 강도상 안정성이 높고 설계 및 제작이 용이하다.
(2) 열원이 고온이므로 2차 측 열교환기와의 온도차가 크기 때문에 열교환기를 작게 설계할 수 있다.
(3) 액상의 매체를 사용하므로 작게 할 수 있다.
(4) 부식이 없고 압력이 낮기 때문에 내용연수가 길고 유지 보수가 간단하다.
(5) 정밀한 온도 제어장치의 설비로서 제품을 고급화할 수 있다.
(6) 자동화의 계장장치가 간단하므로 안전성, 제어성이 우수하고 관리를 간소화할 수 있다.
(7) 온도의 상승이 빠르므로 부하에 대한 적응성이 크다.
(8) 밀폐계로서 간접열을 사용하므로 열손실이 적다.
(9) 동일 열매로 급탕, 증기발생 등 다목적으로 사용할 수 있다.
(10) 보일러 용수가 필요 없으므로 동파 위험이 없고, 관리비용이 저렴하다.
(11) 설치 면적을 적게 차지한다.
(12) 고압 보일러에 비해 전 시스템의 시설비가 저렴하다.

4. 용도

(1) 공조공업

복사난방장치, Building 냉난방장치(흡수식 냉동기, 열교환기)

(2) 건설공업

Asphalt 용해, 보온장치, 도로 융설장치, Concrete Block 양생관

(3) 도장공업

열처리, 도료건조장치

(4) 기타

화학, 유지, 플라스틱, 석유, 섬유, 원자력, 제지, 목재, 금속 공업 등에 사용됨

5. 열매체유 종류 및 선정

(1) 종류

① Seliora
② Esso Therm
③ Mobil Therm

(2) 선정

① 열매체유의 종류에 따라 최고 경막온도가 선정됨
② 경막온도가 높을수록 열안정성이 좋고 수명이 길다.
③ User의 운전조건, 최고 사용온도에 따라 가장 경제적인 열매유를 선정하여야 함

6. 열매체 보일러 구비조건

(1) 열매의 경막온도를 최소로 낮추어 열매유 수명을 길게 하여야 함
(2) 보수, 점검이 간단하여야 한다.
(3) 열매유가 인화성 물질이며 고가이기 때문에 누수가 없어야 함
(4) 열매유는 비압축성이므로 팽창조가 필요함
(5) 안전장치가 필요(차압장치, 유량조절장치, 압력조절장치)
(6) 고온 산화 방지
(7) 고온으로 운전되기 때문에 열팽창 고려

7. 열매체 보일러 및 증기 보일러의 비교

구분	열매체보일러	증기보일러
보일러 수명	약 20~30년	약 10~15년
보일러 용수	불필요	필요
동파	무	유
안전성	압력이 낮으므로 안전함	고압으로 위험성이 비교적 큼
수처리	불필요	필요
부식	무	유
효율저하	소(외부 스케일 형성)	대(내, 외부 스케일 형성)
보존비용	저렴	고가
부하적응성	빠르다(온도상승이 빠르므로)	느리다(온도상승이 느리므로)
User 온도조절	정확	부정확
관리비	저렴	고가
연료비	저렴	고가
설치면적	소	대
배관경	액상이므로 배관경이 작음	기상이므로 배관경이 큼
열 교환기 크기	열원이 고온이므로 열교환기가 작음	열원이 저온이므로 열교환기가 큼
설계제작	압력이 낮으므로 간단한 기술로 해결	압력이 높으므로 강도상 제한을 받음

8. 결론

사용 용도에 적합한 열매유를 선정하고 보일러 구비조건을 충족시켜 저압에서 고온을 사용할 수 있도록 한다.

흡수식 냉동기(1중, 2중 효용)의 원리에 대해서 논하라.

1. 개요

하절기 전력 Peak Cut, CFC 규제에 따른 냉방열원으로 전력부하 불균형 해소와 오존층 파괴를 막으려는 냉방열원이다.

2. 원리

(1) 증발기

① 증발기 내의 냉매(물)는 냉수전열관 내를 흐르는 냉수로부터 열을 빼앗아 냉매가 증발한다.
② 증발한 냉매증기는 흡수기로 이동
③ 냉매인 물은 5°C 전후의 온도에서 증발(진공 : 0.87kPa)
④ 냉수는 12°C 정도에서 냉각관에 들어가고 7°C 정도까지 냉각

(2) 흡수기

① 흡수기는 리튬 브로마이드의 농용액이 증발기에서 들어온 냉매증기를 연속적으로 흡수
② 용액은 물로써 희석되고 동시에 흡수열이 발생
③ 흡수열은 냉각수에 의하여 냉각되어 진다.

(3) 열교환기

① 흡수기에서 흡수된 희용액은 열교환기에 보냄
② 발생기에서 되돌아오는 고온의 농용액과 열교환해서 가열
③ 다음 발생기로 보내진다.

(4) 발생기

① 희석된 용액은 발생기 가열관(증기, 가스, 온수)에 의하여 가열됨
② 용액 중의 냉매(물)의 일부를 증발시켜 용액은 다시 농용액으로 돌아가게 된다.

(5) 응축기

발생기에서 기화한 냉매증기는 냉각관 내를 통하는 냉각수에 의하여 냉각 응축되어 증발기로 돌아감

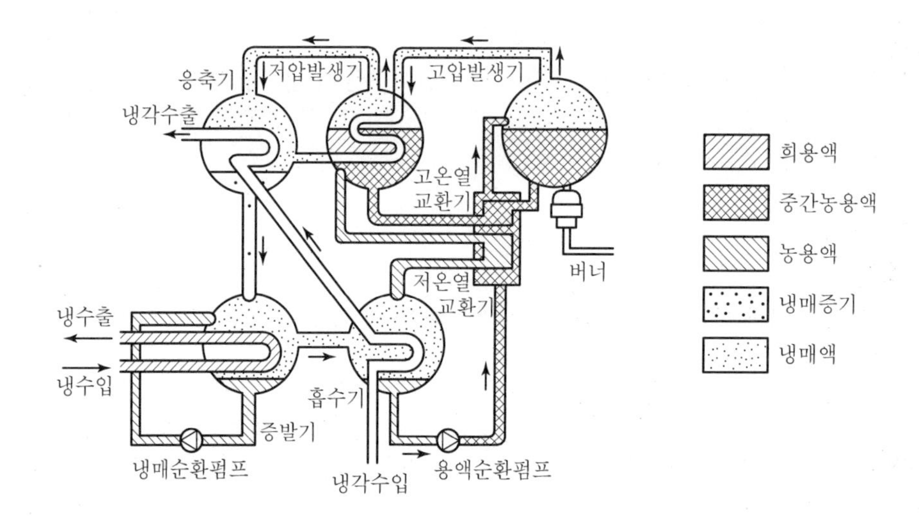

3. 이중효용 흡수식 냉동기

(1) 2중효용 흡수식 냉동기

① 2중효용 흡수식 냉동기는 발생기에서의 열에너지를 보다 효과적으로 활용하여 가열 열량을 감소하여 운전비의 절감을 도모

② 고압발생기와 고온 열교환기를 추가하여 배관

③ 일반 흡수식은 발생기에서 발생한 냉매 증기는 전부 응축기에서 냉각수에 의해 열을 방출하여 냉매액이 됨

④ 2중은 고압발생기에서 발생한 냉매 증기의 잠열을 저압 발생기 흡수용액 가열에 이용

⑤ 1중에 비해 연료소모량 절감(65% 정도)

⑥ 응축기에서 냉매응축량이 감소하게 되어 냉각수의 발열 감소

⑦ Cooling Tower 규모 축소(75% 정도)

⑧ 흡수식 냉동기의 냉동능력은 증발기에서 냉수로부터 열을 빼앗아 증발하는 냉매량에 비례

⑨ 냉매량은 발생기에서 흡수액을 가열하여 발생하는 냉매량에 비례

⑩ 흡수식 냉동기의 운전비는 고압 발생기에서 흡수용액을 가열하는 열량에 대략 비례

(2) 고압발생기

① 연소실에서 연료를 직접 연소하여 동체 내의 흡수용액을 가열

② 흡수용액에서 발생한 냉매(물) 증기를 다음 발생기(저압발생기)에 공급

③ 재차 흡수용액을 가열해서 냉매 증기를 발생한다.

④ 고압발생기에서 나온 냉매 증기는 흡수용액에 잠열을 방출하여 응축

⑤ 냉매액이 되어 응축기로 보내진다.

흡수식 냉·온수기에 대해서 논하라.

1. 개요

하절기 전력 Peak Cut와 CFC 규제에 따른 냉방열원으로 흡수식 냉동기, 흡수식 냉·온수기, 직화식 냉·온수기 및 빙축열 시스템 등이 대두되나 빙축열의 경우는 별도의 난방 열원이 있어야 하므로 흡수식의 사용이 활발하다.

2. 작동원리

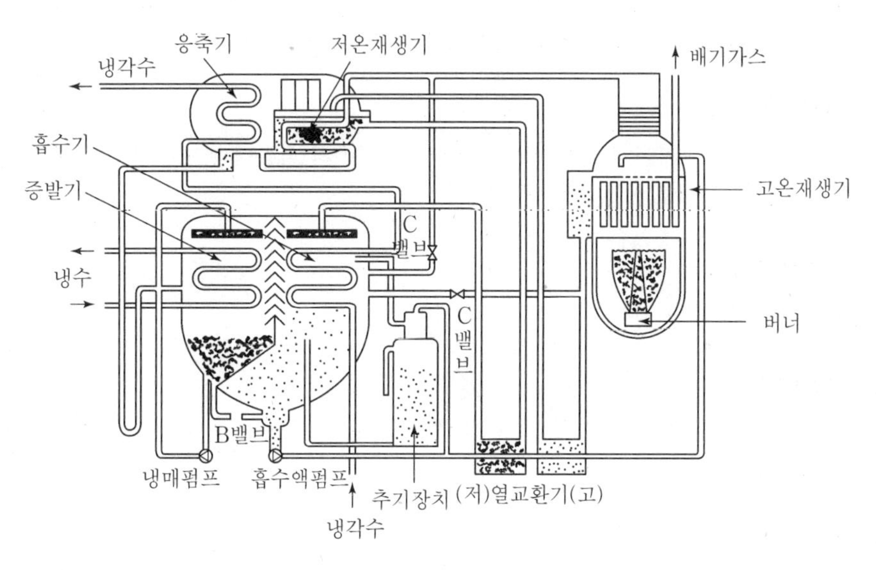

(1) 냉방 사이클

① 희용액이 흡수기로부터 용액 펌프를 통하여 고온재생기와 저온재생기로 이송됨

② 고온재생기에서 열원에 의해 가열되어 분리된 냉매 증기는 저온재생기로 유입되고, 농축용액은 열교환기로 돌아감

③ 저온재생기로 유입된 냉매 증기는 추가로 용액을 가열하고 냉매액으로 변하여 응축기로 돌아감

④ 응축기로 유입된 냉매증기는 냉각수에 의하여 응축되어 증발기로 들어감

⑤ 증발기는 저진공(0.87kPa) 상태이므로 특수 스프레이에 의해서 냉매액이 전열관위에 고르게 산포되어 증발하고, 그 증발 잠열에 의해 냉수가 생산됨

⑥ 흡수기에서는 저온 재생기와 고온 재생기에서 농축된 용액이 증발기에서 증발된 냉매 증기를 흡수하여 희용액으로 됨

(2) 난방 사이클

① 희용액이 고온 재생기에서 가열된 후 농용액과 냉매 증기로 분리됨
② 더워진 냉매증기는 온수 열교환기에 열을 전달하고 응축됨
③ 응축된 냉매액은 고온재생기로 되돌아 감

3. 구성부품

(1) 증발기

냉수전열관, 플로트밸브, 냉매 스프레이장치, 엘리미네이터, 지지판 등 다수의 부품으로 구성되며, 냉수를 생산

(2) 흡수기

냉각수 전열관, 용액 스프레이장치, 지지판, 용액받이 등으로 구성되며, 냉매 증기를 흡수하여 증발기 내부의 압력을 일정하게 만드므로 냉동능력을 유지

(3) 열교환기

고온열교환기와 저온열교환기로 나누어지며, 저온의 희용액과 고온의 농용액을 열교환시켜 연료소비율을 절감하고 효율을 향상함

(4) 고압재생기

연소실과 외통으로 나뉨

(5) 저압재생기

냉매증기가 흐르는 전열관, 지지판, 용액 공급 통로 등으로 구성되며, 전열관을 흐르는 고온의 냉매증기로 희용액을 농용액으로 함

(6) 응축기

냉각수 전열관, 냉매액받이, 엘리미네이터, 알코올분리장치, 지지판 등으로 구성되며, 고온재생기와 저온재생기에서 발생된 냉매증기를 응축 액화시켜 증발기로 보냄

(7) 난방전용열교환기

고온재생기에 지역별 기후 특성에 적합하도록 특별히 설계 제작된 별도의 열교환기를 설치하여 난방용온수를 직접 가열하기 때문에 간접가열방식일 때의 60℃보다 20℃ 상승된 80℃ 이상의 난방온수를 방열기(F.C.U, A.H.U)로 순환시켜 난방능력에서의 용량부족현상을 충분히 보완

(8) 냉매펌프

냉매를 순환시키기 위해 설치

(9) 용액펌프

용액을 순환시키기 위하여 설치

(10) 연소장치

고온재생기의 희용액을 가열하여 농축시키기 위한 장치이다. 버너, 송풍기, 차단밸브, 화염 검출기, 용량 제어변 등으로 구성되며 냉수와 온수의 출구온도를 검출하여 냉난방 시 연료 및 연소공기량을 조절

(11) 추기장치

고진공의 기기를 운전하기 위해, 공기 및 불응축 가스를 배기하는 장치로, 추기펌프, 추기탱크, 역지변 등이 설치되며 진공도를 확인하는 마노미터가 부착됨

(12) 조작반

흡수식 냉난방기의 운전 및 제어 하는 장치

(13) 안전장치

연소장치가 소화되면 화염검출기에 의해서 안전차단변, 파일럿 전자변이 차단되어 연료 공급을 중지시킴

4. 결론

(1) 별도의 난방 열원이 지역 및 건물에 있어서 1대의 기기로 냉난방을 겸하므로 고효율 운전이 가능하고 기계실 면적이 적어 용이

(2) 2중효용 System의 실용화로 보다 높은 에너지 효율을 높일 수 있도록 할 것

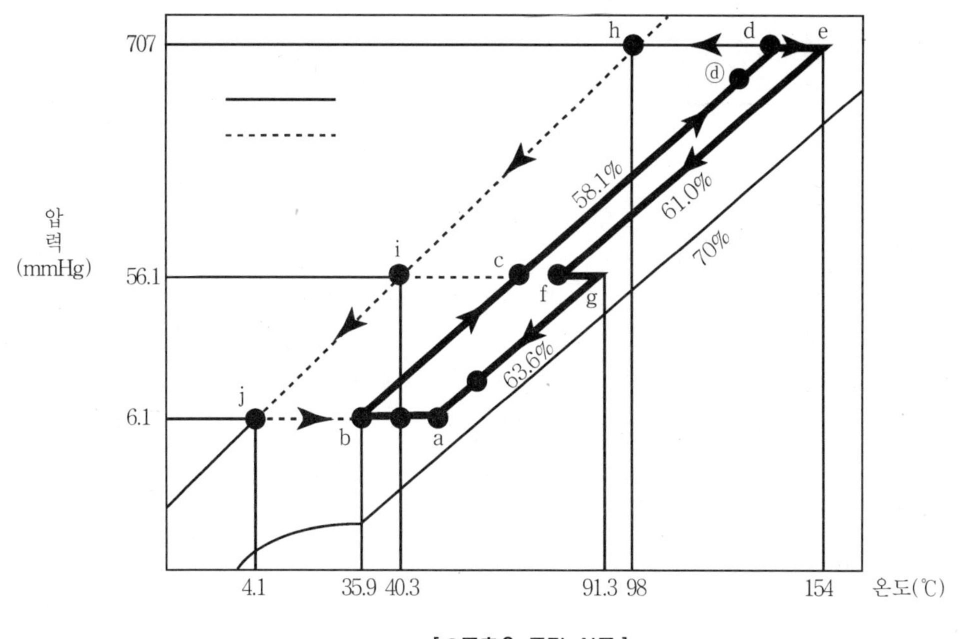

[2중효용 듀링 선도]

터보냉동기와 흡수식 냉동기의 운전상의 특징 및 장단점을 논하시오.

1. 개요

냉동기의 형식을 선정하는 데 운전상의 특징을 필요로 한다. 열원의 조건과 용도에 따라 다소 차이가 있을 수 있으나 전력과 유류가스 등의 연료 종류에 따라서도 운전구동방식과 특징은 달라지게 된다.

2. 운전상의 특징

(1) 터보식

빌딩용으로 사용되는 냉동기는 주로 1,000RT 이하로 전력에 의해 구동되는 것이 많고 지역냉방의 경우는 전력에 의한 것과 증기터빈, 가스터빈 또 엔진구동에 의한 것도 채용되므로 운전상의 방법과 특징이 다소 달라진다. 터보식은 구동부가 고속으로 회전하게 되므로 운전소음과 진동이 수반되며 용량제어방식에 있어서 흡입베인제어, 정속 모터에 의한 흡입댐퍼 조절 등과 같은 특징이 있다.

(2) 흡수식

단효용식과 이중효용식의 두 가지가 있으며 주로 증기를 열원으로 하여 구동된다. 최근에는 2중효용으로서 경유와 도시가스 등에 의한 직접연소방식인 냉 · 온수기의 보급이 확대되고 있다.

① 압축기 전용의 전동기가 없어 소음, 진동이 없다.
② 증기를 사용하므로 전력수용량이 적고 수전설비가 적게 든다.
③ 연료단가가 전기에 비해 싸다.
④ 냉수온도를 낮게 운전할 경우 동결의 염려가 있다.(통상 7℃ 이상)
⑤ 압축방식에 비해 예냉시간이 길다.
⑥ 증기보일러 설비를 갖추고 여름철에도 보일러의 운전이 필요하다.
⑦ 냉각탑과 냉각수 용량이 압축식에 비해 크다.

3. 장단점

(1) 터보식

① 장점

㉮ 신뢰성이 높다.

㉯ 기계가 적어 설치면적이 작다.

㉰ 수명이 길다.

㉱ 운전이 용이하다.

㉲ 냉수온도를 낮게 할 수 있다.

㉳ 초기투자비 저렴

㉴ 다수의 냉동기로 직렬운전 시 조합이 용이하다.

② 단점

㉮ 소음과 진동이 발생된다.

㉯ 수변전 용량이 크다.

㉰ 용량감소 시 서징이 발생된다.

㉱ 전력요금이 비싼 지역에서는 운전비가 증가한다.

(2) 흡수식

① 장점

㉮ 운전 시 소음, 진동이 없어 정숙하다.

㉯ 전력수요량이 적고 수전설비가 적게 된다.

㉰ 연료비가 전력사용방식에 비해 적으므로 운전비가 저가이다.

㉱ 부하조절이 용이하다.

② 단점

㉮ 설치면적 중량이 크다.

㉯ 배열량이 크고 냉각탑, 펌프 등의 용량이 터보식에 비해 크다.

㉰ 냉수온도를 7℃ 이상으로 유지해야 하며 7℃ 미만 운전 시 동결의 염려가 있다.

㉱ 예냉시간이 길다.

㉲ 진공유지가 어렵과 진공도 저하 시 용량이 감소한다.

흡수식 냉동장치에서 암모니아를 냉매로 사용할 때의 장단점을 기술하시오.

1. 개요

(1) 흡수식 냉동장치는 H_2O/LiBr계가 주류를 이루고 있으나, 이 장치는 냉매가 물이므로 냉동, 냉장시스템이나 공기열원 히터 펌프 등에 사용되기에는 난점이 있다.

(2) 냉매에 암모니아, 흡수제에 물을 사용하는 NH_3/H_2O계 시스템은 냉동, 냉장에 적용이 가능하고, 흡수제의 결정화 문제도 없어 최근 이 시스템에 관한 활발한 연구 개발이 이루어지고 있다.

2. 장단점

(1) 장점

① 프레온계(CFC계) 냉매를 사용하지 않으므로 ODP 및 GWP가 낮아 환경 파괴가 없다.
② 소음, 진동이 없어 정숙한 운전이 가능하다.
③ 전기 구동뿐만 아니라 가스 또는 석유 구동이 가능하므로 다양한 구동원의 선택으로 사용범위가 넓다.
④ 냉매 구입 가격이 낮다.
⑤ 냉매 구입이 쉽다.
⑥ 고진공을 필요로 하지 않는다.
⑦ 수전설비 용량이 적어도 된다.
⑧ 하절기 Peak-cut 효과가 크다.
⑨ CFC계와 같이 규제 대상이 아니다.
⑩ 전기구동식에 비해 전기요금이 낮다.

(2) 단점

① 독성, 가연성이다.
② 고압가스 안전관리법에 의한 규제대상
③ 대기압 상태에서 비등하므로 밀폐구조로 보관해야 한다.
④ 취급 시 전문가의 지식이 필요하다.
⑤ 누설에 의한 손실과 위험이 따른다.

3. 압축식과 흡수식의 비교

구 분	압축식 냉동기	흡수식 냉동기
(1) 구동에너지	전기	지역 열공급, 가스, oil, 증기, 배열
(2) 냉동기유	사용	사용하지 않는다.
(3) 냉매누설	많다	적다
(4) 부하특성	좋다	부분부하로 이용
(5) 규격, 중량	가볍다	무겁다
(6) 구성부품	많다	적다
(7) 수전설비	설비용량이 크다.	적어도 되며 전기요금이 낮다.
(8) 가격	비교적 낮다.	비교적 높다.
(9) 유지비	고가	압축식에 비해 1/2~1/3 정도
(10) 운전비	고가	유리(낮다)

4. 결론

(1) 암모니아 흡수식 냉동장치는 연구개발의 대상이며 대체 냉매로서 유망하다.

(2) 수전설비용량이 적고, 경상비도 낮아 모든 면에서 유리하다.

(3) 독성, 가연성이 있어 누설 시 주의를 요하며, 대체냉매로서는 많은 장점을 갖고 있다.

국내에서 생산되고 있는 흡수식 냉동기의 종류 및 특징을 기술하시오.

1. 개요

흡수식 냉동기는 기능에 따라 보일러의 증기, 온수 등을 열원으로 하며 냉수를 공급하는 흡수식 냉동기와 가스나 등유 등을 직접 연소하여 냉수와 온수를 공급하는 흡수식 냉 · 온수기 그리고 폐증기 폐온수로부터 열을 회수하여 고온의 온수 또는 증기를 얻는 흡수식 열펌프로 나뉜다.

2. 흡수식 냉동기의 분류

(1) 냉동 사이클에 의한 분류

냉동 사이클에 의한 분류는 흡수식 냉동기(또는 냉 · 온수기)에서 흡수용액의 재생에 필요한 재생기의 개수와 열회수를 위한 용액 열교환기 개수에 따라 분류된다.

① 1중 효용(단효용)형
② 2중 효용형
③ 1, 2중 겸용형
④ 3중 효용형으로 분류

(2) 흡수식의 분류

종류	흡수식 냉동기	흡수식 냉·온수기	흡수식 열펌프
기능	냉수(4~15°C)	냉수(4~15°C), 온수(40~80°C)	온수(50~104°C), 증기(140°C 이상)
운전열원	증기, 온수	연료의 연소열 배가스	증기, 연료의 연소열, 폐온수, 폐증기
용도	냉방 : 프로세스 냉각	냉난방	

(3) 흡수식 냉동기의 사이클 비교

사이클	냉동재생 횟수	재생기 개수	용액열교 환기개수	냉동기 COP	증기소비율 (kg/h.RT)
1단 효용(단효용)	1회	1개	1개	0.65~0.75	8.0
2중 효용	2회	2개	2개	1.1~1.3	4.5
1중, 2중 효용 겸용	1~3회	3개	2개	0.65~1.3	
3중 효용	3회	3개	3개	1.3~1.6	

(4) 흡수식 냉동기의 열원방식에 의한 분류

운전열원 방 식	표준열원 조건		주용도
	1중 효용	2중 효용	
증기식	0.1~0.15MPa 증기	0.8MPa 증기	병원, 공장 등
고온수식	140°C 고온수	200°C 고온수	지역냉난방 등
온수식	80°C 온수		태양열 이용 냉방 폐열이용 냉방

3. 종류별 특징

(1) 1중 효용형 흡수식 냉동기

① 구성

흡수기 → 재생기 → 응축기 → 증발기 및 용액 열교환기로 구성

② 공급열원은 증기 또는 고온수이며 때로는 폐열을 이용하기도 한다.

③ 열효율이 낮아 현재는 잘 사용하지 않는다.

(2) 2중 효용 흡수식 냉동기

① 2중 효용은 1중 효용에 비해 열효율을 개선한 것으로 현재 많이 사용하고 있다.

② 1중 효용에 비해 고온재생기를 추가로 설치하여 열효율을 개선한 것이다.

③ 흡수기, 고온재생기, 저온재생기, 응축기, 증발기, 고·저용액 열교환기로 구성되어 있다.

④ 1중 효용에 비해 연료량이 2/3 정도든다.

(3) 2중 효용 흡수식 냉·온수기

① 냉난방을 겸용한 냉·온수기이다.

② 연료를 사용하여 직화식으로 열원공급

③ 2중 효용 흡수식 냉동기에 비해 열효율이 높다.

④ 현재 가장 많이 채용하고 있다.
⑤ 연료는 도시가스, LPG, LNG, 경유, 등유 등 사용
⑥ 아황산가스나 매연이 없고 질소산화물의 배출이 적어 대기오염방지(LNG, LPG 또는 도시가스 사용할 때)
⑦ 100RT 이상의 중대형 2중효용형이 급속히 보급되는 추세이다.

(4) 3중 효용형

① 최근 제안되고 있는 냉방 사이클로 2중 효용형에 재생기를 1개 더 설치하여 에너지 절약을 도모하고 있다.
② 현재 일반에 보급되지 않고 연구단계에 있음
③ 시판 보급되면 열효율 개선에 획기적일 것으로 예상

(5) 흡수식 열펌프(흡수식 Heat Pump)

① 흡수식 열펌프는 흡수식 냉방사이클의 방출열을 이용하는 것으로 주로 온수 열량을 출력으로 하고 있다.
② 흡수식 열펌프는 폐열회수를 목적으로 하는 기기로서 온수 흡수식 열펌프, 고온 흡수식 열펌프가 있다.
③ 온수 흡수식 열펌프
㉮ 폐온수가 가지고 있는 열량을 회수
㉯ 신규로 가한 열량과 합하여 50~90°C의 온수를 출력
㉰ 성적계수(온수출력/가열열량)가 높고 증기 열원의 경우는 COP가 1.65 정도
④ 고온 흡수식 열펌프
㉮ 신규 열에너지를 투입하지 않고 폐열만으로 고온의 온수 또는 증기발생
㉯ 폐열원의 1/2 정도의 열량이 출력으로 나올 수 있다.
㉰ 증기 발생 열펌프는 0.15MPa 정도의 증기를 얻을 수 있기 때문에 에너지 절약기기로서 주목하고 있다.

4. 결론

흡수식 냉동기의 국내 생산되고 있는 종류는 현재 흡수식 냉·온수기 2중 효용형이다. 그러나 흡수식은 아직도 효율이 낮고 쿨링타워 용량이 커져서 3중 효용형과 같이 열효율이 개선되어야 할 과제를 안고 있으므로 기업체와 학계의 연계된 연구가 활발히 진행되어야 할 것이다.

가스냉열원 System과 빙축열 System의 비교

1. 개요

(1) 가스냉열원 System과 빙축열 System은 하절기 전기 Peak Load를 줄일 수 있는 System이다.

(2) 현재 건축물의 냉열원은 가스냉열원 System이나 빙축열 System을 60% 이상 사용하여 설계해야 한다.

(3) 빙축열 System은 야간의 전기(잉여전기)를 사용하므로 주야간 전력 불균형을 해소할 수 있다.

2. System별 특성

(1) 가스냉열원 System

① 가스냉열원 System은 물을 저온 증발시켜(진공상태) 증발잠열을 이용하여 냉수를 만들고 증발된 수증기는 LiBr 용액으로 흡수한다.

② 흡수된 용액을 가열하여 재사용하며 가열원이 가스이면 냉·온수 Unit이라 하고, 증기 또는 고온수이면 흡수식 냉동기라고 한다.

③ 냉·온수 Unit은 겨울철 온수 생산도 가능하다.

(2) 빙축열 System

① 야간의 잉여 전기 에너지를 이용하여 전기에너지를 얼음 형태의 열에너지로 바꾸어 저장하고 주간에 방냉 운전한 다음 공조기에 공급하여 냉방하는 System이다.

② 축열조 등이 필요하다.

③ 제빙에 따른 부속장비 필요

④ 야간에 근무자가 필요

3. 경제성의 비교

(1) 가스냉열원 System

① 도시가스 사용으로 수변전 설비 감소

② 도시가스 요금이 전기요금에 비해 저렴

③ 계약 전력 감소에 따르는 전력요금 절약

④ 기기 설치면적이 작다.

⑤ 전력 사용량 20%(일반식 100%)

(2) 빙축열 System

① 기기용량 부속설비 용량 감소
② 계약전력 감소에 따르는 전기요금 감소
③ 심야전기 이용 전력요금이 저렴
④ 주야간 전력균형에 기여
⑤ 전력 사용량 70%

4. 운전관리성

(1) 가스냉열원 System

① 압축전용 전동기가 없어 진동 소음 감소
② 부분효율이 좋다.
③ 부하 조절이 용이하다.
④ 7℃ 이하 냉수 공급 곤란
⑤ 진공상태 유지 곤란하며 저하 시 효율 감소
⑥ 냉각수량이 많고 냉각탑 용량이 커진다.
⑦ 예냉시간이 길다.

(2) 빙축열 System

① 전부하 연속운전으로 고효율 유지
② 열원 공급의 안정
③ 고장 시 대처 용이(축열 사용)
④ 주야 전력 불균형 해소
⑤ 열회수 System 채용 가능(태양열)
⑥ COP 감소
⑦ 야간 근무자 필요
⑧ 축열조 필요
⑨ 축열조 단열 및 보냉 공사

5. 결론

(1) 빙축열 System과 가스냉열원 System은 두 가지 모두 하절기 Peak Load를 줄일 수 있는 System이다.
(2) 빙축열 System은 축열조를 건설하기 위한 건축공간, 단열공사, 제빙시설 등 초기 투자비가 상대적으로 높고 열효율도 그다지 높지 않다.
(3) 가스냉열원 System이 더욱 많이 사용되고 있다.

흡수식 냉동기, 터보 냉동기, 왕복동식 냉동기의 용량 제어방법을 설명하시오.

1. 개요

(1) 냉방부하는 외기온도에 따라서 시시각각으로 변화하기 때문에 정격용량에서 연속적으로 운전되는 일은 거의 없다.
(2) 항상 부하가 변동됨에 따라 부분 부하운전을 하는 시간이 많게 된다.
(3) 냉동기의 운전효율 향상과 운전에너지 절약을 위하여 용량을 제어한다.

2. 흡수식 냉동기 용량제어

(1) 구동열원 입구제어

① 증기 또는 고온수 배관에 2방변 또는 3방변을 취부
② P동작, PI동작하여 제어
③ 밸브조작은 전기식과 공압식에 의한다.

(2) 가열용 증기 또는 온수의 유량 제어법

① 단효용 흡수식 냉동기에 적용
② 증기부와 증기드레인부(응축부)의 전열면적 비율을 조정하여 제어
③ 부하변동에 대한 응답성이 늦고 스팀해머 발생 우려가 있다.

(3) 버너 연소량 제어

① 직화식 흡수냉·온수기의 경우 적용
② 버너의 연소량을 제어하여 부하에 따른 용량 제어

(4) 바이패스 제어

① 폐열을 열원으로 하는 흡수식 냉동기에 적용
② 증발기, 흡수기 사이에 바이패스 밸브를 설치하고 부하에 따른 밸브 개도 조정

(5) 재생기로 보내는 흡수액량 제어방식

재생기에 흡수액 순환량을 감소시켜서 재생기 증기코일의 열교환을 감소시키는 용량제어법

(6) 기타 제어방식

① 버너 On-Off 제어

② High-Low-Off의 3위치 제어

③ 대수 제어

3. 원심식 냉동기의 용량 제어법

(1) 흡입댐퍼 제어

① 압축기의 흡입구에 설치된 댐퍼를 닫아 흡입 압력을 감소하여 압력수두를 증가시킴으로써 용량을 조절하는 방법

② 댐퍼를 교축하여 서징 전까지 풍량을 감소할 수 있다.

③ 제어가능 범위는 전 부하의 60% 정도

④ 종래 많이 사용되었으나 동력소비 증가로 현재는 별로 쓰지 않음

(2) 흡입베인 제어

① 가동 베인을 설치하여 그 기울기를 바꿈으로써 임펠러의 가스 유입 각도를 바꿔 압축기의 성능곡선을 변화시켜 용량을 조절하는 방법

② 현재 가장 널리 사용되는 제어방법

(3) 속도(회전수) 제어

① 압축기의 회전수를 변화시켜 용량을 제어하는 방법

② 증기터빈 구동압축기일 때 적용할 수 있는 최적의 제어방법

③ 전 용량의 40~50%까지 제어 기능

(4) 디퓨저(Diffuser) 제어

① R12등 고압 냉매를 이용하는 것에 사용되며 흡입 베인 제어와 병용된다.

② 디퓨저의 통로 면적을 증감하여 용량 감소에 의한 디퓨저 내의 유속을 일정하게 유지하여 와류 발생 방지

③ 와류 발생 시 효율저하, 소음발생, 서징 등의 문제가 생긴다.

(5) 바이패스 제어

① 용량 10% 이하로 안전운전이 필요할 때 적용

② 응축기 내의 압축된 가스를 증발기로 일부 By-Pass하여 최소 풍량을 얻는 방법

4. 왕복동식 냉동기 용량제어

(1) On－Off 제어

(2) Hot Gas By－Pass 제어

(3) Unloader 제어

다기통 압축기에 이용되는 것으로 흡입 Valve Plate를 밀어 올려서 Cylinder의 압축을 무부하로 하고, 이것을 몇 개의 Cylinder에 차례로 행함으로써 용량을 단계적으로 감소한다.

(4) 회전수 제어

극수 변환 Moter 또는 Inverter 등이 이용된다.

5. 결론

열원장치의 용량제어는 부분 부하운전 또는 부하변동 시 최적 운전을 하여 에너지를 절약할 수 있는 방법을 채택해야 한다.

10 축열공조 배관 System에 대해 논하라.

1. 개요

축열공조 System은 부하계통의 요소부하와 열원계통의 축열이 다를 경우 축열조에 출입하는 물의 온도차와 수량차로 대응하여 최근 Heat pump 이용에 따른 수축열 시스템에서 이용 증가 추세이다.

2. 축열 System의 회로방식

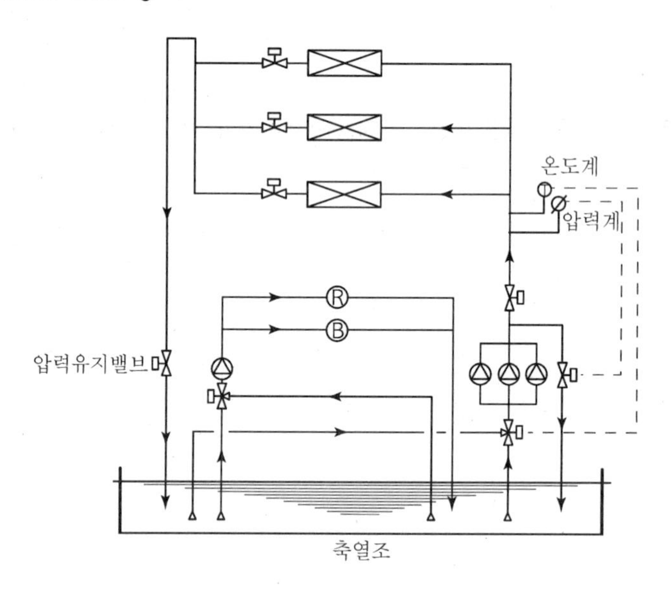

3. 축열 System의 특징

(1) 장점

① 열원장비용량 감소
② 열원계 및 부하계의 시간차에 대응
③ 수전동력 감소
④ 기기의 고효율 운전
⑤ 냉 · 온수 동시 사용 가능
⑥ 폐열회수 이용 가능
⑦ 소화용수 사용 가능

(2) 단점

① 펌프동력소비 증가
② 축열조 열손실 발생
③ 배관부식 및 수처리조치 필요
④ 순환수가 오염되기 쉽다.

4. 개방회로 환수방식의 종류

(1) 자유낙하식

낙차가 비교적 적을 때 사용

(2) 만류식

낙차가 클 경우 사용

5. 자유낙하식과 만류식의 개략도

(1) 자유낙하식

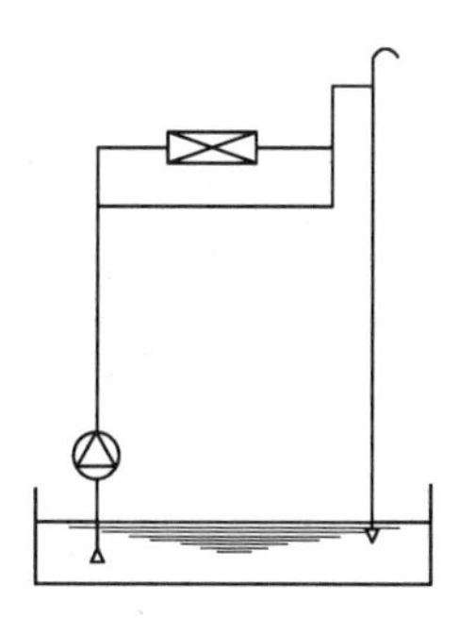

(2) 만류식

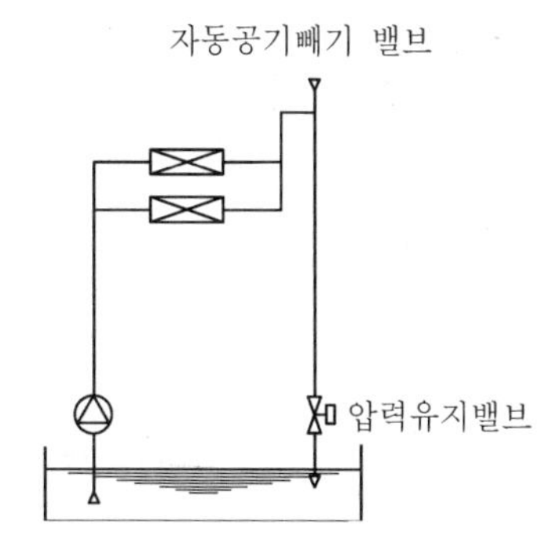

(3) 압력유지밸브

① 관 내의 일정 압력 유지
② 펌프의 정지시 관 내 물의 낙하 방지
③ 공기 흡입 방지

6. 열원 계통 선정 시 유의사항

(1) 항상 고부하(고효율) 운전을 하여야 한다.
(2) 냉수인 경우 입출구 온도는 되도록 경제적인 온도범위 내에서 낮은 온도로 할 것
(3) 온수인 경우 입출구의 온도는 되도록 경제적인 온도범위 내에서 높은 온도로 할 것
(4) 냉수 출구온도는 항상 설계치 가까이로 유지할 것

7. 열원기기의 복수 배치

(1) 직렬 배치

① 축열조의 입출구 온도차를 크게 할 수 있다.
② 펌프의 동력을 절약할 수 있다.

(2) 병렬 배치

① 제어가 단순하다.
② 중간기 등 부하가 장시간 감소되어 열원기기의 일부를 가동 중지시킬 수 있다.
③ 원칙적으로 동시 운전한다.
④ 일반적 축열방식의 경우 직렬식이 병렬식보다 유리하다.

8. System 효율 향상시 주의사항

(1) 펌프의 동력을 줄이기 위하여 출입구의 온도차는 가능한 한 크게 한다.
(2) 냉수인 경우 회수온도는 가능한 한 높게 한다.
(3) 부하계통의 용량제어는 2-Way V/V 제어방식으로 한다.
(4) 변유량 방식인 경우 동력비 절감을 위해 펌프는 대수제어를 하여야 한다.
(5) 송수온도 제어에 의한 정유량 방식을 채택하는 경우도 있지만 일반적으로 변유량 방식이 유리하다.

빙축열공조 System의 특성, 종류 및 용도에 대해서 논하라.

1. 개요

빙축열 System은 값싼 심야전력을 이용하여 전기에너지를 얼음형태의 열에너지로 저장하였다가 주간에 냉방용으로 사용하고, 저온의 냉수로 공조가 가능한 System이다. 빙축열 System을 사용하면 전력부하 불균형 해소는 물론 값싼 에너지를 얻을 수 있다.

2. 특징

(1) 경제적 측면

① 냉동기 및 열원기기 용량의 감소로 초기투자비 감소
② 용량 감소 등에 의한 부속설비 축소
③ 수전설비 축소 및 계약 전력 감소로 인한 기본 전력비 감소
④ 심야전력 이용으로 운전비 절감

(2) 기술적 측면

① 저부하에서 연속 운전되므로 고효율 운전 가능
② 열공급의 신뢰성 향상
③ 부하변동이 크고, 운전시간대가 다를 경우에도 안전한 공급 가능
④ 열회수시스템 채용 가능
⑤ 전력부하 균형에 기여
⑥ 열원기기 고장시 대처 용이
⑦ 저온의 냉수공급으로 대온차 이용가능

3. 빙축열 System의 종류 및 특징

(1) 정적 제빙

① 관외 착빙형

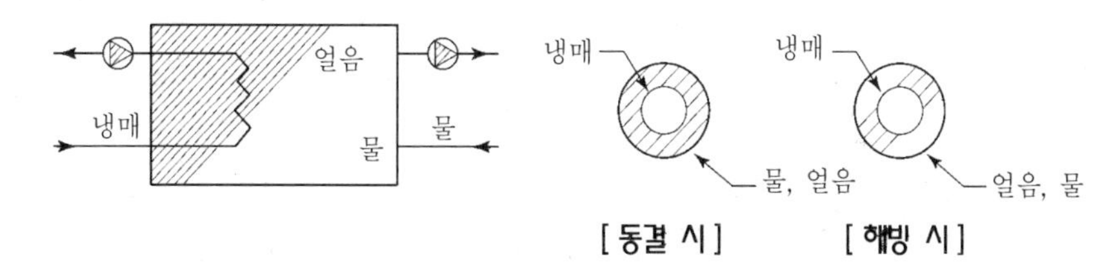

㉮ 장점

㉠ 부하 측이 물이다.

㉡ 축열조 내 열손실이 적다.

㉢ 해빙효율이 좋다.

㉣ 증발온도가 높다.

㉤ COP가 높다.

㉯ 단점

㉠ 부하 측 개방회로

㉡ 펌프동력 소비가 많다.

② 관 내 착빙형

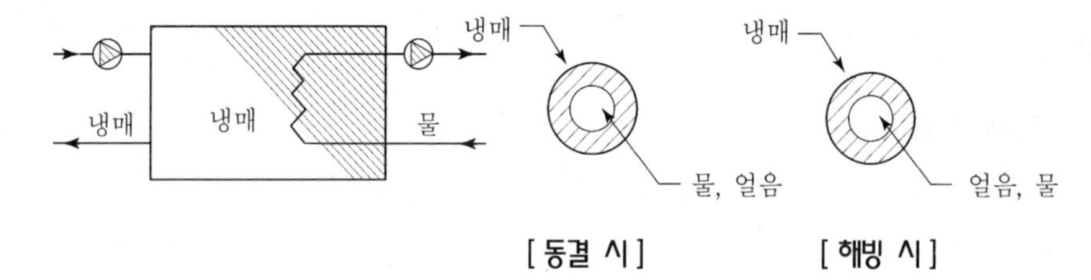

㉮ 장점

㉠ 부하 측이 물이다.

㉡ 부하 측이 밀폐회로

㉢ 펌프동력 소비가 적다.

㉣ 해빙효율이 좋다.

㉯ 단점

㉠ 축열조 열손실이 많다.

㉡ 증발온도가 낮다.

㉢ COP가 낮다.

③ 완전동결형

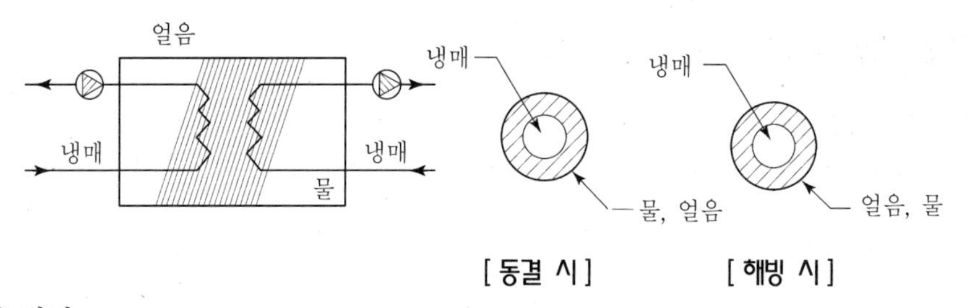

㉮ 장점

㉠ 부하 측이 밀폐회로

㉡ 펌프동력 소비가 적다.

㉢ 축열조 내 열손실이 적다.

㉣ 증발온도가 높다.

㉤ COP가 높다.

㉯ 단점

㉠ 부하 측이 브라인이다.

㉡ 해빙시 효율 저하

④ 캡슐형(Ice Ball형)

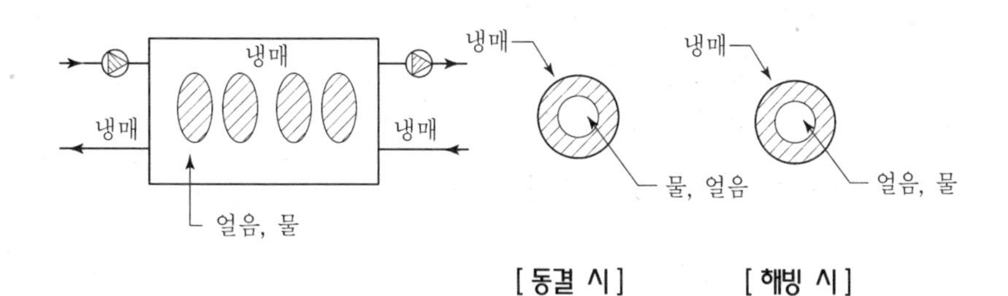

㉮ 장점

㉠ 해빙효율이 좋다.

㉡ 브라인에 대한 유동성이 뛰어나다.

㉯ 단점

㉠ 부하 측이 브라인이다.

㉡ 부하 측이 개방회로

㉢ 펌프동력 소비가 많다.

㉣ 축열조 내 열손실이 많다.

㉤ COP가 낮다.

(2) 동적 제빙

① 다이내믹(빙 박리형) → Harvest Type

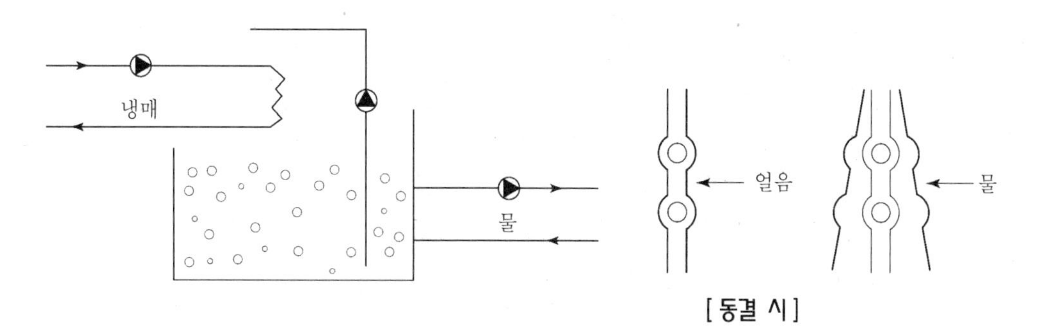

㉮ 장점
  ㉠ 부하 측이 물이다.
  ㉡ 해빙효율이 좋다.
  ㉢ 증발온도가 높다.
  ㉣ COP가 높다.
  ㉤ 축열조 내 열손실이 적다.

㉯ 단점
  ㉠ 부하 측이 개방회로
  ㉡ 펌프동력 소비가 많다.
  ㉢ 얼음저장 공간 필요
  ㉣ 제빙코일 주위에 물을 분사하므로 별도의 펌프동력 소비

② 다이내믹 타입(액체식 빙생성형)

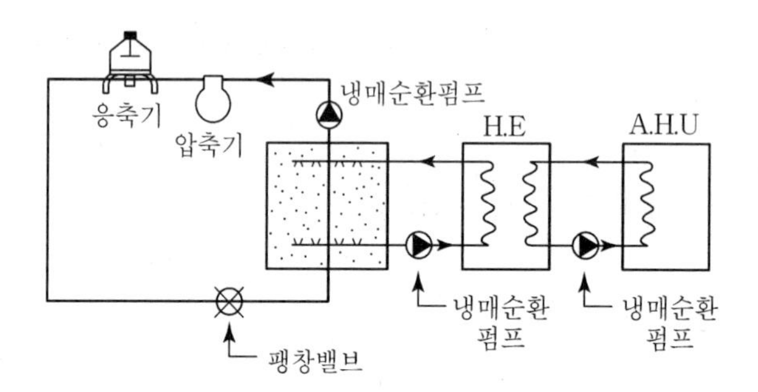

㉮ 장점
  ㉠ 제빙효율이 높다.
  ㉡ 축열조 내 열교환기가 없다.
  ㉢ 해빙효율이 좋다.

㉯ 단점
  ㉠ 부하 측이 브라인이다.
  ㉡ 부하 측이 개방회로
  ㉢ 펌프동력 소비가 많다.
  ㉣ 증발온도가 낮다.
  ㉤ COP가 낮다.
  ㉥ 축열조 내 열손실이 많다.

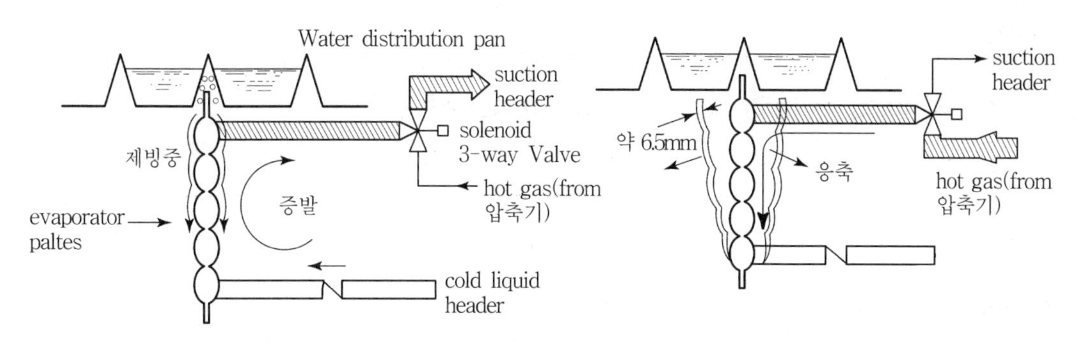

• 물 : water distribution pan → 증발판 → 양면 얼음 생성

[제빙과정]　　　　　　　　[탈빙과정]

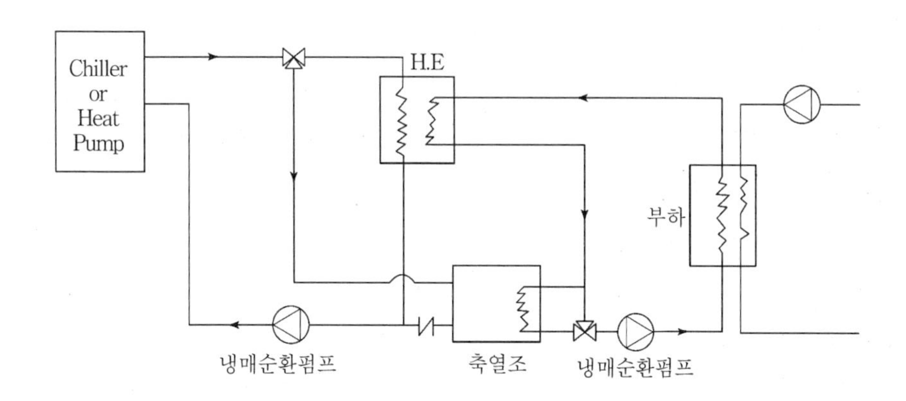

[빙축열 공조시스템의 구성]

4. 설계 시 고려사항

(1) 축열조 설치공간

(2) 축열조 열손실 최소화

(3) 고밀도 단열재 및 기밀화

(4) 축열재의 성능

5. 결론

빙축열 System은 여름철 사무실 냉방용 전력수요 급증을 해결할 수 있는 방식으로 야간의 잉여전력을 사용함으로써 기기의 고효율 운전과 에너지 절약에 기여할 수 있는 System이다.

빙축열시스템에서 초기투자비를 낮출 수 있는 Duct System을 사용할 때의 이점과 주의사항을 기술하시오.

1. 개요

여름철 냉방 수요의 급증, 주야간 전력의 불균형, 여름철 10여 일 정도를 위하여(Peak Load) 발전소에 과다 용량의 발전기가 필요해지며, 부하 평준화에 부응하는 빙축열시스템이 대두된다. 초기 투자비를 낮출 수 있는 Duct System은 저온 급기시스템이다.(온도 : 4~8℃ 급기)

2. System 개요

(1) 물과 얼음의 상태 변화 시 잠열량을 이용하여 축열조 용량을 축소

(2) 국내 도입 빙축열 System의 기본구성은 제빙형식에 따라 Harvest형, Ice－On－Coil형, Capsule형으로 분류

① 관외착빙형

② 관 내착빙형

③ 완전동결형

④ 캡슐형

⑤ 액체식 빙생성형

⑥ 빙 박리형

3. 저온 급기 System

(1) 저온 송풍으로 Duct Size 축소로 초기 투자비용의 절감

(2) 저온냉수(대온도차 냉수)보다 더 에너지를 절약하는 방식

(3) 저온 공기의 공급

① 공급온도 약 4~5℃ 급기

② 일반 공조 시 15~16℃(Δt=10℃)의 송풍급기

③ 저온 급기로 송풍량을 45~50%까지 낮추고 송풍동력 삭감

④ 빙축조의 얼음형태 축열로 공급공기의 온도를 낮추어 공급하므로 Duct Size 축소로 천장 유효공간 축소 가능

⑤ 부분 부하에 대응

4. 장점

(1) Duct Size 축소로 초기 투자비용의 삭감
(2) 건축의 층고가 축소되므로 20~30층에 1층분 축소 가능
(3) 제습 효과
(4) 송풍량 감소로 송풍기 용량 축소
(5) 여름철 Peak－Cut 효과 기대
(6) 전기 수전 용량 삭감으로 전기설비 초기 비용 삭감
(7) 전기 Peak 부하 감소로 기본 동력 비용 감소
(8) 심야 전력 이용으로 인한 전력 Cost 저렴
(9) 에너지 절감에 효과적이다.
(10) 부분 부하에 대응할 수 있다.
(11) 냉동기 고장 시에도 축열만큼 공급 가능

5. 주의사항

(1) 축열조 Space 필요
(2) Duct 외부 단열 강화
 ① 응축수 발생 우려
 ② 실내 결로로 응축수 피해 우려
(3) 실내 기류 분포에 주의(사각지대 고려)
(4) 실내환기성능 저하
 별도의 급기, 배기설비 필요
(5) 실내 온습도 조절 불리
(6) 냉동기의 COP가 낮아질 염려가 있다.
(7) Cold 쇼크에 의한 불쾌감 고려

6. 결론

빙축열 시스템에 저온급기방식을 채용할 경우 Duct Size를 축소할 수 있고 수전설비용량을 줄일 수 있으므로 실내 Space 확보 및 초기 투자비의 비용 절감에 유리하다. 그러나 저온급기를 행하므로 실내기류 분포의 불균형과 Cold 쇼크, 온습도 조절 등의 배려가 요청되는 System이다.

냉동기 우선 빙축열 공조방식과 빙축열조 우선 공조방식의 특징을 비교 설명하시오.

1. 개요

여름철 냉방수요의 급격한 증가, 주야간 전력 수급의 불균형 그리고 여름철 10여 일 정도를 위하여 (Peak Load) 발전소에 과다 용량의 발전기가 필요하므로(원자력, 화력발전소) 부하 평준화에 부응하기 위해서는 빙축열시스템이 대두된다.

2. 빙축열 System의 종류

(1) System의 개요

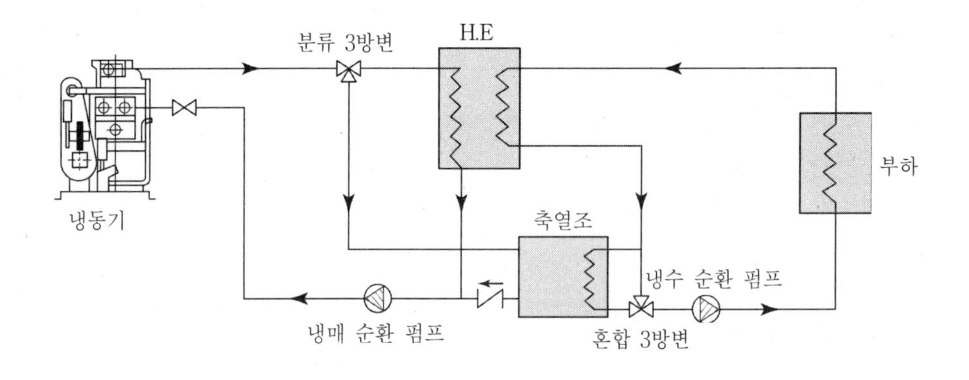

[빙축열 공조시스템의 구성]

① 물과 얼음의 상태변화 시 잠열량을 이용하여 축열조 용량을 축조

② 국내 도입 빙축열 시스템의 기본 구성은 제빙형식에 따라 Harvest형, Ice-On-Coil형, Capsule형으로 분류

(2) 빙축열시스템의 종류

① 관외 착빙형

② 관 내 착빙형

③ 완전 동결형

④ Capsule형
⑤ 빙박리형(다이내믹형)
⑥ 액체식 빙생성형

(3) 잠열축열재의 성능조건

① 안정성이 높을 것
② 화학적으로 안정되고 취급이 용이할 것
③ 값이 싸고 대량으로 구입하기 쉬울 것
④ 열의 발생과 흡수가 용이한 것
⑤ 상태 변화점이 목적 온도에 가까울 것
⑥ 반복 사용해도 열화되지 않을 것
⑦ 축열량이 클 것

3. 각 방식의 특징

(1) 냉동기 우선 빙축열 방식

① 냉동기 용량이 빙축조 우선 방식보다 커진다.
② 야간축열률이 작다.
③ 축열조의 용량이 적어진다.
④ 에너지 절감이 적다.
⑤ 부하의 급변에 냉동기 가동시간이 길다.
⑥ 동력손실이 많다.(경상비)

(2) 빙축열조 우선 빙축열 방식

① 냉동기 용량이 적어도 된다.(빙축열조의 용량이 커진다.)
② 야간 축열율이 커져 축열조가 커진다.
③ 에너지 절감이 냉동기 우선보다 크다.(심야의 값싼 동력 이용)

4. 각 방식의 특징 비교

구 분	냉동기 우선 방식	빙축열조 우선 방식
열원장치 용량	커진다	적어도 된다.
부분부하 대응 용이	대처성이 적다.	대응성 용이
장치 고장 시 대응성	불리하다	대응성 용이
축열조의 크기	적다	커진다
축열량	적다	많다
Space	작아도 된다.	커진다
COP	낮다	높다
운전비	많이 소요	적게 소요
축열효율	낮다	높다
열손실	낮다(축열조)	높다(축열조가 크기 때문)

5. 결론

빙축열조 우선방식이 냉동기 우선방식에 비해 열원기기 용량이 적어도 되며 여름철 Peak Load에 대응성이 크고 냉동기 성능계수(COP : 성적계수)가 높게 운전되며 부하의 추종성과 열원기기 고장 시 대응이 용이하다. 그러나 축열조가 커지므로 열손실에 유의하여 보온재의 선택과 밀실구조로의 공사에 유의해야 한다.

빙축열 시스템의 구성과 운용방식

1. 전 부하 축열방식과 부분부하 축열방식

(1) 전 부하 축열방식

심야전력이 적용되는 시간대에서만 냉동기를 가동하여 다음 날 냉방부하 전체를 축열하고, 주간에는 냉동기 가동 없이 축열조로만 냉방운전하는 방식이다. 심야전력(값)이 적용되므로 동력비가 가장 많이 절감되고 시스템운전도 간단하나, 축열조와 냉동기 용량이 커져 초기투자비 및 설치공간이 늘어난다. 대형건물의 보조 냉방, 예비 열원시스템 등으로 활용하면 건물전체 열원시스템의 신뢰도를 높일 수 있다.

(2) 부분 부하 축열방식

심야시간에 냉동기를 가동하여 주간 부하의 일부를 축열하고, 주간에 냉동기와 빙축열조를 동시에 가동하는 방식이다. 전 부하 축열에 비해 축열조와 냉동기 용량을 줄일 수 있으므로 초기투자비와 설치공간이 감소되나, 운전비는 증가한다.

현재 국내에 적용되고 있는 빙축열시스템은 대부분 이 방식이다.

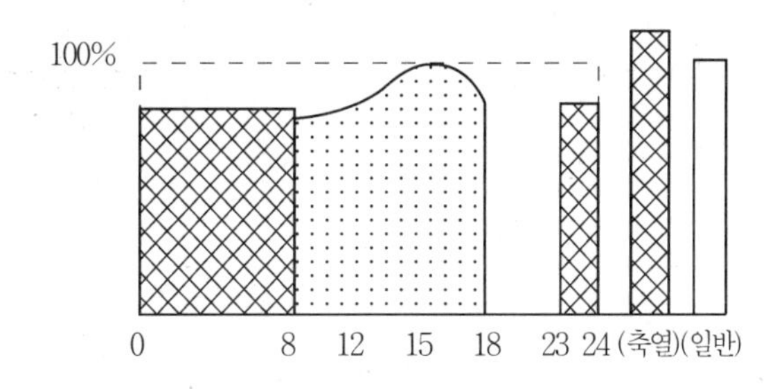

(a) 전 부하 축열(Full Storage)

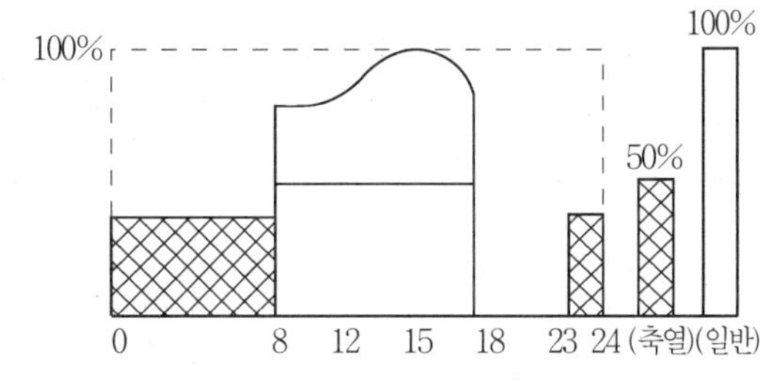

(b) 부분 부하 축열(Partial Storage)

2. 냉동기, 축열조, 펌프배열

(1) Chiller Upstream 방식

냉동기를 축열조 상류 측에 배치하는 방식으로서, 열교환기를 통과한 브라인이 바로 냉동기에 유입되므로 냉동기 입구 브라인 온도가 높아 냉동기의 운전효율은 높아진다. 반면에 축열조에 유입되는 브라인 온도가 낮아 축열조 방열효율이 떨어져 축열조 용량이 커지고 공사비도 증가한다.

(2) Chiller Downstream 방식

냉동기를 축열조 하류 측에 배치하는 방식으로서, 열교환기를 통과하여 온도가 높아진 브라인이 바로 축열조로 유입되므로 축열조의 방열효율이 좋아져 축열조 용량은 줄어들지만, 냉동기 입구 수온이 낮아져 냉동기 운전효율은 나빠진다.

(3) 브라인 순환펌프 위치

축열조 형식에 따라서 브라인 순환펌프 위치는 달라질 수 있으나 열교환기 입구 측 브라인 온도는 가능한 한 낮아야 2차 측 냉수온도차와 브라인 온도차를 크게 할 수 있으므로 1, 2차 측 순환펌프의 동력비를 절감할 수 있고, 열교환기 전열면적도 줄일 수 있어 바람직하다. 따라서 냉동기나 빙축열조를 통과한 브라인이 브라인펌프로 인하여 온도가 상승되지 않는 것이 바람직하다고 본다.

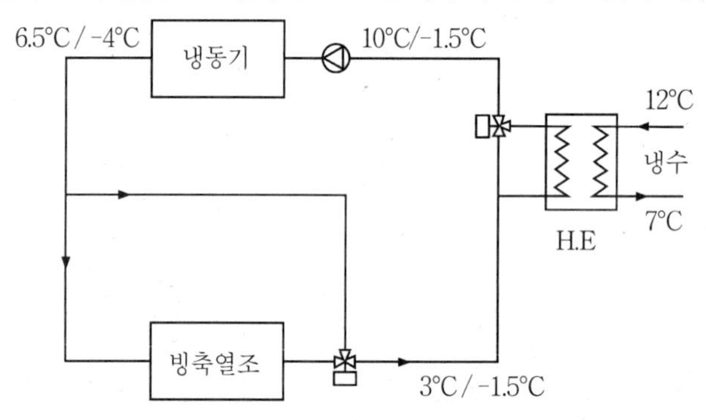

(a) Chiller Upstream 방식

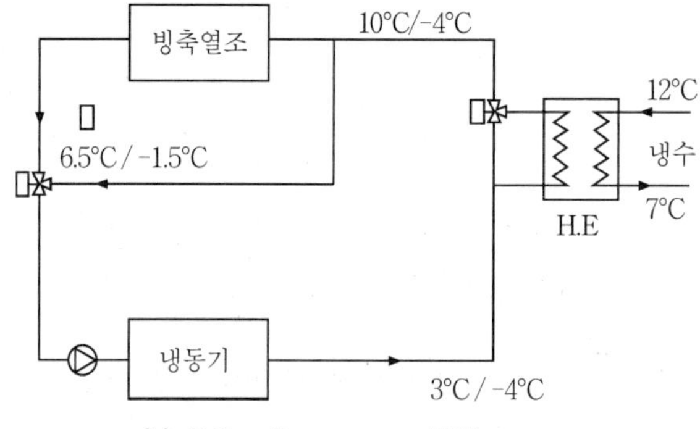

(b) Chiller Downstream 방식

3. 브라인 회로방식

(1) 밀폐형 회로

1차 측 회로(브라인 또는 물)가 대기에 개방되지 않는 방식으로서, 브라인(물) 배관계통의 부식, 축열조 열손실, 순환펌프 위치선정 등의 측면에서 다소 유리해질 수 있으나, 설치장소에 제약을 받을 수 있다.

(2) 개방형 회로

1차 측 회로(브라인 또는 물)가 대기에 개방되는 방식으로서, 축열조 형상의 선정이 비교적 자유로워 설치장소에 제약을 덜 받는 장점이 있으나, 브라인(물) 관리, 열손실, 배관계통의 부식 등의 측면에서 다소 불리해질 수 있다.

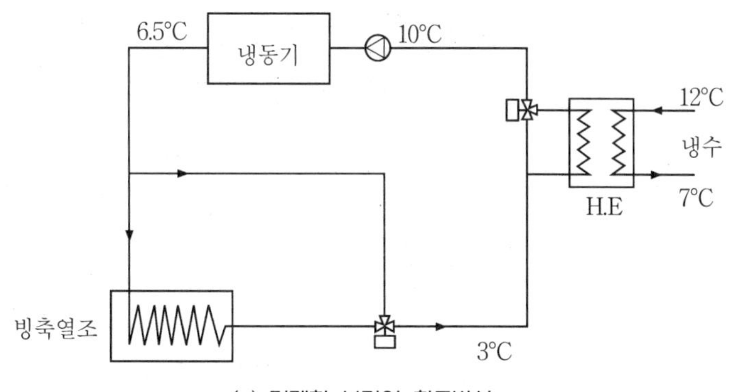

(a) 밀폐형 브라인 회로방식

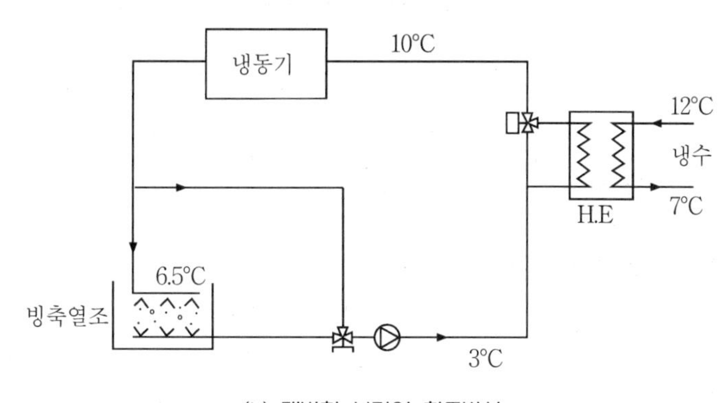

(b) 개방형 브라인 회로방식

4. 냉동기와 축열조 우선 운전방식

(1) 냉동기 우선(Chiller Priority) 운전방식

주간 냉방 시 냉동기를 일정한 용량으로 운전하여 일정 용량의 냉방부하를 처리하고, 나머지

변동부하를 축열조의 방열로 처리하는 방식이다. 최대부하를 안전하게 처리할 수 있으나, 1일 부하율이 작은 경우 축열량을 전부 사용하지 못하게 되므로 운전비가 상승될 수 있다.

(2) 축열조 우선(Ice Storage Priority) 운전방식

주간냉방 시 축열조의 축열량을 일정한 용량으로 방열시켜 일정 용량의 냉방 부하를 처리하고, 나머지 변동부하는 냉동기를 가동시켜 처리하는 방식이다. 축열량을 유효하게 모두 사용할 수 있으므로 운전비가 절감되지만 최대부하일 경우 잘못 운전하면 최대 부하 시 냉방 용량의 부족현상이 발생될 수 있다.

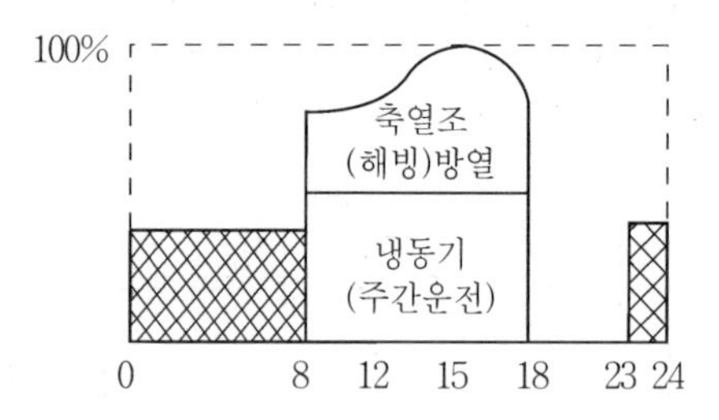

(a) 냉동기 우선(Chiller Priority) 운전

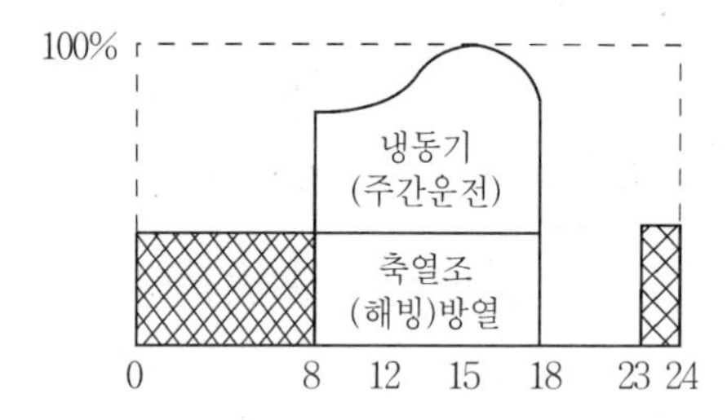

(b) 축열조 우선(Ice Storage Priority) 운전

5. 2차 측에의 열반송방식

(1) 직송(Direct Distribution) 방식

빙축열 시스템의 1차 측 브라인(또는 물)을 2차 측(부하 측)의 공기조화기나, FCU에 직접 공급하는 방식으로서 열교환기가 생략되므로 시스템 전체의 효율이 높고, 대온도차 방식에 의한 동력비 절감이 가능하나 배관의 단열, 브라인 관리 등의 어려움이 있다.

(2) 열교환(Heat Exchanger) 방식

빙축열 시스템의 1차 측 열매(브라인 또는 물)와 2차 측(부하 측)의 냉수를 열교환기에 의하여 열교환하여 2차 측 부하를 처리하는 방식이다.

1차 측과 2차 측이 분리되어 있어 양쪽 시스템의 안정성이 확보되나, 직송방식에 비해 전체적으로 효율이 떨어진다.

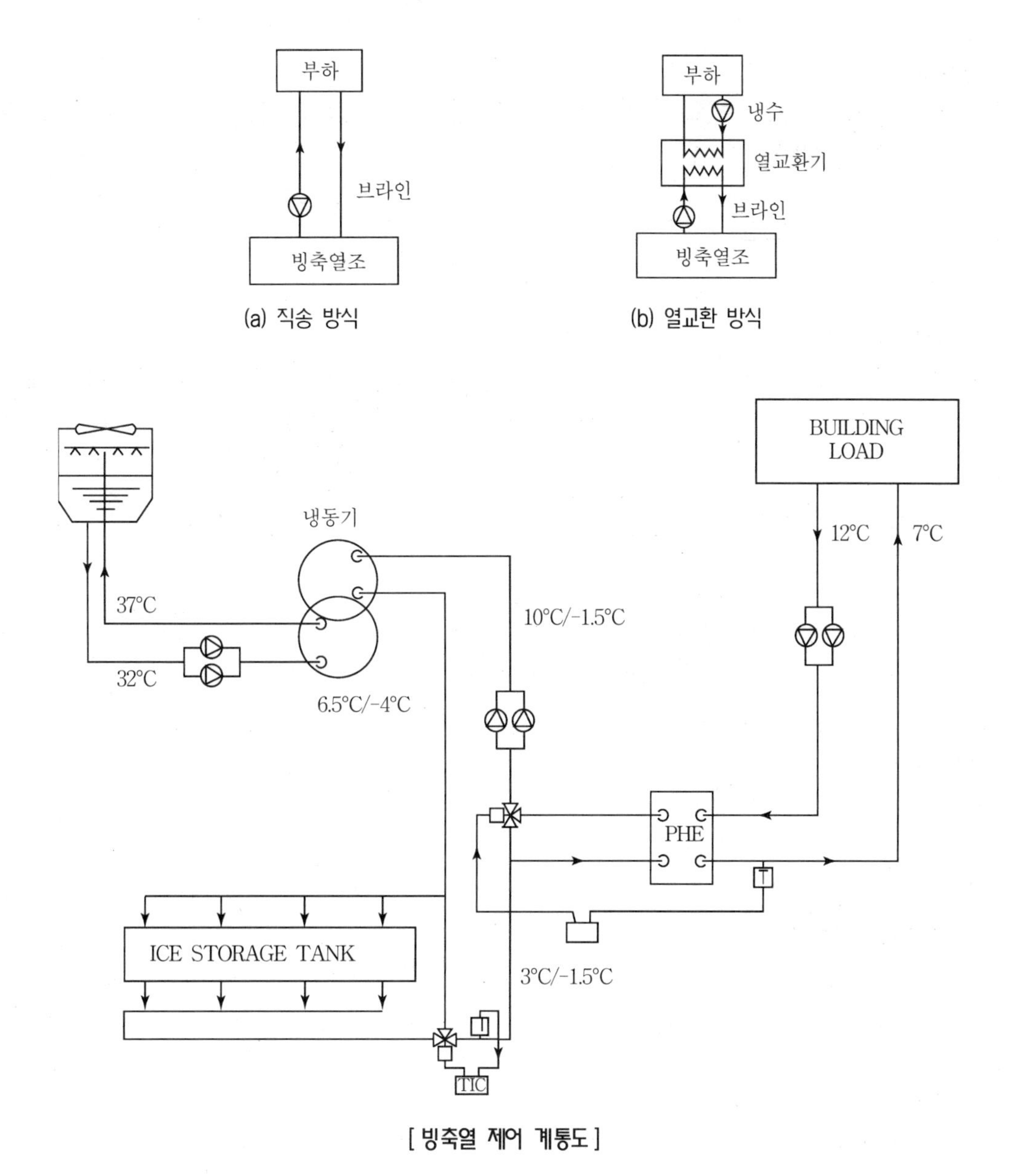

(a) 직송 방식

(b) 열교환 방식

[빙축열 제어 계통도]

공조용 냉각탑의 종류를 설명하고, 각 종류별 소음방지대책에 대해서 논하라.

1. 개요

냉각탑은 공업용과 공조용으로 나뉘며, 일반적으로 공조용은 냉동기의 응축기 열을 냉각하는 데 사용된다. 물을 주위의 공기와 직접 접촉시켜 증발작용에 의해 물을 냉각하는 장치를 냉각탑이라고 한다.

2. 냉각탑의 분류

- 개방식
  - 대기식
  - 자연통풍식
  - 기계통풍방식(강제)
    - 대향류형
    - 향류형
    - 직교류형
- 밀폐식
  - 건식
  - 증발식

3. 냉각탑의 특징

강제통풍식 냉각탑은 송풍기를 사용하여 공기를 유동시켜 냉각효과가 크고 성능도 안정되며, 소량 경량화할 수 있어 가장 많이 사용되나 자연 통풍식은 거의 사용되지 않는다.

(1) 직교류형

① 장점

㉮ 높이가 낮다.

㉯ 펌프 동력이 적다.

㉰ 송풍 동력이 적다.

㉱ 소음이 적다.

㉲ 보수 점검 용이

㉳ Unit 조합으로 대형 가능

㉴ 비산 수량이 적다.

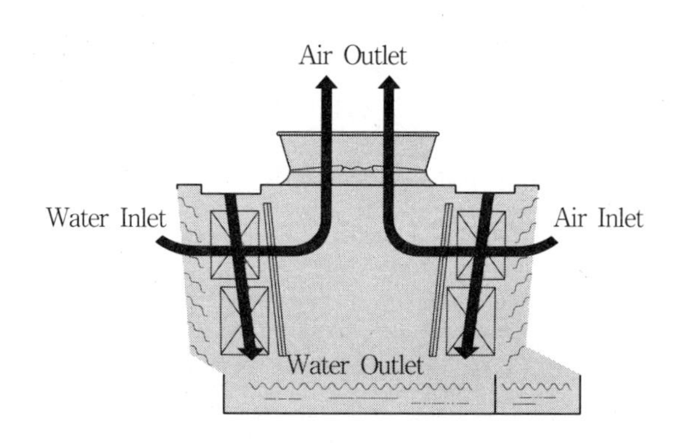

② 단점

㉮ 점유면적이 넓고 중량이 크다.

㉯ 토출공기가 재순환될 우려가 있다.

㉰ Ka치가 낮다.

㉱ 가격이 비싸다.

(2) 대향류형

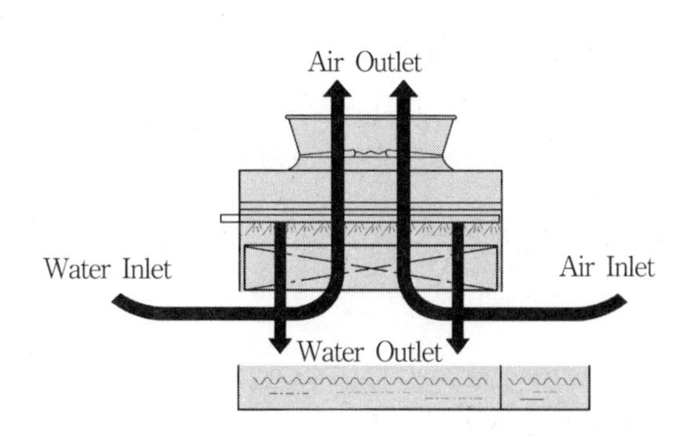

① 장점

㉮ Ka치가 크다.

㉯ 점유면적이 작고 경량이다.

㉰ 토출공기 재순환 우려가 적다.

㉱ 가격이 싸다.

② 단점

㉮ 높이가 높다.

㉯ 펌프 동력이 많다.

㉰ 송풍 동력이 많다.

㉱ 소음이 크다.

㉲ 보수 점검이 어렵다.

㉳ 비산수량이 많다.

(3) 밀폐식 냉각탑

① 순환수의 오염방지를 위해서 코일 내 냉각수를 통하고 코일표면에 물을 살포

② 설치면적이 개방식에 비해 4~5배 크다.

③ 24시간 공조용 냉각탑에 적용

④ 고가이다.

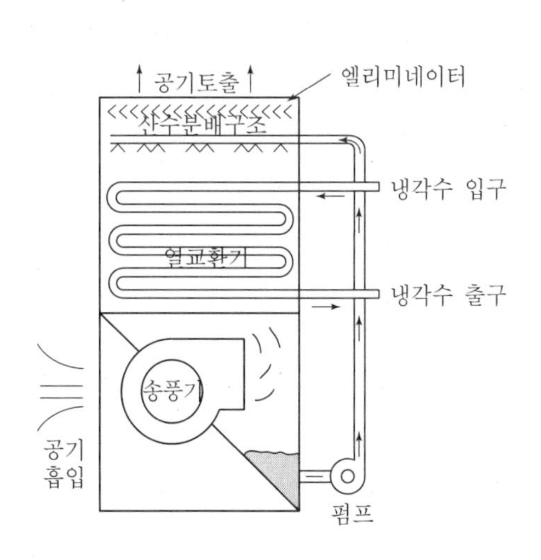

4. 냉각탑에 적용되는 용어

(1) Cooling Range

① 냉각탑에서 냉각되는 온도차로서 5℃ 정도이다.
② 외기 습구온도가 낮을수록 냉각이 잘된다.

(2) Approach

① 냉각탑에 의해 냉각되는 물의 출구온도는 외기의 습구온도에 따라 바뀜
② 냉각수 출구수온－외기 입구공기 습구온도

(3) 보급수량(순환수량의 1～2％)

증발＋비산＋블로아웃

5. 설치 시 유의사항

(1) 통풍이 잘되는 곳에 설치
(2) 진동, 소음이 주거환경에 영향을 미치지 않을 것
(3) 물의 비산작용으로 인접건물 피해방지－비산 방지망
(4) 겨울철 사용 시 동파 방지용 Heater(전기식) 설치
(5) 건물옥상 설치 시 운전중량이 건축구조 계산에 반영 여부 검토

6. 소음과 진동대책

건물의 집중 및 과밀현상에 따른 냉각탑의 소음으로 인접건물에 피해를 주거나 진동이 발생하여 쾌적한 환경저해

(1) 냉각탑 위치선정－주위 건물과 이격설치 설계에 반영
(2) Fan의 흡 · 토출 측에 사이렌샤 설치－토출 측에서는 Fan 소음 감소, 흡입 측에서는 물의 낙하음이 방지되는데 이것이 Fan 풍량 감소원인이 되지 않을 것
(3) Spring Type 방진가대 설치 및 적절한 방진재 선택
(4) 차음벽 설치
(5) 저소음형 냉각탑 이용

7. 결론

냉각탑 선정 시 냉각효율이 높은 위치선정과 비산 및 진동 소음으로 인접건축물에 영향을 미치지 않도록 한다.

16 냉각탑 진동의 원인과 대책

1. 개요

도시 건물의 대형화와 생활수준 향상으로 건물이 고급화되어 냉방이 필요하게 되는데 실내에서 제거된 열을 외부로 방출하기 위해 설치되는 냉각탑은 채광, 통풍이 좋고 개방된 공간에 설치됨으로 인해 Fan과 Motor로부터 진동, 소음이 발생하여 주거환경에 영향을 미친다.

2. 진동의 정의

(1) 어떤 점의 위치가 시간이 경과함에 따라 임의의 기준점을 중심으로 반복적으로 상하로 변하는 현상
(2) 기계, 기구, 시설, 기타 물질의 사용으로 인하여 발생하는 강한 흔들림

3. 진동의 영향

(1) 구조물의 피로파괴 유발
(2) 체결구의 풀림
(3) 인접 구조물과의 간섭
(4) 소음 발생
(5) 불쾌감 및 불안감 조성

4. 냉각탑의 진동원인

(1) Fan 진동

① 냉각탑 진동 중 가장 큰 비중을 차지
② 편심 질량(Unbalanced Mass)에 의해 발생
③ Fan의 고속회전
④ 편심량에 비례하고 회전속도의 제곱에 비례

(2) 전기모타 진동

① 질량 편심
② 전자기력

(3) 기타 진동

① 감속기 진동
② 베어링 진동

③ 모터에서 Fan으로 동력전달계통 진동
④ 냉각탑 구조물의 상호간섭에 의한 충돌 진동

5. 냉각탑 방진대책

(1) 기계의 편심량 최소화
(2) 고속 회전 Fan 사용금지
(3) 스프링마운트 사용
(4) 고무 등의 점탄성 재료를 이용하여 냉각탑 설치위치를 건물 구조체와 분리

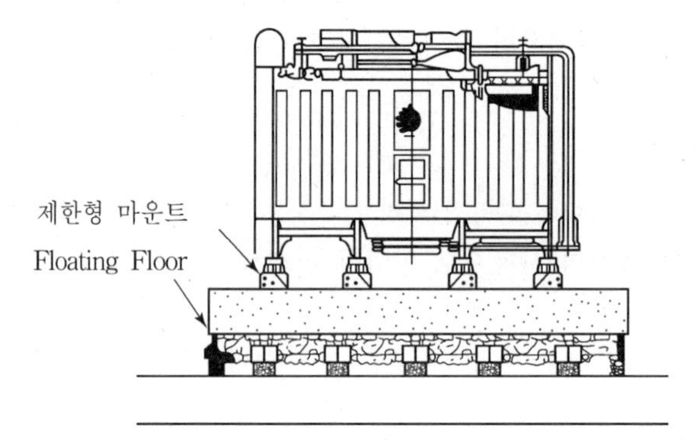

[냉각탑 방진]

6. 방진설계 시 고려사항

(1) 건물의 용도
(2) 인접지역의 진동요구 조건
(3) 장비의 기종 및 용량
(4) 건물의 구조
(5) 설치 위치

7. 결론

최근 도시의 과밀화와 더불어 거주자의 생활수준 향상으로 쾌적한 환경에 대한 요구가 증대되고 있다. 그러므로 냉각탑 설치시 설치장소와 기종 선정 및 기타 소음, 진동에 대한 방지대책을 고려하여 설치단계에 반영해야 한다.

냉각탑 소음의 원인과 대책

1. 개요

도시 건물의 대형화와 생활수준 향상으로 건물이 고급화되어 냉방이 필요하게 되는데 실내에서 제거된 열을 외부로 방출하기 위해 설치되는 냉각탑은 채광, 통풍이 좋고 개방된 공간에 설치됨으로 인해 Fan과 Motor로부터 진동, 소음이 발생하여 주거환경에 영향을 미침

2. 냉각탑의 소음 전파경로

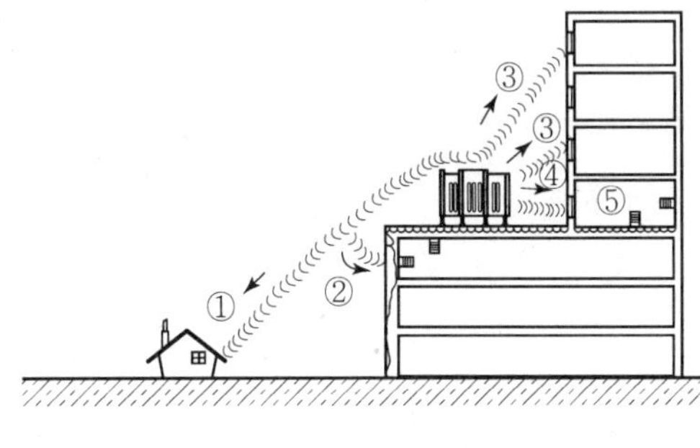

[냉각탑 소음 전파경로]

3. 냉각탑 소음 원인

(1) Fan 소음

① 냉각탑 소음의 주원인
② Fan 용량 증대 경향으로 소음의 급격한 증가
③ Fan의 종류, 풍량, 가압에 의존
④ Fan Blade의 끝단속도에 따라 증가
⑤ 동력소모량에 비례하고 정압의 증가에 따라 증가

(2) 전기모터 소음

① 회전 불평형
② Rotor Stator의 간섭, 모터 구조체의 진동, 냉각공기의 유동
③ 모터 마력수, 회전수에 비례

(3) 낙수 소음

① 물을 낙하시키면서 낙수음이 발생
② 직교류형 : 1~2dB
③ 대향류형 : 3~4dB

(4) 구조물의 진동에 의한 소음

냉각탑이 구조체에 설치될 경우 건물의 벽체, 바닥, 천장 등이 진동하면서 소음 발생

(5) 공기유동 소음

① 상부 안전망과 Blade의 간격 유지
② 공기의 난류에 의한 소음

4. 소음 저감 대책

(1) 소음 방지 대책

① 소음원 대책
㉮ 소음발생이 적은 기종의 선정
㉯ 주유, 마모 베어링의 교환
㉰ 회전체 밸런싱

② 전파 경로 대책
㉮ 전파경로 차단
㉯ 피해지역과 충분한 이격거리 확보
㉰ 소음기 부착
㉱ 옥내 설치 시 흡음 및 차음 처리

③ 소음점 대책
㉮ 피해 예상 건물 이중창 설치
㉯ 벽체 개선

(2) Fan, Motor, 낙수소음 방지대책

① 정압이 낮은 송풍기 사용
② Fan의 Blade 개수를 증가
③ 모터의 회전수를 낮춘다.
④ Fan의 토출 측에 소음기 부착
⑤ 합성섬유 매트 설치로 낙수음 저감

(3) 소음기 설치

① 공기 대량 감소

② 중량의 증가 등으로 특별한 경우에 시행

(4) 방음벽

① 냉각탑 주변에 설치

② 벽의 회절감쇠에 의한 감음

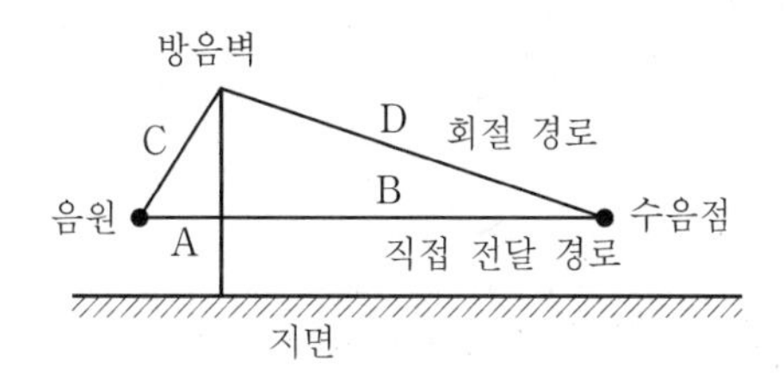

[방음벽의 회절 감쇠]

(5) 구조전달음 대책

① 기계식 방진장치

② 천연고무, 합성고무 등 점탄성 재료 이용

③ Floating Floor System

④ Jack-up System

⑤ 발포고무 Pad+Con'c 타설

5. 결론

(1) 환경에 대한 쾌적환경 요구 증대

(2) 소음문제에 대한 정신적인 스트레스가 증가한다.

(3) 냉각탑 설치 시 사전 주도 면밀한 검토를 해야 한다.

(4) 설치장소와 기종의 소음·진동 대책을 고려하여 반영하는 것이 바람직하다.

18 2대 이상의 개방형 냉각탑을 병렬로 설치할 때 연통관을 설치해야 한다. 냉각탑 2대를 설치할 경우 냉각탑 주변계통도를 그리고 1) 연통관 설치 목적 2) 냉각수 펌프양정 산출공식과 양정을 산출하라.(단, 냉각수 펌프와 냉각탑 수조 하단 높이 차는 H_1(m)에 냉각수 펌프와 냉각탑 간의 배관높이 H_2(m). 관마찰 저항 f(mm/m), 횡주관경 및 부속저항 시, 냉각수 분사압력 수두 5m, 응축기관 마찰저항은 7m이다.)

1. 개요

냉각탑은 형식에 따라 개방형과 밀폐형, 열교환에 따라 직교류형과 대향류형이 있으며, 통풍 방식에 따라 자연통풍형과 강제통풍형으로 나뉜다. 냉각탑은 부하에 따라 용량제어를 하거나 대수제어를 통하여 비수기의 에너지 절감을 도모해야 한다. 경우에 따라 대수분할로 병렬로 설치한다.

2. 냉각탑을 2대 병렬로 설치할 경우

(1) 이유

비수기에 동력절감을 위해 용량조절이 필요하다. 이때 병렬로 설치하여 운전하므로 에너지절감이 된다.(대수제어 운전대비)

(2) 계통도 도시

냉각탑 병렬연결 계통도

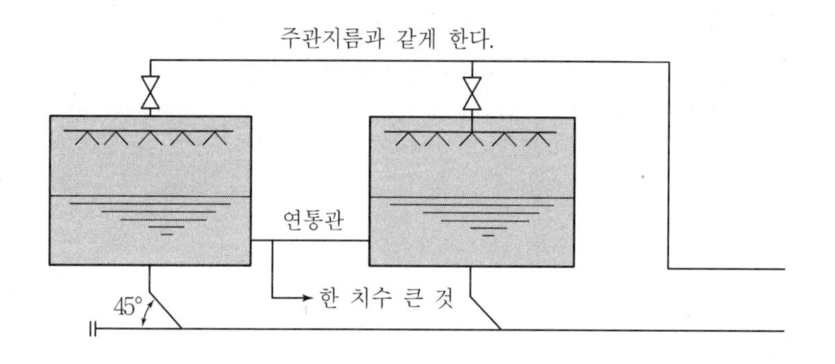

[냉각탑 병렬연결 계통도]

(3) 연통관 설치목적

① 냉각탑을 병렬로 설치할 경우 배관저항으로 인하여(차이 발생) 냉각탑의 냉각수 공급이 불균일해져 한쪽으로 치우쳐 흘러 냉각능력이 떨어진다.

② 흐름의 불균일로 한쪽이 냉각수 부족현상이 발생하므로 연통관 설치로 해소

③ 자연통풍 이용 시(저부하 시) 냉각수 분배 균등 목적(균등수위 유지 목적)

3. 냉각수 펌프 양정 산출

(1) 양정 산출 공식

$$H = h_1 + h_2 + h_3 \text{ or } \frac{\rho v^2}{2}$$

여기서, H : 냉각수펌프의 양정(Pa)

h_1 : 냉각탑에서의 낙차(Pa)

h_2 : 냉각탑 하부 흡입구에서 순환 후 냉각탑 상부까지의 직관,부속류,밸브 등에 의한 마찰손실 수두(m)

h_3 : 대향류 조경일 때 산수압력 환산수도(Pa)

$\frac{\rho v^2}{2}$: 직교류형일 때 속도수도(Pa)

4. 결론

(1) 냉각탑을 병렬로 설치 시 냉각수의 분배 불균형으로 순환량에 차이가 발생하므로 한쪽에서는 냉각수 부족 현상이 발생하고 다른 쪽은 넘치는 현상이 발생한다.

(2) 연통관을 설치하여 균형을 잡고 병렬로 된 분기관에 밸브 등을 설치하여 양을 조절하는 기능도 부여해야 한다.

Cooling Tower의 레지오넬라균을 방지하기 위한 1) 설계 시 고려할 사항과 2) 설치 시 레지오넬라균 생성방지대책을 기술하시오.

1. 개요

냉동기의 응축열 제거용인 냉각탑의 수온은 32°C(출구)에서 37°C(입구) 정도여서 미생물의 서식과 번식이 촉진될 수 있는 조건이어서 그에 따른 방지를 설계 시에 고려해야 하고 유지관리 시에 그에 따른 생성방지대책으로 오염을 방지해야 한다.

2. 설계 시 고려사항

(1) 냉각수온

(2) 설치환경 : 실내, 실외

(3) 설치장소 : 지하, 지상, 옥상

(4) 냉각수 수원 : 수도수, 지하수, 지표수

(5) 냉각방식 : 개방식, 밀폐식

(6) 소독약품 주입시스템 : 자동, 수동

(7) 비산 및 송풍공기의 이동이 없는 곳

(8) 냉각수 비산 방지용 엘리먼트 장치 선정

3. 생성방지대책

(1) 레지오넬라균의 저해

① 냉각수 중의 미생물은 수중의 현탁물질과 같이 전열면에 부착(슬라임)하면 열교환기의 총괄 전열계수가 급격히 저하되어 플랜트 운전상 장해 발생

② 냉각수 중의 미생물은 수온 30~40°C 정도에서 생육하기 쉬운 조건이 된다.

③ 미생물의 서식체인 슬라임의 부착은 유속과 관련되므로 유속을 저하시킬 때 충분한 슬라임 방식처리를 한다.

④ 비산물방울, 공기 이동으로 사람의 호흡기를 통하여 레지오넬라균이 전파된다.(전염병 발생)

(2) 수질관리기준(JRA－9001)

항 목	기 준 치	비 고
PH(25℃)	6.5~8.0	
잔류염소량	0.2ppm 이상	
염화물이온	200ppm 이하	
유산이온	200ppm 이하	
전경도	200ppm 이하	
철(Fe)	1.0ppm 이하	
유화물이온	검출되지 않을 것	

*JRA : 일본 냉동공조 공업협회

(3) 냉각수 Monitoring방법과 관리지표

① 미생물 플록(Bio－Flock), 수산화철, 진흙과 잔사 등의 제거를 위한 분산제 사용(분산제, 부식방지제, 스케일 방지제, 슬라임, 살균제 및 분산제의 사용)

② 인(P)배출 규제에 대비한 비인산염계 부식 및 스케일 방지제의 개발

③ 자동약주설비 및 냉각수 수질관리 시스템의 개발(컴퓨터와 통신 시스템 적용)

④ 일반적인 슬라임 Monitoring 방법

㉮ Side Glass에 의한 부착도 측정방법

㉯ 세균수 측정에 의한 방법(TTC)

㉰ Model H/E에 의한 방법

㉱ Fouling Monitor에 의한 방법

㉲ 슬라임 볼륨 측정에 의한 방법

㉳ COD_{Mn}의 측정방법

⑤ Monitoring의 관리지표

㉮ 부식 : 20mdd 이하(일반)

㉯ 스케일 : 15mcm 이하(일반)

㉰ 슬라임

㉠ COD_{Mn} : 10ppm 이하(순환수)

㉡ 슬라임 볼륨 : 2ml/m^3 이하

㉢ 부착도 : 25 이하

㉣ 세균수 : 104개/ml 이하

㉤ SS관리 : 10ppm 이하

㉥ 잔류염소 : 0.2ppm 이상

(4) 생성방지대책

① 미생물의 번식환경 제어
② 수질관리에서 잔류염소 0.2ppm 이상으로 유지하여 살균처리
③ 정기적인 블로우다운 처리(자동감지 또는 검출로 자동배출 System 구성)
④ 냉각수 온도 구성
⑤ 자동살균장치 구성 활용
⑥ 비산 방지망 설치(엘리먼트 설치)
⑦ 실내 급기구 또는 호흡용 공기, 환기 설비의 장애가 없는 곳 선정

4. 결론

Cooling Tower는 냉각수의 온도가 레지오넬라균의 생성조건에 맞는 30~40°C 정도이므로 미생물 번식이 자유롭다. 이것을 방지하기 위해서는 약품 주입으로 살균처리를 1차로 하여 번식을 없애고 2차 처리는 비산 물방울 제거, 송풍공기의 급기구 혼입을 방지하는 2차적인 배려가 고려되어야 한다.

Cooling Tower의 성능평가과정을 도시하고 방법을 기술하시오.

1. 개요

냉각탑(Cooling Tower, Evarporative Cooling Tower)은 냉동기, 열기관, 발전소, 화학플랜트 등에서 나오는 온수를 공기와 접촉시켜 물을 냉각하는 장치를 말한다.

2. 종류

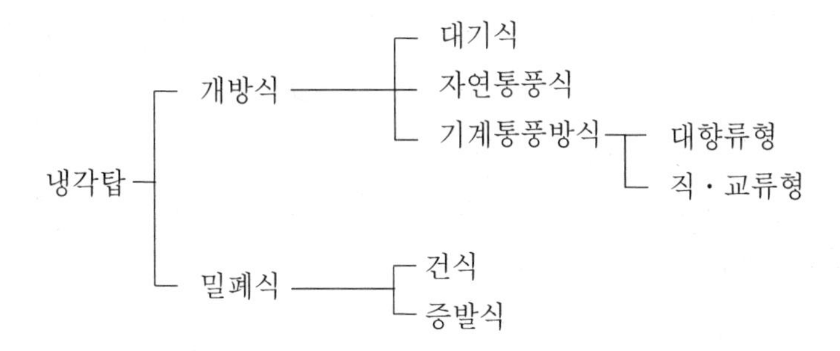

3. 성능평가방법

(1) 냉동사이클 중 응축기에서 방출된 열량은 냉각수로 전달되어 냉각탑에서 대기중에 방출된다.

(2) 압축식(냉각탑에는) 냉동기에는 1RT당 방출열량은 약 4.53kW.RT이며, 이것은 공칭능력으로 1냉각 톤이라고 한다.

(3) 흡수식 냉동기에는 1냉동 톤당 냉각탑 방출열량은 약 2~2.5배로 한다.

(4) 냉각탑에서 냉각수를 냉각하는 과정에서 물의 일부가 증발되므로 열이동과 함께 물질 이동도 일어난다.

(5) 가능한 한 공기와 물의 접촉 면적은 크게 하고 공기의 유통을 원활히 해야 한다.

4. 냉각탑의 설계

냉각탑의 물은 이론적으로 접촉하는 공기의 습구온도까지 냉각할 수 있으나, 실제로는 공기의 습구온도까지 냉각은 안 된다.

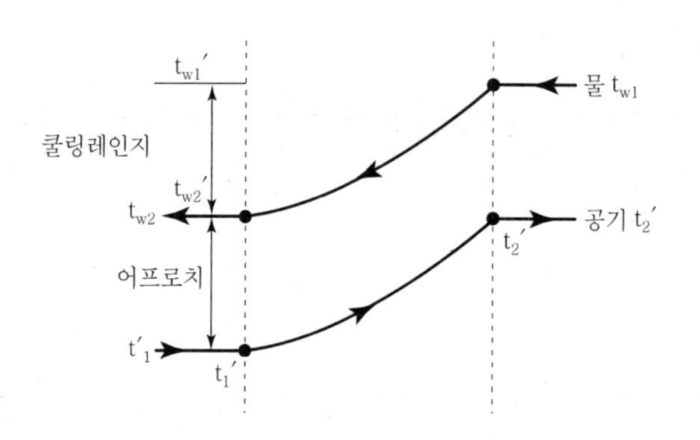

[냉각탑 내에서의 온도변화]

① 그림과 같이 수온과 습공기의 온도변화를 나타낸 것

② 입구 수온을 t_{w1}, 출구수온을 t_{w2}, 입구공기의 습구온도를 t_1', 출구공기의 습구온도를 t_2'라고 했을 때

③ $t_{w2} - t_1'$를 어프로치라고 하며, 일반적으로 약 5℃로 잡는다.

④ $t_{w1} - t_{w2}$를 쿨링 레인지(Cooling Range)라고 하며, 압축식 냉동기는 5℃ 정도, 흡수식 냉동기는 6~9℃ 정도로 잡는다.

⑤ $t_2' - t_1'$는 5deg℃ 정도가 된다.

⑥ 입구공기의 습구온도 t_1'는 각 지방의 설계용 외기 습구온도가 된다.

⑦ 냉각수 순환량 L(kg/h)은

$$L = \frac{q_c}{(t_{w1} - t_{w2}) \cdot C}$$

⑧ 냉각탑의 송풍량 G(kg/h)는

$$G = \frac{q_c}{h_2 - h_1}$$

여기서, q_c : 냉각열량(W)
압축식 : 냉동기부하의 약 1.3배
흡수식 : 냉동기부하의 약 2.5배 정도
t_{w1}, t_{w2} : 냉각탑 입구 및 출구온도(℃)
t_1', t_2' : 냉가탑 입출구 습구온도(℃)
h_2, h_1 : t_2', t_1'에서의 포화공기 엔탈피(J/kg)
deg℃ : 섭씨 온도차

5. 냉각탑의 성능시험방법

성능시험과 성능평가가 가능한 KSB 6364 강제통풍식 냉각탑식 성능시험방법이 1983년에 제정되었다. 이 KS 시험 항목에는 냉각능력, 소음수적손실, 소비전력 등이 있지만 중요한 것은 냉각 능력시험이다.

(1) KS 시험방법

① 표준설계온도

㉮ 냉각탑 입구수온 : 37°C(t_1)

㉯ 냉각탑 출구수온 : 32°C(t_2)

㉰ 공기의 입구 습구온도 : 27°C(t_1')

② KS 시험방법 1

오차가 생기기 쉬운 공기량의 측정보다는 수량, 입구수온, 출구수온 및 입구공기 습구온도를 측정하는 것으로 표준 냉각능력이 구해지면 산출방법도 간략하고 간단

③ KS 시험방법 2

시험방법 1을 측정하고 측정치로부터 수중량 속도를 구하고 아래 식에 따라 능력을 평가한다.

$$\frac{\text{표준냉각능력}}{\text{설계표준냉각능력}} \times 100 = \frac{\left(\frac{L}{A}\right)C}{\left(\frac{L}{A}\right)a} 100(\%)$$

여기서, $\left(\frac{L}{A}\right)C$: 설계 수중량 속도(kg/m²hr)

$\left(\frac{L}{A}\right)a$: 표준설계 온도일 때의 수중량 속도(kg/m²hr)

6. 결론

냉각탑의 성능시험 방법에는 오래전부터 미국의 CTI, ASME, 독일의 DIN 등의 규격이 있다. 어느 것이나 측정이 어렵고 또한 설계조건이 근사한 상태 외에는 성능시험이 되지 않는다. 국내에서는 간단한 성능시험과 성능평가가 가능한 KSB 6364 시험 방법이 1983년에 제정되었다.

21 Cooling Tower의 냉각수 온도제어방식을 기술하시오.

1. 개요

흡수식 냉동기를 사용하여 연간공조를 하는 경우 항온 · 항습실의 공조, 스포츠센터 등 응축온도를 일정하게 유지해야 할 때는 냉각수의 수온을 제어해야 한다.

종류로는 3방 밸브에 의한 수온제어, 2방 밸브에 의한 수온제어, 냉각탑 팬 모터(Fan Motor)의 On-Off에 의한 수온제어 등이 있다.

2. 수온제어방법

(1) 3방 밸브(3-Way V/V)에 의한 수온 제어

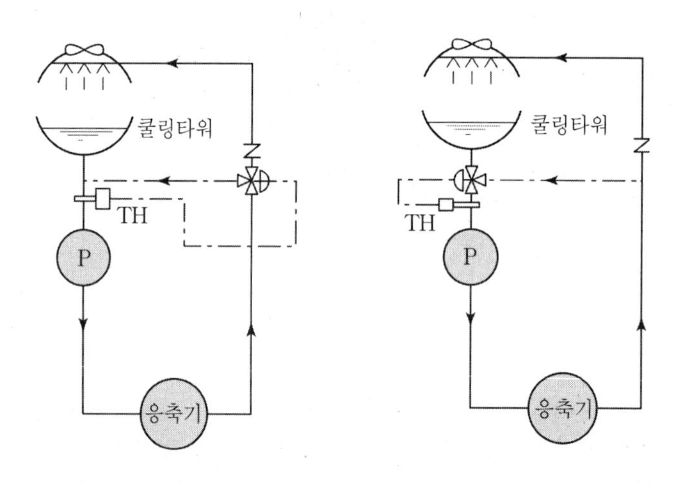

(a) 분류3방 밸브에 의한 방법　　(b) 혼합3방 밸브에 의한 방법

① 3방 밸브에 의한 방법은 펌프와 냉각탑의 레벨차가 작을 때는 사용하지 못한다.
② 펌프의 동력 절감은 되지 않는다.

(2) 2방 밸브에 의한 수온제어

① 다음 그림과 같이 밸브의 압력강화 ΔP는 다음 식에 한한다.

$$\Delta P < H + \Delta H_p$$

여기서, H : 실양정

ΔH_p : 냉각탑과 2방 밸브 사이의 마찰손실

② 2방밸브는 응축기 가까이 설치하는 것이 제어성이 좋고, 밸브 사이즈는 정확하게 Cv 값에 의해 결정한다.

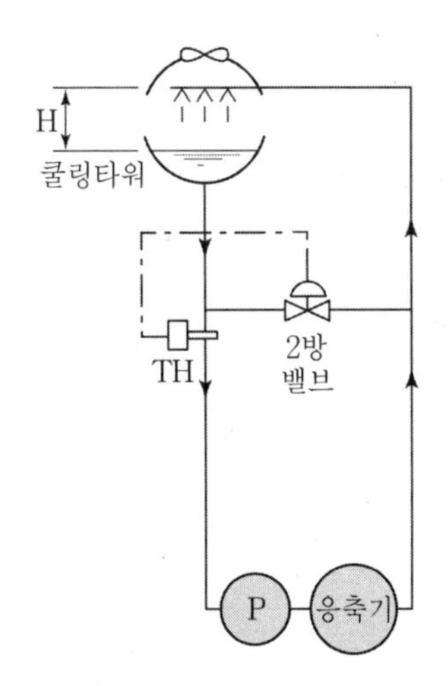

(3) 냉각탑 Fan Motor의 On－Off에 의한 수온제어

가장 간단한 방법으로 냉각수온도제어가 그다지 중요하지 않은 소형 냉각탑에 적용.

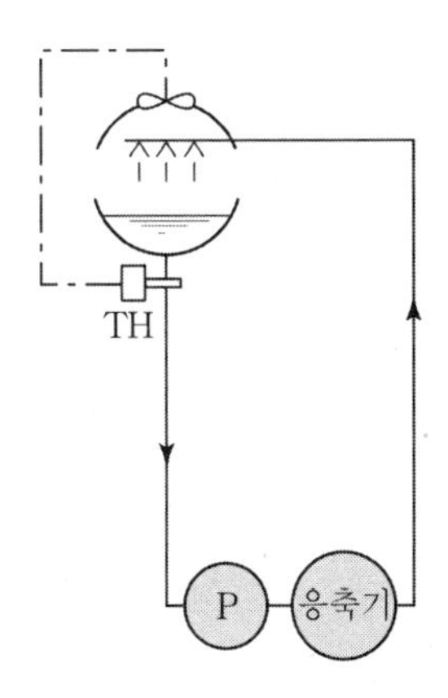

3. 문제점 및 대책

(1) 3방 밸브에 의한 수온제어

① 밸브와 냉각탑의 Level 차가 작을 때는 밸브 저항에 의해 냉각수가 By-Pass되는 양보다 냉각탑으로 보내지는 양이 많아져서 효과가 없다.

② 응축기 가까이에 3방 밸브를 설치하고 토출관 상단에 Check V/V를 설치한다.

(2) 2방 밸브에 의한 수온제어

① 3방 밸브와 같은 방법으로 대응

② 밸브 사이즈를 정확하게 선정하여야 한다.(Cv값에 의해 결정된다.)

4. 결론

냉각탑의 냉각수 온도제어방식에는 2방 밸브와 3방 밸브 및 냉각탑 Fan Motor의 On-Off 제어방법 등이 있다. 이 방법을 부하특성에 맞게 적용하여야 한다.

냉각탑 옥내, 옥외 설치 시 주의점을 20가지 이상 열거하라.

1. 개요

(1) 냉각탑은 공조용, 공업용, 산업용으로 나뉘며 열원에 따라 수냉식과 공랭식이 있으며 또한 개방식과 밀폐식으로 나뉜다.

(2) 냉각방식에 따라 대기식, 자연통풍식, 강제통풍식과 흐름에 따라 직교류식, 대향류식으로 나뉜다.

2. 냉각탑의 종류

(1) 개방식 냉각탑

① 대기식

② 자연 통풍식

③ 강제(기계) 통풍식 : 대향류형, 직교류형

(2) 밀폐식 냉각탑

증발식, 건식

3. 냉각탑의 설치 시 주의점

(1) 옥내 설치 시 주의점

① 재질은 부식의 염려가 없는 재료 선택 : 유리섬유, 강화폴리에스테르 수지판, 경질염화 비닐판 등의 내식성, 내화성 재료 선택

② 견고하게 조립할 것

③ 하부, 내부, 상부 청소 및 점검이 용이하도록 설치

④ 냉각수 낙하 분포가 균일할 것

⑤ 수평으로 균형 있게 설치할 것

⑥ 방진, 방음, 진동에 유리한 구조체위 설치(Jack up 방진)

⑦ 스프링식 방진 시공할 것

⑧ 설치 위치 기초 구조 강도 검토

⑨ 실내 소음 진동에 주의

⑩ 물의 비산 또는 증발된 증기의 실내 유입 없도록 환기 고려

⑪ 공기의 유통이 원활하게 실내 환기 고려

⑫ 급수 수질, 송풍량의 양질 확보
⑬ 겨울철 동파방지 고려
⑭ 배관재료의 내식재료 선택

(2) 옥외 설치 시

① 설치 장소의 구조적 강도 Check
② 빗물(산성비 영향), 바람 등으로 인한 영향이 없는 곳에 설치할 것
③ 인근 건물 또는 사무실 등에 소음 · 진동의 영향이 없도록 설치할 것
④ 굴뚝, 오염될 수 있는 요인과 격리할 것
⑤ 소음, 진동 흡수 장치
㉮ 흡음, 낙수물, Fan에 의한 바람소리의 방음 사일런서(Silencer) 설치
㉯ 스프링식 방지 기구 설치
⑥ 실내 급기구에 비산된물, 증기발생분의 유입 영향이없는 곳에 설치할 것
⑦ 햇빛, 바람에 의한 영향이(노화현상) 적은 재료 선택
⑧ 청소, 유지 관리, 보수성을 고려한 Space 확보
⑨ 통풍이 잘되는 곳에 설치할 것
⑩ 통과 공기의 유동저항이 적게 제작할 것
⑪ 점검사다리, 볼탭 등 부속품의 재질부식 수명고려
⑫ 내식성 재료(동, 스테인리스강)를 선택할 것
⑬ 살수 Pump, 전동기는 옥외용에 견디는 것 사용

4. 결론

냉각탑의 옥내, 옥외 설치 시 비산되는 물의 장해, 소음진동, 부식, 수명, 수질, 작업성, 유지 관리 보수성을 고려한 Space 확보 등의 면밀한 조사가 선행되어야 하며, 열교환에 중요한 요소인 통풍에 장애가 없어야 한다.

냉각탑의 운전관리

1. 개요

냉각탑의 효율이 냉동기 성능에 커다란 영향을 미치므로 냉각탑의 유지 관리를 철저히 하여 에너지 절약에 기여하고 한편 소음, 진동의 방지로 주거환경에 악영향을 미치지 않도록 한다.

2. 소음과 진동

냉각탑 내에서 공기 및 물이 유동하는 음과 송풍기 등의 소음진동이 원인이 되어 방음 및 방진대책 필요

(1) 소음발생원

① 송풍기 부분에서의 소음
② 살포수에 의해 발생되는 소음
③ 루버에서의 소음

(2) 소음방지대책

① 냉각탑 자체를 크게 하여 필요 풍량을 적게 한다.
② 외경을 크게 하여 회전수가 낮은 저소음형 송풍기 사용
③ 송풍기 자체를 저소음화
④ 수적이 직접 수조수면에 낙하하지 않도록 합성 섬유 매트 설치
⑤ 매트 하부의 수적소음판을 통하여 낙수

3. 냉각수처리

(1) 수처리 목적

① 배관과 기기의 수명 연장
② 에너지(전기, 연료) 절약

(2) 냉각수계에서 발생하는 장애요인

① 부식장애
② 스케일장애
③ 슬라임장애

(3) 냉각수 Monitoring 방법과 관리지표

① 부식 방지제, 스케일 방지제, 슬라임 살균제 및 분산제의 사용에 의한 종합 오염 관리로 열교환기 효율을 유지시키고, 공식 등에 의한 수명단축을 연장
② 인 배출 규제에 대비한 비인산염계 부식 및 스케일 방지제 개발
③ 자동 약주입 설비 및 냉각수 수질관리시스템 개발

(4) 블로 다운(Blow Down)

① 오버 블로 : 보급수를 수동밸브로써 조작하여 오버 블로
② 연속 블로 : 블로 조절변으로 순환수의 일정량을 연속적으로 블로

4. 냉각수 온도제어

(1) 3－Way 밸브를 이용한 바이패스 유량 제어
① 분류형(Diverting) 3－Way 밸브
② 혼합형(Mixing) 3－Way 밸브
(2) 2－Way 밸브에 의한 방법
(3) 팬 머티 on · off 제어에 의한 방법

5. 냉각탑의 용량제어

(1) 수량 변화
(2) 공기풍량 변화
(3) 분할운전

6. 냉각수 배관

(1) 보급수량 확보
(2) 스트레이너(Strainer) 설치
(3) 과냉각 방지

7. 결론

냉각탑의 유지 관리는 냉각수의 수처리, 소음진동의 방지, 블로 다운 등을 철저히 하여 냉각탑의 용량제어, 냉각수 온도제어 등에 원활히 대응할 수 있도록 한다.

Heat Pump의 원리와 그 응용에 대해서 논하라.

1. 개요

하절기 냉방 시 보통의 냉동기와 같지만 겨울에는 냉동 Cycle을 역작용시켜 응축기 열을 난방용으로 사용하여, 최근 에너지 절약 측면에서 다양하게 이용되고 있다. 연소를 수반하지 않으므로 대기오염이 없고, Heat Pump형 냉난방기, Heat Pump형 공조기, Heat Pump를 이용한 미이용 에너지 회수기술 등의 측면에서 보급이 활성화되고 있다.

2. 열원 열매의 종류

(1) 공기 대 공기 방식

① 냉매회로 절환방식
② 공기절환방식

(2) 공기 대 물 방식

① 냉매회로 절환방식
② 물회로 절환방식

(3) 물 대 공기 방식

냉매회로 절환방식

(4) 물 대 물 방식

① 냉매회로 절환방식
② 수회로 절환방식

(5) 이중 응축기 방식

3. 방식의 특성

(1) 공기 대 공기 방식

① 열원 및 열매 : 채열 측, 방열 측 모두 공기
특징 : 채열 측과 방열 측이 모두 공기로서 축열 및 장거리 수송에 불리

② 냉매회로 절환방식

㉮ Package Unit, Room Air Con 적용

㉯ 장치 간단

㉰ 축열 불가능

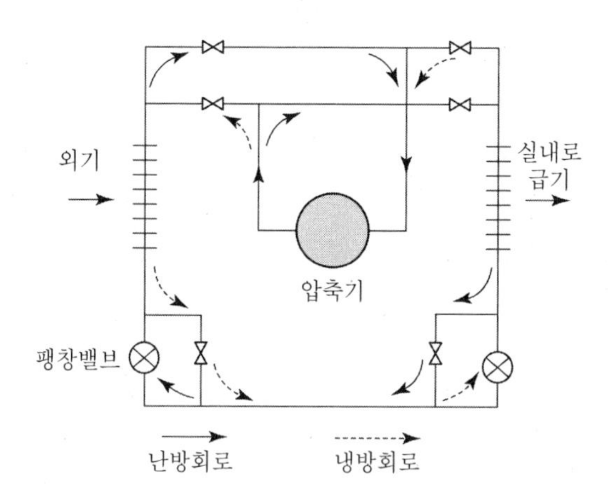

③ 공기회로 절환방식

㉮ 덕트설치 공간이 많이 소요

㉯ 고장이 적다.(공기회로 절환)

㉰ 축열 불가능

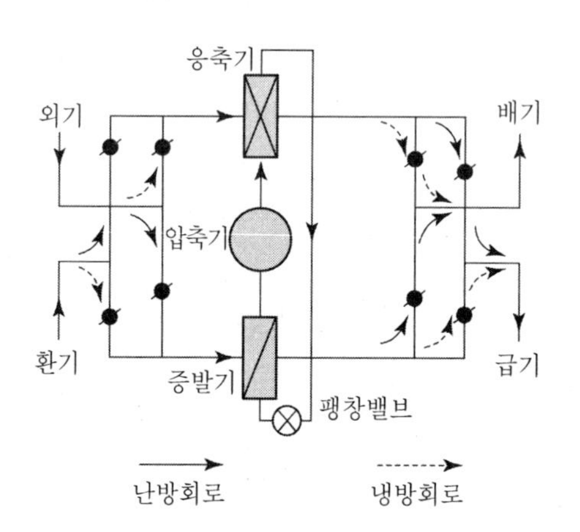

(2) 공기 대 물 방식

① 열원 및 열매 : 채열 측 공기, 방열 측 수

특징 : 채열 측이 공기이고 방열 측이 물이므로 축열가능, 멀리 이송 가능, 시간차 대응

② 냉매절환방식

㉮ 방열 측이 물이므로 축열조를 사용하여 냉동기 용량을 적게 할 수 있다.

㉯ 외기 온도가 높을 때 고효율의 Heat Pump가 된다.

㉰ 대형 기종은 Fan 소음에 유의

㉱ 왕복식, 스크류식, 터보식 냉동기 사용

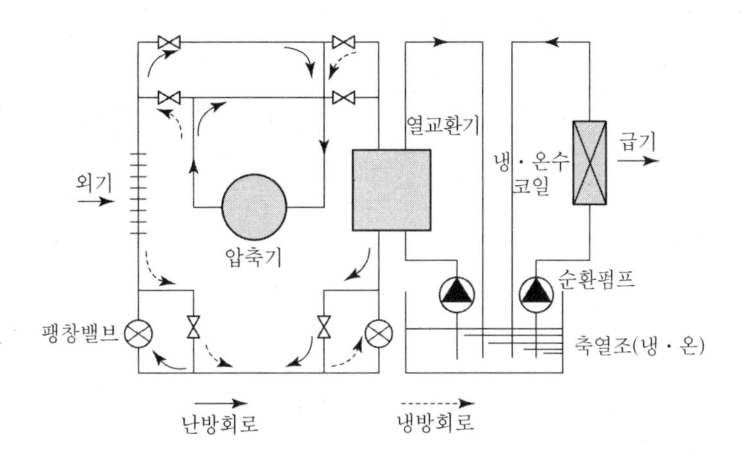

③ 수회로 절환방식

㉮ 외기 0℃ 이하일 때는 부동액을 사용

㉯ 부동액 농도관리 번잡

㉰ 사용이 간단

㉱ Heating Tower 크기가 커짐

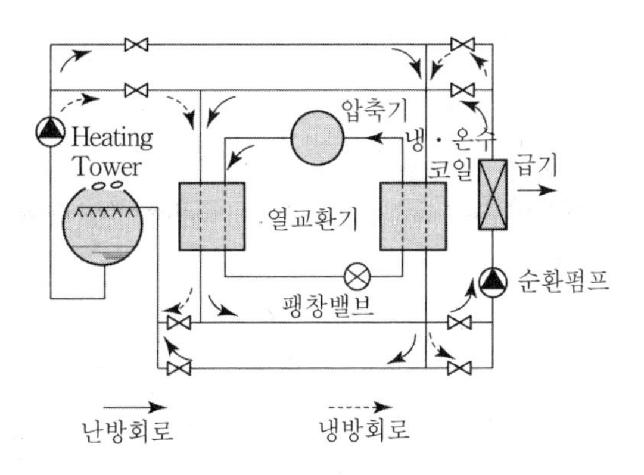

(3) 물 대 공기 방식

① 열원 및 열매 : 채열 측 수, 방열 측 수

특징 : 채열 측이 물이므로 공기에 비하여 열교환기가 적어도 되며 제상장치 불필요

② 냉매회로 절환 방식

㉮ 소형 Heat Pump에 적합

㉯ 냉매만으로 Cycle 절환

㉰ 장치 간단

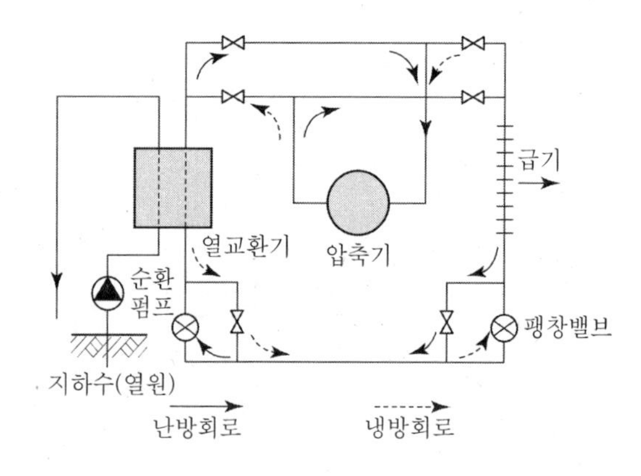

(4) 물 대 물 방식

채열 측과 방열 측이 모두 물로서 축열과 멀리 이송 가능

① 열원 및 열매 : 채열 측 수, 방열 측 수

특징 : 채열 측과 방열 측이 모두 물로서 축열과 멀리 이송이 가능

② 냉매 회로 절환

㉮ 축열조 이용

㉯ 대형 기종에 적합

㉰ 냉매회로 절환으로 시스템 간단

㉱ 냉 · 온수 동시 사용 가능

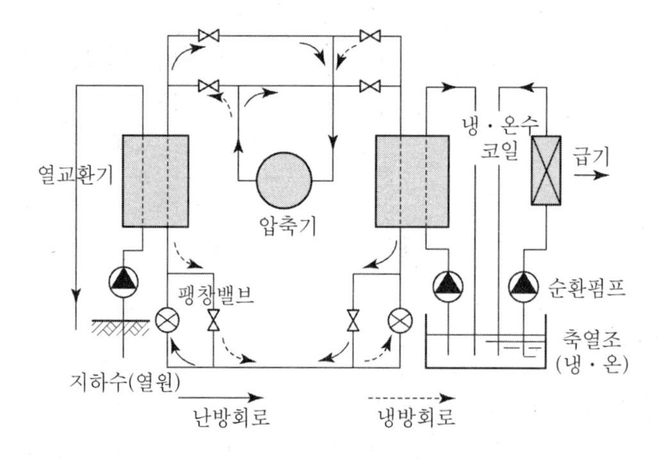

③ 수회로 절환
　㉮ 수회로 절환으로 냉매회로 간단
　㉯ 축열조 이용 가능
　㉰ 대형 기종에 적합
　㉱ 냉·온수 동시 사용 가능

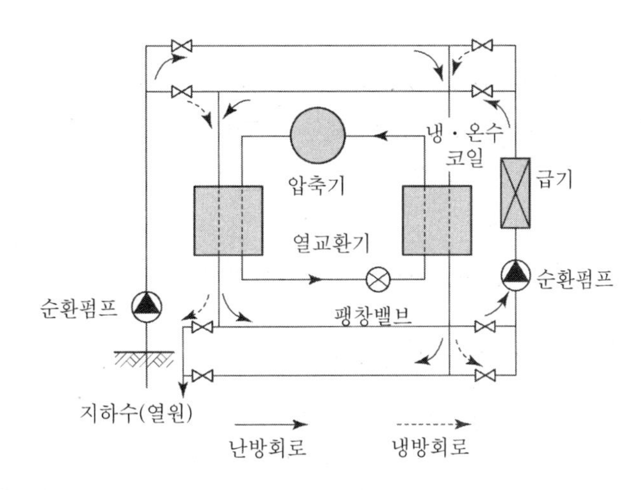

(5) 이중 응축기

① 중·소형 Heat Pump에 적합
② 냉매, 수회로 절환 불필요, 안정적 운전
③ 축열조 이용
④ 냉·온수 동시 사용 가능

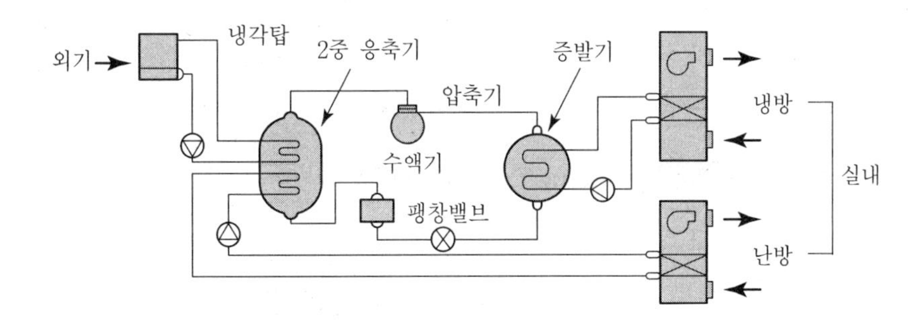

4. 결론

(1) Heat Pump는 연소를 수반하지 않아 대기오염의 염려가 없으며, 1대로 양열원의 냉난방을 겸하므로 설비 공간면에서도 유리한 방식이다.
(2) 우리나라의 기후조건에서는 남부지방의 일부지역과 제주도 지역에서만 가능하다.

지열히트펌프를 이용한 냉난방시스템

1. 개요

기존의 냉 · 난방 열원인 화석연료사용에 따른 CO_2 배출에 의한 지구온난화, CFC물질에 의한 오존층 파괴 등으로 인해, 신재생에너지로 교체하여 건축물의 에너지절약과 환경친화적인 설비시스템의 확산보급추세에 있으며 지열히트펌프시스템은 안정적, 신뢰성 있는 대체에너지로 각광받고 있다.

2. 지열이용방식

(1) 개방형 우물방식(Open Loop System)

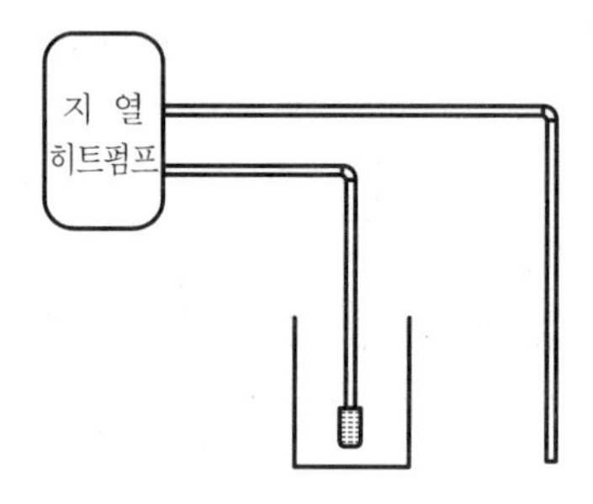

① 지하심도가 깊은 지하수를 직접 이용하는 방식
② 한 번 사용된 지하수를 버리는 방식으로 이로 인한 2차적인 오염 초래
③ 심도가 깊을 경우 펌프의 동력비가 증가

(2) 지표수 이용 폐쇄회로방식(Surface Loop System)

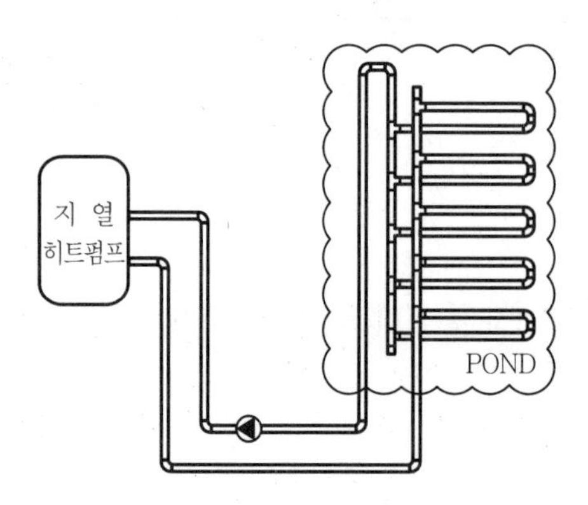

① 호수나 연못, 강물에 폐쇄회로로 구성된 열교환기를 배치하여 이용하는 방식
② 충분한 수량이 확보되어야 함
③ 지표수 이용에 따른 환경영향이 고려되어야 함

(3) 수직형 폐쇄회로방식(Vertical Loop System)

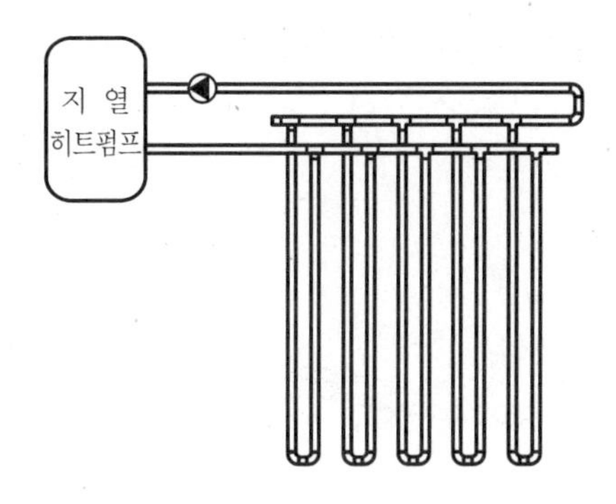

① 지열을 흡수하기 위해 HDPE 파이프를 수직으로 장착
② 지하심도 400m 이하까지도 매설이 가능
③ 복잡한 도심이나 대지조건이 협소한 곳에 적용

(4) 수평형 폐쇄회로방식(Horizontal Loop System)

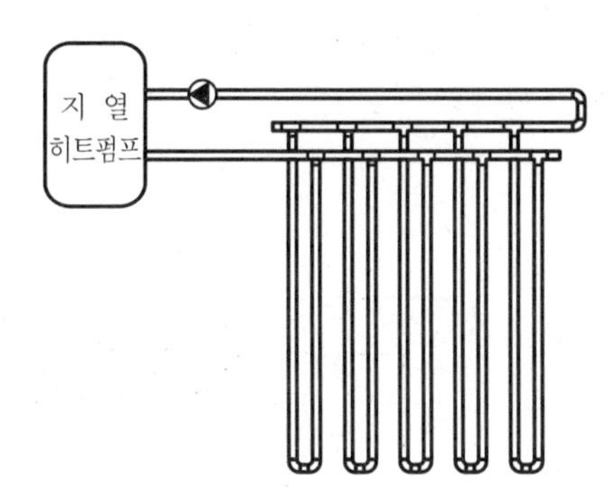

① 지표면 가까이 동결선을 피하여 낮은 상태로 지열교환루프를 지하 2m 이하에 매설
② 부지가 넓은 장소에 적합
③ 겨울철 히트펌프 시스템의 난방효율이 저하될 수 있음

3. 지열 히트펌프 시스템의 효과

(1) 에너지 절약과 건물유효면적 증대로 경제성 확보

① 냉난방 에너지의 절약효과 기대

② 건물의 유효면적 비율증가로 초기 투자비 상쇄효과 기대

(2) 유지 관리의 편리성, 에너지 절약적인 시스템

① 개별 전자동제어에 의한 공조시스템

② 에너지 절약적인 공조시스템

③ 냉난방 능력이 안정

④ 건물과의 조화

⑤ 간편한 보수 및 유지 관리

4. 지열 히트펌프 시스템

(1) 원리

① 지중 일정한 심도 이하의 깊이에 설치된 지열교환장치를 통하여 일정수준의 수온과 수량을 확보

② 국내의 경우 기후적인 특성으로 인하여 겨울철 외기온도가 너무 낮아 공기열원 히트펌프의 적용에 많은 문제점 야기

③ 수열원 히트펌프 시스템과 접목되면서 에너지 절약형 냉난방 시스템으로 활용될 수 있는 친환경 열원시스템으로 평가됨

(2) 냉방사이클

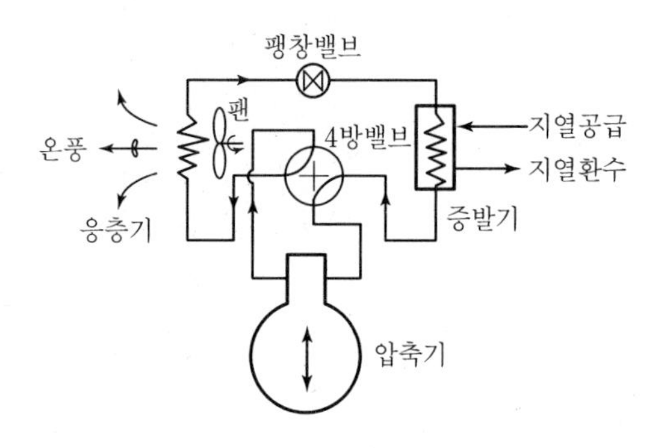

① 히트펌프 내부의 열교환기를 지나는 고온의 냉매증기는 지열 루프의 부동액 쪽으로 열을 방출하고 자신은 냉매액체로 상변화

② 지열시스템 내에서 유입수온은 14℃ 정도이고 냉매로부터 열을 받게 되면 5~6℃ 정도 온도상승

③ 상승된 부동액의 온도는 지하 지열루프를 순환하면서 지중의 온도와 열교환됨

(3) 난방사이클

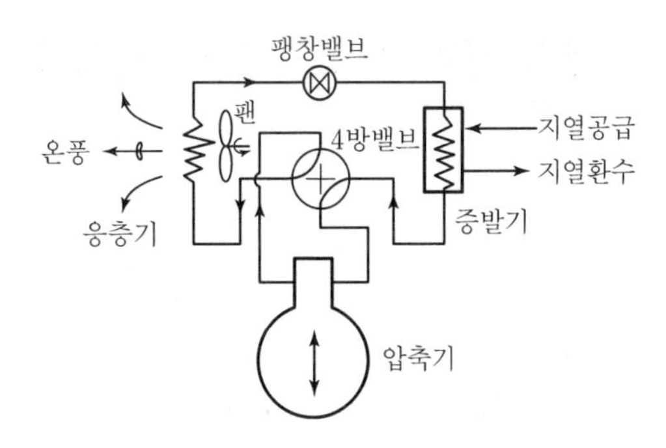

① 히트펌프 내부의 열교환기를 지나는 저온의 냉매액체는 지열 루프의 부동액으로부터 열을 흡수하고 자신은 냉매증기로 상변화

② 열교환기 내에서 부동액의 온도는 5℃ 정도이고 온도강하는 3~5℃ 정도

③ 강하된 부동액의 온도는 지하 지열루프를 순환하면서 지중의 온도와 열교환됨

5. 활용방안

(1) 신재생에너지 이용 대상건물

(2) 일반건물과 주거용 시설

(3) 군시설, 학교, 체육시설

(4) 공공시설, 체육시설, 복지시설, 수영장, 대형식당

6. 결론

무한정한 지열을 활용한 지열히트펌프시스템은 신뢰성과 안정성을 확보한 신재생에너지로서, 에너지 절약기술 확보 및 건물 에너지 수요증가에 대비할 수 있도록 많은 연구가 필요하다고 사료된다.

26 대향류형 냉각탑에서 물과 공기의 온도 관계를 도시하시오.

1. 개요

냉각탑은 냉동기의 응축열을 대기 중에 방출하는 장치로서 향류형 냉각탑은 냉각수의 흐름방향과 공기의 흐름방향을 역방향으로 하여 냉각효율을 상승시킨다.

2. 조건

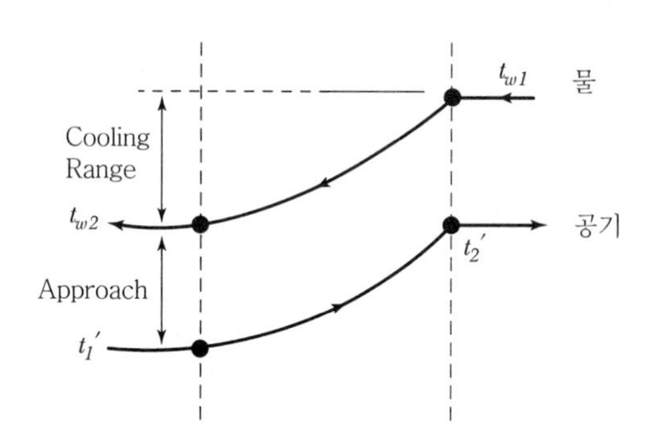

① t_{w1} : 냉각수 입구수온(37℃)

② t_{w2} : 냉각수 출구수온(32℃)

③ $t_{1'}$: 외기공기 입구 습구온도(27℃ WB)

④ $t_{2'}$: 외기공기 출구 습구온도(32℃ WB)

3. 관련용어

(1) Approach

냉각수 출구수온과 입구공기의 습구온도차로서 보통 5℃이다.

$$Approach = t_{w2} - t_{1'}$$

(2) Cooling Range

냉각수 입 · 출구 온도차로서 보통 5℃이다.

$$Cooling\ Range = t_{w1} - t_{w2}$$

(3) 보급수량

순환수량의(1~2%)이다.

증발+비산+블루아웃

4. 결론

동일한 공기와 수온의 조건에서는 대항류형이 대수평균 온도차가 크게 되어 냉각효율이 상승한다. 또한 외기의 습구온도가 낮을수록 Approach는 커지며, 냉각효율이 상승한다.

27 로이 유리(Low-E 유리, Low-Emissivity Glass)

1. 개요

LOW-E 유리란 복층으로 된 유리내부에 적외선반사율이 높은 은(Ag) 코팅막을 형성하여 가시광선을 투과시켜 실내의 채광성을 높이고, 적외선을 반사하여 일사부하를 줄이며 열관류 값이 낮은 고단열 복층 유리이다.

2. 로이 유리의 개념

(1) 방사율

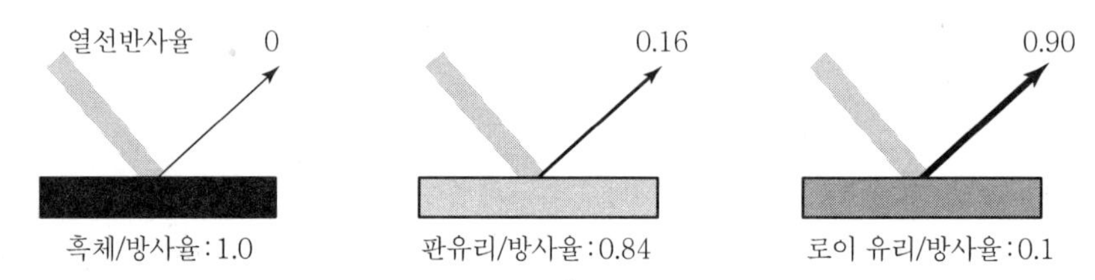

① 적외선 에너지(열선)를 방사하는 척도

② 방사율이 낮을수록 단열성능 우수

(2) 에너지 절약

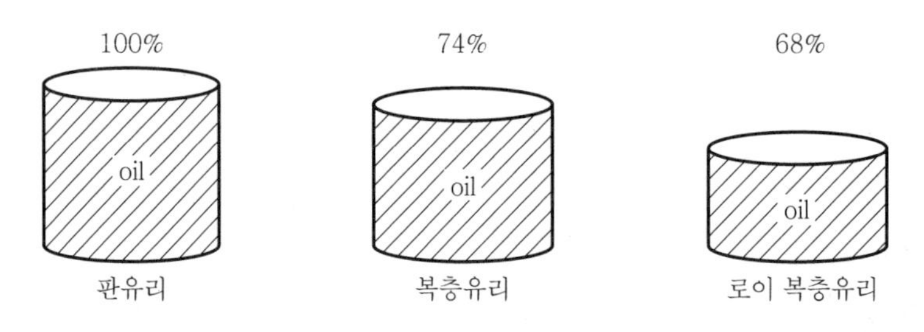

① 판유리나 복층유리에 비해 에너지 절약성이 우수

② 로이 복층유리 사용으로 판유리보다 32%, 복층유리보다 6% 정도 에너지가 절약됨

3. 로이 유리의 적용

(1) 여름철 냉방 시

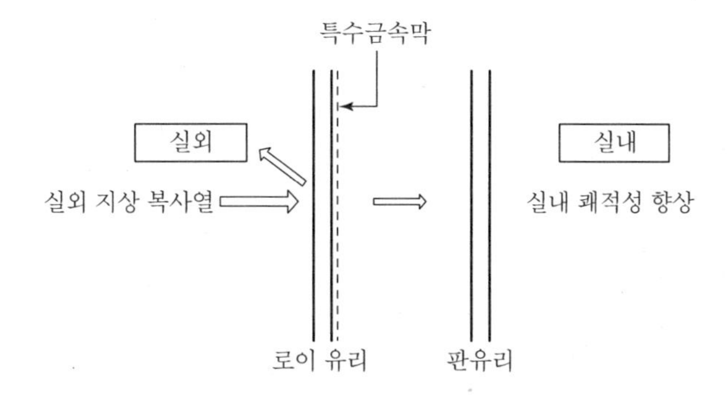

① 여름철 냉방이 중요한 상업용 건축물에 유리

② 실외의 태양복사열이 실내로 들어오는 것을 차단

(2) 겨울철 난방 시

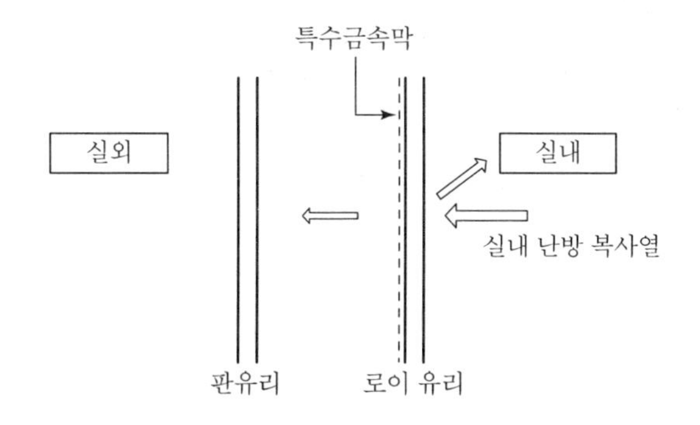

① 겨울철 난방이 중요한 주거용 건축물에 유리

② 실내의 난방기구에서 발생되는 적외선을 내부로 반사

(3) 사계절용

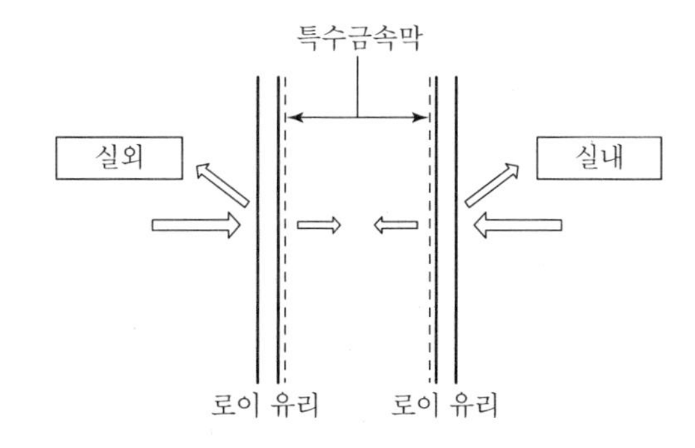

계절에 상관없이 실내의 우수한 단열성능 발휘

4. 로이 유리의 특징

(1) 에너지 절약
(2) 우수한 단열성능 효과
(3) 소음 차단효과 우수
(4) 유리면에 발생하는 결로 저감
(5) 다양한 색상 가능

5. 열관류값의 비교

(1) 일반유리 : 두께 6mm K=5.8W/m^2.K
(2) 복층유리 : 두께 6+12+6(24mm)K=2.7W/m^2.K
(3) LOW−E 유리 : 두께 6+12+6(24mm)K=1.7W/m^2.K

6. 결론

최근 에너지 절약측면에서 특수 복층유리의 사용이 증가하고 있으며, 고단열, 일사차단능력이 뛰어난 유리의 적용이 고려되어야 할 것으로 사료된다.

천장패널 냉방시스템에 대하여 기술하시오.

1. 개요

(1) 최근 소득의 증대 및 생활수준의 향상과 더불어 주거환경의 개선에 대한 욕구가 크게 증가하는 추세이다.

(2) 이에 실내환경의 향상과 에너지의 효율적 이용을 위한 냉방방식의 일환으로 천장패널 냉방시스템(Cooling System With Chilled Ceiling Panel)을 도입하였다. 종래의 온 습도 조절이라는 공조개념에서 탈피하여 국소적인 온도차, 공조기에 의한 기류감과 공조소음 등의 문제해결에 관심을 두고 있다.

2. 시스템의 원리

천장패널에 배관을 설치하여 냉수를 순환시킴으로서 냉각된 천장의 표면에 의하여 실내의 현열을 제거하여 냉방을 수행하는 냉방방식이다.

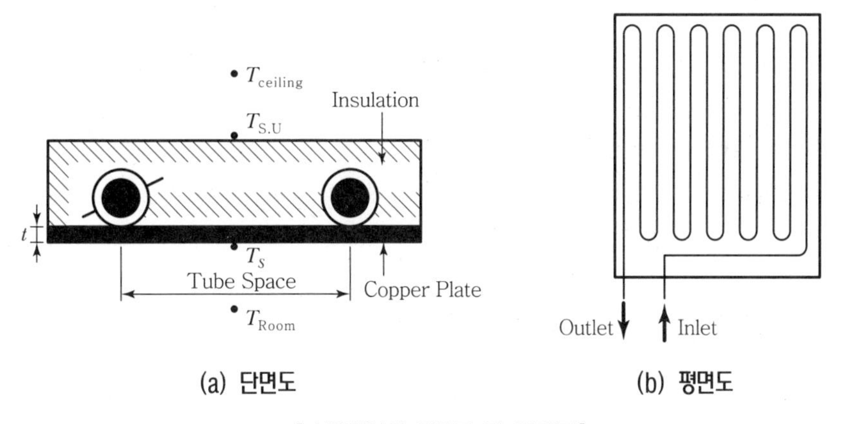

(a) 단면도 (b) 평면도

[천장패널의 단면도 및 평면도]

3. 시스템의 구성요소

(1) 천장패널

(2) 냉각제(Cooling Element)

(3) 천장타일(Ceiling Tile)

(4) 단열재

(5) 펌프

(6) 연결구, 연결기구

4. 천장 패널냉방 시스템의 특징

(1) 장점

① 기류의 감소로 쾌적성 증대
② 천장공간의 유효이용
③ 덕트 및 공조기의 규모감소
④ 덕트 및 공조기의 소음감소
⑤ 에너지 절약효과

(2) 단점

① 패널표면의 결로발생 가능성
② 잠열부하의 처리문제
③ 신선공기의 공급문제

5. 시스템의 도입방안

(1) 기후 및 설비의 사용조건 검토
(2) 냉수입구온도 및 패널표면온도를 노점온도 이상 유지(노점감시장치 설치)
(3) 냉수유량 최소 0.017kg/s(약 60l/h)
(4) 냉수의 온도강하 2°C 정도로 결정(16~18°C)
(5) 냉수유동을 난류로 함으로써 열전달 효율을 향상하고 배관 내 공기의 자연배출 유도
(6) 압력손실을 50kPa 이하로 유지
(7) 패널의 표면에 결로가 발생하지 않는 한도에서 패널의 표면온도를 최대한 노점온도에 접근시킴
(8) 실내공간 및 패널표면의 상태에 따라 냉수의 순환회로를 적절히 제어하는 계측기, 밸브류, 제어장치 등 필요
(9) 조명 및 실내분위기, 다른 기기들과의 조화를 이루도록 설계

6. 결론

천장패널 냉방시스템은 냉방부하에 대처가 용이하며, 전기기기들의 발열을 최소화할 수 있어 에너지 절감과 운전비의 감소 및 실내거주자가 요구하는 쾌적한 수준을 만족시킬 수 있는 냉방방식의 하나이다. 실내환경과 시스템의 사용조건을 적절히 제어한다면 효과적인 냉방을 할 수 있을 것으로 판단된다.

태양열 냉방에 대하여 기술하시오.

1. 태양열 냉방기술

(1) 개요

초에너지 절약 건물에서 기존의 전기에너지 가스 또는 화석에너지 등의 사용을 가급적 배제하고 가능한 한 무공해 및 무료인 신재생에너지를 활용하여 냉방하려는 기술이다.

(2) 태양열의 특징

① 무한성
② 무공해성
③ 저밀도성
④ 간헐성

(3) 태양열 냉방기술

① 원리

㉮ 태양열 집열기에서 얻는 90°C 정도의 온수를 고온축열조에 저장
㉯ 온수를 이용하여 저온수 흡수식 냉동기 운전
㉰ 냉동기에서 생산된 9°C의 냉수를 이용하여 AHU의 냉각코일에 순환하여 냉방

② 장치도

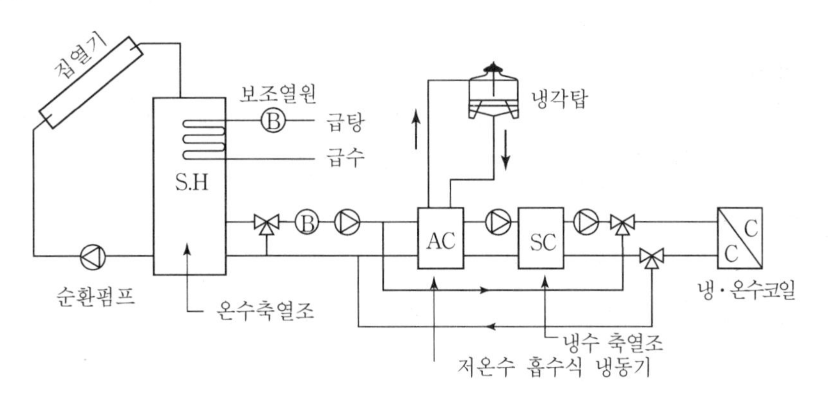

[급탕, 난방, 냉방(저온수 흡수식 냉동기)]

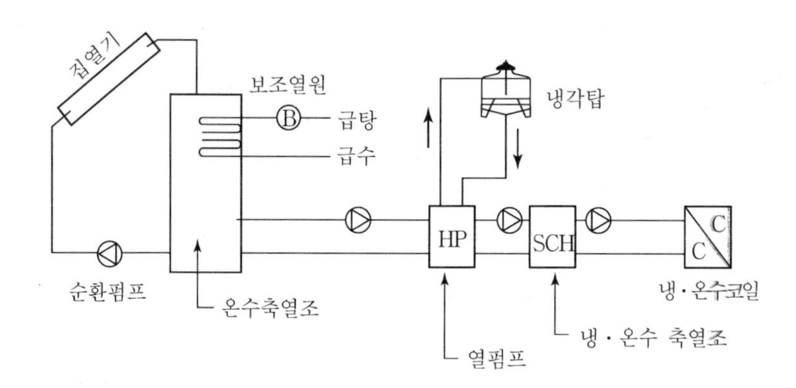

[급탕, 난방, 냉방(열 펌프 이용)]

③ 태양열 집열기의 종류

㉮ 평판형 태양열 집열기

㉯ 진공관식 태양열 집열기

㉠ 2중튜브형 진공관식 집열기

㉡ 판튜브형 진공관식 집열기

㉢ 히트파이프형 진공관식 집열기

④ 진공관식 태양열 집열기 특징

㉮ 자연대류영향을 최소화하여 집열효율이 높아 고온의 온수 축열 가능

㉯ 급탕 및 난방열원 공급가능

㉰ 냉방기 가능한 85~95℃의 온수 공급 가능

㉱ 최고 140℃ 정도의 중온수 공급 가능

2. 흡수식 냉방시스템

(1) 개요

염화리튬 수용액과 트리에틸렌그리콜액 등을 대기에 노출하면 공기 중에서 수분을 흡수하여 서서히 희박하게 되는 성질을 이용하는 방법이다.

(2) 냉방원리

① 제습부와 재생부로 구성됨

② 제습부는 흡습제와 공기 접촉면적을 증대하는 기구로 구성됨

③ 수용액 수조를 지하수, 시수 등에 의해 액냉강

④ 재생부는 액분배장치, 가열코일 액상제거부, 재생공기 송풍기로 구성

(3) 특징

① 온도와 습도를 동시에 조절가능
② 대풍량의 공기를 처리하는 데 적합
③ 흡습부에서 습공기와 흡수제의 접촉면적의 증가가 중요
④ 흡수제의 비산에 유의
⑤ 염화리듐 흡수제의 경우 살균효과가 있다.
⑥ 염화리듐 흡수제의 부식성 문제 고려

3. 흡착식 냉방시스템

(1) 개요

물체의 표면에 흡착되기 쉬운 물분자가 흡착제(Soild desiccant)를 통과할 때 공기에서 수분이 흡착제로 이동(모세관 응축)

(2) 종류

① 재생과 흡착방법 : 2탑식, 다탑식, rotory drum type

② 제습이용 형태 : 전외기방식, 전순환방식, 외기혼합방식

(3) 종류별 특징

① 전외기식
분진 등의 발생에 의해 건조공기의 재순환이 곤란한 경우

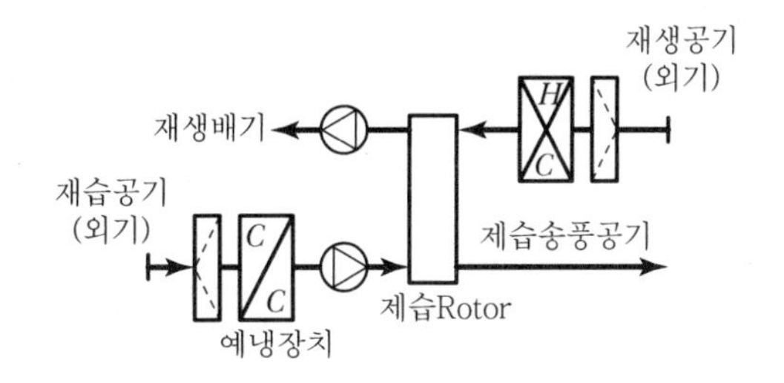

② 전순환방식
외기의 도입이 필요하지 않을 때

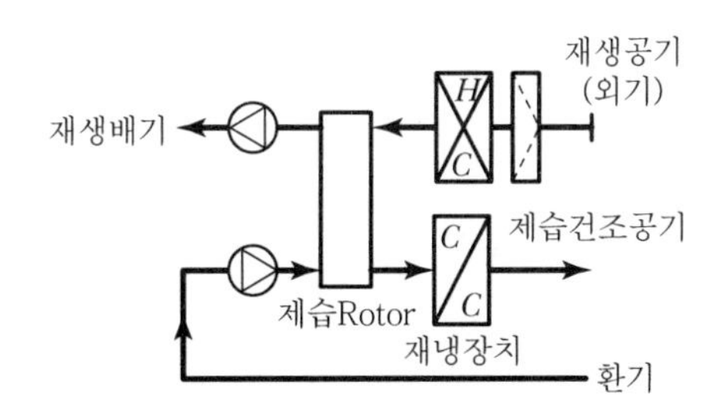

③ 외기혼합방식

㉮ 외기와 환기의 혼합이용

㉯ 고도의 온습도 제어가 필요한 곳

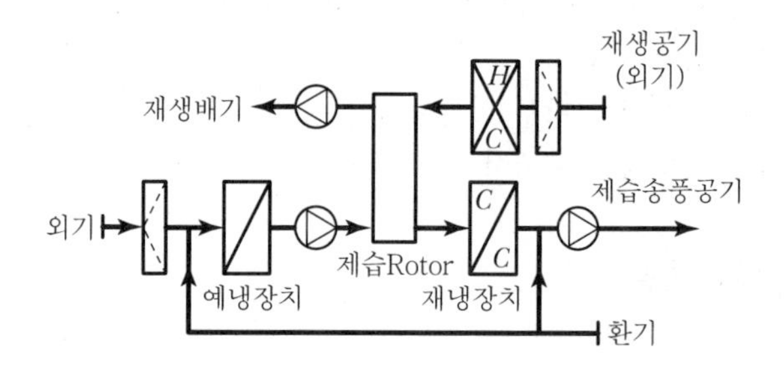

4. 결론

에너지 부존자원이 부족한 우리나라에서는 에너지 소비의 절감과 자연에너지의 효과적인 이용이 중요하므로 태양열을 이용한 냉방, 제습을 하는 데 집열 효율이 뛰어난 진공관식 집열기의 연구 개발이 활성화되어야 할 것으로 사료된다.

CHILLED BEAM SYSTEM에 대하여 기술하시오.

1. 개요

Chilled Beam System은 인테리어 개념이 가미된 천장판에 덕트 및 배관을 포함하여 기존의 기계설비와 전기설비의 모든 공정의 공사를 집합 모듈화하여 공장 제작, 현장 설치하는 새로운 천장시스템이다.

2. 구조 및 기능

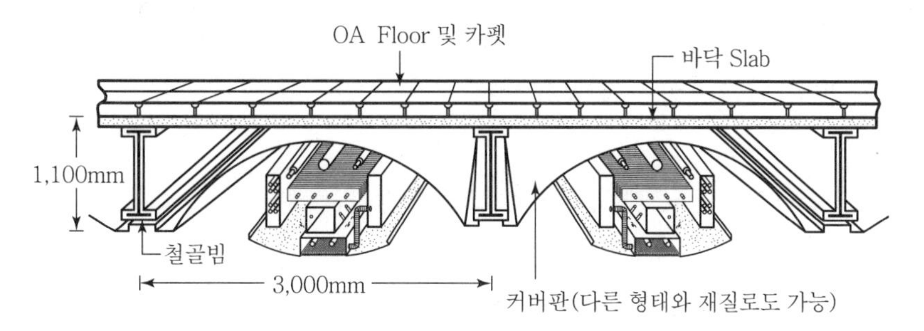

[CHILLED BEAM SYSTEM 설치 단면도]

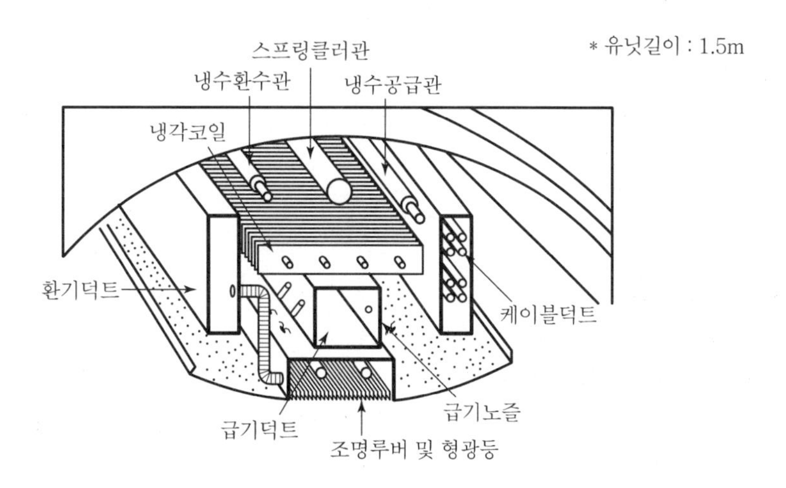

[CHILLED BEAM UNIT 확대 단면도]

(1) 구조

① Multi-Functional Ceiling 또는 Multi-Service Ceiling으로 불리는 다기능 천장

② 공조용 냉각 Fin-Coil, 급기덕트와 노즐, 배기덕트, 냉수공급 및 환수배관

(2) 기능

① 냉방 시

㉮ 공조기의 주된 역할은 외기 도입 및 냉각제습

㉯ 고속의 급기를 노즐로 실내 분사

㉰ 유인공기가 냉각코일을 통과하면서 실내급기

㉱ 일종의 유인 유닛 공조방식

㉲ 환기 시 조명 발열 제거 용이

㉳ 냉방용량 : 200−640W 유닛으로 1.5m×3m=4.5m^2 냉방담당

㉴ 신선한 공기량 : 10l/s. Unit

㉵ 냉수공급 16℃, 냉수환수 19℃ 정도

② 난방 시

㉮ 공조기에서 공급되는 난방용 급기를 노즐을 통하여 분사

㉯ 컨벡터가 외주의 난방 부하 담당

③ 소방

스프링클러 배관 및 헤드, 감지기, 스피커 등을 내장

④ 조명

조명 루버에서 조명과 환기구 역할

⑤ 인테리어 천장

알루미늄 또는 칼라함석 마감

⑥ 시설공간

각종 설비, 전기에 있어 은폐돈 시설공간 제공

3. 도입효과

(1) 쾌적한 공조 환경

① Draft가 없고 소음이 적은 정숙한 공조환경 유지

② 천장판의 복사에 의한 체감온도는 실온보다 낮으므로 실온을 조금 높게 유지 가능

③ VAV 시스템과 같은 전력 사용 개소가 없고 냉수 배관에 의한 에너지 수송으로 에너지 절감 가능

④ 냉방부하에 대한 대응 능력이 뛰어나다.

⑤ 자동제어 간단

⑥ 환기 계통 분리 용이

⑦ 공조실과 덕트 샤프트의 규모 축소 가능

(2) 건물 층고의 단축

30~60cm

(3) 공사기간의 단축

① 공장 제작 현장 설치

② 천장 공사와 동시에 공조, 소방, 조명 등의 설비 공사 진행

(4) 간편한 유지 보수

① 실내공간에 노출되어 유지 보수 용이

② 청소 가능

(5) 경제성 향상

① 복합 공정 대량 생산 및 동시 시공으로 공기 단축

② 층고 단축으로 층수 증가 가능

(6) 기존 건물의 혁신적 개보수

기존의 낮은 층고 활용 가능

4. 도입 시 유의사항

(1) 설계 및 시공기술의 확보

① 국내 시공실적 없음

② 제품생산회사 및 시공실적 있는 외국업체로부터 설계 및 시공시술 전수

③ 기술자료 확보 매뉴얼화

(2) 결로대책

① 공조기의 1차공기의 냉각 감습

② 냉각코일의 적정온도 유지(16°C 공급, 19°C 환수)

(3) 국산화

기계설비업체 주관하에 산학연 공동연구로 국산화

5. 결론

(1) Chilled Beam System 도입은 높은 천장과 넓은 업무공간 제공은 물론 천장의 모듈화로 공기 단축, 인원절감, 시공 질이 향상하는 기대를 가져온다.

(2) 산학연 공동연구로 국산화하여 널리 보급해야 할 것으로 사료된다.

COOL TUBE SYSTEM에 대하여 기술하시오.

1. 개요

신선한 외기를 지하에 매설된 관에 유입시켜 지하의 열원관 열교환하여 예냉, 예열하여 공기조화기에 공급함으로써 건축물의 에너지를 절감하려는 것이다.

2. 열적성능에 영향을 미치는 요소

(1) 외기온도
(2) Tube의 직경
(3) Tube의 길이
(4) 매설깊이
(5) 흙의 열전도율
(6) 공기풍량
(7) 지중의 수분함습율

3. Cool Tube System의 설계 및 시공지침

(1) Cool Tube의 재질 및 직경

① 내구성과 열교환성이 우수한 스테인리스 강관 사용
② 관의 직경 300mm 이상

(2) Cool Tube의 길이

Cool Tube의 길이 50m 이상(70~100m)이 바람직

(3) Cool Tube의 매설깊이

건립대상 건물의 바닥면으로부터 3m 이상

(4) Cool Tube의 매설간격

Tube 3개 각각 1.5m 이상

(5) Cool Tube의 Slope

1/500 이상으로 하여 응축수 탱크에 집수

(6) Cool Tube의 송풍량

300CMH 3개

(7) 송풍실의 구조

① 빗물침투 방지

② 직접 일사나 온도에 영향을 받지 않는 곳

③ Fan의 설치 및 유지 관리 용이토록

(8) 송풍실 주위의 조경

① 하절기에는 그늘이 지게 하여 급기 온도 상승 방지

② 동절기에는 태양열의 영향으로 급기 온도 상승

(9) 응축수 탱크 및 Sub-pump 설치

① 관 내부에 온도차에 의한 결로 발생

② 응축수 응축 탱크에 유입 후 Sub-pumping

(10) Cool Tube의 침하방지

부동침하로 인한 관의 변형방지

(11) 헤더의 재료

Cool Tube와 같이 스테인리스관

(12) Cool Tube의 댐퍼 설치

(13) 응축수 탱크과 Cool Tube 접합부위 습기 침투 방지

(14) 송풍실의 Fan 설치

급기용 Fan은 900CMH

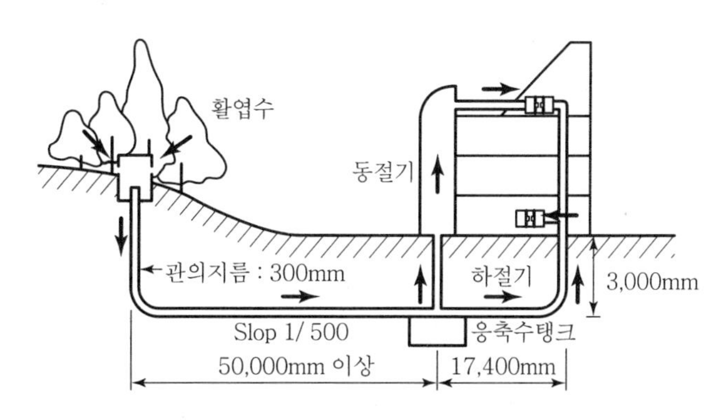

[최적 COOL TUBE 시스템의 단면도]

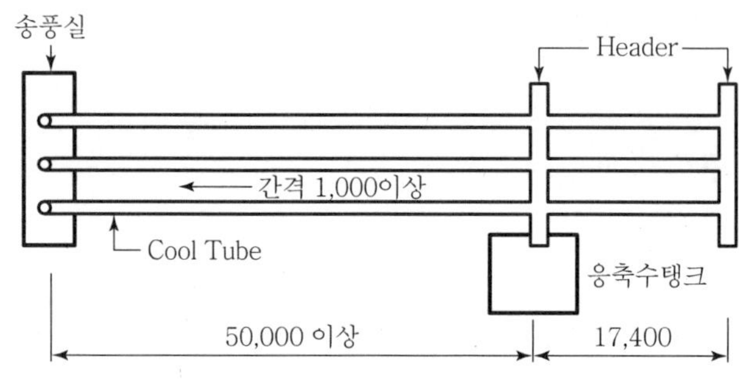

[최적 COOL TUBE 시스템의 평면도]

4. Cool Tube의 성능변화

(1) 운전시간에 따른 변화

① 0.5~1시간 경과 시까지 극심한 온도변화를 보여줌

② 2~12시간 거의 변화 없음

(2) 유량에 따른 변화

300CMH × 3개가 900CMH 1개보다 효율이 좋다.

(3) 매설깊이에 따른 변화

3m 이하 매설시 성능변화에 크게 영향을 미치지 못함

(4) 관의 길이에 따른 변화

① 관의 길이가 길어질수록 온도강하율 순화

② 50m 이상이나 70~100m 정도가 좋다.

5. 결론

Cool Tube System은 자연에너지 이용 기술의 활성화를 유도하고, 환경오염을 최소화 하는 데 크게 기여할 것으로 사료된다.

제23장 열교환기 및 열회수장치

Professional Engineer

- Building Mechanical Facilities
- Air-conditioning Refrigerating Machinery

냉동공조에 판형 열교환기에 대하여 논하라.

1. 개요

판형 열교환기는 빗살무늬 개념 도입으로 빗살 무늬의 방향을 위아래로 엇갈리게 교대로 배치함으로써 열전달 효율 향상하고 내압강도 증가로 종래의 Shell & Tube형 열교환기보다 훨씬 높은 열전달 효율을 달성하여 최근 공조용 열교환기, 식품산업, 화학공업, 발전설비, 일반공업 등에 널리 적용되고 있다.

2. 판형 열교환기의 구조

(1) 배관 연결구

① 나사 이음식
② 플렌지 이음식
③ 스터드볼트식
④ 용접식

(2) 가스켓

① 이음새 없이 일체형으로 제작
② 유로가 교대로 형성되게 설치
③ 열판 안쪽의 유체를 밀봉하기 위한 것
④ 최고사용한계 : 170°C/21bar 정도
⑤ 가스켓의 표준재질 : NBR, EPDM, Viton G

(3) 열판

① 상부와 하부에 유체가 다른 Channel로 흐를 수 있도록 Port Hole 형성
② 열판의 종류
㉮ S－Plate/E－Plate : Plate Pack의 맨처음과 나중에 위치 Channel을 형성하지 않음
㉯ L－Plate : Channel Plate이며 유체가 좌상단에서 우하단으로 통과
㉰ R－Plate : Channel Plate이며 유체가 우상단에서 좌하단으로 통과

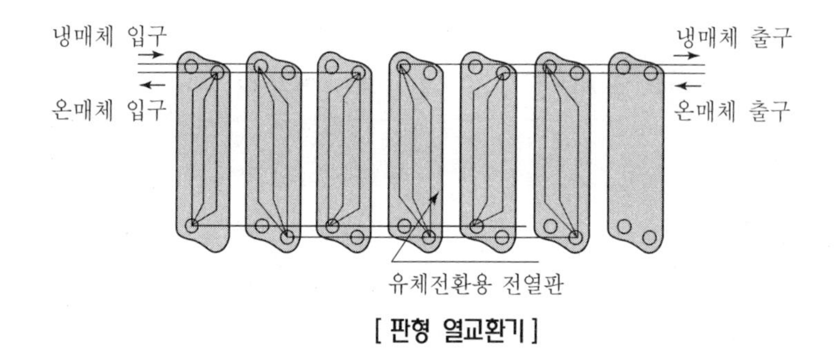

[판형 열교환기]

3. 판형 열교환기의 선정 시 고려사항

(1) Plate의 재질

① 스테인리스강 : SUS 304, SUS 316, AVESTA－254SLX, AVESTA－254SMO
② 니켈합금 : HASTELLOY B－2, HASTELLOY C－276
③ 그 밖의 금속 : TITANIUM, TITANIUM－PALLADIUM

(2) 가스켓 재질

① NBR : 최고 사용온도 110℃
② EPDM : 최고 사용온도 150℃
③ Viton G : 최고 사용온도 170℃

(3) 유량

주어진 압력손실의 한계를 초과하지 않는 범위에서 Channel을 통하여 흐를 수 있는 유량의 총합계

(4) 압력손실

① 열교환기 설계에서 중요한 설계인자
② 열판에서의 압력손실은 Port Hole 부분과 Channel에서 발생
③ Multi Pass일 경우 압력손실 급격히 증가 → Pass 수를 줄일 것
④ 압력손실은 Channel당 유량의 제곱에 비례
⑤ 전체 압력손실의 30%를 넘지 않을 것

(5) 압력과 온도의 사용한계

① 최대압력과 최대온도는 가스켓 재질에 의해서 결정됨
② 용접식 판형 열교환기 설치로 사용조건의 한계 극복

(6) 부식

① 열판의 두께가 0.4~0.7mm 정도로 부식 여부 고려는 어렵다.
② 허용부식 정도 연간 최대 0.05mm 정도
③ 열판의 재질을 고급화하여 내부식성을 높임

(7) 오염에 대한 고려

① 부식에 잘 견디는 고급재질 사용
② 전열면의 스케일 제거로 성능개선
③ 열교환기 청소방법 : 기계적 방법, 화학적 처리방법

(8) 유지 관리 및 용량 증설

① 오염이나 부식상태 판별이 용이하고 화학적, 기계적 세척가능
② Plate 추가 설치로 증설 용이

4. 판형 열교환기의 특성

(1) 소형, 경량의 고효율 열교환
(2) 간편한 유지 관리
(3) 온도 근접성이 우수
(4) 낮은 오염도
(5) 냉동 시스템은 냉매 보유량을 대폭 절감 가능

5. 판형 열교환기의 응용

(1) 낮은 점도의 액체의 열교환
(2) 냉동용 증발기
(3) 냉동용 응축기
(4) 기타 냉매용 열교환기
(5) 열회수(Heat Recovery)
(6) 냉각수의 순환계통

6. 결론

판형 열교환기는 다른 형식에 비하여 열전달계수가 높아 전열면적이 작고 고온, 고압, 유지 관리성이 뛰어나며 부식 및 오염도가 낮아 고효율 운전이 가능하여 앞으로 공조용 이외의 분야에도 널리 적용될 것으로 판단한다.

전열교환기의 종류 및 특징

1. 개요

(1) 전열교환기는 공기의 열교환기로서 현열은 물론 잠열까지도 교환되는 엔탈피 교환장치이다.

(2) 에너지절약 측면에서 사무소 건물을 비롯한 여러 용도에 사용되며, 설비비는 높으나 공조에서 외기의 피크부하를 감소시켜 냉동기, 보일러 및 부속기기의 용량을 적게 할 수 있다.

2. 종류

(1) 회전식

(2) 고정식

3. 특징

회전식과 고정식이 있으며 석면의 박판 등의 소재에 흡습재로 염화리듐을 침투시킨 판을 사용하며 현열과 동시에 잠열도 교환하므로 전열교환기라고 한다.

(1) 회전식

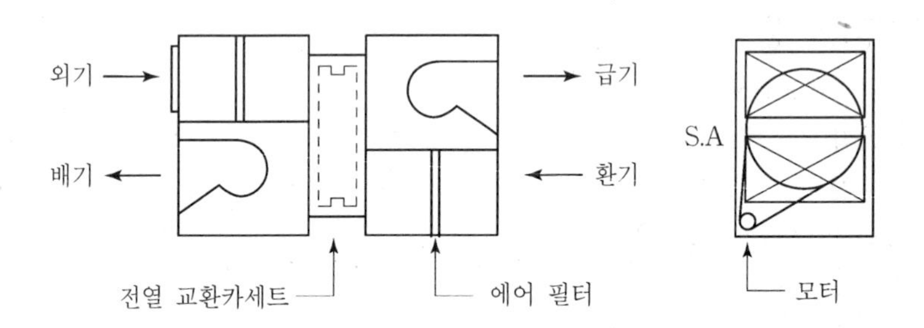

① 원리

㉮ 특수 석면지로 절충하여 허니컴상태로 한 원판을 회전시킨다.

㉯ 로터의 상반부에 외기, 하반부에 배기통과

㉰ 회전체는 모터와 구동벨트에 의해 느린 속도로 회전 5~10rpm

② 특징

㉮ 덕트 연결이 쉽다.

㉯ 설치면적이 작다.
㉰ 오염물질 이행이 우려됨
㉱ 효율이 로터 회전수 5rpm 이상에서 일정
㉲ 10rpm 전후 회전수 사용

(2) 고정식

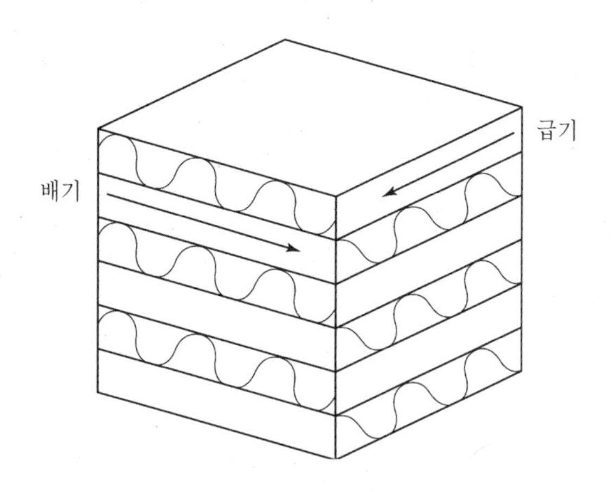

① 원리
㉮ 각 단마다 배기 → 외기 → 배기 순서
㉯ 현열과 잠열은 칸막이 판을 통해 전달

② 특징
㉮ 입출구 덕트 연결이 어렵다.
㉯ 오염물질이 배기로부터 이행하는 일이 적다.
㉰ 설치공간을 많이 차지한다.

4. 전열교환기 효율

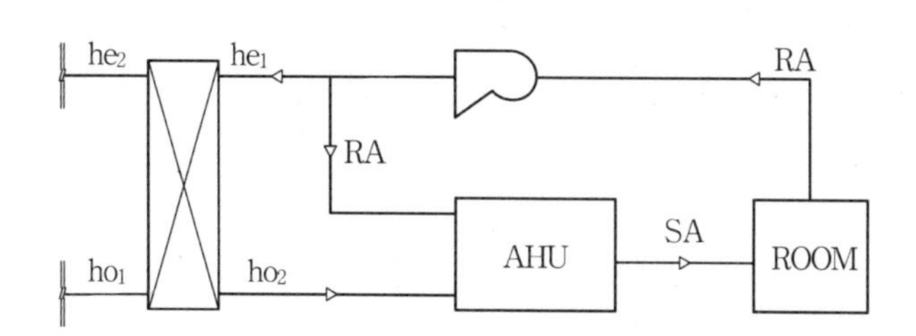

(1) 난방 시

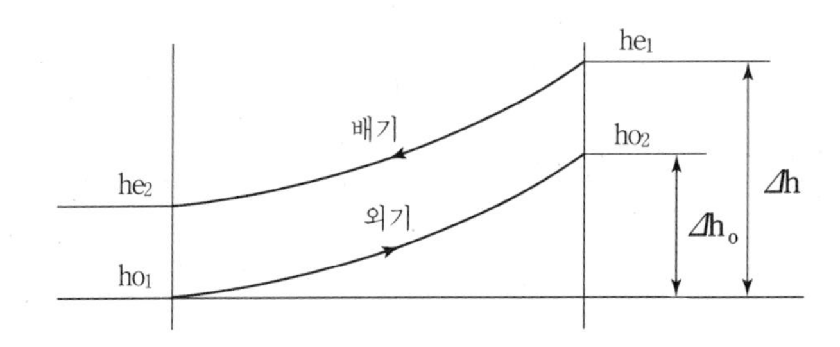

$$n_h = \frac{\Delta h_o}{\Delta h} = \frac{h_{o2} - h_{o1}}{(h_{e1} - h_{o1})}$$

(2) 냉방 시

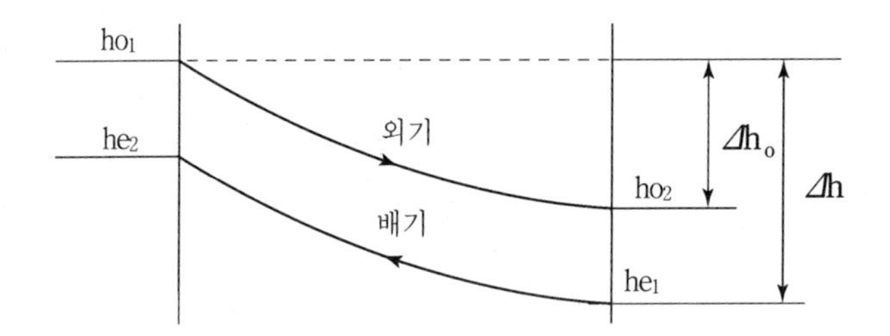

$$n_h = \frac{\Delta h_o}{\Delta h} = \frac{h_{o1} - h_{o2}}{(h_{o1} - h_{e1})}$$

5. 열 회수 특성

(1) 실내외 온도차가 클수록 열 회수량이 많다.

(2) 외기와 열 회수 후 도입된 외기 엔탈피차로 나타낸다.

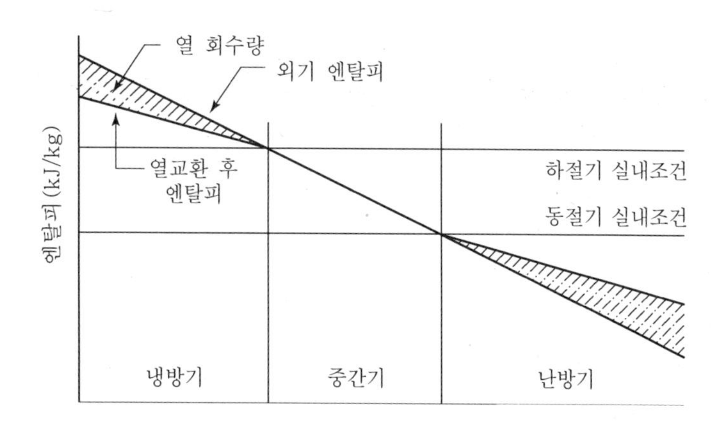

6. 응용

(1) 일반 교환기 전열 교환용

(2) 보일러 외기 예열용

(3) 쓰레기 소각로 열회수

7. 결론

(1) 전열교환기는 에너지 절약에 효과가 있어 현재 공조용 건물에 많이 사용된다.

(2) 고정식은 크기가 크고 입·출구의 Duct 연결이 복잡하며 설비공간이 많이 필요하여 회전식이 주로 이용된다.

(3) 최근 공조기에 고정식 내장형으로 설치하여 설치면적을 줄일 수 있다.

Heat Pipe의 원리와 그 응용에 대하여 설명하라.

1. 개요

Heat Pipe는 현열교환기로서 보일러 배기가스로부터의 공기예열, 급수예열기 등에 이용되며 최근 Heat pipe형 복사 난방, 진공관식 집열기 등에 이용되어 배열회수 및 신기술에 응용되고 있다.

2. 구조

용기의 길이 방향으로 증발부, 단열부, 응축부로 구분

(1) 용기(원통형, 평판형, 분리형, 롱, 마이크로)

① 내부를 충분히 탈기하고 작동액을 봉입한 것
② 누설이 없고 내외의 압력에 충분한 강도를 유지할 것

(2) Wick

① 구조체 : 금망, 발포재, 펠트, 섬유 등 다공성 물질
② 기능 : 모세관 작용에 의해 작동액 환류
③ 작동액
㉮ 극저온(−122K 이하)
수소, 네온, 질소, 산소, 메탄, 헬륨, 아르곤, 크립톤
㉯ 상온
프레온, 메탄올, 암모니아, 물, 아세톤
㉰ 고온(627K 이상)
수은, 칼륨, 은, 나트륨, 리듐, 나프탈렌, 유황, 세슘, 리튬, 납

(3) 증기공간

외부로부터 열회수에 의해 작동유체가 증발하여 응축부로 이동하는 공간

3. 작동원리 및 액환류 방류

(1) 작동원리

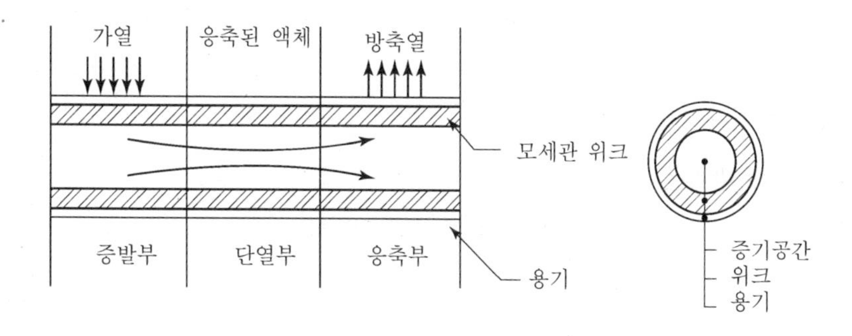

① 외부열원으로 증발부를 가열
② 액온도 상승하면 포화압에 달할 때까지 증발촉진
③ 증기는 낮은 온도의 응축부로 흐른다.
④ 증기는 응축부에서 응축되고 잠열발생
⑤ 방출열은 관의 표면을 통해 흡열원에 방출
⑥ 응축액은 Wick을 통해 모세관 압력으로 증발부로 환류되어 사이클 완결

(2) 액환류 방법

① 중력 → 열 Syphon(밀폐 2상 열 파이프)
② 모세관력 : 표준 히트파이프(위크, 글로브, 복합위크)
③ 원심력 : 회전식 히트파이프(축류형, 반경류형)
④ 정전기력 : 전기유체역학식 히트파이프(전기 침투력, 유도 분극력)
⑤ 자력 : 자기유체역학식 히트파이프
⑥ 침투압력 : 용매만 통과하는 반투과막

4. 응용

(1) 액체 금속 히트파이프

원자로, 방사선 동위원소 냉각, 가스차 공장의 열 회수

(2) 상온형 히트파이프

① 전기부문
전자회로 냉각, 회전축, 발전기, 변압기 냉각

② 공조부문
폐열, 태양열, 지열 이용

③ 기계부문
금속절단기 냉각

④ 우주공학부문
우주선 탑재기기, 우주복의 온도제어용

(3) 극저온 히트파이프

적외선 센서, 레이저 냉각용, 의료기구, 동결수축용

5. 결론

배열 및 미활용에너지 유효 이용과 폐열회수라는 에너지절감 차원에서 적극 활용되어야 하며 신기술에 적용되어 친환경 건축설비기술에 기여하여야 할 것으로 사료된다.

폐열회수장치의 종류와 각 기능을 설명하라.

1. 개요

폐열이란 버려져 사용하지 못하는 열로 폐열을 회수하기 위하여 회수장치가 필요하다. 특히, 건축물에서 사용되고 있는 에너지의 양이 날로 증가하고 있는 시점에서 폐열회수는 반드시 이루어져야 한다.

2. 열회수장치의 종류

(1) 직접 이용 방식 : 폐열을 직접 이용

① 혼합공기 이용
㉮ 천장 FCU : 조명기구 발열을 동절기에 외주부 가열원으로
㉯ 천장 IDU : 실내조명기구 열획득을 환기 재열용 열원으로
㉰ 배기열을 냉각탑에 이용 방식 : 냉방 시 실내공기가 낮은 경우

② 열교환기 이용
㉮ Run Around
㉯ 전열교환기
㉰ Heat Pipe
㉱ 수냉 조명기구 방식 조명기구 발열을 외기예열 가열원
㉲ 증발냉각 방식

(2) 간접 이용 방식 : 폐열을 히트 Pump 열원으로 이용

① 2중 응축기 : 냉방과 난방 동시 System으로 운전
② 소형 열 Heat Pump : 다수의 소형히트 Pump 이용
③ 응축기 재열 : 냉동기를 이용한 재열방식
④ 캐스케이드 방식 : 히트펌프 그대로 조합운전 50~60℃ 온수

(3) Total Energy System의 배열이용방식

① 증기보일러+흡수식 냉동기
② 가스터빈+배열 보일러
③ Heat Pump
④ 응축수 Tank에서의 재증발 증기

3. 장치의 기능

(1) Run－Around 방식

① 외기와 배기 측에 Coil 설치
② 부동액을 순환시켜 배기열로서 외기 열교환 가열
③ 외기가 0℃ 이상일 때 효과 없음
④ 15℃ 이하의 한냉기 난방에 이용
⑤ 채열 측과 방열 측이 원거리에 있을 때 이용

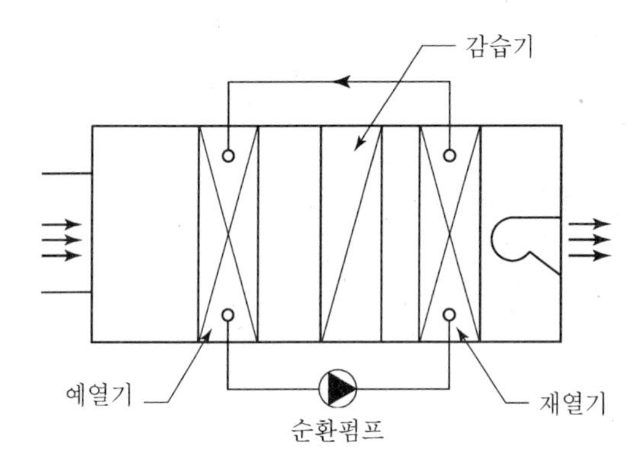

(2) 전열교환기

① 실내에서 배기되는 열을 전열교환기를 통하여 회수 외기를 가열
② 외기량보다 배기량이 적으면 효율이 낮아진다.
③ 공조기방식에서 널리 사용된다.

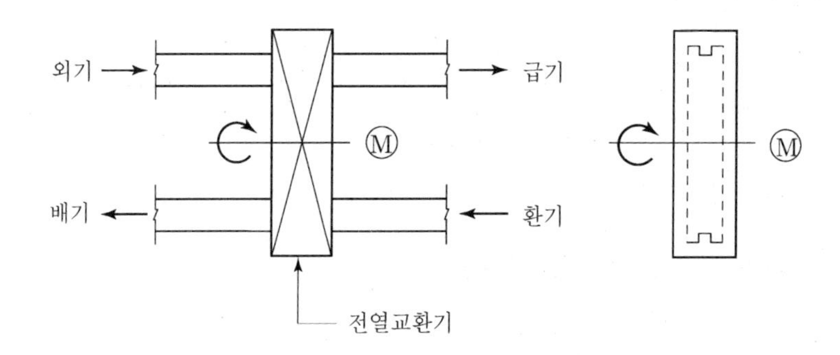

(3) Heat Pipe 방식

① 전열교환기 방식과 동일

② 현열만 회수하고 구동부가 없다.

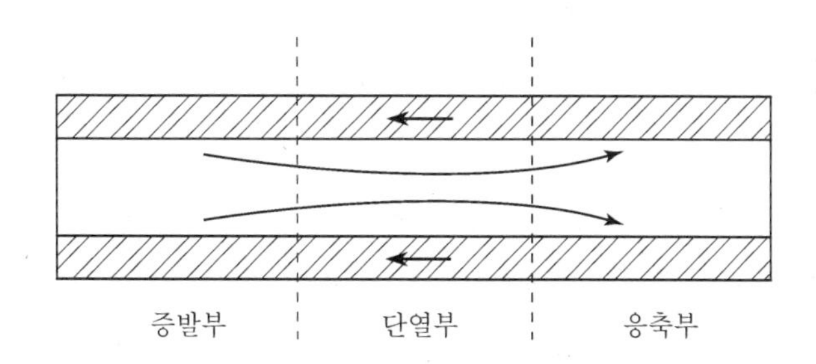

(4) 증기보일러＋흡수식 냉동기 또는 지역난방에 이용

① 증기 터빈을 운전하여 발전하고 남은 열 이용

② 흡수식 냉동기 또는 열교환기를 이용

③ 지역 난방에 사용

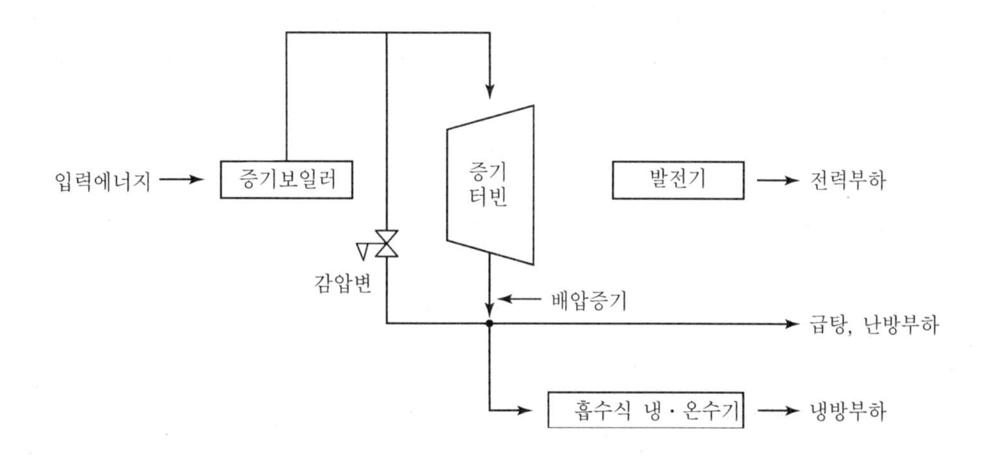

(5) 가스 터빈＋배열 보일러

① 가스 터빈을 운전하고 난 배열을 이용

② 배열 Boiler를 가동하여 증기를 생산

③ 지역 냉난방에 이용

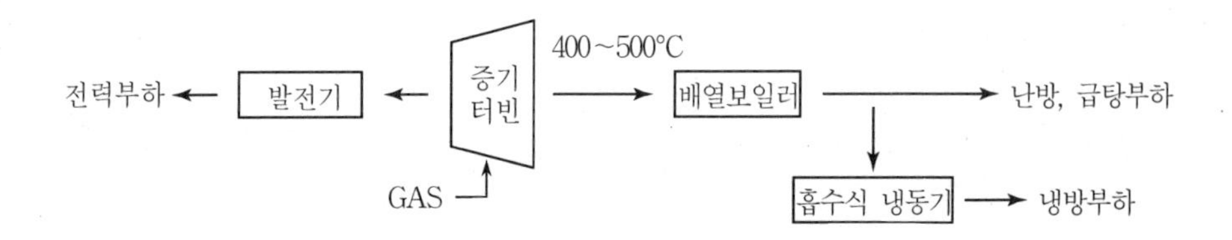

(6) Heat Pump

① 난방과 냉방이 동시에 존재할 때 동시에 온수와 냉수를 얻을 수 있는 방식

② 냉동기는 콘덴서 측에 Double Bundle 콘덴서를 사용

(7) 응축수 회수 Tank에서 재증발 증기 이용

① 응축수 회수 Tank의 통기관을 외부로 배출하여 재증발 증기를 외부로 방출

② 통기관을 급탕 예열용으로 이용하여 급탕부하를 절약

4. 결론

날로 심각해지는 에너지 문제와 공해문제 해결을 위해 현재 에너지 다소비형 건물에만 국한된 에너지 회수장치 의무규정을 일반 건물에도 확대 실시하여 에너지문제와 공해문제 해결에 일조를 해야 한다.

제24장 Duct

Duct에 대하여 기술하라.

1. 개요

Duct는 공기조화기에서 조화된 공기를 반송하는 통로이며 주로 건물의 천장에 설치된다. 거주공간과 가깝게 설치되므로 설계 및 시공 시 소음에 유의해야 한다.

2. Duct의 설계방법에 따른 분류

Duct의 설계는 주로 정압법에 의하여 설계하며 설계 시 Duct 풍속이 10m/s를 초과하면 등속법에 의해 설계하여야 한다.

(1) 정압법

(2) 등속법

(3) 정압 재취득법

(4) 전압법

3. 주 Duct 풍속에 의한 분류

(1) 저속 Duct

① Duct 내 풍속 : 15m/s 이하

② 적정 풍속 : 10~12m/s

③ 공조용

④ 주로 각형 Duct를 사용

(2) 고속 Duct

① Duct내 풍속 : 16m/s 이상

② 적정 풍속 : 20~25m/s

③ 분체, 분진 이송용

④ 주로 원형 Duct를 사용

4. Duct의 단면형상에 의한 분류

(1) 각형 Duct

① 단면의 형상이 자유롭다.
② Aspect비는 최대 8 : 1, 4 : 1 이하가 적당
③ 일반공조용 저속 Duct에 주로 사용

(2) 원형 Duct

① 단면의 형상이 원형으로 강도에 강하다.
② 천장고가 높아야 설계 가능
③ 고속 Duct 및 분체 이송용에 많이 사용

(3) 스파이럴 Duct

① 원형 Duct와 동일하나 Duct의 강도를 높이기 위해 스파이럴 형태의 홈을 만들어 사용
② 이음매가 없고 길이가 긴 Duct 가능
③ 주차장 배기에 사용

5. 주 Duct 배치에 의한 분류

(1) 간선 Duct 방식

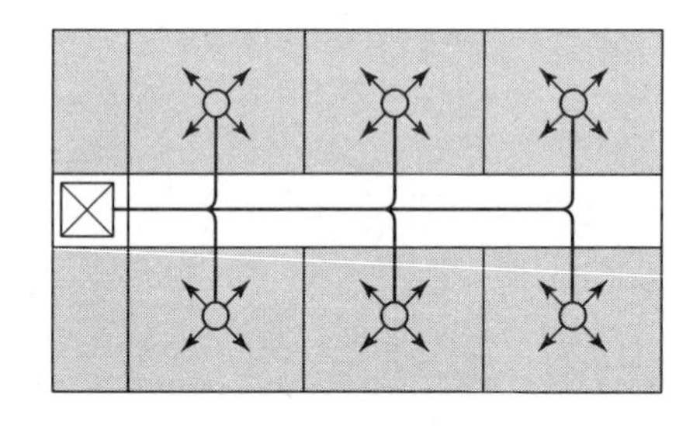
(a) 간선덕트(천장 취출)

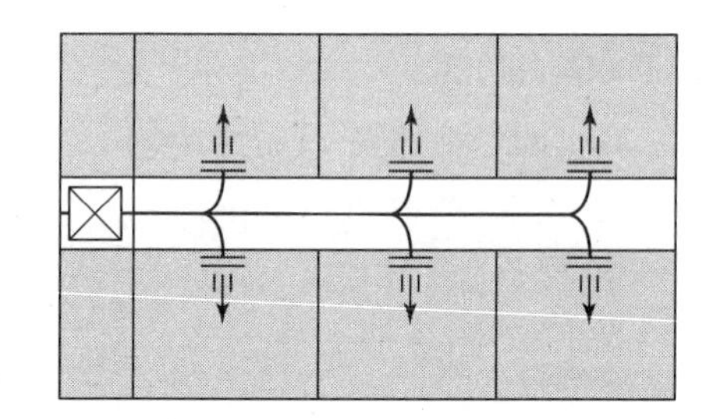
(b) 간선덕트(벽 취출)

① 공조용에 가장 널리 사용
② 말단으로 갈수록 풍속이 줄어든다.

(2) 개별방식

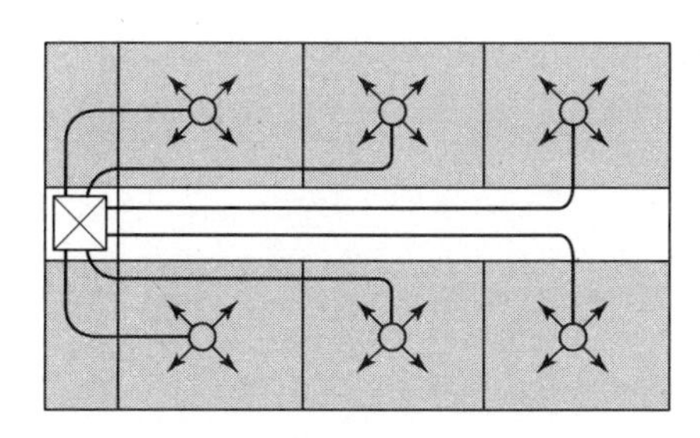

[개별덕트(천장 취출)]

① 주 Duct에서 취출구까지 개별로 연결
② 개별 제어 용이

(3) 환상 Duct 방식

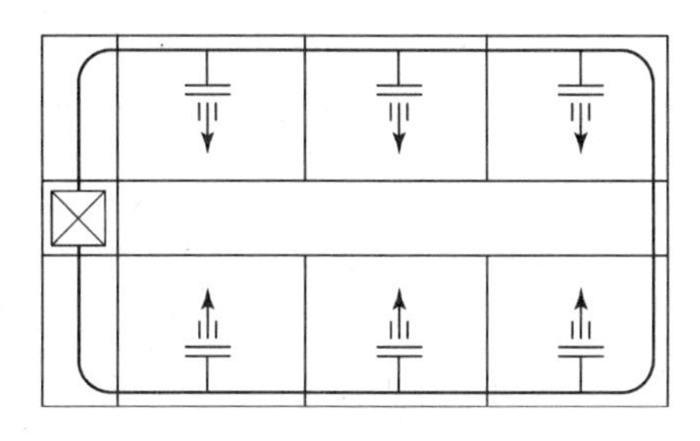

[환상덕트(벽 취출)]

① 주 Duct를 환상으로 구성
② 말단 Duct의 풍속 저하가 없다.
③ VAV방식의 외주부에 많이 사용

6. Duct 재질에 의한 분류

(1) 아연도강판 Duct

① 가장 널리 사용
② 0.5t~1.2t 까지 주로 사용

(2) 스테인리스강판 Duct

① 부식 우려가 있는 곳에 사용
② 주방의 배기 Duct, 세척실 등 습기가 많은 곳

(3) P.V.C Duct

정화조와 같이 부식 우려가 있는 곳에 사용

(4) 베니어판 Duct

냉동창고, 냉장창고

(5) Glass Wool Duct

① 단열이 필요 없는 우수재질
② 가볍고 시공성이 뛰어나다.
③ 정압 50mmAq 이상 사용 제한

7. Duct 부속품

(1) Volume Damper

① 단익 Damper
② 다익 Damper
③ 스플릿 Damper
④ 클로즈 Damper
⑤ 슬라이드 Damper

(2) 방화 Damper

① 건축물의 방화구역을 통과 시 사용
② 댐퍼 내 휴즈를 부착하여 사용
③ 일정이상의 온도 상승 시 휴즈가 녹아 댐퍼가 닫힘

(3) 가이드(터닝) 베인

8. 취출구 및 흡입구

(1) 축류 취출구 – 노즐, Punka Louver, 그릴
(2) 복류 취출구 – 아네모네형, 팬형
(3) 면형 – 다공판형, 천장패널형
(4) 선형 – Line 디퓨저

각형[mm]			원형[mm]		
판두께[mm]	저속덕트장변	고속덕트장변	판두께[mm]	저속덕트직경	고속덕트직경
0.5	450이하		0.5	450이하	200이하
0.6	451~750이하		0.6	451~750이하	201~600이하
0.8	751~1500이하	450이하	0.8	751~1000이하	901~800이하
1.0	1501~2250이하	451~1200이하	1.0	1001이상	801~1000이하
1.2	2251이상	1201이상			

9. Duct 설계 시 유의사항

(1) Duct의 풍속은 허용풍속 이내로 설계

(2) Duct의 재료는 용도에 맞게 선택

(3) 건축 Space를 검토 Aspect비는 최대 8 : 1, 적정 4 : 1 이하

(4) Duct의 축소 30° 이내 각도, 확대는 15° 이내 각도

(5) Duct의 곡률반경은 직경 또는 Duct 폭의 1.5 이상

(6) Duct의 분기부에는 풍량조절댐퍼 설치

10. 결론

Duct는 위의 설계 유의사항을 준수하여 설계하여야 하며, 설계·시공 시 소음에 유의하여야 한다. 또한 시공 후 TAB을 실시하여 각 실에 적정 풍량이 공급될 수 있도록 조정하여야 한다.

Duct의 설계순서와 치수결정방법

1. 개요

Duct는 공조대상 공간의 열부하를 구하고 그 열부하 처리에 필요한 풍량을 구하는 것을 시작으로 하여 실내의 공기분포가 좋아질 수 있도록 취출구와 흡입구 개수를 결정하고 시공과 기술적, 경제적으로 가장 합리적인 Duct 경로를 결정하는 것이다.

2. Duct 설계순서

(1) 부하계산

(2) 송풍량 결정

$$Q = \frac{q_s}{1.21\Delta t}(\mathrm{m}^3/\mathrm{hr}) = \frac{q_s}{C_p \cdot r \cdot \Delta t}(\mathrm{m}^3/\mathrm{hr})$$

(3) 취출구 및 흡입구의 위치 결정(형식, 크기, 수량)

(4) Duct의 경로 결정

(5) Duct의 치수 결정

(6) Duct의 전저항 결정(정압계산)

(7) 송풍기 선정

(8) 설계도 작성

(9) 시공사양 결정

3. 설계 시 고려사항

(1) Duct 내의 허용풍속은 가급적 권장 풍속으로 한다.(만일 권장 풍속 초과 시 Duct의 판두께, 보강문제, 소음문제 등에 유의)

(2) Duct의 재료가 아연철판 이외의 것을 사용할 경우 표면의 거칠기에 따라 마찰저항손실을 보정해야 한다.

(3) Duct의 Aspect 비는 최대 8 : 1 이상을 넘지 않도록 하고 가능한 4 : 1 이하로 한다.

(4) 흐름이 급격하게 방향전환을 하거나 급확대, 급축소하여 압력손실이 커지지 않도록 한다.

(5) Duct의 분기부에는 풍량조절 Damper를 설치한다.

4. Duct의 치수결정방식

(1) 정압법(Equal Pressure Method)

① 등마찰손실법이라고도 하며 선도나 덕트 설계용 계산치(Duct Measurer)를 이용하여 Duct의 크기를 결정한다.

② 저속 Duct의 마찰손실은 0.8~2Pa/m

③ 고속 Duct의 마찰손실은 10Pa/m를 주로 사용

④ 정압계산은 가장 먼 거리(저항 큰쪽)를 기준으로 하며 공조 Duct 설계의 대부분이 정압법에 의해 설계된다.

(2) 등속법(Equal Velocity Method)

① Duct의 주관이나 분기관의 풍속을 권장 풍속치 내로 정하여 덕트치수를 결정하며 주로 분체, 분진의 이송 등에 사용되고 공조용으로 잘 사용되지 않는다.

② 덕트 말단으로 가면서 풍속이 낮아지게 하는 것을 감속법이라 한다.

(3) 정압재취득법(Static Pressure Regain Method)

① 일반적으로 주 Duct에서 말단 Duct로 갈수록 풍속이 줄어든다.

② 베르누이정리에 의하여 풍속이 감소하면 그 동압의 차만큼 정압이 상승하기 때문에 정압의 상승분을 다음 구간의 덕트 압력손실에 재이용하는 방법이다.

$$\varDelta \mathrm{Pr} = R\left(\frac{\rho V_1^2}{2} - \frac{\rho V_2^2}{2}\right)$$

∴ R = 정압취득계수(0.75~0.9)

(4) 전압법

① 덕트 각 부분의 국부저항은 전압기준에 의해 손실계수를 이용하여 구한다.

② 각 취출구까지의 전압력 손실이 같아지도록 덕트의 단면을 결정한다.

③ 이 경우 기준경로의 전압력손실을 먼저 구하고 다른 취출구에 이르는 덕트경로는 이 기준 경로의 전압력 손실과 거의 같아지도록 설계한다.

④ 이 기준 경로와의 전압력 손실 차이는 댐퍼, 오리피스 등에 의해 조정된다.

⑤ 또 이 경우 덕트 각 부분의 풍속이 허용 최대풍속을 넘지 않도록 한다.

5. 정압재취득법과 정압법의 비교

(1) 주 Duct는 Duct의 크기가 동일하나 분기Duct에는 정압재취득법이 정압법에 의한 것보다 치수가 커진다.

(2) Duct용 아연철판이 13% 증가되어 설비비가 증가하나 운전비(동력비)는 약 6% 감소한다.

6. 결론

Duct의 설계는 사용유체의 종류, 사용장소, 사용용도 등을 고려하여 적정한 방식으로 선정

- 정압법 → 저속 Duct → 각형 → 공조용
- 등속법 → 고속 Duct → 원형 → 분진, 분체 이송용

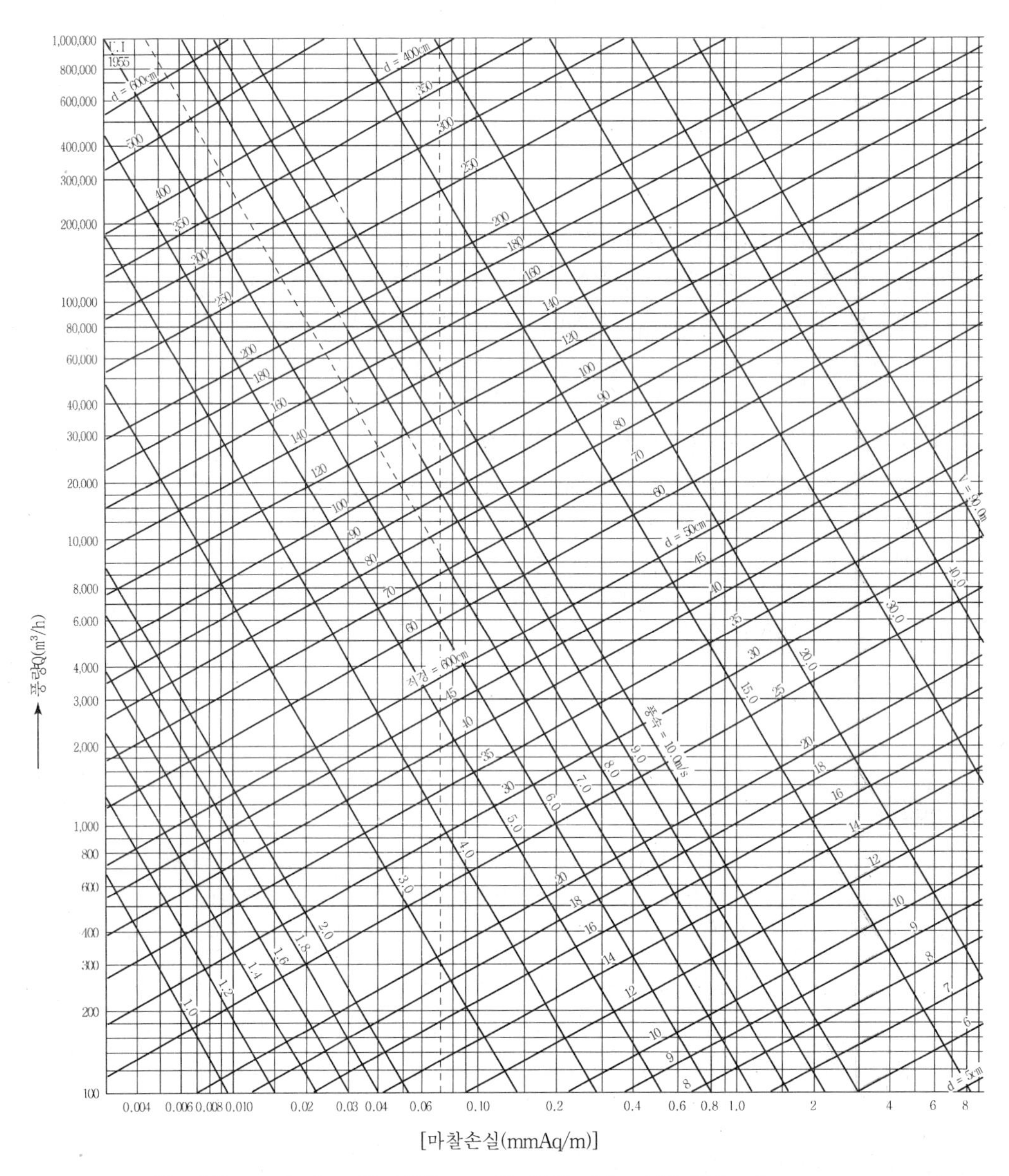

① 정압 mmAq/m ② 구경cm ③ 풍량m^3/hr ④ 풍속m/sec

천장 속 공간을 이용하는 Ceiling Plenum Return 방식의 장단점에 대하여 기술하시오.

1. 개요

덕트방식에 의한 공조 및 환기 시 급기 취출구는 급기덕트에 직접 또는 플렉시블에 의해 연결 취출되나 환기 및 배기의 경우 Ceiling Plenum Chamber에 의해 Main Return Duct만 설치하여 Ceiling 틈새 또는 공 디퓨저에 의해 환기 또는 배기되는 방식이다.

2. Ceiling Plenum Return의 개념도

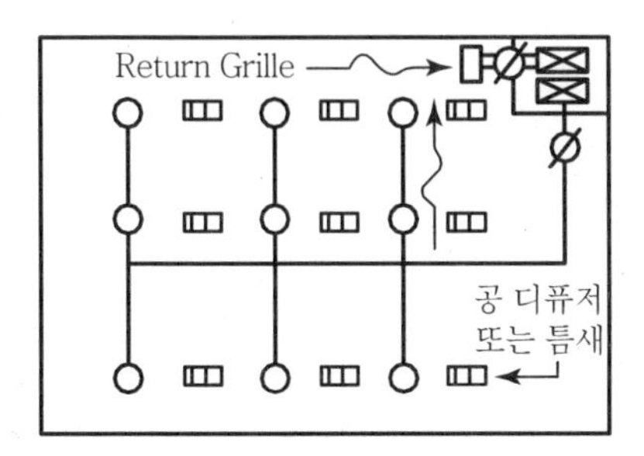

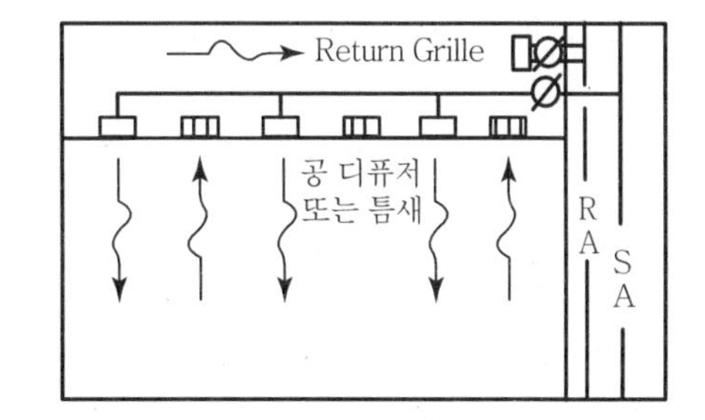

3. Ceiling Plenum Return의 특징

(1) 장점

① Duct 공사비 절감
② 층고 감소에 의한 건축 공사비 절감
③ 급기 취출구 배치 용이
④ 천장 내 축열 제거

(2) 단점

① 실내 칸막이 변경에 따른 압력불균형 발생
② 천장 속 미세먼지 유입에 따른 쾌적도 저하
③ 천장 속 기밀처리 요함
④ 천장 속 축열제거에 의한 부하증가

4. Ceiling Plenum Return 방식 도입 시 유의사항

(1) 철골조에 암면 스프레이 뿜칠 시 암면유입방지 대책강구
(2) 최상층에 적용 시 축열부하 고려 → 가급적 적용 제외
(3) 실내 칸막이가 없는 Open 공간에 적용
(4) 실내 칸막이가 있는 경우 Main Return Duct 배치에 따른 압력 밸런스 고려
(5) 천장 속 미세먼지 유입에 따른 필터청소 주기 점검
(6) 공조 System, 배연 System과 연계된 경우 방식 적용 금지

5. 취출 및 흡입공기 중심속도

(1) 취출공기 중심풍속 : $V_X \propto \dfrac{1}{\chi}$

V_X : 중심풍속(m/s), χ : 도달거리(m)

(2) 흡입공기 중심풍속 : $V_r \propto \dfrac{1}{r^2}$

V_r : 중심풍속(m/s), r : 도달거리(m)

(3) 흡입공기가 흡입구로부터 3m 이상의 경우 $V_r \propto \dfrac{1}{3^2} = \dfrac{1}{9} = 0.111$m/s로서 실내기류속도가 0.15m/s 이하면 공기조화에서는 정체공기로 간주하는바 실내 기류분포에 영향을 미치지 못함
(4) 천장고가 높은 실의 경우 Ceiling Plenum Return 방식을 채택하여 실내 압력 밸런싱에 대응토록 함

6. 결론

Ceiling Plenum Return 방식은 천장고가 높은 실에 적용하여 공사비 절감, 반송동력 절감, 층고가 감소하도록 계획하되 방식 적용 시의 유의사항에 주의하여야 할 것으로 사료된다.

송풍기 토출 측 및 흡입 측 Duct 설계와 시공 시 유의사항을 그림으로 도시하고 설명하시오.

1. 개요

송풍기와 덕트 연결 시 부적합한 덕트 연결로 인한 덕트 시스템 영향에 의해 와류가 발생하여 풍량 감소, 압력 증가, 소음 증가, 팬성능 저하가 발생하므로 설계 및 시공 시 유의사항에 맞는 덕트를 연결하도록 한다.

2. 송풍기 토출 측에 덕트 접속

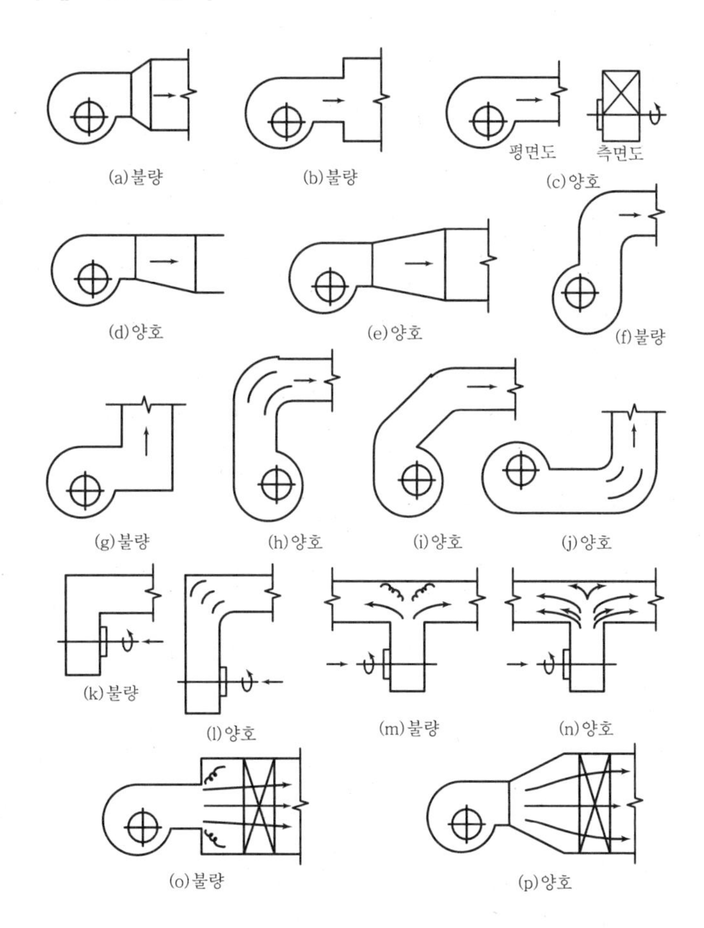

① 송풍기와 덕트 연결 시 급격한 단면확대를 하지 않는다.(확대각도 15° 정도)

② 송풍기의 회전방향과 덕트의 굴곡방향을 동일하게 한다.
③ 송풍기에서 덕트의 엘보까지 이격거리 확보(장변폭의 1.5~2배)

3. 송풍기 흡입 측에 덕트의 접속

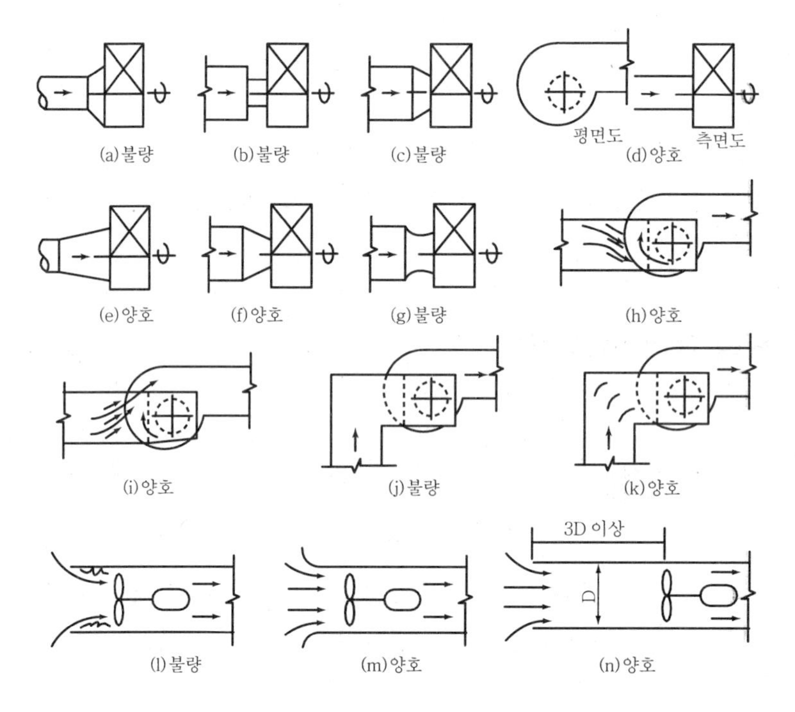

① 덕트와 송풍기 접속 시 덕트의 급격한 확대 및 축소 방지
② 흡입 측에 베인이나 댐퍼 설치 시 기류흡입방향은 팬의 회전방향과 일치
③ 덕트 내 축류형 송풍기 설치 시 흡입 측에 벨 마우스(Bell-Mouth)를 설치하거나 입구로부터 팬의 날개 끝부분까지 3D 이상의 직관부 확보

4. 결론

덕트 시스템 영향인자에 의해 송풍기 성능 저하가 발생하지 않도록 설계 및 시공 시 유의사항에 주의하여야 할 것으로 사료된다.

유량선도에서 구한 원형덕트의 크기를 각형덕트의 크기로 변환 시 그 변환방법에 대하여 기술하시오.

1. 개요

동일한 풍량을 송풍할 때 원형덕트가 마찰손실 및 동력이 가장 적으며 천장 내 낮은 천장고에 대응하기 위하여는 단면형상이 비교적 자유로운 각형덕트로의 변환이 필수적이다. 이때 장변과 단변의 비인 아스펙트비를 보통 4 : 1 이하, 최대 8 : 1 이하가 되도록 하여야 한다.

2. 덕트의 설계방법

(1) 정압법(등마찰손실법)

(2) 등속법

(3) 정압재취득법

(4) 전압법

3. 원형덕트 구경 선정

(1) 부하계산(현열, 잠열)

(2) 풍량산정

(3) 취출구 및 흡입구의 위치결정

(4) 덕트의 경로결정

(5) 설계방법 결정

(6) 덕트의 마찰손실선도에 의한 구경선정

(7) 덕트 마찰손실선도의 구성

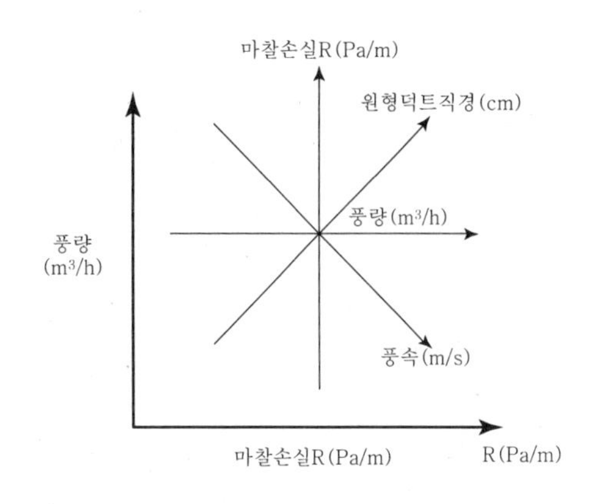

4. 원형덕트에서 각형덕트의 환산

환산 시 원형덕트 지경 d_e를 각형덕트로 변형할 때 원형 덕트의 직경과 변형할 수 있는 장방형 덕트의 장변치수와 a와 단변치수 b의 관계식은 다음과 같다.

$$d_e = 1.3\left[\frac{(a\times b)^5}{(a+b)^2}\right]^{\frac{1}{8}}$$

여기서, d_e : 원형덕트의 직경 또는 상당직경

a : 4각덕트의 장변길이

b : 4각덕트의 단변길이

① 상기식에 의해 원형덕트의 직경 d_e를 장방형 덕트의 장변치수 a와 단변치수 b로 환산하여 환산표를 만들어 덕트설계 시에 이용

② 다음은 아스펙트비에 따른 원형덕트와 장방형 덕트의 관계를 선도로 나타낸 환산선도이다.

(1) 환산표 및 환산선도

a \ b	10	12	14	16	18	20	22	24	26	28	30	32	34	36	38	40	42	44	46	48	50
10	10.9																				
12	11.9	13.1																			
14	12.9	14.2	15.3																		
16	13.7	15.1	16.3	17.5																	
18	14.5	16.0	17.3	18.5	19.7																
20	15.2	16.8	18.2	19.5	20.7	21.9															
22	15.9	17.6	19.1	20.4	21.7	22.9	24.1														
24	16.6	18.3	19.8	21.3	22.6	23.9	25.1	26.2													
26	17.2	19.0	20.6	22.1	23.5	24.8	26.1	27.2	28.4												
28	17.7	19.6	21.3	22.9	24.4	25.7	27.1	28.2	29.5	30.6											
30	18.3	20.2	22.0	23.7	25.2	26.7	28.0	29.3	30.5	31.6	32.8										
32	18.8	20.8	22.7	24.4	26.0	27.5	28.9	30.1	31.4	32.6	33.8	35.0									
34	19.3	21.4	23.3	25.1	26.7	28.3	29.7	31.0	32.4	33.6	34.8	36.0	37.2								
36	19.8	21.9	23.9	25.8	27.4	29.0	30.5	32.0	33.3	34.6	35.8	37.0	38.2	39.4							
38	20.3	22.5	24.5	26.4	28.1	29.8	31.4	32.8	34.2	35.5	36.7	38.0	39.2	40.4	41.6						
40	20.7	23.0	25.1	27.0	28.8	30.5	32.1	33.6	35.1	36.4	37.6	39.0	40.2	41.4	42.6	43.8					
42	21.1	23.4	25.6	27.6	29.4	31.2	32.8	34.4	35.9	37.3	38.6	39.9	41.1	42.4	43.6	44.8	45.9				
44	21.5	23.9	26.1	28.2	30.0	31.9	33.5	35.2	36.7	38.1	39.5	40.8	42.0	43.4	44.6	45.8	46.9	48.1			
46	21.9	24.3	26.7	28.7	30.6	32.5	34.2	35.9	37.4	38.9	40.3	41.7	43.0	44.3	45.6	46.8	47.9	49.1	50.3		
48	22.3	24.8	27.2	29.2	31.2	33.1	34.9	36.6	38.2	39.7	41.2	42.6	43.9	45.2	46.5	47.8	48.9	50.2	51.3	52.6	
50	22.7	25.2	27.6	29.8	31.8	33.7	35.5	37.3	38.9	40.4	42.0	43.5	44.8	46.1	47.4	48.8	49.8	51.2	52.3	53.6	54.7
52	23.1	25.6	28.1	30.3	32.4	34.3	36.2	38.0	39.6	41.2	42.8	44.3	45.7	47.1	48.3	49.7	50.8	52.2	53.3	54.6	55.8
54	23.4	26.1	28.5	30.8	32.9	34.9	36.8	38.7	40.3	42.0	43.6	45.0	46.5	48.0	49.4	50.6	51.8	53.2	54.3	55.6	56.8
56	23.8	26.5	28.9	31.2	33.4	35.5	37.4	39.3	41.0	42.7	44.3	45.8	47.3	48.8	50.1	51.5	52.7	54.1	55.3	56.5	57.8
58	24.2	26.9	29.3	31.7	33.9	36.0	38.0	39.8	41.7	43.4	45.0	46.6	48.1	49.6	51.0	52.4	53.7	55.0	56.2	57.5	58.8
60	24.5	27.3	29.8	32.2	34.5	36.5	38.6	40.4	42.3	44.0	45.8	47.3	48.9	50.4	51.8	53.3	54.6	55.9	57.1	58.5	59.8
62	24.8	27.6	30.2	32.6	35.0	37.1	39.2	41.0	42.9	44.7	46.5	48.0	49.7	51.2	52.6	54.2	55.5	56.8	58.0	59.4	60.7
64	25.2	27.9	30.6	33.1	35.5	37.6	39.7	41.6	43.5	45.4	47.2	48.7	50.4	52.0	53.4	55.0	56.4	57.7	59.0	60.3	61.6
66	25.5	28.3	31.0	33.5	35.9	38.1	40.2	42.2	44.1	46.0	47.8	49.5	51.1	52.8	54.2	56.8	57.2	58.6	59.9	61.2	62.5
68	25.8	28.7	31.4	33.9	36.3	38.6	40.7	42.8	44.7	46.6	48.4	50.2	51.8	53.5	55.0	56.6	58.0	59.5	60.8	62.1	63.4
70	26.1	29.1	31.8	34.3	36.8	39.1	41.3	43.3	45.3	47.2	49.0	50.9	52.5	54.2	55.8	57.3	58.8	60.3	61.7	63.0	64.3
72	26.4	29.4	32.3	34.8	37.3	39.6	41.8	43.8	45.9	47.8	49.7	51.5	53.2	54.9	56.5	58.0	59.6	61.1	62.6	64.9	65.2
74	26.7	29.7	32.5	35.2	37.6	40.0	42.3	44.4	46.4	48.4	50.3	52.1	53.9	55.6	57.2	58.8	60.4	61.9	63.3	64.8	66.1
76	27.0	30.0	33.0	35.6	38.1	40.5	42.8	44.9	47.0	49.0	50.8	52.7	54.6	56.3	57.9	59.5	61.2	62.7	64.1	65.6	67.0
78	27.3	30.5	33.3	36.0	38.5	40.9	43.3	45.5	47.5	49.5	51.5	53.3	55.2	57.0	58.6	60.3	62.0	63.4	64.9	66.4	67.9
80	27.6	30.7	33.6	36.2	38.9	41.3	43.8	46.0	48.0	50.1	52.0	53.9	55.6	57.6	59.3	61.0	62.7	64.1	65.7	67.2	68.7

5. 결론

원형덕트에서 장방형 덕트로의 환산 시 아스펙트비가 크지 않게 환산하여 공사비 절감, 덕트 내 기류 분포 원활 등이 이루어지게 하여야 할 것으로 사료된다.

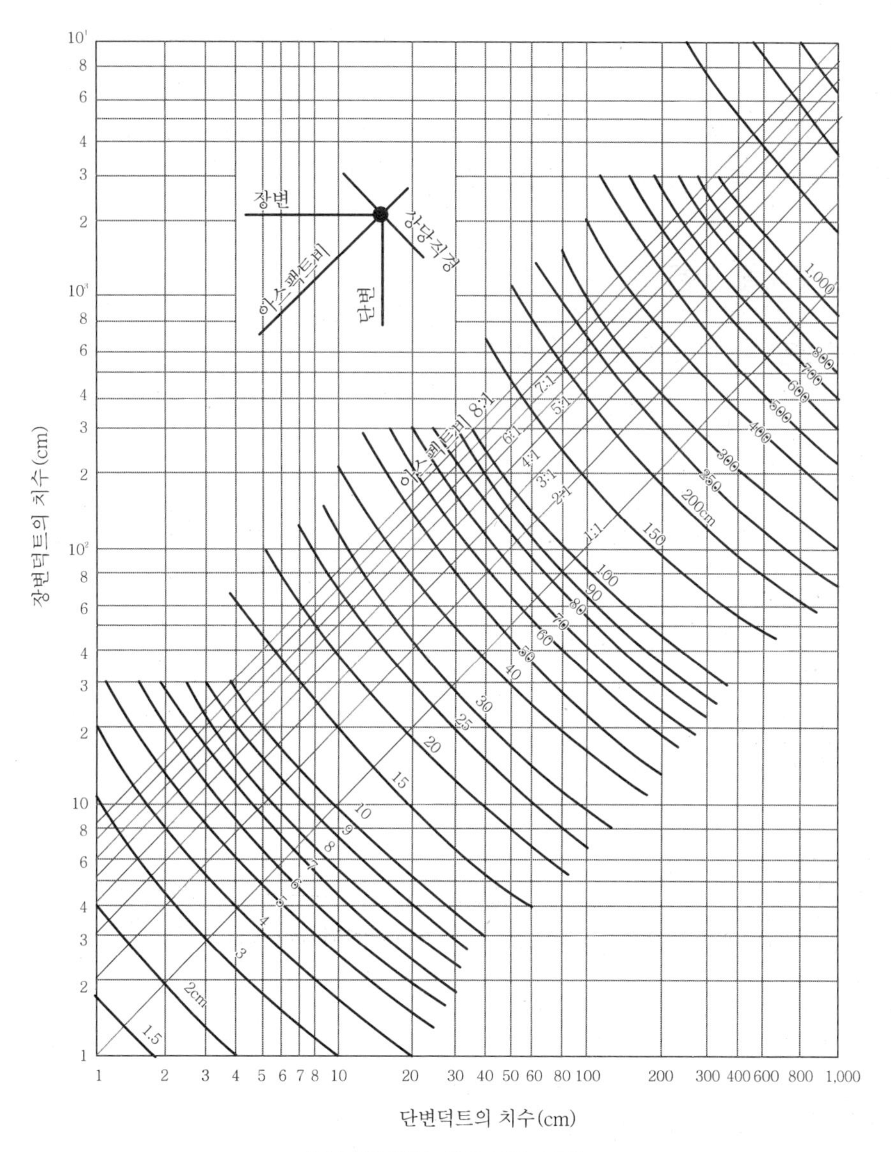

[아스펙트비에 의한 구경 선정]

고속덕트 설계 및 시공 시 고려사항을 기술하시오.

1. 개요

덕트란 공기조화기에서 조화된 공기를 반송하는 통로로서 제 기능을 발휘하며, 거주 공간과 가깝게 설치되므로 설계 및 시공 시 소음에 특별한 주의를 요한다.

2. 덕트의 풍속에 따른 분류

(1) 고속덕트

① 덕트 내 풍속 : 16m/s 이상
② 적정풍속 : 20~25m/s
③ 분체, 분진 이송용으로 사용
④ 주로 원형덕트 사용

(2) 저속덕트

① 덕트 내 풍속 : 15m/s 이하
② 적정풍속 : 10~12m/s
③ 공조용 사용
④ 주로 각형덕트 사용

3. 덕트 설계 시 고려사항

(1) 덕트의 풍속은 허용풍속 이내로 설계
(2) 덕트의 재료는 용도에 맞게
(3) 건축 space를 검토하여 aspect비 결정(최대 8 : 1 이하)
(4) 덕트의 축소 30° 이내 각도, 확대는 15° 이내 각도
(5) 덕트의 곡률반경은 직경 또는 덕트 폭의 1.5배 이상
(6) 덕트 분기부에는 풍량조절 댐퍼 설치
(7) 덕트 제작(두께, 이음) 시 보강 및 주의를 요함
(8) 등속법 또는 전압법 사용
(9) 내압이 높기 때문에 가급적 원형덕트 사용
(10) 덕트의 누설
(11) 덕트의 열취득과 열손실

(12) 풍량 밸런싱

4. 고속덕트 내의 허용풍속 및 철판두께

통과풍량(m^3/h)	최대풍속(m/s)
5,000~10,000	12.5
10,000~17,000	17.5
17,000~25,000	20
25,000~40,000	22.5
40,000~70,000	25
70,000~100,000	30

두께(mm)	장변의 폭(mm)	
	각형	원형
0.5	–	200 이하
0.6	–	201~600 이하
0.8	450 이하	601~800 이하
1.0	451~1,200 이하	801~1,000 이하
1.2	1,201 이상	

5. 고속덕트 시공 시 고려할 사항

(1) 덕트재질은 매끈하여 먼지축적 및 마찰저항을 감소시킬 것
(2) 거친 표면은 덕트 크기를 키워 저항을 감소시킬 것
(3) 약품공장, 실험실 등은 내식성(PVC, SUS) 재료로 시공
(4) V.D, F.D S.D의 적절한 배치로 T.A.B 및 화재에 대비
(5) 급격한 방향 전환 시는 Guide Vane 사용
(6) 주덕트는 흡음챔버, 엘보, 사운드 트랩 등의 설치로 실내허용 소음치(NC) 이하로 유지
(7) 보온, 배관, 전등, 텍스 및 바(bar) 두께를 고려하여 천장 space 내에 설치 가능토록 제작
(8) 고속, 고압을 채용하므로 소음 및 진동을 방지하기 위한 적당한 보강조치

6. 덕트의 소음방지법

(1) 덕트 도중에 흡음재 부착
(2) 송풍기 출구 부근에 플레넘 챔버 부착
(3) 덕트의 적당한 장소에 흡음을 위한 흡음장치 설치
(4) 댐퍼 취출구에 흡음재 부착

7. 결론

고속덕트는 설계 및 시공 시 고려사항을 준수해야 하며, 특히 소음 및 진동에 유의해야 한다. 또한 시공 후 TAB을 실시하여 각 실에 적정풍량이 공급될 수 있도록 조정하여야 한다.

제25장 자동제어

Professional Engineer

○ Building Mechanical Facilities
○ Air-conditioning Refrigerating Machinery

01 자동제어에 대하여 논하라.

1. 개요

자동제어란 실내의 온도, 습도, 환기 등을 사용목적에 맞게 자동으로 조절하는 것을 말하며, 검출부, 조절부, 조작부 등으로 구성되어 있다. 조절부의 방식에 따라 시퀀스 제어와 피드백 제어로 구분된다.

2. 자동제어의 구성

(1) 검출부

① 실내의 온도, 습도, CO_2 농도 등을 검출한다.
② 검출된 데이터는 조절부로 보낸다.

(2) 조절부

① 검출부에서 온 데이터를 목표치와 비교하여 조절한 후 조작부로 보낸다.
② 온도조절기, 습도조절기 등이 있다.

(3) 조작부

① 조절부에서 조절된 신호에 의하여 밸브, Damper 등을 조작하여 실내 온습도 제어
② 주로 전동식 밸브, 전동식 Damper 등을 사용

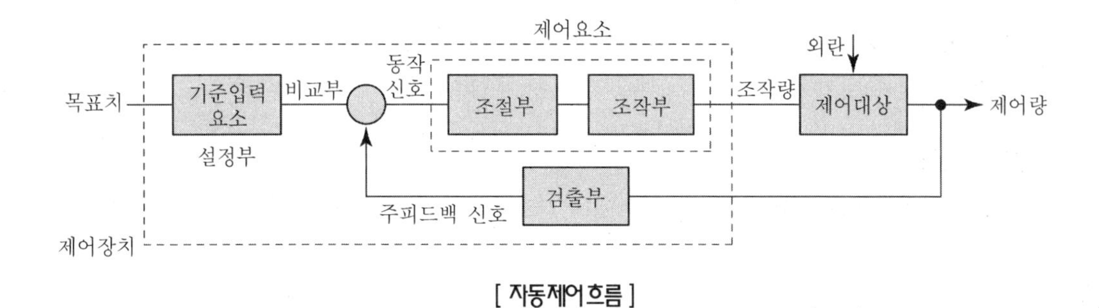

[자동제어흐름]

3. 조절부의 제어방식

(1) 시퀀스 제어(Sequential Control)

미리 정해진 순서에 의하여 순차적으로 밸브, Damper 등을 기동 정지시킨다.

(2) 피드백 제어(Feed Back Control)

① 검출부의 신호를 목표치와 비교한 후 수정동작을 하여 조작부에 신호를 보내 제어
② 자동제어에서 주로 사용

4. 제어동작의 종류

(1) 불연속동작

2위치, 다위치 : On, Off, 솔로노이드(Solenoid)

(2) 연속동작

P동작, I동작, D동작, PI동작, PD동작, PID동작
① P(비례) : Proportional
② I(적분) : Integral
③ D(미분) : Differential

5. 신호전달방식의 종류

(1) 공기식

전달신호가 공기(압축)로서 가느다란 동관에 의해 공기가 조작부를 동작시킨다.

(2) 전기식

전달신호가 전기이며 조작부는 전동식 모터가 사용된다.

(3) 전자식

전달신호가 Puls이며 주로 DDC 제어에 사용

6. 공기조화기의 자동제어

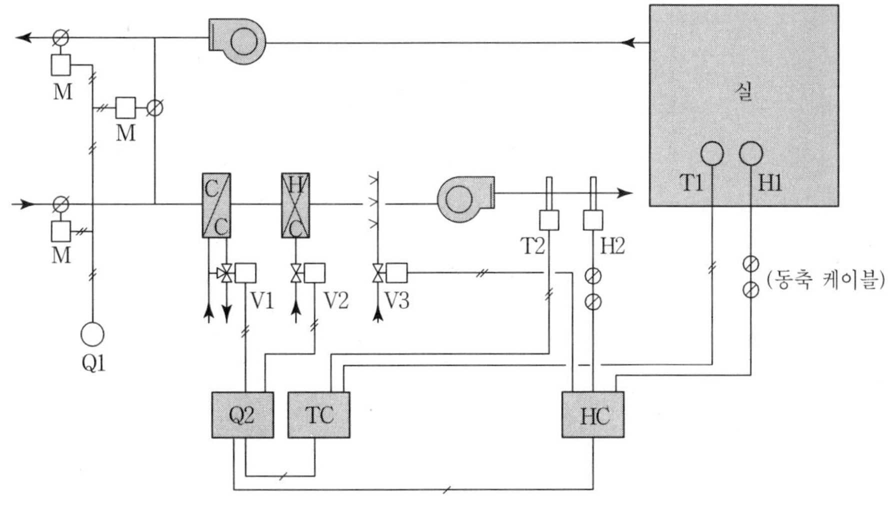

[공조기제어 다이어그램]

기호	명칭
T1	실내온도 검출기
T2	덕트온도 검출기
H1	실내습도 검출기
H2	덕트습도 검출기
TC	온도조절기
HC	습도조절기
M	댐퍼 모터
V1	전동3방 밸브
V2	전동2방 밸브
V3	전동2방 밸브
Q1	원격 설정기
Q2	신호 선택기

- T1의 신호에 의하여 TC, Q2를 통하여 V1, V2를 시퀀스로 비례 제어한다.
  T2는 제어성을 높이기 위한 급기보상용이다.
- H1의 신호에 의하여 여름에는 HC의 출력신호나 TC의 출력신호 중 한 신호를 선택하여 V1을 제어하여 제습동작을 하고, 겨울에는 HC의 출력신호로 V3을 제어하여 가습동작을 한다.
- 외기와 환기량 조절은 Q1으로 원격설정하여 M을 제어한다.

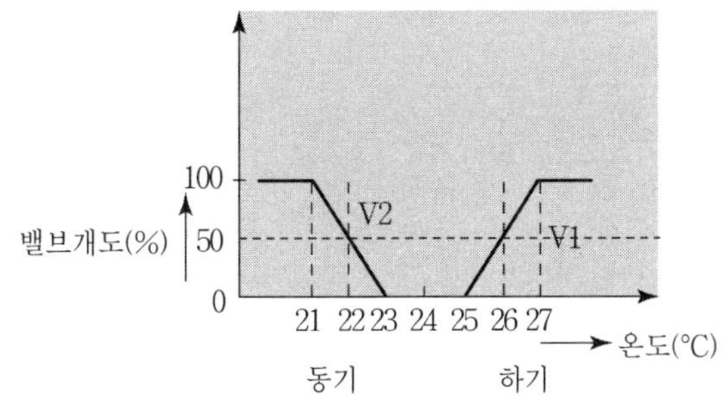

[온도 T1 설정 스케줄]

(1) 중앙감시반에서 급기팬(SF)을 가동하면 공조시작

(2) 공조기 내 밸브제어

① 냉난방밸브 : 실내에 설치된 온도감지기(TDA)의 검출온도에 의해 냉난방 밸브(CSV)를 비례 제어하여 실내온도를 일정하게 유지

② 가습밸브 : 실내에 설치된 습도감지기(HDA)의 검출습도에 의해 가습밸브(HV)를 On/Off로 제어하여 유지

(3) 공조기 내 Damper 제어

① 동절기 : 외기댐퍼는 최소개도 시 Open, 환기댐퍼 역동작

② 워밍업 시 : 외기댐퍼는 Full Close, 환기댐퍼는 Full Open되어 실내 일정온도에 도달할 때까지 유지한 후 동절기 동작을 취함

③ 환절기 : 외기 냉방 시 엔탈피를 연산비교하여 외기 엔탈피가 실내 엔탈피보다 낮을 경우 엔탈피 제어로 환절기 시 실내상태를 쾌적하게 유지시킨다.

④ 환기 Duct에 설치된 이온화 연기 감지기(SDA)는 연기가 감지되면 급기팬을 정지시키고 중앙감시반에 화재경보신호를 보낸다.

(4) 급기 Fan 정지시 아래와 같이 Normal 상태를 유지

① 환기팬－Off

② 냉난방 밸브－Closed

③ 가습 밸브－Closed

④ 환기 Damper－Open

⑤ 외기 Damper－Closed

⑥ 배기 Damper－Closed

(5) 중앙감시반에서 아래 사항을 관제한다.

① 급기 Fan 가동/정지 및 운전상태 감시(D_O, D_I)

② 환기 Fan 운전감시(D_I)

③ 화재경보 감시(D_I)

④ 급기온도 감시(A_I)

⑤ 환기, 온습도 감시(A_I)

⑥ 혼합온도 감시(A_I)

⑦ 외기 온습도 감시(A_I)

7. 결론

건물에서의 자동제어는 쾌적한 환경 유지를 위해 반드시 필요하며 에너지 절약, 관리인원의 절감을 가져온다. 최근의 전자기술 발달 및 소프트웨어의 발달로 자동제어 분야에도 Computer가 본격적으로 이용되고 있다.

공조설비의 자동제어를 설명하라.

① 피드백 제어(Feed Back Control)
② 피드포워드 제어(Feed Forword Control)
③ 시퀀스 제어(Sequence Control)

1. 개요

제어란 넓은 의미로는 어느 목적에 적합하도록 대상이 되는 장치에 필요한 조작을 가하는 것을 말한다. 제어에는 사람이 직접 판단하고 조작하는 수동제어와 제어장치로 자동적으로 판단하고 조작하는 자동제어가 있으며, 제어대상과 제어장치를 합쳐서 제어계라고 한다.

2. (제어계)자동제어의 목적

자동제어의 목적은 제어대상 설비 목적의 달성, 품질의 향상, 노동력의 절약, 경제적인 운전 등이다. 예를 들면 공조시스템에서는 부하변동에 관계없이 일정한 실내 온습도를 유지하고, 운전자를 줄이고 운전비, 에너지 소비를 절약하는 것 등이 목적이다. 제어의 최적성은

(1) 제어량이 목표치와 잘 일치할 것
(2) 제어량이 목표치로부터 떨어져 있을 때 수정동작이 속히 이루어질 것
(3) 제어동작이 안정할 것

3. 자동제어의 분류

(1) 피드백 제어(Feed Back Control)

제어결과를 끊임없이 감시하면서 수정동작을 하는 것으로 폐 루프(Closed Loop) 제어라고도 한다.

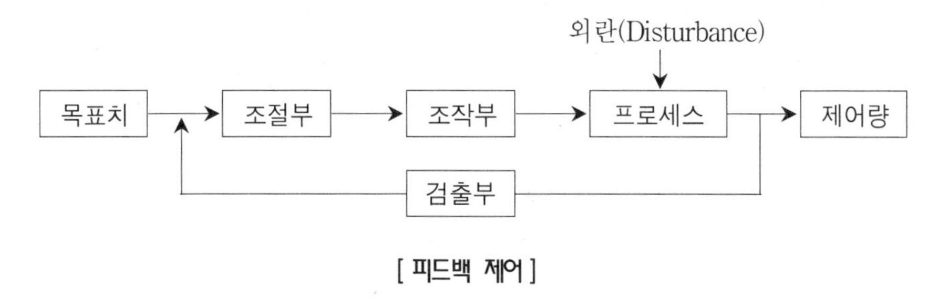

[피드백 제어]

피드백 제어는 공조시스템과 같은 프로세스를 제어하는 대표적인 제어방식이다.

(2) 피드포워드 제어(Feed Forward Control)

외란의 영향이 제어대상에 나타나기 전에 필요한 수정동작을 하는 것으로 열린 루프(Open Loop) 제어의 일종이다.

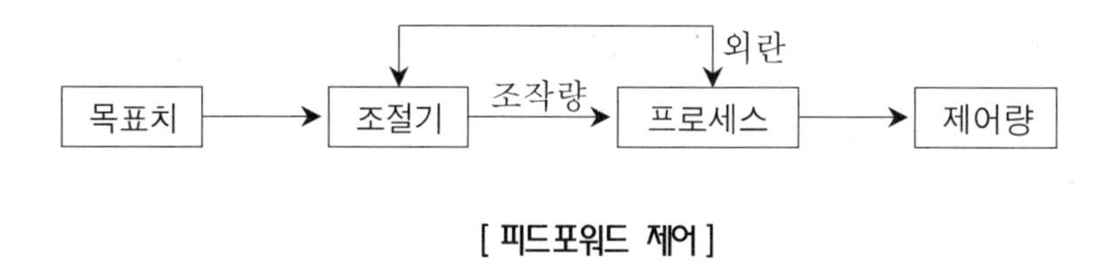

[피드포워드 제어]

그러나 이 제어방식도 최종적으로는 피드백 제어에 의하여 제어를 하는 것이 일반적이며, 이것을 피드백, 피드포워드 제어라 하며, 일종의 예측제어로서 제어성이 좋다.

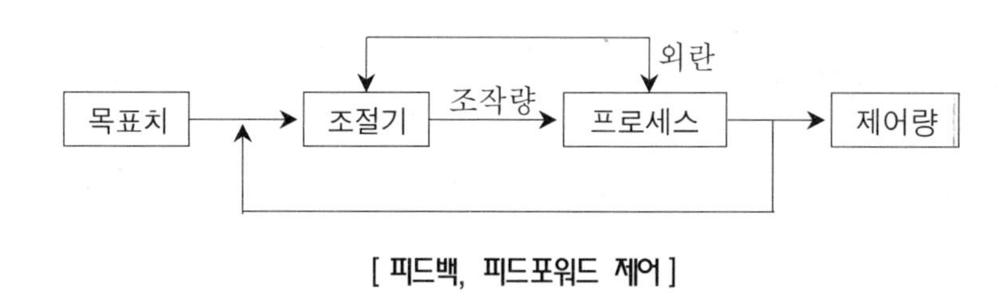

[피드백, 피드포워드 제어]

(3) 시퀀스 제어(Sequence Control)

미리 정해진 순서에 따라 제어의 각 단계를 순서대로 해나가는 개회로의 일종으로 기기군의 순차제어에 이용하며, 위에서 말한 피드백 제어나 피드포워드 제어와는 성격을 달리한다.

4. 결론(목표치 시간적 성질에 의한 분류)

목표치가 시간에 관계없이 일정한 것을 정치제어, 시간변화에 따라서 변화하는 것을 추치제어라고 한다. 추치제어에서 목표치의 시간 변화를 미리 알 수 있는 것을 프로그램제어(Program Control), 모르는 것을 추정제어(Cascade Control)라고 한다. 실 공기조화의 제어 대부분은 프로세스제어이다.

공조 System 자동제어방식을 도시하고 설명하시오.

① 변풍량 단일덕트 조닝별 재열코일방식
② 팬코일 유닛 개별제어방식
③ 증기대 온수 열교환기 온도제어방식

1. 개요

공조 System에서 자동제어란 실내의 온도, 습도, 환기 등을 사용목적에 맞게 자동으로 조절하는 것을 말하며, 검출부, 조절부, 조작부 등으로 구성되어 있다.

2. 변풍량 단일덕트 조닝별 재열코일방식

(1) 온도검출기 T_1에 의해 V1밸브를 조작하여 일정온도 공급
(2) 온도검출기 T_2에 의해 VAV UNIT 댐퍼 개도를 조정하여 풍량조절
(3) 덕트 내 정압감지기 S.P에 의해 팬모터 M_1을 제어하여 풍량조정과 에너지 절감
(4) 온도검출기 T_2에 의해 재열코일에 설치된 V_2밸브를 조작하여 실내공급온도 조절

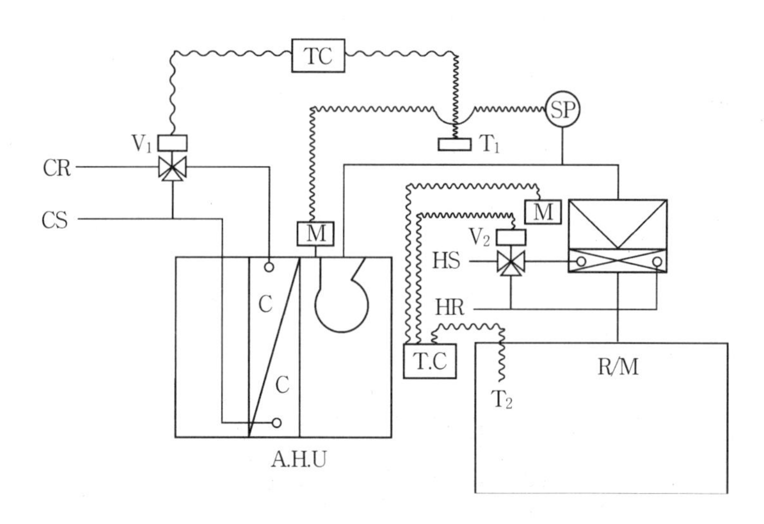

3. 팬코일 유닛 개별제어방식

(1) 2관식일 때

① 실내온도 검출기 T_1에 의해 이방변 V_1 제어하여 실내온도 조정
② 일반사무실

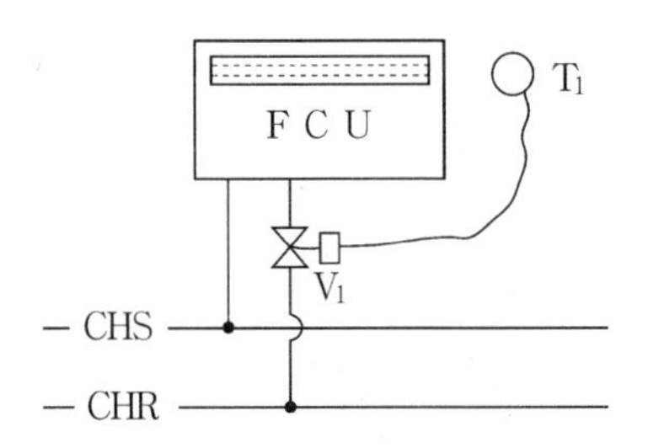

(2) 3관식일 때

① 실내온도검출기 T_2에 의해 삼방변 V_2 제어하여 실내온도 조정
② 호텔 등에 적용
③ 혼합 손실 발생
④ 동시 냉난방 가능

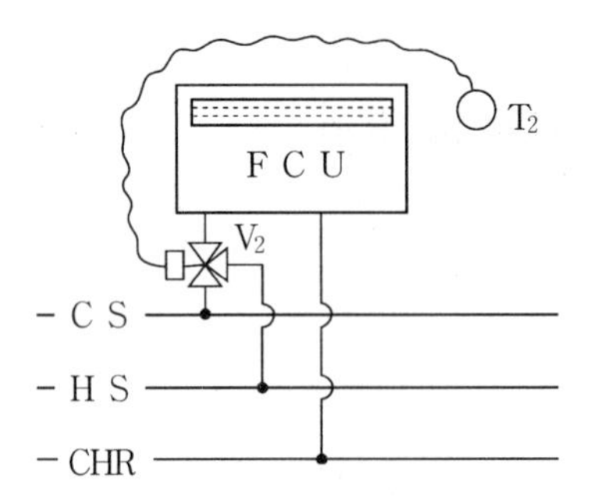

(3) 4관식일 때

① 실내온도검출기 T_3에 의해 냉난방 절환용 삼방변 V_3, V_4 제어하여 실내온도 조정
② 호텔 등에 적용
③ 혼합손실이 없다.
④ 동시 냉난방 가능
⑤ 공사비가 많이 든다.

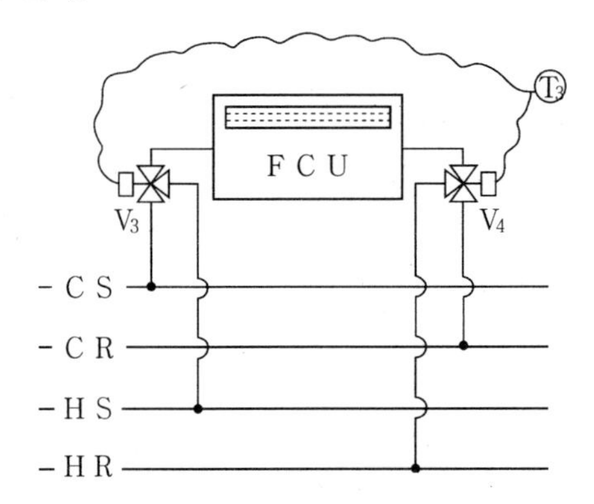

4. 증기 대 온수 열교환기 온도제어방식

온수공급 온도일정제어를 위해 온도 검출기 T_1에 의해 증기공급용 이방변 V_1 제어

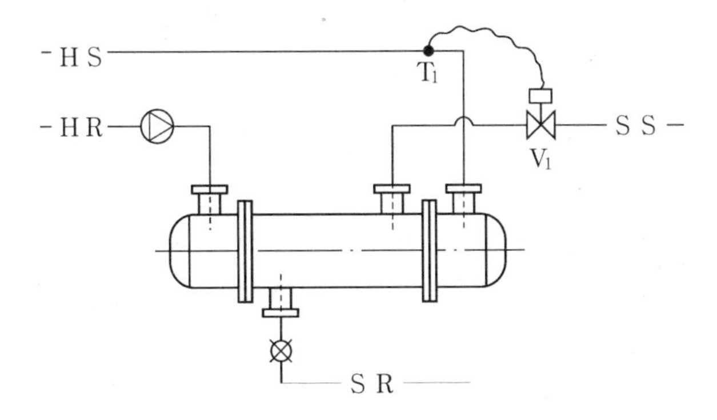

단일덕트방식 중 VAV, CAV를 설명하고 공조기로부터 실내에 공급되는 사이클을 계통도로 작성하고 제어방법을 기술하시오.

1. 개요

전공기방식 중 단일덕트방식으로 실내부하 변동에 따라 송풍량을 변화시키고 송풍온도를 일정하게 유지하는 변풍량방식과 송풍온도를 변화시켜 송풍량을 일정하게 하는 정풍량방식이 있다.

2. VAV방식의 원리

(1) 원리

실내부하에 따라 송풍량을 변화시키고 송풍온도를 일정하게 유지

$$Q=\frac{q_s}{1.21\times\Delta t}$$

VAV 방식을 두 가지로 대별하면,

① 급기온도 일정(Constant) : 내주부와 같이 부하 변동폭이 작은 곳

② 급기온도 가변(Variable) : 외주부와 같이 특수부하 또는 온도조건이 까다로운 곳

VAV방식은 원래 냉방 전용으로 개발되어 급기온도의 일정 유지가 원칙이나 우리나라와 같이 추운 겨울의 경우 난방부하가 발생하므로 설계 시 주의

(2) 특징

① 장점

㉮ 각 실별 필요공기만 공급되므로 에너지 절약

㉯ 부분 부하 시 송풍기 제어로 동력비 절감

㉰ 부분 부하 시 터미널 재열방식이나 2중 덕트방식과 같은 재열혼합손실이 없기 때문에 불필요한 에너지 사용이 억제된다.

㉱ 전폐형 유닛 사용 시 빈방 급기를 정지하여 송풍동력 절감

㉲ 장래 부하증가를 예상하여 장치용량을 결정하더라도 실내부하에 해당되는 만큼 급기되므로 동력소비 감소

㉳ 각 토출구의 풍량조절이 용이

㉴ 온도조절 용이

㉵ 실내의 설비기기의 점유면적이 작으므로 유효 바닥면적이 증가

㉶ 외기 냉방 가능

㉷ 기기 필터 등의 중앙집중으로 보수관리 용이

② 단점

㉮ 최소풍량 시 환기량 부족 발생

㉯ 자동제어가 복잡하므로 보수관리 어려움

㉰ 초기 투자설비비 증가

㉱ 실내기류 속도변화

(3) VAV 제어방법

① 제어계통도

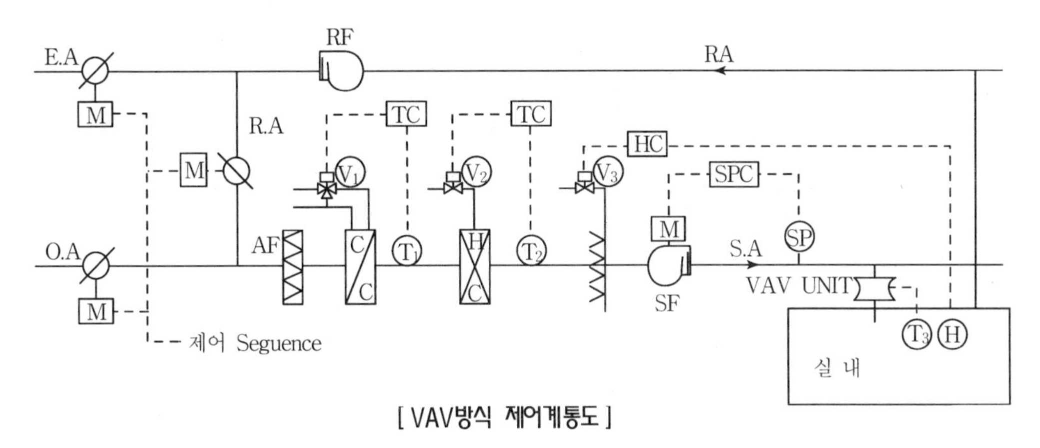

[VAV방식 제어계통도]

② 제어방법

㉮ 공급온도검출기 (T1), (T2)에 의해 온도 검출하여 온도조절기 [TC]에 의해 냉난방밸브 (V1), (V2)를 비례제어하여 공급온도 일정유지

㉯ 실내온도검출기 (T3)에 의해 VAV UNIT의 풍량제어로 실내온도 일정유지

㉰ 실내습도검출기 (H)에 의해 습도 검출하여 습도조절기 [HC]에 의해 가습밸브 (V3)를 On－Off하여 실내습도 일정유지

㉱ 정압검출기 (SP)에 의해 팬모터의 회전수제어로 풍량조절

㉲ 환기팬제어방법

- 종속환기팬제어
- 실내정압에 의한 환기팬제어
- 측정풍량에 의한 환기팬제어
- Plenum 일정압력에 의한 환기팬제어

3. CAV의 방식

(1) 원리

실내부하량에 의해 공조기 코일의 자동조절밸브를 조절하여 유량을 조절함으로써 송풍온도를 변화시키고 송풍량을 일정하게 유지한다.

$$Q = \frac{q}{C \cdot \gamma \cdot \Delta t}$$

여기서, Q : 순환수량(l/hr),
C : 물의 비열(J/kg · K)
γ : 물의 비중량(kg/ l)
D_t : 코일 입출구 온도차(K)

(2) 특징

① 장점

㉮ 송풍량이 일정하므로 실내 환기상태 양호
㉯ 실내 기류 속도를 일정하게 유지 가능
㉰ 초기 투자비가 적다.
㉱ 시스템이 단순하므로 유지 보수가 용이하다.(특히, 자동제어)
㉲ 일반적인 방식이므로 설계, 시공 경험이 많다.

② 단점

㉮ 각 구역별 실내온도를 일정하게 유지하기가 어렵다.
㉯ 에너지의 소비가 많다.
㉰ 최대 부하기준으로 장비를 선정하므로 기기용량이 크다.
㉱ 실내 부하 증가에 대한 처리성 불리
㉲ 칸막이 변경 시 실별 풍량 조절이 어렵다.

(3) CAV 제어방법

① 제어계통도

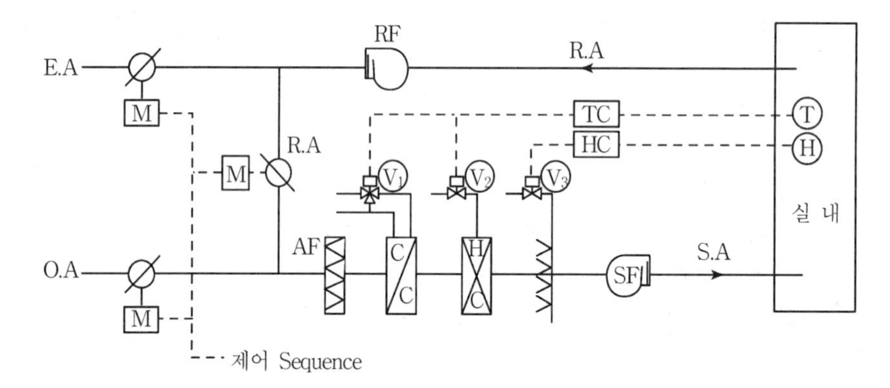

[CAV방식 제어계통도]

② 제어방법

㉮ 실내온도검출기 ⓣ에 의해 실내온도를 검출하여 온도조절기 [TC]에 의해 냉난방 밸브 (V_1), (V_2)를 비례 제어하여 공급온도를 변화시켜 실내온도 일정유지

㉯ 실내습도검출기 ⓗ에 의해 실내습도 검출하여 습도조절기 [HC]에 의해 가습밸브 (V_3)를 On-Off 제어하여 실내습도 일정유지

㉰ 외기·배기댐퍼는 연동하고 환기댐퍼는 역동작

4. 결론

실내부하 조절에 있어 풍량을 제어하는 것이 부하조절에 대한 추종성이 높고 실내 쾌감도가 좋다. 또한 풍량 제어로 인한 연간 송풍동력비 절감과 에너지 절감효과를 꾀한다.

VAV방식의 자동제어 계통도를 그리고 풍량제어기능을 기술하고 예열, 예냉, 야간기동제어의 필요성을 설명하시오.

1. 개요

VAV방식은 부하변동 시 송풍온도는 일정하게 하고 송풍량을 변화시켜 대응하며 저부하 시 동력절감 효과가 있는 공조방식이며, 건물의 내 · 외주부가 공존하는 비교적 큰 건물에 주로 사용된다.

2. 자동제어 계통도

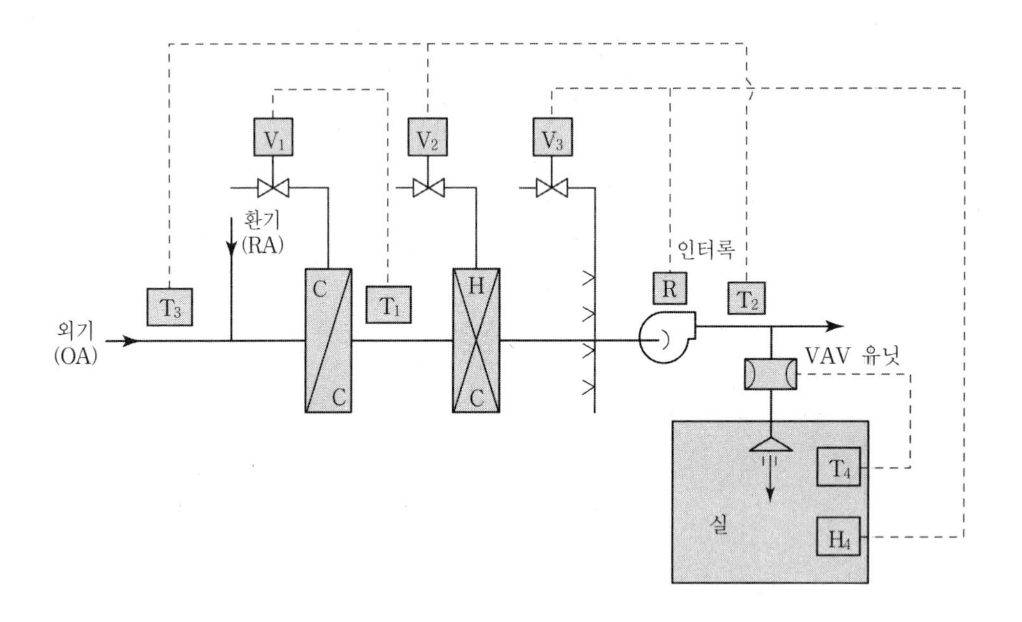

[단일덕트 변풍량방식의 제어법]

3. 풍량제어기능

(1) 풍량제어의 목적

① 실내온도 조절

② 저부하 시 동력절감

(2) 풍량제어 수단

① 회전수 제어－가장 널리 사용, VVVF

② 흡인베인 제어

(3) 풍량제어

정압 Control 제어

(4) Supply Fan과 VAV Unit 사이의 정압 차이에 의해서 압력 S/W로 회전수 제어

4. 예열, 예냉, 야간기동

(1) 개요

건축물은 열용량과 단열성에 의하여 열취득이 바로 열부하로 나타나지 않고 시간을 지연시킨 후 나타난다. 즉 축열에 의한 시간 지연은 주간에는 공조에 유리하고 여름, 겨울의 야간의 축열이 주간에 영향을 미치므로 주간의 운전 효율을 위해 야간의 축열을 제거할 필요가 있다.

(2) 예열

① 겨울철 이른 아침에 업무 개시 전에 건물의 온도를 높이는 것을 예열이라고 한다.

② 예열시간은 장치 용량에 따라 변한다.

(3) 예냉

여름철 이른 아침에 건물의 온도를 낮추는 것을 예냉이라고 한다.

(4) VAV방식에서는 예열과 예냉시에는 온도조절장치를 수동으로 전개해 놓고 시행한다.

(5) 야간기동

① 밤 사이에 온도조절기에 의하여 세팅치 이하로 온도가 내려가면 공조장치가 가동하는 것을 야간기동

② 야간기동은 야간의 축열부하를 제거하여 주간 운전 시 부하를 감소시켜 준다.

③ 야간기동의 세팅 온도는 장비용량 등 경제성 검토 후 온도를 설정한다.

건축물의 자동제어방식과 설계 시 검토사항

1. 개요

(1) 기계설비 자동제어 설계 시에는 건물의 규모, 예산, 사용용도(목적), 입지조건, 관리방식 및 그 설계에 의한 효율적인 관리 여부 등을 검토하여야 한다.

(2) 건축설비의 자동제어의 조절부 제어방식은 주로 피드백 제어방식을 사용한다.

2. 제어방식별 특징

(1) 전기식

① 특징

㉮ 에너지원을 쉽게 얻을 수 있다.
㉯ 구조 및 원리가 간단
㉰ 고장이 적고 가격이 저렴
㉱ 시공 및 보수 관리가 용이
㉲ 정밀도가 다른 방식에 비하여 떨어진다.
㉳ 모터의 구동으로 동작이 느리다.

② 적용

㉮ 제어대상 장비가 많지 않은 10층 미만의 일반 사무실
㉯ 작은 공장 계통
㉰ 소규모 아파트

(2) 전자식

① 특징

㉮ 감도 및 정밀도가 높다.
㉯ 연속 및 순차제어 가능
㉰ 간단한 보상제어 가능
㉱ 경제적 운전이 가능
㉲ 평균온도제어가 가능한 방식
㉳ 가격이 고가이다.
㉴ 보수 및 유지 관리가 어렵다.

② 적용

㉮ 항온·항습을 요하는 소규모의 실험실

㉯ 지역난방을 수용하는 아파트를 현장독립 제어시 사용

(3) 공기식

① 특징

㉮ 에너지원이 압축공기

㉯ 기기구조가 간단하여 고장이 적다.

㉰ 연속, 순차 제어가 가능

㉱ 비례동작이 원활

㉲ 큰 힘을 낼 수 있다.

㉳ 부속설비가 많이 요구된다.

② 적용

㉮ 병원, 호텔 등의 대형 장치에 적합

㉯ 안정성을 최우선하는 중·대형 공장

(4) DDC방식

① 특징

㉮ 검출부는 전자식, 조절부는 DDC를 사용

㉯ 각종 연산제어 및 에너지 절약 제어 가능

㉰ 정밀도와 신뢰도가 가장 높은 방식

㉱ 중앙감시장치에서 설정변경 및 제어상태 감시

㉲ 분산제어방식 도입으로 국부적인 고장이 전체에 미치지 않음

② 적용

㉮ 중·대형 건물로서 공조구역이 많이 나뉘어 있어서 해당 공조기가 많으며 공조실이 건물의 여러 곳에 산재되어 있는 경우

㉯ 대단위 아파트 단지로서 중간 기계실이 여러 곳에 나뉘어 있는 경우

㉰ IBS(Intelligent Building System) 도입에 따른 건물의 유지 관리 및 수명 연장, 에너지 절감 및 장비의 효율적 운전을 위해 널리 적용

3. 설계 시 검토 협의사항

(1) 검토사항

① 건물의 에너지 절감 방안

② 설계도서의 심의 및 건물 착공 시에는 허가 대상이 된다.

(2) 협의사항

① 열원 계통 확인
② 공조방식의 확인
③ 제어 온습도 조건의 확인
④ 각종 열원 장비들의 열원 및 온수 온도차(Δt) 증기인 경우 증기압력
⑤ MCC(Motor Control Center)의 위치 및 담당 장비
⑥ 저수조 및 응축수 탱크의 시수인입 밸브 및 담당 장비
⑦ 각종 탱크의 높이
⑧ 배수조 높이
⑨ Header가 있는 경우 바이패스 유량(%)
⑩ 전기 MCC 및 각 장비류 제어반 사용 시 자동제어용 보조접점 제공 여부 요구
⑪ F.C.U 제어관계(개별제어, Zone 제어, 2-Way V/V 제어 관계)

(3) 설계 시 필요 자료

① 필수 불가결한 자료
㉮ 설비장비 일람표
㉯ 기계실 배관 평면도
㉰ 자동제어 대상 장비의 위치 평면도
㉱ 공조실 평면도
㉲ 각층별 Duct 평면도 및 VAV 위치도(VAV 공조인 경우)
㉳ 공동구가 표시된 전체 평면도

② 참고자료
㉮ Duct 계통도
㉯ 냉난방 배관 계통도
㉰ 위생 배관 계통도
㉱ 소화 계통도
㉲ 필수 불가결한 자료 이외의 각종 평면도

4. 결론

계획건물의 질적 우위, 에너지절감의 극대화, 투자효율의 증대 측면에서 가장 최적한 자동제어 System을 선택하여야 한다.

자동제어밸브의 종류 및 선정방법

1. 개요

자동제어 밸브란 조절기로부터 받은 제어신호에 의하여 전기나 공기 또는 유압 등을 이용하여 그 개도를 조절함으로써 밸브 본체를 통과하는 유체의 양을 제어하는 장치이다.

2. 자동제어밸브의 종류

(1) 작동방법에 의한 분류

① 전기작동형(Electric Motor Operated Valve)
② 전기유압식(Electric Hydraulic Operated Valve)
③ 자기식(Solenoid Valve)
④ 공기작동형(Pneumatic Operated Valve)
⑤ 유압작동형(Hydraulic Operated Valve)

(2) 재질에 의한 분류

① 주철제
② 주강제
③ 스테인리스 스틸제 등

(3) 접속방식에 의한 분류

① 나사식
② 플랜지식
③ 용접식

3. 종류별 특징

(1) 전동밸브

① 단좌이방밸브
㉮ 한 개의 Seat와 플러그로 구성
㉯ 허용차압이 적고 2″ 이하에 사용
㉰ 전폐 시 밀폐능력이 우수

㉣ 조작기 구동용 축추력이 크다.

㉤ 하부포트에서 상부포트로 유량 통과

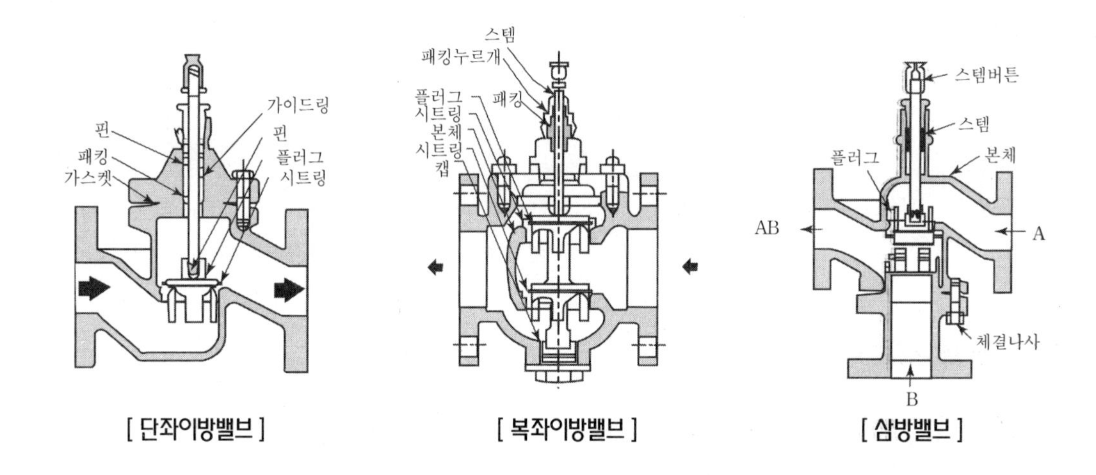

[단좌이방밸브] [복좌이방밸브] [삼방밸브]

② 복좌이방밸브

㉮ 2조의 시트와 플러그로 구성

㉯ 허용 차압이 크고 3″ 이상에 사용

㉰ 전폐 시 밀폐능력이 떨어진다.

㉣ 조작기 구동용 축추력이 작다.

㉤ 상부포트와 하부포트로 유량 통과

③ 삼방밸브

㉮ 혼합형(Mixing 3-Way V/V)과 분류형(Diverting 3-Way V/V)이 있다.

㉯ 혼합형에서는 입출구 온도차가 작고, 공조용 냉난방 밸브에 적용하며 각 Body에서 적용되는 온도가 다르다.

㉰ 분류형에서는 입출구 온도차가 크고, 공조용 지역난방 밸브에 적용하며 각 Body에서 적용되는 온도가 같다.

④ 소형 전동밸브

㉮ F.C.U 등에 사용되는 냉 · 온수 제어용 소형밸브로서 2위치 제어밸브이다.

㉯ 전자밸브에 비해 동작음이 낮아 정숙을 요하는 경우 사용

㉰ 2방형 상시 닫힘형과 상시 열림형, 3방형 등이 있다.

(2) 전자식 밸브

① 전자석의 힘을 이용하여 주밸브 또는 플런저를 직접 작동시키는 방식

② 동작원리에 따라 직동식과 파일러식으로 구분

③ 전자밸브는 전동밸브에 비해 가격이 저렴하며, 2위치 제어용 조작기로 많이 사용됨

④ 특히 가습 제어용으로 사용

4. 밸브의 선정 방법

(1) 설치될 자동밸브의 조건

㉮ 조절특성이 양호할 것
㉯ 에너지를 절약할 수 있을 것
㉰ 유지 보수가 간단할 것
㉱ 가격이 적당할 것

(2) 밸브 선정 시 고려사항

① 밸브 구동부의 동작원이 차단되었을 때 밸브가 열린 상태로 있을 것인가, 닫힌 상태로 있을 것인가
② 필요한 제어 속도
③ 밸브작동에 사용할 수 있는 에너지원
④ 방폭의 필요성

(3) 밸브의 선정순서

① 필요한 유량계수의 계산
② 밸브의 종류 선정
③ 유량 특성 선정
④ 밸브 및 포트 크기의 선정
⑤ 동작부 선정

5. 결론

사용용도에 적합한 제어밸브와 밸브 선정 시 고려사항, 자동밸브의 조건 등을 충분히 검토하여 선정한다.

자동제어를 통한 에너지 절약

1. 개요

(1) 건축물의 LCC(Life Cycle Cost) 측면에서 볼 때 건물의 기획 및 설계 시에 약 0.4%, 건설비용이 16%, 건물운영 관리비용이 83.6% 정도가 투입되는 것을 감안하면 에너지 절약에 대한 필요성이 절실하다고 할 수 있다.

(2) 또한 쾌적하고 편리한 환경에 대한 요구도 증대되고 있어 최적의 에너지 소비특성에 맞는 빌딩관리 System(BMS/EMS)을 적용하여 에너지절약과 쾌적한 환경을 동시에 만족시켜야 한다.

2. 설비시스템의 운영에 의한 에너지 절약

(1) CO_2 농도제어에 의한 외기 도입

① CO_2 농도를 감지하여 외기 Damper를 비례 제어

② CO_2 실내 허용농도 1000ppm 이하

③ 부하의 경감 및 에너지 절약

(2) 대수 제어

① 펌프, 냉동기, 보일러, 기타 열원용 기기는 상용 최대 출력일 때 그 최대 효율이 발휘된다.

② 공조설비는 다른 공업용 설비보다 부분부하로 운전되는 경우가 많다.

③ 필요한 용량을 분할하여 비용 및 운전운영상의 유지 관리 측면에서 장점이 많다.

㉮ 펌프 대수 제어

㉠ 정유량 펌프만의 대수 제어

- 일정한 유량을 유지하는 방법
- 일정한 압력을 유지하는 방법

㉡ 정유량 펌프와 변유량 펌프의 혼합운용

㉯ 냉동기 대수 제어

㉠ 개요

- 실내 부하량과 냉동기군의 출력이 일치하도록 냉동기의 운전대수를 제어하는 것으로 그 특성에 맞는 열량 즉, 냉수 순환량과 냉수온도를 공급하는 것이 중요함
- 냉동기 대수 제어 이외에도 냉동기의 개별용량 제어, 냉수 펌프 제어, 냉수의 공급, 환수 Header 차압 제어 등을 함께 고려

㉡ 종류
- 열량(cal)에 의한 제어
- 온도차에 의한 제어
- 환수온도에 의한 제어
- 유량에 의한 제어

(3) 냉각수 수질 제어

① 개요

㉮ 냉각탑의 냉각수는 항상 대기와 접촉하여 물의 증발작용을 이용하여 응축기 열을 방출한다.

㉯ 냉각수 증발로 인한 농축작용과 대기와의 접촉과정 중의 오염물질 흡수로 냉각수의 수질이 악화된다.

㉰ 스케일 부착, 부식발생, 미생물에 의한 Slime 생성 등으로 냉동기 및 압축기 등의 운전효율저하, 냉동기의 고압커트, 냉각탑 폐쇄 등의 사고를 야기하는 원인이 됨

② Blow Down

㉮ 개요

냉각수의 수질오염 판단에 대한 지표로서 물의 전도율을 측정하기 위해 전극을 설치

㉯ 종류

㉠ Over Blow : 보급수를 수동 밸브로 조작

㉡ 연속 Blow : Blow 조절변으로 순환수의 일정량을 연속적으로 Blow

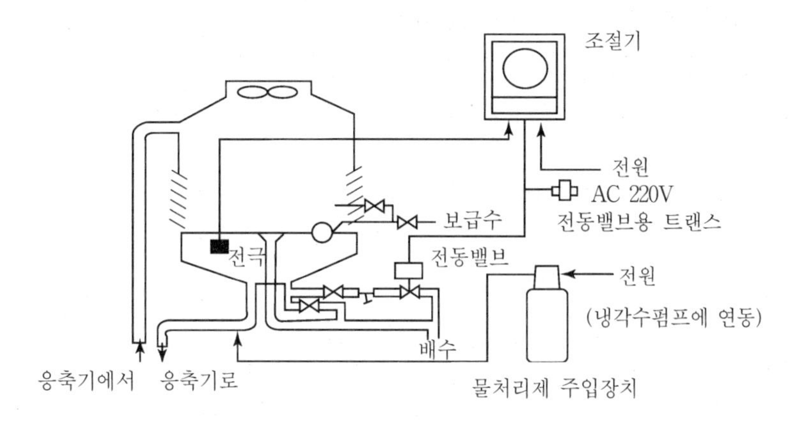

(4) 조명 제어

① 업무공간과 비업무공간을 구분하여 기준조도를 달리한다.

② 사무실 내 재실, 공실 시스템 제어방식 도입

③ 조도 감지장치와 전자제어에 의한 조명제어방식 도입

④ 형광등의 광도조절기 사용 전압위상을 제어

⑤ 건물 사용 시간대 이외의 시간에는 타임스케줄에 의해 소등

(5) 공조용 송풍기 제어

① 토출 Damper 제어

② 흡입 Damper 제어

③ 흡입 Vane 제어

④ 가변 피치 제어

⑤ 회전수 제어(VVVF)

3. 소프트웨어에 의한 에너지 절약

에너지 절약효과는 공조설비의 최적 운전 및 관리가 이 설비에 대한 제어성과 잘 융합되면 될수록 커진다. DDC 제어에 의해 가능

(1) 최적 기동/정지 제어

① 공조기의 기동을 최대한 늦추고 정지는 최대한 빨리 함으로써 공조기의 기동시간을 줄임

② 불필요한 공조 예열, 예냉시간을 축소, 공조기의 자동 정지

(2) 전력수요 제어(Power Demand Control)

① 사용전력의 변화추이를 15분 단위로 관찰하여 최대사용전력이 계약전력을 초과하지 않도록 제어

② 계약전력보다 1초라도 초과 시 향후 1년간 계약전력에 의해 전기요금이 산정됨

(3) 절전운전 제어(Duty Cycle Control)

① 실내의 온 · 습도 검출기로 실내의 온 · 습도를 감시

② 설정된 실내온도를 유지하면서 공조기가 정지하여도 무방한 시간을 컴퓨터가 계산하여 자동으로 기동/정지

③ 운전시간 단축에 의한 에너지 절약

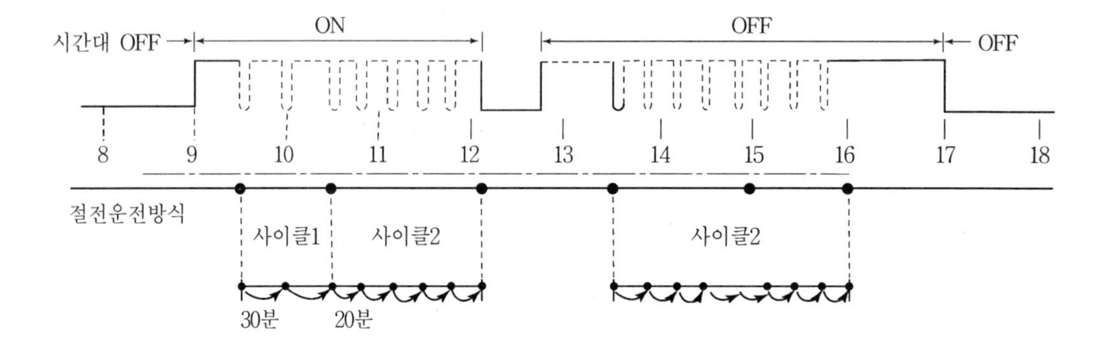

(4) 외기 도입 제어

냉방의 경우 외기를 도입하여 냉동기 부하를 감소시켜 에너지 절약

① 엔탈피 제어

② 야간 외기 취입 제어

(5) 부하 재설정 제어(Load Reset Control)

냉난방 설정점을 변경하여 냉난방 부하를 줄이는 프로그램

(6) 역률 제어

① 전기설비의 유동성 부하에 의해 무효 전력량을 줄이기 위해 진상콘덴서를 사용 역률 개선

② 역률 95% 정도 유지

4. 결론

설비시스템에 자동제어를 최대한 반영하여 유지 관리 용이 및 유지관리 비용을 절약하도록 한다.

공조설비의 DDC 제어

1. 개요

건물 전체의 에너지 절약, 쾌적성, 안정성, 기능성 효율 향상과 유지 관리비 절감을 위해 건물 내의 이용자에게는 쾌적, 안전 및 편리한 환경을 제공하고 건물 소유주에게는 건물 전체의 에너지 절약과 인력절감에 의한 운용 cost를 절감함과 더불어 건물의 자산가치 유지 및 향상을 제공하기 위해서는 건물의 규모 및 특성에 맞는 자동제어방식을 도입하는 것이 무엇보다 중요하다. 이에 DDC 방식을 사용하여 공조제어 하는 것이 주류를 이루고 있다.

2. DDC 제어

제어목적을 달성하기 위하여 복잡한 기능들을 Micro Processor와 Software Program을 사용하여 Digital 신호에 의해 제어하는 것

(1) 제어구성

① 조절기 Processor(CPU)
   ㉮ 제어 연산부
   ㉯ 기억부
   ㉰ 통신 인터페이스부

② 입출력 모듈

③ 릴레이 보드 → 220V 이상의 모터제어(Fan, Pump 등)

(2) DDC 제어 방식

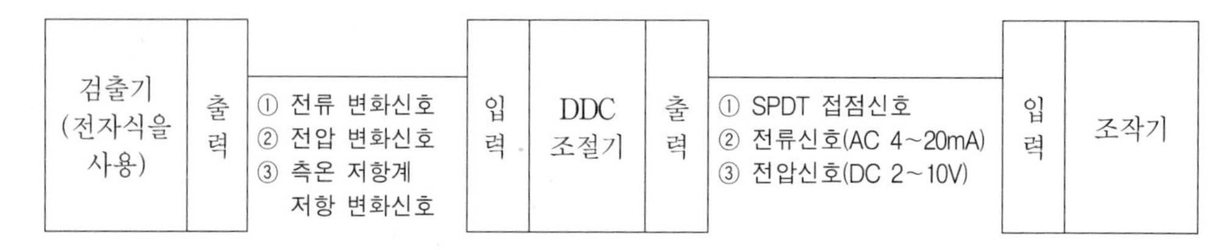

3. 공조설비의 DDC 제어 채용 이유

(1) 공조설비의 감시관리가 용이

(2) 제어 결과치를 손쉽게 얻을 수 있다.

(3) 각종 제어기기의 실시간 및 일괄처리 가능
(4) 건물의 대형화 및 고급화 추세에 대응
(5) 최적화 제어
(6) 관리 인원의 절감
(7) 에너지 절약

4. 공조설비의 DDC 제어 종류별 특징

(1) 쾌적제어

① 정풍량 제어방식

㉮ 원리

송풍기의 풍량을 일정하게 유지하고 냉난방 밸브의 개도를 조절하여 급기온도를 조절 공급하는 방식

② 제어계통도

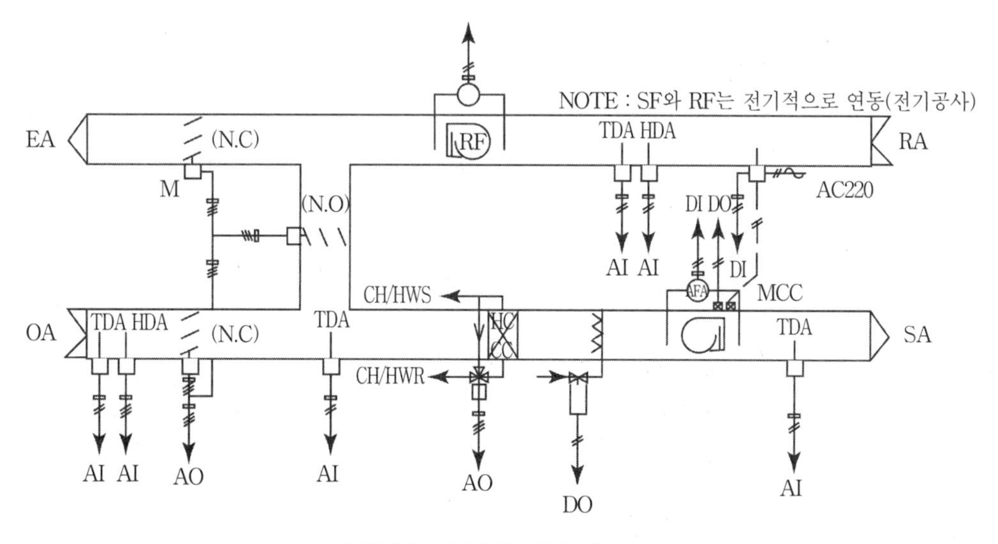

[정풍량식 공조기의 계통도]

② 가변풍량 제어방식

㉮ 원리

급기온도를 일정하게 유지하고 풍량을 변화시킴으로써 실내온도를 적정하게 유지하는 방식

㉯ 제어 계통도

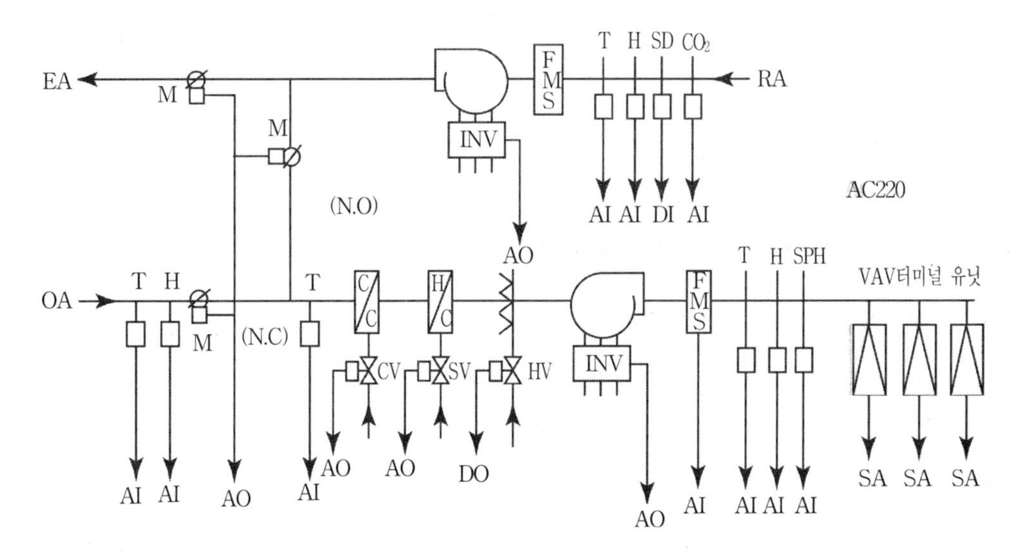

[가변풍량식 공조기의 계통도]

㉰ 제어의 종류
- ㉠ 정압 제어
- ㉡ FMS 제어(Flow Measuring Station)
- ㉢ 회전수에 의한 제어

㉱ VAV터미널 유닛 제어
- ㉠ Damper Type
- ㉡ Venturi Type
- ㉢ By Pass Type
- ㉣ Induction Type
- ㉤ Fan Powered Unit : 직렬형, 병렬형

(2) 에너지 절감 제어(E.M.S)

① 최적 기동/정지 제어
② 가변 풍량 제어
③ CO_2 외기 취입 제어
④ 분산 전력 수요 제어
⑤ 실온 설정치 제어
⑥ 공실기간 제어
⑦ Zero Energy Band & Load Rest
⑧ 축열조 축열 제어

⑨ 열원 대수 제어
⑩ 외기 냉방 제어
⑪ 간헐 운전 제어
⑫ 냉각탑 Fan 대수 제어
⑬ 전열교환기 제어
⑭ Fan-Pump 회전 제어

(3) 비상시 운전 제어

화재 및 재난 발생 시 발생위치 감지하여 재실자의 피난로 확보 및 재난방지를 위한 지원 등 수행

10 인버터에 대하여 논하라.

1. 개요

상용전원으로부터 공급된 일정주파수의 전력을 입력으로 하여 자체적으로 전압과 주파수를 가변 모터에 공급함으로써 모터속도를 고효율로 제어하는 장치를 인버터라고 한다.

2. 기본원리

(1) 인버터의 구성

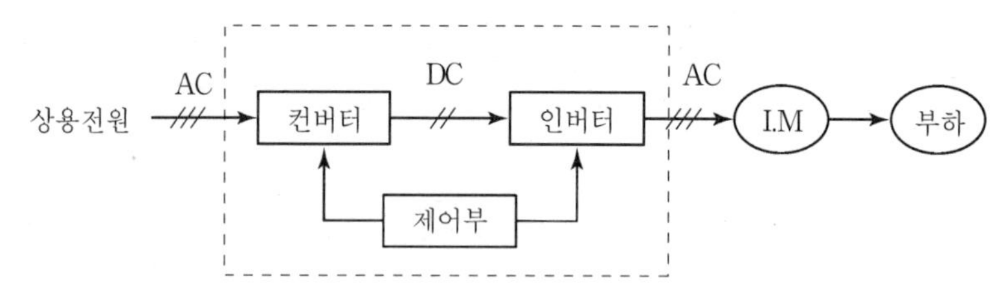

(2) 교류모터의 가변속 제어

① $N = \frac{120f}{P}(1-s)$

여기서, N : 회전속도(rpm)
P : 극수
f : 주파수(Hz)
s : 슬립

② 극수 제어, 슬립 제어, 주파수 제어를 통해 회전속도 조절가능

③ 주파수 제어가 가장 고효율

3. 인버터의 분류 및 방식별 특징

(1) 주회로방식에 의한 분류

① 전압형 인버터

㉮ 전압적인 직류에서 교류로 변환

㉯ 제어성능 우수

㉰ 복수인버터의 제어 가능

㉱ 산업용 인버터의 중소용량의 80~90% 차지

② 전류형 인버터
㉮ 전류원의 직류에서 교류로 변환
㉯ 속응성 우수
㉰ 고성능 기종에 적합

(2) 스위칭 방식에 의한 분류

① PAM(Pulse Amplitude Modulation)
㉮ 모터소음이 작다.
㉯ 효율이 우수
㉰ 저속시의 회전변동이 크다.
㉱ 제어부가 복잡

② PWM(Pulse Width Modulation)
㉮ 제어부가 간단
㉯ 저가로 시스템 구성 가능
㉰ 모터소음이 크다.
㉱ 현재 저가의 범용인버터에 가장 많이 채용되어 있는 방식

(3) 제어방식에 의한 분류

① V/f 제어
㉮ V/f(전압과 주파수의 크기 비)가 일정하면 모터의 토크가 일정
㉯ 주파수 변화 시 전압도 동시 제어
㉰ 표준모터를 그대로 사용 가능
㉱ 제어부 구성이 간단

② 슬립주파수 제어
㉮ 속도검출기로 모터슬립을 검출, 운전속도에 모터의 슬립을 가산한 모터슬립을 인버터로 출력하여 속도제어
㉯ V/f 제어에 비해 부하변동에 대한 속도 정도를 대폭 개선 가능
㉰ 속도검출기의 설치 필요
㉱ 모터의 특성에 알맞은 슬립주파수의 조정 필요

③ 벡터 제어
㉮ 모터전류를 여자분 전류와 토크분 전류로 분리해서 제어
㉯ 고정도, 고속응답 가능
㉰ 구성이 복잡하고 제어성이 떨어진다.
㉱ 벡터인버터라고도 부른다.

4. 인버터의 사용목적

(1) 에너지 절약
(2) 자동화
(3) 보수성의 향상
(4) 설비의 소형화
(5) 환경의 쾌적성 향상
(6) 식물, 가축의 양호한 육성
(7) 저소음화

5. 결론

부하에 알맞게 회전수를 제어하여 에너지 절약 및 소음진동을 감소시키고 나아가서 실내환경의 쾌적성을 가져다주는 인버터를 적극적으로 채용해야 한다.

항온·항습 자동제어방식과 제어기기

1. 개요

항온·항습장치의 시스템 설계, 기기 선정과 함께 이러한 장치는 어떻게 운전하며 요구되는 실내조건은 어떻게 유지 보존할 지를 고려하여야 하는데 여기에 사용되는 것이 자동제어 시스템이다. 자동제어 시스템의 좋고 나쁨이 최종적으로 장치 전체의 정밀도나 운전비를 지배하므로 중요한 설계 항목이다.

2. 항온·항습 제어의 특징

(1) 입출구 온도차가 적고 풍량이 많다.
(2) 송풍량에서 외기의 비율이 적다.
(3) 겨울철에도 냉각장치가 필요한 경우가 있다.
(4) 현열비는 1에 가깝다.(잠열부하가 적다.)
(5) 24시간 운전한다.

3. 자동제어방식과 제어기기의 종류별 특징

(1) 자동제어방식의 종류

① 피드백(Feed Back) 제어
② 피드포워드(Feed Forward) 제어
③ 캐스케이드(Cascade) 제어

(2) 종류별 특징

① 피드백(Feed Back) 제어
㉮ 피드백에 의해 제어량과 목표값을 비교해서 그것들이 일치하도록 정정동작
㉯ 공조장치의 대부분은 Feed Back 제어이다.

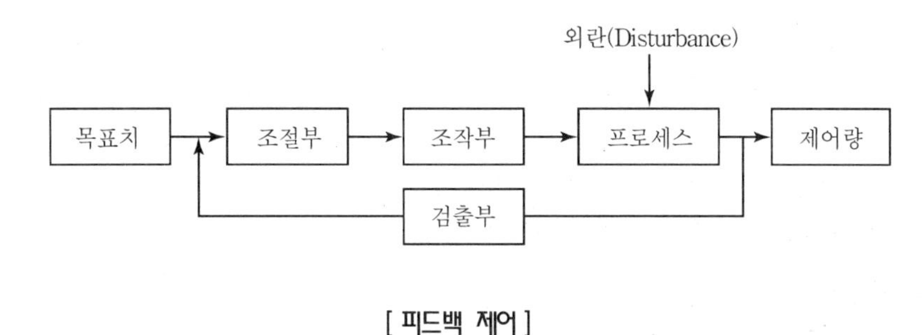

[피드백 제어]

② 피드포워드(Feed Forward) 제어

㉮ 외란을 측정하여 그 영향이 제어계에 나타나기 전에 필요한 정정동작을 행하는 제어

㉯ 정밀공조 중에서 실내장치의 소비전력이 변화하는 경우 실온변화가 나타나기 전에 온도 조절장치에게 명령

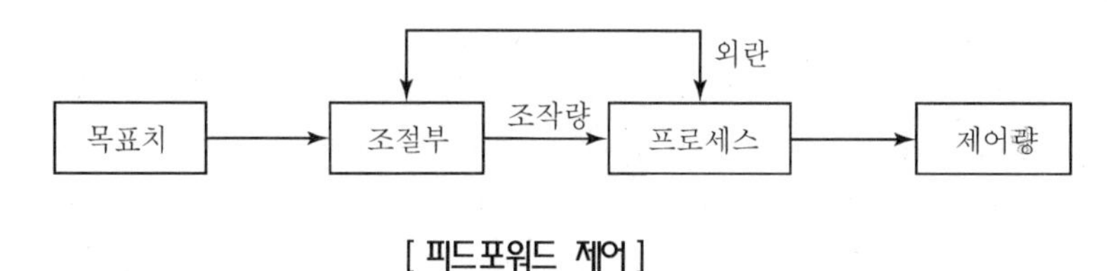

[피드포워드 제어]

③ 캐스케이드(Cascade) 제어

㉮ 피드백 제어계에서 하나의 제어장치(1차 조절계)의 출력신호에 의해 다른 제어장치(2차 조절계)의 목표값을 변화시켜 행하는 제어를 말한다.

㉯ 캐스케이드 제어계를 구성하는 목적은 2차 조절계에 의해 2차 제어모드에 들어가는 외란이 1차 프로세스에 주는 영향을 없애는 것이다.

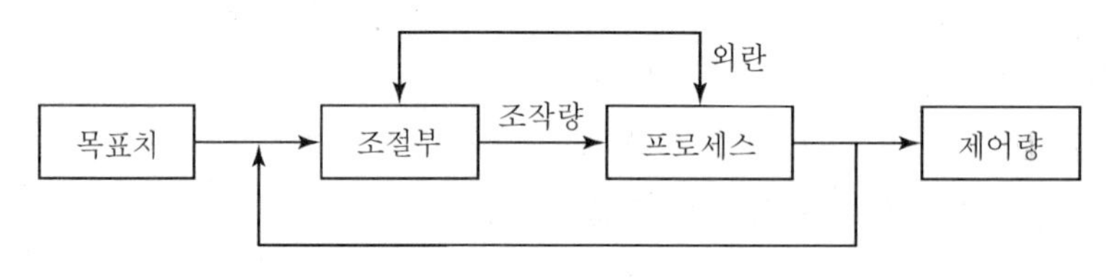

[피드백, 피드포워드 제어]

(3) 제어동작

① 2위치 동작

ON-OFF 동작

② 다위치 동작

㉮ 조작 단위차가 3위치 이상

㉯ 제어량 편차의 크기에 따라 그중 하나의 위치를 취하는 동작

③ 비례동작

㉮ PID 동작 중 P동작

㉯ 제어량의 편차 크기에 비례

④ 적분동작

㉮ PID 동작 중 I 동작 또는 비례속도 동작

㉯ 제어량 편차에 따라 이동속도가 비례

⑤ 미분동작

㉮ PID 동작 중 D동작

㉯ 외란에 의한 제어량 편차가 생기기 시작한 초기에 정정동작을 일으켜 미래를 예측해서 조작량을 내는 제어동작

⑥ PID 동작

㉮ 비례, 미분, 적분 동작으로 이것들을 조합

㉯ 잔류편차가 없고 응답이 빠른 제어기능

(4) 제어기기

① 온도계

㉮ 유체봉입 유리온도계

㉯ 유체 팽창 온도계

㉰ 전기저항 온도계

㉱ 서미스터

㉲ 열전대 온도계

㉳ 방사온도계

㉴ 광, 고온계

② 습도계

㉮ 통풍 건습구 습도계

㉯ 염화리튬 온도계

㉰ 무위 반도체 감습소자

③ 가습기

㉮ 원심식 가습기

㉯ 초음파식 가습기

㉰ 기화식 가습기

㉱ 물 가습기

④ 제습기

㉮ 냉각식 제습기

- 표준형 제습기
- 저냉각 제습기

㉯ 흡착식 제습기

㉰ 흡수식 제습기

4. 결론

Clean Room을 비롯하여 항온·항습장치는 산업계에서 없어서는 안 될 설비로, 온습도를 제어하는 기술을 확립하여 앞으로 요구하는 환경을 만족하고 유지비용이 최소화가 되는 기술개발이 필요하다.

12 변풍량 공조방식에서 팬 제어의 종류 및 특징

1. 개요

변풍량 공조방식에서 실내압력과 실내공기 청정유지 및 외기냉방, 실내온도 제어를 위한 장비로서 환기팬을 제어한다.

2. 급기팬 제어

(1) 급기팬 제어의 목적

변풍량 유닛에 적절한 정압을 제공하는 것으로 급기 덕트에 설치된 정압감지기의 정압을 측정하고 미리 설정된 설정값과 비교함으로써 팬을 제어하는 것이다.

(2) 정압 감지기 설치위치

① 팬에서 가장 먼 ATU(Air Terminal Unit)의 3~4개 ATU 앞에 설치하는 방법

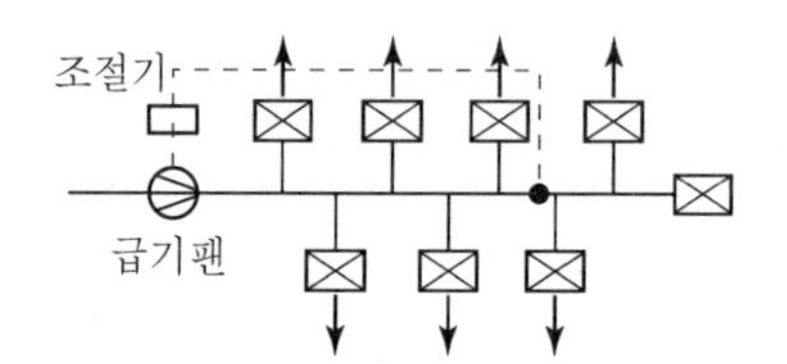

[정압감지기의 설치위치]

② 가장 먼 ATU 사이 거리의 75% 지점

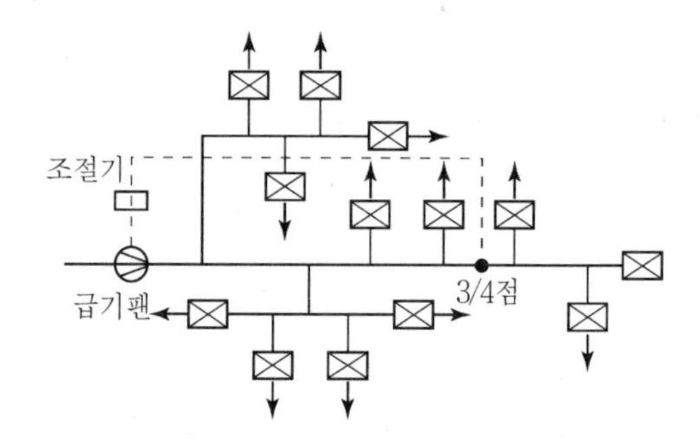

[정압감지기의 설치위치]

3. 환기팬 제어의 종류

(1) 종속 환기팬 제어
(2) 실내정압에 의한 환기팬 제어
(3) 측정풍량에 의한 환기팬 제어
(4) Plenum 일정압력에 의한 환기팬 제어

4. 환기팬 제어의 종류별 특징

(1) 종속 환기팬 제어(Slava Return Fan Control)

① 개요

환기 측에서의 어떤 제어신호를 받지 않고 급기팬과 환기팬 사이에 일정한 비율을 설정하여 급기팬의 제어량에 비례하여 환기팬을 제어

② 제어계통도

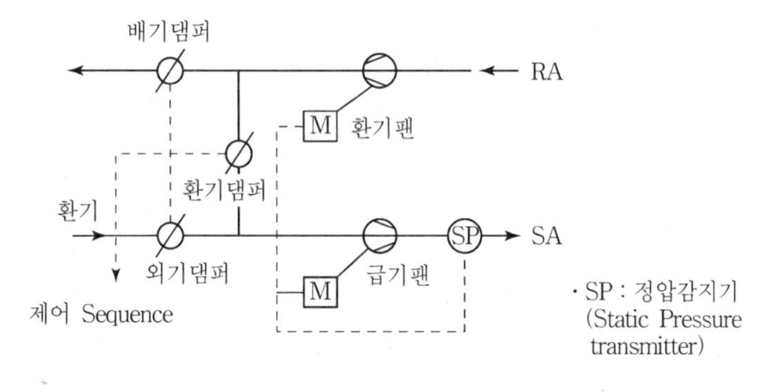

[종속 환기팬 제어]

③ 특성

㉮ 급기팬과 환기팬이 종속되어 동작하므로 두 팬의 성능 특성이 유사하여야 한다.
㉯ 최대, 최소 운전점 선정을 위한 정확한 밸런싱이 요구된다.
㉰ 최소 외기량 확보나 실내압력 유지의 필요성이 적은 소형 시스템에 적합
㉱ Turndown%가 50% 이내에서 적용하여야 한다.

$$\text{Turndown}(\%) = \frac{\text{최대풍량} - \text{최소풍량}}{\text{최대풍량}} \times 100$$

㉲ 환기 측의 댐퍼제어나 국소배기량의 변화 시 최소 외기량 확보 및 실내압력 유지가 어렵다.

(2) 실내정압에 의한 환기팬 제어(Direct Building Control)

① 개요

실내외의 압력차에 의해서 환기팬을 제어하는 방식

② 제어계통도

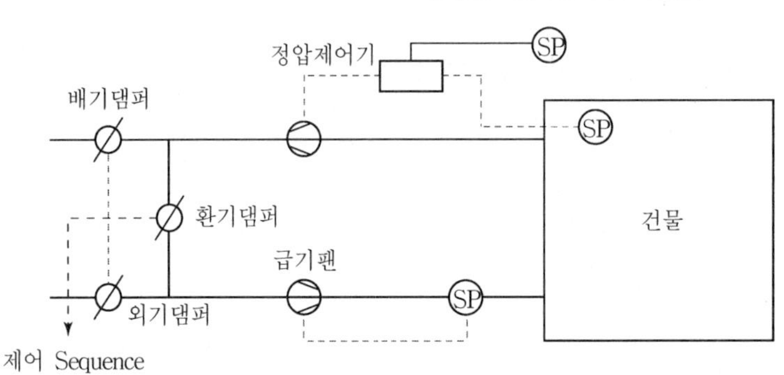

[실내정압에 의한 환기팬 제어]

③ 특성

㉮ 실내정압감지기 설치위치는 문, 개구부, 엘리베이터, 로비에서 가급적 멀리 설치

㉯ 외기정압감지기는 바람에 영향을 받지 않는 위치에 설치

㉰ 아트리움 등의 개방 공간이 있는 고층건물에는 연돌효과로 설치가 곤란하다.

㉱ 실내 정압 측정범위(1.5~3Pa)가 너무 낮아 기기 확보가 어렵고, 정확도가 떨어진다.

㉲ 개방된 공조구역에서는 일정압력 유지가 어렵다.

㉳ 출입구의 작동이 빈번할 때는 실내압력 변동폭이 크다.

㉴ 국소배기량의 변화나 외기 공기의 유입 또는 실내공기의 유출 시에도 최소외기량 확보가 가능하다.

(3) 측정풍량에 의한 환기팬 제어(Airflow Monitor Tracking Control)

① 개요

급기덕트와 환기덕트에 설치된 풍량측정장치(F.M.S : Flow Measuring Station)에 의하여 환기팬을 제어하는 방식

② 제어 계통도

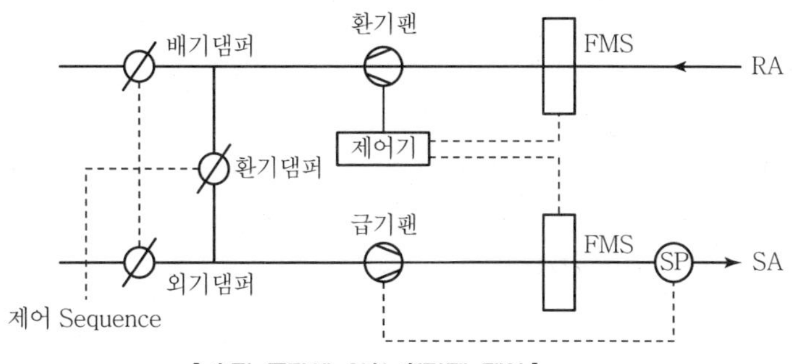

[측정 풍량에 의한 환기팬 제어]

③ 특성

㉮ 공조기 덕트 내의 풍량변화에 따른 압력변화에 대한 제어가 고려되지 않는다.

㉯ 층류 흐름을 구성하기 위한 설치공간 부족

㉰ 급기, 환기의 온습도차에 의한 공기 비중차를 고려하지 않아 풍량 측정오차가 크게 발생

㉱ 압력제어가 고려되지 않아 Plenum에서 압력 불균형으로 외기량과 배기량의 비율이 맞지 않아 실내압력 유지가 어렵다.

㉲ 투자비가 고가이다.

(4) Plenum 일정압력에 의한 환기팬 제어(Fixed Pressure Method)

① 개요

외기/혼합기 Plenum과 환기/배기 Plenum에 압력감지기를 각각 설치하고 설정된 압력에 의해 환기팬과 댐퍼를 제어하고 외기댐퍼와 배기댐퍼는 외기온도(외기냉방), CO_2 농도(공기환경제어), 혼합기 온도 신호에 의해 제어하는 방식

② 제어계통도

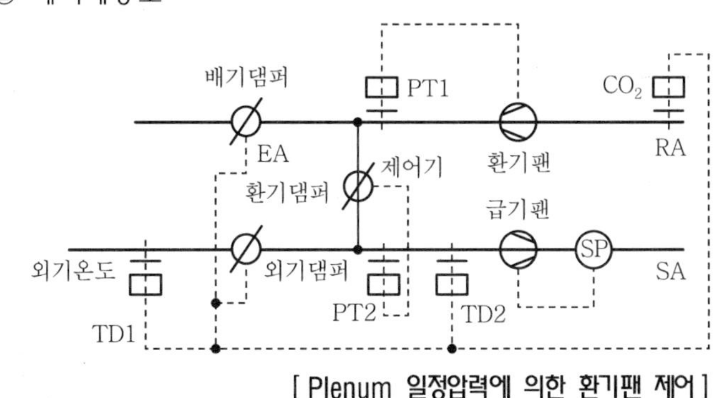

PT1 : 환기/배기 Plenum에 설치된 압력트랜스미터
PT2 : 외/혼합기 Plenum에 설치된 압력트랜스미터
TD1 : 외기온도 감지기
TD2 : 혼합기온도 감지기

[Plenum 일정압력에 의한 환기팬 제어]

③ 특성

㉮ 부하변동에 따른 풍량변화 시에도 외기량 확보가 가능

㉯ 실내압력 유지, 실내공기환경을 유지할 수 있다.

㉰ 제어성이 우수하다.

㉱ 덕트, 댐퍼의 Oversizing/Undersizing Turbulence에 영향을 받지 않는다.

㉲ 측정풍량에 의한 환기팬 제어보다 경제적이다.

㉳ 정확한 공기 밸런싱 자료가 요구된다.

5. 결론

변풍량 공조의 환기팬 제어는 다양한 방식이 도입되어 사용되고 있으나, 아직 최적한 제어방식이 없는 실정이므로 더욱더 개발이 필요하다.

Enthalpy Control 자동제어 흐름도를 도시하고 설명하시오.

1. 개요

중간기 등에 외기의 공조부하가 순환공기의 부하보다도 낮을 때나 외기를 냉방용으로 가능할 때에 외기를 유효하게 도입한다. 외기 도입 시의 판단 요소의 한 가지가 되는 엔탈피는 건구온도와 상대습도(또는 노점온도, 습구온도)를 이용하여 연산한다.

2. 자동제어 흐름도

(1) 개념도

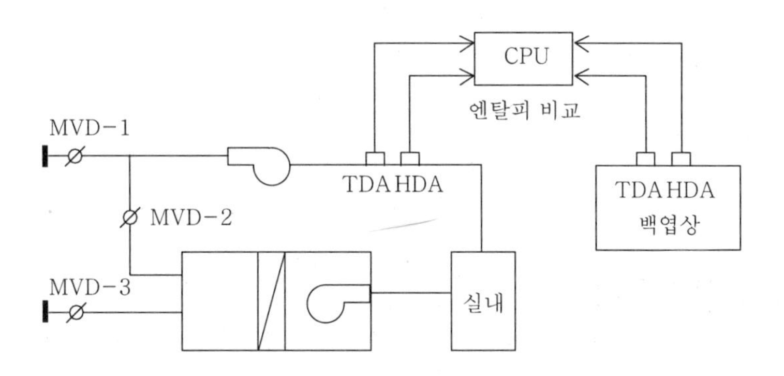

구 분	외기엔탈피>실내엔탈피 외기온도>실내온도	외기엔탈피<실내엔탈피 외기온도<실내온도
MVD-1	CLOSED(비례제어)	OPEN
MVD-2	OPEN(비례제어)	CLOSED
MVD-3	CLOSED(비례제어)	OPEN

(2) 엔탈피 제어

① 실내와 외기의 엔탈피를 상호 비교한 후 필요시 외기 엔탈피를 이용하여 실내를 냉방하는 제어임

② 외기를 이용한 냉방 제어가 가능한 조건에서 실내 환기되는 공기와 외부공기를 혼합하는 상태의 온도를 기준으로 외기, 배기, 환기 댐퍼를 상호 연동 비례 동작시켜 일정 급기 온도를 유지하여 실내를 냉방함

③ 엔탈피 제어는 냉방코일과 혼합 댐퍼를 가지고 있는 공조기에만 적용함

④ 환절기 엔탈피 연산에 의한 제어로 냉방부하 절감

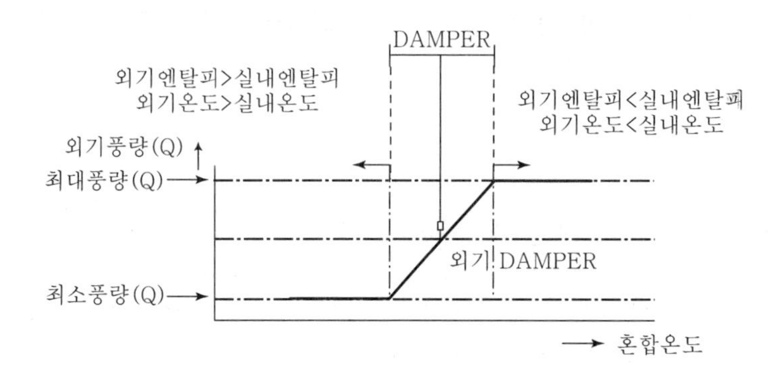

3. 입력 데이터 처리

(1) 외기도입을 판단하기 위한 엔탈피 연산

① 입력내용 : 건구온도(DB)와 상대습도(RH)

: 건구온도(DB)와 노점온도(DP)

: 건구온도(DB)와 습구온도(WB)

② 입력조합 : 외기와 순환공기

: Mixing 공기와 순환공기

4. 외기도입 영역 관리

외기 취입의 유효, 무효 판단은 아래 그림에 표시한 방식들이 있으며, 이 중에 어느 한 방식을 선택할 수 있다.

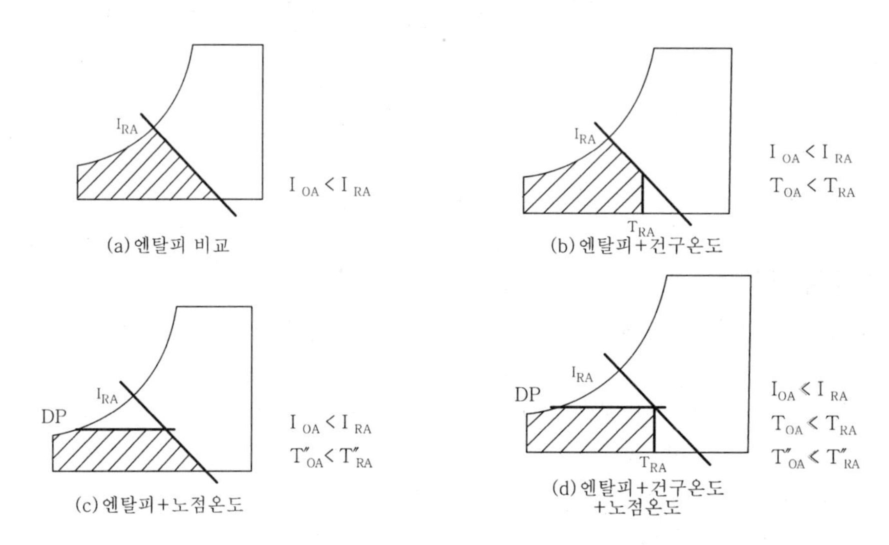

5. 제어출력

제어출력은 외기도입의 여부에 대한 판단에 따라 접점으로 전해져 외기도입 시는 현장의 제어계통에서 부하에 따른 외기량을 비례 제어한다.

6. 결론

중간기 외기 엔탈피제어에 의한 실내 쾌적한 환경조성과 에너지절약에 기여하되, 외기도입 영역에 적합한 외기를 도입하여 외기도입으로 인한 문제점이 야기되지 않도록 하여야 할 것이다.

사무소 공조기 운전 자동제어(EMS)에 대하여 기술하시오.

1. 절전제어

(1) 개요

공조기를 운전할 때 실내온도를 계속 감시하여 미리 정해진 쾌적온도 범위 내에서 실내온도를 유지하도록 하고, 공조가 불필요한 때에는 공조를 중단하여 에너지 절약을 기하는 것

(2) 장점

① 공조가 정지되는 시간을 다수의 공조기에 대하여 서로 다르게 하여 부하균등을 통한 전력제어의 효과를 얻을 수 있다.

② 공조기의 가동시간을 평균 10% 정도 절감 가능

③ 공조기의 가동이 중단되는 시간의 냉난방 부하 절감

2. 야간취입제어(Night Purge)

(1) 개요

한여름이라 하더라도 일출 전의 외기온도는 그 전날의 태양열을 미처 발산하지 못한 실내온도보다 낮은 것이 보통이므로 일출 전에 외기를 취입, 순환시켜 실내온도를 낮추어 냉방부하를 줄이는 것

(2) 장점

① 냉방시작 시간을 늦추어 전력 및 냉방부하를 줄여 에너지 절감

② 실내 환기로 인한 쾌적 환경 조성

3. 여름 1일 24시간 에너지 절약 프로그램(EMS)에 의한 공조기 운전 시나리오 계획(근무 9:00-18:00) (점심 12:00-13:00)

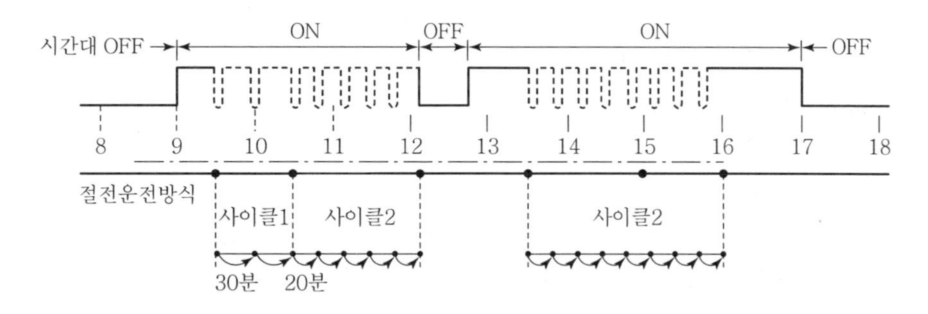

(1) 쾌적한 실내 근무 환경을 유지하고 에너지 절약을 위해 에너지 절약 프로그램에 의한 제어

(2) 오전 8시 30분부터 9시까지 야간 외기취입제어(Night Purge)에 의한 냉방부하 줄임

(3) 9시 이후 최적 기동/정지(Optimum Start/Stop)제어에 의함

(4) 공조개시 이후 엔탈피 컨트롤(Enthalpy Control)에 의한 외기 냉방

(5) 조명제어(Lighting Control)에 의한 소등

(6) CO_2 농도 제어에 의한 외기도입 제어

4. EMS의 목적

(1) EMS는 빌딩에 사용되는 에너지 양을 효율적으로 관리하면서 빌딩 기계설비의 운용을 최적화할 수 있도록 빌딩관리자에게 필요한 자료를 제공하는 S/W이다.

(2) HVAC, 조명, 화재, 보안시스템 등의 상태를 감시함으로써 이들 시스템의 운영자료 제공

(3) 에너지 절감, 쾌적도의 향상, 경보에 대한 빠른 대응

5. EMS의 기능

(1) 감시(Monitoring)와 제어(Control)이다.

(2) 실내의 환경조건 및 시스템의 운전상태 등을 지속적으로 감시

(3) 제어시스템은 그 결과를 토대로 제어상의 의사 결정 및 각종 기기 제어

(4) 기록, 최적화, 쾌적도의 향상, 경보에 대한 빠른 대응

6. EMS의 구성

(1) 하드웨어

각종 센서 및 제어기, 통신망 그리고 단계별 컴퓨터 구성

(2) 소프트웨어

① 운영소프트웨어(Operating Software)와 응용소프트웨어(Application Software)로 구분
② 응용소프트웨어는 에너지 절약제어를 목적으로 개발한 다양한 형태의 에너지 관리 프로그램이다.

(3) 에너지 관리 프로그램

① 절전제어(Duty-Cycling)
② 최적기동/정지(Optimum Start/Stop)
③ 야간 외기 취입제어(Night Purge)
④ 엔탈피 컨트롤(Enthalpy Control)
⑤ 전력제어(Demand Control)
⑥ Load Reset

7. 결론

EMS를 통하여 건물의 에너지 소비수준, 운전상태 등을 철저히 관리함으로써 항상 최상의 에너지 효율로 건물을 운영하는 것이 필요하되, 건물의 거유한 열적 특성에 따른 에너지 소비 형태 분석, 시스템 이상유무 진단 등과 관련하여 지속적인 기술개발에 주력하여야 한다.

제26장 Clean Room

Professional Engineer

○ Building Mechanical Facilities
○ Air-conditioning Refrigerating Machinery

Air Filter의 종류별 특성에 대해서 기술하라.

1. 개요

(1) Air Filter는 공기 중의 오염물질을 제거하기 위하여 설치하며, 먼지입자 제거를 위한 제진용 Filter와 냄새, 유해가스 제거를 위한 가스제거용 Filter로 나뉜다.

(2) 공조용에서는 주로 먼지입자 제거를 위한 제진용 Filter를 많이 사용한다.

2. Air Filter의 종류

(1) 건식 Unit형

① Pannel형 ┐
② Roll ┘ Pre-Filter
③ 주머니형(W형) – 중성능 Filter

(2) 고성능 Filter

① HEPA Filter
② ULPA Filter

(3) 전기집진 Filter

(4) 가스제거용 Filter

3. 종류별 특성

(1) 건식 Unit형

① Panel형

㉮ Unit 틀 안에 여재를 고정한 것으로 여재는 주로 부직포, 합성섬유, 화학섬유, 글라스울
㉯ Pre-Filter로서 주로 공조기의 외기처리용으로 사용
㉰ 주로 10μm 이상의 큰 입자 제거
㉱ 정압손실 50~150Pa
㉱ 포집률은 중량법(A. F. I) 70~90%

② Roll형

㉮ Panel형과 성능은 유사하다.
㉯ 모양은 Roll 형태로 감아서 사용하므로 유지 관리 용이
㉰ Roll 형태도 부피가 커서 공조기 면적을 많이 차지한다.

㉣ 자동식과 수동식이 있다.
㉤ Roll의 청소를 Air와 물로 하는 방법이 있다.

③ 주머니형(W형)

㉮ 순환계 Filter로서 중성능 Filter이다.
㉯ HEPA Filter의 수명 연장에도 사용된다.
㉰ 입경 1μm 정도의 입자제거에 사용
㉱ 정압손실 150~250Pa
㉲ 포집률은 비색법(NBS) 80~90%
㉳ 고급건물의 공조에 사용된다.

(2) 고성능 Filter

① HEPA Filter

㉮ 고성능 Filter로서 Clean Room의 주역 담당
㉯ Filter의 수명 연장을 위해 중성능 Filter를 앞에 설치한다.
㉰ 입경 0.5μm 정도 입자 제거
㉱ 정압손실 250~500Pa
㉲ 포집률은 단분산 DOP 시험 99.97%(계수법)
㉳ Clean Room Class 10,000~100 정도까지에 사용된다.

② ULPA Filter

㉮ 초고성능 Filter로서 Super Clean Room에 사용
㉯ 입경 0.1~0.3μm정도 제거 사용
㉰ 정압손실 250~500Pa
㉱ 포집률 단분산 DOP시험 99.9997%(계수법)
㉲ Clean Room Class 100~10 정도까지에 사용된다.

(3) 전기집진 Filter

① 전지부의 전장 내에 하전된 입자를 집진부에서 포집한다.
② 포집률이 크고 미세한 입자의 포집이 가능하여 고급 건물 및 산업용으로 널리 사용
③ Pre-filter를 사용하여 입자경이 큰 먼지는 먼저 제거하고 사용해야 한다.
④ 정압손실이 거의 없어 공조기 및 Fan의 동력 절감이 된다.

(4) 가스제거용 Filter

① 대기 중의 CO, 아황산가스의 유해가스 및 냄새 제거
② 가스의 종류에 따라 Filter 선정 사용
③ 활성탄 Filter는 냄새 제거용

4. 결론

건축물의 실내환경 요구조건이 다양해지고 생활수준 향상으로 깨끗한 공기에 대한 요구가 점차 높아지고 공조기에 좀 더 높은 청정도의 Filter가 부착되고 있다. 일반적으로 청정도가 높은 Filter는 정압손실이 많기 때문에 Fan 동력 증가로 동력손실이 많다. 그러므로 정압손실이 적은 Filter를 선정하여 에너지를 절약해야 한다.

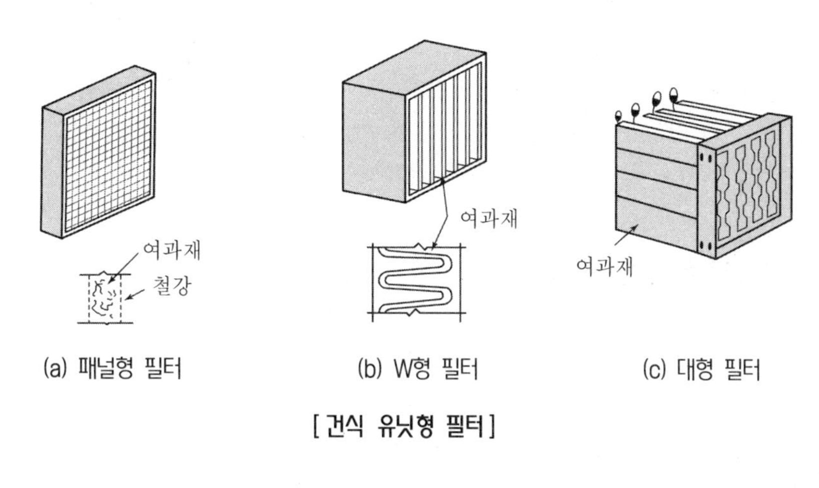

(a) 패널형 필터 (b) W형 필터 (c) 대형 필터

[건식 유닛형 필터]

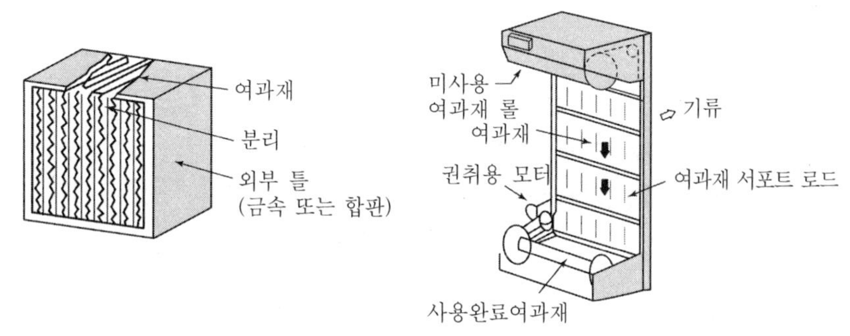

[고성능 필터(HEPA 필터] [권취용 필터]

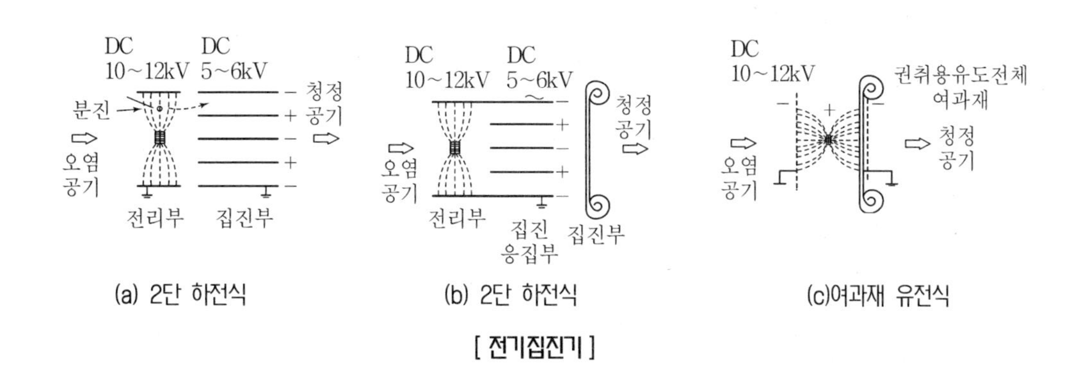

(a) 2단 하전식 (b) 2단 하전식 (c)여과재 유전식

[전기집진기]

공기정화장치에 대하여 논하라.

1. 개요

실내의 위생환경과 작업환경을 유지하기 위한 외기 유입 시 부유분진과 유해가스등으로 오염되고, 에너지 절약으로 인한 건물의 기밀화로 사무기기, 건축재료 등으로부터 오염물질 배출이 증가되어 실내순환공기 및 외기유입 공기에 대해 공기정화의 필요성이 증대되고 있다.

2. 공기정화원리에 의한 분류

(1) 정전식 : 정전기에 의해 분진 제거
(2) 여과식 : 여과매체에 의해 분진여과 제거
(3) 충돌점착식 : 분진을 충돌시켜 점착 제거
(4) 흡착법 : 흡착가스를 흡착제에 흡착 제거
(5) 흡수법 : 유해가스를 흡수제에 흡수 제거

3. 보수방법에 의한 분류

(1) 자동세정 : 분진의 제거부분을 자동으로 세정
(2) 자동갱신 : 분진을 제거한 여과 매체를 자동으로 갱신
(3) 정기세정 : 분진을 제거 부분 또는 여과매체를 정기적으로 세정
(4) 여재교환 : 유닛으로 형성된 여과매체 또는 흡착제, 흡수제의 교환
(5) 가스제거제의 재생 : 가스제거제 재생
(6) 가스제거제의 교환 : 가스제거제를 함유한 여재만을 교환

4. 공기정화장치의 종류

(1) 집진장치

① 정전식 : 전기집진기(2단 하전식, 여재유전식)
② 여과식 : 롤형, 패널형, 유닛형

(2) 가스제거장치

① 흡착식 : 활성탄 필터
② 흡수식 : 농도차를 이용한 필터
③ 화학반응식

(3) 멸균장치

① 건열방식 : 건조공기를 가열하는 방식, 가스 또는 전기에 의한 직접 가열하는 방식
② 고압증기 방식 : 포화수증기로 가열하여 멸균
③ 가스방식 : 산화에틸렌가스, 산화프로필렌가스, 포름알데히드가스 등 이용
④ 방사선방식
⑤ 자외선방식 : U/V Light

(4) HEPA, ULPA 필터

① 초미립자 정화에 이용
② Clean Room에 이용

5. 성능 표시

(1) 압력손실

① 공기가 정격처리 풍량으로 통과할 때의 저항을 말하며 단위는 mmAq이다.
② 일정 풍속에 대한 압력강하를 말한다.
③ 분진이 포집되면 압력손실이 증가한다.

(2) 분진포집률(오염제거율)

정격처리 풍량으로 상류 측에 정량의 분진을 공급하여 하류 측에서 포집된 분진의 양으로 분진포집률을 계산한다.

① 중량법(AFI) : 70~90%
② 비색법(NBS) : 80~90%
③ 계수법(D.O.P 단분산) : HEPA Filter 99.97%
ULPA Filter 99.9997%
MEGA Filter 99.9999997%

(3) 분진포집용량(오염제거용량)

① Filter의 압력손실이 2배 또는 최종압력 손실이 될 때까지 포집한 분진량
② 분진포집률이 최고치의 85%로 저하했을 때까지의 에어필터가 포집한 분진량
③ 단위 : gf/m^2, gf/개

6. 성능시험방법

(1) 중량법(AFI)

① 분진입경 $1\mu m$ 이상에 적용
② 상류 측에서 공급된 분진량과 하류 측에서 포집한 분진량을 계측하여 결과 산출

③ 분진포집률 $\eta = (1 - Wp/Wf) \times 100$

여기서, η : 분진포집률(%), Wf : 공급된 분진중량(gf)

Wp : 필터가 포집한 분진의 중량(gf)

(2) 비색법(NBS)

① 분진입경 1μm 이하에 적용

② 상류 측과 하류 측에 각각 여지 설치하고 일정시간 동안 공기를 통과시켜 2매의 Test 용지가 불투명도로 변하는 시간을 정하여 효율을 측정하는 방법

③ 분진포집률 $\eta = \left(1 - \dfrac{C_2}{C_1}\right) \times 100$

여기서, η : 분진포집률(%)

C_1, C_2 : 시험필터의 상하류 측 분진농도

(3) 계수법(Dop단 분산)

① 분진입경 0.3μm 이하에 적용

② 상류 측과 하류 측에 각기 광산란식 Particle Counter에 의해 아주 미세한 입경과 개수를 계측하여 농도를 측정함으로써 분진포집률을 구함

③ 분진포집률 $\eta = \left(1 - \dfrac{C_2}{C_1}\right) \times 100$

여기서, η : 분진포집률(%),

C_1, C_2 : 시험필터의 상하류 측 분진농도

7. 결론

실내의 위생환경 및 작업환경을 유지하기 위하여 공기정화장치 선정 시 분진 및 오염물질의 특성을 면밀히 파악하여 적정한 공기정화장치를 선정할 것

03 HEPA, ULPA 필터의 포집원리

1. 개요

포집의 주요한 원리는 확산과 충돌이며 확산은 입경 1.0μm 이하인 경우, 특히 0.1μm 이하인 초미립자에서 효과적이며 충돌은 큰입자에서 효과적이다.

2. 포집원리

(1) 관성효과(Inertia Effect)

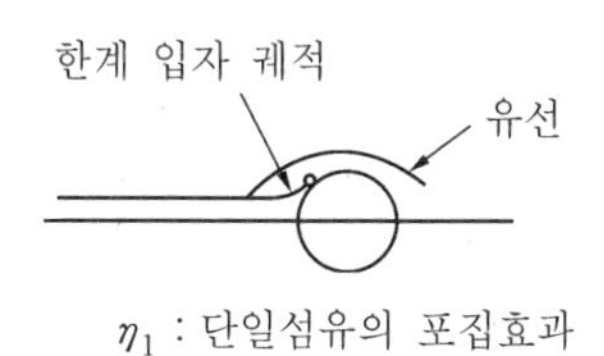

η_1 : 단일섬유의 포집효과

① 입자 자신의 관성에 의해 필터여재에 충돌 포집
② 충돌효과는 공기의 흐름속도가 빠르면 빠를수록, 섬유의 굵기가 가늘면 가늘수록 효과는 높아진다.

(2) 확산효과(Diffusion Effect)

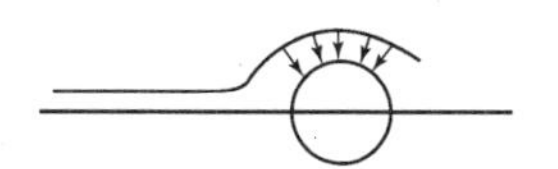

η_D : 단일섬유의 포집효과

① 공기흐름과 상관없이 브라운 운동에 의한 확산 포집
② 확산효과는 공기흐름의 속도가 낮으면 낮을수록, 미립자가 작으면 작을수록 효과는 높아진다.

(3) 차단효과(Interception Effect)

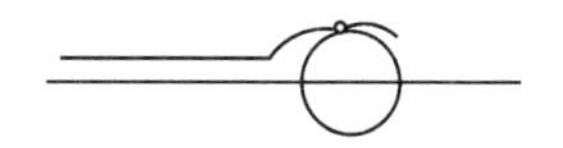

η_R : 단일섬유의 포집효과

① 입자 크기 때문에 차단 포집
② 입경과 섬유경의 차가 클수록 효과는 높아진다.

(4) 중력효과(Gravitational Settling Effect)

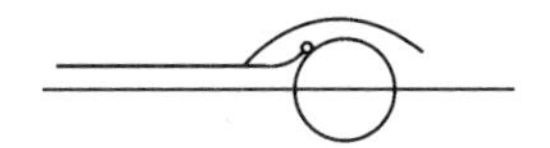

η_G : 단일섬유의 포집효과

① 입자의 자기중력에 의해 침강 포집
② 입경이 크고 여과속도가 느릴 때 효과는 높아진다.

3. 입자의 크기와 여과속도에 따른 포집효율

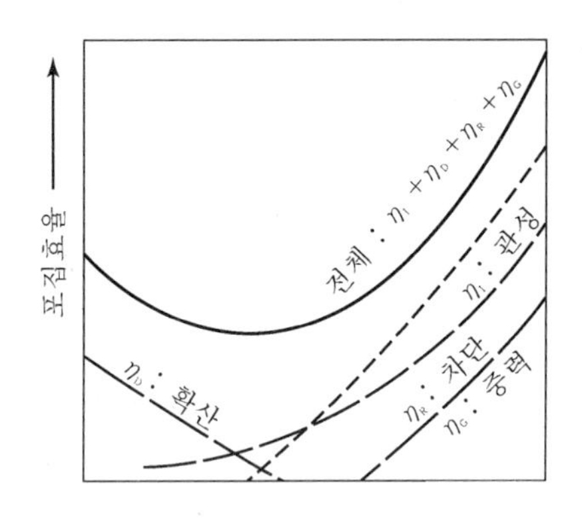

(a) 입자경과 포집효율의 관계

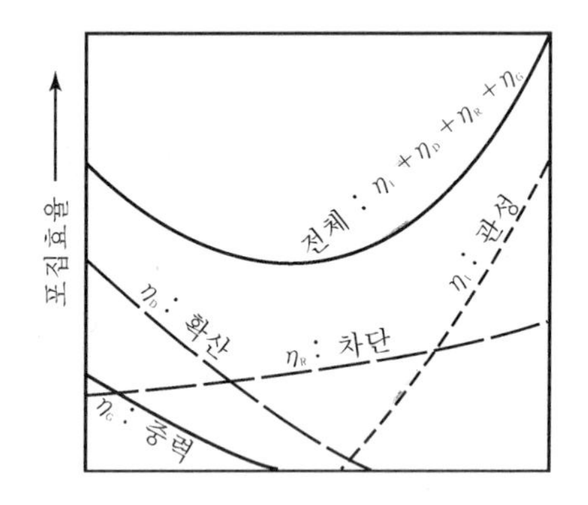

(b) 여과속도와 포집효율의 관계

4. 결론

일반적인 필터는 여과속도를 빠르게 하면 포집효율이 높아지나 고성능 필터는 여과속도를 느리게 함으로서 포집효율이 높아진다.

Clean Room의 설계 요령

1. 개요

(1) 클린룸은 부유먼지, 유해가스, 미생물 등의 오염물질 존재를 어떤 정해진 규제 기준치 이하로 제어하는 실내의 청정공간

(2) 실내의 기류속도, 압력, 온습도 등이 어떤 범위 내로 제어되는 특수공간

2. Clean Room의 4원칙

(1) 먼지의 유입, 침투 방지

① 실내공기압력

② 건축적인 동선계획

③ HEPA 필터

(2) 먼지 발생 방지

① 인원관리

② 인원의 복장관리

③ 건축내장재, 재료

(3) 먼지 집적 방지

① 실내기류

② 건축내장재

③ 실내청소

(4) 먼지 신속 배제

① 클린룸방식

② 실내기류

③ 환기횟수

3. Clean Room의 설계순서

(1) 용도확인

(2) 청정도 설정

(3) 공조방식 및 공기정화방식의 선정
(4) 송풍량, 외기도입량의 결정
(5) 프리필터, 중간필터, 최종필터의 종류 및 포집률 설정
(6) 정상상태의 실내 부유미립자 농도계산
(7) 계산된 실내부유 미립자의 검토
(8) 설정 허용농도와 비교
(9) 사용할 필터의 확정
(10) 경제성 및 보수의 난이도 평가

4. 공조계산

(1) 온습도 계산 : 일반적으로 클린룸은 항온 항습실
(2) 취입 외기량 : 작업자와 실내압력 유지시 필요
(3) 재실인원 : 작업 요원 확인
(4) 조도 : 표준으로 1,000Lux
(5) 소음과 진동 : 공장의 소음허용치 NC-50 정도 및 충분한 방지대책
(6) 열부하 계산 : 기기발열+조명부하+재열부하+장치내부하+난방부하
(7) 송풍량 : 청정도 Class에 따라 결정, 열부하 계산에 의해 공조기의 종류, 코일의 결정

5. 클린룸의 부대시설

(1) Pass Box

물품을 넣고 빼는 구조로 되어 있으며 용도, 규모, 공사비를 검토한다.

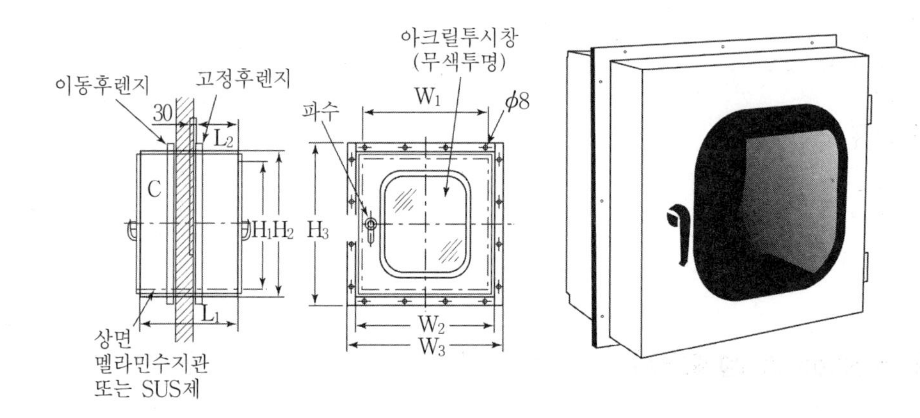

(2) Air Shower

사람에 대해서는 저속풍속 10m/s 이상의 청정한 Air Jet 내뿜을 수 있도록 한다.

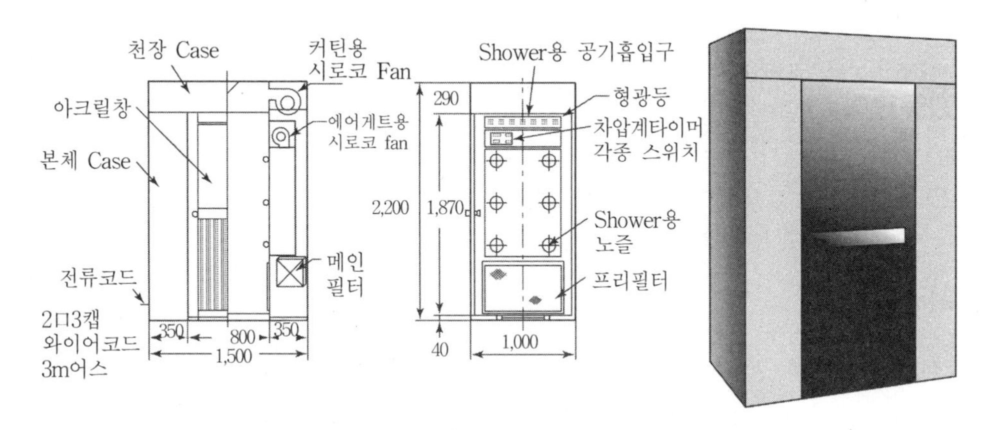

(3) Clean Bench

사용목적 재료크기에 대해 구분

① 기류방식에 의한 분류

② 배기방식에 의한 분류

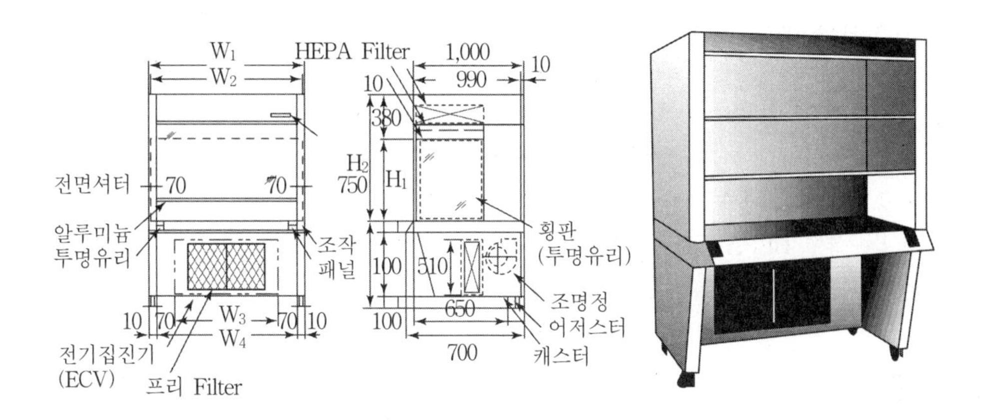

6. 열원방식

(1) 냉열원

냉수온도 조건선정, 일반적으로 5~10°C

(2) 온열원

고압증기 또는 온수온도 조건선정, 여름철 재열원은 증기, 온수, 전기 등을 고려. 가습방법 및 가열원 고려

7. 자동제어

(1) 정도, 제어계의 추종속도 조작의 중앙화 등을 고려 선정
(2) 운전, 조작, 감시 등 중앙 감시에 의한 방법 고려

8. 시공의 시방

(1) 배관계

배관의 누수 등으로 인한 시스템 정지 발생을 막기 위해 백업고려

(2) 덕트계

Duct의 기밀성 높이기 위해 기계제작

9. 에너지 절약 대책

(1) 외기 냉방 실시
(2) 동절기 드라이쿨러에 의한 냉수공급
(3) 생산장비의 배기공기는 비가동시 줄인다.
(4) 제조장치의 발열은 가급적 수냉각장치(System) 이용
(5) 송풍기 대수/회전수 제어
(6) 저압손실형 HEPA Filter 채용
(7) 히트 파이프 채용 등

10. 결론

(1) 클린룸 내의 온도, 습도, 청정도, 기류속도, 실내압력, 조명, 소음 등을 고려함
(2) 건축설계, 클린룸 계획, 에너지 계획, 유틸리티 계획, 방재 계획 등을 합리적으로 하여야 할 것으로 사료된다.

Super Clean Room에 대한 공기청정, 오염제거

1. 개요

(1) 현재의 클린룸 규격으로 규정되어 있는 청정도의 레벨이 입경 0.5μm 이상의 입자 농도를 기준

(2) 입경 0.3μm 또는 0.1μm의 미소입자까지 문제시하고 있으며 농도에 대해서도 10개/ft^3 등 종래의 규격을 넘어서 초 청정도를 요구하고 있다.

(3) 현재 수퍼 클린룸의 레벨이 명확하지 않으나 종래의 클린룸 클래스를 확장 적용하여 0.3μm, 클래스 10 또는 0.1μm, 클래스 10 등과 같이 구별한다.

2. 클린룸 System의 구성

(1) 초 청정도 공기의 제조와 공급

① ULPA(Ultra Low Penetration Air Filter) 분입경 0.3μm 단분산 DOP시험에 의한 포집률이 99.9997% 이상

② 입자경 0.1μm 이상의 부유 미립자를 대상으로 하더라도 수개/ft^3 정도의 초 청정공기 공급이 가능하다.

(2) 초 청정공기 환경유지

① 공기의 부유 미립자의 농도를 제어하고자 하는 실내농도의 수치에 비해 충분히 낮게 보존

② 미립자의 유인 기류경로를 차단

③ 발진원에 대해 국소적 포집배출

3. Super Clean Room의 공기정화

(1) 기류 형성의 원리

① 발진원에서 발생된 미립자는 바로 하류 측에서 흐르게 함

② 대상물 표면에 초 청정기류 형성

③ 대상물을 밀폐공간에 두고 그 안을 초 청정공기로 채움

(2) 기류방식

① 수직 층류방식

㉮ 장점

㉠ 생산라인 배치의 Flexibility 및 변경 용이

㉡ 메인터넌스 용이

㉯ 단점

㉠ 초기투자비, 운전비 고가

㉡ 냄새와 부식의 확산

② 터널 유닛방식

㉮ 장점

㉠ 기류 및 온습도 제어 용이

㉡ 고청정 유지 용이

㉢ 운전비 저렴

㉯ 단점

㉠ Flexibility 결여

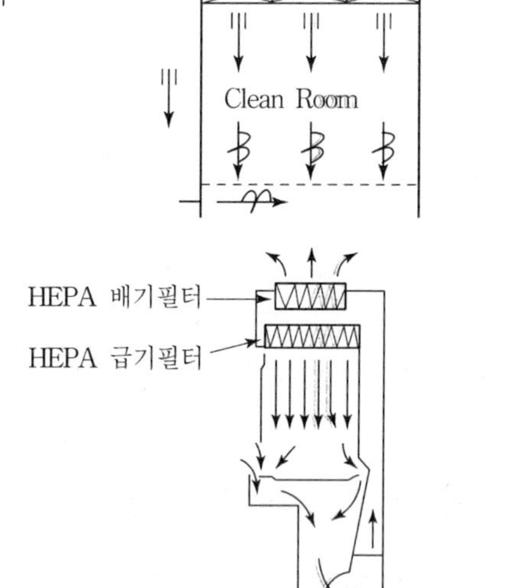

4. 오염제거방식

(1) 국소적 공기청정방법

대상물 표면근방의 소 공간만을 초 청정공기로 덮어 씌워 적극적으로 표면을 보호하는 방식

① 기류형성이 확실한 경우 수퍼클린 1~2 Rank 아래의 Grade 사용 가능

② 수퍼 클린룸에 대한 경제성이 높다.

③ 고 레벨 수퍼 클린룸으로 하려면 운용상 용이하다.

④ Open System이므로 기존 생산라인 손상이 없다.

⑤ 작업자 및 생산장치로부터의 발진에 대처

(2) 밀폐격리 방식

생산장치를 덮어씌워 Wafer 카세트를 출입시켜 보관, 이동하므로 작업자가 일체 손을 댈 필요가 없고 초 청정 환경 내에서 취급이 가능하다.

① 쇼케이스 내가 밀폐되어 있어 고 청정의 공기가 채워지면 부착 입자수 감소

② 기존 생산장치에 간단히 부착(조임)

③ 장래의 자동화 프로세스에 적용가능

5. 결론

(1) System 방식의 선택시 기초가 되는 필요 청정도 레벨의 확인이 특히 중요하다.

(2) 필요청정도 레벨에 따라 평면계획이 전혀 달라지고 비용과 Flexibility에도 크게 영향을 준다.

(3) 장래 프로세스 자동화도 연결되기 때문

(4) 공장의 설비는 2~5년 정도의 생산계획에 기반을 둠

(5) 향후 필요로 하는 청정환경 확보를 염두에 두어야 한다.

Bio Clean Room의 공기정화장치와 기류분포

1. Clean Room의 정의

(1) 클린룸은 부유먼지, 유해가스, 미생물 등의 오염물질의 존재를 어떤 정해진 규제 기준치 이하로 제어하는 청정 공간

(2) 실내의 기류 속도, 압력, 온습도 등이 어떤 범위 내로 제어되는 특수공간을 말함

(3) ICR(Industrial Clean Room)은 주로 먼지 입자를 대상으로 하고 BCR(Bio Clean Room)은 세균, 곰팡이 등의 생물입자를 중시하여 제약, 식품 등 GMP와 병원, 무균실, 병실, 수술실, GLP(Good Laboratory Practice), Bio Hazard 등에 사용된다.

2. 공기정화장치

(1) 에어필터의 종류

① 주 에어필터(최종 단계 처리용)

② 순환계 필터(중간 처리 단계용)

③ 배기계 필터

④ 외기 처리용 필터

(2) 성능별 분류

① HEPA 또는 ULPA 필터

② 중성능 필터

③ 조진용 필터

④ 가스제거용 필터

(3) HEPA 필터

클린룸의 주 필터 또는 최종단 필터로서 사용되는 초고성능 필터로 청정도의 주역을 담당한다.

① 포집률 : 0.5μm의 열발생 DOP 단분산(계수법) 99.97%

② 압력손실 : 정격 풍량에서 250~500Pa

③ HEPA를 능가하는 ULPA(Ultra Low Penetration Air Filter) 등장으로 0.1μm 분진포집이 가능하게 되어 수퍼 클린룸에 적용

(4) 중성능 필터

HEPA 필터의 수명을 연장하기 위해 그 전반에 설치되는 필터

① 포집률 : NBS(비색법) 80~90% 정도

② 압력손실 : 150~250Pa

(5) 조진용 필터(Rought Filter 또는 Prefilter)

일반의 공조기 외기 취입부에 사용되어 분경 10μm 이상을 포집하는 필터

① 포집률 : AFI 중량법 70~90% 정도

② 압력손실 : 50~150Pa 정도

③ 여재는 화학섬유, 부직포, 유리섬유 등 사용

④ 패널, 롤형을 많이 사용하며 Washable Type을 많이 사용

(6) 가스제거용 필터

① 대기 중의 일산화탄소, 아황산가스의 유해가스 제거나 냄새 제거 등 가스의 성분에 따라 사용 필터가 선정

② 일반적으로 활성탄 필터는 냄새 제거용으로 사용

3. 풍속과 기류 분포

(1) 기류 이동 방식

① 재래식(Conventional Flow)

② 층류식(Laminar Flow)

(2) Conventional Flow(비층류)

① HEPA 필터에서 완전히 청정화하여 급기

② 비교적 Class가 낮은 10,000~100,000에 적용

③ 급기량은 환기횟수로 20~40회/hr

④ 실내의 발생오염이 혼합되므로 고청정도 유지불가

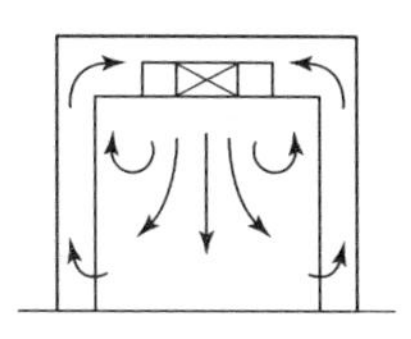

(3) 수평층류형(Cross Flow Type)

① 벽면에서 급기하고 대향하는 벽면에서 배기하는 방식

② 공기의 유속은 0.5m/sec 정도

③ 실내에서 분진이 발생되면 하류 공기의 청정도 떨어진다.

④ Class 100에서 300~500회/hr의 환기횟수. Class 1000에서 100~200회/hr의 환기횟수

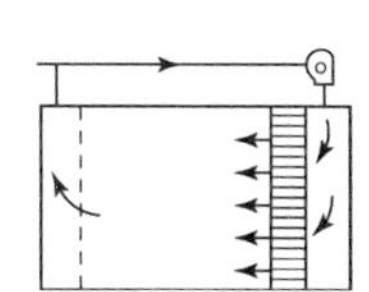

(4) 수직 층류형(Down Air Flow)

① 천장면 전체에서 청정공기 급기하고 바닥에서 배기하는 방식

② 유속은 0.25~0.45m/sec

③ 글래스 100에 적용

④ 환기횟수 300~500회/시간당 정도

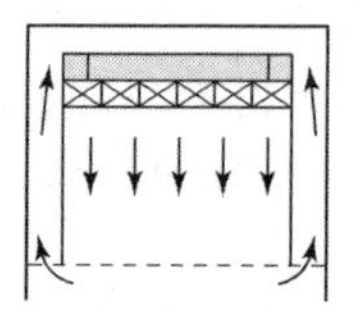

4. 결론

요구청정도, 용도, 규모, 운전관리방식, 건축공사비 등을 검토하여 최적 System 채택하되 축소형, Prefab형, 유닛형 등의 적용 검토

Bio Hazard 설비에 대해서 논하라.

1. 개요

(1) BHZ이란 생물학적인 박테리아와 위험물 보호의 두 개의 단어의 조합이다.

(2) 직접 또는 환경을 통해서 사람, 동물 및 식물이 위험한 박테리아 또는 잠재적으로 위험한 박테리아에 오염되거나 감염되는 것을 방지하는 기술이다.

(3) 오염된 실내에서 인공적인 방법으로 확산을 방지하는 시스템

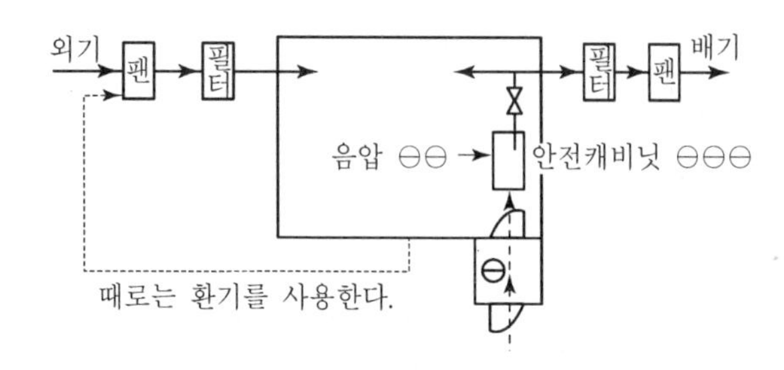

2. Bio Hazard 시설에 요구되는 특성

(1) 공기 중의 입자(박테리아 먼지)의 제거

(2) 발생된 입자의 확산의 방지

(3) 온, 습도의 제어

(4) 실내 부압 제어

(5) 배기의 소독 제어

(6) 배수나 사용된 재료의 소독

3. BHZ의 목적 및 적용 대상

(1) 목적

① 정규적인 병원균
② 암바이러스
③ 재조합 유전자

→ 인공적인 방법으로 확산방지

(2) 적용대상

① 유해균 실험실
② 유전자 공학실
③ 종량 Virus실
④ 항생물질실

4. BHZ 설비기준(DNA)

(1) 레벨 BL_1

보통의 미생물 실험실에 준함

(2) 레벨 BL_2

① Airlosol 발생이 많은 실험조작에 한해 Class Ⅰ 또는 Ⅱ Cabinet 사용
② Auto Clave를 설치할 것
③ 보통의 미생물실험실을 구역 한정한 뒤에 이용할 것

(3) 레벨 BL_3

① 실험조작은 Class Ⅰ 또는 Ⅱ Cabinet 내에서 실시(실내배기 가능)
② 동시에 열리지 않는 2중 Door 또는 Airlock에 의한 외부와 격리
③ 실험실 내 전체를 부압으로 하고 외 → 내의 기류 확보
④ 실험실 내의 표면은 세정 및 청소 가능한 구조 및 재질
⑤ 반출물은 Auto Clave에서 살균 또는 소독제에 의해 표면 멸균

(4) 레벨 BL_4

① 실험조작은 Class Ⅲ Cabinet 내에서 설치
② 독립한 건물 또는 다른 구역과 Support 구역으로 격리 구획
③ 실험실 내는 내수성 및 기밀구조
④ 차압설계 : 외부 → Support 구역 → 실험실 → Cabinet(큰 음압)
⑤ 동시에 열리지 않는 Door를 갖춘 탈의실 및 샤워실 설치(Airlock 구조)
⑥ 입실 시 내의 포함하여 완전히 갈아입을 것
⑦ 실험실로의 급기=HEPA Filter(1층), 배기는 HEPA Filter(2층), 배기 Fan은 2계통으로 설치
⑧ 양면형 Auto Clave 설치
⑨ 배수는 120℃ 가열 멸균

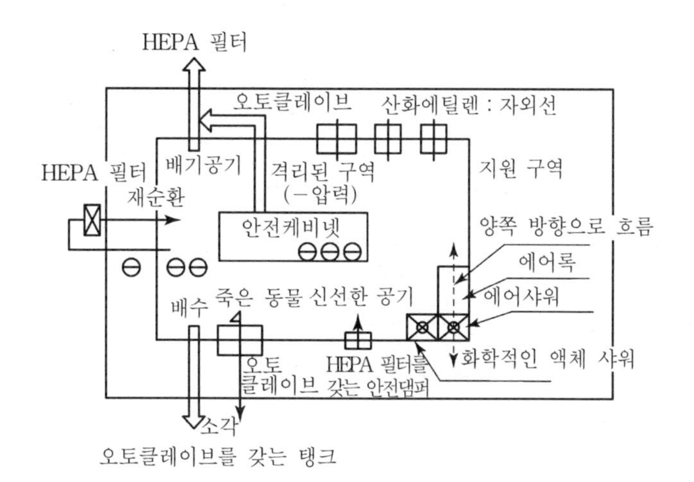

5. BHZ 캐비닛

(1) 특징

① Class 100의 청정도와 음압 System을 갖는 특수한 모양의 클린벤치

② 특정한 위험상태 작업 시 높은 안전도를 이중으로 확보하고 동시에 작업자의 박테리아 감염 방지 목적으로 이용

③ Class Ⅰ, Class ⅡA, Class ⅡB, Class Ⅲ으로 용도에 따라 구분

④ 일반적인 용도로는 NSF 49 규격에 따라 설계된 등급Ⅱ의 모델 널리 사용

(2) Class ⅡA와 Class ⅡB의 구분

항 목	Class Ⅱ A형 Cabinet	Class Ⅱ B형 Cabinet
전 면 속 도	0.375m/sec 이상	0.5m/sec 이상
배 기	전체공기의 30%	전체공기의 70%
급기의 흐름	완전 층류	반층류
단 면 판 넬	고정형	상하로 슬라이드 되는 셔터
누 설 사 항	할로겐 누설 실험 요함	음압케이스이므로 필요하지 않음

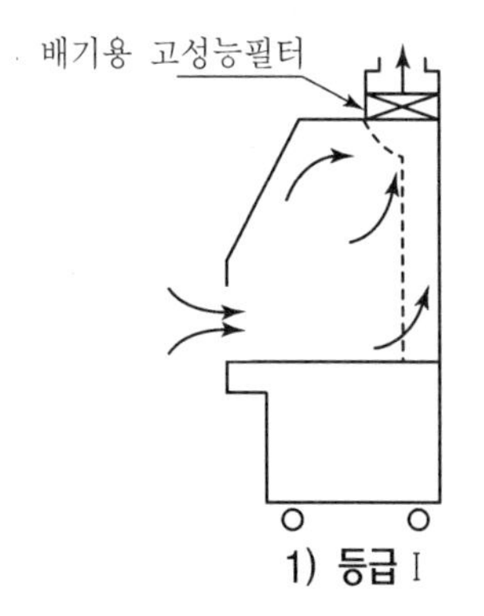

1) 등급 Ⅰ

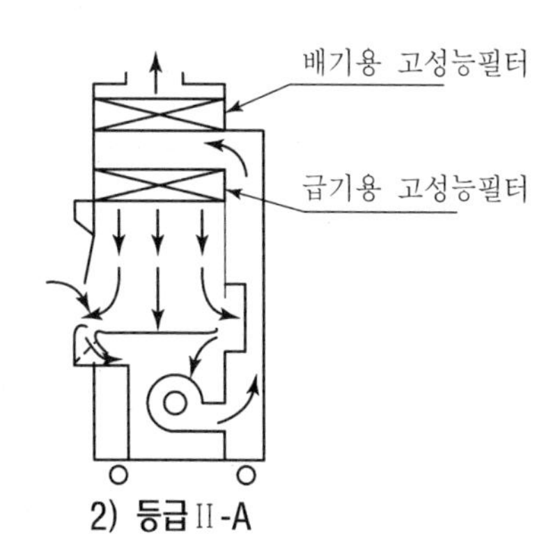

2) 등급Ⅱ-A

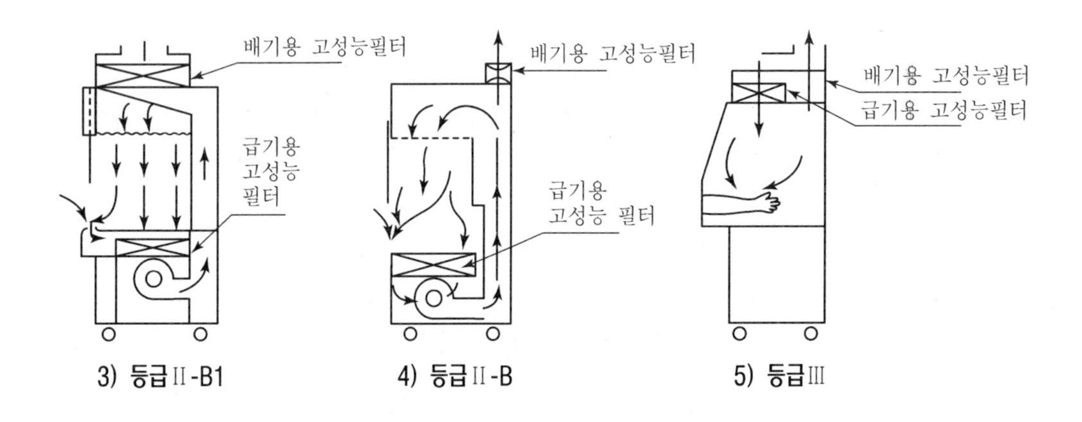
배기용 고성능필터
급기용
고성능
필터
3) 등급Ⅱ-B1
배기용 고성능필터
급기용
고성능 필터
4) 등급Ⅱ-B
배기용 고성능필터
급기용 고성능필터
5) 등급Ⅲ

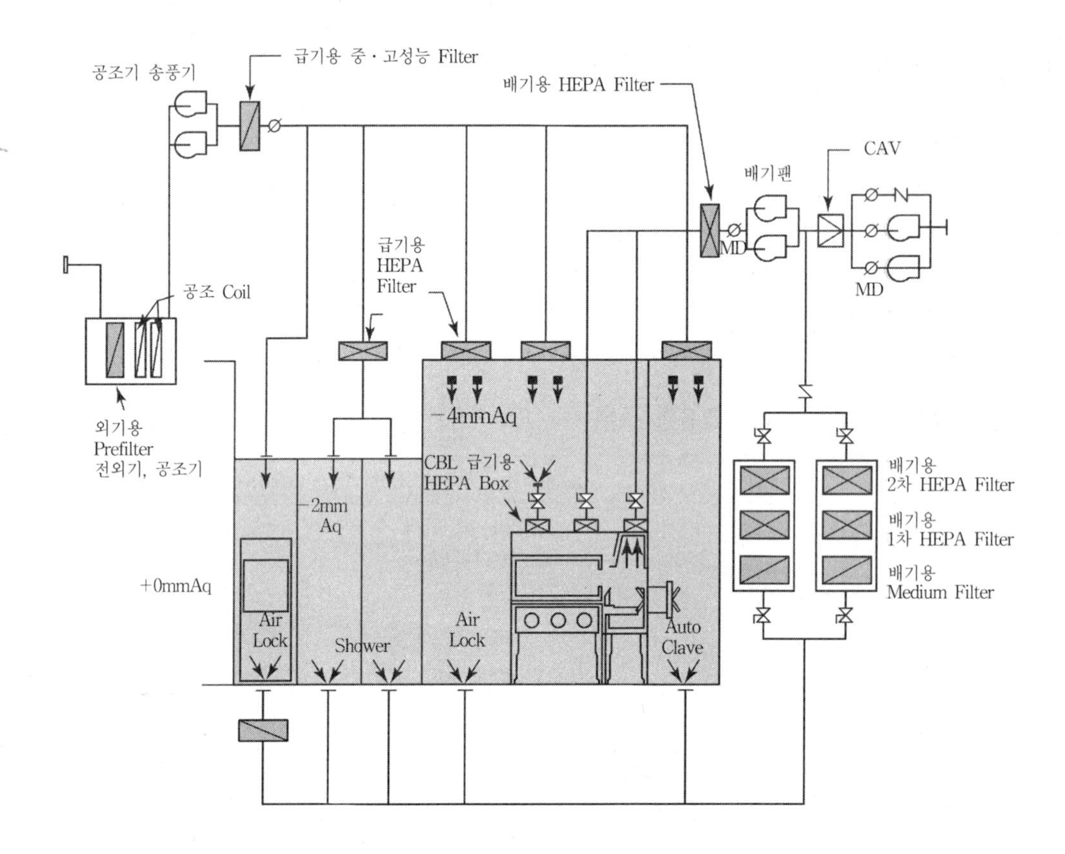
공조기 송풍기
급기용 중 · 고성능 Filter
배기용 HEPA Filter
CAV
배기팬
MD
MD
급기용
HEPA
Filter
공조 Coil
외기용
Prefilter
전외기, 공조기
−4mmAq
CBL 급기용
HEPA Box
−2mm
Aq
+0mmAq
Air
Lock
Shower
Air
Lock
Auto
Clave
배기용
2차 HEPA Filter
배기용
1차 HEPA Filter
배기용
Medium Filter

차세대 클린룸 기술과 공기질 제어

1. 개요

(1) 종래의 클린룸 기술은 미세입자의 제어에만 주목

(2) 차세대 클린룸 기술에서는 미세입자, 클린룸 내에 확산되는 미량의 이온, 유기 미스트 및 산성, 알칼리성 가스

(3) 계면과 피막에 영향을 미치기 때문에 ppb레벨에서 제어

2. 차세대 클린룸의 특징

(1) 1M DRAM과 1G DRAM의 비교

구 분	1M DRAM	1G DRAM
패턴사이즈	1 μm	0.1 μm
칩면적	$45mm^2$	$300\sim350mm^2$
1메모리 셀의 면적	$25\ \mu m^2$	$0.25\ \mu m^2$
양산시 웨이퍼 사이즈	4~5″ φ	12~15″ φ

(2) 케미컬 오염물질

발생 구분	케미컬 오염 물질	발생 원인
반도체 제조용 약품, 가스	$F, C1^-, SO^{2-}, NO^-, NO^3, PO^{-3}$	배기덕트, 드라프트, 배관누설, 드라이에칭 CVD장치로부터의 누설
외기	$NO^-, SO^{2-}, C1^{-1}$	외기에 존재하는 불순물 및 공해적인 요소에 의함
인간활동	$NH^+, C1^-, Na^+, K^+$	호흡
치구	F^-, CnHm	카세트 치구 및 웨이퍼 수납재로부터의 휘발
공장의 건재	붕소화합물, 유기P화합물	HEPA필터, 건재로부터 휘발

(3) 환경조건

항 목	요구기준
청정도	프로세스 에어리어 : > Class 0.1(입자경 0.05μm) 서비스 에어리어 : > Class 100(입자경 0.1μm)
온습도	클린룸 온도 : 23°C±5°C(평면분포) 23°C±0.2°C(시간분포) 습도 : 45%RH±3%RH(시간분포) 써멀챔버 온도 : 설정치±0.02°C(평면분포) 설정치±0.01°C(시간분포) 습도 : 설정치±1%RH(시간분포)
압 력	클린룸과 일반실 : 15~30Pa 절대압력 : -
기 류	실 단면속도 : 0.25~0.3m/s±20% 필터취출속도 : 0.3~0.35m/s±20% 편류각도 : 14° 이내
정전기	웨이퍼 대전 : 5V 이하 바닥 : $10^5\Omega \sim 10^8\Omega$ 벽체 : 108 이하
전자계	EB 장치영역 : 1mG 이하 일반 에어리어 : -
진 동	Photo, SEM영역 : 0.2 μm 이하(3~50Hz) 일반 에어리어 : 0.2 μm 이하(3~50Hz)
소 음	60dB(A) 이하
이온 중금속 가스	ppb레벨

3. 공기질 제어 기술

(1) 가스상 오염물질의 제거를 위해 케미컬 필터의 적용

(2) 클린룸의 Return Air와 Filter Unit 등에 적용되는 때에는 부직포와 타입은 압력손실이 낮은 하나컴 타입의 것 적용

4. 공기오염과 문제점

(1) 반도체 제조상에 있어서 입자의 관리대상 입경은 디바이스 패턴사이즈의 1/10

(2) 256M DRAM에서는 0.025μm, 1G DRAM에서는 0.01μm 입경의 입자제어

(3) 외기농도가 ULPA필터의 포집효율 이상으로 높으면 초미세입자가 클린룸 내로 유입될 수 있음

(4) 입자중에 함유된 성분 자체가 유기오염물질 및 중금속오염의 관점상에서 문제

(5) 가스물질이 클린룸 중의 수분에 의해 응축해서 액상 또는 고체상의 상변화에 의해 입자 생성

5. 차세대 클린룸의 기술

(1) Fan Filter Unit을 이용한 국소순환 System으로 비용절감
(2) 청정공간의 국소화로 비용절감
(3) 국소공간마다 개별제어하면서 Process 간에 클린튜브나 비접촉 반송기구에 의해 외부환경과 완전 단절
(4) System 내외의 환경을 기류제어에 의해 단절시켜, System 주위환경을 몇 단계로 구분한 클린룸 구성
(5) Fed. std. 209E 등의 관련규격에서 입자의 표면청정도, 가스상 물질 청정도 등 종합적으로 평가할 수 있는 기준 확립

6. 결론

(1) 반도체 분야에서 클린룸 기술은 반도체 제조기술과 더불어 발전하였으며 Gbit 반도체 시대에는 기술면 경제적인 면에서 새로운 발상을 요구
(2) Open Manufacturing System → Closed Manufacturing System으로 이행할 것
(3) 클린룸이라기 보다는 Clean환경 System으로서의 개념으로 발전시켜 나아가야만 할 것으로 사료된다.

각종 시설에 설치하는 바이오클린룸의 설치목적에 대하여 기술하시오.

① 의약품 제조공장　② 병원　③ 실험동물 사육시설
④ 식품 제조공장　⑤ 바이오해저드 시설

1. 개요

클린룸은 부유먼지, 유해가스, 미생물 등 오염물질의 존재를 어떤 정해진 규제 기준치 이하로 제어하는 청정공간으로서 실내기류속도, 압력, 온습도 등이 일정 범위 내로 제어되는 특수공간을 말한다. 바이오클린룸은 미생물 입자를 규제의 주대상으로 한다.

2. 설치목적

(1) 의약품 제조공장

① 약품은 인체에 직접 영향을 주는 것으로 균, 곰팡이 등의 오염물질이 혼입되지 않도록 해야 하며, 이를 위한 설비는 GMP 규정에 준함

② GMP(Good Manufacturing Practice)는 품질이 보증된 우수 의약품을 제조하기 위한 기준

(2) 병원

공기 중의 세균을 감소시켜 공기 감염을 방지하고, 실내환경을 환자들의 체내대사에 적합한 온습도로 유지시키는 것으로서 BCR(Bio Clean Room) 기준에 적합

(3) 실험동물 사육시설

① 실험동물의 사육 또는 보관, 실험 등을 위한 시설로서 G.L.P(Good Laboratory Practice) 기준에 준함

② GLP라 함은 의약품의 안전성을 확인하기 위하여 이루어지는 비임상 독성시험의 신뢰성을 확보하기 위한 기준

(4) 식품제조공장

식품은 인체에 직접 영향을 주는 것으로 균, 곰팡이 등의 오염물질이 혼입되지 않도록 해야 하며, 이를 위한 설비는 GMP 규정에 준함

(5) 바이오해저드 시설

① 위험한 병원 미생물이나 미지의 유전자를 취급하는 분야에서 발생하는 위험성을 생물학적 위험(Biohazard)이라 하며, 직접 또는 환경을 통해서 사람, 동물 및 식물이 위험한 박테리아 또는 잠재적으로 위험한 박테리아에 오염되거나 감염되는 것을 방지하는 기술

② 바이오해저드 시설에 요구되는 특성
㉮ 공기 중의 입자의 제거
㉯ 발생된 입자의 확산 방지
㉰ 온습도의 제어
㉱ 실내 부압 제어
㉲ 배기의 소독제어
㉳ 배수나 사용된 재료의 소독

③ 바이오해저드 설비기준
레벨 BL1, BL2, BL3, BL4 등급이 있음

3. 결론

Biological Clean Room의 적용분야는 병원용 BCR, 동물실험시설(G.L.P Clean room), 약품 및 식품 공장(G.M.P Clean Room), Biohazard 제어시설 등이 있다.

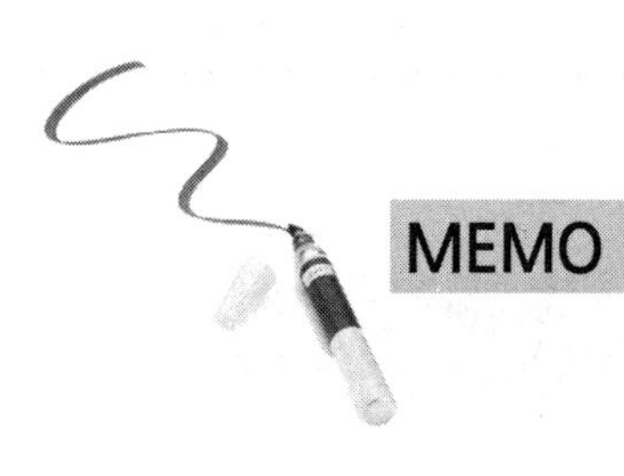

MEMO

제27장 신공법

구역형 집단 에너지 사업(C.E.S)

1. 개요

구역형 집단에너지(C.E.S : Community Energy System) 사업은 난방위주의 기존 지역난방사업과 달리 소형 열병합발전기를 이용해 난방뿐만 아니라 전기 및 냉방을 일괄 공급하는 방식이다.

2. C.E.S의 특성

(1) 기존의 에너지 공급방식에 비해 11~18%까지 에너지 사용 효율을 높일 수 있어 에너지 절감 효과가 큰 에너지 공급 시스템임

(2) 유럽 및 일본에서는 1970년대부터 활발하게 보급

(3) 국내의 경우 대규모 빌딩지역에서 보급 가동 중에 있음

3. 보급 확대의 문제점

(1) 이제까지는 소형 열병합 발전기에서 생산된 전기는 의무적으로 전력시장에 판매하도록 되어 있음

(2) 난방열 및 냉방을 공급하는 수용가에 전력 직판이 어려워 전력 판매에 따른 수익성 확보가 어려웠음

(3) 연료인 도시가스의 경우에도 가격이 높은 주택난방용 요금을 적용 받아 경제성이 낮아 활발한 보급에 한계가 있음

4. 구역형 집단에너지(C.E.S) 사업의 확대 보급을 위한 방안

(1) 구역형 집단에너지(C.E.S) 사업의 전력 직판을 허용

(2) 도시가스요금을 사용량에 따라 차등화하여 C.E.S 사업자에 대한 연료비 부담을 완화

(3) 전력수급기본계획에 구역형 집단에너지(C.E.S) 사업을 분산형 전원사업으로 포함시켜 계획수립시 의무화

(4) 구역형 집단에너지(C.E.S) 사업자가 비상시 수전할 경우 계약 용량 초과분에 대해 높은 요금을 적용하는 것을 완화

(5) 에너지사용계획 협의시 구역형 집단에너지(C.E.S) 사업의 도입을 적극 반영

5. 적용대상

병원, 백화점, 아파트 단지, 컨벤션센터 등 집중적인 소규모 에너지 소비지역

6. 결론

구역형 집단에너지(C.E.S) 사업은 기존의 에너지 공급방식에 비해 11~18%까지 사용 효율을 높일 수 있어 에너지 절감 효과가 큰 에너지 공급 시스템으로서 집중적인 소규모 에너지 소비지역을 대상으로 보급 확대가 필요하다고 사료된다.

가스엔진히트펌프(GHP)의 작동원리와 특징을 설명하시오.

1. 개요

가스엔진히트펌프(GHP)는 기존의 전기 사용 Heat Pump(EHP)의 주열원인 전기를 사용하지 않으므로 전기 Peak Cut에 대응하고 엔진냉각수의 배열을 회수함으로써 기존의 EHP에 비하여 보다 고효율이므로 에너지 소비를 절감할 수 있는 냉난방이다.

2. 작동원리

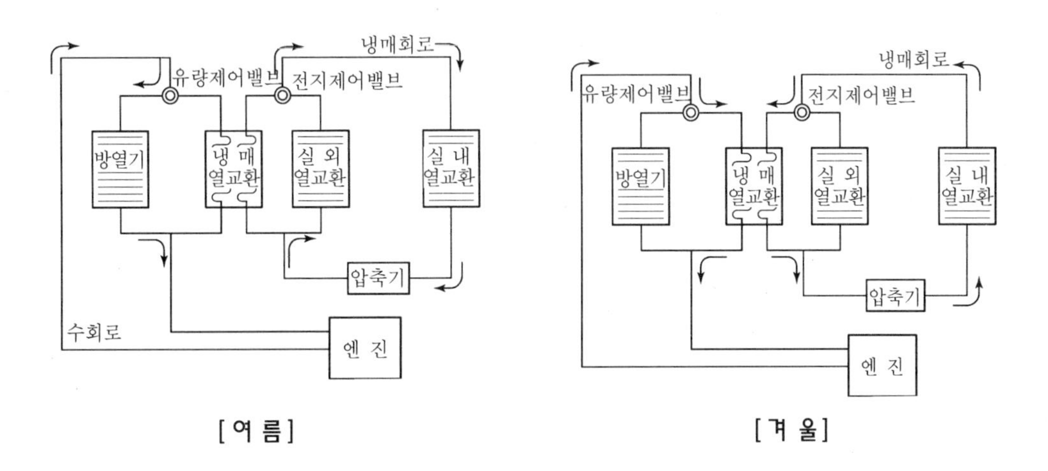

[여 름] [겨 울]

(1) 수냉식 가스엔진에 의해 전력을 생산하여 압축기 가동

(2) 냉방 시 압축기 → 응축기 → 팽창밸브 → 증발기에 의한 냉방, 엔진냉각수는 하절기 라디에이터 냉각

(3) 동절기 엔진냉각수에 의해 냉매열교환기(증발기)를 예열하여 Heat Pumping하여 에너지 회수

3. 특징

(1) 장점

① 하절기 전력 Peak Cut에 의한 기본전력비 절감

② 폐열회수용 열교환기 채택으로 고효율화 및 에너지 절약

③ 환경친화적 에너지 사용

④ NOx의 배출농도 감소에 의한 지구환경 보호

⑤ 혹한기(−15℃)에도 Heat Pump 가능
⑥ 난방 시 예열시간 단축
⑦ Comp 소비전력 감소
⑧ 가스냉방 설계 및 설치 장려금 지급

(2) 단점

Gas 배관 공사 요함

4. 결론

가스를 엔진의 동력원으로 하여 엔진폐열을 이용한 고효율 에너지 절약형 Heat Pump로서 NOx 배출감소에 따른 지구환경보존에도 기여하는 바 충분히 검토 후 적용토록 할 것

공동주택의 환기실태와 개선방향

1. 개요

공동주택의 주방, 욕실, 거실, 침실 등에 있어서 음식 냄새, 취기, 가구나 의류 등에서의 냄새가 발생되며 기존의 환기설비 등에 대한 문제점과 개선방향의 제시로 쾌적한 주거문화를 이루도록 할 것

2. 실내환기의 필요성

실내 오염물질의 발생 및 실외 오염물질의 유입은 실내공기질에 큰 영향을 미치고 있으며 이러한 실내공기의 질을 쾌적하게 유지시키기 위해 환기 필요

3. 공동주택의 환기 실태

(1) 주방환기

① 환기시스템

옥상층 무동력 Fan+배기덕트+렌지후드 및 연결덕트를 이용한 통합배기

② 문제점

㉮ 무동력 Fan의 작동 불량

㉯ 조적시공 배기덕트의 누설

㉰ 조적시공 배기덕트의 표면으로 저항 증대

㉱ 실내 급기 부족에 따른 렌지후드의 배기 성능 저하

(2) 욕실

① 환기시스템

욕실배기 Fan+배기덕트+옥상층 무동력 Fan

② 문제점

㉮ 무동력 Fan의 작동 불량

㉯ 조적시공 배기덕트의 누설

㉰ 조적시공 배기덕트의 거친 표면으로 저항 증대

㉱ 실내 급기 부족에 의한 환기불량

㉲ 욕실 내의 습공기가 거실로 확산되어 실내에 가습되고 심한 경우 결로현상이 발생되기도 함

3. 거실

실내주방이나 욕실의 공기가 거실 내로 확산되고 이로 인하여 실내 전체 오염

4. 개선방향

(1) 건축적인 방법

① 흐름의 원활

㉮ 배기덕트 내부를 매끄럽게 하기 위한 모르타르 마감

㉯ 배기덕트 내부에 별도의 철판 배기덕트를 설치하여 배출

㉰ 평면 계획시 기류의 흐름을 원활히 하기 위한 배치

㉱ 통합환기 시 배기덕트 하부에 급기구를 설치함

② 덕트의 누설방지

㉮ 누설방지를 위한 마감을 철저히 함

㉯ 배기덕트 연결을 확실하게 하기 위한 공간 확보

③ 덕트의 저항 감소

배기덕트의 길이를 짧게 함

(2) 설비적인 방법

① 급기부족

㉮ 급기량 확보 및 덕트 설치

㉯ 급 · 배기겸용 기구류 설치

㉰ 실내 Air Balance 유지

② 배기불량

㉮ 연결덕트의 길이 최소화

㉯ 동시 사용률의 적용 현실화

㉰ 원활한 배기를 위한 기류형성 유도

㉱ 렌지후드의 적절한 선정

㉲ 풍량선정의 현실화

5. 설비적 개선방향

(1) 주방환기

① 세대별 급배기시스템 도입

㉮ 구성요소

- 렌지후드
- 열교환기
- 실내급기 그릴
- 공통 급배기 입상덕트 또는 세대별 외기 급배기 그릴

㉯ 작동원리

렌지후드의 작동으로 배기가 되며 배기의 원활을 꾀하기 위한 급기는 외기가 열교환기를 통하여 예열되어 도입되도록 함

② 급배기 겸용 렌지후드 설치

㉮ 구성요소

- 급배기 겸용 렌즈후드
- 외부 급·배기 그릴

㉯ 작동원리

급배기 Fan 및 열교환기가 내장된 렌지후드 사용으로 원활한 환기를 꾀한다.

(2) 욕실환기

① 배기 Fan과 실별 덕트 및 그릴

㉮ 구성요소

- 욕실배기 Fan
- 배기그릴

㉯ 작동원리

- 세대별 1개의 통합 배기 Fan을 설치하여 욕실, 화장실, 세면실을 각각 Fan에 연결하여 통합 배기를 하는 것으로 1개실만 배기시에도 작동이 가능토록 함
- 배기를 하는 경우 실내의 공기가 욕실 내로 급기되도록 욕실문 틈새(Under cut)나 급기용 그릴을 설치하여야 한다.

② 습도 센서를 내장한 배기 Fan 설치

욕실의 환기는 습기제거가 우선적으로 이뤄져야 하므로 사용 후에도 일정시간 동안 계속 환기가 되어야 한다.

(3) 거실 및 침실 환기

① 거실

실내외의 온도차에 의한 밀도차의 원리를 이용한 환기

② 거실 및 침실

세대 내의 식당과 같이 발열부하가 있는 곳에서 덕트를 이용하여 열교환기를 통한 배기를 하고 배기량만큼 외기가 열교환되어 각 실별로 공급되는 것으로 실내 거주, 외출, 취침시에 따라 풍량을 선택하여 조절할 수 있는 것이 있다.

6. 결론

공동주택의 환기는 생활수준의 향상과 비례하여 요구정도가 높아질 것이며 기존 환기시설들에 대한 문제점 분석과 새로운 공동주택 환기시스템에 대한 연구노력으로 쾌적한 주거환경을 조성해야 할 것으로 사료된다.

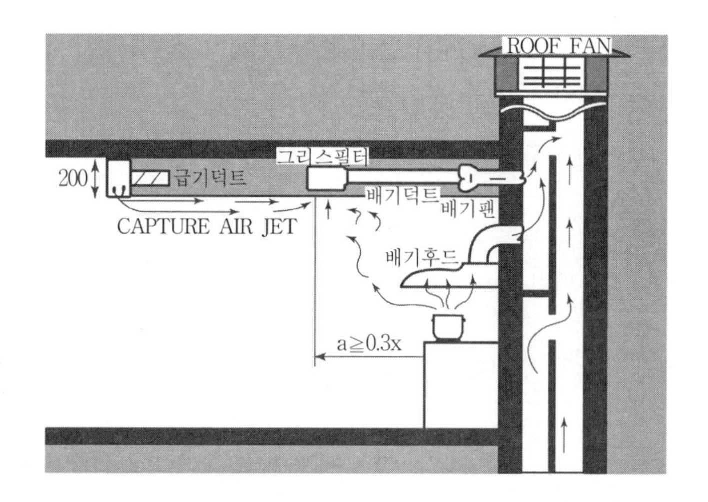

주방의 환기설비

1. 개요

주방은 환기설비의 중요성이 특히 높은 공간으로서 최근 주방의 규모가 커지며, 외부와 접하지 않게 되면서 주방의 공기가 오염되거나 오염된 공기가 다른 공간으로 흘러들어 불쾌감을 유발하므로 기계환기 방식으로 부압을 형성하여 안전하고 효율적인 환기설비가 되어야 함

2. 주방 환기의 구성

(1) 후드

① Low wall ventilator

② Canopy type

㉮ 벽체형 캐노피 후드(Wall canopy hood)

㉯ Single island canopy hood

㉰ Double island canopy hood

(2) Grease filter

(3) 배기덕트

(4) 급, 배기 Fan

3. 후드의 종류 및 특징

(1) Low wall ventilator

① 조리기구 뒤쪽의 벽에 직접 설치

② 후드가 조리 작업면에 가깝게 설치됨

③ 천장고가 후드 설치에 중요한 결정요인이 되는 경우 사용

④ 오염된 공기를 모으는 장소가 없어 배기량을 많이 증가시켜야 함

⑤ 후드 내 Filter와 조리작업 표면까지 약 450~600mm 간격 유지

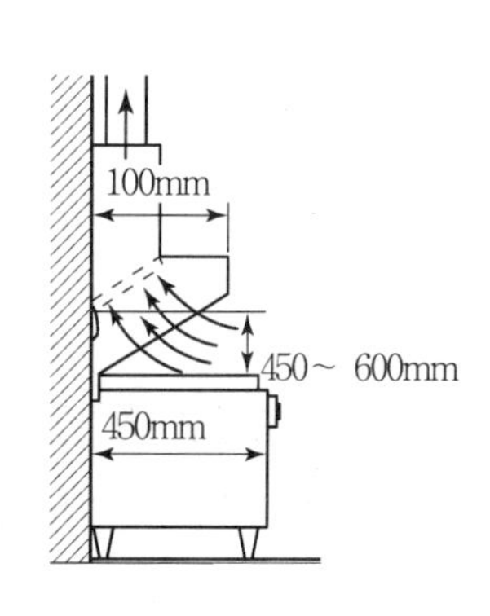

[Low wall ventilator]

(2) 캐노피형 후드(Canopy Type Hood)

① 벽체형 캐노피 후드(Wall Canopy Hood)

㉮ 벽에 붙여서 설치

㉯ 사이드 커튼이 달려있는 벽체형 캐노피 후드는 조리기구로부터 발생하여 오염된 공기를 흡인하기 위한 가장 효과적인 방법 중의 하나임

② Single Island Canopy Hood

㉮ 후드의 네 면이 노출되어 있다.

㉯ 오염된 공기가 후드 밖으로 넘칠 수 있으므로 많은 배기량이 필요하다.

㉰ 후드 뒤쪽에 강화유리를 부착하면 개방성을 유지하면서 벽체형 캐노피 후드 역할을 할 수 있다.

③ Double Island Canopy Hood

후면이 마주닿게 배치된 두개의 Wall Canopy Hood와 같이 취급된다.

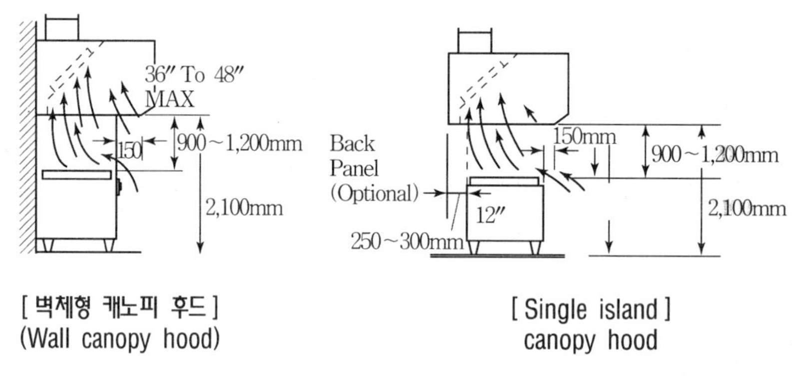

[벽체형 캐노피 후드]
(Wall canopy hood)

[Single island]
canopy hood

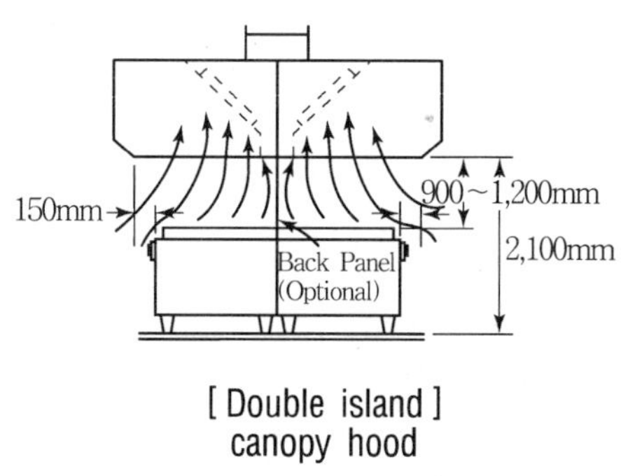

[Double island]
canopy hood

(3) 조리기구 환기설비의 배기량을 줄이기 위한 방법

① 사이드 커튼(Side curtain)

㉮ 후드 끝과 조리기구의 끝을 연결하여 그 사이의 공간을 막아서 주방으로 방열되는 열기의 양을 줄여준다.

㉯ 후드를 통해 들어가는 공기의 속도를 증가시켜 준다.
㉰ 오염된 공기의 넘침을 방지해 준다.
㉱ 후드 사이즈를 작게 할 수 있다.

② 에어 커튼(Air curtain)
㉮ Air curtain이 사이드 커튼의 역할을 대신할 수 있다.
㉯ 에어커튼의 풍속은 1~1.25m/s 정도
㉰ 에어커튼의 풍속이 너무 빠르면 오염된 공기를 유도하여 주방으로 빠져나간다.

③ Short-circuit hood
㉮ 오염된 공기의 온도를 높지 않아도 된다.
㉯ 풍속이나 풍향이 부적절한 경우 효율이 떨어진다.

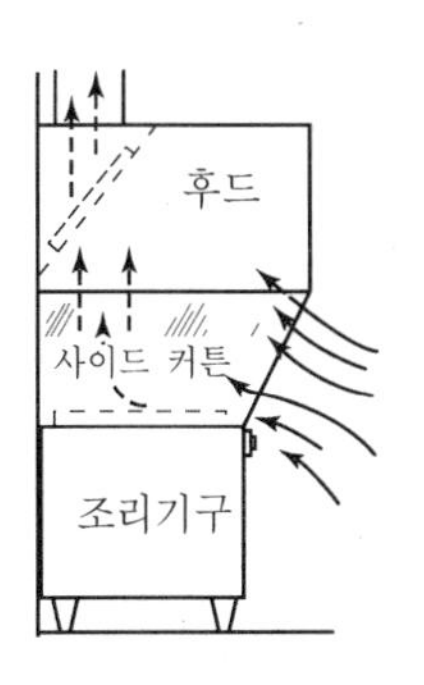

[사이드 커튼(Side curtain)]

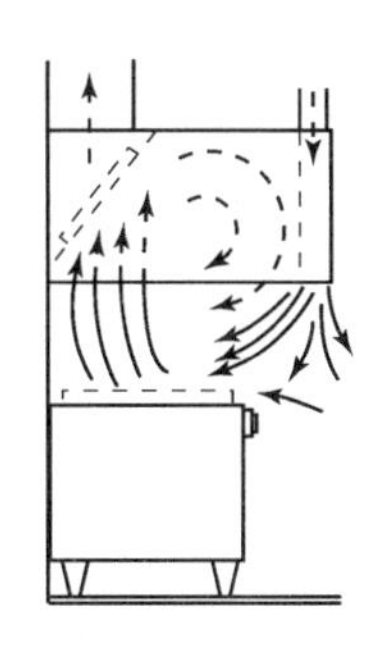

[에어 커튼(Air curtain)]

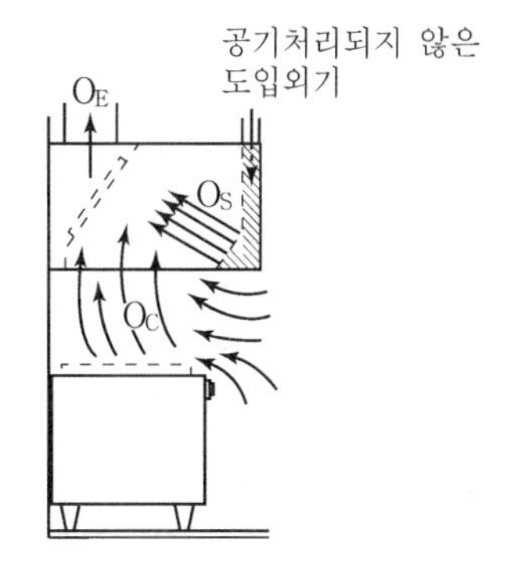

[Shot-circuit hood]

(4) 후드의 배기량 계산

배기량 계산

- 총 배기량=오염된 공기량+최소 포집속도 유지를 위한 공기량
- 오염된 공기량=가열된 표면적(AHS)×열상승기류 속도(Udf)
- 최소 포집공기량=(총 후드투영면적−AHS)×열상승기류 속도(Udf)

조리기구	상승기류의 후드 입구 면풍속(fpm) (Updraft Velocity Factor)
Steam Kettles, Ranges, Conventional Oven : Grease 비발생 기구	50(0.254m/s)
Fryers, Griddles : Grease 발생 기구	85(0.4318m/s)
Charbroiler : 고온과 Grease 발생 기구	150(0.762m/s)

4. Grease Filter

(1) 설치목적

덕트나 Fan 날개, 벽/지붕 및 천장 등에 Grease가 쌓이는 것을 방지

(2) 설치 위치－후드 내에 설치

(3) 통과 풍속－1.0~1.5m/s

(4) 설치 각도－수평선과 40~60° 정도

5. 배기덕트

(1) 밀봉부분과 연결부는 끊어짐이 없이 용접 및 방수가 되어야 한다.

(2) 후드 배기는 다른 환기시스템과 연결되어서는 안 된다.

(3) 벽, 천장, 칸막이 벽을 통과할 경우 건축 재료의 연소방지조치를 해야 한다.

(4) 덕트의 방향이 바뀔 때마다 직관부는 매 1.8m마다 청소용 개구부를 설치해야 한다.

(5) 덕트내 풍속은 7.5~9.0m/s 정도로 한다.

(6) 후드가 클 경우 Multiple Duct Collar가 필요하다.

(7) 덕트는 내식성 재질로 두께는 0.8mm 이상을 사용한다.

6. 급 · 배기 Fan

(1) 시스템의 압력손실을 감당하고 필요한 양의 공기를 움직일 수 있는 능력의 기준으로 할 것

(2) 모터와 Fan의 분리형을 사용할 것

(3) 오염된 공기에 의해 지붕의 손상을 막을 수 있는 Up blast type의 Fan을 사용

(4) 급기 Fan 흡입구 Air filter, 배기 Fan 토출구에 Bird screen 설치

(5) 급기 Fan 흡입구와 배기 Fan 토출구는 3m 이상 이격하여 설치

7. 결론

주방환기시스템은 후드의 크기, Filter 크기 및 배치, 도입외기 등을 고려하고, 총배기량을 급기량보다 많게 하여 주방 부분을 부압으로 형성, 오염공기 확산을 방지할 것

05 폐열회수형 공기조화기의 원리와 특징에 대하여 논하라.

1. 개요

(1) 폐혈회수형 공기조화기는 외부로 방출되는 폐열의 회수를 기본설비화함으로써 대폭적인 에너지절감
(2) 기존 냉난방설비 중 수배관 등 대부분의 부대설비를 없앰으로써 시공비 절감 및 동력소비를 극소화할 수 있는 방식이다.

2. 원리

(1) 냉방 시

기존의 공기조화기는 환기 시에 약 30% 정도의 실내공기를 외부로 배출하는 데 비하여 배기공기를 응축기로 유입시켜 응축온도를 낮게 유지시키면서 환기손실을 없앰과 동시에 증발기에서 발생되는 응축수를 응축기에 자연 살포함으로써 응축압력을 낮추어 성적계수를 증대시켜주는 방식이다.

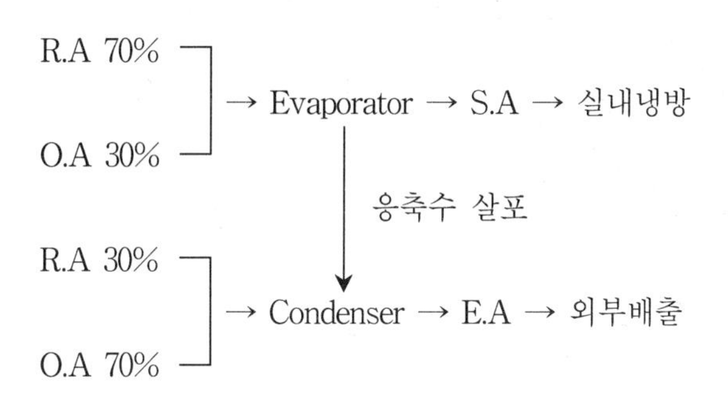

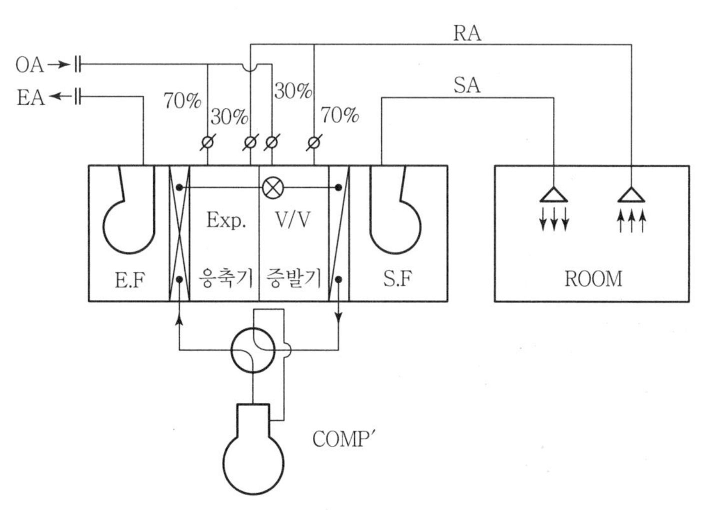

(2) 난방 시

기존의 공기조화기는 환기 시에 약 30% 정도의 실내공기를 외부로 배출하는 데 비하여 배기공기를 유입시켜 증발온도를 높게 유지시키면서 환기손실을 없앰으로써 증발압력을 높여 성적계수를 증대시켜 주는 방식이다.

O.A 30%, R.A 70% → Condenser → S.A → 실내난방

R.A 30%, O.A 70% → Evaporator → EA → 외부배출

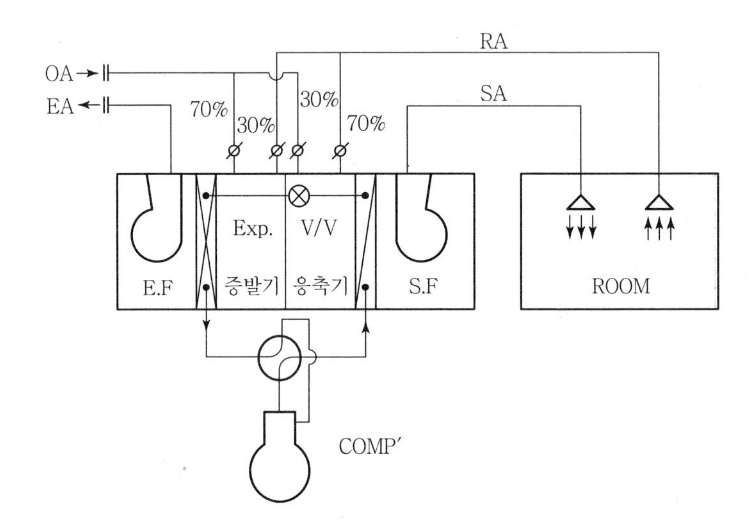

3. 응용

(1) 일반 공조용 냉난방기
(2) 항온 · 항습기
(3) 항온제습기
(4) 냉각제습기
(5) 폐열회수 System
(6) 초정밀 항온기 등

4. 특징

(1) 단독 운전으로 냉난방 가능
(2) 부대설비가 필요 없다.
(3) 대기공해가 없다.
(4) 시공이 간단하고 유지 관리 용이
(5) 동파의 염려가 없다.
(6) 시공비 50% 이상 절감
(7) 공간 활용이 용이
(8) 환기로 손실되던 에너지 재활용
(9) 중간기 외기 냉방가능
(10) 배열회수가 냉매 직팽코일 방식으로 효율이 100%에 가깝다.
(11) 심야의 빙축열 활용시 에너지 절약증대 및 난방 시에도 이용가능

5. 기존 공기조화기와 비교

구 분	기존 공기조화방식	폐열회수 공기조화방식
열원 및 부대설비	• 냉동기, 보일러 • 연료공급장치, 전기히터, 수 배관, 별도의 실외기 등	• 냉동기 하나로 냉난방 • 부대설비 필요 없음
기존 히트펌프와의 비교	• 혹한기 운전 시 외기온도의 영향을 직접 받으므로 급격한 능력 저하 • 부족한 열을 100% 전기 가열기에 의존 • 대용량 제작곤란	• 실내에서 환기되는 공기를 주 열취득원으로 이용 • 혹한기에도 성능이 양호 • 외기조건에 따라 전기가열코일 설치 가능
환기 시 실내공기 이용	• 환기량의 70%만을 재활용하고 30%의 실내공기를 그대로 전기 가열기에 의존 • 열 손실이 크다.	• 기존 공기에 외부로 배출하는 30%의 실내공기를 열교환을 통하여 회수 후 배출 • 에너지의 재활용이 큼
설치공간	• 각각의 부대설비를 별도로 설치 • 많은 공간이 소요	• 별도의 부대설비 필요없음 • 좁은 공간에도 설치가능
시공비	• 냉방기와 난방기기가 별도의 설비로 구성 • 2가지 설비설치에 따른 많은 비용요구	• 냉방기 한 가지로 운영 • 보일러 및 연료공급설비 필요없음 • 시설비 반으로 절감되어 경제적

6. 결론

폐혈회수 공기조화기는 기존의 공기조화방식에 비하여 설치면적이 작고, 초기투자비용도 절감할 수 있으면서도 부대시설을 생략함으로써 동력절감에도 크게 기여, 앞으로 건물의 공기조화와 항온, 항습 시설에 많이 보급될 것으로 판단된다.

06 도로터널의 환기계획

1. 개요

도로터널의 환기설비는 차량배출가스를 터널밖으로 배출시켜 터널내 오염물질의 농도를 허용수준이하로 유지함으로써 안전하고 쾌적한 교통환경을 확보하기 위한 것

2. 검토대상

(1) 매연

① 운전자의 시거확보에 장애가 되는 물질

② 주로 디젤자동차에서 발생

(2) 일산화탄소(CO)

① 무색, 무취한 가스

② 헤모글로빈과의 결합력이 산소보다 200배 이상

③ 인체에 흡수되면 산소의 운반능력 저하시킴

④ 반사적인 운동신경의 둔화로 운전자의 교통상황판단의 지연을 초래할 수 있는 물질

⑤ CO에 대한 기준 : 100ppm 이하

3. 도로터널 환기방식의 종류

(1) 자연환기

(2) 기계환기

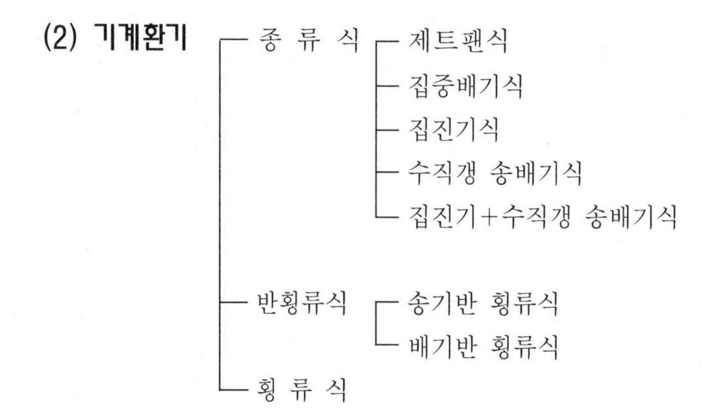

4. 환기방식별 특징

(1) 자연환기

① 주행상 시야에 장애가 되는 매연과 인체에 악영향을 미치는 일산화탄소의 제거에 필요한 필요환기량이 주행하는 자동차의 피스톤 효과만으로 풍량이 충분할 때만 가능

② 터널길이 500m 이내

(2) 기계환기방식

① 종류식 : 환기풍은 차도를 종방향으로 흐른다.

㉮ 제트팬식

㉠ 적용길이는 2,000m 이하가 표준

㉡ 터널 공용 후 쉽게 환기시설의 설치가 가능

㉢ 시설비가 적어 경제적

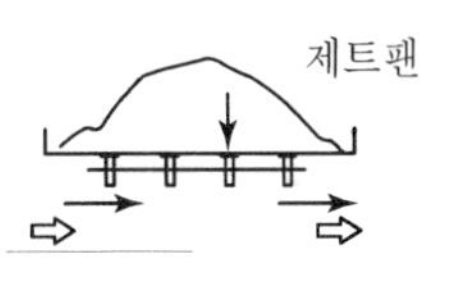

㉣ 풍로로 차도를 이용하므로 별도의 덕트가 불필요

㉤ 교통환기력을 유효하게 이용가능

㉥ 화재시 적응성 양호

㉦ 팬의 소음이 큼

㉯ 집중배기식

㉠ 갱구부근의 환경은 양호

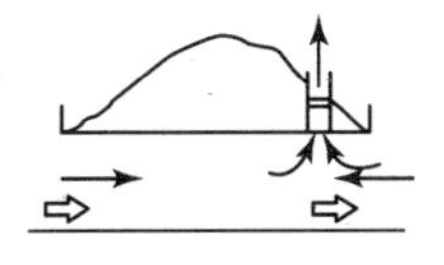

㉡ 교통흐름과 공기의 흐름이 상반되는 곳이 생긴다.

㉢ 터널단면을 비교적 작게 할 수 있다.

㉰ 집진기방식

㉠ 적용길이는 디젤자동차 구성비에 관계

㉡ 교통 환기력을 유효하게 이용 가능

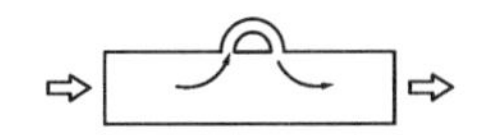

㉢ 지반고가 높은 산악지형에 경제적

㉣ 외부 환경오염 관리가 요구되는 도심터널에 적합

㉤ 화재시 적응성 약간 열세

㉱ 수직갱 송배기식

㉠ 터널 적용 연장은 환기상 제한 없음

㉡ 교통 환기력을 유효하게 이용 가능

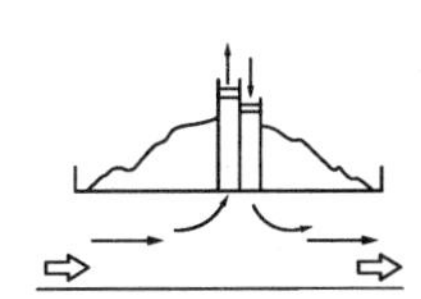

㉢ 지하환기소나 대형송풍기의 설비비 및 굴착비가 큼

㉣ 주로 장대 터널에 적용

㉲ 집진기+수직갱 송배기식

㉠ 장대 터널 환기방식 결정시 가장 많이 이용

㉡ 매연 및 CO 처리 가능

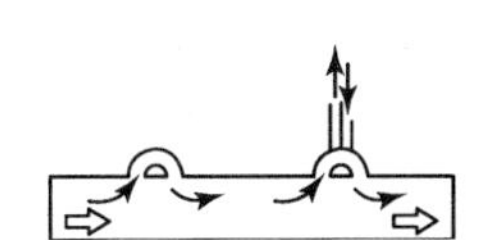

㉢ 지형여건에 적합하게 집진기와 수직갱 배열 가능

㉣ 교통 환기력을 유효하게 이용

② 반횡류식 : 터널덕트에 의해 송기되어 차도를 종류하여 갱구로 배기

㉮ 송기반 횡류식

㉠ 차도 내의 농도분포 균일

㉡ 자연풍의 영향이 적다.

㉢ 횡류식에 비해 덕트 단면이 작다.

㉣ 교통환기력을 효과적으로 이용할 수 없음

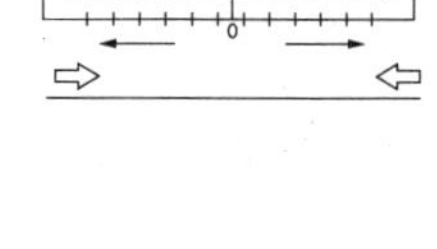

㉯ 배기반 횡류식

㉠ 차도내 농도분포가 부분적으로 높아진다.

㉡ 갱구 부근의 환경이 양호

㉢ 환기실 설치 및 진입로 설치

㉰ 횡류식 : 송 · 배기 양쪽의 터널 덕트를 갖춰 환기풍은 차도를 횡류

㉠ 터널 적용 연장은 2km 이상이 표준

㉡ 송 · 배기용의 2계통 덕트와 송풍기를 필요로 하며 시설비, 유지 관리비 고가

㉢ 차도내 풍속 및 농도분포가 균일

㉣ 화재시 배연이 용이

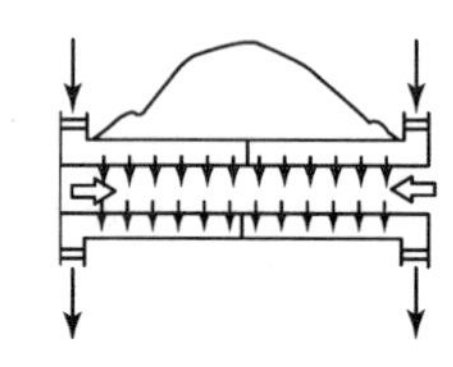

5. 소요환기량 산정기법

(1) 장래 교통량 예측의 정확성

(2) 차량중량별 매연 배출량 기준설정

(3) 터널벽면 마찰손실계수 재정립

(4) 자동차의 저항계수 설정

(5) 매연에 대한 환기량 산정시 차량의 주행속도 범위

(6) 지체 교통시의 환기량 적용 여부(CO)

(7) 속도별 매연 투과계수 결정

6. 결론

우리 현실에 부합되는 환기량 산정기법 개발과 최적 환기방식 및 제어시스템 정립으로 터널연장과 교통량 증가에 적합한 환기설비계획을 하여 충분한 기능이 유지되도록 할 것

하수처리수 및 하천수를 이용한 지역냉난방설비에 대하여 논하라.

1. 개요

자원의 90% 이상을 해외에 의존하고 있는 국내의 에너지 수급현황 및 경제여건을 고려할 때 장·단기적인 에너지 자원의 확보방안이 수립되어야 하며, 부존자원의 취약성에 비추어 배기열, 하천수열, 하수열 등의 각종 미활용에너지의 효과적인 이용방안을 검토하여야 한다.

2. 하수열원 열펌프 시스템 개요도

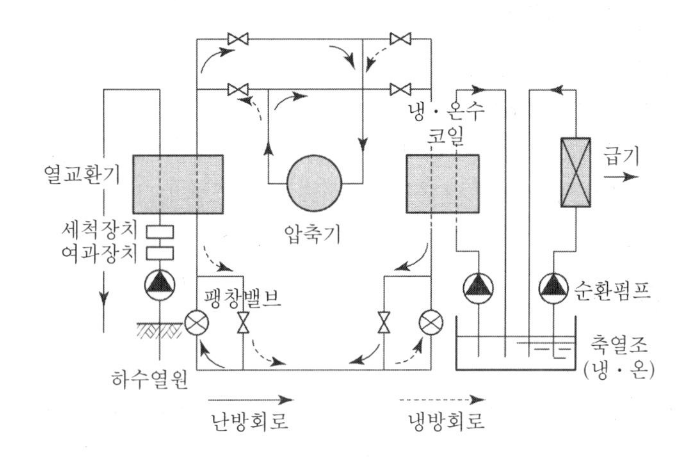

[하수열원 열펌프 시스템 개념도]

열원인 하수는 여과장치에서 고형이물질이 제거되고 전열관의 자동세척장치를 거쳐 하수열 열교환기에서 열교환이 이루어진 후 방류구로 배출된다.

3. 하수열펌프 시스템 구성요소

(1) 여과장치

(2) 세척장치

(3) 열펌프 시스템

(4) 축열조

4. 하수열의 특징

(1) 장점

① 보유 잠재량이 많다.
② 경제적으로 에너지 절약(폐열의 유효이용)
③ 환경개선 효과
④ 냉난방 열원으로 활용 가능

(2) 단점

① 온수 수준이 낮다.
② 질적으로 열악하다.
③ 시설비 및 유지 관리비 측면에서 비경제적

5. 하수열 펌프 시스템 이용효과

(1) 석유용 보일러를 이용한 난방에 비해 약 30%의 에너지 절약
(2) CO_2, NO_X의 발생량 60~75% 감소
(3) 공기열원에 비해 약 60%의 성능 향상
(4) 냉방기에 냉각탑에서 소비하는 냉각수량 약 95% 이상 절약

6. 국내 하수의 열특성

(1) 온도

① 주거단지, 호텔, 병원, 사무소건물 등 배출시설의 종류뿐 아니라, 시각별로 큰 차이가 있다.
② 난방기
　㉮ 하수온도 8.2~11.5℃(온도차 3.3℃)
　㉯ 외기온도 −11.9~15.5℃(온도차 27.4℃)
③ 냉방기
　㉮ 하수온도 22.3~27.2℃(온도차 4.9℃)
　㉯ 외기온도 16.3~39.2℃(온도차 22.9℃)
④ 하수이용으로 공기열원 열펌프 시스템 한계 극복
⑤ 냉난방기의 하수가 갖는 온도수준으로 안정된 열펌프 시스템의 구성이 가능

(2) 수질

① 수질은 시스템 구성기기의 성능과 수명에 결정적인 영향을 미침

② 하수열교환기의 전열관에 적합한 내식성 재질 선택으로 시스템 성능향상 및 전열면의 청결대책 필요

③ 하수는 수질분석상 알칼리도와 암모니아성 질소의 경우 기준치보다 크게 높게 나타남

④ 열교환기 전열관으로 동관은 부적합

7. 국내의 하수열 이용 현황

(1) 고온의 폐수가 발생하는 건물을 대상으로 폐열회수장치 설치토록 건축법시행령에 규정

(2) 적용 대상 : 목욕탕, 사우나, 실내수영장 등

(3) 차후 아파트단지의 하수(18~25℃)를 열원으로 이용하는 방안 연구중

8. 결론

최근 심각해지고 있는 지구의 환경오염문제를 해결하기 위하여 국제적으로 화석에너지의 사용을 억제하고 있어 이에 미활용에너지의 적극적인 이용은 환경문제 및 우리가 겪고 있는 경제적인 어려움을 극복하는 데 직접적인 영향을 미칠 것으로 판단된다.

진공식 보일러와 무압 보일러

1. 개요

난방이나 급탕용 온수를 버너의 연소열로 직접 가열하지 않고 열매에 의해 가열하여 저온에서 온수를 발생하는 보일러로서 동체 내부의 압력이 진공압인 경우를 진공식 보일러라 하며, 대기압 수준의 압력이 동체에 작용하는 보일러를 무압 보일러라 한다.

2. 진공식 보일러

(1) 원리

① 하부에 설치된 연소실의 노통과 대류 전열면을 열매와 접촉, 이곳에서 연소실의 열매로 전달되어 증기 발생

② 발생된 증기는 자연 대류에 의해 보일러 내부의 상부로 이동

③ 증기는 상부에 설치된 온수발생을 위한 열교환기에서 열을 잃고 다시 액체화되어 하부로 낙하

④ 상부에 설치된 열교환기에서는 열매증기의 응축열을 흡수하여 난방용 또는 급탕용으로 사용되는 온수를 발생

⑤ 열교환기에서 자연대류 열전달이 이루어짐

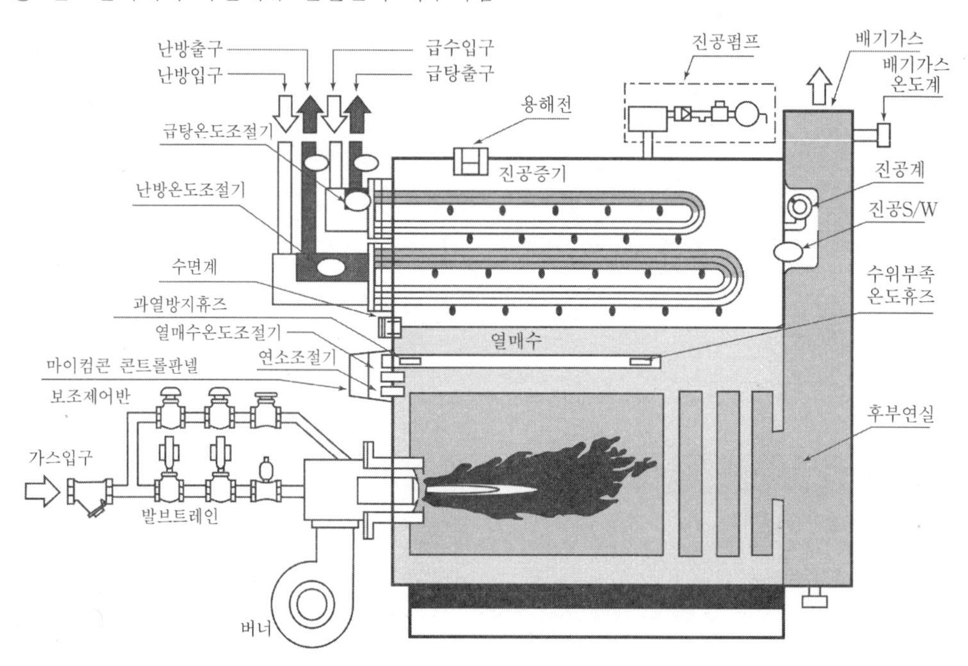

(2) 특징

① 장점

㉮ 난방과 급탕을 겸할 수 있다.
㉯ 면허소지자를 보일러의 운전관리자로 선임하지 않아도 된다.
㉰ 보일러 및 압력용기 안전규칙에 의한 검사가 필요 없다.
㉱ 열매의 보충이 없다.
㉲ 스케일이나 부식이 거의 발생하지 않는다.
㉳ 수명이 길다.
㉴ 열매의 순환펌프가 필요 없다.

② 단점

㉮ 보일러가 완전 밀폐되어야 한다.
㉯ 보일러 내부에 0~610mmHg의 진공압을 형성해야 한다.
㉰ 가격이 비싸다.

3. 무압식 보일러

(1) 구조

① 하부에 설치된 연소실의 노통과 대류 전열면을 열매와 접촉, 이곳에서 연소실의 열매로 전달되어 온수발생
② 발생된 온수는 자연대류에 의해 보일러 내부의 상부로 이동
③ 열교환기 외부에서 순환펌프로 열매를 흡입하여 보일러 하부로 공급

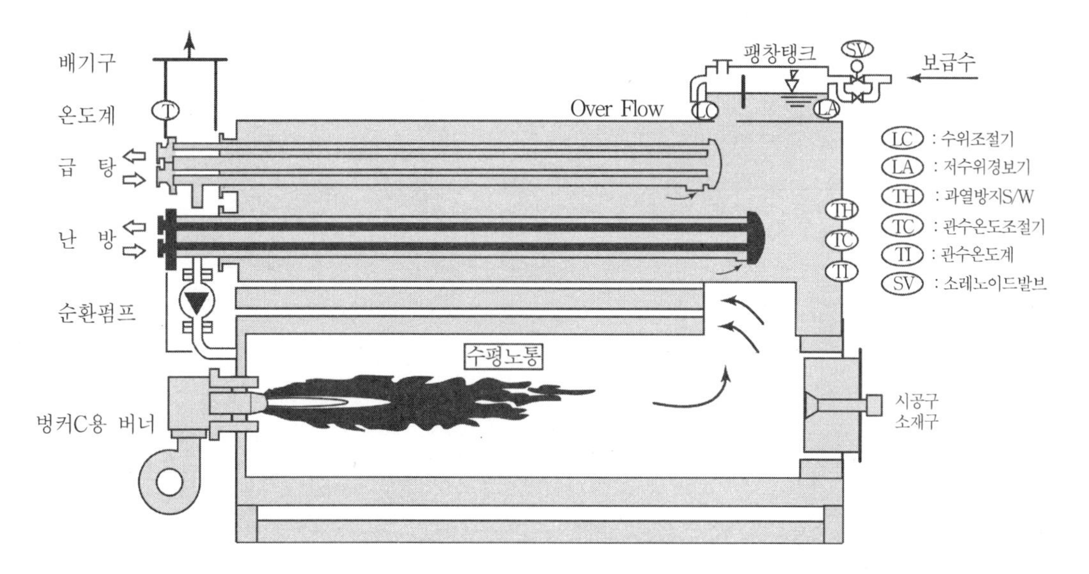

④ 열교환기 안쪽 끝에서 가열돼 온수가 흡입되어 난방용 또는 급탕용으로 사용되는 온수를 발생

⑤ 열교환기에서 강제대류 열전달 이루어짐

(2) 특징

① 장점

㉮ 난방과 급탕을 겸할 수 있다.

㉯ 면허 소지자를 선임하지 않아도 된다.

㉰ 보일러 및 압력용기 안전규칙에 의한 검사가 필요없다.

㉱ 보일러 내부를 완전진공으로 하지 않아도 된다.

㉲ 가격이 저렴하다.

② 단점

㉮ 열매의 보충이 필요하다.

㉯ 스케일이나 부식이 일부 발생한다.

㉰ 진공식보다 수명이 짧다.

㉱ 열매 순환용 펌프가 필요하다.

4. 결론

소규모 건물의 경우나 목욕탕과 같은 온수사용 사업장에서는 수명이 길고 취급이 간편한 진공식 및 무압 보일러의 사용이 타당할 것으로 본다.

공동주택에 있어서 입주민 불편사항 중 난방, 위생, 환기에 대해서 열거하고 대책을 수립하시오.

1. 개요

공동주택은 다수인이 한 단지 내에서 거주하는 주거시설로서 입주민의 불편사항으로 수시로 미원이 제기되고 있는 실정이다.

2. 공동주택 입주민 불편사항

(1) 난방측면

① 중앙식 난방 - 고층 APT의 세대 간 난방 불균형
- ㉮ 상층부에서는 온도가 높아 문을 열어두어 에너지 손실
- ㉯ 하층부에서는 추위에 접하므로
- ㉰ 난방비 정산 시 형평성의 논란(열량계 불신)
- ㉱ 온수코일 내 공기정체로 순환불량과 소음발생

② 개별식 난방
- ㉮ 보일러, 난방기기 취급 부주의
- ㉯ 보일러 유지 관리 소홀로 고장 수명 단축
- ㉰ 보일러 연도 역풍발생으로 실내 CO 오염
- ㉱ 온수코일 내 공기정체로 순환불량과 소음발생

(2) 위생측면

① 수질오염 및 수압부족
- ㉮ 배관 노후 및 고가수조에서의 수질오염
  - ㉠ 급수전에서 녹물 유출 및 수질 저하
  - ㉡ 세탁기, 욕조, 양변기 등에 녹때 발생
  - ㉢ 시수의 불신으로 정수기 사용 등 비용 부담
- ㉯ 수압 부족 및 수압 과다 문제

② 배수소음 등
- ㉮ 양변기 세척 소음
- ㉯ 세면기 유도 사이펀에 의한 소음

㉰ 배수 입상관, 발코니 입상관 소음

③ 악취 등

㉮ 화장실, 다용도실, F.D의 봉수 파괴

㉯ 저층부에서의 비누 거품 역류

㉰ 역압에 의한 위생기구에서의 Back Flow

(3) 환기측면

① 세대 내

㉮ 화장실 급기과다, 악취발생

㉯ 환기팬(천장) 용량이 부족하거나 비사용 시 실내 역류

㉰ 주방렌지후드 정기적인 필터 청소 미실시 및 환기(가스렌지) 사용에 따른 실내 오염

㉱ 세대 내 보일러실 급배기 미비로 인한 CO가스 역류

② 지하(옥내)주차장

㉮ 환기 시설 미비로 인한 주차장 내 CO 및 분진체류

㉯ 유지 관리비 때문에 환기시설 미가동으로 인한 오염

3. 대책

(1) 난방 측면

① 중앙식 난방

㉮ 난방 불균형 해소를 위해 정유량 밸브 설치(세대 간)

㉯ 열량계에 의해 난방비 정산

㉰ 개보수 시점(LCC고려)에서 개별 난방으로 전환

㉱ Air Vent를 설치하여 원활한 순환 및 소음 배제

② 개별식 난방

㉮ 보일러 취급, 유지 관리 철저

㉯ 보일러실 급배기 시설, 역풍 방지기 설치

㉰ Air Vent를 설치하여 원활한 순환 및 소음배제

(2) 위생 측면

① 수질오염 및 수압부족

㉮ 노후 배관의 교체 : 내식성 재료 사용

㉯ 고가수조 청소 철저

㉰ 고가수조 방식에서 부스터 펌프 방식으로 급수 공급 방식 변경

㉱ 사용처에서의 수압을 300~400kPa로 한다.

② 배수소음 등

㉮ 오·배수 배관 보온

㉯ 슬리브 주위 코킹 철저

㉰ One Touch, 샤워 수전은 Air Chamber 설치

㉱ 입상 배수관 Sextia 설치

㉲ 화장실 내 조적벽 1차 미장 철저(천장 내)

③ 악취 등

㉮ 화장실, 다용도실, F.D 및 세면기 봉수 보호

㉯ 저층부(1~3층) 배수 입상관 별도 배관 : 발포존 고려 배관

(3) 환기 측면

① 세대 내

㉮ 화장실 환기팬 유지 관리, 사용 철저

㉯ 주방 렌지 후드 정기적인 청소, 수시 사용

㉰ 주방 환기창 개방, 수시환기

② 지하(옥내)주차장

㉮ 환기시설 가동철저, 유지 관리 철저

㉯ CO 감지기 설치

4. 결론

공동주택의 입주민 불편사항을 고려한 설계 및 철저한 시공, 유지 관리가 이루어질 때 이들로 인한 민원의 발생 감소 및 주거 생활이 향상되리라 사료된다.

쓰레기 진공 이송설비에 대하여 기술하시오.

1. 개요

고도 성장에 따른 국민생활 수준의 향상과 소득수준의 향상으로 환경에 대한 요구와 대량 쓰레기 처리라는 복잡한 사회문제가 되어, 이를 진공이솔설비로 신속히 처리함으로써 이에 대응하고자 한다.

2. 쓰레기 진공 이송설비의 필요성

(1) 배출되는 쓰레기가 양적으로 증대되고 질적 특성의 변화
(2) 생활 장소의 쾌적성, 안전성, 미관 등 종합적인 질적현상
(3) 신제품 발달로 제품의 Life Cycle이 짧아 폐기물 급속히 증가
(4) 도시지역의 공간 별도화

3. 현행 쓰레기 처리법의 문제점

(1) 주거지역 내에서 쓰레기를 3~14일 이상 임시 보관에 따른 악취 및 하중 발생
(2) 엘리베이터를 이용해 쓰레기를 운반하여 악취 및 위생상태 문제 발생
(3) 노상에 쓰레기 적재로 많은 환경 및 위생문제
(4) 수거 차량의 소음문제(90~120dB)
(5) 수거 차량에서 흘러나오는 오수

4. 이송방식의 종류

(1) 슈트 저장방식

① 작동방법
㉮ 각층마다 복도 등에 쓰레기 투입구 설치
㉯ 쓰레기 용도에 맞게 각각 투입구 설치

② 장점
㉮ 전세계적으로 가장 많은 실적
㉯ 1회 운전 시 쓰레기양이 많고 운전시간이 짧다
㉰ 소용량은 물론 대용량까지 적용 가능
㉱ 운전시간이 짧음으로 설비의 내구성이 길다.

㉥ 시스템이 간단하며 유지 보수비 및 운영비가 적다.
㉦ 특정 슈트를 유지 보수하여도 전체 설비의 운전이 가능
㉧ 유효면적 및 유효공간 증대

③ 단점
㉮ 슈트 내의 악취 실내로 확산 가능
㉯ 슈트 상부에 설치된 환풍기를 통하여 외부로 방출 시 대기상태에 따라 실내로 유입

(2) 투입구 저장방식

① 작동방법
투입되자마자 즉시 수거방식이 투입구와 슈트의 차이점

② 장점
송풍기가 항상 가동되어 관로 내부가 항상 부압상태 유지, 악취 및 먼지의 발산이 적다.

③ 단점
㉮ 전력소요가 슈트방식보다 크다.
㉯ 운전시간이 길고 내구성이 짧다.
㉰ 설비가 복잡하며 유지 보수가 어렵다.
㉤ 설비 일부 수리 시 적합하지 않다.
㉥ 대용량 시설에 적합하지 않다.
㉦ 쓰레기 분리수거가 구조상 불편

(3) 악취방지형 슈트 저장방식

① 작동방법
먼지 및 확산방지를 위하여 부압으로 제어

② 장점
㉮ 1회 운전 시 쓰레기 처리량이 많고 운전시간이 짧다.
㉯ 소용량 및 대용량까지 가능
㉰ 운전시간이 짧아 설비의 내구성이 길다.
㉤ 시스템이 간단하여 유지 보수, 운영비가 적다.
㉥ 특정 슈트를 유지 보수해도 전체설비 운전가능
㉦ 저렴한 운전비로 쓰레기 악취 및 먼지의 외부 확산이 없다.

5. 부속설비

(1) 수집소

(2) 수리장비

(3) 공용장비

6. 각종 안전 및 편의장비

(1) 사용자 안전 Inter－Cock 장비

① 슈트저장방식

㉮ 상층에서 떨어지는 쓰레기에 의하여 하층에서 사용 중인 투입자에게 부딪혀 안전 또는 위생사고 발생

㉯ 특정 투입구 개방 시 자동적으로 제어 컴퓨터 감지, 다른 층의 투입구 개방이 되지 않도록 고려

② 투입구 저장방식

㉮ 이송관로 내부는 항상 최소의 부압으로 유지하기 위하여 진공압이 걸려 있으므로 투입 시 위험 발생

㉯ 외부 투입구와 내부 투입구가 동시에 개방되는 것 방지 적용할 것

③ 단점

㉮ 슈트 내의 악취 실내로 확산 가능

㉯ 슈트 상부에 설치된 환풍기를 통하여 외부로 방출 시 대기상태에 따라 실내로 유입

7. 운영자 편의를 위한 운영체제

모든 쓰레기 투입구는 개방상태, 운전상황을 중앙제어반에 표시될 수 있도록 감지기능 및 적산기능을 갖춘다.

8. 결론

진공처리 방식은 설비비가 부담되어 대중화가 되지 않았지만 대규모 단지의 경우 오히려 경제성이 있으며, 고층 아파트의 엘리베이터처럼 진공 이송설비도 선택이 아닌 필수가 될 것으로 예측된다.

제28장 시사성

Professional Engineer

○ Building Mechanical Facilities
○ Air-conditioning Refrigerating Machinery

I.S.O(국제표준기구) 인증제

1. 개요

(1) I.S.O 9000 인증제도는 제품 및 서비스공급자의 품질시스템을 제3자가 평가하여 품질보증 노력을 인정하여 주는 제도를 말한다.

(2) 국제무역 및 기술교류의 촉진을 목적으로 제정 보급하도록 설립된 국제기구이다.

2. 필요성

(1) 고객들의 의식 증대
(2) 외국고객들의 인정에 대한 요구증대
(3) 품질 신뢰도에 대한 객관적 입증
(4) 업무절차의 기초 수립
(5) 척도 조정
(6) 기업경영실태의 실질적 변화

3. 효 과

(1) 신뢰성 증대
(2) 경영의 안정화
(3) 수익성 증대
(4) 기업의 기술축적
(5) 생산 책임에 대한 예방책
(6) 개별 고객들로부터 중복평가를 줄인다.

4. I.S.O 9000 Serise의 종류

설계	기자재 구매관리	최종검사 · 시험	공정 및 시공관리	서비스
		20개 항목		
		I. S. O 9001 19개 항목		
		I. S. O 9002 16개 항목		
		I. S. O 9003		

5. 인증취득을 위한 준비 및 절차

(1) 준비

① 현상파악
② 계획수립
③ 문서화 작업
④ 교육실시
⑤ 실행
⑥ 내부 품질검사
⑦ 외부검사

(2) 인증취득 및 사후관리

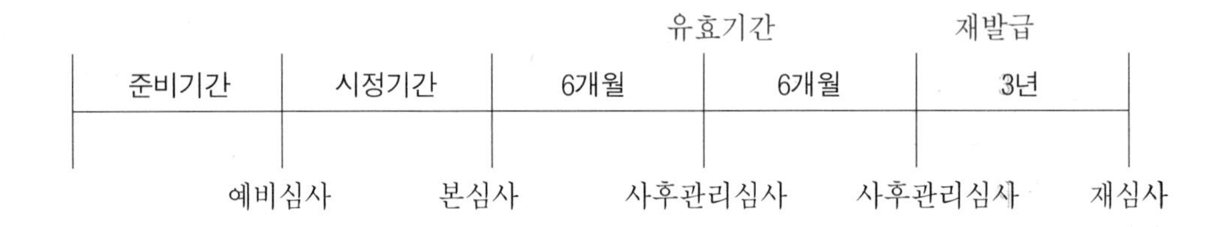

6. 문제점

(1) 표준화가 쉽지 않다.

① 현장 산재
② 발주자의 요구가 모두 다르다.

(2) 제조업 위주의 규격화로 구성되어 있다.

(3) 건설업 속성상 전사적 분위기가 숙성되어 있지 않다.

① 인력이동이 심하다.
② 대부분의 실수를 반복한다.
③ Qc를 함으로써 이익을 가져온다고 보지 않은 경향이 팽배
④ 품질과 공정이 부딪쳤을 때 공정우선 경향

(4) 인정기관마다 요구사항 및 해석 다양

7. 대응방안

(1) I.S.O 품질 System이 사내에서 살아있는 System이 되도록 사후관리 철저
(2) 주기적으로 System 평가하여 건설업계 적합한 System 개발
(3) 업체 간 품질정보 교환
(4) 품질문제에 대한 기록을 제도화
(5) Top Management의 QM에 대한 인식 전환
(6) 전직원 및 작업자의 품질제일주의 분위기 조성
(7) 선진 해외건설 업체와 콘소시엄을 구성하여 품질경영(QM)체계 도입

8. 결론

I.S.O 9000 품질 System은 문서화를 중시하는 서구의 사고방식에서 출발한 System으로 세계적인 품질전문가들이 7년여에 걸쳐서 만들어 놓은 현재로서는 가장 우수하다고 공인된 바 이의 도입을 통해서 건설업체 전반에 걸쳐 품질향상에 기여할 수 있도록 하여야 할 것이다.

C.A.D(Computer Aided Design)

1. 개요

C.A.D란 설계자의 직감력과 컴퓨터의 고속처리 정보처리기능을 서로 살리면서 고도의 설계활동을 하기 위해 체계화된 하드웨어, 소프트웨어의 이용 기술 또는 이러한 의도화에서 개발된 설계 시스템을 말한다.

2. Computer의 적용 분야

(1) 부하계산

(2) 설계제도

(3) 적산, 견적

(4) 설계계획의 시뮬레이션

3. C.A.D의 이점 및 효과

(1) 이점

① 도면작성 및 수정 용이

② 설계제작 공기 단축

③ 도면의 품질, 신뢰성 우수

④ 표준화

⑤ 품질의 향상

⑥ 노무절감

(2) 효과

① 설계작업의 효율증대

② 표현력증대

③ 정보화 시공

④ 표준화 품질의 합리화

4. Computer의 종합활용

(1) C.A.M(Computer Aided Manufacturing)

① 컴퓨터의 계산능력, 기억능력 및 통제기능을 공장에서의 제품생산에 이용하는 것

② Program을 통하여 전체적인 Process의 제어 및 Data 기록 및 처리와 타 지역 간의 통신 자동화를 꾀한다.

(2) Simulation 공법 활용

① 건설공사 개선

② 실적자료를 토대로 신규공사 예측 가능

③ 미경험공사계획

(3) C.I.C(Computer Integrated Construction)

정보통신 및 자동화 생산, 조립, 기술 등을 토대로 건축행위(기획, 설계, 시공, 유지 관리)를 수행하는 데 필요한 기능들과 인력들을 유기적으로 연결하여 창조적이고 품질생산성이 뛰어난 건축생산활동으로 통합하여 최적화하는 것

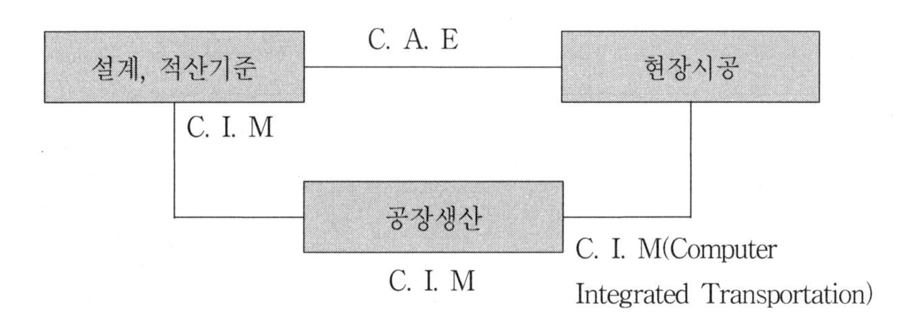

5. C.A.D의 현황과 문제점

(1) 취급기술

① 설계대상 모델을 만들고 취급하는 기술

② 다종다양한 모델 개발

㉮ 수식어로 표현하는 것

㉯ 점과 선의 연결로 표현되는 Network

㉰ 물체의 형상을 표현하는 형상 모델 등

(2) 평가프로그램

① 소위 응용 프로그램
② 개산 적산 프로그램
③ 수치 계산 프로그램
④ 정보검색 프로그램

(3) 문제점

① 고도적인 기술 개발이 미흡
② 막대한 비용과 시간이 필요

6. 결론

금후 C.A.D의 동향은 값싸고 고성능인 그래픽 터미널, 데이터베이스 기술, 고품질의 통신회선, 네트워크 등의 출현으로 보다 실용적인 C.A.D System이 개발될 것이다.

C.M(Construction Management)

1. 개요

(1) 발주자가 CM을 대리인으로 선정

(2) 타당성조사 → 설계 → 계획 → 발주 → 시공 → 사용에 걸친 프로젝트의 전과정

(3) 적정품질을 유지하면서 공기와 공사비를 최소화하는 목표를 가지고

(4) Coordinate하고 Communicate하는 절차이다.

2. CM의 주요업무

(1) 기획

① Project 총괄계획 및 일정계획

② 초기견적 및 공사예산 분석

③ 발주자 기본공사 지침서 이해

④ 현지 상황파악 자재, 시공업자, 공사 관련 법규 조사

(2) 설계

① 설계도면의 검토

② 컨설팅 및 가치공학의 적용

③ 초기 구매활동

(3) 발주

① 입찰자의 사전 자격 심사

② 입찰 패키지의 작성, 검토

③ 입찰서의 검토 및 분석

(4) 시공

① 현장사무소 설립 및 조직편성

② 각종 허가취득

③ 기성고 작성 및 승인

④ 각종 보고서 및 준비

⑤ 공사계약관리

⑥ 공정관리, 비용관리, 품질관리

⑦ 하도급자의 조정 및 감독
⑧ 공사감리

(5) 추가사항

① 분쟁 관리
② 자재구매 관리

3. 시공단계에서의 CM의 주요업무

(1) 기술관리

① 철저한 설계변경 관리
② 설계변경 및 승인 검토
③ 적정 기술인력 보유

(2) 시공관리

① 시공과정 기록 및 관리체계 유지
② 시공기술, 공법 사전검토
③ 공기준수를 위한 점검과 분석

(3) 공정관리

① 각 시공사 공정표 검토 및 승인
② 시공진도의 정기적 분석
③ 주요 지연공정에 대한 문제점 분석

(4) 원가관리

① 각 계약사별 공사비 집행분석 및 기성고 검토
② 설계변경에 의한 공사비 증감 확인 및 지원
③ 현장 모든 비용 Data의 전산화

(5) 품질관리

① 품질관리계획 검토 및 승인
② 시공사 및 감리단 품질관리기록과 현장점검
③ 품질관리 절차서의 개발과 적용

4. CM의 특징

(1) 장점

① 공기단축

② V.E 기법의 적용

③ 적정 품질확보 : 설계에서 시공단계까지 전문적 검토

④ 원활한 의사소통

⑤ 기타

㉮ 발주자의 객관적인 의사결정 가능

㉯ 관리기술 수준의 향상

㉰ 업무의 융통성

(2) 단점

① 총공사비에 대한 발주자의 Risk

② Construction Management 신중한 선택이 필요

③ CM Fee를 포함한 총공사비 증대

5. CM 도입의 필요성

(1) 건설시장 개방과 CM : 국가 경쟁력 확보, 경영전략의 전산화

(2) 부실공사 방지 : 체계적 관리로 신뢰성 확보

(3) 3C 양상의 건설공사 : Complex/Complicated/Competitive(복합, 복잡, 경쟁)

① 다양해지는 발주자 요구

② BOT(Builder Operation Transfer) 계약 등

③ 전문관리가 필요

6. CM 정착의 문제점

(1) CM에 대한 인식의 문제점

(2) Software기술에 대한 인식 부족

(3) CM 사업에 관한 제도 미흡

(4) CM 전문인력 부족

7. 국내 CM 정착을 위한 개선방안

(1) 관련 법규상 제도의 장치 마련

① CM의 정의와 업무

② CM의 역할
③ CM에 대한 수수료

(2) 종합 건설업 제도 도입

단순한 시공 탈피 : 설계/Engineering 능력 보강

8. 결론

(1) 국내 CM의 도입 현황도 경부 고속철도사업, 영종도 신공항 Project 등에 적용하고 있으며, 학계와 정부에서도 많은 관심 표명과 연구개발 중에 있다.
(2) 무엇보다도 기술개발에 많은 투자와 연구개발로 Soft 및 Hardware의 복합 개발과 CM관리방식의 과감한 도입이 필요하다.

BOO & BOT에 대해서 논하라.

1. 개요

(1) 사회간접자본(SOC)에 대한 필요성이 급격히 증가하고 있으나 정부의 투자력은 미흡하여 이러한 문제를 BOT방식을 통하여 해결하고 있다.

(2) BOO(Build Own Operation) 방식은 전액 민자로 건설하여 국가가 반드시 소유해야 할 필요가 없다면 소유권을 민간에 주는 방식이다.

2. SOC의 분류

(1) BOO(Build Own Operation)

(2) BOT(Build Operation Transfer)

(3) BTO(Build Transfer Operation)

3. SOC의 필요성

(1) 사회간접시설의 확충 요구

(2) 국가 재정 기반의 미흡

(3) 기업의 투자 확대

(4) 국제경쟁력 확대

4. BOO

(1) 정의

① 어떠한 형태의 사회간접시설에 민자를 투자하여 건설하고 운영하는 것

② 전액 민자로 건설하여 국가가 반드시 소유해야 할 필요가 없다면 소유권을 민자에 주는 방식

(2) 특징

① 장기적인 막대한 자금력 투자

② 부대사업성의 활성화

③ 해외자본의 국내유치

④ 기업의 투자확대

⑤ 대기업의 담합 가능성

5. BOT

(1) 정의

① 사회간접시설에 민자로 개발, 투자하여 어느 기간동안 운영하여 수익금을 회수
② 무상사용기간이 완료된 후 국가에 기부 체납하는 방식

(2) 특징

① 사회간접시설 확충 유도
② 국가 재정 미흡의 보완
③ 기업의 투자 유도
④ 부대시설 사업의 발전
⑤ 기업 이윤 추구에만 치우칠 우려

6. BOO & BOT 문제점

(1) 중앙정부의 통제 강화
(2) 사업진척 부진
(3) 추진절차의 복잡, 번거로움
(4) 민자 유치 경쟁성의 미확보

7. 개선방향

(1) 정부의 치밀하고 객관적인 타당성 평가
(2) 민관 합동 방식 추구
(3) SOC사업 추진절차 간소화
(4) 민자유치사업 경쟁성 촉진

CALS(건설업 지원 통합 정보망)

1. 개요

건설사업의 기획, 설계, 시공, 유지 관리까지 전과정에서 생성되는 문자와 그래픽 정보를 표준화·디지털화하여 network를 통해 정보를 발주청, 건설업체, 용역업체, 자재업체 등이 공유·연계할 수 있도록 하는 것

2. 필요성

(1) 건설시장의 국제화에 대응
(2) 경영전략 수립
(3) 국가적인 정보화 추진
(4) 건설산업의 혁신요구에 부응

3. C.A.L.S의 구축

(1) 96년 11월 : 법적 근거 마련(건설기술관리법)
(2) 96~98년 : 도입단계로서 C.A.L.S의 표준설정 및 적용지침 마련
(3) 99~2001년 : 확산단계로서 종합전산망 구축 및 고도화 추진
(4) 2002~2005년 : 목표단계로서 전면적인 C.A.L.S 실시

4. 추진방향

(1) 설계·적산 자료를 표준화, 전산화하여 통합설계 및 물량 산출 자동화
(2) 발주, 입찰, 계약에 필요한 정보를 표준화, 전산화 함
(3) 공사관리를 위한 서류 및 절차(착공서류, 작업지시서 등)를 표준화, 전산화 함
(4) 시설유지 관리주체(발주자, 시공자 등) 간에 준공 및 유지 관리에 필요한 관리지침, 유지 보수 등의 정보를 공유하고 현황을 종합적으로 관리

5. 문제점

(1) 기술정보 관리체계의 미흡으로 신기술, 신공법의 Feed Back이 안 됨
(2) 정보화 사업에 대한 투자 및 정보관련 표준화 체계 미흡

6. 대책

(1) 설계, 시공에 대한 통합 정보 System 구축
(2) 제출되는 서류 및 자료를 CD로 작성하도록 개선

06 LCC에 대하여 기술하라.

1. 개요

LCC란 Life Cycle Cost로 계획, 설계, 시공, 유지 관리, 폐각처분까지 총비용으로 운전비 및 에너지비 증가로 경제수명을 고려하여 등가 환산가치를 평가 경제성에 맞추어 System 및 장비를 선정한다.

2. LCC의 분석목적

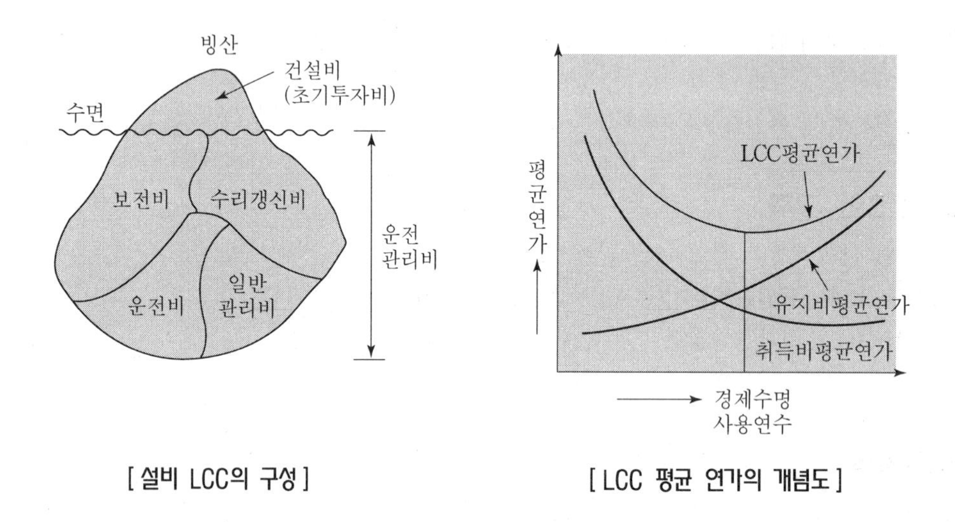

[설비 LCC의 구성]　　[LCC 평균 연가의 개념도]

LCC(총비용)을 경제수명 범위 내에서 등가환산가치로 경제성을 평가하여 가장 저렴한 투자비로 최고의 성능을 얻는 것

3. LCC 분석의 필요성

초기투자비 위주로 System 및 장비를 선정하여 왔으나 유지인건비, 연료비 등의 상승으로 경제수명 범위 내에서 등가환산가치로 경제성을 평가한 후 장비 및 System을 선정

4. 경제성 평가 방법

(1) 초기투자비법

(2) 회수기간 : 건설부문 및 공학부문에서 주로 이용

(3) 투자이익률법

(4) 내부수익률법
(5) LCC

5. 회수기간법

어떤 설계안이나 대안에 대하여 연간절감액으로 초기투자비를 얼마만에 회수하는가로 평가하는 방법

$$회수기간 = \frac{초기투자비}{연간절감액}$$

6. LCC의 구성

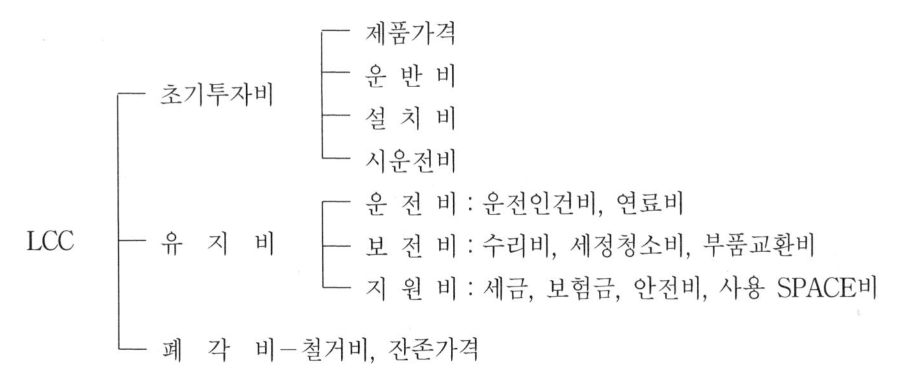

7. LCC 인자

(1) 사용연수

더 이상 사용하면 관리유지비, 연료비 등이 증가하여 경제적 이익이 없는 사용 연수, 즉 경제수명

(2) 이자율

(3) 물가상승률 및 에너지비 상승률

8. 평가방법

(1) 현가법 : 현재와 미래의 모든 비용을 현재가치로 변환하는 것으로 초기투자비는 이미 현가로 표시
(2) 연가법 : 초기비용, 반복비용, 비반복 비용을 매년의 비용으로 변환하는 방법

9. 결론

(1) 공조시스템은 초기투자비보다도 운전비나 유지 관리비에 많은 비용을 필요로 함

(2) 경제성의 검토지표로 LCC를 사용함으로써 총비용을 최소화시키는 데 역점을 두어야 한다.

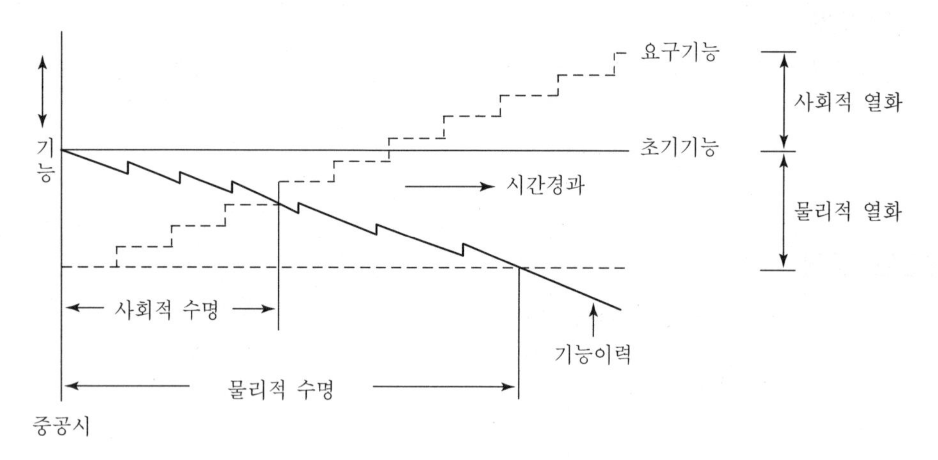

[건축설비의 기능 이력]

V.E(Value Engineering)

1. 개요

V.E(가치공학, Value Engineering)란 전 작업과정에서 최저의 비용으로 필요한 기능을 달성하기 위하여 기능을 철저히 분석해서 원가절감 요소를 찾아내는 개선활동이다.

2. 기본원리

기능(Function)을 향상 또는 유지하면서 비용(Cost)을 최소화하여 가치(Value)를 극대화시키는 것

$$V = \frac{F}{C}$$

여기서, V(value) : 가치
F(function) : 기능
C(cost) : 비용

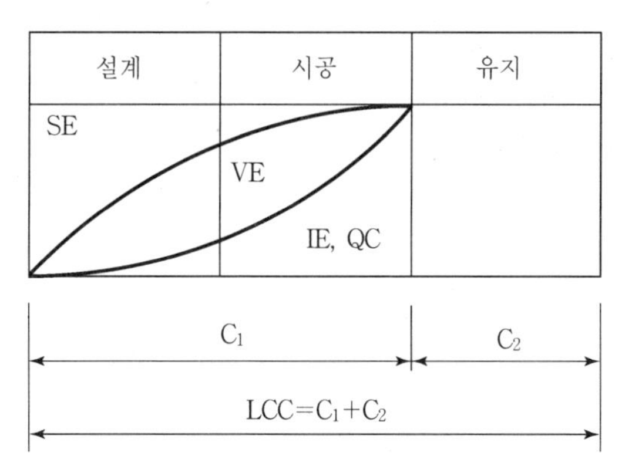

3. 필요성

(1) 원가절감
(2) 조직력 강화
(3) 기술력 축척
(4) 경쟁력 제고

4. 대상선정

(1) 공사기간이 긴 것
(2) 원가 절감액이 큰 것
(3) 공사 내용이 복잡한 것
(4) 반복효과가 큰 것
(5) 개선효과가 큰 것
(6) 하자가 빈번할 것

5. 활동영역

(1) 설계자에 의한 V.E

① 가능한 기성재료의 Module에 맞게 설계
② 설계의 단순화 및 규격화
③ 불필요한 특수 시공요소 최소화
④ 설계 시 경험, 판단력이 풍부한 현장 기술자의 자문

(2) 시공자에 의한 V.E

① 입찰전 현지 여건, 인력공급 등의 사전 검토
② 경제적인 공법 및 장비 활용
③ 원가절감 시공에 따른 Bonus 지급
④ 실질적인 안전대책 확립

6. 효과적인 V.E

L.C.C(Life Cycle Cost)가 최소일 때

기획	타당성조사	기본설계	실시설계	시공	유지 관리
C_1(생산비)					C_2(유지 관리비)

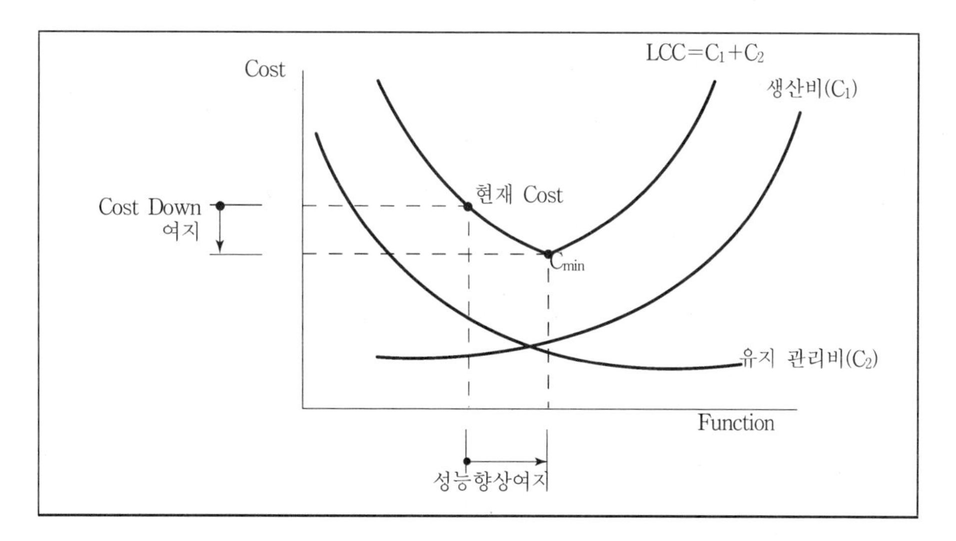

7. 문제점 및 대책

(1) 문제점

① V.E에 대한 이해 부족
② 인식 부족
③ 안이한 생각
④ 성급한 기대
⑤ V.E 활동시간 부족

(2) 대책

① 교육실시
② 활동시간 확보
③ 전 조직의 참여
④ 이익확보 수단으로 이용

⑤ 사업계획 일부로 생각 추진
⑥ 기술개발 보상의 제도화
⑦ 전 직원의 원가관리 의식화
⑧ 최고 경영자의 인식 전환

8. 결론

V.E 기법은 품질향상, 내구성, 안전성 등을 확보하면서 원가절감이 가능한 기법으로 대외 경쟁력을 배양할 수 있으며, 아울러 V.E 기법을 활성화하기 위해서는 발주자, 설계자, 시공자가 일체가 되어 지속적인 협력과 노력을 해야 될 것으로 본다.

중앙집중식 기존 APT의 개보수에 있어서 중앙식과 배별식으로 개보수 공사시 특징과 문제점에 대하여 논하라.

1. 개요

기존 중앙집중식 APT 배관의 부식, Scale 등으로 인한 녹물의 유출, 수량부족 등 민원발생과 열원기기의 열전달률 감소로 인한 열효율 저하 등 동력, 에너지 비용증가, 유지 관리비 증가 등으로 인해 이를 개선하고자 개보수 공사를 시행함

2. 개보수 필요성

(1) 경제적 측면

① 잦은 보수로 인한 유지 관리비 증가
② 녹물유출로 인한 생수 사용으로 급수비용 증가
③ 배관의 단면적 축소로 반송 동력 증가
④ 열전달률 감소로 인한 에너지 비용 증가

(2) 사회환경적 측면

① 녹물 유출로 인한 불쾌감 유발
② 토수량 부족으로 인한 급수, 급탕기구의 기능상실
③ 누수로 인한 피해
④ 저층부 유속과다로 인한 소음 발생
⑤ 청정연료 사용으로 인한 기존의 중저가 연료 사용 제한

3. 중앙식과 개별식의 비교 검토

구 분	중 앙 식	개 별 식
장 점	• 점유면적이 넓다. • 보일러에 의한 소음이 없다. • 안전사고위험이 적다. • 보일러연도 및 가스배관으로 인한 외관에 영향을 미치지 않는다.	• 유지 관리 용이 • 수시난방, 급탕가능 • 관리인원 축소로 관리비용 절감 • 열효율이 높아 에너지비용 절감 • 열원 및 배관 등의 유지 관리에 따른 민원 해소 • 열손실이 적다. • 세대간 유량 및 난방불균형 해소 • 설비간단 • 공사기간이 짧다. • 공사비가 저렴하다.

구 분	중 앙 식	개 별 식
단 점	• 공사기간이 길다.(입주민 불편) • 공사비가 비싸다. • 관리인원에 대한 관리인건비 증가 • 주열원장비 및 배관 재보수에 따른 민원 발생 • 유지 관리가 어렵다. • 수시급탕, 난방이 불편 • 전문인력 필요	• 개별 보일러 설치 공간 필요 • 안전사고 위험성이 높다. • 개별보일러 연도 및 가스배관으로 인한 건물 외관에 영향을 미친다. • 보일러에 의한 소음 발생

4. 문제점

(1) 입주민의 전문성 부재로 개별식, 중앙식 선정 문제

(2) 대·소 평형별에 따른 이해관계로 민원 발생

(3) 공사비 분담 문제

(4) 입주민과 관리 주체 사이의 신뢰도 문제

(5) 공사중 단수 및 난방 중단에 따른 문제

(6) 가스 정압실 위치 선정 문제

(7) 설계, 감리, 공사업체 선정 시 공정성 문제

(8) 개별식으로 교체시 기존 관리인원처리가 문제

(9) 개보수에 따른 건물의 손상 문제

5. 결론

개보수공사를 시행함에 있어 관리주체 및 용역업체에서 면밀한 검토를 하여 입주민의 이해를 돕고 민원을 최소화하여 공사를 시행하되 유지 관리 용이, 관리비용절감, 에너지비용이 최소화되는 개별식의 선정이 적정할 것으로 사료된다.

건물성능개선에 대하여 논하시오.

1. 개요

건물성능개선(Building Renovation)이란 기존 건물의 구조적, 기능적, 미관적, 환경적 성능이나 에너지 성능을 개선하여 거주자의 생산성, 쾌적성 및 건강을 향상시킴으로써 건물의 가치를 상승시키고 경제성을 높이는 것을 말한다.

2. 건물성능개선의 배경

(1) 국내건설의 건축부문 투자대비 성능개선이 차지하는 비율

① 미국 31.7%

② 캐나다 58.6%

③ 한국 2%(통계에도 반영되지 않을 정도로 미미한 실정)

(2) 국내시장 규모

① 70~80년대 건물 대부분이 양적 팽창위주의 졸속 개발로 질적 수준 빈약

② 유지 관리 소홀로 인한 성능저하

③ 10년 이상된 건물을 성능개선사업의 대상으로 한다면 전체 기존 건축물의 47.4% 해당

④ 건설경기 침체

3. 건물성능개선의 분류

(1) 구조적 성능개선(Structural Performance Renovation)

① 건물의 안전을 가장 우선적으로 고려

② 노후화에 따른 구조적 성능저하

③ 건물의 기능과 사용패턴으로 주변환경의 변화에 대응

④ 지진이나 화재 등 재해에 대비하기 위한 기준강화에 대응

(2) 기능적 성능개선(Function Performance Renovation)

① 건물의 각종기능은 건물이 노후화되면서 함께 저하

② 건축설비 시스템은 다른 건축요소에 비해 성능저하가 빠름

③ 사회구조의 변화와 기술의 발달에 따라 빠르게 변화

④ 정보 통신기술의 발달과 건물의 IBS화에 따라 기능적 성능개선

(3) 미관적 성능개선(Aesthetic Performance Renovation)

① 미관적 성능은 건물의 가치를 판단하는 일차적 요소
② 재료의 노후화에 따른 질적 저하 및 시대적 성향의 변화에 따른 요소
③ 건물의 외관뿐 아니라 건물 내부의 형태 및 마감상태 등 포함

(4) 환경적 성능개선(Enviromental Performance Renovation)

① 열환경, 빛환경, 공기환경 및 음환경의 개선은 거주의 쾌적성과 건강에 직결
② 건물에 에너지소비절약에도 기여
③ 건축물의 내외부환경개선은 물론 지역환경이나 지구환경의 개선과도 연관

(5) 에너지 성능개선(Energy Performance Renovation)

① 건물성능개선 분야 중에서 가장 비중이 크고 보편적이다.
② 에너지 소비는 건물의 Life Cycle Cost를 결정하는 가장 중요한 요소임

4. 건물 개보수 목적

(1) 자원절약

① 국가 에너지의 약 1/4을 차지하는 건물부문에서의 에너지 소비 절감
② 전량 수입에 의존하는 석유자원 절약으로 국가 경제발전에 기여
③ 건물의 수명을 연장시킴으로써 신축에 투입되는 막대한 자원절약

(2) 환경보존

① 건물의 에너지 소비는 CO_2 발생과 선형적 함수관계에 있음
② 화석연료 사용 억제로 오염물질 배출감소 및 지구온난화 방지에 기여
③ 건물의 수명연장으로써 건물폐기에 따른 각종 환경폐기물 발생 억제

(3) 건축시장의 확대

① 신축건물 위주의 건축시장을 기존 건물까지 크게 확장
② 건설경제 활성화에 기여

(4) 신고용 창출

① 건설시장의 확대는 건설고용을 확대
② 기존 건설 고용과는 달리 새로운 전문지식과 기술을 필요로 하는 고용

5. 경제성 분석

(1) 순이익 분석(Net Benefit Analysis)

건물성능개선을 통해 건물의 수명을 연장하여 얻을 수 있는 이익의 총액과 성능개선을 위해 투자된 비용의 차이를 구하는 방식

(2) 수익/비용 비율분석(SIR ; Savings-to-Investment Ratio Analysis)

① 건물 성능개선을 통해 얻을 수 있는 경제적 이익을 성능개선을 위한 투자비용의 비율로 표시하는 방식

② SIR 1보다 작으면 비경제적, 1보다 크면 경제적 이익을 얻게 된다.

(3) 내부수익율 분석(IRR ; Internal Rate of Return Analysis)

① 건물의 수명 또는 분석기간 동안의 경제적 이익의 합이 성능개선을 위해 투자된 비용과 같아지는 방식

② 계산된 IRR이 건물주가 기대할 수 있는 최소의 수익률보다 높을 때 그 투자는 경제적이다.

(4) 투자회수기간 분석(DPB ; Discounted Payback Analysis)

건물 성능개선을 위한 투자비용을 성능개선효과에 의한 이익에 의해 경제적으로 회수하는 데 필요한 기간을 계산하는 방식

(5) LCC 분석(LCC ; Life Cycle Cost Analysis)

성능개선을 위한 초기투자비와 건물의 유지 관리, 에너지 비용 개보수교체비용, 잔존가격까지 모두 합산 비용

6. 결론

기존 건물의 구조적, 기능적, 미관적, 환경적 성능이나 에너지 성능을 개선하여 거주자의 생산성, 쾌적성, 및 건강을 향상시키기 위하여 전문가들로하여 방법론을 제시하여 활성화시켜야 할 것으로 사료된다.

BACnet(Building Automation Control Network)

1. 개요

BACnet 은 미국의 ANSI/ASHRAE Standard 135를 말하는 것으로 1995년에 ANSI와 ASHRAE에 의해 채택된 빌딩자동화용 통신 프로토콜의 표준이다.

2. BACnet 개발과정

(1) 기존의 폐쇄화된 System에 대한 개방성

(2) 서로 다른 제조업체에서 만든 자동화 장비들 간에 상호 동작성 보장

3. BACnet의 특징

BACnet은 여러 제조업체가 공급하는 컴퓨터 기반의 빌딩자동화 장비들 간에 상호동작이 가능하도록 하므로, 빌딩자동화시스템을 구축하거나 확장할 때 여러 제조업체들이 제공하는 장비들을 선택 조합하여 시스템을 구성토록 가능하게 하는 것

4. BACnet의 계층구조

<table>
<tr><td colspan="5">BACnet Application Layer</td></tr>
<tr><td colspan="5">BACnet Network Layer</td></tr>
<tr><td colspan="2">ISO8802.2(IEEE802.2)</td><td>MS/TP</td><td>PTP</td><td rowspan="2">LonTalk</td></tr>
<tr><td>ISO8802.3
(IEEE802.3)</td><td>Arcnet</td><td>EIA 485</td><td>EIA 232</td></tr>
</table>

[BACnet]

Application
Network
Data Link
Physical

[ISO Model]

5. 계층별 특징

(1) 물리 계층(Physical)

① 데이터를 전기적인 신호로 변환하여 전송

② 장비들을 물리적으로 서로 연결해주는 역할

(2) 데이터링크 계층(Data Link)

① 전송되는 메시지를 데이터 프레임이나 패킷형태로 변환
② 전송되어야 할 노드 주소 할당
③ 전송과정에서 발생할 수 있는 오류 탐지
④ 오류제어기능과 흐름제어기능 수행

(3) 네트워크 계층(Network)

① LAN 간에 데이터교환이 가능하도록 하는 계층
② 전역어드레스를 지역어드레스로 바꿈
③ LAN과 LAN 사이에서 메시지를 전달

(4) 응용 계층(Application)

통신망을 통하여 수행되어야 하는 각종 서비스를 수행하는 계층

6. 결론

각종 설비기기의 신호체계를 Network화 함으로써 쾌적성, 안정성, 확장성, 에너지 절감, 시큐리티, 시설운용 및 유지 관리 등이 군관리되도록 하고 개방성과 상호동작성을 갖추도록 국내빌딩자동화업체들도 노력하여야 될 것으로 사료된다.

ESCO(Energy Service Company) 제도에 대하여 논하라.

1. 개요

에너지 사용자가 에너지 절약을 위하여 기존의 에너지 사용시설을 개체 또는 보완하고자 하나 기술적, 경제적 부담으로 개체를 시행치 못할 때 에너지절약전문기업(ESCO)으로 하여금 정책자금을 이용 대신 투자하도록 하여 효율적인 에너지절약을 할 수 있도록 하는 제도

2. 도입배경

(1) 에너지 저소비형 경제, 사회구조로의 전환을 위한 정책의 일환으로 도입
(2) 정부 주도의 에너지 절약운동을 민간에 의한 에너지 절약의 확산 유도

3. ESCO사업 수행 범위

(1) 에너지 절약형 시설투자에 관한 사업
(2) 에너지 사용시설의 에너지 절약을 위한 관리, 용역 사업
(3) 에너지관리진단사업 등 기타 에너지 절약과 관련된 사업

4. 사업 수행 부문(투자회수기간이 5년 이내인 에너지 이용시설)

(1) 조명부문
① 26mm 32W 형광램프 및 안정기
② 전구식 형광등 기구
③ 고조도 반사갓
④ 인체 감지 조명 기구
(2) 저온 · 고온폐열 회수
(3) 고기밀성 단열창호
(4) 고효율 유도전동기 및 펌프
(5) 노후 · 저효율 보일러
(6) 완전 공기 조화기
(7) 응축수 출구 제어 시스템
(8) 기타 에너지 관리 진단 후 손실이 과다한 시설 개선 및 교체

5. ESCO를 통한 경제적 이익

(1) 에너지 사용자의 이익

① 고효율 설비의 사용으로 인한 에너지 비용 절감

② 노후설비의 개체로 인한 설비의 안전성 확보
③ 설비의 수명연장으로 인한 유지 관리비 절감
④ ESCO가 선 투자하고 절약비용을 회수함으로써 무상교체 효과
⑤ ESCO의 사후관리 기간동안 유지 관리비 절감 및 관리능률 향상
⑥ 정부제공의 다양한 세제혜택 향유

(2) ESCO의 이익

① 기업 이미지 향상
② 현금 가용율 증가
③ 금융기관으로부터의 차입금 감소
④ 금리 차이의 이익

6. ESCO 투자사업의 흐름도

(1) 투자 상담
(2) 에너지 관리진단(ESCO) 및 제안서 작성
(3) 에너지 사용자의 제안서 검토 및 사업화 결정
(4) 절약 시설공사 및 사후관리
(5) 계약에 따른 매월 에너지 절약분으로 투자비 상환

7. ESCO 지원 시책

(1) 저리 자금 지원

① 에너지 이용 합리화 자금에서 지원
② 5년거치 5년 분할상환으로 연리 5%, 동일 투자사업지당 50억

(2) 각종 제도 개선

① ESCO의 공공부문 에너지 절약사업 추진을 위한 관련 규정 정비
② 신용대출제도 도입

(3) 에너지 절약 마트(Energy Saving Mart)

① ESCO 투자사업 및 우수사례 소개
② 에너지 절약 사업을 통한 상호 이익의 공유

8. 결론

ESCO 제도는 그동안 정부 주도로 이루어져 왔던 에너지 절약운동에 민간을 참여시키기 위한 한가지 방안으로 향후 이 제도의 발전을 위해서는 계약방법 변환 유도 및 공공부문 시장 개척을 위한 제도정비 등의 발전 제약 요인 등을 개선하는 데 힘써야 할 것이다.

12 제조물 책임법(PL)에 따른 건설업계의 대응방안에 대하여 논하라.

1. 개요

제조물 책임이란 제조자 등이 제품의 결함으로 발생한 피해에 대하여 피해자에게 그 손해를 배상하는 손해배상책임의 일종으로, 현행 민사법상의 손해배상책임 요건을 완화하여 제품의 결함에 의한 손해발생 시 제조자가 과실 여부에 관계없이 책임을 지는 것(무과실책임제도입)을 말함

2. 적용대상

(1) 제조 또는 가공된 동산

(2) 부동산의 일부를 구성하고 있는 제조물

① 조명시설
② 배관시설
③ 공조시설
④ 승강기
⑤ 창호

3. 제조물 책임을 물을 수 있는 경우

(1) 제품의 결함으로 인하여 피해가 발생한 경우

(2) 결함의 종류

① 제조상의 결함
② 설계상의 결함
③ 표시상의 결함

4. PL 소송 가능성이 높은 사례

(1) 누수에 의한 재산 손상 : 방수재 업체의 PL 책임
(2) 엘리베이터, 에스컬레이터 사고(추락, 끼임 등)
(3) 자동문
(4) 회전문

(5) 설비(조명, 전선 등)에 기인한 화재
(6) Built-in 설비
(7) 급탕기
(8) Security 관련 설비
(9) 플랜트 공사
(10) 건설기계 : 건설현장에서 PL 소송제기 가능

5. 설비 및 건재업계의 파급효과

(1) 원가상승요인
(2) 제품혁신에 대한 노력 위축
(3) 업종별로 볼 때 승강기, 건설기계, 창호류, 바닥재, 방수재료 업체의 파급효과가 큼
(4) 업체규모에서는 중소기업체에 불리
(5) 하도급 생산체제도 변화 예상
(6) 분쟁 및 소송의 증가 예상

6. 설비 및 건재의 제조물 책임 대책

(1) 안전성을 고려한 설계 및 제조
(2) 표준시공법 및 취급설명서의 보급
(3) 경고 및 표시의 명확화
(4) 외주 원재료와 부품의 안정성 확보
(5) 문서의 보관 및 관리 철저
(6) PL보험 가입

7. 결론

제조물 책임법의 적용범위에서 부동산이 제외되었으나, 건설업자가 제조물의 책임법의 영향에서 완전히 벗어날 수는 없다. 특히 설비 및 건재업계는 직접적인 제조물 책임 당사자가 되기 때문에 면밀한 대응을 강구해야 할 것으로 사료된다.

13 CM에 있어서 건축설비기술의 전문성

1. 개요

건설사업관리란 계획, 설계, 시공 및 유지 관리 4단계 동안 주어진 예산의 범위 내에서 주어진 공기 내에 발주자가 요구하는 품질에 부합하는 시설물을 생산할 수 있도록 관리 조정하는 것을 말한다.

2. 건설환경의 변화와 설비기술의 중요성

(1) 건설환경의 변화와 설비의 특성

① 환경친화성 중시
㉮ 신축건물에서의 에너지 심의
㉯ 에너지절약시스템 적용
㉰ 절수시스템 적용
㉱ 사용연료 제한
㉲ 그린빌딩
② 부동산 시장의 변화
㉮ 부동산 관리를 통한 수익성 창출 : 리모델링, ESCO 사업
㉯ 설비업계의 용역형태 변화

(2) 설비기술의 중요성

① 에너지 절약과 합리적인 이용
② 대기와 수자원의 보존
③ 고도 정보화 시대에서 요구하는 주요 기능에 대응
④ 설비의 고도화, 방재성능과 유지 관리의 난이도 증가
⑤ LCA 분석에 의한 경제성 향상

3. 환경친화가 설비기술에 미치는 영향

(1) 에너지 절약기법

① 부하저감기술
② 자연환기시스템
③ 저온공조시스템

(2) 에너지 절약 전문기업제도

① 에너지 절약 방법을 위한 진단·컨설팅
② 방법 도입을 위한 진단·컨설팅
③ 도입 후 절약효과의 계측, 검증
④ 도입 설비 및 시스템 유지 관리
⑤ 사업자금의 조달 및 파이낸스

(3) 시뮬레이션 정량 분석

① 온열환경
② 기류환경
③ 실내 공기질 환경

4. 부동산 시장의 변화가 설비기술에 미치는 영향

(1) 부동산 관리

① 투자 부동산에 대하여 입주자 유치 및 관리, 건물유지 관리, 수선공사의 3부분으로 구성
② 효율적인 부동산 관리를 위해서는 임대료 수입의 안정확보, 높은 코스트 성능의 유지 관리, 코스트 경쟁력을 위한 개보수공사 등을 수행
③ 건축설비는 임대료 수준과 건물 운영비 및 개보수 공사시의 성능개선 등과 밀접한 관계

(2) 커미셔닝

① 건축설비에 있어서 그 품질보증을 위하여 행하는 일련의 과정
② 공조설비가 주요 대상
③ 조명설비, 전기설비, 건축 외피 성능과 같은 분야에도 적용할 가능성 높음

(3) 시공

① 무화기·무착화 공법
② 무단수 공법
③ 저소음·저진동 공법
④ 거주상태공법

5. 결론

건설사업관리를 효과적으로 수행하기 위해서는 개보수사업이나 성능개선사업의 경우 건축설비 관련 공정을 고려해야 하며, 계획 설계에서부터 시공 후 운영단계까지의 포괄적인 관점에서 설비계획이 이뤄져야 할 것으로 사료된다.

14 교토의정서에 대하여 논하시오.

1. 개요

(1) 교토프로토콜이라고도 하며, 지구온난화의 규제 및 방지를 위한 국제협약인 기후 변화협약(1992년)의 구체적 이행 방안으로, 선진국의 온실가스 감축 목표치를 규정

(2) 1997년 12월 일본 교토에서 개최된 기후변화협약 제3차 당사국총회에서 채택

2. 연혁

(1) 1992년 리우 지구정상회의에서 체결된 유엔기후변화 협약(UNFCCC)

(2) 1997년 UNFCCC 참가국들 교토의정서 서명

(3) 2001년 3월 미국 탈퇴선언

(4) 2001년 11월 미국 제외한 교토의정서 서명국들 의정서 이행 방안 합의

(5) 2002년 11월 8일 대한민국 교토의정서 비준

(6) 2004년 11월 러시아 교토의정서 비준

(7) 2005년 2월 16일 교토의정서 발효

3. 의정서 주요내용

(1) 선진 주요 국가들의 의무적인 감축목표 설정

(2) 청정개발체제(CDM), 공동이행(JI), 배출권거래(ET) 등 교토메커니즘을 온실가스 감축 의무 충족을 위한 보조적인 수단으로 도입

(3) EU 등 지역경제통합기구를 통한 공동 감축목표 달성 허용(제4조)

(4) 협약부속서 I 국가들로 하여금 '08~'12년(1차 공약기간) 중 자국내 온실가스 배출 총량을 '90년 수준대비 평균 5.2% 감축토록 규정

(5) 38개국(협약부속서I 국가 40개국 중 '97년 당시 협약에 가입하지 않은 터키 · 벨라루스 제외)

(6) EC(지역공동체로서 별도로 포함됨)

4. 의무 이행 대상국

(1) 독일, 캐나다, 일본, 오스트레일리아, 유럽연합(EU) 회원국 등 총 38개국

(2) 각국은 2008~12년 사이에 온실가스 총배출량을 1990년 수준보다 평균 5.2% 감축

(3) 감축 목표량은 -8~+10%로 차별화

(4) 2001년 3월 미국 탈퇴
(5) 대한민국은 2차 감축년(2013~2017년)에 해당

5. 감축 대상 가스

(1) 이산화탄소(CO_2)
(2) 메탄(CH_4)
(3) 이산화질소(N_2O)
(4) 불화탄소(PFC)
(5) 수소화불화탄소(HFC)
(6) 불화유황(SF_6)

6. 온실가스 감축을 위한 제도

(1) 청정개발제도(Clean Development Mechanism)

① 선진국이 개도국에 자본과 기술을 투자하여 온실가스 저감사업 수행
② 선진국은 온실가스 배출 감축분을 자국의 감축실적 Credits으로 인정 받음
③ 개도국은 기술이전 및 재정지원의 혜택
④ Credits 중 일부는 기후변화에 취약한 국가의 적응비용 및 행정비용을 사용

(2) 배출권 거래제도(Emission Trading)

온실가스 감축의무가 있는 선진국이 자국에 할당된 양을 기초로 추가 감축분을 다른 나라 배출권으로 사고팔 수 있는 제도

(3) 공동이행제도(Joint Implementation)

선진국 간에 공동으로 온실가스 감축사업을 할 때 이를 인정하는 제도

(4) 이산화탄소 흡수원의 상계

삼림과 농지 등 이산화탄소 흡수원을 상계하여 온실가스 총량에 포함

7. 석유소비가 많은 산업

(1) 정유산업
(2) 철강산업
(3) 발전산업
(4) 시멘트 산업

8. 대응방안

(1) 에너지 절약 및 이용효율 향상
(2) 이산화탄소 발생량이 많은 석유, 석탄에서 LNG, 원자력, 수력 등으로 대체 및 에너지 이용기술 개발
(3) 화석에너지 사용을 절감할 수 있는 친환경 건축 활성화
(4) 에너지 절약형 건축 설비시스템 도입 유도
(5) 기후변화협약에 대한 국민의 참여와 협력 유도

9. 결론

당사국은 온실가스 감축을 위한 정책과 조치를 취해야 하며, 에너지효율 향상, 온실가스의 흡수원 및 저장원 보호, 신·재생에너지 개발 및 연구, 대체에너지 이용 등의 연구개발을 해야 할 것이다.

실적공사비 적산제도에 관하여 논하라.

1. 개요

실적공사비 적산제도는 건설공사의 세부 공종별 공사비를 품셈을 이용하지 않고, 이미 수행한 공사의 계약단가 또는 원·하도급 자간의 실제 거래가격 등을 이용하여 예정가격을 산정하는 제도이다.

2. 실적공사비 적산방식의 개념

(1) 정의

① 실적공사비 적산방식이란 신규공사의 예정가격 산정을 산정을 위하여 이미 시공된 유사한 공사의 시공단계에서 Feed-back된 자재, 노임 등의 각종 공사비에 관한 정보를 기초자료로 활용하는 적산방식

② 기 수행공사의 Data-base된 단가를 근거로 입찰자가 현장여건에 적절한 입찰금액을 산정하고, 발주자는 이를 토대로 분석하므로 요구되는 품질과 성능확보

(2) 기본 개념도

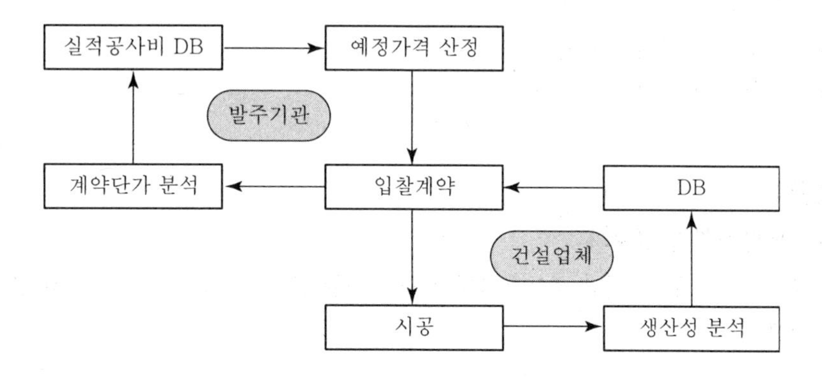

3. 실적공사비와 표준품셈 적산방식의 비교

구분	표준품셈 적산	실적공사비 적산
의의	공사비를 형성하는 각각의 요소에 대해 적정가격을 조사하여 각 요소별 로 계산하여 집계	이미 시공된 유사한 공사의 시공단에서 Feed-back된 자재, 노임 등의 각종 공사비를 기준으로 공사비 산정

구분	표준품셈 적산	실적공사비 적산
예산가격 산정	예정가격=일위대가표×설계도서에서의 산출수량	예정가격=유사공사의 과거계약 단가에 시간차, 공사 특성차를 보정한 가격×설계도서 산출수량
작업조건 반영	미반영	다양한 환경 및 작업조건 반영
신기술 적용	신기술, 신공법 적용 미흡	신기술, 신공법 적용 가능
노임 책정	노임 책정 미흡	실제 노임 반영
공사비 산정	공사비 산정 미흡	적정 공사비 산정 가능
품질관리	적정 노임이 책정되어 있지 않아 품질관리 불리	적정노임 및 공사비가 책정되어 품질관리 유리
적산업무	복잡	간편

4. 기대효과

(1) 실제 공사에 적용되는 자재 및 노임의 현실화
(2) 공사특성이 반영
(3) 시공기술의 발전
(4) 적산업무의 간소화
(5) 원 · 하도급간의 거래가격의 투명화
(6) 시공실태 및 현장여건 반영
(7) 기술개발에 의한 경쟁력 확보

5. 준비대책

(1) 공종분류체계의 표준화

시방서 공종분류, 각 기업 내의 공종분류 등을 통합 및 표준화하여 실제 시방과 공정 간의 체계를 일원화

(2) 적산 각 항목에 대한 수량산출 방법 및 기준정립

① 설계 및 공정의 통합
② 견적과 공정의 통합
③ 시공 · 공정 · 견적의 일체성

(3) 설계도의 정도 확보

① 시공법의 표준화

② 자재 취부의 표준화
③ 설계 시 자재와 시공의 표준화 이용 확보

(4) 시방서 내용의 개선

① 신기술, 신공법의 적용
② 시방서 개선 및 개정주기 단축
③ 실제 시공법과의 일체성 확보

6. 결론

정부 및 건설공사 계약에 있어서 효과적인 예산관리 및 공사품질 확보, 건설회사의 경쟁력 강화라는 측면에서 합리적인 방법으로 결정된 적정한 예정가격을 기준으로 계약을 체결하는 것이 매우 중요하다고 판단된다.

EPR(Extended Producer Responsibility) 생산자 책임 재활용제도

1. 개요

생산자 책임 재활용제도는 제품·포장재의 생산자에게 재활용 의무를 부과하여 제품의 설계·제조과정에서 소재 및 디자인 선택, 구조개선을 통해 폐기물의 원천 감량화와 재활용이 보다 촉진되도록 하는 제도로서 독일, 영국 등 유럽 15개국과 일본 대만 등지에서 실시하고 있다.

2. 재활용 의무 대상품목

(1) 2003년부터 적용되는 재활용 대상 품목은 18개 품목임

(2) 제품 : 텔레비전과 냉장고, 에어컨, 세탁기, 컴퓨터 등 가전제품과 타이어, 활유, 형광등, 전지류, 이동전화단말기, 오디오

(3) 포장재 : 종이팩, 금속캔, 유리병, PET병, 플라스틱 포장재, 스티로폼 완충재 형광등과 플라스틱포장재 중 과자봉지 등 필름류에 대해서는 2004년부터 시행

(4) 이동전화단말기와 오디오는 2005년부터 시행

3. 재활용 의무 대상자

(1) 제품의 경우 제조업자 및 수입업자

(2) 포장재의 경우 '포장재(용기)에 담은 내용물'의 제조업자 및 수입업자

(3) 의무부담 대상자가 재활용에 필요한 비용을 부담하게 됨

(4) 포장재의 경우 영세사업자가 많은 점을 감안하여 연매출액 10억원 이하의 생산자 및 연수입액 3억원 이하의 수입자는 대상에서 제외

4. 재활용 의무 총량

(1) 품목별로 생산자의 출고량, 재활용량, 분리수거량 등 재활용 여건을 고려하여 객관적으로 산정하여 환경부장관이 고시

(2) 개별 생산자별 재활용 의무량은 의무 총량 중 전체 출고량에 대한 개별 생산자별 출고량 비율, 즉 시장점유율에 따라 결정

5. 개별 생산자는 부여된 재활용 의무량을 아래 3가지 방법 중 한 가지 선택

(1) 생산자가 재활용공장을 설치하여 직접 재활용

(2) 생산자가 재활용사업자에게 위탁하여 재활용

(3) 생산자가 재활용공제조합에 가입하여 분담금을 납부하고 재활용 위탁

6. 재활용 의무자의 불이행시 부담금

재활용 의무자가 재활용 의무량을 이행하지 못했을 때에는 미달성량에 대해 품목별 폐기물의 회수 · 재활용 전과정에 소요되는 실 재활용비용의 115~130%까지를 부과금으로 부과하게 됨

7. 분리배출표시제

(1) 재활용 의무대상 포장재에 대해서는 소비자가 쉽게 식별하여 분리배출할 수 있도록 기존의 재질분류 표시제, 재활용가능표시제를 통합하여 새롭게 분리배출 표시제를 도입함

(2) 생산자의 직접 회수가 가능한 TV, 냉장고, 세탁기, 컴퓨터, 이동전화기 등 전자제품은 판매업자가 무상으로 회수하도록 의무화하여 비용-효과적인 수집체계가 구축되도록 함

8. 결론

원자재 부족, 폐기물 감량화, 환경오염방지를 위하여 재활용 가능한 제품 및 포장재를 최대한 재활용 가능하게 설계 및 제조토록 하고 홍보를 적극 권장하여야 할 것으로 사료된다.

17 BTL(Build Transfer Lease)에 대해서 논하라.

1. 개요

민간이 자금을 투자하여 공공시설을 건설(Build)하고, 정부로 소유권 이전(Transfer)을 하는 대신 일정기간 동안 시설의 사용 · 수익권한을 획득하여 시설을 정부에 임대(Lease)하여 그 임대료를 받아 시설투자비를 회수하는 방식

2. BTL 추진배경 및 목적

(1) 시급한 공공시설 공급의 필요성
(2) 민간의 경영기법 도입으로 투자효율 높임
(3) 정부재정운영방식의 탄력성 높임
(4) 민간유휴자금을 장기 공공투자로 전환
(5) 경제활성화와 일자리 창출

3. BTL과 BTO 방식 비교

구분	Build Transfer Operate	Build Transfer Lease
대상 시설	최종 수요자에게 사용료 부과로 투자비 회수가 가능한 시설	최종 수요자에게 사용료 부가로 투자비 회수가 어려운 시설
투자비 회수	최종 사용자의 사용료	정부의 시설 임대료
사업 리스크	민간이 수요 위험 부담	민간의 수요 위험 배제

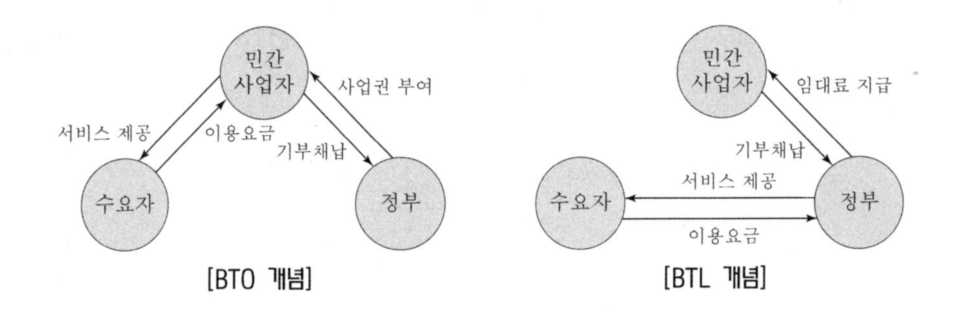

[BTO 개념]　　[BTL 개념]

4. BTL 투자 대상 시설

(1) 대상 시설

① 종전 시설 : 35개

도로, 철도, 도시철도, 항만, 공항, 다목적댐, 수도, 하수종말처리시설, 하천부속물, 어항시설, 폐기물처리시설, 전기통신설비, 전원설비, 가스공급시설, 집단에너지시설, 정보통신망, 유통단지, 화물터미널, 여객자동차터미널, 관광단지, 노외주차장, 도시공원, 폐수종말처리시설, 분뇨처리시설·축산폐수공공처리시설, 재활용시설, 생활체육시설, 청소년수련시설, 도서관, 박물관·미술관, 국제회의시설, 지능형 교통체계, 지리정보체계, 초고속통신망, 과학관, 철도시설

② 추가시설 : 9개

학교시설, 군주거시설, 공공임대주택, 아동보육시설, 노인요양시설, 보건의료시설, 문화시설, 자연휴양림, 수목원

(2) 우선 대상

① 국 · 공립시설

② 시민의 이용료 부과나 이용료 수입으로 투자비 회수가 어려운 시설

③ 사업편익이 크고, 시설의 조기 확충이 시급한 곳

④ 연내 공사 가능한 시설(사업부지 확보, 설계준비, 행정 인 · 허가 마무리 등 사업집행 원활가능)

5. BTL사업의 민간 참여 체계

(1) 정부가 민간투자를 유치할 시설을 선정하고 사업기본계획을 만들어 민간사업자 모집

(2) 민간사업자는 특정시설을 건설 · 운영하는 것을 목적으로 하는 프로젝트회사(SPC : Special Purpose Company)를 설립

(3) 선정된 SPC가 자기 책임하에 「설계-자금조달-건설-운영(유지 보수)」 기능을 담당

(4) 정부는 약정기간 동안 시설을 임차해 사용하면서 SPC에게 임대료를 지급

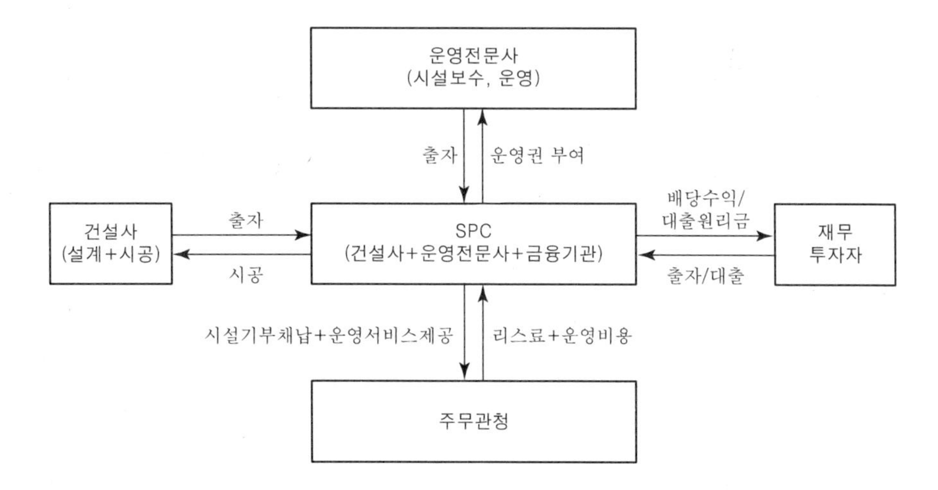

6. BTL사업의 문제점

(1) 적정 수익률 보장에 대한 다양한 위험성 존재

(2) 건설시 공기초과, 공사비 초과, 운영시의 유지 보수 등의 위험을 전적으로 사업시행자가 부담

(3) 운영비 초과, 약정된 서비스 수준의 공급 실패에 대한 사업시행자 부담

(4) 이자율 변동, 유동성 등으로 재무위험

(5) 지역 중소건설업체의 참여 어려움

7. 결론

BTL사업은 민간투자시장의 상황에 맞도록 지속적으로 개선되고, 조정되어 나가야 한다. 특히 BTL사업으로 인하여 어려움에 직면한 지역 중소건설사를 위해 소규모 사업 등에 대해서는 BTL사업에서 제외하고, 사업계획시 지역 중소건설사 우대방안도 마련되어야 한다.

유비쿼터스(Ubiquitous)와 설비

1. 개요

유비쿼터스(Ubiquitous)란 라틴어로 '편재하다(보편적으로 존재하다)'라는 의미이며, 유비쿼터스 컴퓨팅은 물이나 공기처럼 시공을 초월해 사용자가 컴퓨터나 네트워크를 의식하지 않고, 장소에 상관없이 자유롭게 네트워크에 접속할 수 있는 환경을 말한다.

2. 유비쿼터스의 특징

(1) 컴퓨터 중심에서 인간중심의 정보화 사회

(2) 통합 유비쿼터스 감지기 및 네트워크와 광대역 통합망, 인터넷 주소 확장 개발 필요

(3) 원격의료, 쇼핑, 교육, 재해예방, 교통정보 등 각종 서비스 내용 개발 필요

3. 설비적인 측면에서 관련 부분

(1) 재실공간의 공기질 및 열적 쾌적감 구현

(2) 에너지 절약

4. 최근 빌딩 자동제어시스템의 특징

(1) 시설 중심에서 실내공간, 재실 인간 중심의 제어시스템으로 변화

① 인간의 사무능률 향상과 쾌적한 근무환경으로 변화

② 사무/정보통신 자동화 부문과 기계/전기/방법/방재 설비 제어기능의 통합

③ 지능형 빌딩 자동제어 시스템이 최근 추세

(2) 시스템의 통합시스템 구성과 인터넷 감시 및 제어기능 구성

다양한 통신 프로토콜 및 제어시스템 통합 : BACnet 통합

(3) 건물에 적합한 운영 시나리오 구축

① 재실자 안전과 사무환경의 쾌적성, 효율성 향상

② 운영효율 증가를 통한 건물관리비 절감

5. 유비쿼터스를 적용한 자동제어시스템 구축 항목

(1) 무선 LAN 구축

(2) 홈 네트워크 구축

① 영상기능 : 방문자 확인
② 자동제어기능 : 온도, 조명, 가스, 전기, 수도, 온수, 열 제어 및 검침
③ 방범/방재기능 : 화재, 가스, 욕실비상
④ 통화기능 : 전화, 화상
⑤ 정보가전서비스 : 에어컨, 세탁기, 가스오븐렌지, 식기세척기
⑥ 기타 기능 : 주차관제, 집안상태 설정, 관리사무소 기능

5. 유비쿼터스의 핵심기술과 문제점

(1) 핵심기술

① 환경을 스스로 인지하고 판단하기 위한 기술 센서 기술, 프로세서 기술, 커뮤니케이션 기술
② 인간과 자연스러운 의사소통을 위한 기술 인터페이스 기술, 보안 기술

(2) 문제점

① 센서비용
② 공간제약
③ 제어기 성능 제약

6. 결론

유비쿼터스 시대의 도래는 설비적인 측면에서 설비자동제어기술에 미치는 영향을 예견할 필요가 있으며, 기술자에게는 깊이 있는 자동제어 및 관련시스템 전문지식이 요구된다.

제29장 소방설비

Professional Engineer

○ Building Mechanical Facilities
○ Air-conditioning Refrigerating Machinery

소방설비의 종류에 대하여 기술하라.

1. 개요

소방설비는 크게 5가지로 나눈다. 소화설비, 경보설비, 피난설비, 소화용수설비, 기타 소화활동에 필요한 설비로 나누며, 소화설비, 경보설비, 피난설비는 화재시 대상업소에서 직접 소화활동에 필요한 설비이며, 소화용수설비, 기타 소화활동에 필요한 설비는 소방관이 화재현장에 도착하여 소화활동을 하는 데 필요한 설비이다.

2. 종 류

(1) 소화설비

① 소화기 - A급, B급, C급, D급, E급

② 옥내소화전 설비
- ㉮ 방호구획 : 25m 이내
- ㉯ 방출압력 : 0.17~0.7MPa
- ㉰ 방수량 : 130 LPM

③ 옥외소화전 설비
- ㉮ 방호구획 : 40m 이내
- ㉯ 방출압력 : 0.25MPa 이상
- ㉰ 방수량 : 350 LPM

④ 스프링클러 설비
- ㉮ 건식과 습식
- ㉯ HEAD의 종류
  - ㉠ 폐쇄형
  - ㉡ 개방형
- ㉰ 방출압력 : 0.1~1.2MPa
- ㉱ 방수량 : 80LPM

⑤ 물분무 등 소화설비
- ㉮ 물분무 소화설비
- ㉯ 포말 소화설비

㉰ 분말 소화설비
㉱ CO_2 소화설비
㉲ Halon 소화설비

(2) 경보설비

화재의 발생을 감지, 통보하는 설비
① 자동화재 탐지설비
② 누전경보설비
③ 자동화재 속보설비
④ 비상경보설비

(3) 피난설비

화재시 피난에 사용되는 설비
① 미끄럼대, 피난사다리, 완강기
② 유도등, 유도표시
③ 비상조명등
④ 방열복, 공기호흡기, 인명구조장구

(4) 소화용수설비

① 소화수조
② 상수도용 소화전

(5) 기타 소화활동에 필요한 설비

제연설비, 연결송수관설비, 연결살수설비, 비상콘센트설비, 무선통신보조설비

옥내소화전 설비에 대하여 논하라.

1. 개요

건물의 각층마다 소화전함에 노즐과 호스 및 앵글밸브 등을 설치하여 화재시 호스를 연결하여 노즐로 화재지점에 물을 방수시켜 소화하는 설비

2. 시설기준

(1) 설치위치

건물의 각층마다 설치하되, 소화전의 호스 접결구를 중심으로 반경 25m 이내에 대상물이 모두 포함되도록 하며 복도, 계단 등 피난에 장애가 없고 방화구획, 문짝 등에 가리지 않고 앵글밸브는 바닥으로부터 1.5m 이하 위치일 것

(2) 수원

설치개수가 가장 많은 층의 설치개수(5개 이상은 5개)에 2.6m^{3}을 곱하여 얻은 수량으로 하되 고가수조에 상기 수량의 1/3 이상 확보할 것

(3) 가압송수장치

① 쉽게 점검할 수 있고 점검하기에 충분한 공간이 있는 장소로서 화재 및 침수 등의 재해로 인한 피해를 받을 우려가 없는 곳
② 동결방지조치를 하거나 동결의 우려가 없는 장소일 것
③ 노즐선단의 방수압력 0.17MPa 이상, 0.7MPa 이상일 때 감압장치 설치
④ 펌프의 1분당 토출량은 설치개수가 가장 많은 층의 설치 개수(5개 이상은 5개)에 130l/min을 곱하여 얻은 수량으로 할 것
⑤ 펌프의 양정 H=h1+h2+h3+17m 이상일 것
⑥ 펌프는 전용으로 할 것(다만, 다른 소화설비와 겸용하는 경우 각각의 소화설비의 성능에 지장이 없을 때는 예외)
⑦ 펌프의 토출 측에는 압력계를, 흡입 측에는 연성계 또는 진공계 설치(다만, 수원의 수위가 펌프의 위치보다 높거나 수직 회전축 펌프의 경우 흡입 측에는 제외)
⑧ 정격부하 운전 시 펌프의 성능을 시험하기 위한 배관 설치
⑨ 체절운전 시 수온의 상승을 방지하기 위한 순환 배관 설치
⑩ 기동용 수압개폐장치 사용(압력챔버 용적 100Lit 이상일 것)
⑪ 수원의 수위가 펌프보다 낮을 경우 물올림 탱크 설치(유효수량 100Lit 이상, 급수 관경 15mm 이상)

⑫ 기동용 수압 개폐장치를 기동장치로 할 경우 충압펌프 설치
㉮ 정격토출 압력은 최고위 호스 접결구의 자연압보다 0.2MPa 이상일 것
㉯ 정격토출량은 1분당 60Lit 이하일 것

(4) 배관

① KSD3507 또는 KSD3562이나 이와 동등 이상의 강도, 내식성 및 내열성을 가진 것 사용
② 배관은 소화전용일 것
③ 흡입 측 배관은 공기 고임이 생기지 않는 구조일 것
④ 토출 측 주배관의 유속은 4m/sec 이하일 것
⑤ 입상관의 구경은 50mm 이상, 가지관의 구경은 40mm 이상일 것
⑥ 연결송수관 설비의 배관과 겸용할 경우 주배관의 구경 100mm, 가지관의 구경은 65mm 이상
⑦ 연결송수관 설치

(5) 소화전함

① 함의 재질은 두께가 1.5t 이상 면적은 0.5m^2 이상
② ϕ40×15m호스로서 방호구역에 뿌려질 수 있는 본수 내장
③ ϕ40×13mm 노즐

(6) 전원

① 상용전원회로의 배선을 설치
② 지하층을 제외한 층수가 7층 이상 및 지하층의 바닥면적 3,000m^2 이상인 경우 비상전원 설치
③ 비상전원 20분 이상 작동될 수 있을 것

(7) 제어반

① 제어반은 감시제어반과 동력제어반으로 구분하여 설치
② 감시제어반은 다음에 따른다.
㉮ 펌프의 작동 여부를 확인할 수 있는 표시등 및 음향 경보기능이 있어야 함
㉯ 펌프를 자동 및 수동으로 작동시키거나 작동을 중단시킬 수 있어야 함
㉰ 수조 또는 물올림 탱크가 저수위로 될 때 표시등 및 음향으로 경보되어야 함

3. 옥내소화전 설치 제외

(1) 냉장 또는 냉동 창고의 냉장실 또는 냉동실
(2) 고온의 노가 설치된 장소 또는 물과 격렬하게 반응하는 물품의 저장 또는 취급소
(3) 발전소, 변전소 등으로 전기시설이 설치된 장소
(4) 식물원, 수족관 그 밖의 이와 비슷한 장소
(5) 야외음악당, 야외극장 또는 그 밖의 이와 비슷한 장소

옥외소화전 설비에 대하여 논하라.

1. 개요

옥외소화전, 가압송수장치, 수원 및 부속장치로 구성되어 있으며, 주택지역, 공장의 외부에 설치하여 자체진화나 인접건물의 연소방지를 목적으로 하는 소화설비

2. 시설기준

(1) 설치위치

건축물의 각 부분으로부터 호스연결 부분까지의 수평거리 40m 이하

(2) 수원

설치개수(2개 이상일 때 2개)에 $7m^3$을 곱하여 얻은 수량으로 하되 고가수조에 상기 수량의 1/3 이상 확보

(3) 가압송수장치

① 쉽게 점검할 수 있고 점검하기에 충분한 공간이 있는 장소로서 화재 및 침수 등의 재해로 인한 피해를 받을 우려가 없는 곳
② 동결방지조치를 하거나 동결의 우려가 없는 장소일 것
③ 노즐선단의 방수압력 0.25MPa 이상
④ 펌프의 분당 토출량은 설치개수(2개 이상일 때 2개)에 350l/min을 곱하여 얻은 수량으로 할 것
⑤ 펌프의 양정 $H=h_1+h_2+h_3+25m$ 이상일 것
⑥ 펌프는 전용으로 할 것(다만, 다른 소화설비와 겸용하는 경우 각각의 소화설비의 성능에 지장이 없을 때는 예외)
⑦ 펌프의 토출 측에는 압력계를, 흡입 측에는 연성계 또는 진공계 설치(다만, 수원이 수위가 펌프의 위치보다 높거나 수직 회전축펌프일 경우 흡입 측에는 제외)
⑧ 정격부하 운전 시 펌프의 성능을 시험하기 위한 배관설치
⑨ 체절운전 시 수온의 상승을 방지하기 위한 순환 배관설치
⑩ 기동용 수압개폐장치 사용(압력챔버 용적 100Lit 이상)
⑪ 수원의 수위가 펌프보다 낮을 경우 물올림 탱크 설치
(유효수량 100Lit 이상 급수 관경 15mm 이상)

⑫ 기동용 수압개폐장치를 기동장치로 할 경우 충압펌프 설치
㉮ 정격토출 압력은 최고위 호스 접결구의 자연압보다 0.2MPa 이상일 것
㉯ 정격토출량은 1분당 60Lit 이하일 것

(4) 배관

① KSD3507 또는 KSD3562이나 이와 동등 이상의 강도, 내식성 및 내열성을 가진 것 사용
② 배관은 소화전용일 것
③ 흡입 측 배관은 공기고임이 생기지 않는 구조일 것
④ 토출 측 주배관의 유속은 4m/sec 이상일 것

(5) 소화전함

① 옥외소화전마다 그로부터 5m 이내의 장소에 소화전함 설치
② ϕ65×15m 호스로서 방호구역에 뿌려질 수 있는 본수 내장
③ ϕ65×19mm 노즐

(6) 전원

① 상용전원회로의 배선을 설치

(7) 제어반

① 제어반은 감시제어반과 동력제어반으로 구분하여 설치
② 감시제어반은 다음에 따른다.
㉮ 펌프의 작동 여부를 확인할 수 있는 표시등 및 음향경보기능이 있어야 함
㉯ 펌프를 자동 및 수동으로 작동시키거나 작동을 중단시킬 수 있어야 함
㉰ 수조 또는 물올림 탱크가 저수위로 될 때 표시등

3. 시공 시 주의사항

배관을 매설할 때는 배관의 부식, 중량통과 및 동결에 대한 문제를 고려해야 한다.

스프링클러 설비에 대하여 논하라.

1. 개요

스프링클러헤드, 가압송수장치, 유수검지장치, 수원 및 부속장치로 구성되어 있으며 실내의 온도에 의하여 자동으로 작동되는 것으로 초기 화재진압에 뛰어난 성능을 발휘하는 우수한 소화설비

2. 설비의 종류

(1) 설비방식에 따른 분류

- 폐쇄형
  - 습 식 : 동파의 우려가 없는 곳
  - 건 식 : 동파의 우려가 있는 곳
  - 준비작동식 : 동파의 우려가 있는 곳, 감지기와 병용
- 개방형 : 천장고가 높거나 일시에 살수를 요하는 곳

(2) 헤드의 배치방향에 따른 분류

① 상향식 : 천장마감이 없는 주차장, 창고, 공장 등

② 하향식 : 천장마감이 있는 곳

③ 측벽식 : Tower Parking, 에스컬레이터, 승강로 등

3. 시설기준

(1) 수원

기준 동기 개구수에 $1.6m^3$를 곱하여 얻은 수량으로 하되, 고가수조에 상기 수량의 1/3 이상 확보 할 것

(2) 가압송수장치

① 쉽게 점검할 수 있고 점검하기에 충분한 공간이 있는 장소로서 화재 및 침수 등의 재해로 인한 피해를 받을 우려가 없는 곳

② 동결방지조치를 하거나 동결의 우려가 없는 장소일 것

③ 헤드의 방사압력 0.1MPa 이하
④ 펌프의 분당 토출량은 기준동시 개구수에 80Lit/min을 곱하여 얻은 수량으로 할 것
⑤ 펌프의 양정 H=h1+h2+10m 이상일 것
⑥ 수원의 수위가 펌프보다 낮을 경우 물올림 탱크 설치(유효수량 100Lit 이상, 급수 관경 15mm 이상)
⑦ 기동용 수압개폐장치를 기동장치로 할 경우 충압펌프 설치
㉮ 정격토출압력은 최고위 호스 접결구의 자연압보다 0.2MPa 이상일 것
㉯ 정격토출량은 1분당 60Lit 이하일 것

(3) 방호구역, 유수검지장치 및 일제 개방 밸브

① 폐쇄형
㉮ 하나의 방호구역 면적 3,000m²를 초과하지 아니할 것
㉯ 하나의 방호구역에는 1개 이상의 유수검지장치 또는 일제 개방밸브를 설치할 것

② 개방형
㉮ 하나의 방수구역은 2개층에 미치지 아니할 것
㉯ 방수구역마다 일제 개방밸브 설치
㉰ 하나의 방수구역을 담당하는 헤드의 개수는 50개 이하로 할 것

(4) 스프링클러헤드

① 소방대상물의 천장, 반자, 천장과 반자사이, 덕트, 선반 기타 이와 유사한 부분
② 래크식 창고의 경우 특수가연물 저장 또는 취급하는 것에 있어서는 높이 4m 이하마다, 그 밖의 것을 취급하는 것에 있어서는 높이 6m 이하마다 설치
③ 무대부, 특수가연물 저장 또는 취급소 반경 1.7m
④ 래크식 창고 반경 2.5m
⑤ 기타의 소방대상물 반경 2.1m(내화구조로 된 경우 반경 2.3m)
⑥ 공동주택 반경 3.2m
⑦ 살수장애가 발생되지 않게 반경 60cm 이상 공간 확보
⑧ S.P헤드와 부착면과의 거리 30cm 이하(단, 불연재인 경우 45cm 이하)
⑨ 연소할 우려가 있는 개구부에는 그 상하좌우에 2.5m 간격으로 설치
⑩ 측벽형 S.P헤드인 경우 폭 4.5m 미만인 곳은 한쪽 벽면, 폭 4.5m 이상 9m 미만인 곳은 양쪽 벽면에 설치하되 3.6m 이하

(5) 송수구 설치

① 구경 65mm 쌍구형으로 할 것
② 폐쇄형 S.P설비의 송수구는 바닥면적 3,000m²마다 1개 이상으로 하되 3개까지 설치

4. 스프링클러헤드의 설치 제외

(1) 계단실, 경사로, 승강기의 승강로, 파이프 덕트, 목욕실, 변소 기타 이와 유사한 장소, 직접외기에 개방된 복도

(2) 통신기기실, 전자기기실 기타 이와 유사한 장소

(3) 발전실, 변전실, 변압기 기타 이와 유사한 전기설비가 설치되어 있는 장소

(4) 병원의 수술실, 응급처치실 기타 이와 유사한 장소

(5) 천장(상층이 있는 경우에 상층바닥 하단을 포함한다. 이하 이 항에서 같다.) 및 반자가 불연재료로 되어 있고, 천장과 반자 사이의 거리가 2m 미만인 부분

(6) 천장, 반자중 한쪽이 불연재료 외의 것으로 되어 있고 천장과 반자 사이의 거리가 0.5m 미만인 부분

(8) 펌프실, 기계실(보일러실을 제외한다), 물탱크실 그 밖의 이와 비슷한 장소

(9) 아파트의 세대별로 설치된 보일러실로서 환기구를 제외한 부분이 다른 부분과 방화구획되어 있는 보일러실

(10) 현관 또는 로비 등으로서 바닥으로부터 높이가 20m 이상인 장소

(11) 냉장창고 또는 냉동창고의 냉장실 또는 냉동실

(12) 고온의 노가 설치된 장소 또는 물과 격렬하게 반응하는 물품이 저장 또는 취급 장소

05 제연설비에 대하여 논하라.

1. 개요

제연설비란 화재시 건물 내에서 발생한 연기가 유동 또는 확산되지 않도록 제어한 설비를 말하며, 제연의 원리는 연기의 희석(Dilution), 배출(Exhaust), 차단(Confinement) 또는 이의 조합에 의함

2. 제연설비의 설치목적

(1) 화재시 발생하는 연기를 제어하여 피난상의 안전확보 및 연기에 의한 손실방지
(2) 소방활동을 위한 시계확보 및 유독가스 배출
(3) 공기의 흐름을 조정하여 화재 연소경로 유도

3. 제연설비를 설치하여야 할 소방대상물

(1) 관람집회 및 운동시설로서 무대부의 바닥면적이 200제곱미터 이상인 것
(2) 근린생활 및 위락시설, 판매시설 및 숙박시설로서 지하층 또는 무창층의 바닥면적이 1천 제곱미터 이상인 것
(3) 시외버스정류장, 철도역사, 공항시설, 해운시설의 대합실 또는 휴게시설로서 지하층 또는 무창층의 바닥면적이 1천제곱미터 이상인 것
(4) 지하가(터널을 제외한다)로서 연면적 1천제곱미터 이상인 것
(5) 특수장소(갓복도형 아파트를 제외)에 부설된 특별피난계단 및 비상용승강기의 승강장

4. 제연설비 설치장소

(1) 하나의 제연구역 면적은 1천 제곱미터 이내로 할 것
(2) 거실과 통로는 상호 제연구획 할 것
(3) 통로상의 제연구역은 보행중심선의 길이가 40미터를 초과하지 아니할 것. 다만, 구조상 불가피한 경우에는 60미터까지로 할 수 있다.
(4) 하나의 제연구역은 직경 40미터 원내에 들어갈 수 있을 것. 다만, 구조상 불가피한 경우에는 그 직경을 60미터까지로 할 수 있다.
(5) 하나의 제연구역은 2개 이상층에 미치지 아니하도록 할 것. 다만, 층의 구분이 불분명한 부분은 그 부분을 다른 부분과 별도로 제연구획하여야 한다.

5. 제연방식 및 배출량

(1) 제연방식

화재발생이 예상되는 제연구역에 대하여는 화재시 연기배출과 동시에 공기유입이 될 수 있게 하고, 배출구역이 거실일 경우에는 통로에 동시에 공기가 유입될 수 있도록 하여야 한다.

(2) 배출량

① 바닥면적 400m^2 이상인 거실의 예상제연구역의 배출량은 다음 각호의 기준에 적합하여야 한다.

예상 제연구역이 직경 40m인 원의 범위 안에 있을 경우에는 배출량을 40,000m^2/hr 이상으로 할 것. 다만, 예상 제연구역이 제연경계로 구획된 경우에는 그 수직거리에 따라 배출량은 다음 표에 따른다.

수직거리	배출량
2m 이하	40,000m^3/hr 이상
2m 초과 2.5m 이하	45,000m^3/hr 이상
2.5m 초과 3m 이하	50,000m^3/hr 이상
3m 초과	55,000m^3/hr 이상

② 예상 제연구역이 직경 40m인 원의 범위를 초과할 경우에는 배출량을 45,000m^2/hr 이상으로 할 것. 다만, 예상제연구역이 제연경계로 구획된 경우에는 그 수직거리에 따라 배출량은 다음 표에 따른다.

수직거리	배출량
2m 이하	45,000m^3/hr 이상
2m 초과 2.5m 이하	50,000m^3/hr 이상
2.5m 초과 3m 이하	55,000m^3/hr 이상
3m 초과	65,000m^3/hr 이상

6. 제연설비의 설치제외

(1) 제연설비를 설치하여야 할 소방대상물 중 직접외기로 통하는 배출구면적의 합계가 당해 제연구역 바닥면적의 100분의 1 이상이며, 배출구로부터 각 부분의 수평거리가 30미터 이내이고, 공기유입이 기준에 적합할 경우에는 제연설비를 설치하지 아니할 수 있다.

(2) 제연설비를 설치하여야 할 소방 대상물 중 공기조화설비가 제연설비 시설기준에 적합하고 평상시의 공기조화기능이 화재시 자동적으로 즉시 제연기능으로 전환될 수 있는 경우에는 당해 공기조화설비로 제연설비를 갈게 할 수 있다.

(3) 제연설비를 설치하여야 할 소방대상물 중 변소, 목욕실 또는 사람이 상주하지 아니하는 50제곱미터 미만의 물품창고 등으로 사용되는 부분에 대해서는 배출구, 공기유입구의 설치 및 배출량산정에서 이를 제외한다.

7. 결론

최근 화재시 화염에 의한 피해보다 연기에 의한 질식으로 인한 인명피해가 크게 대두되어 건축 마감재 선정 시 관계법규에 의한 방염처리 및 유독가스 발생 합성수지류 사용은 제한하고 배연설비를 갖추어 연기에 의한 피해를 줄여야 할 것으로 사료된다.

방염에 대하여 논하라.

1. 개요

최근 화재시 인화성 건축마감재로 인하여 인명 및 재산피해가 심각하여 소방관계법규에 의하여 특수장소에 한하여 방염처리한 마감재를 사용토록 규정함

2. 방염을 하여야 하는 특수장소

(1) 아파트를 제외한 건축물로서 층수가 11층 이상인 것

(2) 안마시술소, 헬스클럽장, 특수목욕탕, 옥내관람집회 및 운동시설(건축물의 옥내에 있는 것에 한하되 수영장은 제외), 일반숙박시설, 관광숙박시설, 종합병원, 정신병원, 방송국, 촬영소 및 전시장

(3) 청소년 시설 또는 노유자 시설

(4) 다중 이용업 시설

3. 방염 대상 물품

(1) 커튼(종이류, 합성수지류 또는 섬유류를 주원료로 한 물품으로서 창문이나 벽 등의 실내에 설치하는 막, 암막, 무대막 및 구획용 막을 말한다.)

(2) 실내장식물

(3) 카페트 및 벽지류(벽포지, 직물벽지, 천연재료벽지, 비닐벽지 또는 필름 등을 말하되, 종이 벽지는 제외한다.)

(4) 칸막이용 합판(간이 칸막이용을 포함), 전시용 합판 또는 섬유판, 대도구용 합판 또는 섬유판

(5) 행정자치부 장관이 정하여 고시한 방법으로 발연량을 측정하는 경우 최대연기밀도는 400 이하

4. 방염성능의 기준

(1) 버너의 불꽃을 제거한 때부터 불꽃을 올리며 연소하는 상태가 그칠 때까지 시간은 20초 이내

(2) 버너의 불꽃을 제거한 때부터 불꽃을 올리지 아니하고 연소하는 상태가 그칠 때까지 시간은 30초 이내

(3) 탄화한 면적은 50제곱 센티미터 이내, 탄화한 길이는 20센티미터 이내

(4) 불꽃에 의하여 완전히 녹을 때까지 불꽃의 접속횟수는 3회 이상

5. 결론

방염을 하여야 하는 특수 장소에 있어서 마감재 선정 시 관계법규에 의한 방염처리를 하여 화재시 인명 및 재산피해를 막을 수 있도록 관계자 모두 유의하여야 할 것으로 사료된다.

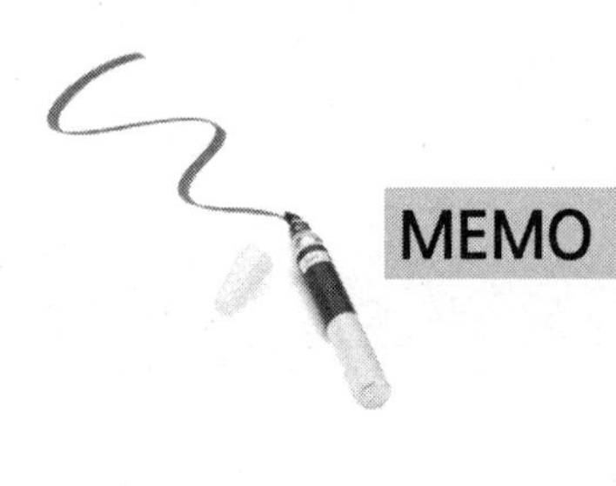

MEMO

제30장 지하공간

다중 이용시설 등의 실내 공기질 관리법안에 대하여 논하라.

1. 개요

다중 이용시설과 공동주택의 실내 공기질을 알맞게 유지하고 관리함으로써 그 시설을 이용하는 국민 건강을 보호하고 환경상의 위해를 예방함을 목적으로 함

2. 용어정의

(1) 다중이용시설

불특정 다수인이 이용하는 시설

(2) 오염물질

실내공간의 공기오염의 원인이 되는 가스 및 입자상 물질

(3) 건축자재 방출 오염물질

건축자재에서 나오는 오염물질

(4) 공기정화설비

실내공간의 오염물질을 없애거나 줄이는 설비

(5) 환기설비

오염된 실내공기를 밖으로 내보내고 신선한 바깥공기를 실내로 끌어들여 실내공간의 공기를 쾌적한 상태로 유지시키는 설비

3. 적용대상

(1) 다중이용시설

① 지하역사
② 지하도상가
③ 여객자동차 운수상업법에 의한 여객자동차 터미널의 대합실
④ 항공법에 의한 공항의 여객터미널
⑤ 항만법에 의한 항만시설 중 대합실
⑥ 도서관 및 독서진흥법에 의한 도서관

⑦ 박물관 및 미술진흥관법에 의한 박물관 및 미술관
⑧ 의료법에 의한 종합병원
⑨ 실내주차장
⑩ 철도역사의 대합실

(2) 공동주택

① 아파트
② 연립주택

4. 공기질 오염물질

(1) 미세먼지(PM10 : Particulate Matter less than 10μm)
(2) 황산화물(SOx)
(3) 일산화탄소(CO)
(4) 이산화탄소(CO_2)
(5) 질소산화물(NOx)
(6) 포름알데히드(HCHO)
(7) 석면(Asbestos)
(8) 라돈(Rn)
(9) 카드뮴(Cd)
(10) 크롬(Cr)
(11) 비소(As)
(12) 구리(Cu)
(13) 납(Pb)
(14) 수은(Hg)

5. 실내 공기질 측정 및 건축자재 사용제한

(1) 신축 공동주택 시공자는 입주 1주일 전 포름알데히드, 휘발성 유기화합물 등의 오염물질을 측정 공고
(2) 다중이용시설의 소유자는 실내공기질 측정 결과를 기록 및 보존

6. 결론

다양한 사람이 이용하는 시설에 대한 실내공기질을 알맞게 유지 관리하고, 인체에 해로운 오염물질을 방출하는 건축자재의 사용을 제한하여 국민의 건강을 보호하고 환경상의 위해를 예방하여야 할 것으로 사료된다.

02 지하공간의 환경 특성

1. 개요

지하공간은 "경제적인 이용이 가능한 범위 내에서 지표면 하부에 자연적으로 형성되었거나 또는 인위적으로 조성한 일정규모의 공간자원"이다. 지하공간은 이용자의 만족이 증대되는 효용이 있어야 하고 공급에 한계가 있어 도시와 같은 지상공간과 마찬가지로 경제적인 가치가 형성되어야 한다. 깊이 측면에서 지하공간은 일반적으로 지하 50m까지의 곳과 50m에서 150m층, 그보다 더 깊은 부분으로 구분할 수 있다.

2. 지하공간의 환경특성

(1) 환경인자의 특성

환경인자	특 징	제어방법
열	지중의 열용량 증대, 항온조건의 유지가 용이	냉각, 가열, 환기
환 기	자연환기가 곤란, 기계환기 동력비 증가	환기량 제어
습 도	다습	가습기, 제습기
일조, 일영	영향이 없다. 외피에 대한 공조부하가 적다.	
분진, 가스, 냄 새	환기부족에 의한 실내공기의 오염 증가	배출, 희석
소 음	외부소음 차음효과 큼, 내부전화 감쇄율은 지상보다 작다.	조정, 격리, 방음
진 동	지진, 진동의 전달영향이 적다.	
물	지하출수, 결로수, 자연배수곤란, 침수대책	방수, 환기
바 람	태풍 등의 재해에 대해 안전	
방사선	차폐 효과 큼, 외부로의 장해가 적다.	환기
채광, 조명	자연채광 어려움	인공조명
조 망	조망없음, 심리적 매몰, 공포감	조명, 대공간

(2) 열환경

① 지반의 열환경

흙 또는 암반은 우수한 단열재는 아니지만 지하공간을 형성하는 주위의 많은 흙이나 암반은 좋은 단열효과를 기대할 수 있다. 흙의 열전도율은 함수율에 따라 차이가 나는데, 수분이 많을수록 열전도율이 크다.

② 축열효과

기온이나 지표면의 온도는 열교차가 크지만, 지하심도가 깊을수록 지중온도의 변화는 급격히 감소되어 완만한 온도분포를 나타낸다. 이러한 지하공간의 실내온도는 구조체의 축열성능으로 인하여 실온의 완화작용, 지연작용, 보온작용의 특성이 있다.

③ 지중온도

우리나라의 중부지방 지표면의 월평균치는 약 30℃의 변화폭인데, 지하 5m에서는 연교차 4.4℃, 지하 13m에서는 연중 14℃로 거의 일정하다. 또한 흙의 축열효과로 인한 Time-lag현상으로 5m 지중에는 5월에야 최저온도가 된다.

④ 미이용 Energy

㉮ Air Side : 공조 또는 환기의 배기측 열회수(지중열 : 지하변전소, 지중선로의 폐열이 있다.)

㉯ Water Side : 지하수, 심층열수, 건물배수, 우수, 하천수

㉰ 결로 : 실내의 습도가 높으며 외기의 인입에 의한 결로 발생률이 높다.

3. 결론

오늘날 지하공간의 이용이 확대됨에 따라 지하공간의 환경에 대하여 관심이 점차 높아지고 있다. 그러나 아직 국내 관계 법규에 지하공간의 실내환경 기준이 없어서 문제가 되고 있다. 앞으로 연구 검토되어야 할 문제로는 세부적인 공조방식 및 Zoning, 그리고 각 용도와 목적에 맞게 계획되어야 하며, 환기설비와 관련하여 지하공간의 제연설비의 관계법과 기능에 적합하도록 검토되어야 한다. 또한 Energy 절약적인 환기 System을 연구 개발하여야 한다.

지하상가의 부하특성과 공조환기계획시 유의사항을 기술하시오.

1. 개요

지하상가는 외기에 접하는 면이 적은 폐쇄공간으로 일조 조도의 확보, 자연과의 접촉감 확보, 방위감의 확보, 보행의 쾌적성 확보 같은 점에 있어서 지상층에 비해 아주 양호한 공조 환경을 조성해야 한다.

2. 실내 설계 조건

(1) 설계기준

실내 온습도의 선정방식으로 객에 대한 히트쇼크나 콜드쇼크 및 거주자에 대한 영향을 고려해야 한다.

구 분	하 기		동 기		인원밀도	조명(W/m^2)
점포	24~25°C	50~60%	18~20°C	50%	0.8인/m^2	80~100W/m^2
음식점	25~27°C	50~60%	18~20°C	50%	1.0인/m^2	60W/m^2
통로	26~28°C	55~60%	16~20°C	50%	0.4인/m^2	40W/m^2

(2) 환기계획

① 실내에서 필요한 환기량은 용도나 계절적인 변동에 따라서 상당한 차이를 보일 수가 있다.(실내환경기준은 건물에 준함)

㉮ 음식점 환기량 : $45m^3/m^2$.hr, 일반점포 : $40m^3/m^2$.hr 정도가 되며 지상에 비해 10~20% 증가한다.

㉯ 환기횟수는 영업용 주방 : 60회/hr 이상, 비영업용 주방 : 40회/hr

(3) 실내 환경 기준값

① CO_2 : 1,000PPM

② CO : 10PPM

③ 부유분진 : 150mg/m^3

④ 상대습도 : 40~70%

⑤ 기류속도 : 0.5m/sec

3. 부하특성

(1) 외벽에서의 일사 및 전도에 의한 부하는 무시해도 가능
(2) 부하의 대부분을 내부발열(인체, 조명, 주방열기 등)과 환기에 의한 외기부하
(3) 현열비가 0.55 안팎으로 매우 적다. 따라서 상대습도를 낮게 하기 위해 재열을 필요
(4) 동기에는 난방부하와 내부발열은 거의 같으며 때로는 냉방을 해야 하는 일도 있다.
(5) 내부부하가 주부하이며, 조명부하는 일정하지만 인체부하는 물론, 주방의 발열도 이용객에 관계되므로, 부하변동은 이용객수의 다소에 좌우된다.

4. 공조환기계획시 유의사항 및 공조방식

(1) 유의사항

① 환기상태를 좋게 해서, 공기의 환경위생 상태를 되도록 좋게 한다.
② 각종 점포가 있으므로 취기를 발하는 점포는 그것이 확산되지 않게 유의한다.
③ 점포에 따라 혼잡시간이 다르므로, 어느 정도 각점마다 온도조절을 할 수 있게 한다.
④ 특히 음식점에서는 배기가 필요하므로 풍량 밸런스를 고려한 방법을 채용한다.
⑤ 덕트 스페이스는 극도로 제한되는 한편, 송풍량이 많아지므로, 덕트 스페이스의 이용에 편리한 방법을 채용한다.
⑥ 공공지하보도 부분과 점포부분은 다른 계통으로 한다.

(2) 공조방식

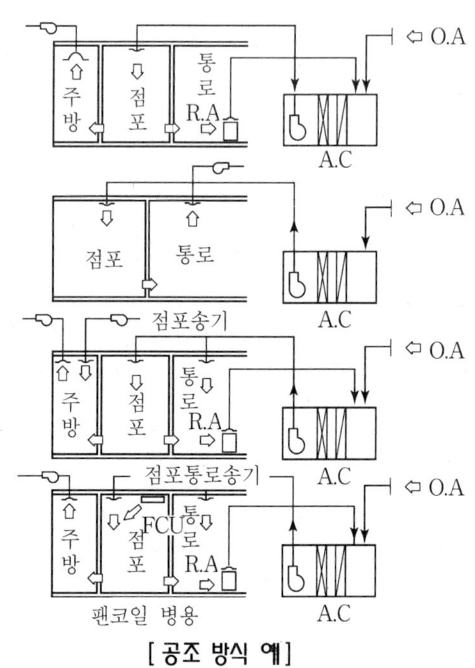

[공조 방식 예]

5. 환기량의 부족원인 및 환경유지대책

(1) 환기량 부족

① 환기설비의 운전시간 부족
② 외기 댐퍼의 적정 개폐 유지
③ 과잉 인원 : 정밀한 예측 필요(상주인원+이용객)
④ 송출구 및 환기구의 위치불량
⑤ 환기설비용량의 부족
⑥ 외기 흡입구의 위치 불량

(2) 환경유지대책

① 환기 시설의 강화 : 지하상가의 특성에 맞는 시설계획
② 공기 오염 발생원의 제거 및 대체
③ 실내 오염방지를 위한 행정적인 규제
④ 환경 교육의 강화
⑤ 실내 공기 오염에 대한 연구계획 등이 필요

6. 결론

지하상가는 지상과는 상이한 조건으로 부하특성이 면밀히 요구되며 특히 환기계획에 주안점을 두어야 한다. 오염된 공기의 유입방지 및 환기성능을 고려한 공조가 요구된다.

04 지하철의 공조환기설비에 대하여 논하라.

1. 개요

지하철은 가장 확실하고도 중요한 대중교통 수단으로 이용 빈도와 시간이 증가되고, 생활수준의 향상으로 지하철 내의 환경 및 편안함에 대한 승객들의 요구로 부유분진, 공기오염, 하절기의 고온고습, 환기부족, 냄새제거 등을 위해 공조환기를 행하여야 함

2. 정거장의 공조환기

(1) 환경기준

① 냉방 시 실내온도

㉮ 대합실 및 승강장 : 27~29°C DB, 55~65% RH, 28°C DB, 60% RH

㉯ 직원근무실, 통신 및 신호기계실 : 26°C DB, 50% RH,
난방기 20~22°C, 40~50%RH

② 공기오염도

㉮ 가스 및 입자상 물질 : 부유분진 등 6종(CO, CO_2, SO_2, NO_2, HCHO, TSP)

㉯ 미량유해물질 : 석면 등 8종

㉰ 분진은 150μg/m^3

(2) 대합실

① 중앙식 정풍량 공조방식

② 에너지 절약 위해 실내공기 재순환방식

③ 중간기 외기 냉방 운전

④ 화재시 제연 및 공조설비 겸용

(3) 승강장

① 중앙식 정풍량 공조방식으로 냉방 급기

② 승강장 선단에 외기를 수평 및 수직설치 승강장 하부 배기

③ Air Curtain방식 채택으로 열차로부터 영향 최소화

④ 중간기 외기 냉방운전

(4) 직원 근무실

① 냉방기간 상이 : 별도의 공조시스템 채택
② 에너지 절약 위해 실내공기 재순환방식
③ 중간기 외기 냉방운전
④ 겨울철 난방 고려

3. 본선 환기설비

(1) 환기방식

① 자연환기의 보충으로 외부 공기도입 및 실내공기 배출
② 야간 또는 온도가 낮은 계절 가동으로 지중열 축적방지 및 흡열 기능 회복
③ 정거장내 열차풍 제어
④ 터널내 열차 정체시 승객들에게 외기 공급
⑤ 터널내 화재시 배연 및 기류 제어로 승객 대피로 확보

(2) 비상시 환기대책

① 화재발생시 매연 및 유독 가스배출
② 화재시 승객 도피로에서 면풍속 3m/sec 이상 확보
③ 화재발생시 열차 정차위치 감시하여 본선구간의 송풍기와 정거장의 송풍기 이용 환기
④ 상기 ③항을 위하여 송풍기 역회전 운전 가능토록 설계

(3) 터널환기

① 단선구간
열차 진행방향에 따른 피스톤 효과를 기대할 수 있는 환기방식 채택

② 복선구간
㉮ 중앙에서 급기 양단에서 배기
㉯ 중앙에서 배기, 양단에서 자연급기(비상시 송풍기)

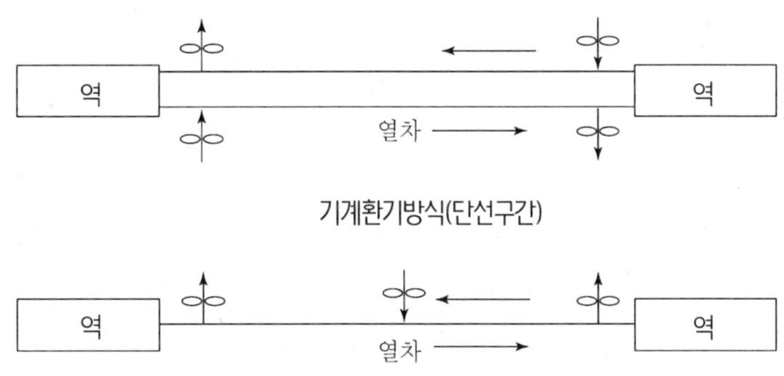

기계환기방식(단선구간)

기계환기방식(복선구간)

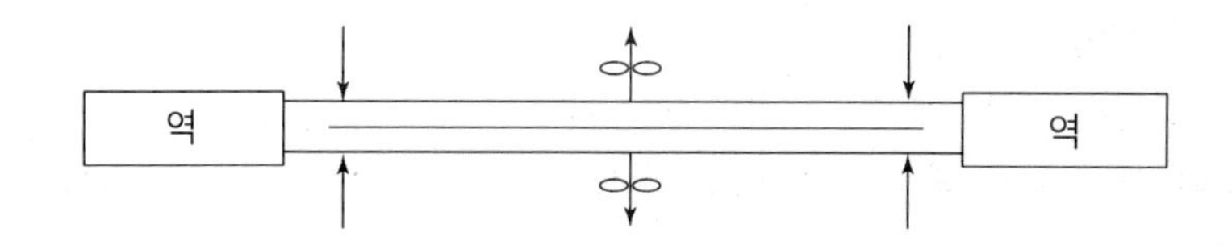

양단 자연 환기구에 비상용 Fan을 설치하는 변형

4. 에너지 절약 방안

(1) 중간기 외기 냉방 채택

(2) 승강장 배기효과를 이용하여 열차 발열의 실내 확산방지 최소화

(3) 승강장에 미치는 열차풍과 선로부하의 영향 최소화

(4) 부분부하를 고려한 적절한 Zoning

5. 결론

승객의 생활안정 및 수준향상을 고려한 쾌적환경을 추구하되 방재 및 에너지 절약을 염두에 둔 공조환기 계획이어야 할 것으로 사료된다.

제31장 CFC

Professional Engineer

- Building Mechanical Facilities
- Air-conditioning Refrigerating Machinery

오존층 파괴와 CFC에 대하여 논하라.

1. 개요

CFC(Chloro Fluoro Carbon : 염화불화탄소)는 냉동기, 냉장고, Air Con, Car Air Con 등에 쓰이는 Freon계의 냉매와 질식 소화제로 쓰이는 Halogen 약제 등의 염화불화탄소를 말하며, 이것이 대기 중에 방출하여 성층권 밖의 오존층을 파괴하여 태양의 자외선을 차단시키지 못한다.

2. 규제대상 및 내용

1987년 9월 몬트리올 협정에서 CFC-11, 12, 113, 114, 115 및 Halogen-1211, 1301 등을 연차적으로 사용과 생산을 규제하여 1995년까지는 CFC 50%, 1997년까지는 85%로 감축하고 2000년에는 전폐하기로 결정했다.

3. 오존의 파괴

CFC가 방출 후 서서히 확산하여 지상 20~30km 사이에 있는 O-Zone 층에 도달하게 되면 CFC화합물은 태양의 자외선에 의하여 분해되어 염소(Cl)원자를 방출하게 되는데, 염소 원자가 O-Zone(O_3)과 반응하여 산소(O_2)로 변화되므로 O-Zone층이 파괴된다.

(CFC-12) CCl_2F_2 $CClF_2 + Cl$ (CFC 분해)

$Cl + O_3$ $Clo + O_2$ (오존 파괴)

$Clo + O$ $Cl + O_2$ (CFC의 재분해)

4. 환경 파괴문제

(1) 자외선의 영향

태양에서 지구로 쏟아지는 광선 중에 인체에 유해한 파장의 자외선을 O-Zone 층이 흡수하여 주는데 이 기능을 마비시켜

① 피부암, 백내장 같은 질병 유발

② 곡물의 흉작, 수확 감소

③ 해양의 플랑크톤 사멸 및 가축의 발육 저하

(2) 온실효과(Green House Effect)

오존층의 파괴로 인하여 지구 표면열이 천공에 방사되지 못하고, 온실처럼 기온이 높아져서 남북극의 얼음이 녹아

① 해수의 수위가 높아지고

② 태풍 발생의 증가

③ 해일 등 기후형태가 파괴되어 지구의 환경변화를 가져오게 된다.

④ 이산화탄소가 온실효과의 주범이지만 CFC효과가 CO_2에 비해 1만배 가량 높다.

5. 대책

(1) 대체용 냉매개발

① 무공해, 무독성 불연성의 새로운 냉매가 요청된다.

② HCFC－123, HFC－134a, HCFC－141b

(2) 대체 기술혁신에 의한 신 cycle의 개발

흡수식 Cycle(냉 · 온수기) Striling cycle

(3) 학계

오존파괴의 영향 연구, 대체용 냉매 및 기술연구

(4) 정부

오존층의 보호대책, 법 제정의 필요성

(5) 업계

장기 대책 연구, 시행이 필요

지구온난화의 요인을 설명하고 이에 대한 악영향을 기술하라.

1. 개요

지구온난화란 지구에서 천공에 방사될 열이 천공에 방사되지 못하고 지상으로 되돌아오므로 온실처럼 지구의 평균기온이 높아지므로서 나타나는 현상이다. 그러므로 지구 내의 온도균형의 변화로 여러 가지 자연현상의 변동과 부작용이 심해진다.

2. 온난화의 원인

(1) 매년 지구 평균기온 상승의 원인은 여러 가지 이론이 제시되고 있으나 대기 중 온실가스의 농도 증가에 기인한다는 이론이 지지를 받고 있다.

(2) CO_2, CH_4, NO_2(이산화질소), CFC_S(염화불화탄소) 등 온실가스는 우주공간으로 방출될 적외선을 흡수하여 저층의 대기 중에 다시 방출하여 대기온도를 상승시키는데 이러한 현상을 "온실효과(Green House Effect)"라 한다.

(3) 온실효과 기여도는 총량 기준으로 CO_2가 55%, CFC는 17%이며 한분자당 온난화 강도는 CO_2를 1이라고 할 때, CFC는 C－CI, C－F, C－Br 결합에 의해 파장 8~13μm 부근의 적외선은 10,000~20,000배 흡수하는 특성이 있다.

(4) 대기 배출 연평균 증가율은 CO_2 0.5%, CFC 5%이므로 CFC의 온난화 경향의 증가 정도를 짐작할 수 있다.

3. 온난화에 의한 영향

(1) 기후변화

기후는 열역학, 동역학, 화학, 복사 특성 등 많은 요인에 의해 결정되나 시뮬레이션 결과 기온은 2.8~5.2℃ 상승하고 대기 중 수증기량 증가는 강수량 7~16% 증가를 초래한다.

(2) 해수의 상승

온난화로 해수의 팽창, 알프스, 극지방 빙하의 해빙으로 해수위 상승률이 가속되어 2025년까지 10~20cm, 2100년까지 50~200cm 증가하여 저지대는 침수하게 된다.
(곡창지대 : 나일 삼각주)

(3) 생태계 변화

지구상 서식동물은 식물의 분포와 함께 온도와 습도의 분포에 따르는데 평균온도 3℃ 상승은 지구역사 10만년 간의 변화량으로서 생태계의 빠른 멸종, 도태, 재분포를 초래할 것으로 예상된다.

(4) 수자원 영향

가뭄지역은 강수량 감소 40~70%로서 지표수 유량이 감소하여 농업, 생활용수난을 겪게 된다.

(5) 인체에 미치는 영향

여름철 질병의 발생률, 기후변화속도가 증가하여 인류에 큰 희생을 초래한다.

4. 결론

지구온난화에 의한 영향이 심각하게 예상되고 있는 이 때에 세계적인 방지대책이 시급하고 국가적으로는 화석연료의 감소와 대체에너지의 개발로 대응하고 냉동, 냉장고용으로 사용되는 CFC 및 소화약제인 Halogen의 대체 개발로 해결해야 할 인류 생존의 중요한 과제이다.

CFC-12의 대체냉매로 HFC134a 사용 시 고려사항과 특성을 설명하라.

1. 개요

대체냉매란 오존층을 파괴하는 CFC계의 냉매를 대체하는 물질을 말하며, 대체물질은 HCFC와 HFC로 구분할 수 있다. 그 중 HFC는 수소, 불소, 탄소를 함유하고 염소(Cl)원자를 포함하고 있지 않아 오존층 파괴에는 영향이 없다.

2. CFC-12와 HFC-134a의 비교

(1) 냉동능력

R-12보다는 냉동능력이 낮아져서 같은 냉동능력을 갖기 위해서는 소비동력이 증대되어야 하고, 압축기의 토출압력이 증가하지만 증기압 곡선이 R-12와 유사하여 R-12(CFC-12) 대체냉매로 유망

(2) 윤활유 사용문제

기존 사용 Oil과의 관계는 Mineral Oil과의 혼화성 저하로 나타나며, 기존 Oil은

① 윤활유 사용불가
② Poly Altglene Glycol계 Oil 검토
③ 2상 분리온도가 비교적 낮아 응축온도 범위에서의 분리 가능성
④ 불소계 Oil의 검토-저온측에서의 혼화성의 개선 필요

(3) 시공재료의 문제

① HFC134a는 자체의 수용해도가 CFC-12에 비해 큼
② PAG계 Oil을 사용한 경우 기포 현상 발생
③ Packing용 재질은 CFC에 비해 팽윤성, 투과성이 약간 큰 재질을 선정할 필요 있음
④ 고무 Hose의 내면에 Nylon Coating

(4) 건조제의 문제

① HFC-134a는 CFC-12보다 분자경이 작기 때문에 종래의 제올라이트로서는 흡착 및 분해가 많음
② 새로운 건조제 개발시 수용해도의 증가 고려

(5) Cu(구리) 도금문제

① PAG계 Oil 사용 시 장치계 내의 수분량 증가로 Cu Ion이 발생하며 흰 부분 등에 동도금이 발생하여 압축기 성능에 영향을 줌

② 계내의 금속 Ion의 발생방지를 위한 수분감소대책과 윤활유의 개량 등이 필요

(6) Service Can 문제

HFC-134a의 Service Can은 종래의 CFC-12의 것과 동일한 취급을 위해 가스사용의 법적 정비가 필요함

3. 결론

대체냉매의 개발은 매우 시급한 과제로 대두되어 우리 앞에 다가서고 있다. 현재 사용되는 냉매를 대체하는 냉매로 추천된 것을 혼합냉매이거나 염소를 포함하여 ODP나 GWP에 영향을 주는 물질이므로 제3세대 대체 물질 개발에 연구와 투자가 필요하다.

CFC의 오존층 파괴 메커니즘(Mechanism)을 CFC-11을 예로 들어 설명하라.

1. 개요

CFC(Chloro Fluoro Cabon : 염화불화탄소)는 냉동기, 냉장고, Air Con., Car Air Con. 등에 쓰이는 Freon계의 냉매와 질식소화제로 쓰이는 Halogen약제 등의 염화불화탄소를 말하며 이것이 대기 중에 방출하여 성층권 밖의 오존층을 파괴하여 태양의 자외선을 차단시키지 못한다.

2. 규제대상 및 내용

1987년 몬트리올 협정에서 CFC-11, 12, 113, 114, 115 및 할로겐 1211, 1301 등을 연차적으로 사용과 생산을 규제하여 1995년까지는 CFC 50%, 1997년까지는 85%로 감축하고 2000년에는 전폐하기로 결정했다.

3. 오존파괴 Mechanism

CFC가 방출 후 서서히 확산하여 지상 20~30km 사이에 있는 오존층에 도달하게 되면 CFC화합물은 태양의 자외선에 의하여 분해되어 염소(Cl)원자를 방출하게 되는데 염소원자가 오존(O_3)과 반응하여 산소(O_2)로 변화되므로 오존층이 파괴된다.

※ CFC-11 ——— CCl_3F —(열반응 분해)— CCl_2F+Cl

CCl_3F —(열분해(태양))— CCl_2F+(CFC 분해)

$Cl+O_3$ ——— $ClO+O_2$(오존 파괴)

$ClO+O$ ——— $Cl+O_2$(CFC의 재분해)

4. 환경파괴문제

(1) 자외선의 영향

태양에서 지구로 쏟아지는 광선중에 인체에 유해한 파장의 자외선을 오존층이 흡수하여 주는데 이 기능을 마비시켜 피부암, 백내장 같은 질병을 유발시키고, 곡물의 흉작, 수확감소, 해양의 플랑크톤 사멸로 먹이사슬 파괴 및 가축의 발육저하가 일어난다.

(2) 온실효과(Green House Effect)

오존층의 파괴로 인하여 지구 표면열이 천공에 방사되지 못하고 온실처럼 기온이 높아져서 남북극의 얼음이 녹아 해수의 수위가 높아지고

① 태풍의 발생 증가

② 해일 등 기후 형태 파괴

③ 지구의 환경변화의 악영향을 가져온다.

이산화탄소가 온실효과의 주범이지만 CFC효과가 CO_2에 비해 10,000~20,000배 가량 높다.

5. 대책

(1) 대체용 냉매개발

무공해 무독성, 불연성 등 기존 냉매 특성을 살린 새로운 대체 냉매가 요청된다.

(2) 대체기술 혁신에 의한 신 Cycle 개발

① 흡수식 냉·온수기, 흡수식 냉동기

② 축열 System 기술개발 활용(심야전기)

(3) 자연 냉매의 활용시스템 개발

① 자연냉매 : 물, 질소, CO_2, 공기, 프로판, 부탄 등 기본 자연 냉매기술 개발

② 암모니아 등 다소 독성은 있으나 기술개발 등으로 재사용 및 소형 개발 촉진 필요

(4) 학계

오존파괴에 대한 연구, 대체용 냉매 개발 및 기술연구지원

(5) 정부

오존층의 보호대책, 법제정의 필요성

(6) 업계

장기대책 연구시행이 필요하다.

CFC 대체냉매의 구비조건과 암모니아를 대체냉매로 선정 시 장점과 단점을 설명하라.

1. 개요

(1) 대체냉매 CFC(Chloro Fluoro Carbone)란 염화불화탄소계 냉매로 함유한 염소(Cl)에 의하여 Ozone층에서 오존과 반응하여 오존을 분해하는 물질로 대체냉매 개발이 필요하다.

(2) CFC 대체냉매의 구비조건은 냉동능력과 물리적인 성상 그리고 안정성, 윤활유 관계, 기기의 내압과 재질과의 화합, 압력관계, 독성 등 제반 조건이 유사하여 대체에 반응 지장이 없어야 한다.

2. 대체냉매의 구비조건

(1) 기존 CFC계 냉동기에 그대로 적용 가능한 물리적, 화학적 영향이 적을 것
(2) 비점이 적당히 낮을 것
(3) 냉매의 증발잠열이 클 것
(4) 응축 압력이 적당히 낮을 것
(5) 증기의 비체적이 적을 것
(6) 압축기 토출기로의 온도가 낮을 것
(7) 임계온도가 충분히 높을 것
(8) 부식성이 적을 것
(9) 안정성이 높을 것
(10) 전기 절연성이 좋을 것
(11) 누설검지가 쉬울 것
(12) 누설하였을 때 공해를 유발하지 않을 것
(13) 동도금 현상이 없을 것
(14) 수분을 함유하지 않고 냉동기유와 분해 또는 열화하지 않을 것
(15) 가스켓 또는 시일을 침식, 부식시키지 않을 것
(16) 기존 Oil을 그대로 사용할 수 있을 것

3. 암모니아(NH_3)를 대체냉매로 선정 시 장단점

(1) 장점

① 증발 잠열이 크다.(327.13kcal/kg)
② 가격이 싸고 쉽게 구입이 가능하다.
③ 증발압력과 응축압력이 적당하다.
④ 사용 경험이 풍부하다.
⑤ 누설시 판별이 용이하다.
⑥ 점도가 적고 열전도율이 좋다.
⑦ 증발온도가 적당히 낮다.

(2) 단점

① 독성, 중독성, 악취가 있다.
② 응축압력이 CFC계보다 다소 높다.
③ 토출가스온도가 다소 높다.(98°C)
④ 인화성이 있다.
⑤ 냉동오일의 탄화 또는 열화되기 쉽다.

4. 결론

대체냉매로서는 HCFC, HFC계가 대두되고 있으나 종래의 냉매에 비해 증발잠열, 응축압력, 냉동 Oil 등에 영향이 다소 발생하여 쓰임에 문제를 극복해야 할 과제가 있다.

TAB에 대해서 논하라.

1. 개요

공기조화설비의 에너지 반송매체인 공기와 물에 관하여, 시공된 설비시설에 출입하는 양이나 질이 설계치에 합당한가를 '시험'하고 오차가 있는 경우 '조정'하여 최종적으로 설비 계통을 '평가'하는 분야를 말한다.

2. TAB의 정의

TAB란 빌딩 내에서 설계목표를 달성하기 위해 모든 환경계통을 점검(Checking), 조정(Adjusting)하는 과정

3. TAB의 목적

(1) 설계목표에 적합한 시설의 완성
(2) 설계 및 시공의 오류수정
(3) 운전비용의 절감
(4) 시설 및 기기 수명연장
(5) 초기투자비의 절감
(6) 품질제고
(7) 운전 및 보수자료
(8) 설계 및 시공결과 확인 및 정량화

4. TAB의 대상

(1) 대상건물

공기조화설비가 설치되는 모든 종류의 건물

(2) 대상설비

① 공기공급계통
② 환기 및 배기계통
③ 냉난방용 물공급 및 순환계통(위생계통 제외)
④ 자동제어시스템

⑤ 소음시험
⑥ 진동시험

5. TAB 주요업무

(1) 설계검토단계

① 공통사항
㉮ 인접기기의 상호간섭에 의한 영향
㉯ 국부적인 마찰손실의 검토
㉰ 시스템효과의 최적화를 위한 배려
㉱ 운전장애 가능성에 대한 검토

② 공기계통
㉮ 적정한 풍량조절 기구의 선택 및 배치
㉯ 밸런싱 기구로 인한 소음의 증가가 없도록 위치를 선정
㉰ Spliter Damper나 Extractor는 풍량조절 기구로는 적합하지 않음
㉱ 덕트내장형 코일에는 풍량조절댐퍼가 있어야 하며 코일 전단에 충분한 거리를 두어 공기의 흐름이 코일 면에서 쏠리지 않도록 하여야 함
㉲ Pitot Tube 단면측정 및 설치계측기의 메이커가 추천하는 측정법에 의한 측정을 위한 적정한 직선구간의 확보

③ 물계통
㉮ 적정한 유량조절기구의 선택 및 배치
㉯ 각종계측기의 설치 및 측정을 위한 배려(온도, 압력)
㉰ 공기빼기 및 관세척을 위한 배려

(2) 시공단계

① 측정점의 확보 및 선정
② 기기 및 구성요소의 성능자료 입수 및 설계자료와의 검토 비교
③ 예비보고서의 작성 및 제출
④ 시공상태의 점검
⑤ 시공기술자의 자문

(3) 시공완료단계

① 완료시스템의 점검, 확인
② TAB 현장 측정 및 조정
③ TAB 최종보고서의 작성제출

6. 결론

TAB는 설계, 시공, TAB 업체의 완벽한 조화로 철저하게 이루어져야 하며, 에너지 절약, 유지, 보수관리의 편리 및 유지 관리비 절약 등으로 쾌적한 실내환경 유지에 이바지해야 한다.

TAB의 의미를 설명하고 TAB기술 정착화를 위한 각 부분에서의 대책을 기술하시오.

1. 개요

System의 시험(Test), 조정(Adjusting), 균형(Balance)을 TAB라 하며, 설계목적에 부합되도록 공기, 물의 균형분배, 설계치의 용량을 공급할 수 있는 시스템의 조정, 전기계측 자동제어 성능확인, 소음 진동측정 등 빌딩의 모든 환경 System을 검토하고 시험 조정하는 과정을 말한다.

2. TAB의 목적

(1) 공기 및 물분배의 밸런스
(2) 설계치를 공급할 수 있는 전 시스템의 조정
(3) 전기계측
(4) 모든 장비, 자동제어의 성능확인
(5) 소음, 진동 측정
(6) 설계와 부합되도록 설치되어 있는지 검토
(7) 설계사양에 적합한지를 검토하기 위한 시스템의 유량 측정 및 세팅
(8) 결과의 기록 및 보고의 과정

3. 정착화를 위한 대책

(1) 설계부문

① 완벽한 TAB을 위해 Duct 또는 배관의 각 분기구나 유량조절 필요 개소에 유량조절장치를 둔다.(F.M.S)
Duct : 볼륨댐퍼, 배관 : 밸런싱 밸브
② 유량측정 개소에 측정공을 설치하여 배관의 차압 또는 덕트 풍속 측정구 설치
③ 밸런싱에 필요한 풍량 또는 유량을 도면에 표기함으로써 현장 TAB시 정확성 유지. 위의 내용에 앞서 설계자는 TAB의 사전지식을 알아야 하고 그동안 설계 이후의 결과치에 대해 거의 무관심하였고 문제점에 대해 소홀하였던 것 등에 TAB를 통해 재인식, 정확한 설계기법 적용 필요

(2) 시공부문

① 착공 전부터 공사공정계획에 충분한 TAB실시 시간을 삽입

② TAB를 의식한 시공법 개발
예) Duct의 기계화와 배관의 Prefab화로 정밀 시공
③ 물, 공기의 측정 지점에 대하여 사전에 협의하에 공사에 반영
④ 시공 전 TAB 업체에 도면 검토의뢰-유량 및 풍량조절기구 위치 및 개소조정

(3) 제어부문

① 장비의 TAB에 적용되는 각종 Factor의 데이터화
② 자동제어 장치의 완벽한 구성

(4) 업무상 부문

① TAB는 국가에서 인정하는 TAB전문기관 및 업체로서 신뢰성을 높인다.
② TAB 시행시 현장기술자의 적격성 여부 판단 필요
③ 장비가동 전원공급 준비
④ 각 장비의 청소
⑤ 시설물 파손시 즉시 교체

4. 결론

TAB는 설계, 시공, TAB 업체의 완벽한 조화로 철저하게 이루어져야 하며, 에너지 절약, 유지, 보수관리의 편리 및 유지 관리비 절약 등으로 쾌적한 실내환경에 이바지해야 한다.

03 시험, 조정, 평가(TAB)의 수행항목과 필요성에 대해 기술하시오.

1. 개요

시스템의 시험(Testing), 조정(Adjusting), 균형(Balancing)을 TAB라 하며, 설계목적에 부합되도록 공기, 물의 균형분배, 설계치에 적정한 용량이 공급될 수 있도록 시스템의 조립, 전기계측, 자동제어 성능 확인, 소음, 진동측정 등 빌딩의 모든 환경시스템을 검토하고 시험, 조정하는 과정을 말한다.

2. TAB 필요성

(1) 설계목적에 적합한 시설의 완성
(2) 설계 및 시공의 오류 수정
(3) 운전비용의 절감
(4) 시설 및 기기수명의 연장
(5) 초기 투자비의 절감
(6) 품질제고
(7) 운전 및 보수자료
(8) 설계 및 시공결과 확인 및 정량화

3. TAB의 대상

(1) 대상건물

공기조화설비가 되어 있는 모든 종류의 건물

(2) 대상설비

① 공기 공급계통
② 환기 및 배기계통
③ 냉난방용 물공급 및 순환계통(위생계통 제외)
④ 자동제어시스템
⑤ 소음시험
⑥ 진동시험

4. TAB 수행방법

TAB 수행은 착수→준비→실시→완료 단계로 대략 구분할 수 있다.

(1) TAB 착수단계(건축공사 착공－공사초기)

① TAB에 필요한 시간을 공사공정계획에 반영

② 건축, 기계설비공정에 참조하여 TAB 공사수행계획 작성

(2) TAB 준비단계(공사초기－시공중간)

① 시스템 검토

② 기기 및 구성요소의 성능자료 입수 및 설계자료와의 검토 비교

③ 측정점의 확보 및 선정
물, 공기 측정점에 대해 사전 협의하여 공사에 반영

④ 예비 보고서의 작성 및 제출

⑤ 시공 상태의 점검

⑥ 시공 기술자의 자문

⑦ TAB 장비의 청소 및 전원, 기기 이상 유무 점검

(3) TAB 실시단계(시공 완료 후)

① 완료 시스템의 점검 확인

㉮ 물 계통의 공기 빼기, 관 내 이물질 회수

㉯ 장비 시운전 실시

② TAB 현장 측정 및 조정

㉮ 물계통 측정 및 조정

- 온도 • 압력
- 차압 • 유량

㉯ 공기계통 측정 및 조정

- 공기압력 • 풍량
- 습도 • 풍속
- 기타 사항의 측정 및 조정
  - －회전수
  - －전기계측
  - －소음 및 진동
  - －자동제어 성능확인

(4) TAB 완료단계

① TAB 최종 보고서 작성 및 제출
② 유지 관리에 필요한 사항 조건

5. 결론

TAB은 설계, 시공, TAB업체의 완벽한 조화로 철저하게 이루어져 에너지 절약, 유지 보수의 편리, 유지 관리비 절약 등으로 쾌적한 실내환경 유지에 이바지해야 한다.

TAB 수행절차를 기술하고 단계별 공사현장에 적용할 적당한 시기에 관하여 기술하시오.

1. 개요

TAB란 공기조화설비에 대한 시험, 조정 및 균형이라는 뜻으로, 설계 목적에 부합되도록 모든 빌딩의 환경 및 시스템을 검토하고 조정하는 과정으로, 공조지역에 최적의 환경을 제공하기 위하여 공급되는 공기의 온도, 습도, 청정도를 동시에 관리하기 위해 공기를 처리하는 과정으로 정의한다.

2. TAB 대상항목

(1) 점검 및 조정항목

① 공기 및 냉·온수 분배의 Balance
② 설계치를 공급할 수 있는 시스템의 조정
③ 전기계측
④ 모든 장비와 자동제어장치의 성능에 대한 확인

(2) 수행작업 내용

① 설치된 시스템의 설계 부합 여부
② 설계사양에 맞게 되었는지에 대한 시스템의 유량측정 및 확정
③ 결과의 기록 및 보고의 과정

3. TAB 작업구성 및 절차

(1) 시스템 검토

① 부하계산서 검토
② 도면 검토
③ 덕트 시공상태 검토
④ 배관 시공상태 검토
⑤ 장비설치 및 사양검토

(2) 장비성능시험

① 공조기, 팬 측정
② 보일러, 열교환기, 방열기 측정
③ 냉동기, 냉각탑 측정
④ 펌프 측정, 팬코일, 유닛히터 측정
⑤ 패키지, 에어커튼 측정
⑥ 전열 교환기, VAV, CAV 유닛 측정

(3) 공기 반송부문

① 주 덕트 공기분배
② 분기덕트 공기분배
③ 터미널 공기분배
④ VAV, CAV 공기분배

(4) 물 반송부문

① 주 배관 유량분배
② 분기배관 유량분배
③ 말단 유닛 유량분배
④ 코일 효일 측정

(5) 자동제어 시험 및 조정

① 자동제어 시스템 검토
② 제어기기 설치 및 사양 검토
③ 센서류 교정
④ 제어기기 성능시험 및 조정

(6) 소음 측정

① 실내 암소음 측정
② 장비 가동 후 소음 측정
③ 기계실 및 팬룸 소음 측정

(7) 실내 부하 측정

① 실내 온도, 습도 측정
② 실내압력 분포시험
③ 건물압력 분포시험
④ 소비전력 및 연료 사용량 측정

(8) 보고서 작성

① 건물 및 설비 현황
② 시스템 개요
③ 공기조화설비 현황 및 개요
④ 측정 결과 수록
⑤ 기타 참고자료

4. TAB 작업분류

(1) 시공전부터 실시되는 TAB

설계도면 및 시스템의 사전 검토부터 시공중 검사에 따른 올바른 시공과, 시공중 변경되는 실의 용도 및 조건에 따라 적합한 시스템 구성 및 문제점을 사전에 예방하기 위하여 아래와 같은 절차에 의해서 시공전부터 TAB를 실시한다.

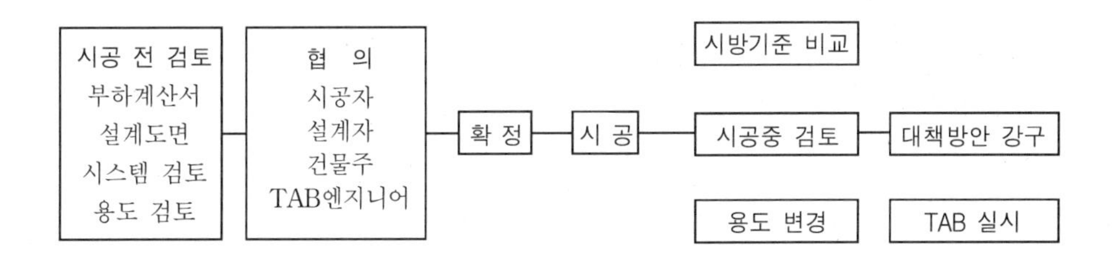

(2) 시공완료 후부터 실시되는 TAB

완공된 상태가 설계조건에 맞는 올바른 시공이 되었는가를 증명하고, 부분 문제점에 따른 대책방안 및 차후 운전관리에 지침이 될 수 있도록 하며, 설계 조건에 최대 근접시킬 수 있도록 TAB를 실시한다.

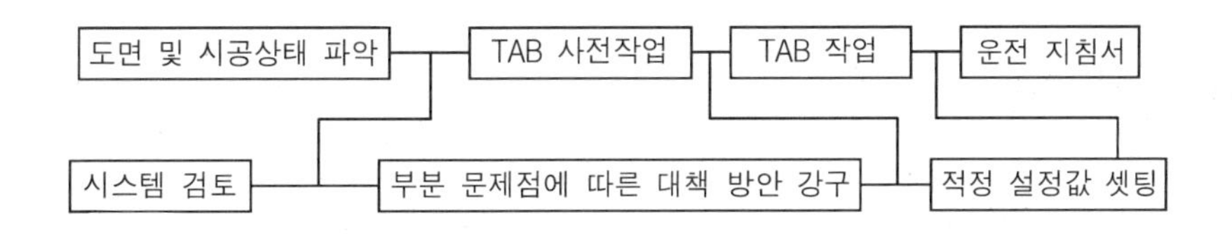

5. 결론

TAB 수행절차에 따른 단계별 적용시기를 적용하여 최적의 실내환경을 제공하여야 할 것으로 사료된다.

TAB 과정을 예비절차 단계, 장비 및 시스템 검토단계, 시험절차 단계로 구분하여 설명하시오.

1. 개요

TAB란 공기조화설비에 대한 시험, 조정 및 균형이라는 뜻으로, 설계 목적에 부합되도록 모든 빌딩의 환경 및 시스템을 검토하고 조정하는 과정으로 공조지역에 최적의 환경을 제공하기 위하여 공급되는 공기의 온도, 습도, 청정도를 동시에 관리하기 위해 공기를 처리하는 과정으로 정의한다.

2. TAB 대상항목

(1) 점검 및 조정항목

① 공기 및 냉·온수 분배의 Balance
② 설계치를 공급할 수 있는 시스템의 조정
③ 전기계측
④ 모든 장비와 자동제어장치의 성능에 대한 확인

(2) 수행작업 내용

① 설치된 시스템의 설계부합 여부
② 설계사양에 맞게 되었는지에 대한 시스템의 유량측정 및 확정
③ 결과의 기록 및 보고의 과정

3. 예비절차단계

(1) 공기분배계통

① 자료수집
② 계통 도면작성
③ 자료 및 계통검토
④ 측정계기 선정

(2) 물분배계통

① 자료수집
② 계통 도면작성

③ 자료 및 계통검토
④ 측정계기 선정

(3) 시험, 조정, 평가 일정계획 수립

① 자료수집
② 일정계획 수립

4. 장비 및 시스템 검토단계

(1) 공기분배계통

① 장비검사 : 팬, 공기조화기
② 덕트 계통검사

(2) 물분배계통

① 장비검사 : 펌프, 냉동기 및 냉·온수기, 열교환기, 코일, 보일러
② 배관계통 검사

5. 시험절차단계

(1) 공기분배계통

① 일반사항
② 급기계통
③ 배기계통
④ 환기계통

(2) 물분배계통

① 일반사항
② 냉수 및 온수계통

(3) 소음

6. 시험내용

(1) 공기분배계통

① 공조기 운전상태의 점검
② 필터차압시험

③ 공조기의 풍량측정
④ 팬 정압 측정
⑤ 모터와 팬의 회전수 측정
⑥ 모터의 운전전류와 전압측정
⑦ 모토의 무부하 전류 측정

(2) 물분배계통

① 펌프 시운전 및 전류 측정
② 펌프의 최초수량 측정
③ 각 계통의 최초수량 측정과 물 분배 작업
④ 물분배 조정 후 펌프의 최종수량과 운전전류를 측정하고 최초 운전전류와 비교

(3) 자동제어

① 자동댐퍼의 점검
② 자동조절밸브의 점검
③ 공조기 인터록 상태 점검
④ 제어시스템의 작동상태 점검

7. 결론

TAB 수행절차 및 단계별 수행항목을 준수하여 설계 목적에 부합되도록 모든 빌딩의 환경 및 시스템을 검토 · 조정해야 할 것으로 사료된다.

TAB 업무수행 중 덕트계통 풍량조절작업의 흐름과 업무지침에 대하여 논하라.

1. 개요

공조하고자 하는 공간에 대하여 열부하의 변동에 대응하는 송풍량을 조절하여 소정의 온도를 유지하는 풍량을 말하며, 공기를 매체로 하여 공간의 온도를 유지하는 방법에는 열부하의 변동에 따라 송풍온도를 변화시키면서 송풍량을 일정하게 유지하는 정풍량 공조방식과 송풍량을 변화시키는 변풍량 공조방식이 있다.

2. 정풍량(Constant Air Volume) 공조방식에서의 풍량조절방법

일정한 풍량으로 송풍하여 실내의 부하변동에 따라서 토출공기의 온도를 변화시키는 방식이며, 냉수코일과 온수코일의 열교환 제어를 함으로써 실내온도를 제어하는 방식이다.

(1) 공조기의 풍량을 설계치에 맞도록 급기, 외기, 배기 풍량을 세팅한다.
(2) 해당 층의 주덕트 및 분지덕트의 풍량을 측정한다.
(3) 각 존별 터미널 풍량을 재차 설계치에 만족하도록 취출구의 풍량을 조절한다.
(4) 최종적으로 공조기의 성능을 재차 확인 측정한다.

3. 변풍량(Variable Air Volume) 공조방식에서의 풍량조절방법

송풍온도를 일정하게 유지하고 부하변동에 따라서 송풍량을 변화시킴으로써 실온을 제어하는 방식이다.

(1) 배기 및 외기도입 전동댐퍼는 최소외기량만큼 유입되도록 개도 설정
(2) 혼합 전동댐퍼는 외기도입 전동댐퍼 개도에 반비례 비율로 개방
(3) 인버터 또는 inet vane는 공조기가 최대 풍량이 유지되도록 세팅
(4) VAV 유닛 간 풍량 밸런싱이 완료되면 덕트정압 검출지점의 정압 측정한다.

4. 덕트계통의 풍량조절방법

(1) 공조기 및 송풍기 성능 측정

① 공조기 메인 덕트 풍량 측정
② 공조기 흡입 및 토출 정압 측정
③ 송풍기 회전수 및 모터 회전수 측정
④ 모터의 전류, 전압 측정

(2) 주덕트 및 분기덕트 풍량 및 정압 측정

① 각 존별 주덕트 풍량 측정
② 각 존별 분기덕트 풍량 측정

(3) 각 공조지역의 존별 터미널 풍량 측정

① 1차 풍량 측정
② 2차 풍량 측정
③ 최종 풍량 조정

5. 공기터미널의 밸런싱 기준 및 측정 계측기

(1) 각 공조지역의 전급기량은 설계치의 5%에서 ±10% 이내가 되도록 밸런싱을 유지한다.
(2) 최종 밸런싱 조건하에서 각 필터 입구, 출구 정압을 측정 기록한다.
(3) 최종 밸런싱 조건하에서 각 코일 입구와 출구 정압을 측정하며 기록한다.
(4) 마노미터 계측기에 의한 덕트 정압 및 동압 측정
(5) FLOW HOOD에 의한 각 터미널 풍량 측정 및 조정
(6) 후크메타기(전류계)에 의한 전압, 전류 측정
(7) 타코메타기에 의한 송풍기 및 모터 회전수 측정
(8) 풍속계(회전식 바람개비형)에 의한 풍량 측정

6. 덕트 풍량 조절에 대한 평가보고서 작성방법

(1) 공조기의 시스템 자료 기록
(2) 공조기의 성능 기록
(3) 주덕트의 흐름도 작성
(4) 분기덕트의 풍량 분포에 따른 취출구 풍량 및 개도 기록
(5) 취출구의 분포도 기록

7. 결론

각 부하에 맞도록 덕트의 댐퍼 및 말단 취출구의 개도 조정을 통하여 불필요한 반송 동력과 열매체의 손실을 최소화하고, 장기적으로 에너지의 절약과 효율적인 유지 관리를 위한 필요한 작업 방법이며, 보고서는 유지 관리상 필요한 중요한 자료다.

SMACNA Duct의 기밀시험절차를 설명하시오.

1. 개요

Duct 기밀시험은 시험대상 덕트를 밀봉한 상태에서 송풍기로 공기를 덕트 내부로 불어넣어 시험압력을 유지하면서 이때 압입되는 송풍기의 풍량을 측정하여 누기량을 알아내는 방법을 이용한다.

2. 기기의 구성

(1) 송풍기
(2) 풍량 측정기
(3) 압력 측정기

3. 기기 각 부분의 용도

(1) 송풍기

① 시험덕트 내부에 공기를 공급 일정압력을 유지
② 후곡형 날개의 원심형 송풍기

(2) 풍량측정기

① 시험덕트 내로 공급되는 공기의 누기량 측정
② 미국 공조덕트 시공자협회(SMACNA)의 기준에 의하여 제작된 직경 98mm 오리피스의 전후 차압을 측정하여 풍량을 조사함

(3) 압력측정기

① 시험덕트 구간의 압력과 누기량 판독 장치
② U자형 액주계(U-Tube Manometer)-덕트 내 압력 측정
③ 마그네헤릭 게이지-오리피스 차압 측정

4. 덕트기밀시험 절차

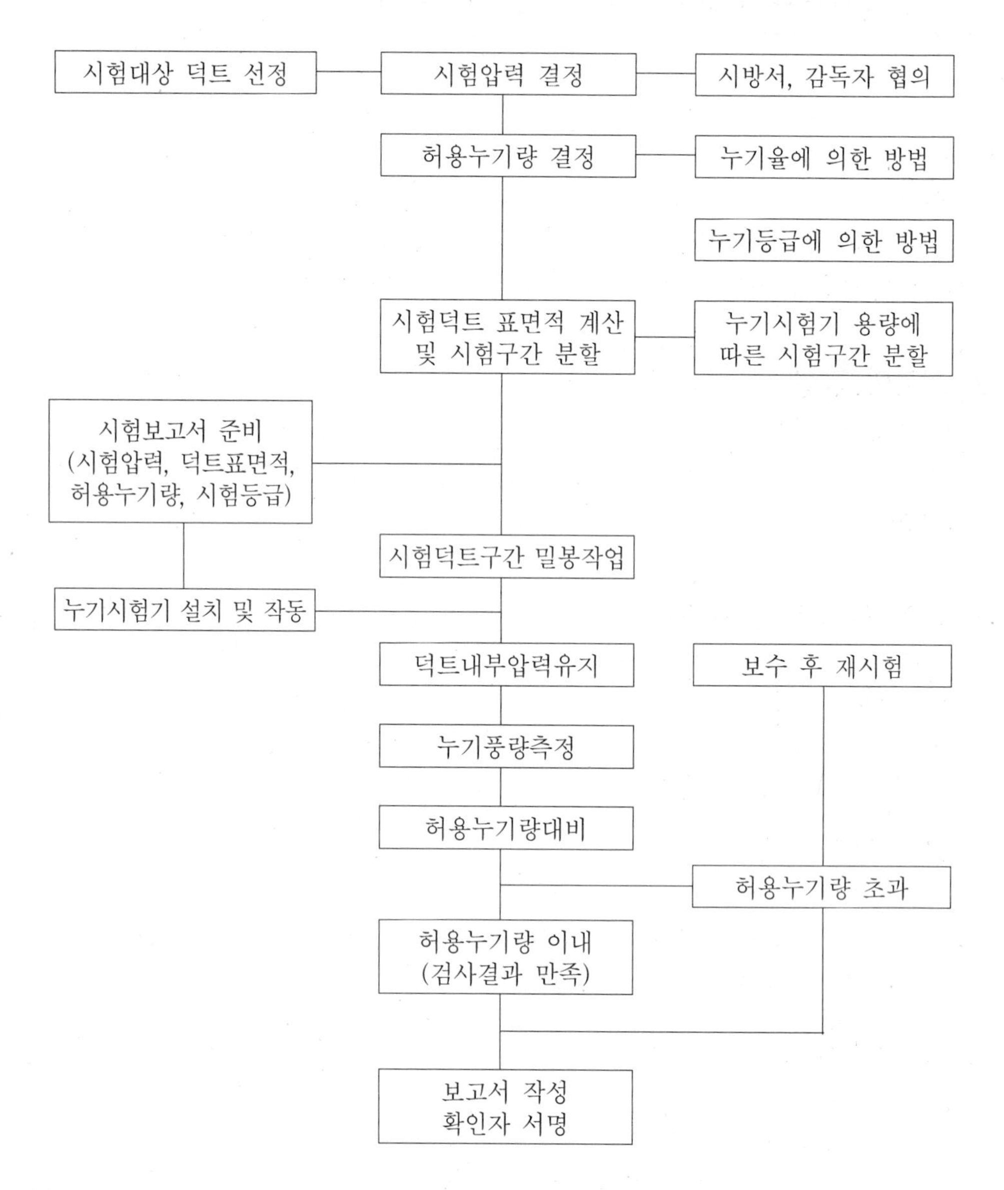

5. 시험압력 기준

(1) 일반 덕트 시스템 : 250Pa 이상

(2) VAV 또는 CAV시스템 : 500Pa 이상

$$시험압력 = \frac{기외정압 + 덕트기구압력}{2} (Pa)$$

6. 허용누기량 기준

(1) 누기율에 의한 방법

① 표면적당 허용누기량(L/s·m²)= $\dfrac{\text{시스템총풍량}(m^3/h) \times \text{누기율}(\%)}{3.6 \times 100 \times \text{시스템덕트표면적}(m^2)}$

② 시험덕트 허용누기량(L/s)=표면적당 허용누기량(L/s·m²)×시험구간 덕트 표면적(m²)

시스템 누기율	권장 적용대상
5% 초과 10% 미만	비공조 공간 환기
5% 이하	각층 공조방식의 CAV시스템, 제연덕트
3% 이하	VAV시스템, 주방배기, 정화조 배기, 화장실 배기
1% 이하	특수용도(수술실, 청정실 등)

(2) 누기등급에 의한 방법

① 시험덕트 허용누기율(L/s)=누기등급별 표면적당 허용누기량(L/s · m²) × 시험구간 덕트 표면적(m²)

시험압력(Pa)	덕트 표면적당 최대 허용 누기량(L/s · m²)			
	A급	B급	C급	D급
100	0.40	0.20		
200	0.63	0.31		
300	0.82	0.41		
400	0.98	0.49		
500	1.10	0.57		
600		0.64	0.32	
700		0.71	0.35	
800		0.77	0.39	
900		0.83	0.42	
1,000		0.89	0.45	
1,300			0.53	0.26
1,800			0.65	0.33
2,300				0.38
권장적용 (기외정압기준)	500 Pa 이하	750 Pa 이하	1,500 Pa 이하	1,501 Pa 이상

7. 결론

일반적으로 덕트의 누기는 모든 접합부에서 발생하고 있으므로 덕트 내부가 양(+)압이면 내부를, 음(−)압이면 외부를 실링 재료를 사용하여 기밀 처리하여야 한다.

Building Commissioning

1. 개요

설계단계부터 준공 후 최소한 일 년 동안 건물의 모든 설비 시스템이 설계 시방서와 일치하고 또한 운영요원의 확보를 포함한 건물 소유주의 운영상 요구를 충족할 수 있도록 상호작용하는 것을 검증하고 문서화하는 체계적인 공정을 말한다.

2. 목적

빌딩 커미셔닝은 효율적인 건물에너지 관리를 위해 가장 중요한 요소로서 건물운영, 거주자의 쾌적성, 에너지 절약, 안전성 및 유지 관리비 절약을 위해 생애주기 동안의 전공정을 효율적으로 검증하고 문서화하여 에너지의 낭비 및 운영상의 문제점을 최소화하며, 최소의 비용으로 최대 건물 성능보장과 건물가치를 높이는 데 목적이 있다.

3. 빌딩 커미셔닝 효과

건물의 기획, 설계, 시공, 사용, 개보수, 해체까지의 건물전체 라이프 사이클을 통해 건물에너지비용이 생애 동안의 총 전체 비용의 50% 이상을 차지하며 실제 커미셔닝을 통해 건물에너지 사용량을 20~40%까지 절약할 수 있으며 건물의 결함을 대부분 해결할 수 있는 것으로 건물소유자, 설계자, 시공자, 임대인, 기타 계약자 모두 혜택을 얻게 된다.

4. 빌딩 커미셔닝 단계

(1) 건축물의 기획단계
(2) 설계단계
(3) 시공단계
(4) 준공단계
(5) 사용단계

5. 빌딩 커미셔닝 단계별 업무내용

(1) 기획단계

① 커미셔닝 주체 선정
② 최초 설계의도 문서화

③ 설계 기본자료 확립
④ 건물주가 요구하는 건물용도, 기능, 거주형태, 에너지사용, 건축형태 등을 문서화한다.

(2) 설계단계

① 커미셔닝 계획서 작성
② 커미셔닝 시방서 : 시공, 준공, 준공 후 단계 동안 커미셔닝 공정의 범위와 목적 상세히 기술
③ 설계의향서 작성
④ 설계의도를 명확하게 밝히고 충족시키는 계약서류 준비
⑤ 계약서의 검토와 승인

(3) 시공단계

① 커미셔닝 계획서의 세부사항 마무리 : 구체적인 커미셔닝 계획서 작성
② 정기적 커미셔닝팀 회의 진행
③ 각종 승인서 검토 : 시공도면, 장비승인서 및 TAB 절차서와 양식
④ 시공, 설치, 시운전, 운전 및 시험조정작업 점검

(4) 준공단계

① 계약서류에 의한 설비의 일치 여부 확인
② 최종 TAB 보고서의 정확성 검증
③ 준공보고서 완성
④ 커미셔닝 보고서 완성
⑤ System 매뉴얼 완성
⑥ 건물주에게 시설물 인계

6. 결론

국내에서도 최근 Building 커미셔닝 기술의 중요성이 점차 인지되고 있으며 더욱더 요청되는 시기이다. 향후 커미셔닝 기술의 개발이 확립되고 보급이 이루어져 국내건물의 에너지 절약에 기여하기 위해서는 관련 산학연 전문가들이 적극 참여하여 공동으로 연구개발하는 것이 필요할 것으로 사료된다.

압력계의 종류

1. 개요

압력계는 배관이나 덕트 내의 기체나 액체의 압력을 측정하기 위한 계기이다.

2. 압력계의 종류

(1) 탄성압력계(Elastic Gauge)

탄성한계 내의 변위는 외력에 비례한다는 탄성법칙을 이용, 수압소자를 탄성체로 하여 탄성범위를 측정함으로써 압력의 크기를 알 수 있는 측정방법

① Bourdon Tube Type 압력계

㉮ 사용범위 : $-1.01\times10^5 \sim 3\times10^8$Pa

㉯ 용도 : 상대압, 진공, 절대압 등의 측정 및 지시, 압력 Switch

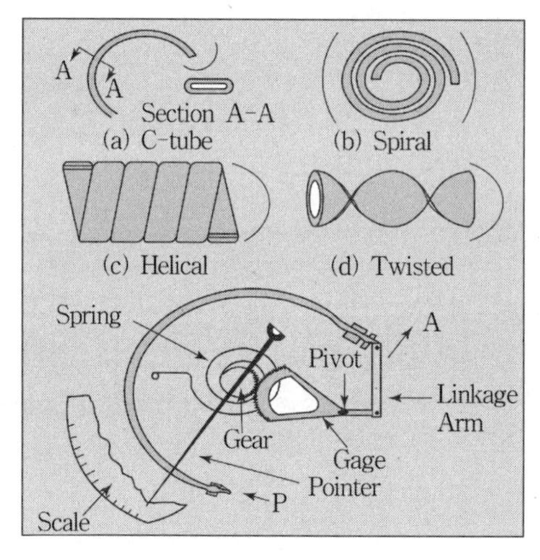

[Bourdon tube type]

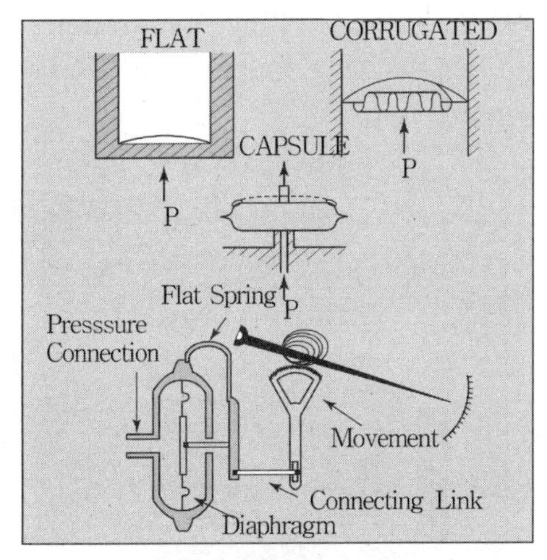

[Diaphragm type]

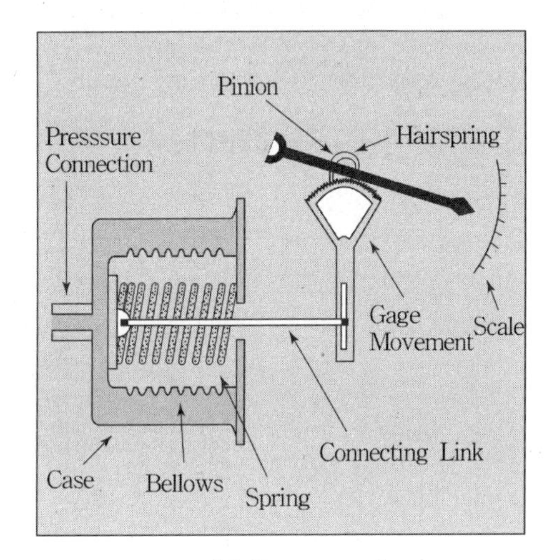

[Bellows type]

② Diaphragm Type 압력계

㉮ 사용범위 : $10-2\times10^3$Pa

㉯ 용도 : 미소압력, 차압, 절대압 대기압 등의 측정 및 지시압력변환기 및 공기식 계기의 회로 소자 등

③ Bellows Type 압력계

㉮ 사용범위 : $100\sim10^6$Pa

㉯ 용도 : 미소압력, 차압, 절대압, 대기압 등의 측정 및 지시 압력변환기 및 공기식 계기의 회로 소자 등

④ 격막식 압력계(Pressure Gauge With Diaphragm)

피측정체가 부식성이 강하거나, 고온, 고점도, Slurry 등이거나 응고하기 쉬운 액체일 때 사용되며, 습식과 건식 등으로 분류

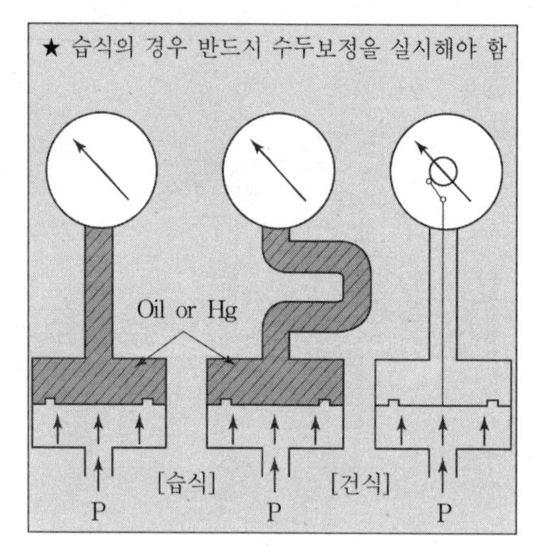

[격막식 압력계]

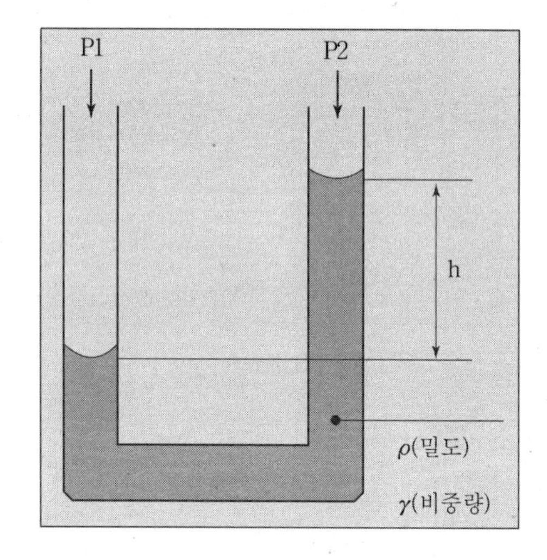

[U자관형 압력계]

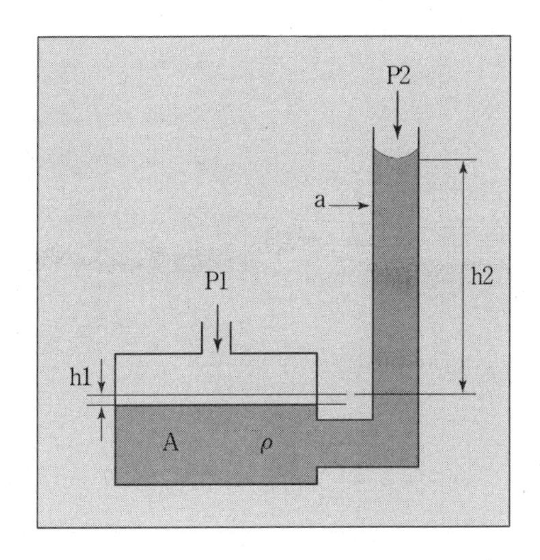

[단관형 압력계]

(2) 액주식 압력계(Liquid Column Manometer)

이 방법은 오래 전부터 사용된 방법으로서, 즉 정하고자 하는 압력에 의해 발생되는 힘과 액주의 무게가 평형을 이룰 때, 액주의 높이로부터 압력을 계산할 수 있다.

① U자관형 압력계(U-Tube Manometer)

㉮ 사용범위 : 0.05~20kPa, or Hg

㉯ 용도 : 상대압, 차압, 진공 등의 측정 및 지시용

② 단관형 압력계(Cistern Manometer)

㉮ 사용범위 : 0.05~20kPa, or Hg

㉯ 용도 : 상대압, 차압, 진공 등의 측정 및 지시용

③ 경사관형 압력계(Inclined Tube Manometer)

㉮ 사용범위 : 0.01~5kPa

㉯ 정도 : ±0.001kPa

㉰ 용도 : 상대압, Draft 압력, 미압의 표준으로 사용

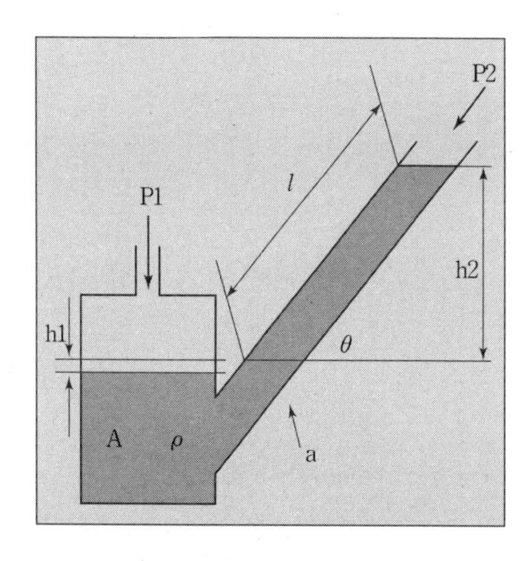

[경사관형 압력계]

(3) 진공계

대기압 이하의 압력을 측정하는 압력계기를 진공계라 하며, 대기압에서부터 0mmHg까지의 영역을 진공영역이라 한다.

① 액주차를 이용한 진공계

㉮ 폐관형 진공계

㉠ 측정범위 : 101~0.67kPa

㉡ 용도 : 절대진공의 측정 및 지시용

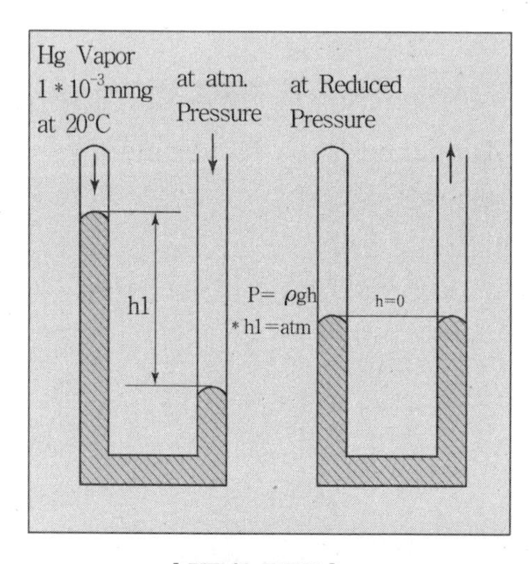

[폐관형 진공계]

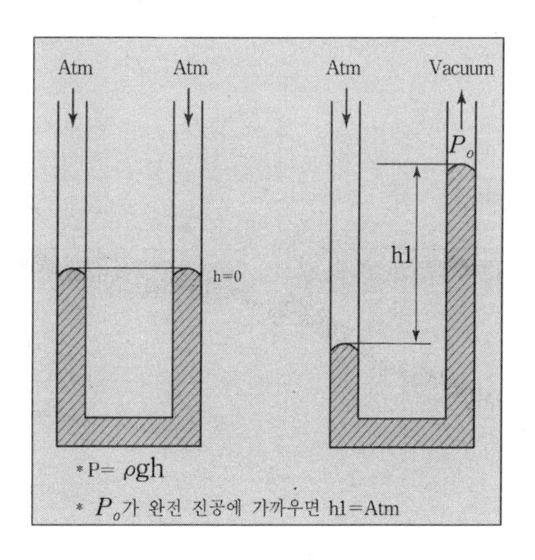

[개관형 진공계]

㉯ 개관형 진공계

㉠ 측정범위 : 0.67~101kPa

㉡ 용도 : 상대진공(부압)의 측정 및 지시용

㉰ McLeod Gauge

㉠ 측정범위 : 1~10^{-2}Pa

㉡ 용도 : 절대 진공의 측정, 비응축성 기체의 진공도 측정 기준

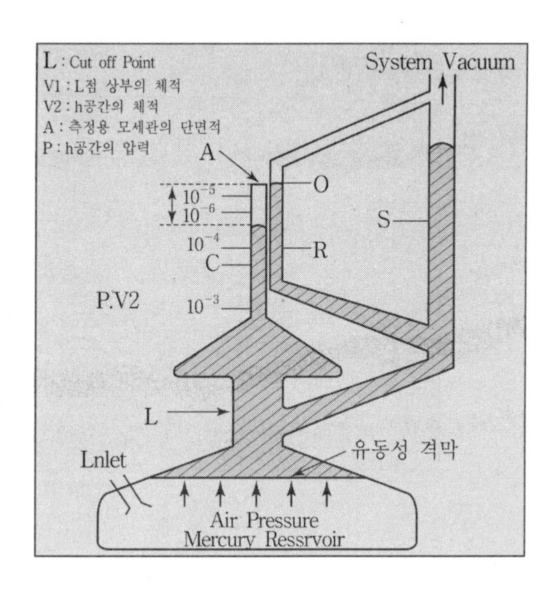

[McLeod gauge]

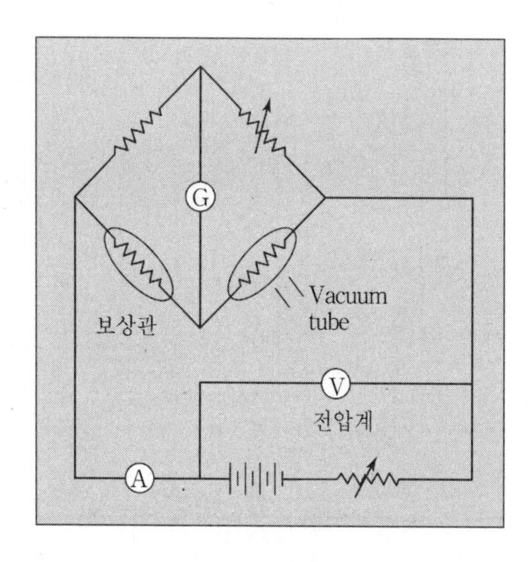

[Pirani 진공계]

② 열전도율을 이용한 진공계

㉮ Pirani Gauge

㉠ 특징 : 진공도의 변화를 연속적으로 측정이 가능

㉡ 종류 : 정온도형, 정전류형, 정전압형

㉯ 열전대 진공계(Thermocouple Type Vacuum Gauge)

연속측정이 가능하며 비교적 견고

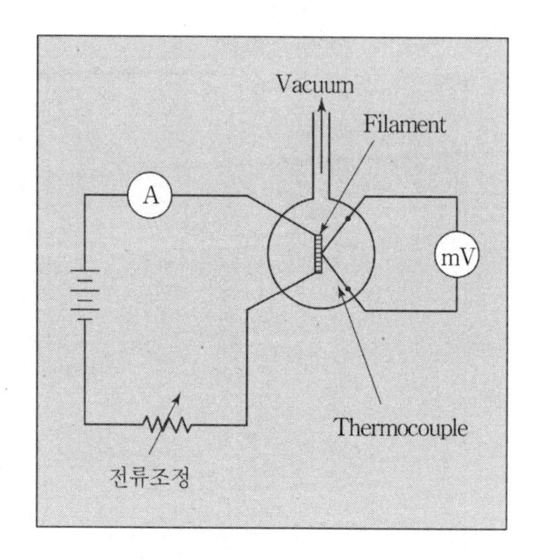

[열전대 진공계]

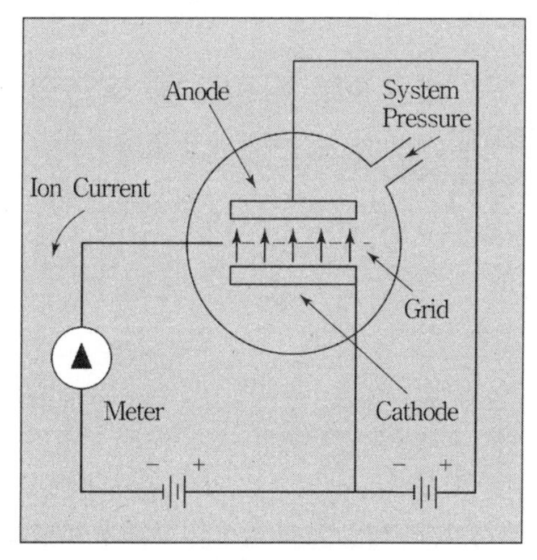

[Ion gauge]

③ Ion gauge

전자의 흐름이 일정한 경우 이온의 수는 기체분자의 숫자, 즉, 진공도에 비례하며 이 이온들은 Grid로 몰리어 Grid에 이온전류를 흐르게 하며 이 전류의 크기로서 진공도를 측정하는 것이다.

(4) 분동식 압력계(Dead Weight Tester)

① 동작원리 : 압력은 단위면적에 작용하는 수직력의 크기로 정의됨을 기본원리로 하여 표준압력을 발생시키도록 설계

② 측정범위 : 20~300,000kPa 정도

③ 용도 : 상대압 및 절대압 측정 계기류의 교정용 표준기와 표준압력 발생기로 사용된다.

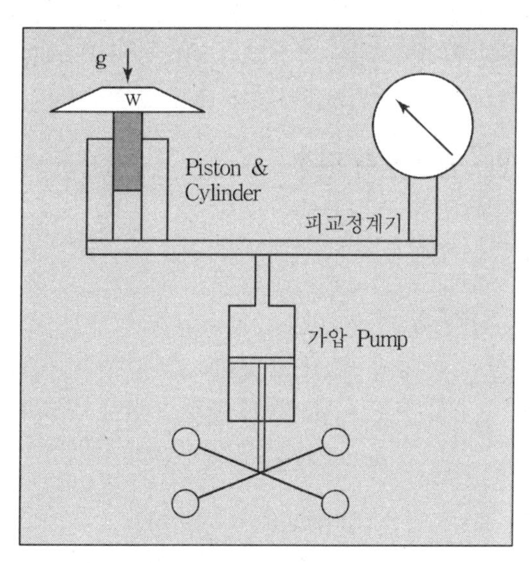

[분동식 압력계]

TAB 수행업무 중 배관계통 유량조정 작업의 흐름과 업무지침에 대하여 기술하시오.

1. 예비절차

(1) 사전 준비작업

① 냉수 또는 온수계통에 관련된 모든 터미널의 각종 밸브를 완전히 개방

② 급수 및 환수 헤더 사이의 차압밸브를 완전히 닫는다. 이때의 펌프 입출구 압력을 점검한다.

(2) 측정구 위치 및 선정 및 설치

① 유량 측정 위치는 물의 흐름이 정상류가 형성되는 곳에 선정

② 계측기의 센서부착 부위 배관에 보온이 되어 있으면 보온재를 50cm 정도 해체한다.

2. 측정절차

(1) 측정요건

① 펌프의 성능 측정절차가 완료된 상태에 있어야 한다.

② 모든 수동 밸런싱 밸브 또는 정유량 자동조절밸브가 완전 개방상태에 있어야 한다.

③ 사전 점검 작업이 수행되고 점검 결과가 모두 만족된 상태이어야 한다.

④ 측정위치 선정 및 설치작업을 수행하여 위의 공정이 완료된 상태에 있어야 한다.

⑤ 사용 계측기는 작동상태가 정상이어야 하고 교정기간을 초과하지 않아야 한다.

(2) 펌프 운전 및 입 · 출구 압력 측정

① 냉수 또는 온수펌프를 운전시킨다.

② 펌프의 입 · 출구 압력을 측정 기록한다.

(3) 터미널의 초기 유량측정

① 모든 터미널의 초기 통과유량을 측정한다.

② 터미널별 초기 유량 분포를 참고하여 유량 밸런싱 순서를 정한다.

(4) 유량 밸런싱

① 분기 배관별 유량조정을 개략적으로 실시한다.

② 터미널별 유량조정을 실시한다. 계통의 밸런싱이 설계유량의 100~110%가 될 때까지 유량 측정을 되풀이 한다.

(5) 최종유량 측정

① 터미널별 최종유량을 측정 기록한다.
② 정유량 자동조절밸브일 경우에는 입·출구 차압으로 최종 유량을 산출한다.
③ 차압식 수동 밸런싱 밸브일 경우에는 입·출구 차압과 개도에 의하여 최종유량을 산출한다.

3. 측정항목별 사용 계측기 선정

(1) 유량측정

유량계, 차압계

(2) 펌프 입·출구 압력측정

펌프 입·출구에 설치된 압력계

4. 사용양식

현장여건에 맞도록 구간별, 층별 또는 터미널별로 적합한 양식을 사용

5. 배관계통 유량조정 작업흐름도

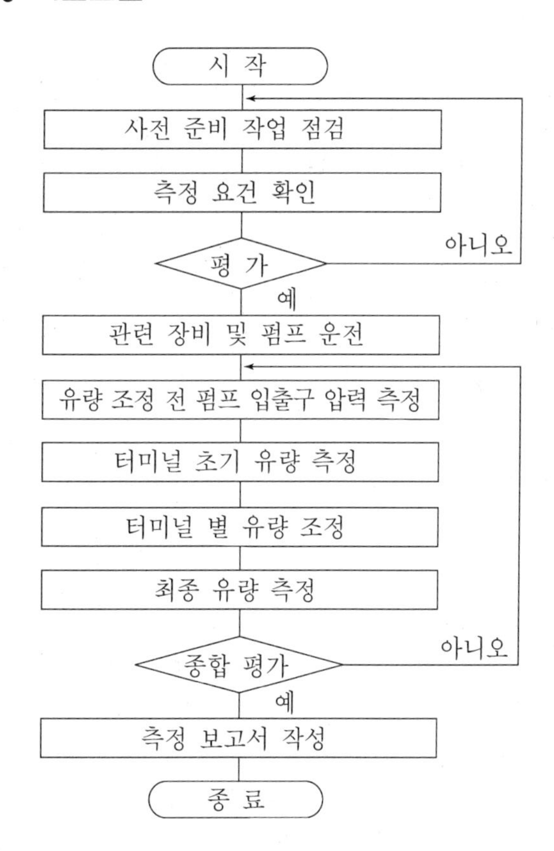

초음파 유량계는 측정원리방법에 따라 분류한다. 그 종류를 기술하시오.

1. 개요

초음파 유량계는 배관의 외측에 부착된 2개의 센서로부터 측정대상 액체 내에 초음파를 서로 발진시켜서, 이때 초음파가 액체 내를 상류방향으로 전파하는 시간과 하류방향으로 전파하는 시간의 차이를 검출하여 유속을 구하고, 이 유속에 배관 단면적을 곱하여 유량을 측정한다.

2. 초음파 유량계의 측정원리

(1) 전파 시간차법

배관에 경사로 대항해서 설치되어 발사된 초음파가 유속에 따르는 방향과 역행하는 방향에서 시간차가 유속의 함수

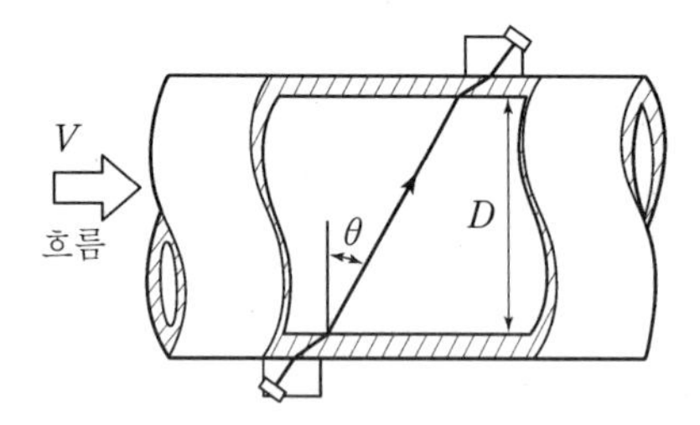

ΔF : 주파수의 차, D : 관 안지름, V : 유속, θ : 입사각

$$\Delta F = \frac{V \cdot \sin 2\theta}{D}$$

[전파 시간차(속도차)법]

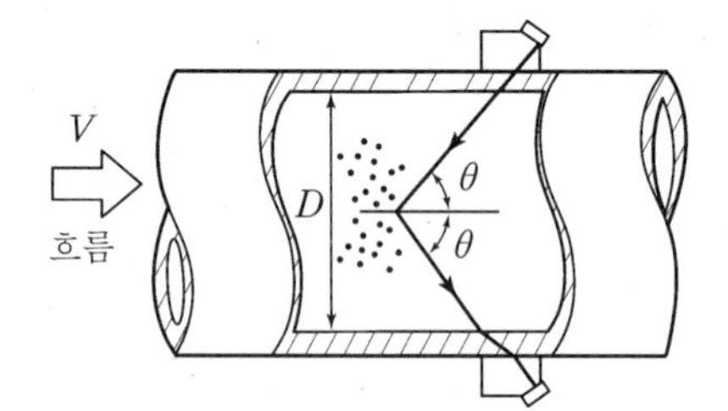

Fd : 편이 주파수, ft : 방사 주파수

$$Fd = 2ft \cdot \frac{V \cdot \cos\theta}{C}$$

[도플러법]

(2) 도플러법

유체 내에 포함되는 고형물이 초음파를 반사할 때 생기는 주파수의 도플러 시프트를 이용

3. 초음파 유량계의 특징

(1) Sensor의 Clamp를 사용하여 설치하므로 설치제거가 용이하다.
(2) 유관의 크기나 재질 등에 영향을 받지 않는다.
(3) 유체의 종류에 관계없이 사용이 가능하다.
(4) Pipe의 외부에 설치하므로 누설, 부식의 위험이 없고, 유지 보수가 용이하다.

4. 적용

(1) Particle이나 Bubble이 없는 비교적 깨끗한 액체나 가스의 유량 측정에 사용
(2) 상・하수의 유량측정이나 LNG, LPG의 큰 유관 또는 Process Gas 측정에 사용

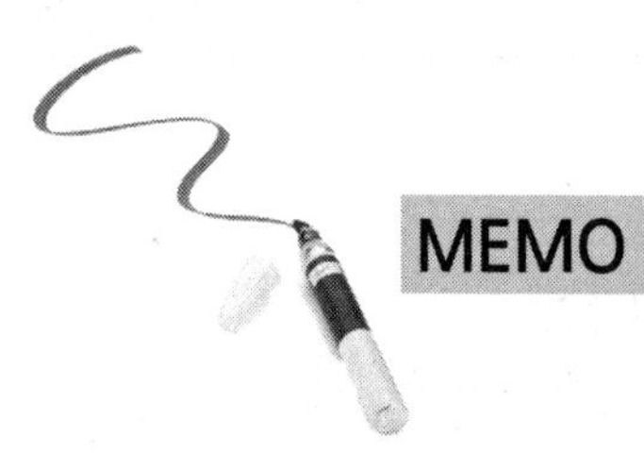

MEMO

제33장 환경원론

Professional Engineer

○ Building Mechanical Facilities
○ Air-conditioning Refrigerating Machinery

01 건물에너지 소비량 예측기술

1. 개요

실내에서 목적하는 온도 및 습도를 유지하기 위하여 공기의 상태에 따라 냉각, 가열, 가습, 감습 등을 하는 데 필요한 열량을 공급하기 위한 에너지 소비량을 예측하는 기술에는 단일척도방식, 단순다중척도방식, 정밀시뮬레이션방식 등이 있다.

2. 건물의 에너지 소비량 예측방법

(1) 단일척도방식 – DD, CDD, VDD

(2) 단순다중척도방식 – Bin방식, 수정빈방식

(3) 정밀시뮬레이션방식 – CLTD/SCL/CLF법, TFM법

3. 단일척도 방식

(1) 디그리데이 방식

① 정의

㉮ 부하계산의 척도

㉯ 건물의 난방부하를 추정

㉰ 주거용 건물

㉱ 외피부하가 큰 건물의 난방에너지 예측

② 공식

$$Q_{18} = KA \times HDD_{18} \times 24$$

여기서, Q_{18} : 건물의 연간 난방부하

KA 총열손실(외피+환기 열손실)

HDD_{18} : 연간난방도일

(2) 수정 디그리데이 방식

① 정의

㉮ 디그리데이의 문제점을 보완

㉯ 내부발생열과 취득열량의 열손실량이 균형을 이룰 때

㉰ 난방부하는 18℃와 일평균기온차가 비례한다는 가정하에서 근거를 둔 것

② 공식

$$Q_{\mathrm{mod}} = CD \times KA \times HDD_{18} \times 24$$

여기서, Q_{mod} : 연간난방부하

HDD_{18} : 난방도일

CD : 보정계수(0.5~0.8)

(3) 가변디그리데이 방식

① 정의

㉮ 디그리데이의 산정기준

㉯ 균형점(BPT)온도의 개념을 도입

㉰ 건물의 태양복사열 취득과 내부발생열을 고려한 부하가 Zero(0)가 되는 균형점 온도를 계산한 후 이에 맞는 디그리데이를 산정하여 연간난방부하를 계산

② 공식

$$Q_{var} = KA \times HDD_{bp} \times 24$$

$$E_{var} = \frac{Q}{K}$$

여기서, Q_{var} : 연간난방부하

HDD_{bp} : 균형점온도에 의한 난방도일

K : 보정계수(0.55~0.65)

E_{var} : 에너지소비량

4. 단순다중척도 방식

(1) 정의

① 디그리데이 방식의 결점을 보완

② 한 가지 이상의 환경변수를 이용하여 건물의 에너지를 해석하는 방법

(2) 종류

① 빈방식

㉮ 건물의 냉난방부하를 모두 예측

㉯ 중요한 몇 개의 변수를 사용하여 열부하를 여러 가지 서로 다른 외기조건에서 계산한 후

㉰ 이를 소의 Bin으로 불리는 온도간격의 빈도수와 곱하여 합산하는 것

㉱ 빈의 간격은 일반적으로 3℃(5℉)의 간격을 주로 사용

㉮ 건물의 점유기간과 비점유기간 동안의 열부하를 따로 계산
㉯ 균형점 온도를 조정하여 내부열 발생과 태양열 취득의 영향을 고려

② 수정빈방식
㉮ 재래의 빈방식에 다변부하의 개념을 추가로 도입
㉯ 태양열 획득과 내부발생열을 고려
㉰ 난방, 환기, 공기조화기기의 영향을 에너지 해석시 고려할 수 있도록 함
㉱ 태양열획득의 평균분포패턴, 기기와 조명의 사용분포패턴, CLTD를 사용하여 시간에 따른 다변부하를 계산

5. 정밀 시뮬레이션 방식

(1) CLTD, SCL, CLF법에 의한 부하계산

① CLTD(Cooling Load Temperature Difference)
창문, 지붕, 벽과 같은 표면을 통한 전도열 획득

② SCL(Solar Cooling Load)
투과에 의한 태양열 획득

③ CLF(Cooling Load Factor)
㉮ 조명, 사람, 장비로부터의 열획득 계산
㉯ 침입외기에 의한 열획득 계산

(2) TFM(Transfer Function Method) – 전달함수법 부하계산

① 공간의 열획득 계산
㉮ 공간 내로 들어온 열과 공간 내부에서 발생한 열량의 합
㉯ 공간 내로 들어오는 방식과 현열, 잠열의 획득에 따라 분류

② 열획득에 대한 공간부하 계산
일정한 온도를 유지하기 위해 공간으로부터 제거되어야 하는 열량

③ 실질부하 및 실온의 계산
열제거율과 실온은 실공기 전달함수의 영향을 받는다.

6. 결론

(1) 디그리데이방식은 정적열부하계산이라 할 수 있으며 수계산에 의해서도 결과를 얻을 수 있다.
(2) 빈법은 정적열부하 해석방식인 동시에 동적인 개념이 가미된 방식으로 수계산으로 가능하나 컴퓨터를 이용하면 더욱 효율적이다.

건축설비의 환경부하평가에 대하여 논하라.

1. 개요

(1) 최근 환경오염문제는 21세기를 향한 인류가 직면하고 있는 최대 현안 중의 하나로 대두되고 있다.

(2) 환경부하 평가법은 건축물에 의하여 발생하는 환경부하와 건축물의 친환경적인 요소를 어느 정도 가지고 있는지를 평가하는 것이다.

2. 환경부하의 정의

건설산업은 건물을 건립, 운영, 폐기하는 데 에너지를 투입하게 되고, 각종 유해물질을 배출하게 된다. 이러한 투입에너지와 유해물질을 정량화한 수치로 나타낸 것

3. 환경평가법의 종류

(1) $LCCO_2$(Life Cycle CO_2) 평가법

(2) BREEAM(Building Research Establishment Environmental Assessment Method)

(3) BEPAC(Building Environment Performence Assessment Criteria)

(4) 정량적 평가법

(5) 정성적 평가법

4. 환경 평가법의 종류별 특징

(1) $LCCO_2$(Life Cycle CO_2) 평가법

① 지구온난화 방지의 관점에서 건축물을 평가하는 방법으로 제안한 것을 LCA(Life Cycle Assessment)의 평가법에 의해 각 단계별로 발생되는 CO_2 배출량을 평가하는 방법

② 건설분야에서는 건물의 건설, 운전 및 유지 관리, 건설폐기물의 처리 및 활동에 따른 환경부하를 평가하는 것

(2) BRE 환경평가법(BREEAM)

① 건물의 환경영향을 평가하기 위해 영국(BRE)에서 개발

② 건축물에 의한 지구환경, 지역환경, 실내환경에 미치는 영향 등을 평가

③ 신건축물을 대상으로 설계단계에서 시행되며 사무소 건축물의 경우 기존 건축물의 운영에 관한 사항 포함

④ BREEAM의 친환경 평가요소

㉮ 지구환경 및 자원이용 평가요소

㉯ 지역환경평가요소

㉰ 실내환경평가요소

(3) BEPAC 환경평가법

① 건물의 환경영향을 평가하기 위해 캐나다에서 개발

② 영국의 BREEAM을 근거로 캐나다의 실정에 맞게 개선된 것

③ BEPAC의 친환경 평가요소

㉮ 오존층 보호

㉯ 에너지소비에 의한 환경에의 영향

㉰ 실내환경(IAQ, 조명, 소음)

㉱ 자원절약

㉲ 대지 및 교통

(4) 정량적 평가

① 일본에서 제시

② 자원, 에너지절약과 이산화탄소의 배출감소 등 환경 공생주택의 기본성능에 관한 정량화된 평가법

③ 평가항목

㉮ 에너지절약－1차 에너지 소비량 기준

㉯ CO_2 배출량

㉰ 수자원의 유효이용

㉱ 폐기물의 소멸

(5) 정성적 평가법

① 일본에서 제시

② 각평가 항목에 점수로 평가

③ 평가항목

㉮ 에너지 절감과 유효이용

㉯ 자연에너지 및 미활용 에너지의 유효이용

㉰ 내구성의 향상과 자원의 유효이용

㉱ 환경에의 부하절감과 폐기물의 감소

(6) 미국(LEED)

① 그린빌딩 기술의 연구, 개발, 보급을 촉진하기 위해 USGBC가 조직되어 국가차원의 표준체계를 설정하여 그린빌딩 인증을 위한 필수선행 조건과 평가항목 제시

② 평가항목

㉮ 에너지 효율의 향상

㉯ 재료와 자원의 절약

㉰ 수자원 보호

㉱ 지속가능한 대지의 계획

㉲ 디자인/건설 프로세스의 향상

㉳ 실내환경의 질 향상

5. 환경부하 평가방법의 문제점

(1) 충실한 자료의 수집 및 신뢰도와 공유할 수 있는 데이터베이스 구축

(2) 국제적인 표준화

(3) 투명성 및 객관성을 보증할 수 있는 평가 기관 선정

6. 환경부하 저감대책

(1) 건축물

건립, 운영, 폐기시의 환경부하를 감소하여야 한다.

(2) 건축설비

① 에너지 이용

고단열, 기밀, 자연에너지(태양열, 태양광, 풍력, 지열, 소수력), 하수, 하천수, 우수이용, 고효율 에너지 이용 등

② 수자원계

절수기기, 중수도, 배수재 이용 등

③ 폐기물의 최소화

④ 저오염 교통수단, 녹화사업의 추진

7. 결론

환경부하평가법의 도입은 국토의 친환경 조성 및 환경부하의 감소를 가져올 것이며, 이를 위해서 건축설비 부분에서는 지구환경을 보호하는 차원의 기기설비의 사용과 이에 따른 최적의 운전이 이루어지도록 계속적인 관련제품의 개발과 연구가 이루어져야 할 것이다.

■ 건물이 부여하는 주요 환경부하

- 유한한 자원의 소비
- 건축 자재 생산과 건물 운영에 있어서 에너지의 소비
- 에너지 소비에 수반된 CO_2 · NO_X · SOX의 발생
- 라이프 사이클에서의 폐기물 발생 등

■ 건축에 요구될 수 있는 환경공생기술

- 건물수명의 장기화
- Ecological Design의 채택
- 녹화 등에 의한 건물주변 환경부하의 삭감
- 자연에너지의 이용
- 에너지 절약시스템의 채택
- Eco-material(환경친화형 재료)의 채택
- 해체시 최종폐기물의 삭감 · 적정 처리
- 환경공생의 라이프 스타일에의 대응

■ 건물의 수명 장기화를 위한 수법

- 물리적인 의미에서의 수명 장기화
- 기능적 · 사회적인 의미에서의 수명 장기화, 유연한 공간 구성, 하중에 대한 여유, 예비 스페이스, 시스템 천장 · Free Access Floor 등
- 예방 보전
  - 메인테넌스가 용이한, 스페이스, 고장예측, 자동 점검
- 개보수에 의한 수명 연장
  - 개보수 진단 기술
  - 호환성이 높은 재료 구성 · 공법
  - 개수 · 증설 가능한 설비시스템

■ 환경생태학적 설계수법

- 자연에너지의 유효 이용
  - 태양열/대기로의 열방사/태양광 등
- 자연풍 · 태양광 등의 유효 이용과 열부하의 차단
  - 단열 · 차광 · 침기 방지
  - 평면계획 · 외벽 · 창 · 지붕의 디자인
- 기후 · 풍토에 조화된 건물
- 새로운 라이프 스타일의 제안과 그것에 대응하는 디자인 컨셉
- 노화 · 친수 시설에 의한 주변 환경의 개선
- 지하 공간 · 반지하 공간의 이용

■ 자연에너지의 유효 이용 기술

- 자연채광
  - 톱라이트, 하이사이드라이트
  - 라이트 웰, 라이트 쉘프
- 자연환기
  - 창에 의한 자연환기 · 외기냉방, 나이트퍼지
  - 개폐 가능한 창새시
  - 야간의 냉기로 주간의 냉방부하를 경감
  - 풍도, 라이트 웰을 이용한 자연환기
- 옥상 · 벽면 · 건물 주변 녹화
  - 낙엽과 흙으로부터의 수분 발산과 나무 그늘에 의한 냉각

■ 건물 창의 설계수법

- 고성능 창 시스템
  - 이중외피 및 식재를 이용한 일사 차폐
  - 고반사 · 고단열 · 선택 투사 성능을 갖는 창 시스템
  - Air Flow Window 시스템
  - 서향 일사를 고려한 코어 배치

■ 지역 인프라 관련 시스템

- 수자원의 보호
  - 우수이용, 중수도 · 공업용수 재이용시스템 등
  - 자연표토의 보전, 우수의 지하침투, 침투성 포장 등
  - 고도처리수의 하천으로의 환수
- 폐기물의 삭감
  - 분별 회수 및 고지 리사이클 시스템
  - 가연쓰레기로부터의 열회수, 오니와 진개의 퇴비화
- 지역열원시설
  - 자연에너지(태양열/대기에의 열방사/지열 등)
  - 미이용에너지(하수/쓰레기 소각 등)의 이용, 도시배열의 삭감
  - 건물 간의 에너지 가스켓 이용

■ 프레온 등의 오존파괴계수(ODP)와 온난화계수(GWP)

	대기수명(年)	ODP	GWP 100년치	건설관련 주배출원
CO_2	50~200	-	1	연소, 시멘트, 철강제조
메탄	14.5±2.5	-	24.5	부엌쓰레기, 오수처리
N_2O	120	-	320	연소
CFC11	50±5	1.0	4,000	터보냉동기, 발포재
CFC12	102	1.0	8,500	냉장고, 발포단열재
HCFC2	13.3	0.055	1,700	패키지형, 스크류냉동기
HCFC123	1.4	0.02	93	대체냉매
HFC134a	14	0	1,300	대체냉매

■ 건축에 있어서 지구환경문제의 관련 항목과 대응방법

	관련항목	대응방법
건설	건설자재로서의 열대 목재의 사용	열대목재 합판 형틀의 삭감, 형틀을 사용하지 않는 공법으로서의 전환, 형틀 전용 회수의 증가
	건설부산물(殘材, 곤포재)의 발생	곤포재의 삭감, 조립식 유닛화에 의한 현장 작업의 삭감, 모듈화에 의한 재료의 범용화, 건설부산물의 재자원화 · 적정 처리
	건설자재의 다량 소비	재생재료의 활용
	프레온 발포 단열재의 사용	non-freon 화
	배수	濁水 방지
	배가스	대기오염방지
	잔토의 발생	토양의 적정 처리
운영	건물 운영시의 자원 소비, 에너지 소비	자원 절약, 에너지 절약, 생태학적 설계, 거주자의 의식, 라이프스타일의 변혁
	오존층 파괴물질의 방출	특정 프레온의 전폐, 중수 이용, 우수 이용
	배수	배수처리, 우수침투, 중수 이용, 우수이용
	배기	배기처리 · 냄새처리
	부엌쓰레기 · 종이쓰레기 · 산업폐기물 등의 발생	분별회수 · 리사이클의 촉진 · 일시 보관장소의 확보, 분별쓰레기의 건물내 반송시스템
폐기	건물 해체에 의한 폐자재의 발생	건물의 수명 장기화, 히폼기술, 해체 · 분별회수를 고려한 공법 선택, 폐자재의 적정 처리, 콘크리트 · 철골재 · 아스팔트의 재자원화

■ 그린빌딩 구현을 위한 기술체계의 분류

	주요기술	세부기술
부지 조경	침식 및 호우 대응 기술	환경친화적 부지계획기술
	열섬 방지 기술	식물을 이용한 설계
	토지이용 제고 기술	기존 지형 활용 설계, 기존생태계 유지 설계
에너지	부하 저감 기술	건축계획기술, 외피단열기술, 창호관련기술, 지하공간 이용기술
	고효율 설비 기술	공조계획기술, 고효율 HVAC · 열원기기기술, 축열 시스템, 반송동력저감기술, 유지 관리 · 보수 기술. 자동제어기술
	자연에너지 이용 기술	태양열 이용기술, 태양광 이용기술, 지열 이용기술, 풍력 이용기술, 조력 이용기술, 바이오매스 이용기술
	배열 · 폐열 회수 기술	배열회수기술, 폐수열회수기술, 소각열회수기술
	실내 쾌적성 확보 기술	온습도 제어기술, 오염원 경감 및 제어기술
공 기	청정외기도입 기술	도입외기량 제어기술, 도입외기질 제어기술
	실내공기질 개선 기술	자연환기기술, 오염원 경감 및 제어기술
	배기가스 공해저감 기술	공해저감 처리기술, 열원설비 효율향상기술, 자동차 배기가스 극소화기술
	시공중의 공해저감 기술	청정재료, 청정 현장관리기술
소 음	건축계획적 소음방지	차음 · 방음 재료 기기 장비의 차음 · 방음기술
	시공중의 소음저감 기술	소음저감 현장관리기술, 차음 · 방음장치
	실내발생소음 최소화 기술	건축계획기술, 차음 · 방음재료, 기기 발생소음 차단기술
물	수질개선 기술	처리기기장비, 청정 공급 기술, 지표수의 유수 분리기술, 지표수의 침투성 재료 개발
	수공급 저감 기술	수자원 관리시스템, 절수형 기기 · 장치, 우수활용 기술, 누수통제기술, 내건성 조경기술
	수자원 재활용 기술	재처리 기기, 재활용 시스템
재료 재활용 폐기물	환경친화형 재료	VOCS 불포함재료, 저에너지원단위재료, 차음 · 방음 · 단열 재료
	자원재활용 기술	재활용 자재, 재활용 기능 자재, 재사용 가능 자재
	폐기물처리기술	시공중의 폐기물저감 기술, 폐기물 분리 및 처리 기술, 건설 폐기물 관리기술

03 친환경 평가기법

1. $LCCO_2$(Llife Cycle CO_2) 평가법

(1) 지구온난화 방지의 관점에서 건축물을 평가하는 방법으로 제안한 것으로 LCA(Life Cycle Assessment)의 평가법에 의해 각 단계별로 발생되는 CO_2 배출량을 평가하는 방법

(2) 건설분야에서는 건물의 건설, 운전 및 유지 관리, 건설폐기물의 처리 및 활동에 따른 환경부하를 평가하는 것

2. BRE 환경평가법(BREEAM)

(1) 건물의 환경영향을 평가하기 위해 영국(BRE)에서 개발

(2) 건축물에 의한 지구환경, 지역환경, 실내환경에 미치는 영향 등을 평가

(3) 신건축물을 대상으로 설계단계에서 시행되며 사무소 건축물의 경우 기존 건축물의 운영에 관한 사항 포함

(4) BREEAM의 친환경 평가요소

① 지구환경 및 자원이용 평가요소

② 지역환경 평가요소

③ 실내환경 평가요소

3. BEPAC 환경평가법

(1) 건물의 환경영향을 평가하기 위해 캐나다에서 개발

(2) 영국의 BREEAM을 근거로 캐나다의 실정에 맞게 개선된 것

(3) BEPAC의 친환경 평가요소

① 오존층보호

② 에너지소비에 의한 환경에의 영향

③ 실내환경(IAQ, 조명, 소음)

④ 자원절약

⑤ 대지 및 교통

4. 정량적 평가

(1) 일본에서 제시

(2) 자원, 에너지절약과 이산화탄소의 배출감소 등 환경 공생주택의 기본성능에 관한 정량화된 평가법

(3) 평가 항목

① 에너지절약 – 1차 에너지 소비량 기준

② CO_2 배출량

③ 수자원의 유효이용

④ 폐기물의 소멸

5. 정성적 평가법

(1) 일본에서 제시

(2) 각 평가항목에 점수로서 평가

(3) 평가항목

① 에너지 절감과 유효이용

② 자연에너지 및 미활용 에너지의 유효이용

③ 내구성의 향상과 자원의 유효이용

④ 환경에의 부하절감과 폐기물의 감소

건축물의 환경친화설계기법 중 ① 건물형태 및 구조결정기법, ② 건설공사 유지 관리기법에 대해서 설명하시오.

1. 개요

환경친화적 건물은 환경에 책임지는 건물, 녹색건물, 지속가능한 건물, 생태건물 등으로 불리고 있다. 즉 환경보전과 더불어 쾌적하고 보건 위생적인 실내환경을 통해 쾌적한 실내환경을 조성하는 데 그 의의가 있다.

2. 환경친화설계기법의 원칙

(1) 환경부하를 경감하기 위한 자원절약, 에너지 절약, 자연에너지 이용 등을 도모

(2) 자연의 변화가 초래하는 High Conduct한 쾌적을 추구하고 공간을 활성화

(3) 환경의 형성에 참가를 촉진하고, 공생형의 라이프스타일을 제안

3. 건물형태 및 구조결정기법

(1) 건물형태를 이용하는 기법

① 바닥면적과 외피면적

② 평면형상 및 장단변비

③ 층고 및 천장고

(2) 건축물의 구조를 이용하는 기법

① 단열성 및 기밀성의 향상을 위한 단열재 사용

② 주변 환경을 고려한 복층유리, 열선반사유리 등 적정유리 선택

③ 건축설계상의 배려를 통한 적정한 차양설치로 햇빛 차단

④ 내부결로 및 방재해결

⑤ 주변녹지화

4. 건설공사 유지 관리기법

환경친화적 건축물 공사 유지 관리기법으로서는 물순환 및 건축재료 선정 등을 통해 친환경 건축물을 구현한다.

(1) 물순환 체계

① 오수, 잡배수 등의 순환이용을 도모
② 주변환경의 지표를 투수화
③ 건축물내 중수도 도입
④ 우수 이용

(2) 건축재료 선정

친환경 건축물이 되기 위해서는 건축자재 선택에 있어서도 제작비용뿐만 아니라 생산과정에서 직접적으로 소모되는 에너지와 관련하여 원료분해, 생산, 수송 및 가공 중에 발생하는 유해물질 등을 고려

① 재생 가능성 및 재활용 가능성
② 재료 이용의 적절성
③ 지역자원의 생산 및 사용

5. 결론

친환경 건축의 형태는 자연적인 잠재력과 순환에서 비롯된 건축과 주거를 통한 환경의 균형을 의미한다. 따라서 친환경 건축은 합리적인 이념 및 디자인 이론을 배경으로 하여 인간과 환경 사이의 바람직한 질적인 관계를 설정하는 공간개발방법이라고 할 수 있다.

친환경 건물 인증평가 항목 중 건축기계설비 분야의 평가내용을 기술하시오.

1. 개요

친환경건축물 인증제도는 건교부 · 환경부가 공동 제정한 평가기준에 따라 에너지 및 자원의 절약과 오염물질의 배출감소, 쾌적성, 주변환경과의 조화 등 건축물이 환경에 영향을 미치는 요소에 대한 평가를 통해 건축물의 환경 성능을 인증하는 제도

2. 인증의 효과

(1) 쾌적하고 건강한 주거 · 사무 공간 창출을 통한 건축물 부가가치 상승
(2) 건물 소비 에너지량 감소를 통한 건물운영비용 절감
(3) 친환경 기업 이미지 제고 및 그린마케팅 전략에 이용
(4) 건물 분양, 임대 및 수주기회 확대
(5) 환경친화적 성과에 대한 다양한 정부지원
(6) 제3자 심사를 통한 객관성과 신뢰도 확보

3. 인증평가 항목(4개 부문+추가부문)

(1) 토지이용 및 교통(11개 - 27점)

용적률, 인접대지에 대한 일조권 간섭방지 대책의 타당성, 대중교통에의 근접성, 도시중심 및 지역중심과 단지중심 간 거리, 단지 내 자전거 보관소 및 자전거도로 설치 여부, 단지 내 보행자 전용도로 조성 여부, 단지주변 하천 · 산림 등으로의 접근성, 커뮤니티 센터 및 시설계획 여부 등

(2) 에너지 · 자원 및 환경부하(15개 - 41점)

에너지 소비량, 라이프 사이클변화를 고려한 평면개발, 환경친화적(공업화) 공법 및 신기술 전용, 이산화탄소 배출저감, 생활용 상수 절감대책의 타당성, 우수부하 절감대책의 타당성, 정보통신 및 첨단 생활설비 채용의 타당성 등

(3) 생태 환경(6개 - 18점)

생태환경을 고려한 인공환경녹화기법 적용 여부, 녹지공간율, 연계된 녹지축 조성, 수생비오톱 조성, 육생비오톱 조성 등

(4) 실내 환경(6개-14점)

휘발성 유기물질 저 방출자재의 사용, 자연환기 설계의 정도, 세대 간 경계벽 차음성능 수준 등

(5) 추가 항목(6개-20점)

단지 내 음환경, 대체에너지 이용, 중수도 설치, 기존 자연자원 보전율, 층간 경계바닥 충격음 차단성능 수준, 세대 내 일조확보율 등

06 건축과 자연에너지에 대하여 논하라.

1. 개요

건축분야에서 인류가 소비하는 화석연료의 1/3 이상을 소비하고 있어 환경에 대한 파급효과가 크다고 할 수 있다. 따라서 경제성 및 환경오염의 측면에서 자연에너지의 이용은 화석연료의 사용으로 인한 환경오염을 억제할 수 있는 효과적인 방안이 된다.

2. 자연에너지 이용시 고려사항

(1) 건물대지의 기후조건 분석

(2) 자연형 냉방시스템

① 외피로부터의 전도, 복사, 대류에 의한 열취득 감소

② 공기, 물, 지열을 Heat Sink로서 이용

(3) 자연형 난방시스템

① 외피로의 열손실 감소

② 태양에너지 이용

3. 자연형 태양열 시스템

(1) 종류

① 설비형 태양열 시스템

㉮ 기계적인 집열장치 사용

㉯ 태양열을 직접 이용

㉰ 초기 설비비 많음

② 자연형 태양열 시스템

㉮ 건축적으로 태양에너지 건물내 유입

㉯ 건물의 냉난방 부하를 감소

(2) 자연형 태양열 시스템 종류

① 직접형

㉮ 개념

남측에 집열공간을 두고 공조공간을 직접 연결하여 열을 전달하는 방법

㉯ 장점

㉠ 건축 디자인상의 융통성 확보

㉡ 작동이 간단

㉢ 양질의 조망과 채광 제공

㉰ 단점

㉠ 방향이 고정

㉡ 현휘나 과열의 위험

㉢ 야간 단열 고려

② 간접형

㉮ 개념

태양광이 외기와 거주공간 사이에 위치한 중량 축열체를 가열하여 간접적으로 공간에 열을 전달하는 방법

㉯ 장점

㉠ 공간이 직접 일사를 받지 않음

㉡ 열적시간지연을 이용함으로써 실온변화폭이 적음

㉰ 단점

㉠ 공간 내 실온분포의 불균일

㉡ 조망과 채광이 불리

③ 분리형

㉮ 개념

축열공간과 거주공간을 물리적으로 분리하여 간접적으로 가열하는 방법

㉯ 장점

㉠ 적절한 단계적인 제어를 통해 과열을 감소

㉡ 거주 공간에서 균일한 온도 분포를 유도

㉰ 단점

차광 및 자연환기를 통한 열적 제어

4. 자연환기

(1) 바람은 자연환기 및 신선외기 도입에 중요한 요소

(2) 실내 Cold Draft 및 풍하중 작용에 의한 건물의 파손 유발

(3) 여름철 이용시 일시적 냉각 및 축냉 고려
(4) 고온 다습 기후조건에서 자연냉방으로 통풍고려
(5) 바람에 순응건물 설계 시 바람의 성질 이해 요구

5. 결론

국내의 경우 자연에너지의 활용은 어느 정도의 실내환경 조건의 변동이 허용될 수 있는 공간 또는 건축물에 적용되는 것이 가능하므로, 건축물의 설비도 자연적인 에너지 활용과 연계되어서 운영될 수 있는 방안을 모색하여야 할 것이다. 이러한 관점에서 외기냉방은 자연에너지와 활용과 연계된 설비시스템 계획의 대표적인 예라 할 수 있다.

지구환경시대에 대응한 열원공조시스템

1. 개요

건물은 건립부터 운용, 개보수, 폐기까지 지구환경에 영향을 미친다. 또한 대부분의 건물은 공조설비를 갖추고 에너지를 이용하여 이 대부분의 에너지는 화석연료로서 순환이 불가능하다.

2. 지구환경 보호를 위한 건축 분야

(1) 에너지 절약과 효율적 이용

① 건물과 실의 적절한 배치와 내외 완충공간에 의해 열부하 경감
② 통풍 및 채광에 효과적인 건물 및 실배치
③ 건물의 단열, 기밀성능을 높여 냉난방 부하 절감
④ 일사취득을 조절

(2) 자원의 효과적 이용

① 건물의 내구성 향상을 유도
② 구법, 공법의 합리화, 프리패브화
③ 재활용 자재 및 건축재료 활용
④ 환경부하가 적은 건축재료 사용

(3) 폐기물의 감소

건설자재의 절감 및 생활쓰레기 줄이기

3. 지구환경 보호를 위한 설비분야

(1) 에너지 절약과 효율적 이용

① 고효율 에너지 절약형 설비기기를 채용
㉮ 에너지 절약형 조명, 동력 기기의 사용
㉯ 열교환형 환기시스템 채용
㉰ 고효율 장비 사용

② Co-Generation 시스템 채용

(2) 자연, 미이용 에너지의 활용

① 태양 에너지 이용
㉮ 태양열 이용 냉, 난방
㉯ 태양광 발전 시스템

② 풍력, 조력, 파력, 지중열 등을 전기적, 기계적으로 이용

③ 미이용 에너지 활용
폐열 회수

(3) 자연의 효과적 이용

① 수자원을 유용하게 이용
㉮ 절수형 기기, 장치 사용
㉯ 우수/중수의 이용

② 내구성 향상을 유도
㉮ 내구성 높은 재료 채용
㉯ 유지 보수가 용이한 재료

(4) 오존층의 보존

특정 프레온 미사용

(5) 기타

① 축열시스템 이용
② 건물수명 및 적용시스템의 수명연장
③ 실내 설계온도의 합리적 조정
④ 에너지 종합관리 시스템
⑤ 쓰레기 소각시설, 지역난방시설 등의 집중화, 고효율 이용

4. 환경부하의 종류

(1) 이산화탄소 : 지구 온난화의 원인
(2) 프레온 가스 : 오존층 파괴의 원인
(3) 유황산화물 : 산성비의 원인
(4) 질소산화물 : 산성비의 원인

5. 환경부하 평가기법 종류

(1) $LCCO_2$
(2) BREEAM
(3) BEPAC
(4) LEED
(5) 환경공생주택 프로그램

6. 공조 시스템에서의 환경부하 저감대책

(1) 설계

① 적절한 생애주기
② 고단열, 고기밀
③ 적절한 통풍, 환기, 일사 이용
④ 적절한 공조시스템

(2) 자연에너지의 이용

① 태양열/태양광 이용
② 풍력 이용
③ 지중열, 지하수열 이용
④ 소수력 이용

(3) 미이용 에너지의 유효이용

① 쓰레기 소각 배열 이용
② 열회수 기기의 이용
③ 배수, 중수, 우수 등의 이용
④ Bio Gas 이용

(4) 고효율 에너지 기기의 사용

① 열병합 발전의 이용
② 축열 시스템 이용
③ 열원기기의 집중/공동화
④ 고효율 기기의 선택 및 고효율 운전

7. 결론

열원공조시스템 부분에서는 지구 환경을 보호하는 차원의 시스템 구성, 장비의 선정과 사용, 최적의 제어와 운전 등이 이루어지도록 지속적인 관심과 연구개발이 이루어져야 할 것이다.

08 생태건축의 활성화 방안

1. 개요

각종 자원의 소비를 최소화하면서 고유의 기능을 유지시킴으로써 환경에 미치는 부하의 영향을 최소화 하도록 하는 것을 생태건축이라 한다.

2. 생태건축의 순환

(1) 공기의 순환
(2) 물의 순환
(3) 에너지 순환
(4) 물질의 순환

3. 환경기술

(1) 기후분석

해당지역의 기온, 습도, 바람, 일사량, 강수량 분석

(2) 에너지 요소 분석

① 설비시설 및 제어
② 건물의 형태, 배치, 외피구성 분석
③ 거주자 및 건물관리

(3) 대지분석

식생, 수원, 대지의 향과 경사도, 열용량, 주변환경 조건 등

(4) 건축물의 구조를 이용하는 기술

① 단열성 및 기밀성의 향상을 위한 단열재 사용
② 주변환경을 고려한 복층유리, 열반사 유리 등 적정유리 선택
③ 적절한 차양설치로 햇빛 차단
④ 내부 결로 및 방재 해결
⑤ 주변 녹지화

(5) 자연에너지 이용

① 태양
② 풍력
③ 해양
④ 지열
⑤ 소수력

(6) 기타

① 폐열이용 및 각종 효율 개선 기술
② 환경부하를 억제하는 기술
③ 생태계를 배려한 녹화 및 시설 조성

4. 생태건축 활성화 방안

(1) 생태건축설비 기술개발

기존의 화석에너지 사용을 배제한 자연에너지 및 미활용 에너지 이용 기술개발

(2) 적극적 개념의 생태건축기술

① CO_2 배출 저감에 따른 에너지 저소비형 산업구조로 개편
② 에너지 저소비형 정착이라는 소극적 개념보다는 생태건축기술의 개발 및 보급 확대라는 적극적 개념정립 필요

(3) 생태건축단지 조성

건설산업이 첨단산업으로 진입하도록 생태건축단지 조성 필요

(4) 생태건축 기술 적극 활용

건축에서 환경설계에 관한 생태건축기술 적극 도입

(5) 생태건축관련 기술 연구체제의 일원화

전통 건축기술을 포함한 생태건축 연구체제의 일원화가 필요

5. 결론

생태건축에 대한 홍보 및 보급을 촉진하여 환경오염에 대처하고, 자연에너지, 미이용 에너지 등 환경에너지를 적극 이용함으로써 환경부하저감과 국민건강을 향상시킬 수 있도록 할 것

생태주거건축의 대두와 선결과제

1. 개요

생태주거환경이란 지구환경보존 관점에서 주변의 자연환경과 친밀하게 조화해서 건강하고 쾌적하게 생활할 수 있도록 연구된 주거 및 그 지역환경을 의미한다.

2. 생태주거건축의 도입 필요성

(1) 지구환경문제

지구온난화와 오존층 파괴, 산성비

(2) 자원에너지 문제

자원의 조성과 에너지 소비의 장기적인 대책 강구

(3) 주택문제

고령화와 여가시간 증대로 주택 내부와 옥외의 건강, 쾌적성을 중시, 질 높은 주택의 공급과 주거환경 정비

3. 생태주거건축의 기본조건

(1) 지구환경보존
(2) 주변 환경과의 친화성
(3) 주거 환경의 건강, 쾌적성

4. 생태주거건축의 목표

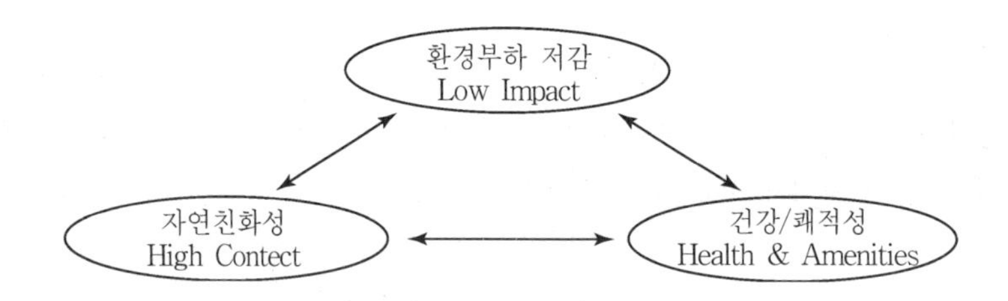

(1) 환경부하의 저감

① 에너지 절약 및 에너지의 효율적 이용
② 자연에너지, 미이용 에너지 이용
③ 물과 물질의 순환
④ 건물의 장기 수명화

(2) 자연친화성

① 내외 공간의 밸런스
② 자연환경의 향수
③ 생태계의 보존, 창조

(3) 건강 및 쾌적성

① 안전, 건강한 주거공간
② 지역문화, 전통
③ 주민참여

5. 환경부하 저감의 과제

(1) 건물 사용에 수반하는 에너지 소비 경감
(2) 건물의 물리적, 사회적 내구 연수 늘릴 것
(3) 건설시에 환경부하가 적은 재료 선택과 재이용, 재생산
(4) 환경부하 저감계획

Life Stage

조성 : 환경영향, 자연영향 경감
: 지형보존, 생태계보존, 수자원보존
건설 : 건설에너지 삭감
: 에너지원의 단위가 적은 재료 선택
: 재사용, 리사이클재료 사용, 시공법의 배려, 장기수명의 건축
주거 : 생활 관련 에너지 절약
: 고효율 설비시스템, 라이프 스타일 제안, 거주환경의 질
: 쾌적성의 질(환경에 친화적 조건)
개보수 : 기능 갱신시 유연한 설계
: 개보수가 용이한 구법, 시공법
폐기 : 폐기량 삭감
: Reuse, Re-cycle의 용이함

6. 친자연성과 쾌적, 건강성을 해치는 요인과 제거방법

(1) 실내로부터 오염발생원인 물질 배제

(2) 유독한 휘발성 가스를 방출하는 건자재 사용 억제

(3) 적절한 계획환기

(4) 습기와 가스를 흡수 방산하는 재료 사용

7. 자연 친화적인 건축 디자인 기술

(1) 환경부하를 경감하기 위한 자원절약, 에너지 절약

(2) 환경의 형성에 참가를 촉진하고 공생형의 라이프스타일 제안

(3) 자연의 변화가 초래하는 High Conduct한 쾌적을 추구하고 공간을 활성화한다.

8. 결론

생태주거건축의 실현을 위한 요소기술과 계획기술의 정립과 평가기술의 체계화가 절실히 필요

10 생태건축을 위한 수자원 이용

1. 개요

수자원의 재활용 측면에서 중수 및 배수열의 이용, 자연자원의 유효이용 측면에서 우수의 이용, 수질 환경개선과 수자원 이용설비의 내구성 향상 측면에서 관 내의 세척에 대한 필요성 등 환경부하 절감을 통한 생태건축을 고려할 것

2. 수자원의 이용형태

(1) 중수도 이용
(2) 건물의 배수열 이용
(3) 우수이용
(4) 급배수관의 유지 관리

3. 수자원 이용형태별 특징

(1) 중수도 이용

① 도입효과

㉮ 수자원이 부족한 건조지역과 공급량이 수요를 충족하지 못하는 지역에서 도입
㉯ 수돗물 생산과 공급에 필요한 투자비용 절감
㉰ 용수 사용료 절감, 하수도료 절감
㉱ 자원회수, 하절기 용수부족 해결
㉲ 환경 보전법상 총량규제에 따른 오염부하 감소 효과
㉳ 수자원의 확보 측면 이외에 환경부하 절감이라는 생태학적 측면에서 보급증가

② 중수도의 용도

㉮ 수세식 변소 용수
㉯ 살수 용수
㉰ 조경 용수

(2) 건물의 배수열 이용

① 도입효과

㉮ 도시화의 영향으로 주거밀도가 높아지고 에너지 소비량이 대규모화되면서 각종 건물에서 배출되는 하수에 함유되어 있는 하수열 회수 이용
㉯ 미활용 에너지인 하수열 회수로 에너지 절약과 환경부하 저감
㉰ 석유용 보일러를 이용한 난방에 비해 약 30%의 에너지 절약

㉣ CO_2, NO_X의 발생량 60~70% 감소
㉤ 공기열원에 비해 약 60%의 성능향상
㉥ 냉방기의 냉각탑에서 소비하는 냉각수량 약 95% 이상 절약

② 배수열의 용도
㉮ 하수열 펌프 이용 냉, 난방
㉯ 냉방 시 응축기 수냉각
㉰ 목욕탕, 사우나, 실내수영장 등에 있어서 급탕 예열

(3) 우수 이용

① 도입효과
㉮ 자연자원의 유효이용을 통한 수자원 확보
㉯ 폭우시 우수 저장에 따른 재해 방지
㉰ 도시 하수의 처리부하 저감
㉱ 상하수도료 절감

② 우수의 용도
㉮ 화장실용, 청소용
㉯ 냉각수용
㉰ 소화용
㉱ 정원 살수용, 분수용

(4) 급배수관의 유지 관리

① 필요성
㉮ 급수, 급탕, 배수를 장시간 사용하는 배관이나 정체된 급수탱크 등에서 슬러지 퇴적, 부식 산화물 등 열화에 의한 부식, 스케일, 슬라임 등의 문제로 배관의 세척 또는 생태건축 측면에서 중요함
㉯ 난방배관의 경우 열전달 성능 저하에 따른 에너지 효율 감소

② 배관세척공법
㉮ 기계적인 방법
㉯ 화학약품을 이용하는 화학적인 방법
㉰ 초음파 세척 공법
㉱ 고압의 제트류 이용 공급
㉲ 배관 내 물의 유동을 이용한 맥동파에 의한 배관 세척법

4. 결론

수자원의 재이용과 우수의 활용을 통한 부존자원을 절약하고, 각종자원의 소비를 최소화하면서 고유의 기능을 유지하며 환경에 미치는 부하의 영향을 최소화하도록 하여야 할 것임

11 지구환경시대를 향한 급배수, 위생시스템

1. 서론

지구환경시대를 대비한 급배수, 위생설비는 물의 불필요한 낭비를 줄이고 각종 기기 및 배관에 대한 내구성을 향상시켜 에너지를 절약하여 이산화탄소 발생량을 감소시킴으로써 환경부하를 저감

2. 급배수 시설

(1) 정수시설
(2) 공급시설
(3) 하수처리장

3. 환경부하 감소를 위한 절수대책

(1) 절수관련 제도

① 중수도 시설 설치의무대상 건물
㉮ 공장 : 1000ton/day 이상
㉯ 숙박시설, 목욕장 : 500ton/day 이상
㉰ 공동주택 : 300ton/day 이상
㉱ 공중위생시설 : 500ton/day 이상
㉲ 중앙건설심의 위원회 또는 중앙건축심의위원회 심의 대상시설 : 500ton/day 이상
㉳ 기타 : 지방자치 단체의 조례로 정한 건축물

② 절수설비의 종류 및 기준
㉮ 대변기, 소변기
㉠ 절수형 대변기 9리터/회 이하
㉡ 절수형 소변기 4리터/회 이하
㉢ 대소변 겸용은 소변용이 대변용보다 3리터 이상 남을 것
㉯ 샤워헤드 : 1킬로 압력에 10리터/분 이하
㉰ 수도꼭지 : 15A 1킬로 압력에 9.5리터/분 이하

③ 절수형 위생기구 부속기기
㉮ 2단 절수형 양변기 세척레버

㉯ 절수식 2단 배수기
㉰ 저소음형 수위조절볼탑
㉱ 보조볼탑 설치형 절수 배수구

4. 지구환경시대를 대비한 급배수 위생설비의 향후 대책

(1) 위생설비 시스템의 개선

① 급수, 급탕설비
절수기기 사용 및 다양한 건물 용도에 맞추어 급수부하단위 개정

② 오배수 배관시스템
㉮ 절수형 기기의 사용과 건물의 종류에 따라 배수관경 조정
㉯ 정화처리시설이 오수용과 배수용으로 구분되어 있을 때 건물내 오배수관 분리
㉰ 특수통기 이음관을 사용하여 초고층 건물에 대해서도 단관식 배수시스템 적용

③ 기타
㉮ 가압급수 시스템 도입으로 자원절약 및 절수
㉯ 중수 시스템 도입으로 수자원문제 해결 및 환경오염 경감
㉰ 중수시설의 확대를 위한 설치비용 및 수도요금 감면
㉱ 설치비용이 싸고 고효율의 중수시스템 개발

(2) 내구성 재료의 사용

① 사용배관재
㉮ 배관재의 적용기준은 사용 용도와 경제성, 시공성 등 고려
㉯ 건물의 내구연한과 동등한 내구성을 갖는 자재 사용

② 탱크류
㉮ 물탱크 : 스테인리스 강판 및 FRP 계통의 소재를 사용한 조립식
㉯ 저탕탱크 : 스테인리스 강판제

5. 결론

지구환경시대에 있어서의 배관재료는 내구성이 높은 재료의 사용과 부식 등으로부터 배관재료를 보호할 수 있는 내구성 향상 기술 개발이 필요

12 그린빌딩의 필요성과 국내의 동향

1. 개요

그린빌딩은 환경친화적 건물로서 환경보호와 쾌적한 실내환경을 실현하기 위한 건물이라고 할 수 있으며, 에너지 절약, 환경보전을 목표로 오염물질의 발생을 최소화하고 발생된 오염물질의 배출을 적정기준 이하로 조절하는 빌딩을 말함

2. 필요성

인류를 위협하는 에너지 고갈과 화석연료의 소비로 인하여 발생되는 지구의 온난화 현상, CFC 사용에 따른 오존층 파괴 등을 방지하기 위해 에너지 사용량을 줄이거나 대체에너지를 개발하여 보다 쾌적한 사무환경을 만들어 생산성을 높이는 데 있음

3. 환경보호 및 쾌적한 실내환경 실현방법

(1) 에너지 절약 기술

① 열에너지 절약
② 전기 에너지 절약
③ 자연 에너지 절약

(2) 자원 절약 기술

① 건축재료 절약
② 폐기물 처리
③ 자원의 재활용

(3) 공해 저감 기술

① 공기오염처리
② 수질오염처리
③ 토질오염처리

4. 국내외 동향

(1) 국외 환경평가기준

① 영국(BREEAM)

㉮ 실내의 환경성능을 향상시키면서 건물에 의한 실외의 대기오염물질 발생을 최소화 하도록 하는 것을 목적으로 함

㉯ 평가항목

㉠ 지구환경 및 자원이용 평가요소

㉡ 지역환경 평가요소

㉢ 실내환경 평가요소

② 캐나다(BEPAC)

㉮ 신축 및 기존 사무소 건물의 환경성능을 평가항목별 건축설계와 관리운영 측면에서 평가하기 위한 것

㉯ 평가항목

㉠ 오존층 보호

㉡ 에너지 소비에 의한 환경에의 영향

㉢ 자원절약

㉣ 대지 및 교통

㉤ 실내환경

③ 미국(LEED)

㉮ 그린빌딩 기술의 연구, 개발, 보급을 촉진하기 위해 USGBC가 조직되어 국가차원의 표준체계를 설정하여 그린빌딩 인증을 위한 필수선행 조건과 평가항목 제시

㉯ 평가항목

㉠ 에너지 효율의 향상

㉡ 재료와 자원의 절약

㉢ 수자원 보호

㉣ 지속가능한 대지의 계획

㉤ 디자인/건설 프로세스의 향상

㉥ 실내환경의 질 향상

④ 일본(환경공생주택 프로그램)

㉮ 에너지 절약, 자연 에너지를 활용하는 건축공사 지원

㉯ 평가항목

㉠ 필수요건

- 에너지 절약 성능
- 내구성

- Barrier Free
- 실내공기의 질
- 폐기물의 소멸

㉡ 제안유형
- 에너지 절약형
- 자원의 고도 유효 이용형
- 지역적합, 환경친화형
- 건강쾌적, 안전안심형

(2) 국내동향

그린빌딩 평가를 위한 사전적 건물 에너지 성능 표시제 도입 검토

① 도입방안

㉮ 에너지 수입의존도가 97% 정도로 에너지 절약 대책 미흡

㉯ 건축주 및 건물주의 에너지 절약에 대한 의지 미흡

㉰ 건축주 및 건물주에게 건물에 대한 에너지 절약의 중요성 인식을 위해 필요

② 기대효과

건물 에너지 절약 시공기술과 에너지 절약형 고효율 열 사용설비의 개발과 보급

③ 문제점

건물 에너지 성능 전문가 부족

5. 결론

그린빌딩은 기존의 에너지 절약형 건물에 환경보호를 위한 자원절약 및 환경오염 저감기술을 결합한 건물로서 대체에너지를 개발하여 에너지 고갈과 지구온난화방지, 오존층 보호 등을 기하도록 할 것

친환경건축물 인증제도에 대하여 기술하시오.

1. 개요

건축물의 입지, 자재선정 및 시공, 유지 관리, 폐기 등, 전 과정을 대상으로 에너지 및 자원의 절약과 오염물질의 배출감소, 쾌적성, 주변환경과의 조화 등 환경에 영향을 미치는 요소에 대한 평가를 통하여 건축물의 환경성능을 인증한다.

2. 친환경건축물의 정의

에너지 절약과 환경보전을 목표로 에너지 부하 저감, 고효율 에너지 설비, 자원 재활용, 환경오염 저감기술, 생태 설계기법 등을 적용하여, 자연친화적으로 설계 · 건설하고 유지 관리한 후 건물의 수명이 끝나 해체될 때까지도 환경에 대한 피해가 최소화되도록 계획된 건축물

3. 친환경건축물 인증제도 목적

건축물의 자재생산, 설계, 건설 유지 관리, 폐기 등 전 과정을 대상으로 에너지 및 자원의 절약, 오염물의 배출감소, 쾌적성, 주변환경과의 조화 등 환경에 영향을 미치는 요소에 대한 평가를 통해 건축물의 환경성능을 인증함으로써 친환경건축물 건설 유도 및 촉진

4. 국내외 친환경 인증제도

(1) 한국 : 친환경건축물 인증제도
(2) 미국 : LEEDs
(3) 영국 : BREEAM
(4) 캐나다 : BEPAC
(5) 일본 : 정량적 및 정성적 평가

5. 친환경건축물 인증기관

(1) 대한주택공사 주택도시연구원
(2) 한국에너지기술연구원
(3) 크레비즈큐엠
(4) (사)한국교육환경연구원

6. 친환경건축물 인증제도

(1) 적용대상

건축법 제2조 제1항 제2호의 규정에 의한 건축물에 적용함을 원칙으로 하되 운영기관은 인증기준, 재정상황과 인증기관수 등 시행여건을 고려하여 적용대상 건축물을 제한할 수 있음

(2) 평가부분

① 공동주택, 학교시설, 주거복합, 업무용, 판매시설, 숙박시설, 전체 6개 부문
② 각 부문별로 차별화된 배점으로 구성
③ 친환경건축물 인증대상 건축물이 확대되고 있음

(3) 평가항목

① 토지이용
생태적 가치, 건폐율, 일조권 간섭방지책

② 교통
대중교통, 자전거보관소, 초고속정보통신

③ 에너지
에너지소비량, 대체에너지 이용, 조명에너지 절약

④ 재료 및 재활용
자원절약, 자원 재활용

⑤ 수자원
우수부하절감, 생활상수절감, 우수이용, 중수도 설치

⑥ 대기오염
CO_2 배출저감, 오존층보호

⑦ 유지 관리
현장관리계획, 운영 및 유지 관리, 시스템변경 용이

⑧ 생태환경
인공환경녹화기법, 녹지공간율, 수생 Bio-top, 육생 Bio-top

⑨ 실내환경
VOCs, 흡연 노출방지, 외기급배기구

(4) 평가등급

① 평가항목점수합계 100점, 가산항목점수합계 36점 총 136점 중

② 85점 이상 : 친환경 최우수 건축물

③ 65점 이상 : 친환경 우수 건축물

7. 결론

지속가능한 개발의 실현을 목표로 인간과 자연이 서로 친화하며 공생할 수 있도록 계획 · 설계 · 시공되고 에너지와 자원 절약 등을 통하여 환경오염부하를 최소화함으로써 건강한 거주환경을 구현토록 하여야 함

제34장 신재생 및 폐기물 에너지

Professional Engineer

- Building Mechanical Facilities
- Air-conditioning Refrigerating Machinery

태양광발전에 대하여 기술하시오.

1. 개요

태양에너지 이용방법 중 가장 대표적인 것이 태양광을 직접 전기에너지로 변환시켜 사용하는 태양광발전이다. 증기터빈 등의 설비를 이용하여 발전하는 태양열발전과는 달리 무한정, 무공해의 태양에너지를 직접 전기에너지로 변환시키는 기술이다.

2. 태양전지의 발전원리

(1) 빛을 받아 전기를 발전하는 태양전지는 실리콘 소자로 만들어진 반도체

(2) 태양전지에 태양광이 입사하면 광기전력 효과에 의해 기전력이 발생하여 외부에 접속된 부하에 전류가 흐름

(3) 태양전지는 변화하는 기후와 충격을 이겨낼 수 있도록 모듈이라는 일정한 틀 속에 직·병렬로 연결하여 사용된다.

(4) 태양광발전은 모듈의 배열에 따라 큰 용량의 저압과 전류를 만들 수 있다.

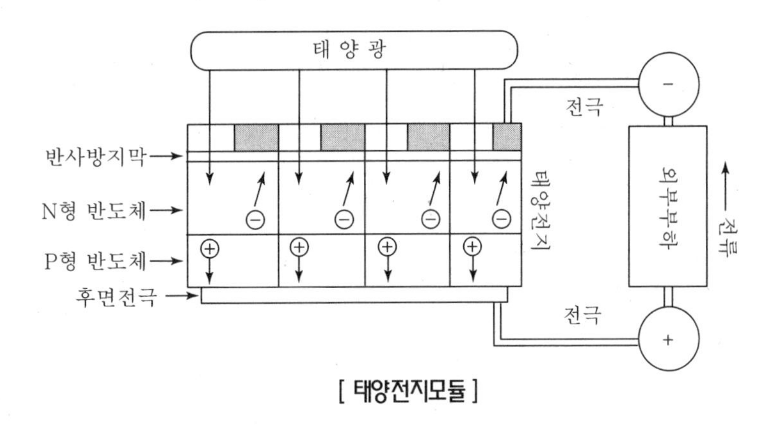

[태양전지모듈]

3. 태양광발전시스템 원리 및 구성요소

(1) 발전원리

① 태양전지에 햇볕을 쪼이면 전기가 발생

② 전력조절장치를 통해 전기를 일정한 양으로 변환

③ 인버터를 통해 직류를 교류로 바꾸어 사용

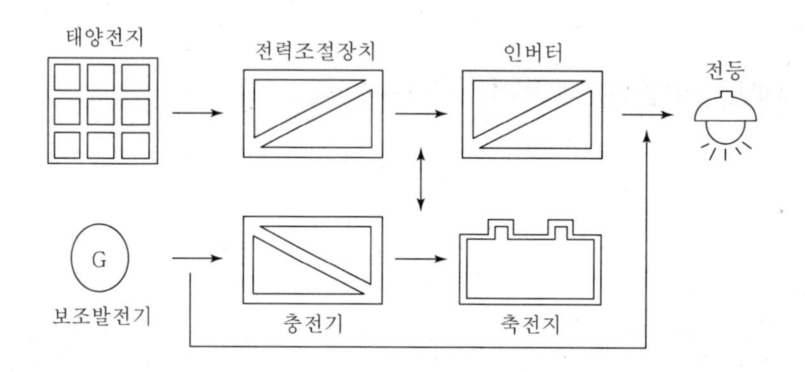

(2) 구성요소

① 어레이 : 모듈을 직 · 병렬로 연결

② 축전지 : 발전한 전력을 저장

③ 인버터 : 직류를 교류로 변환

4. 태양광발전의 특징

(1) 장점

① 에너지원인 태양빛 에너지의 무한정성

② 대기오염이나 폐기물 발생이 없는 깨끗한 에너지원을 사용

③ 사용하는 장소에서의 발전(각 가정의 지붕 등)

④ 기계적인 진동과 소음이 없다.

⑤ 운전 및 유지 관리에 따른 비용을 최소한으로 할 수 있다.

(2) 단점

① 입사에너지의 밀도가 작다.

② 기상조건에 따른 발전편차가 크다.

③ 빛을 받고 있을 때만 발전하고 축전기능이 없다.

④ 태양전지 및 주변장치의 가격 때문에 초기 투자비용이 많이 들어 발전단가가 높다.

5. 계통 연계형 발전시스템

(1) 개요

① 계통선이 공급되는 지역에서 태양전지를 이용하여 주간에 직류 전원을 발전하며 교류전력으로 변환하기 위하여 인버터로 공급한다.

② 변환된 양질의 교류전원을 주 전력원으로 사용하며 부족한 전력은 한전 계통의 전력을 공급받는다.

③ 잉여전력 발생 시 계통선에 전력을 공급하는 시스템이다.

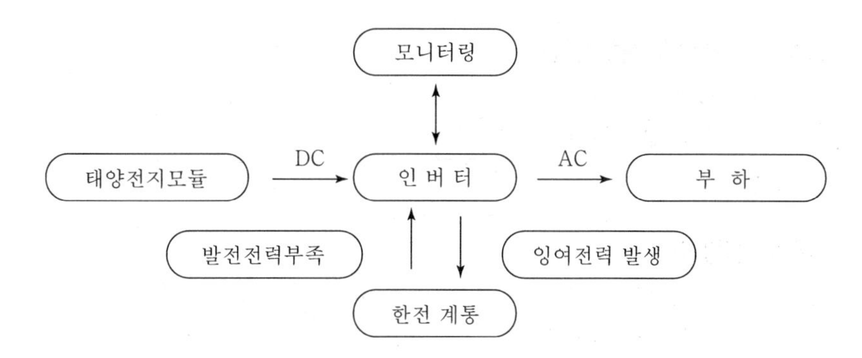

(2) 종류

① 주택형

㉮ 아파트, 빌라, 일반 주택의 지붕에 설치

㉯ 경사지붕형, 평지붕형, 지붕일체형

② 일반형

평지에 태양광 발전시스템을 설치

③ BIPV형(Building Integrated PhotoVoltaic)

㉮ 태양광 발전시스템을 건물과 통합

㉯ 도심지의 고층빌딩이나 아파트 등의 외피, 외부 마감재로 설치

㉰ 지붕형, 차양형, 외벽형, 채광형, 커튼월형

6. 독립형 발전시스템

(1) 계통선이 공급되지 않는 지역 등에 전력을 공급하기 위한 시스템

(2) 주간에 전력을 발전하여 축전지에 저장하였다가 축전지의 전력을 이용

(3) 부하의 종류와 시스템의 구성에 따라서 직류부하용과 교류부하용 시스템이 있음

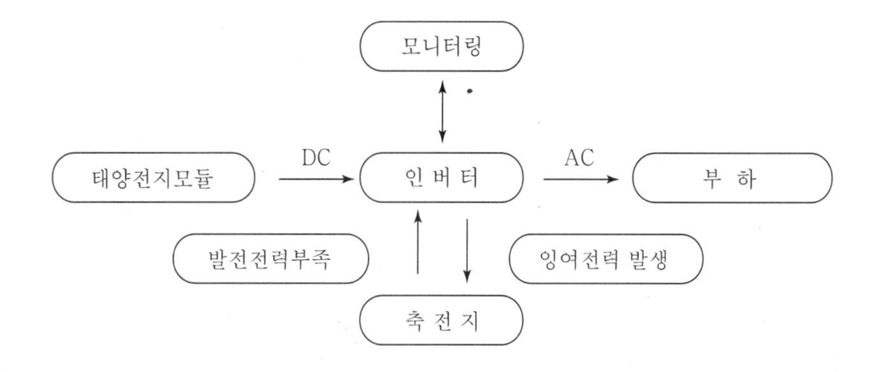

7. 채광방식에 따른 태양광발전 분류

(1) 플레이트 패널형 태양광발전

① 고정형 어레이 방식
② 반고정형 어레이 방식
③ 트래킹 방식

(2) 반사형 집광방식

① 고정초점 트래킹 방식
② 이동초점 트래킹 방식

8. 결론

무공해, 무소음, 무연소 및 운전 유지 보수가 간단한 태양광 발전은 타 대체에너지에 비해 많은 장점을 지니고 있다.

또한 건물에 적용하는 기술은 현재 실용화 단계에 있으므로 설계 및 시공에서 적용하기 쉬운 경제성 있는 시스템 개발이 요구된다.

태양열 이용기술

1. 개요

태양광선의 파동성질을 이용하는 태양에너지 광열학적 이용분야로 태양열의 흡수, 저장, 열변환 등을 통하여 건물의 냉난방 및 급탕 등에 활용하는 기술

2. 태양열 시스템 원리 및 구성도

(1) 집열부

태양으로부터 오는 에너지를 모아서 열로 변환하는 장치

(2) 축열부

열교환되어 이용처에 활용될 매체 등 저장

(3) 구성도

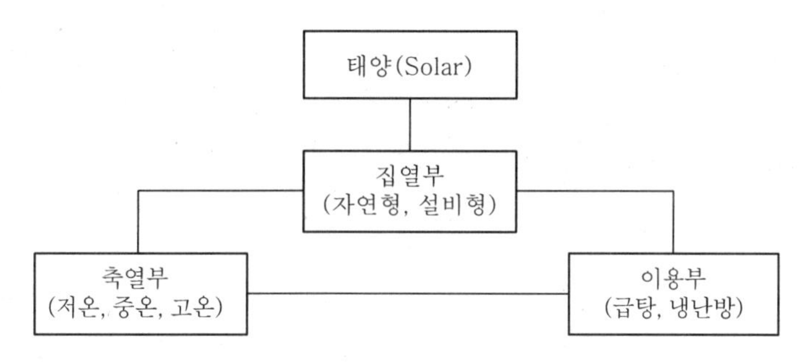

[태양열 이용시스템 구성도]

3. 태양열 시스템 특징

(1) 장점

① 무공해, 무재해 청정에너지
② 기존의 화석에너지에 비해 지역적 편중이 적음
③ 다양한 적용 및 이용성
④ 저가의 유지 보수비

(2) 단점

① 밀도가 낮고 간헐적임.
② 유가의 변동에 따른 영향이 큼
③ 초기 설치비용이 많음
④ 봄, 여름은 일사량 조건이 좋으나 겨울철에는 조건이 불리함

4. 태양열 이용기술의 분류

구분	자연형		설비형	
	저온용		중온용	고온용
황용온도	60°C 이하	100°C 이하	300°C 이하	300°C 이하
집열부	자연형시스템 공기식집열기	평판형 집열기	PTC형 집열기 CPC형 집열기 진공관형 집열기	Dish형 집열기 Power Tower, 태양로
축열부	Tromg Vall (자갈, 헌열)	저온축열 (헌열, 잠열)	중온측열 (잠열, 화학)	고온축열 (화학)
이용분야	건물공간난방	냉난방 · 급탕, 농수산(건조, 난방)	건물 및 농수산분야 냉난방, 담수화, 산업공정열, 열발전	산업공정열, 열발전, 우주용, 광측매폐수처리, 광화학, 신물질제도

주) PTC(Parabolic trough Solar Collector)
CPC(Compound Parabolic Collector)

5. 결론

현재 태양열 이용 기술은 집열 및 온수, 급탕기술 등에 있어서는 상용화를 통해 활용하고 있지만, 중고온용 분야인 산업용 태양열 활용에 있어서는 지속적인 연구개발이 필요하다고 사료된다.

03 풍력 이용기술

1. 개요

바람의 힘을 회전력으로 전환시켜 발생되는 유도전기를 전력계통이나 수요자에게 공급하는 기술

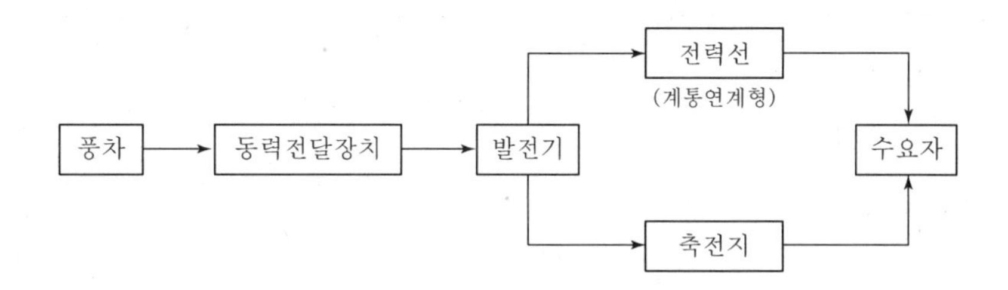

2. 특징

(1) 풍력이 가진 에너지를 흡수, 변환하는 운동량 변환장치, 동력전달장치, 제어장치 등으로 구성

(2) 각 구성요소들은 독립적으로 기능을 발휘하지 못하고 상호 연관되어 기능수행

3. 시스템 구성

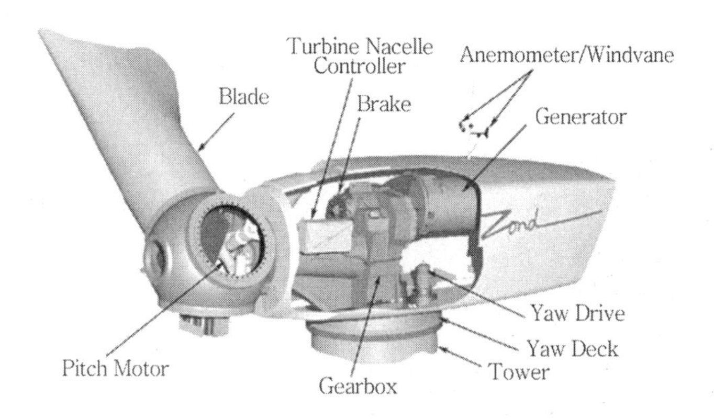

(1) 기계장치부

바람으로부터 회전력을 생산하는 회전날개, 회전축을 포함한 회전자, 증속기(Gerabox), 브레이크, Pitching & Yawing System(바람 방향으로 날개 경사각 조절시스템) 등으로 구성

(2) 전기장치부

발전기, 기타 안정된 전력을 공급하도록 하는 전력안정화 장치로 구성

(3) 제어장치부

무인운전이 가능하도록 설정 및 제어, 감시기능 수행

4. 풍력발전시스템 분류

분류	내용
구조상 분류(회전축 방향)	수평축 풍력시스템(HAWT) : 프로펠러형
	수직축 풍력시스템(VAWT) : 다리우스형, 사보니우스형
운전방식	정속운전(Fixed Roter Speed Type) : 통상 Geared형
	가변속운전(Variable Roter Speed Type) : 통상 Geared형
출력제어방식	Pitch(날개각) Control
	Stall(失速) Control
전력상용방식	계통연계(유도발전기, 동기발전기)
	독립전원(동기발전기, 직류발전기)

(1) 수직축 및 수평축 특징

풍력발전기는 날개의 회전축의 방향에 따라 회전축이 지면에 대해 수직으로 설치되어 있는 수직축 발전기와 회전축이 지면에 대해 수평으로 설치되어 있는 수평축 발전기로 구분

① 수직축은 바람의 방향에 관계가 없어 사막이나 평원에 많이 설치하여 이용 가능하지만 소재가 비싸고 수평축 풍차에 비해 효율이 떨어지는 단점이 있다.

② 수평축은 간단한 구조로 이루어져 있어 설치하기 편리하나 바람의 방향에 영향을 받는다.

③ 중대형급 이상은 수평축을 사용하고, 100kW급 이하 소형은 수직축도 사용된다.

[수직축 발전기]

[수평축 발전기]

(2) 기어형 및 기어리스형 특징

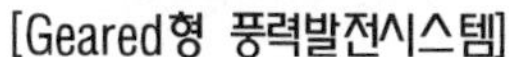

[Geared형 풍력발전시스템] [Gearless형 풍력발전시스템]

① 기어형

㉮ 대부분의 정속운전 유도형 발전기기를 사용하는 풍력발전시스템에 해당되며 유도형 발전기기의 높은 정격회전수에 맞추기 위해 회전자의 회전속도를 종속하는 기어장치가 장착되어 있는 형태이다.

㉯ 증속기(Gear Box : 적정속도로 변환) 필요, Inverter 불필요

㉰ 정속 : 발전기 주파수를 올려 한전계통에 적합한 60Hz 맞춤

㉱ 대부분 정속운전 유도형 발전기 사용

㉲ 유도형 발전기의 높은 정격회전수에 맞추기 위해 회전자의 회전속도를 증속하는 기어장치 장착

㉳ 회전자 → 기어증속장치 → 유도발전기(정전압/정주파수) → 한전계통

② 기어리스형

㉮ 대부분 가변속 운전동기형(또는 영구자석형) 발전기기를 사용하는 풍력발전시스템에 해당되며 다극형 동기발전기를 사용하여 증속기어 장치가 없이 회전자와 발전기가 직결되는 Direct-drive 형태임

㉯ 가변속 : 한전계통 주파수와 맞지 않기 때문에 Inverter 필요

㉰ 가변속운전 동기형(또는 영구자석형) 발전기 사용

㉱ 다극형 동기발전기를 사용하여 증속기어장치 없이 회전자와 발전기가 직결되는 Direct-drivegudxo이다.

㉲ 발전효율 높음(단독 운전의 경우 많이 사용되나 유도발전기보다 비싸고, 크기도 큰 단점이 있음)

㉳ 회전자(직결) → 동기발전기(가변전압/가변주파수) → 인버터 → 한전계통

5. 결론

풍력 이용기술은 중형(750kW)급에 대해서는 기술이 확보되어 있지만, 지속적인 보급 및 확대를 통하여 기타 관련기술에 대한 실용화를 추구해야 할 것으로 사료된다.

연료전지 이용기술

1. 개요

(1) 연료의 산화(酸化)에 의해서 생기는 화학에너지를 직접 전기에너지로 변환시키는 전지

(2) 일종의 발전장치(發電裝置)라고 할 수 있으며 산화 ·환원반응을 이용한 점 등 기본적으로는 보통의 화학전지와 같음

(3) 가장 전형적인 것에 수소-산소 연료전지가 있음

2. 연료전지 발전원리

연료 중 수소와 공기 중 산소가 전기화학반응에 의해 직접 발전

(1) 연료극(양극)에 공급된 수소는 수소이온과 전자로 분리

(2) 수소이온은 전해질층을 통해 공기극으로 이동, 전자는 외부회로를 통해 공기극으로 이동

(3) 공기극(음극) 쪽에서 산소이온과 수소이온이 만나 반응생성물 (물)을 생성

→ 최종적인 반응은 수소와 산소가 결합하여 전기 전기, 물 및 열생성

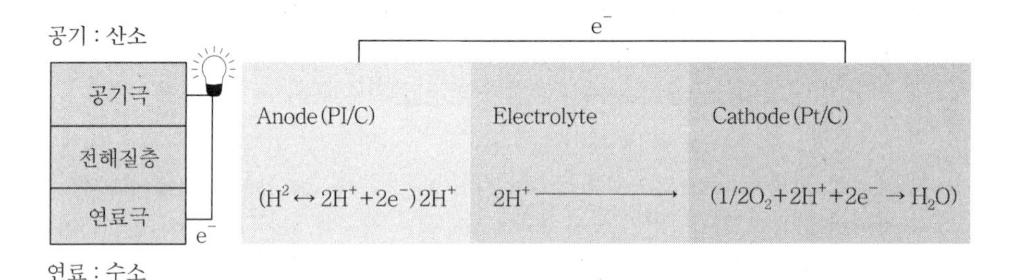

[연료전지의 반응과정(예)]

3. 특징

(1) 발전효율이 40~60%이며, 열병합발전시 80% 이상 가능

(2) 천연가스, 메탄올, 석탄가스 등 다양한 연료사용 가능

(3) 환경공해 감소 : 배기가스 중 NOx, SOx 및 분진이 거의 없으며, CO_2 발생량에 있어서도 미분탄 화력발전에 비하여 20~40% 감소

(4) 회전부위가 없어 소음이 없으며, 기존 화력발전과 같은 다량의 냉각수 불필요

(5) 도심 부근 설치 가능하여 송배전시의 설비 및 전력 손실 적음

(6) 부하변동에 따라 신속히 반응

(7) 설치형태에 따라서 현지 설치형, 분산 배치형, 중앙집중형 등의 다양한 용도 사용 가능

4. 시스템 구성도

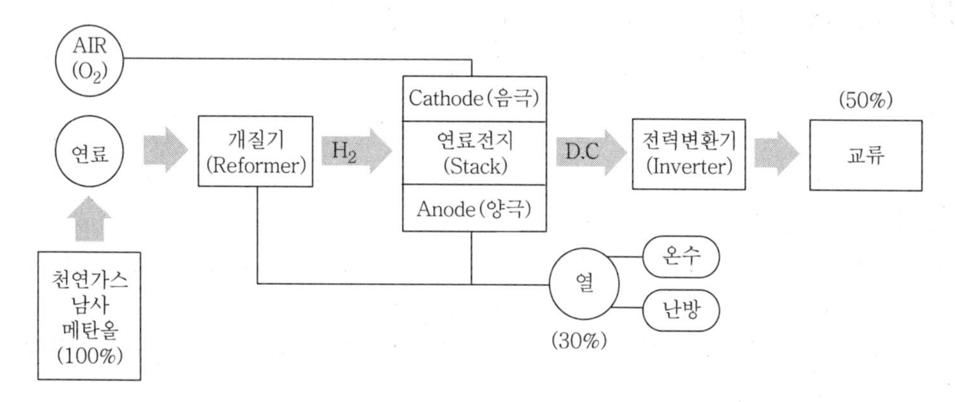

(1) 개질기(Reformer)

연료인 천연가스, 메탄올, 석탄, 석유 등을 수소가 많은 연료변환시키는 장치

(2) 단위전지(Unit Cell)

연료전지 단위전지(Cell)는 기본적으로 전해질이 함유된 전해질 판, 연료극(Anode), 공기극(Cathode), 이들을 분리하는 분리판 등으로 구성

(3) 스택(Stack)

원하는 전기출력을 얻기 위해 단위전지를 수십장, 수백장 직렬로 쌓아 올린 본체

(4) 전력변환기(Inverter)

연료전지에서 나오는 직류전기(DC)를 우리가 사용하는 교류(AC)로 변환시키는 장치

5. 연료전지의 종류 및 특징

구분	용융탄산염형 (MCFC)	고체산화물형 (SOFC)	고분자전해질형 (PEMFC)	직접매탄올 (DMFC)
전해질	탄산염($Li_2CO_3+K_2CO_3$)	질코니아 ($ZRO_2+Y_2O_3$)	이온교환막 (Nafion)	이온교환막 (Nafion)
동작온도(℃)	600~1,000	약 650	상온~80	상온~100
효율(%)	45~60	50~60	40~50	20~30
용도	중·대용량 전력용	소·중, 대용량 발전	정지용, 이동용	소형이동

주) MCFC : Molten Carbonate Fuel Cell, SOFC : Solid Oxide Fuel Cell
PEMFC : Polymer, Electrolyte Membrane Cell, DMFG : Direct Methanol Fuer Cell

6. 결론

연료전지의 보급 확대를 위하여 민관의 협력과 대체에너지에 대한 인식의 전환이 필요하다고 사료된다.

수소 에너지

1. 특 성

(1) 수소는 무한정인 물 또는 유기물질을 원료로 하여 제조할 수 있으며, 사용 후에 다시 물로 재순환 됨

(2) 수소는 가스나 액체로서 쉽게 수송할 수 있으며 고압가스, 액체수소, 금속수소화물 등의 다양한 형태로 저장이 용이함

(3) 수소는 연료로 사용할 경우에 연소시 극소량의 NOx를 제외하고는 공해물질이 생성되지 않음

(4) 수소는 산업용의 기초 소재로부터 일반 연료, 수소자동차, 수소비행기, 연료전지 등 현재의 에너지시스템에서 사용되는 거의 모든 분야에 이용 가능

2. 수소 에너지 시스템

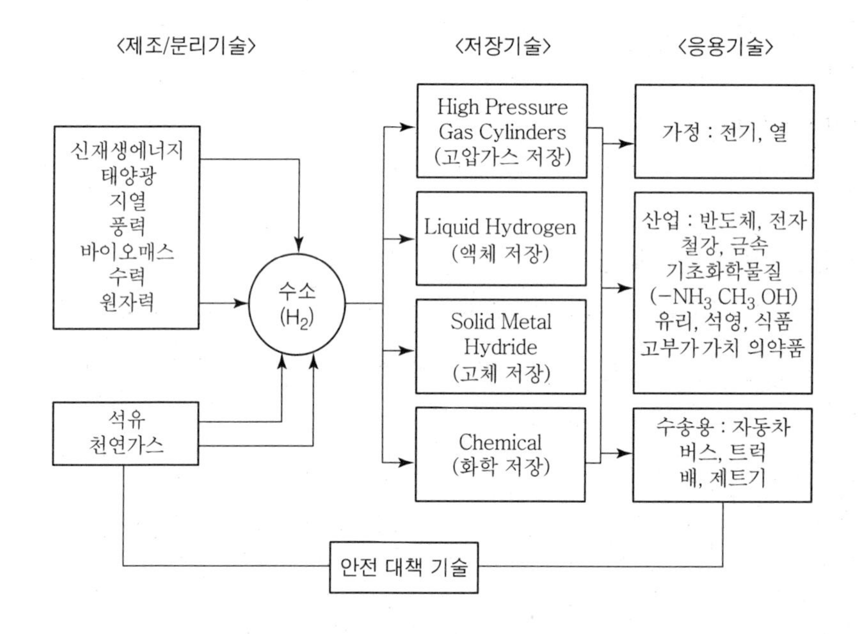

3. 결론

현재까지 국내의 경우 기초기술에 대한 연구가 진행되었고 아직까지 상용화를 위한 기술은 없으므로 지속적인 관심과 연구가 필요하다고 사료된다.

06 바이오 에너지

1. 개요

태양광을 이용하여 광합성되는 유기물(주로 식물체) 및 동 유기물을 소비하여 생성되는 모든 생물 유기체(바이오매스)의 에너지를 바이오에너지라 함

2. 특징

장점	단점
• 풍부한 자원과 큰 파급효과 • 환경 친화적 생산시스템 • 환경오염의 저감(온실가스 등) • 생성에너지의 형태가 다양(연료, 전력, 천연화학물 등)	• 자원의 산재(수집, 수송 불편) • 다양한 자원에 따른 이용 기술의 다양성과 개발의 어려움 • 과도 이용시 환경파괴 가능성 • 단위 공정의 대규모 설비투자

3. 바이오 에너지 변환 시스템

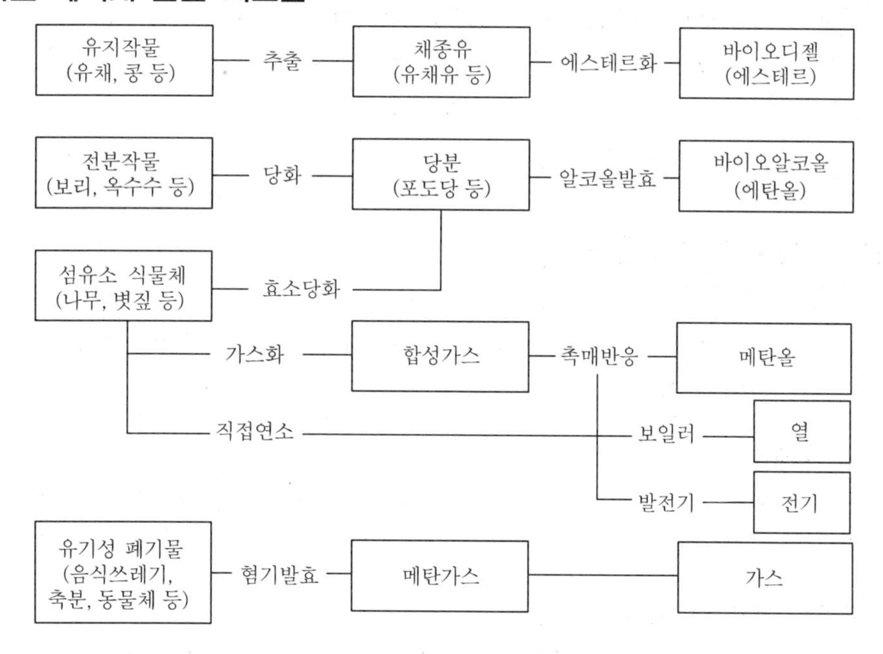

4. 결론

바이오에너지 기술개발은 자원과 이용 기술이 다양한 만큼 실정에 맞는 바이오에너지원을 개발 이용하는 것이 중요하고, 바이오 에너지 보급 확대를 통해 온실가스 저감에 기여하기 위한 노력이 요구된다.

07 폐기물

1. 개요

사업장 또는 가정에서 발생되는 가연성 폐기물 중 에너지 함량이 높은 폐기물을 열분해에 의한 오일화 기술, 성형고체연료의 제조기술, 가스화에 의한 가연성 가스 제조기술 및 소각에 의한 열회수기술 등의 가공·처리 방법을 통해 고체연료, 액체연료, 가스연료, 폐열 등을 생산하고, 이를 산업생산 활동에 필요한 에너지로 이용될 수 있도록 한 재생에너지

2. 특징

(1) 비교적 단기간 내에 상용화 가능

① 기술개발을 통한 상용화 기반 조성
② 타 신재생에너지에 비하여 경제성이 매우 높고 조기보급이 가능

(2) 폐기물의 청정처리 및 자원으로의 재활용 효과 지대

① 폐기물 자원의 적극적인 에너지자원으로의 활용
② 인류 생존권을 위협하는 폐기물 환경문제의 해소
③ 지방자치단체 및 산업체의 폐기물 처리문제 해소

3. 폐기물 신재생 에너지 종류

(1) 성형고체연료(RDF)

종이, 나무, 플라스틱 등의 가연성 폐기물을 파쇄, 분리, 건조, 성형 등의 공정을 거쳐 제조된 고체연료주) RDF : Refuse Derived Fuel

(2) 폐유 정제유

자동차 폐윤활유 등의 폐유를 이온정제법, 열분해 정제법, 감압증류법 등의 공정으로 정제하여 생산된 재생유

(3) 플라스틱 열분해 연료유

플라스틱, 합성수지, 고무, 타이어 등의 고분자 폐기물을 열분해하여 생산되는 청정 연료유

(4) 폐기물 소각열

가연성 폐기물 소각열 회수에 의한 스팀생산 및 발전, 시멘트 킬른 및 철광석소성로 등의 열원으로의 이용 등

4. 결론

환경기초시설이므로 지자체 및 환경부 등 관련부처와의 협력을 통해 에너지 회수에 필요한 시설을 설치하는 데 필요한 투자비의 일부를 보조금 또는 융자금 등으로 지원을 함으로써 활성화를 도모해야 할 것이다.

석탄가스화, 액화

1. 개요

(1) 석탄(중질잔사유)가스화

가스화 복합발전기술(IGCC : Integrated Gasification Combined Cycle)은 석탄, 중질잔사유 등의 저급원료를 고온·고압의 가스화기에서 수증기와 함께 한정된 산소로 불완전연소 및 가스화시켜 일산화탄소와 수소가 주성분인 합성가스를 만들어 정제공정을 거친 후 가스터빈 및 증기터빈 등을 구동하여 발전

(2) 석탄액화

고체 연료인 석탄을 휘발유 및 디젤유 등의 액체연료로 전환시키는 기술로 고온 고압의 상태에서 용매를 사용하여 전환시키는 직접액화 방식과, 석탄가스화 후 촉매상에서 액체연료로 전환시키는 간접액화 기술

2. 특징

장점	단점
• 고효율 발전 • SOx를 95% 이상, NOx를 90% 이상 저감하는 환경친화기술 • 다양한 저급연료(석탄, 중질잔사유, 폐기물 등)를 고부가가치의 에너지화	• 설비구성과 제어가 복잡하여 설비최적화, 고효율화 및 저비용화가 요구됨 • 소요 면적이 넓고 시스템 비용이 고가이므로 투자비가 높은 대형 장치산업으로 일부 대기업 중심의 기술개발로 한정

3. 기술의 분류

(1) 석탄가스화 기술

가장 중요한 부분으로 원료공급방법 및 Ash처리 등이 핵심기술로 석탄 종류 및 반응조건에 따라 생성가스의 성분과 성질이 달라짐

(2) 가스정제공정

생성된 합성가스를 고효율 청정발전 및 청정에너지에 사용할 수 있도록 오염가스와 분진(H_2S, HCl, NH_3 등) 등을 제거하는 기술

(3) 가스터빈 복합발전 시스템(IGCC)

정제된 가스를 사용 1차로 가스터빈을 돌려 발전하고, 배기 가스열을 이용하여 보일러로 증기를 발생시켜 증기터빈을 돌려 발전하는 방식

4. 시스템 구성도

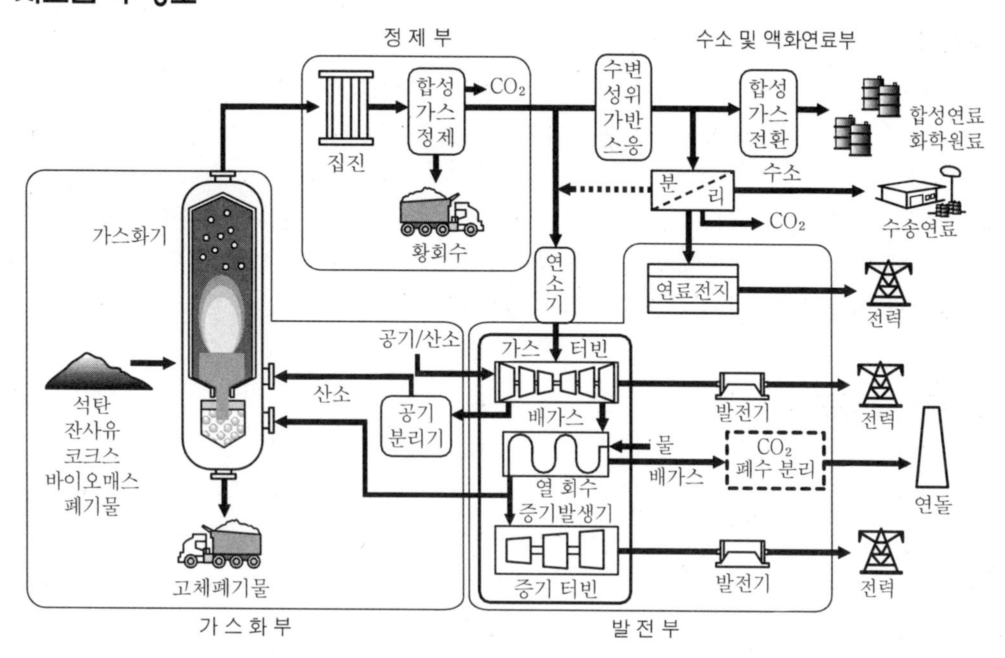

5. 결론

강화되고 있는 국제 환경규제에 대비하여 전력의 안정적 공급과 환경오염물질 감소라는 조건을 만족시키고 기술개발에 따른 파급효과가 큰 기술로 인식이 확산되고 있으므로 이와 같은 기술에 대한 산학연의 연구가 필요하다.

09 지열

1. 개요

(1) 지열이란 지표면의 얕은 곳에서부터 수 km 깊이에 존재하는 뜨거운 물과 암석을 포함하여 땅이 가지고 있는 에너지를 말하며, 통상 후자에 있어 뜨거운 물을 온천, 녹아 있는 암석을 마그마라고 한다.

(2) 태양열의 약 47%가 지표면을 통해 지하에 저장되며, 이렇게 태양열을 흡수한 땅속의 온도는 지형에 따라 다르지만 지표면 가까운 땅속의 온도는 개략 10℃~20℃ 정도로 연중 큰 변화가 없으나 지하 수 km의 지열온도는 40~150℃ 이상을 유지한다.

2. 시스템 구성도

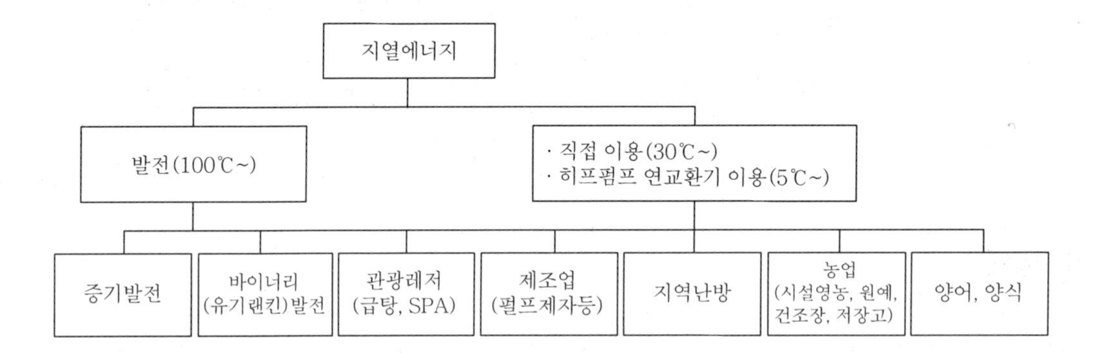

3. 지열기술

(1) 지열원

대체에너지원으로 활용하기 위한 지열 Source로는 지표면으로부터 수 내지 수십 미터 깊이의 흙(Ground Source), 또는 지하수(Ground Water Source), 호수나 강물(Water Source)

(2) 지열시스템 종류

① 폐회로

㉮ 일반적으로 적용되는 폐회로는 파이프가 폐회로로 구성

㉯ 파이프 내에는 지열을 열교환하기 위한 열매가 순환

㉰ 파이프의 재질은 고밀도폴리에틸렌이 사용됨
㉱ 루프의 형태에 따라 수직, 수평 루프시스템으로 구분
㉲ 수직 100~150, 수평 1.2~1.8m 정도 깊이로 묻히게 되며 냉난방부하가 적은 곳에 쓰임

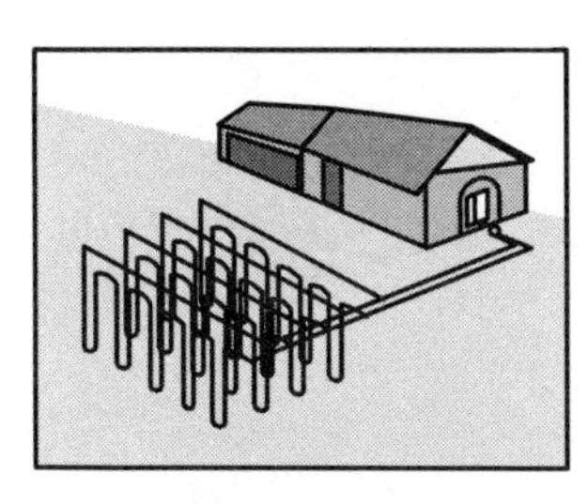

(a) 수직형(Vertical Type)　(b) 수직형(Horizontal Type)　(c) 수평형(Horizontal Type)

② 개방형 회로

㉮ 개방회로는 수원지, 호수, 강, 우물 등에서 공급받은 물을 운반하는 파이프가 개방
㉯ 풍부한 수원지가 있는 곳에서 적용 될 수 있음
㉰ 파이프내로 직접 지열 Source가 회수되므로 열전달효과가 높고 설치비용이 저렴
㉱ 폐회로에 비해 보수가 필요한 단점이 있음

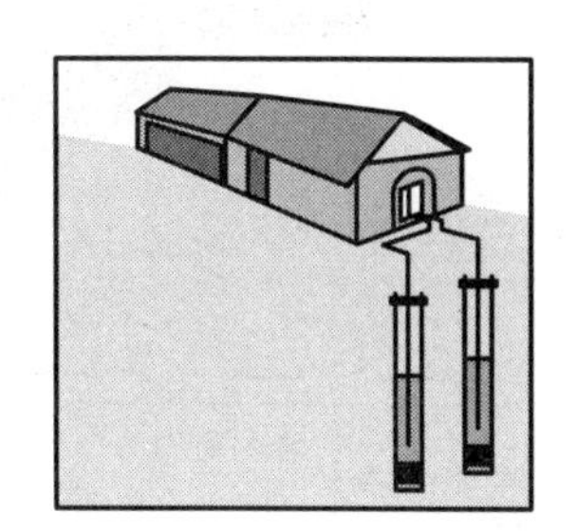

4. 결론

히트펌프를 이용하는 지열이용시스템은 운영비가 기존의 설비에 비해 적은 반면 초기투자비가 커 경제성이 떨어지므로, 확대보급을 위해서는 초기투자비를 경감할 수 있는 방안을 마련해야 할 것으로 사료된다.

10 소수력

1. 개요

개천, 강이나 호수 등의 물의 흐름으로 얻은 운동에너지를 전기에너지로 변환하여 전기를 발생시키는 시설용량 10,000kW 이하의 소규모 수력발전

2. 시스템 구성도

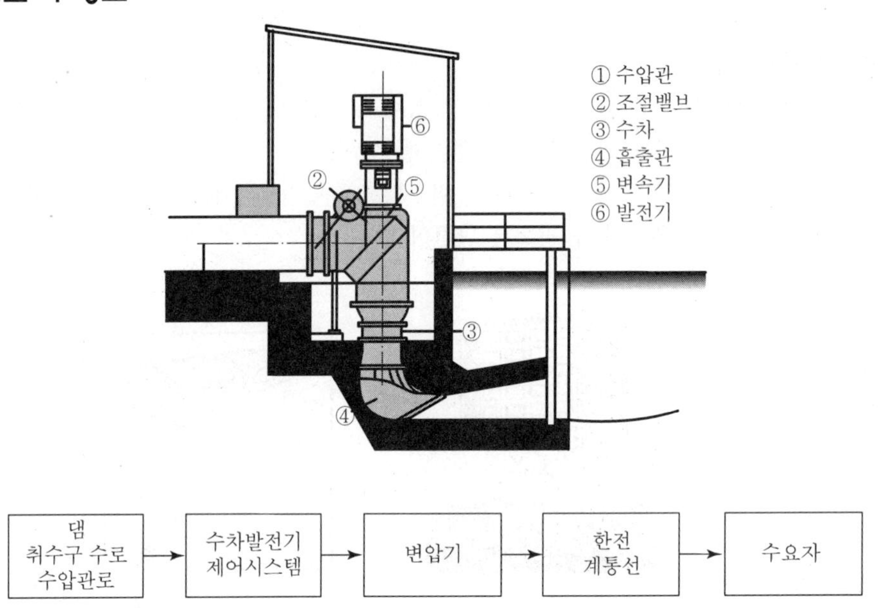

3. 종류

(1) 설비용량

① Micro Hydropower : 100kW 미만

② Mini Hydropower : 100~1,000kW

③ Small Hydropower : 1,000~10,000kW

(2) 낙차

① 저낙차(Low Head) : 2~20m

② 중낙차(Medium Head) : 20~150m

③ 고낙차(High Head) : 150m 이상

(3) 발전방식

① 수로식(Run of River Type) : 하천경사가 급한 중·상류지역
② 댐식(Storage Type) : 하천경사가 작고 유량이 큰 지점
③ 터널식(Tunnel Type) : 하천의 형태가 오메가인 지점

4. 특징

(1) 장점

① 국내 부존자원 활용
② 전력생산 외에 농업용수 공급, 홍수조절에 기여
③ 일단 건설 후에는 운영비가 저렴

(2) 단점

① 대수력이나 양수발전과 같이 첨두부하에 대한 기여도가 적음
② 초기 건설비 소요가 크고, 발전량이 강수량에 따라 변동이 많음

5. 결론

소수력발전소의 경제성을 향상시키기 위해서는 우리나라의 소수력 자원 특성에 적합한 소수력발전소 문제 . 를 건설하기 위한 산학연 연구가 필요하다.

해양

1. 개요

(1) 조력발전

조석을 동력원으로 하여 해수면의 상승하강운동을 이용하여 전기를 생산하는 발전 기술

(2) 파력발전

입사하는 파랑에너지를 터빈 같은 원동기의 구동력으로 변환하여 발전하는 기술

(3) 온도차발전

해양 표면층의 온수(예 : 25~30℃)와 심해 500~1,000m정도의 냉수(예 : 5~7℃)와의 온도차를 이용하여 열에너지를 기계적 에너지로 변환시켜 발전하는 기술

2. 시스템 구성도

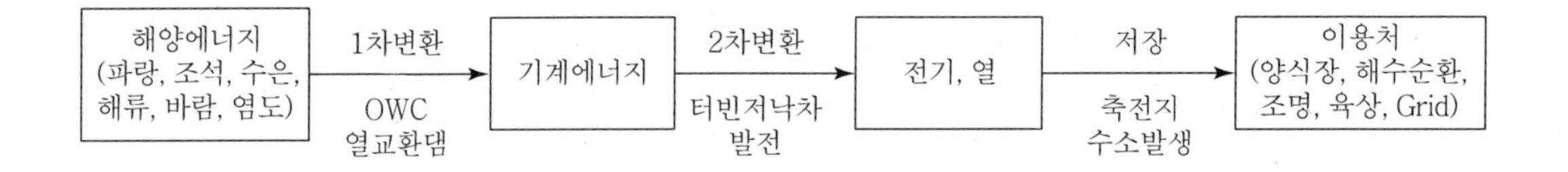

3. 종류 및 입지여건

구분	조력발전	파력발전	온도차발전
입지조건	• 평균조차 : 3m 이상 • 폐쇄된 만의 형태 • 해저의 지반이 강고 • 에너지 수요처와 근거리	• 자원량이 풍부한 연안 • 육지에서 거리 30km 미만 • 수심 300m 미만의 해상 • 항해, 항만의 기능에 방해되지 않을 것	• 연중 표 · 심층수와 온도차가 17℃ 이상인 기간이 많을 것 • 어업 및 선박에 방해되지 않을 것

4. 결론

삼면이 바다로 둘러싸인 우리나라는 조력발전에 유리한 요건을 갖추고 있지만, 우리 실정에 맞는 시스템 및 기술이 아직 미흡하므로 이에 대한 지속적인 연구개발이 필요하다고 하겠다.

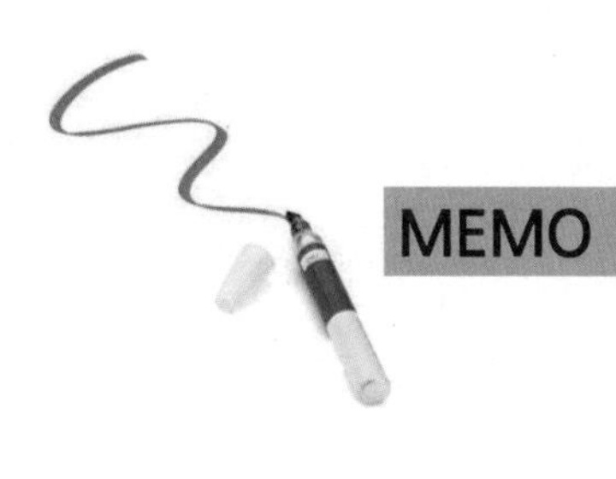

MEMO

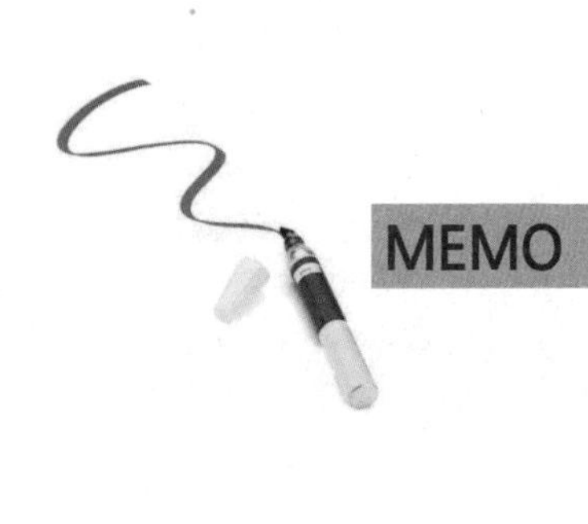

MEMO

저자 약력

- 경상대학교 공과대학 건축공학과 졸업
- 부경대학교 냉동공조공학과 공학박사
- 건축기계설비기술사
- 공조냉동기계기술사
- 부경대학교 냉동공조공학과 겸임교수
- 국토교통부 부산지방항공청 설계자문위원회 위원
- 한국자산관리공사 국유지개발 설계자문위원
- 국토교통과학기술진흥원 R&D평가위원
- 국방부 특별건설 기술심의위원회 위원(전)
- 환경관리공단 설계자문위원회 위원(전)
- (사)한국기계설비기술사회 총무이사
- (사)한국설비기술사설계협회 총무이사
- (주)GE엔지니어링 대표이사

건축기계설비 · 공조냉동기계 기술사 해설

발행일 | 1998년 1월 20일 초판 발행
1998년 4월 11일 1차 개정
1999년 7월 14일 2차 개정
2003년 4월 15일 3차 개정
2005년 4월 10일 4차 개정
2007년 3월 5일 5차 개정
2009년 2월 15일 6차 개정
2011년 1월 10일 7차 개정
2013년 4월 10일 8차 개정
2018년 9월 20일 9차 개정

저 자 | 김 회 률
발행인 | 정 용 수
발행처 | 예문사

주 소 | 경기도 파주시 직지길 460(출판도시) 도서출판 예문사
TEL | 031) 955－0550
FAX | 031) 955－0660
등록번호 | 11－76호

정가 : 60,000원

ISBN 978-89-274-2776-6 13540

이 도서의 국립중앙도서관 출판예정도서목록(CIP)은 서지정보유통지원시스템 홈페이지(http://seoji.nl.go.kr)와 국가자료공동목록시스템(http://www.nl.go.kr/kolisnet)에서 이용하실 수 있습니다.
(CIP제어번호 : CIP2018025333)